高等学校公共基础课系列教材

大学计算机

(Windows 7+ Office 2010)

主　编　李世通　李忠武　虞　翔

副主编　邓有林　杨　薇　李斯娜　李自美

西安电子科技大学出版社

内 容 简 介

本书基于 Windows 7+Office 2010 而编写，内容包括计算机基础知识、计算机系统及计算原理、Windows 7 操作系统基础、计算机网络应用基础、Office 应用基础、Word 应用、Excel 应用、PowerPoint 应用、多媒体技术基础。

本书在对计算机基础知识讲解的基础上，侧重对 Word、Excel、PowerPoint 三个模块的高级功能进行详细、深入的解析，旨在提高学生的计算机办公软件应用水平。

本书可作为高等学校计算机基础课程的教材，也可作为计算机应用培训以及企事业单位办公人员的参考书。

图书在版编目(CIP)数据

大学计算机：Windows 7 + Office 2010 / 李世通，李忠武，虞翔主编. —西安：西安电子科技大学出版社，2021.12(2022.7 重印)
ISBN 978-7-5606-6138-4

Ⅰ. ①大… Ⅱ. ①李… ②李… ③虞… Ⅲ. ①Windows 操作系统—高等学校—教材 ②办公自动化—应用软件—高等学校—教材 Ⅳ. ①TP316.7 ②TP317.1

中国版本图书馆 CIP 数据核字(2021)第 150802 号

策　　划　明政珠　刘统军
责任编辑　明政珠　孟秋黎
出版发行　西安电子科技大学出版社(西安市太白南路 2 号)
电　　话　(029)88202421　88201467　　邮　　编　710071
网　　址　www.xduph.com　　电子邮箱　xdupfxb001@163.com
经　　销　新华书店
印刷单位　陕西天意印务有限责任公司
版　　次　2021 年 12 月第 1 版　2022 年 7 月第 3 次印刷
开　　本　787 毫米×1092 毫米　1/16　印　张　25.5
字　　数　608 千字
印　　数　1351～4350
定　　价　68.50 元
ISBN 978-7-5606-6138-4 / TP

XDUP 6440001-3

如有印装问题可调换

前　言

本书是根据《保山学院大学计算机教学大纲(2020 版)》编写而成的，以应用型人才培养为导向。通过本书的学习，读者可以对计算机发展历程与应用领域、计算机系统及计算机原理、计算机网络应用基础、多媒体技术等计算机应用知识有全面的认识，能够熟练掌握 Microsoft Office 办公软件的各项高级操作。本书在编写时着重考虑了如何培养学生提出问题、分析问题、解决问题的能力，并使学生能在实际学习、生活、工作中综合应用所学计算机知识。

本书共 9 章，各章内容安排如下。

第 1 章　计算机基础知识：计算机系统概述、计算机的特点和分类、信息科学与信息技术、计算机应用概述、计算机病毒与恶意软件。

第 2 章　计算机系统及计算原理：计算机系统组成、微型计算机的结构、计算原理、计算机中的信息表示。

第 3 章　Windows 7 操作系统基础：初识 Windows 7、Windows 7 基本操作、资源管理、控制面板、Windows 7 应用程序工具。

第 4 章　计算机网络应用基础知识：计算机网络基本概念、互联网基本概念及其应用、常用的网络通信设备、常用的上网连接方法。

第 5 章　Office 应用基础：以任务为导向的 Office 应用界面、Office 组件之间的数据共享。

第 6 章　Word 应用：创建并编辑文档、美化并充实文档、长文档的编辑与管理、文档修订与共享、通过邮件合并批量处理文档。

第 7 章　Excel 应用：Excel 制表基础、工作簿与工作表的操作、数据分析与处理、Excel 公式和函数、输入和编辑数据、整理和修饰表格、创建图表、打印输出工作表。

第 8 章　PowerPoint 应用：快速创建演示文稿、制作引人注目的演示文稿、演示文稿的交互和优化、放映与共享演示文稿。

第 9 章　多媒体技术基础：多媒体技术概述，常用图像、音频、视频和动画文件格式，多媒体的采集与处理，多媒体数据量计算，常用多媒体处理技术，Windows 中的多媒体处理软件。

本书是保山学院2017—2018年度校级教学质量与教学改革工程项目立项课题，项目编号分别为18B001TJ和18B003WK。

由于计算机技术发展迅速，加之作者水平有限，书中难免有不妥之处，恳请广大读者批评指正，以便我们在今后的修订中不断改进。

编 者

2021年5月于保山

目 录

第 1 章　计算机基础知识

计算机是能按照人的要求接受和存储信息，自动进行数据处理和计算，并输出结果信息的机器系统。计算机是一门科学，也是一种自动、高速、精确地对信息进行存储、传送与加工处理的电子工具。掌握以计算机为核心的信息技术的基础知识和应用能力，是信息社会中必备的基本素质。

1.1　计算机系统概述

计算机(Computer)俗称电脑，是指一种能快速、高效、准确地对各种信息进行处理和存储的数字化电子设备。它把程序存放在存储器中，通过执行程序对输入数据进行加工、处理、存储和传输并获得输出信息。

1.1.1　计算机的产生与发展

1946 年 2 月美国宾夕法尼亚大学约翰・莫克利(John Mauchly)等人研制成功了世界上第一台计算机 ENIAC(Electronic Numerical Integrator and Computer)。ENIAC 使用了 18 000 个电子管、10 000 只电容和 7000 个电阻，占地 170 平方米，重达 30 吨，耗电 150 千瓦时，每秒可进行 5000 次加减法运算，价值 40 万美元。虽然它无法同现今的计算机相比，但在当时它可将一条发射弹道的计算时间缩短到 30 秒以下，使工程设计人员从繁重的计算工作中解放出来。这在当时是一个伟大的创举，它开创了计算机时代。

从第一台计算机诞生以来，每隔数年，计算机在软硬件方面就会有一次重大的突破。到目前为止计算机的发展已经历了四代。

- 第一代计算机(1946—1955 年)

第一代计算机以电子管作为基本逻辑元件，以磁芯、磁鼓为内存储器，采用机器语言和汇编语言来编程，运算速度为 5000～30 000 次/秒。它主要用于科学和工程计算。其典型机型是 ENIAC、EDVAC、IBM705 等。

- 第二代计算机(1956—1963 年)

第二代计算机以晶体管为基本逻辑元件，以磁芯、磁鼓为内存储器，程序设计采用高级语言，如 COBOL、FORTRAN 等，在这一时期还出现了控制计算机运作的操作系统软件，运算速度可达几十万次/秒到百万次/秒，同时体积缩小、功耗降低。它除了用于科学和工程计算外，还应用于数据处理等更为广泛的领域。

- 第三代计算机(1964—1971 年)

第三代计算机是以中、小规模集成电路为基础，以半导体芯片为主存储器，采用多

道程序、实时处理方式，运算速度达百万次/秒～几百万次/秒的计算机。在软件方面，操作系统日益完善；在体积、功耗、价格方面都有了进一步改善。计算机设计思想已逐步走向标准化、模块化和系列化，应用范围更加广泛。其典型机型有 IBM360、PDP11、NOVA1200 等。

• 第四代计算机(1971 年至今)

第四代计算机是一种以大规模和超大规模集成电路为基础，以集成度更高的半导体芯片为主存储器，采用实时、分时处理方式和网络操作系统，运算速度达到几百万次/秒～几亿次/秒的计算机。这一时期，系统软件的发展不仅实现了计算机运行的自动化，而且向智能化方向迈进，各种应用软件层出不穷，极大地方便了用户。其典型机型有富岳、顶点、天河二号、神威太湖之光、联想 SR588(ThinkServer)等。我们现在使用的计算机都属于第四代计算机。

1.1.2 未来计算机的发展趋势

未来计算机将向智能型计算机发展。美国、日本等一些发达国家的实验室正在研究未来计算机，据专家预计，未来计算机应当具有人一样的看、听及思考能力，大致有以下四个发展趋势。

1. 高速超导计算机

所谓超导，是指有些物质在接近绝对零度时，电流流动是无阻力的。超导计算机是使用超导体元器件的高速计算机。这种电脑的耗电仅为用半导体器件制造的电脑所耗电的几千分之一，它执行一条指令只需十亿分之一秒，比半导体元件快 10 倍。以目前的技术制造出的超导电脑用集成电路芯片只有 3～5 mm^3 大小。

2. 光计算机

光计算机是利用光作为载体进行信息处理的计算机，也称之为光脑。光计算机靠激光束进入由反射镜和透视镜组成的阵列中来对信息进行处理，与电脑相似之处是，光计算机也靠一系列逻辑操作来处理和解决问题。计算机的功率取决于其组成部件的运行速度和排列密度，光在这两个方面都很有优势。

3. 生物计算机

生物计算机主要是以生物电子元件构建的计算机，它利用蛋白质的开关特性，由蛋白质分子作元件制成生物芯片。其性能由元件与元件之间电流启闭的开关速度来决定。用蛋白质制造的电脑芯片，它的一个存储点只有一个分子大小，所以它的存储容量可以达到普通电脑的 10 亿倍。由蛋白质构成的集成电路，其大小只相当于硅片集成电路的 1/100 000，而且其开关速度更快，达到 10～11 ps(1 ps = 1/100 000 s)，大大超过人脑的思维速度。生物芯片传递信息时阻抗小、能耗低，且具有自我组织、自我修复能力。

4. 量子计算机

量子计算机是一种利用处于多现实态下的原子进行运算的计算机。这与传统的二进制计算机将信息分为“0”和“1”对应于晶体管的“开”和“关”来处理不同，量子计算机中最小的处理单位是一个量子比特。量子比特是多态的，而且可同时出现，因此具有信息传输不需要时间、信息处理所需能量几乎为零的神奇之处。

专家们认为，21 世纪将是光计算机、生物计算机、量子计算机的时代。计算机将向网络化、智能化、微型化和多媒体化发展，新一代的计算机将对人们的生活产生重大影响。

1.2　计算机的特点和分类

1.2.1　计算机的特点

1. 运算速度快

计算机的运算速度一般是指计算机每秒能执行的加法运算次数。微型计算机的运算速度一般可达几亿次每秒，世界上一些较先进的巨型计算机的运算速度可达数百万亿次每秒，甚至上千万亿次每秒。

2. 计算精度高

计算机的计算精确度取决于 CPU 在单位时间内一次处理二进制数的位数。CPU 可一次处理的二进制数的位数称为字长，字长越长，其计算精度就越高。目前微型计算机的字长有 16 位、32 位、64 位等。

3. 具有记忆和逻辑判断能力

计算机的存储器不仅能存放原始数据和计算结果，更重要的是能存放用户编制好的程序。它的容量都是以兆字节来计算的，可以存放几十万至几千万个数据和文档资料。当需要数据和资料时，可快速、准确、无误地取出来。计算机运行时，它可从存储器高速取出程序和数据，按照程序的要求自动执行。

计算机还具有逻辑判断能力，能解决各种不同的问题。如可判断一个条件是真还是假，并且根据判断的结果，自动确定下一步该怎么做。例如，数学中的著名难题“四色问题”，即对任意地形图，要使相邻区域颜色不同，用四种颜色就够了。

4. 可靠性高且通用性强

计算机采用数字化信息来表示各类信息，采用逻辑代数作为相应的设计手段，既能进行算术运算又能进行逻辑判断。计算机不仅能进行数值计算，还能进行信息处理和自动控制。如果想通过计算机解决相关问题，需要将要解决问题的步骤用计算机能识别的语言编制成程序，装入计算机中运行即可。一台计算机能适应于各种各样的应用，具有很强的通用性。

1.2.2　计算机的分类

计算机的分类方法有很多，有按计算机的原理将其分为数字计算机、模拟计算机和混合式计算机三大类的；也有按用途将其分为通用机和专用机两大类的。这里我们按照 1989 年美国电气和电子工程师协会(Institute of Electrical and Electronics Engineers，IEEE)的科学巨型机委员会对计算机的分类提出的报告，来对计算机的各种类型进行介绍。按照这一分类方法，计算机被分成巨型机、小巨型机、主机、小型机、工作站和个人计算机六类。

1. 巨型机

巨型机(Super Computer)在六类计算机中是功能最强的一种，当然价格也最昂贵，它也被称作超级计算机。它具有很高的运行速度及巨大的容量，能对高品质动画进行实时处理。巨型机的指标通常用每秒多少次浮点运算来表示。20 世纪 70 年代的第一代巨型机每秒可进行 1 亿次浮点运算，80 年代的第二代巨型机每秒可进行 100 亿次浮点运算，90 年代研制的第三代巨型机速度已达到每秒万亿次浮点运算。目前的巨型机已经达到每秒千万亿次浮点运算。目前，许多巨型机都采用多处理机结构，用大规模并行处理方式来提高整机的处理能力。

2. 小巨型机

小巨型机(Minisuper Computer)是由于巨型机性能虽高但价格昂贵，为满足市场的需求，一些厂家在保持或略为降低巨型机性能的前提下，大幅度降低价格而形成的一类机型。小巨型机的发展，一是将高性能的微处理器组成并行多处理机系统；二是将部分巨型机的技术引入超小型机，使其功能巨型化。目前流行的小巨型机大部分是以微机集群的形式构成的，使用中可以根据需要来配备微机的数量。

3. 主机

主机(Main Frame)实际上包括了我们常说的大型机和中型机。这类计算机具有大容量的内外存储器和多种类型的 I/O 通道，能同时支持批处理和分时处理等多种工作方式。最新出现的主机还采用多处理、并行处理等技术，整机处理速度大大提高，主机还具有很强的处理和管理能力。几十年来，主机在大型公司、银行、高等院校及科研院所的计算机应用中一直居统治地位。但随着 PC 局域网的发展，主机这种采用集中处理的终端工作模式的系统受到了巨大冲击，特别是现在微型机的性价比大幅提升，客户机/服务器体系结构日益成熟，更是降低了主机系统发挥其特长的空间。但是在一些需要集中处理大量数据的部门，如银行或某些大型企业仍需主机系统。

4. 小型机

比起主机来，小型机(Minicomputer)由于结构简单、成本较低，易于使用和维护，更受中小用户的欢迎。小型机的特征有两类：一类是采用多处理机结构的多级存储系统，另一类是采用精减指令系统。前者使用多处理机来提高其运算速度，后者是在指令系统中将比较常用的指令集用硬件实现，把很少使用的、复杂的指令则留给软件去完成，这样既提高了运算速度，又降低了价格。

5. 工作站

这里所说的工作站(WorkStation)和网络中用作站点的工作站是两个完全不同的概念，这里的工作站是计算机中的一个类型。

工作站实际上是一种配备了高分辨率大屏幕显示器和大容量内、外存储器，并且具有较强数据处理能力与高性能图形功能的高档微型计算机。以前的工作站一般都使用精减指令芯片，使用 Unix 操作系统。目前大多数工作站使用一颗或两颗多核 CPU，操作系统可使用 Unix、Linux 和 Windows 操作系统。

6. 个人计算机

个人计算机(Personal Computer)也称作 PC，它的核心是微处理器。微处理器已从 4 位、

8 位和 32 位发展到现在的 64 位。20 世纪 80 年代初，IBM 公司在数年内连续推出了 IBM PC、IBM PC/XT 和 IBM PC/AT 等机型，形成和巩固了 PC 的主流系列，许多厂商也纷纷推出与 IBM PC 兼容的个人计算机。随着微处理芯片性能的提高，PC 与兼容机已发展到目前的以 Intel 和 AMD 两大主流微处理器为主的各种机型，其性能已超过早年大型机的水平。PC 使用的微处理器芯片平均不到两年集成度就增加一倍，处理速度提高一倍，价格却降低一半。现在，PC 已广泛应用于社会的各个领域，特别是便携式计算机的发展取得了惊人的成绩。

1.3　信息科学与信息技术

1. 信息科学

信息是人类的一切生存活动和自然存在所传达出来的信号和消息。信息同物质、能源一样，是人类生存和社会发展的三大基本资源之一。

信息科学是研究信息及其运动规律的科学。它研究信息提供、信息识别、信息变换、信息传递、信息存储、信息检索和信息处理等一系列问题和过程。

从信息科学的角度看，信息的载体是数据。数据可以是文字、图像、声音和视频等多种形式，数据是信息的具体表现形式。

2. 信息技术

信息技术(Information Technology，IT)是指一切能扩展人类的信息功能的技术。更确切地说，信息技术是指利用电子计算机和现代通信手段实现获取信息、传递信息、存储信息、处理信息、显示信息和分配信息等的相关技术。信息技术主要包括以下几个方面：

(1) 感测与识别技术。感测技术的作用是扩展人类获取信息的感觉器官功能。这类技术总称为传感技术，包括信息识别、信息提取和信息检测等技术。传感技术、测量技术与通信技术相结合而产生的遥感技术，更使人们感知信息的能力得到进一步的加强。信息识别包括文字识别、语音识别和图像识别等，通常采用模式识别的方法。

(2) 信息传递技术。其主要功能是实现信息快速、可靠和安全的传输。各种通信技术都属于这个范畴，广播技术也是一种传递信息的技术。

(3) 信息处理与再生技术。信息处理包括对信息的编码、压缩和加密等。信息的“再生”是指在对信息进行处理的基础上，还可形成一些新的更深层次的信息。

(4) 信息施用技术。信息施用技术是信息过程的最后环节，这种技术主要包括控制技术、显示技术等。

3. 计算机在信息处理中的应用

计算机在信息社会中担负着信息中心的重任，信息的处理全都得依赖于计算机来进行。计算机在信息处理中的作用表现在以下几个方面。

(1) 数据加工。由于计算机的高速运行，它可在极短的时间内完成一系列数据加工，使许多人工无法完成的定量分析工作都得以实现。

(2) “海量”存储。计算机的发展使得它的存储能力飞速提高，一个行业或一个图书馆的信息都可轻松地存储在一台计算机上。

(3) 通信。信息网络的通信手段除了通信线路之外，它的核心就是计算机，四通八达的计算机通信网络使人与人、国与国之间的距离变近了，用户可以坐在家中用计算机与国外的任何人进行信息交流。

(4) 多媒体技术。多媒体技术使计算机具有听、说、看的能力，使用户可以通过图形、图像、声音和文字等多种方式获取信息，多媒体技术使用户与计算机之间更亲切、更融洽。

(5) 智能化决策。计算机可以通过丰富的图形、图表和数据，将资料提供给决策者，有助于决策者进行科学的决策。

1.4　计算机应用概述

计算机在科学技术、工农业生产及国防等各个领域得到了广泛应用，推动着社会的发展。计算机的主要应用有以下几个方面。

1. 计算机主要应用

1) 科学与工程计算

科学与工程计算一直是计算机的重要应用领域之一。例如，数学、物理、天文、原子能和生物学等基础学科以及导弹设计、飞机设计和石油勘探等方面大量、复杂的计算都需要用到计算机。利用计算机进行数值计算，可以节省大量的时间、人力和物力。

有些科技问题，其计算工作量实在太大，以至于人工根本无法计算。还有一些问题是人工计算太慢，算出来已失去了实际意义。如天气预报，由于计算量大，时间性强，对于大范围地区的天气预报，采用计算机计算几分钟就能得到结果，若人工计算需用几个星期的时间，这时“预报”已失去了意义。

另外，有些问题用人工计算很难选出最佳方案，而现代工程技术往往投资大、周期长，因此设计方案的选择非常关键。为了选择一个理想的方案，往往需要详细计算几十个至上百个方案，从中选优，只有计算机才能做到这一点。

2) 信息管理

人类在科学研究、生产实践、经济活动和日常生活中获得了大量的信息。为了更全面、更深入、更精确地认识和掌握这些信息所反映的问题，需要对大量信息进行分析加工和管理。目前，信息管理从档案管理、行政管理、财务管理和采购管理等方面凸显了计算机的广泛用途。随着社会信息化的发展，信息管理还在不断扩大使用范围。

3) 电子商务

电子商务是依靠计算机及相关电子设备和网络技术运行的一种商业模式，是在因特网环境下，买卖双方不谋面地进行的各种商贸活动。电子商务包括电子货币交换、供应链管理、电子交易市场、网络营销、在线事务处理、电子数据交换、存货管理和自动数据收集系统。在此过程中，利用到的信息技术包括互联网、外联网、电子邮件、数据库、电子目录和移动电话等。随着电子商务的高速发展，它已不仅仅包括购物，还包括物流配送等附带服务。

4) 人工智能

人工智能(Artificial Intelligence，AI)是研究、开发用于模拟、延伸和扩展人的智能的理论、方法、技术及应用系统的一门新的技术科学。人工智能是计算机科学的一个分支，它企图了解智能的实质，并生产出一种新的能以人类智能相似的方式做出反应的智能机器，该领域的研究包括机器人、语言识别、图像识别、自然语言处理和专家系统等。人工智能从诞生以来，理论和技术日益成熟，应用领域也不断扩大。可以设想，未来人工智能带来的科技产品，将会是人类智慧的“容器”。人工智能可以对人的意识、思维的信息过程进行模拟。人工智能不是人的智能，但能像人那样思考，也可能超过人的智能。

5) 计算机辅助系统

计算机辅助系统包括计算机辅助设计、计算机辅助制造和计算机辅助教学。

(1) 计算机辅助设计(Computer Aided Design，CAD)，就是利用计算机的图形能力来进行设计工作。随着图形输入/输出设备及软件的发展，CAD 技术已广泛应用于飞行器、建筑工程、水利水电工程、服装和大规模集成电路等的设计中。

(2) 计算机辅助制造(Computer Aided Manufacturing，CAM)，就是利用计算机进行生产设备的管理、控制和操作的过程。制造业企业使用 CAM 技术可以提高产品质量、降低成本和缩短生产周期。将 CAD 与 CAM 技术集成，实现设计生产自动化的制造系统，称为计算机集成制造系统。它很可能成为未来制造业的主要生产模式。

(3) 计算机辅助教学(Computer Aided Instruction，CAI)，就是利用多媒体计算机的图、文和声功能来实施教学，是随着多媒体技术的发展而迅猛发展的一个领域，是未来教学的发展趋势。

2. 计算机最新应用简述

1) 高性能计算

高性能计算(High Performance Computing，HPC)是计算机科学的一个分支，它研究并行算法和开发相关软件。它的基础是高性能计算机，高性能计算机的衡量标准主要是计算速度(尤其是浮点运算速度)。目前最常见的高性能计算机系统是由多台计算机组成的计算机集群系统，它通过各种互联技术将多个计算机系统连接在一起，利用所有被连接系统的综合计算能力来处理大型计算问题。高性能计算机技术是信息领域的前沿技术，在保障国家安全、推动国防科技进步、促进尖端武器发展方面具有直接推动作用，是衡量一个国家综合实力的重要标志之一。随着信息化社会的飞速发展，人类对信息处理能力的要求越来越高，不仅石油勘探、气象预报、航天国防和科学研究等需要高性能计算机，而且金融、政府信息化、教育、企业和网络游戏等更广泛的领域对高性能计算机的需求也在迅猛增长。

2) 网格计算

网格计算(Grid Computing)是一种分布式计算，它利用互联网上计算机的中央处理器的闲置处理能力来解决大型计算问题。它的思路是聚合分布资源，支持虚拟组织，提供高层次的服务。网格计算主要面向科学研究领域，支持大型集中式应用。网格计算不需要专门组件和专有资源，它基于标准的机器和操作系统，对环境没有严格要求，只需要应用软件支持网格功能。

3) 云计算

云计算是分布式处理(Distributed Computing)、并行计算(Parallel Computing)和网格计算(Grid Computing)的发展。云计算的资源相对集中，主要以数据为中心的形式来提供底层资源的使用。云计算从一开始就是针对商业应用的，因此，商业模型比较清晰。云计算是资源相对集中、运行分散的应用，即大量分散的应用在若干大的中心执行，由少数商家提供云资源，多数人申请专有资源使用。2012 年 3 月，在国务院《政府工作报告》中云计算被作为重要附录给出了一个政府官方的解释：云计算是基于互联网服务的增加、使用和交付模式。通常涉及通过互联网来提供动态、易扩展且经常是虚拟化的资源，是传统计算机和网络技术发展融合的产物。它意味着计算能力也可作为一种商品通过互联网进行流通。

云计算的定义中肯定了互联网在云计算中的地位，没有互联网的发展就没有云计算。互联网服务的使用和交付都基于互联网，这将深刻地影响着技术研发模式、产业交付模式和市场推广模式。云计算的发展将成为信息产业在进入网络时代后又一次重大的变革。云计算在产业模式上的变化正好给我国信息产业提供了前所未有的发展机会，而且云计算的资源是通过整合提供给用户使用的，单个资源的能力不再是影响云计算服务能力的决定性因素，而传统的互联网产业单一服务器的能力是一个重要的技术指标。云计算模式在思路上的变化使我国的芯片产业、核心系统软件产业获得了宝贵的发展时间和市场空间。

云计算本质上是一种模式，但模式的实现是需要技术提供支持的，云计算的实现技术对云计算模式的实现具有重要的意义。没有技术的支持，模式的实现就无从谈起。

1.5 计算机病毒与恶意软件

1.5.1 计算机病毒基本知识

1. 计算机病毒的定义

计算机病毒是一种小程序，能够自我复制，它会将自己的病毒码依附在其他的程序上，通过其他程序的执行伺机传播。计算机病毒有一定的潜伏期，一旦条件成熟，它便进行各种破坏活动，影响计算机的使用。就像生物病毒一样，计算机病毒有独特的复制能力。计算机病毒可以很快地蔓延，又常常难以根除。它们能把自身附着在各种类型的文件上。当文件被复制或从一个用户传送到另一个用户时，它们就随同文件一起蔓延开来。

计算机病毒的广义定义：能够引起计算机故障，破坏计算机数据的程序都统称为计算机病毒。

计算机病毒的狭义定义：病毒程序通过修改(操作)而传染其他程序，即修改其他程序使之含有病毒自身的精确版本或可能演化的版本、变种或其他病毒繁衍体。

根据《中华人民共和国计算机信息系统安全保护条例》第二十八条，我国的计算机病毒定义：编制或者在计算机程序中插入的破坏计算机功能或者毁坏数据，影响计算机使用，并能自我复制的一组计算机指令或者程序代码。

现在流行的病毒是人为故意编写的，多数病毒可以找到其作者信息和产地信息。通过大量的资料分析统计来看，病毒作者主要的动机和目的有：一些天才的程序员为了表现自

己和证明自己的能力，或为了好奇、为了报复、为了祝贺和求爱，或为了得到控制口令和预防自己编写的软件拿不到报酬预留的陷阱等。当然也有因政治、军事、宗教、民族和专利等方面的需求而专门编写的病毒程序，其中也包括一些病毒研究机构和黑客的测试病毒。

2. 常见计算机病毒的类型

(1) 引导区病毒。引导区病毒隐藏在硬盘或软盘的引导区。当计算机从感染了引导区病毒的硬盘或软盘启动，或当计算机从受感染的软盘中读取数据时，引导区病毒就开始传播了。一旦它们将自己拷贝到机器的内存中，马上就会感染其他磁盘的引导区，并且通过网络传播到其他计算机上。

(2) 文件型病毒。文件型病毒寄生在其他文件中，它们常常通过对其编码加密或使用其他技术来隐藏自己。文件型病毒劫夺用来启动主程序的可执行命令，用作它自身的运行命令，同时还经常将控制权还给主程序，伪装计算机系统正常运行。一旦系统运行时感染了病毒的程序文件，病毒便被激发，执行大量的操作，并进行自我复制，同时附着在用户系统其他可执行文件上伪装自身，并留下标记，以后不再重复感染。

(3) 宏病毒。宏病毒是一种特殊的文件型病毒。一些软件开发商在产品研发中引入宏语言，并允许这些产品在生成载有宏的数据文件之后出现。宏的功能虽然十分强大，但是给宏病毒留下了可乘之机。

(4) 脚本病毒。脚本病毒依赖一种特殊的脚本语言(如 Vbscript、Javascript 等)起作用，同时需要主软件或应用环境能够正确识别和翻译这种脚本语言中嵌套的命令。脚本病毒在某方面与宏病毒类似，但脚本病毒可以在多个产品环境中进行，还能在其他所有可以识别和翻译它的产品中运行。脚本语言比宏语言更具有开放终端的趋势，这样使得病毒制造者对感染脚本病毒的机器可以有更多的控制力。

(5) “网络蠕虫”程序。“网络蠕虫”程序是一种通过间接方式复制自身的非感染型病毒。有些“网络蠕虫”拦截 E-mail 系统向世界各地发送自己的复制品；有些则出现在高速下载站点中，同时使用多种方法与其他技术传播自身。它的传播速度相当惊人，成千上万的病毒感染会造成众多邮件服务器先后崩溃，给用户带来难以弥补的损失。

(6) “特洛伊木马”程序。“特洛伊木马”程序通常是指伪装成合法软件的非感染型病毒，但它不进行自我复制。有些木马可以模仿运行环境，收集所需的信息，最常见的木马便是试图窃取用户名和密码的登录窗口或者试图从众多的因特网(Internet)服务器提供商那里盗窃用户的注册信息和账号信息的程序。

3. 计算机病毒的主要特点

(1) 传染性。传染性是计算机病毒的一个重要特点。计算机病毒可以在计算机与计算机之间、程序与程序之间和网络与网络之间相互进行传染。计算机病毒一旦夺取了系统的控制权(即占用了 CPU)，就把自身复制到存储器中，甚至感染所有文件，而网络中的病毒可传染给联网的所有计算机系统。被病毒感染的计算机将成为病毒新的培养基和传染源。

(2) 破坏性。计算机病毒的破坏性是多方面的，主要表现为无限制地占用系统资源，使系统不能正常运行；对数据或程序造成不可恢复的破坏；有的恶性病毒甚至能毁坏计算机的硬件系统，使计算机瘫痪。总之，病毒会对计算机系统的安全造成重大危害。

(3) 潜伏性。计算机病毒并不是每时每刻都发作，只有在满足触发条件时(如日期、时

间、某个文件的使用次数等)才“原形毕露”，表现出其特有的破坏性。有的病毒伪装巧妙，隐藏很深，潜伏时间长，在发作条件满足前，并无任何表现症状，不影响系统的正常运行，这就是病毒的潜伏性。

(4) 寄生性。计算机病毒程序是一段精心编制的可执行代码，一般不独立存在。它的载体(称为宿主)通常是磁盘系统区和程序文件，即病毒的寄生性。正是由于病毒的寄生性及上述的潜伏性，计算机病毒一般难以被觉察和检测。

(5) 可触发性。计算机病毒一般都有一个或者几个触发条件。满足其触发条件和激活病毒的传染机制时，可使之进行传染或者激活病毒的表现部分和破坏部分。触发的实质是一种条件的控制，病毒程序可以依据设计者的要求，在一定条件下实施攻击。这个条件可以是敲入特定字符，使用特定文件，在某个特定日期或特定时刻，或者是病毒内置的计数器达到一定数等。

(6) 针对性。网络病毒并非一定会对网络上所有的计算机都进行感染与攻击，而是具有某种针对性。例如，有的网络病毒只能感染 IBM PC 及兼容机，有的却只能感染 Macintosh 计算机，有的病毒则专门感染使用 Unix 操作系统的计算机。

目前电脑病毒呈现以下显著特点：

(1) 网络病毒占据主要地位。通过网页、邮件和漏洞等网络手段进行传播的网络型病毒已经占据了发作病毒的主流，它们扩散范围更广，危害更大。脚本类、木马类、蠕虫类病毒都属于网络型病毒。从瑞星全球病毒监测网提供的统计数据来看，这三类病毒占了所有病毒总数的 68%。

(2) 病毒向多元化、混合化发展，可进行“偷窃”是未来计算机病毒的发展趋势。混合型病毒越来越多，它们集合了蠕虫、后门等功能。利用多种途径传播的病毒危害性很大。它不仅仅会通过邮件、网络进行传播，还会给系统“开后门”，对用户计算机进行远程控制。而这种病毒的最终目的不仅仅是为了使用户的计算机系统瘫痪，对于攻击者来说，用户存储在计算机上的机密资料更有价值。

(3) 利用漏洞的病毒越来越多。漏洞是操作系统致命的安全缺陷，如果系统存在漏洞，即使有杀毒软件的保护，病毒依然可以长驱直入，对系统造成破坏。

(4) 针对即时通信软件的病毒大量涌现。随着上网人数的增多，那些专门针对 QQ 等即时通信软件的病毒迅速增加。其中以盗取 QQ 用户密码为目的的病毒居多。这意味着，用户使用即时通信软件越来越不安全。

1.5.2 计算机病毒的防治

1. 依法治毒

(1) 1994 年颁布实施了《中华人民共和国信息系统安全保护条例》。

第六条 公安部主管全国计算机信息系统安全保护工作。国家安全部、国家保密局和国务院其他有关部门，在国务院规定的职责范围内做好计算机信息系统安全保护的有关工作。

第十五条 对计算机病毒和危害社会公共安全的其他有害数据的防治研究工作，由公安部归口管理。

第十六条 国家对计算机信息系统安全专用产品的销售实行许可证制度，具体办法由

公安部会同有关部门制定。

第二十三条　故意输入计算机病毒以及其他有害数据危害计算机信息系统安全的或者未经许可出售计算机信息系统安全专用产品的，由公安机关处以警告或者对个人处以5000元以下的罚款、对单位处以15 000元以下的罚款；有违法所得的，除予以没收外可以处以违法所得1至3倍的罚款。

(2) 1997年在新《刑法》中增加了有关对制作、传播计算机病毒进行处罚的条款。

第二百八十六条　违反国家规定，对计算机信息系统功能进行删除、修改、增加、干扰和造成计算机信息系统不能正常运行，后果严重的，处五年以下有期徒刑或者拘役，后果特别严重的，处五年以上有期徒刑。违反国家规定，对计算机信息系统中存储、处理或者传输的数据和应用程序进行删除、修改、增加的操作，后果严重的，依照前款的规定处罚。故意制作、传播计算机病毒等破坏性程序，影响计算机系统正常运行，后果严重的，依照第一款的规定处罚。

(3) 2000年颁布实施了《计算机病毒防治管理办法》。

第四条　公安部公共信息网络安全监察部门主管全国的计算机病毒防治管理工作。地方各级公安机关具体负责本行政区域内的计算机病毒防治管理工作。

第六条　任何单位和个人不得有下列传播计算机病毒的行为:

(一) 故意输入计算机病毒，危害计算机信息系统安全;

(二) 向他人提供含有计算机病毒的文件、软件、媒体;

(三) 销售、出租、附赠含有计算机病毒的媒体;

(四) 其他传播计算机病毒的行为。

第七条　任何单位和个人不得向社会发布虚假的计算机病毒疫情。

第八条　从事计算机病毒防治产品生产的单位，应当及时向公安部公共信息网络安全监察部门批准的计算机病毒防治产品检测机构提交病毒样本。

第九条　计算机病毒防治产品检测机构应当对提交的病毒样本及时进行分析、确认并将确认结果上报公安部公共信息网络安全监察部门。

第十条　对计算机病毒的认定工作，由公安部公共信息网络安全监察部门批准的机构承担。

第十一条　计算机信息系统的使用单位在计算机病毒防治工作中应当履行下列职责:

(一) 建立本单位的计算机病毒防治管理制度;

(二) 采取计算机病毒安全技术防治措施;

(三) 对本单位计算机信息系统使用人员进行计算机病毒防治教育和培训;

(四) 及时检测、清除计算机信息系统中的计算机病毒，并备有检测、清除的记录;

(五) 使用具有计算机信息系统安全专用产品销售许可证的计算机病毒防治产品;

(六) 对因计算机病毒引起的计算机信息系统瘫痪、程序和数据严重破坏等重大事故及时向公安机关报告，并保护现场。

第十二条　任何单位和个人在从计算机信息网络上下载程序、数据或者购置、维修、借入计算机设备时，应当进行计算机病毒检测。

第十三条　任何单位和个人销售、附赠的计算机病毒防治产品，应当具有计算机信息系统安全专用产品销售许可证，并贴有“销售许可”标记。

2. 建章建制

(1) 进行风险分析。重要部门的计算机，尽量专机专用，与外界隔绝。不要随便使用在别的机器上使用过的U盘。

(2) 坚持定期检测计算机系统，坚持经常性的数据备份工作。这项工作不要因麻烦而忽略，否则后患无穷。坚持以硬盘引导，须用软盘引导时，应确保软盘无病毒。

(3) 用户手头应备有最新的病毒检测、清除软件。

(4) 对主引导区、引导扇区、FAT表、根目录表、中断向量表和模板文件等系统要害部位做备份，定期检查主引导区、引导扇区、中断向量表、文件属性(字节长度、文件生成时间等)、模板文件和注册表等。

(5) 不要轻易打开电子邮件的附件，发现新病毒及时报告国家计算机病毒应急中心和当地公共信息网络安全监察部门。

3. 网络环境下的防病毒策略

充分利用网络本身提供的安全机制。对不同用户可由超级用户对其规定权限，根据用户的需求，把其访问权限定为最低，网络环境下的防病毒策略又对其他用户和目录中的文件绝对不能进行修改。这样做的目的在于把用户的权限局限于尽量小的范围，这样即使这个用户发生问题，也不会影响整个网络。

网络安装时，一定要保证网络系统软件和其他应用软件无病毒，否则，将来投入正式运行后，后果不堪设想。

网络一旦投入正式运行，不要再随意装入新的软件。如果非要安装，可重新组建一个小网络，在这个环境中试运行一段时间后如未发现问题再将其安装到正式网络环境中投入运行。决不能在正式运行的网络环境中进行软件开发，这主要是针对一些用于实时处理的网络，如证券公司和一些交易市场的网络。对超级用户的使用要严格控制。因为在超级用户下，对网络享有特殊权限，若在此状态感染病毒，整个网络都会遭受破坏。

加强网络的主动控制能力。主动发现存在的漏洞与恶意代码，主动修复存在的漏洞与恶意代码，主动减缓恶意代码的传播速度，建立一套行之有效的病毒预警体系。

1.5.3 计算机病毒的清除

1. 专业反病毒软件消除法

使用专业的杀毒诊断软件找出系统内的病毒，并将其清除。

常用的专业反病毒软件有 360、金山毒霸等。它们目前都是免费软件，并具有强大的云查杀功能，能够联网查杀当前已经发现的病毒程序。

2. 系统恢复的方法

对于感染主引导型病毒的机器可采用事先备份的该硬盘的主引导扇区文件进行恢复。对于还有其他类型的病毒感染的系统，可用系统恢复的方法。比如在装好系统及所需的应用程序而未感染病毒时，用像 Ghost 这样的工具软件对硬盘或分区做备份，当系统被病毒感染并出现严重问题时，恢复系统到清洁状态。

3. 程序覆盖方法

程序覆盖方法主要适用于文件型病毒，一旦发现文件被感染，可将事先保留的无毒备份重新导入系统。

4. 低级格式化或格式化磁盘

格式化方法轻易不要使用，它会破坏磁盘所有数据，并且低级格式化对硬盘亦有损害，在万不得已的情况下，才使用这一方法。使用这种方法必须保证系统无病毒，否则也将前功尽弃。

1.5.4　恶意软件

1. 恶意软件的含义

中国互联网协会对恶意软件的定义：故意在计算机系统上执行恶意任务的“特洛伊木马”“蠕虫”等病毒。恶意软件其本身可能是一种病毒、后门或漏洞攻击脚本，它通过动态地改变攻击代码可以逃避入侵检测系统的特征检测。

网络用户在浏览一些不安全的站点或从该站点下载游戏或其他程序时，往往会将一些恶意程序一并带入自己的电脑，而用户本人对此丝毫不知情，直到有恶意广告不断弹出或色情网站自动出现时，用户才有可能发觉电脑有问题。在恶意软件未被发现的这段时间用户网上的所有敏感资料都有可能被盗走，比如银行账户信息、信用卡密码等。这些让受害者的电脑不断弹出恶意广告或色情网站的程序就叫作恶意软件，也叫作流氓软件。

2. 恶意软件的特征

(1) 强制安装：在没有明确提示用户或未经用户许可的情况下，在用户计算机或其他终端上安装软件的行为。

(2) 难以卸载：不提供通用的卸载方式或在不受其他软件影响、人为破坏的情况下，卸载后仍然有活动程序的行为。

(3) 浏览器劫持：未经用户许可，修改用户浏览器或其他相关设置，迫使用户访问特定网站或导致用户无法正常上网的行为。

(4) 广告弹出：未明确提示用户或未经用户许可，利用安装在用户计算机或其他终端上的软件弹出广告的行为。

(5) 恶意收集用户信息：未明确提示用户或未经用户许可，恶意收集用户信息的行为。

(6) 恶意卸载：未明确提示用户、未经用户许可，或误导、欺骗用户卸载其他软件的行为。

(7) 恶意捆绑：在软件中捆绑已被认定为恶意软件的行为。

(8) 其他侵害用户软件安装、使用和卸载知情权、选择权的恶意行为。

3. 恶意软件的防御

由于恶意软件一直在变化，即使是被侦察到，它们也会自动调整和变化，依靠单独的技术根本就难以防范危险。恶意软件威胁网络和系统漏洞的方式也在改变。例如，过去依靠邮件附件到现在转向使用社交网络引诱下载感染的文件和应用程序或是直接让用户点击恶意网站下载恶意软件到用户的系统中。恶意软件对智能手机、Windows、Max OS 和其他

的操作环境的用户系统都会造成损害。

因为恶意软件由多种威胁组成，所以需要采取多种方法和技术来保卫系统。例如，采用防火墙来过滤潜在的破坏性代码，采用垃圾邮件过滤器、入侵检测系统和入侵防御系统等来加固网络，加强对破坏性代码的防御能力。

作为一种最强大的反恶意软件防御工具，反病毒程序可以保护计算机免受蠕虫和特洛伊木马病毒的威胁。近几年来，反病毒软件的开发商已经逐渐将垃圾邮件和间谍软件等威胁的防御功能集成到其产品中。在恶意软件的防范中最弱的一个环节就是用户，除了这些技术手段之外，各单位还应当采取一些管理措施防止恶意软件在单位网络内传播。

习　题

简答题

1. 计算机的发展经历了哪几个时代?
2. 未来计算机的发展方向是什么?
3. 简述计算机的分类。
4. 信息技术包括哪几个方面?
5. 简述计算机在信息处理中的应用。
6. 什么是计算机病毒？它对计算机的主要危害是什么?
7. 什么是恶意软件？恶意软件的特征是什么?

第 2 章　计算机系统及计算原理

本章节将介绍计算机相关知识，包括硬件的系统组成、结构、计算原理和计算机中信息的表示等知识。

2.1　计算机系统组成

计算机系统指的是一个能够发挥计算机的计算及处理能力，完成特定的工作任务，能解决实际问题的完整结构。这个结构包括各种高速电子元件及装置组成的机器系统，还包括由指令、程序、数据组成的软件系统。我们通常所说的计算机，其准确的名称应该是计算机系统。

2.1.1　计算机系统的基本构成

一个完整的计算机系统包括两大部分，即硬件系统和软件系统，其基本组成如图 2.1 所示。

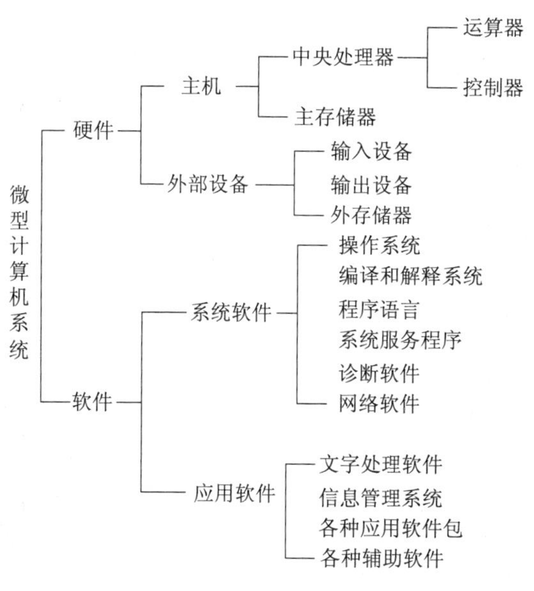

图 2.1　计算机系统

1．计算机硬件系统

计算机硬件系统是指构成计算机的物理装置，是一些看得见、摸得着的有形实体，从

硬件体系结构来看，计算机硬件系统采用的基本上还是计算机的经典结构——冯·诺依曼结构，即由运算器、控制器、存储器、输入设备和输出设备五大部分组成，各部分采用总线结构连接起来。其中的运算器和控制器构成了计算机的核心部件——中央处理器(Center Process Unit，CPU)。

运算器用来对数据进行各种算术运算和逻辑运算；控制器是CPU的指挥中心，它能翻译指令的含义，控制并协调计算机的各个部件完成指令指定的操作；存储器是具有记忆功能的部件，用于存放程序和数据；输入设备是把程序和数据输入计算机的硬件装置，常用的有键盘、鼠标、扫描仪、条形码阅读器、光笔等；输出设备负责将运算的结果输出，常用的有显示器、打印机、绘图仪等。

2．计算机软件系统

只有硬件而没有任何软件支持的计算机称为裸机，裸机几乎是不能工作的。要使计算机能正常工作必须要有相应的软件支撑。我们把计算机的程序、要处理的数据及其有关的文档统称为软件。计算机功能的强弱不仅取决于它的硬件构成，也取决于软件配备的丰富程度。

计算机软件系统分为系统软件和应用软件两大类。

(1) 系统软件是计算机系统必备的软件，由计算机厂商或软件公司提供。它的主要功能是管理、控制和维护计算机软硬件资源。系统软件包括操作系统、各种语言处理程序、数据库管理系统、网络管理软件等。

操作系统是系统软件中最重要的部分，其功能是对计算机系统的全部硬件和软件资源进行统一管理、统一调度、统一分配。操作系统为用户提供了一个操作方便的环境，是用户与计算机的接口，同时又是用户进行软件开发的基础，其他的系统软件和应用软件必须在操作系统的支持下才能合理调度工作流程，正常地工作。

(2) 应用软件是为解决某个实际问题而由软件公司或用户自己编写的程序。一般有文字处理软件、表格处理软件、图形处理软件、计算机辅助软件(CAD、CAM、CAI)等。

2.1.2　计算机的基本工作原理

1．存储程序和程序控制原理

冯·诺依曼是美籍匈牙利数学家，现代电子计算机的奠基人之一。他在1949年提出了关于计算机组成和工作方式的基本设想，就是“存储程序和程序控制”。几十年来，尽管计算机技术已经发生了极大的变化，但是就其体系结构而言，仍然是根据他的设计思想制造的，这样的计算机称为冯·诺依曼结构计算机，如图2.2所示。

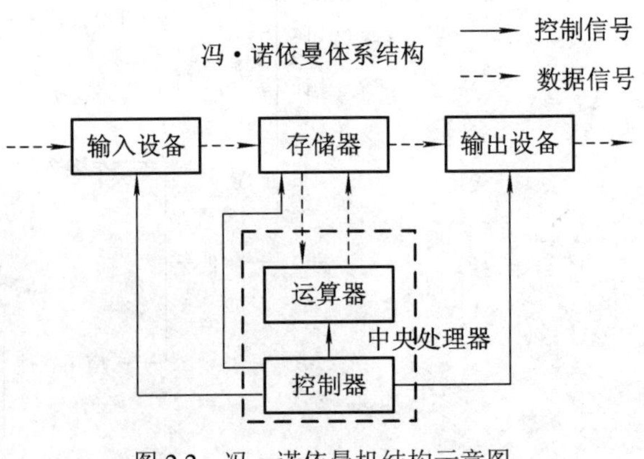

图2.2　冯·诺依曼机结构示意图

冯·诺依曼体系结构的思想可以概括为以下几点：

(1) 由运算器、控制器、存储器、输入设备和输出设备等五大基本部分组成计机系统，并规定了这五部分的基本功能。

(2) 计算机内部采用二进制来表示数据和指令。

(3) 将程序和数据存入内部存储器中，计算机在工作时可以自动逐条取出指令并加以执行。

计算机能够自动地完成各种数值运算和复杂的信息处理过程的基础就是存储程序和程序控制原理。

2. 指令和程序

计算机之所以能自动、正确地按人们的意图工作，是由于人们事先已把计算机如何工作的程序和原始数据通过输入设备送到计算机的存储器中。当计算机执行指令时，控制器就把程序中的命令一条接一条地从存储器中取出来，加以翻译，并按命令的要求进行相应的操作。

当人们需要计算机完成某项任务时，首先要将任务分解为若干个基本操作的集合，计算机所要执行的基本操作命令是指令，指令是对计算机进行程序控制的最小单位，是一种采用二进制表示的命令语言。一个 CPU 能够执行的全部指令的集合就称为该 CPU 的指令系统，不同 CPU 的指令系统是不同的，指令系统的功能是否强大以及指令类型是否丰富，决定了计算机的能力，也影响着计算机的硬件结构。

每条指令都要求计算机完成一定的操作，它告诉计算机进行什么操作、从什么地址取数、结果送到什么地方去等信息。计算机的指令系统一般应包括数据传送指令、算术运算指令、逻辑运算指令、转移指令、输入输出指令和处理机控制指令等。

一条指令通常由两个部分组成，即操作码和操作数。操作码用来规定指令应进行什么操作，而操作数用来指明该操作处理的数据或数据所在存储单元的地址。指令格式如图 2.3 所示。

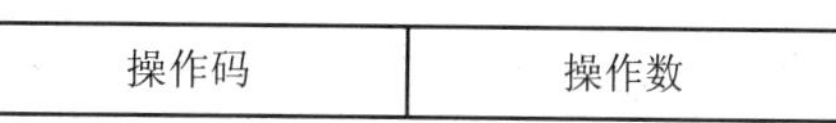

图 2.3　指令格式

为实现特定目标或解决特定问题而用计算机语言编写的一系列指令的集合称为程序(Program)。

3. 计算机的工作过程

按照存储程序和程序控制的原理，计算机的工作过程如图 2.4 所示。

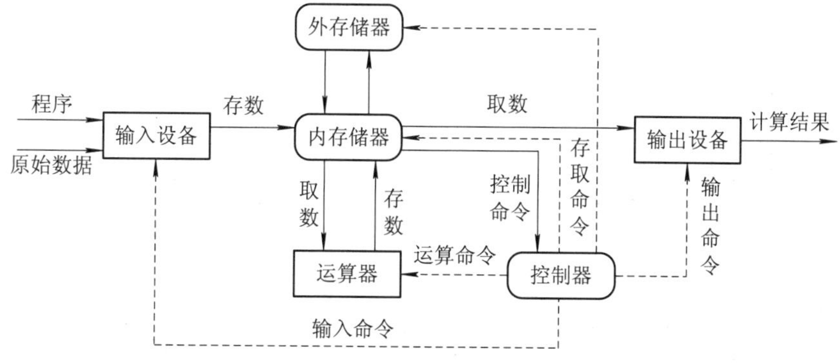

图 2.4　计算机的工作过程

计算机在执行程序的过程中，首先将程序通过输入设备送入内存，在控制器的控制下，将程序中的语句翻译成计算机能够识别的机器指令，再根据机器指令顺序逐条执行。执行一条指令的过程如下：

(1) 取指令：从内存储器中取出要执行的指令，送到CPU内部的指令寄存器暂存。

(2) 分析指令：将指令寄存器中的指令送到译码器，获得该指令对应的操作。

(3) 执行指令：CPU向各个部件发出相应的控制信号，完成指令规定的操作。

早期的计算机系统，指令的执行是以线性顺序方式进行的，如图2.5所示。

取指令1	分析指令1	执行指令1	……	取指令n	分析指令n	执行指令n

图2.5　指令的线性顺序执行方式

为了提高计算机的运行速度和执行效率，在现代计算机系统中，引入了流水线控制技术，使负责取指令、分析指令、执行指令的部件并行工作，其执行过程如图2.6所示。

取指令1	取指令2	取指令3	…	取指令n	…	…
	分析指令1	分析指令2	…	分析指令n−1	分析指令n	…
		执行指令1	…	执行指令n−2	执行指令n−1	执行指令n

图2.6　指令的流水线并行执行方式

2.2　微型计算机的结构

2.2.1　微型计算机的主机结构

1. 微型计算机主机的逻辑结构

微型计算机系统是20世纪70年代开始出现的面向个人的一种计算机系统。它的特点是体积小、灵活性大、价格便宜、使用方便等。

微型计算机是冯·诺依曼机。其硬件系统由运算器、存储器、控制器、输入设备、输出设备五部件组成。运算器和控制器利用大规模集成电路技术集成在一块半导体芯片上，构成中央微处理器(CPU)。各不同部件之间通过总线系统相互连接，传送数据，协调工作，如图2.7所示。

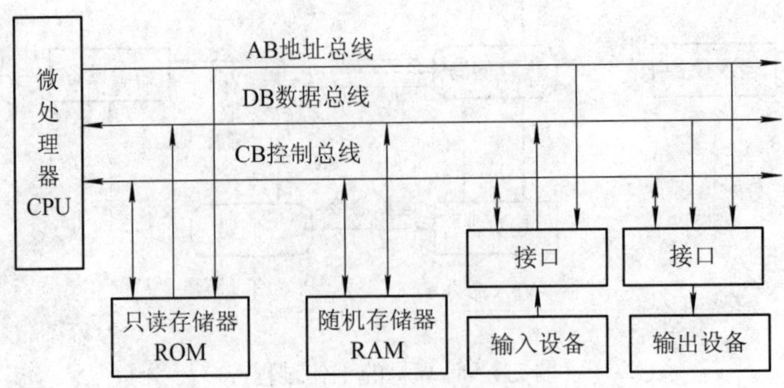

图2.7　微型计算机逻辑结构

2. 微型计算机主机的物理构成

前面从逻辑功能的角度介绍了计算机的主要组成，对于用户来说，更重要的是微机的实际物理结构，即组成微机的各个部件。

1) CPU

CPU 是整个计算机系统的核心，在主板上被装配在专门的 CPU 插座上。CPU 工作频率很高，会产生大量的热量，通常在 CPU 上需要安装散热风扇，否则会导致 CPU 过热损坏。

微机 CPU 的主要性能指标有主频、外频、前端总线(Front Side Bus，FSB)、字长和位数、核心数量、制作工艺等。

(1) 主频。主频是指 CPU 的时钟频率或工作频率(单位为 Hz)。一般来说，一个时钟周期内执行的指令数是固定的，所以主频越高，运算处理速度也就越快。目前，微型计算机 CPU 主频多数在 2～3 GHz 之间，最高可达 3.8 GHz。

(2) 外频。外频是指系统级总线的时钟频率或工作频率，是 CPU 到芯片组之间的总线速度。目前，CPU 外频可达 400 MHz 左右。CPU 在工作时需要与芯片组相互协调。

(3) 前端总线。前端总线是 CPU 与北桥芯片之间的连接总线，是 CPU 与外界交换数据的唯一通道。前端总线的数据传输能力对计算机的性能影响很大，如果没有高速的前端总线，CPU 性能再好也不能获得很高的整机性能。

FSB 的工作频率一般是外频的一个倍数，即在一个时钟周期内 FSB 可以传输数据若干次。

(4) 字长和位数。计算机的字长和位数是指作为一个整体参加运算、处理与传输的二进制位串的最大长度。如 32 位机，作为一个整体参加运算的二进制串为 4 个字节。计算机的字长越长，其处理能力也就越强。

(5) 核心数量。CPU 提高性能有两种途径。第一种途径是通过不断提高主频来获得高性能，然而主频越高，CPU 发热越多，会造成工作不稳定等种种问题。第二种途径是采用多核芯片，即在一个芯片上集成多个功能相同的处理器核心，从而提高性能。目前有 2 核、4 核、6 核、8 核等的多核 CPU，多核技术既提高了性能，也较好地解决了 CPU 的发热问题。

(6) 制造工艺。制造工艺指的是制造 CPU 的大规模集成电路的工艺。目前主流工艺是 45 nm 和 32 nm。CPU 集成度越高，则体积越小、功耗越低、性能越高。

2) 主板

微型计算机的核心部件大多集成在主机箱内的一块电路板上，这块电路板称为主板，如图 2.8 所示。

主板上的部件主要包括插槽/接口和芯片两部分。插槽/接口主要有 CPU 插槽、内存条插槽、PCI 插槽、AGP 插槽、IDE 接口、SATA 接口、键盘/鼠标接口、USB 接口、并行口、串行口等。芯片主要有北桥芯片、南桥芯片、BIOS 芯片等，有的主板还集成了显示卡、声卡、网卡等芯片部件。

主板总是与 CPU 相配套，例如安装 Intel Core CPU 的主板与安装 AMD Phenom CPU 的主板就不一样。

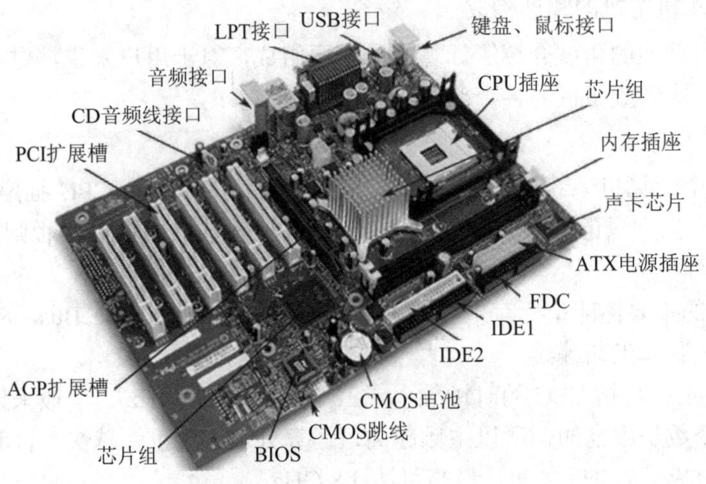

图 2.8　主板

3) 存储器

计算机系统使用了多种存储器类型，并建立起合理的存储层次体系。整个存储器系统包括主存储器(内存)和辅助存储器(外存)。内存是 CPU 能够直接访问的存储器，用于存放正在运行的程序和数据。内存有三种类型：随机存储器(RAM)、只读存储器(ROM)和高速缓冲存储器(Cache)。人们通常所说的内存指的是随机存储器。对于一台微机来说，其内存容量越大，则性能越好。

4) 软盘、硬盘、光盘驱动器

软盘、硬盘、光盘驱动器是微机系统中最主要的外部(辅助)存储设备，它们是系统装置中重要的组成部分，通过主板上的软、硬盘适配器与主机板相连接。

5) 各种接口适配器

各种接口适配器的作用是沟通主板与各种外部设备之间的联系渠道。通常配置的适配器有显示卡、声卡、调制解调器卡、SCSI 卡、网卡等。由于这些适配器都具有标准的电器接口和机械尺寸，因此用户可以根据需要进行配置和扩充。

6) 电源

电源是安装在一个金属壳内的独立部件，它的作用是为系统装置的各个部件和键盘提供工作所需的电源。显示器和打印机本身有自己独立的电源系统，不需要系统装置的电源供电。

7) 主机箱

主机箱由金属体和塑料面板组成，通常有卧式和立式两种。上述所有系统装置的部件均安装在主机箱内部，如图 2.9 所示。

图 2.9　主机箱

2.2.2　微型计算机的外部设备

微型计算机的外部设备即输入输出设备。它是计算机系统的重要组成部分，主要完成数据输入和结果输出。外部设备种类繁多，本节仅简单介绍微型机的基本输入输出设备。

1．基本输入设备

微型计算机的基本输入设备有键盘、鼠标、触摸屏等。

1) 键盘和鼠标

键盘和鼠标是普通微型计算机的标准配置，通常连接在 PS/2 接口或 USB 接口上，近年也出现了利用蓝牙技术的无线键盘和鼠标。

常用的鼠标有两种：一种是机械式的；另一种是光电式的。机械式鼠标由底部的胶质小球带动 X、Y 双向滚轴，通过滚轴末端的译码轮来进行屏幕空间定位。光电鼠标通过发光二极管和光敏管协作来测量鼠标位移，进行屏幕空间定位，可靠性强，精确度和灵敏度高，没有磨损，目前正逐渐取代机械式鼠标。

2) 触摸屏

触摸屏是一种新型的输入设备，是目前最简单、最方便的一种人—机交互方式，可以完全代替鼠标和键盘的功能，应用范围非常广阔。触摸屏一般由透明材料制成，安装在显示器前端，通过手指的触摸来选择功能，进行各种操作。即使是对计算机一无所知的人，也照样能立即使用，使计算机展现出更大的魅力。

触摸屏种类很多，使用较为普遍的有电阻式和电容式两种。电阻式触摸屏利用压力感应进行定位控制，可以使用任何物体来进行触控，写字、绘画非常方便，能在恶劣的环境下工作。电容式触摸屏利用人体电流感应进行工作，反应灵敏，有较好的清晰度，手指操作的便捷性优于电阻式触摸屏，现在的平板电脑多使用电容式触摸屏作为输入设备。

2．基本输出设备

微型计算机的基本输出设备有显示器和打印机。

1) 显示器

显示器是微型计算机的必备输出设备。常用的显示器有阴极射线管显示器(CRT)、液晶显示器(LCD)、LED 显示器和等离子显示器(PDP)等。显示器的主要技术指标有分辨率、颜色数量以及刷新频率。

2) 打印机

打印机是最常用的输出设备之一，用于打印各种文档、图形等。打印机的主要技术指标有打印速度(单位：ppm，即每分钟打印页数)、分辨率(单位：dpi，即每英寸的点数)、打印幅面、打印缓冲存储器等。打印机主要通过并行接口和 USB 接口与计算机进行连接。

打印机种类很多，按照打印工作原理，可以分为针式、喷墨和激光打印机三大类。

3．外存储器

外存储器简称外存，是一种辅助存储设备，用于存放需长期保存的程序或数据。外存上的程序和数据以文件的形式存储，当需要执行外存中的程序或处理外存中的数据时，必须将程序和数据调入 RAM 中。外存和内存相比，具有容量大、速度慢、成本低、持久存储等特点。

外存储器技术种类很多，以下介绍几种常见的外存储器技术。

1) 软盘技术

软盘技术是早期使用的存储技术之一。软盘是一张圆形聚酯薄膜塑料片，表面涂有磁性材料，封装在护套内。软盘在使用前必须进行格式化。

软盘曾经在相当长的一个时期内被广泛应用，但由于其存取速度慢、容量小、可靠性低，现已被U盘所取代。

2) 硬盘技术

硬盘是计算机的主要存储设备。绝大多数微型计算机以及许多数字设备(如数字摄像机)都配有硬盘。硬盘具有容量大、存取速度快、稳定耐用、价格便宜等优点，但携带不如软盘和U盘方便。

世界上第一块硬盘在1957年由雷诺·约翰逊设计完成。1973年，IBM发明了温彻斯特技术，即在硬盘高速旋转的过程中，磁头与磁盘表面形成一层极薄的气体间隙，使磁头悬浮在磁盘表面。用这种技术制作的磁盘，就是我们今天看到的在微型计算机上广泛应用的温盘。

硬盘是两面涂有磁性材料的铝合金或玻璃圆盘。将多个盘片固定在一根轴上，盘片可以随轴转动，称为一个盘组。硬盘存储器的盘体往往由一个盘组或多个盘组组成。

硬盘在首次使用时，要按照有关的使用说明书，对硬盘进行格式化操作。在使用过程中不要冲击和震荡硬盘。

3) 光盘技术

光盘存储器是20世纪80年代中期开始广泛应用的外存储器。它具有存储容量大、可靠性高、存取速度快等优点，近年来发展十分迅速。光盘存储器的基本原理：光盘片是在有机塑料基底上加上各种镀膜制作而成，数据通过激光刻在盘片上。光盘的金属镀膜层上布满了许多极小的凹坑或非凹坑，聚焦的激光束照射在光盘上，凹坑和非凹坑对激光的反射强度不同，利用这种差别即可读出所存储的信息。高能量的激光光束可以聚集成约1微米的光斑，所以光盘存储器具有其他存储器无法比拟的存储容量。光盘的种类有三种：

(1) 只读光盘(CD-ROM)，它存储的内容是在光盘生产时写入的，盘片一旦生成，其内容就不可更改。CD-ROM的读出速度比硬盘稍慢，一张盘片的容量大约650 MB，常作为电子出版物、大型素材的存储载体。

(2) 追记(WORM)光盘，只能写入一次，之后可以任意地多次读取，主要用于档案等原始数据的存储。

(3) 可擦写(E-R/W)光盘，像磁盘一样可任意读写数据。

4) 移动存储器

光盘为我们提供了一种大容量、携带方便的存储选择，但是光盘的读写，特别是刻录显得极不方便。移动存储设备的兴起为我们带来了更大的方便。常用的移动存储设备有U盘和移动硬盘。它们的共同特点是可以反复存取数据，不需要额外的驱动设备，一般使用USB接口，在Windows XP等操作系统中可以即插即用。

U盘体积小巧，携带方便，可靠性高，现在的容量一般在2～30 GB。

移动硬盘体积要比U盘大一些，其容量也更大，目前移动硬盘的最大容量可达3 TB，可以满足大容量数据的存储和备份需求。

2.3 计 算 原 理

计算机最基本的功能是对数据进行计算和加工处理。一个问题要用计算机来求解，包含五个递进层次的内容：可计算、复杂度、算法、软件、硬件实现。现代计算机是基于二进制来进行运算的，二进制是计算机计算功能的基础。

2.3.1 二进制

1. 二进制和《易经》

在日常生活中，经常会遇到不同的计数方法，如最普遍的十进制，表示月份的十二进制，表示时间的六十进制，表示星期的七进制等。二进制是特殊的计数方法，虽然看起来与日常生活没有太直接的关系，但其发展、演变与我们的生活有着密切的联系和深厚的渊源。

二进制有 0 和 1 两个基数。最早以 0、1 进行思想表述的当推为五千年前中华民族摇篮中的《易经》。《易经》以阴和阳作为天地之根基，通过阴、阳的位置及组合，表达万事万物。通过组合的变化，表达万事万物的发展变化。形成了二仪、四象、八卦、六十四卦、三百八十四爻的多层次的体系结构。从计算机科学的角度看，《易经》是一种由两种状态(阴和阳，即 0 和 1)组成的人工编码系统，可以表达明确的事物。德国数学家莱布尼茨正是在《易经》的启发下创立了二进制。从计算机科学今天的成就来看，两种状态(0 和 1)不但能显性地表达宇宙间的万事万物，而且可以显性地表达万事万物任意、复杂的变化。在计算机中采用二进制，还考虑到经济、可靠、容易实现、运算方便、节省器件等因素。

2. 进位计数制

对于任何一种数制表示的数，我们都可以写成按位权展开的多项式之和，其一般形式为

$$N = d_{n-1}b^{n-1} + d_{n-2}b^{n-2} + \cdots + d_1b^1 + d_0b^0 + d_{-1}b^{-1} + \cdots + d_{-m}b^{-m}$$

其中，n 表示整数的总位数，m 表示小数的总位数，d_i 表示该位的数码，b 表示进位制的基数，b^i 表示该位的位权。

表 2.1 列出了计算机中常用的几种进位数制。

表 2.1　计算机中常用的进位计数制

进位制	二进制	八进制	十进制	十六进制
规则	逢二进一	逢八进一	逢十进一	逢十六进一
基数	2	8	10	16
基本符号	0，1	0，…，7	0，…，9	0，…，9，A，…，F
位权	2^i	8^i	10^i	16^i
代表符号	B	O	D	H

【例 2-1】 十进制 725.68 可表示为

$$(725.68)_{10} = 7\times10^2 + 2\times10^1 + 5\times10^0 + 6\times10^{-1} + 8\times10^{-2}$$

二进制数 1101.11 可表示为

$$(1101.11)_2 = 1\times2^3 + 1\times2^2 + 0\times2^1 + 1\times2^0 + 1\times2^{-1} + 1\times2^{-2}$$

3. 不同进制数之间的转换

1) r 进制数转换为十进制

按照多项式，r 进制数展开后累加，即可得到该 r 进制相对应的十进制数。

【例 2-2】 分别将下列二、八、十六进制数转换成十进制数：

$$
\begin{aligned}
(1101.101)_2 &= 1\times2^3+1\times2^2+0\times2^1+1\times2^0+1\times2^{-1}+0\times2^{-2}+1\times2^{-3}\\
&= 8+4+0+1+0.5+0+0.125\\
&= (13.625)_{10}
\end{aligned}
$$

$$
\begin{aligned}
(326.52)_8 &= 3\times8^2+2\times8^1+6\times8^0+5\times8^{-1}+2\times8^{-2}\\
&= 192+16+6+0.625+0.031\,25\\
&= (214.656\,25)_{10}
\end{aligned}
$$

$$
\begin{aligned}
(72A3.C69)_{16} &= 7\times16^3+2\times16^2+10\times16^1+3\times16^0+12\times16^{-1}+6\times16^{-2}+9\times16^{-3}\\
&= 28\,672+512+160+3+0.75+0.046\,875+0.002\,197\,265\,625\\
&= (29\,347.799\,072\,656\,25)_{10}
\end{aligned}
$$

2) 十进制转换为 r 进制

将十进制转换为 r 进制时，可将此数分成整数与小数两部分分别进行转换，然后再合并即可。

① 整数部分：用除 r 取余法(规则：先余为低位，后余为高位)。

② 小数部分：用乘 r 取整法(规则：先整为高位，后整为低位)。

【例 2-3】 求$(35.6875)_{10} = (?)_2$

解

除数	商	取余数	
2	35		低位
2	17	1	↑
2	8	1	↑
2	4	0	↑
2	2	0	↑
2	1	0	↑
	0	1	高位

运算	取整数	
0.6875 × 2 = 1.375	1	高位
0.375 × 2 = 0.75	0	↓
0.75 × 2 = 1.5	1	↓
0.5 × 2 = 1.00	1	低位

所以$(35.6875)_{10} = (100011.1011)_2$。

3) 二进制与八、十六进制间的转换

每位八进制数均可用 3 位二进制数表示，每位十六进制数可用 4 位二进制数表示，参见表 2.2 和表 2.3。

表 2.2 二进制数与八进制数转换表

八进制	0	1	2	3	4	5	6	7
二进制	000	001	010	011	100	101	110	111

表 2.3 二进制数与十六进制数转换表

十六进制	0	1	2	3	4	5	6	7
二进制	0000	0001	0010	0011	0100	0101	0110	0111
十六进制	8	9	A	B	C	D	E	F
二进制	1000	1001	1010	1011	1100	1101	1110	1111

【例 2-4】 求$(11011011.1101)_2=(?)_8=(?)_{16}$。

解 $$(11011011.1101)_2 = 011011011.110100 = (333.64)_8$$
$$= 11011011.1101 = (DB.D)_{16}$$

【例 2-5】 求$(76.7)_8=(?)_2$，$(D3A.2E)_{16}=(?)_2$。

解 $$(76.7)_8 = (111110.111)_2$$
$$(D3A.2E)_{16} = (110100111010.0010111)_2$$

2.3.2　图灵机——计算机的理论模型

20 世纪 30 年代，英国数学家图灵通过对人的计算过程的哲学分析，提出了一个理论模型。这个模型从过程的角度来刻画计算的本质，结构简单，操作规则较少，在计算机出现之前十几年，就清晰地勾画出了计算机解决问题的过程，这个理论模型称为图灵机。正是有了这个理论模型，人类才发明了有史以来最伟大的科学工具——计算机。

1. 图灵机原理

图灵机由一条两端可无限延长的带子、一个读写头以及一组控制读写头工作的命令组成，如图 2.10 所示。

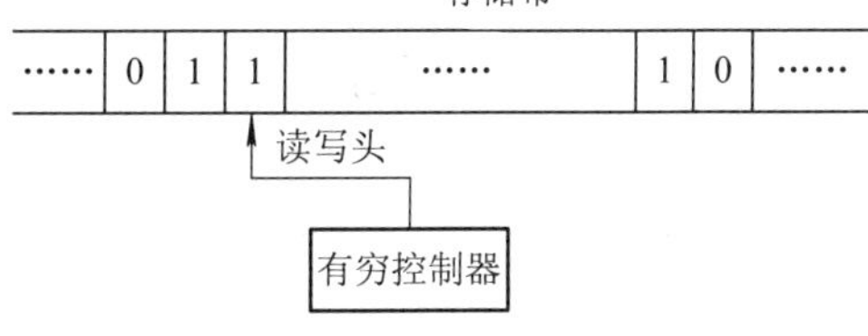

图 2.10　图灵机示意图

将制作成包含一串 0 和 1 的纸带输入机器。机器对输入的纸带执行的基本操作包括转 0 为 1 或转 1 为 0，左移一位，右移一位，停止。指令是对基本动作的控制，机器按照指令的控制选择执行哪一个动作，指令也可以用 0 和 1 表示。输入如何变为输出的控制过程可以通过编写程序来完成，程序由若干条指令构成。机器能够读取程序，并按照程序中的指令顺序读取指令。读取一条指令，执行一条指令，由此实现自动计算。从图灵机模型我们可以清楚地看到，待处理的信息及处理的结果之间，是通过对 0 和 1 的变换来完成的。这种解决问题的方法和步骤，也就是算法。

2. 图灵机模型

图灵机是一个四元组 $T=(I,O,P,D)$，其中，I 为有穷输入集，O 为有穷输出集，P 为控制集，D 为状态集。

图灵机的计算能力相当强大，现已证明：凡是能用算法方法解决的问题，也一定能用图灵机解决；凡是图灵机解决不了的问题，任何算法都解决不了。所以我们可以认为，凡是能化为图灵机模型并保证每一部分都可实现的问题，就是人类目前可以计算的，即是可以用计算机进行求解的问题。

2.4　计算机中的信息表示

2.4.1　信息的表示与存储

计算机科学的研究主要包括信息采集、存储、处理和传输，而这些都与信息的量化和

表示密切相关，本节将从信息的定义出发，对数据的表示、处理、存储方法进行论述，从而得出计算机对信息的处理方法。

1. 数据与信息

数据是对客观事物的符号表示。数值、文字、语言、图形、图像等都是不同形式的数据。信息(Information)是现代生活和计算机科学中一个非常流行的词汇。一般来说，信息是对各种事物变化和特征的反映，是经过加工处理并对人类客观行为产生影响的数据的表现形式。人通过接受信息来认识事物，从这个意义上说，信息是一种知识，是接受者原来不了解的知识。数据是信息的载体，信息是对人有用的数据。

计算机科学中的信息通常被认为是能够用计算机处理的有意义的内容或消息，它们以数据的形式出现。

2. 计算机中的数据

ENIAC 是一台十进制的计算机，它采用十个真空管来表示一位十进制数。冯·诺依曼在研究 ENIAC 时，发现这种十进制的表示和实现方式十分麻烦，故提出了二进制的表示方法，从此改变了整个计算机的发展历史。

二进制只有“0”和“1”两个数字，相对十进制而言，采用二进制表示，不但运算简单、易于物理实现、通用性强，而且更重要的优点是所占用的空间和所消耗的能量小得多，机器可靠性高。

计算机内部均用二进制数来表示各种信息，但计算机与外部交往仍采用人们熟悉和便于阅读的形式，如十进制数据、文字显示以及图形描述等。其间的转换，则由计算机系统的硬件和软件来实现。

2.4.2 计算机中数据的单位

计算机中数据的最小单位是位(bit)。存储容量的基本单位是字节(Byte)。8 个二进制位称为 1 个字节，此外还有 KB、MB、GB、TB 等。

1. 位

位是度量数据的最小单位，在数字电路和计算机技术中采用二进制表示数据，代码只有 0 和 1，采用多个数码(0 和 1 的组合)来表示一个数，其中的每一个数码称为 1 位。

2. 字节

一个字节由 8 位二进制数字组成(1 Byte = 8 bit)。字节是信息组织和存储的基本单位，也是计算机体系结构的基本单位。为了便于衡量存储器的大小，统一以字节(Byte，B)为单位。

千字节：$1\ \text{KB} = 1024\ \text{B} = 2^{10}\ \text{B}$

兆字节：$1\ \text{MB} = 1024\ \text{KB} = 2^{20}\ \text{B}$

吉字节：$1\ \text{GB} = 1024\ \text{MB} = 2^{30}\ \text{B}$

太字节：$1\ \text{TB} = 1024\ \text{GB} = 2^{40}\ \text{B}$

3. 字长

人们将计算机一次能够并行处理的二进制数称为该机器的字长，也称为计算机的一个字。在计算机诞生初期，计算机一次能够同时(并行)处理 8 个二进制数。随着电子技术的发展，计算机的并行能力越来越强。计算机的字长通常是字节的整倍数，如 8 位、16 位、32 位，发展到今天微型机的 64 位，大型机已达 128 位。

字长是计算机的一个重要指标，直接反映一台计算机的计算能力和精度。字长越长，计算机的数据处理速度越快。

2.4.3　字符的编码

字符包括西文字符(字母、数字、各种符号)和中文字符。由于计算机是以二进制的形式存储和处理数据的，因此字符也必须按特定的规则进行二进制编码才能进入计算机。用以表示字符的二进制编码称为字符编码。字符编码的方法很简单，首先确定需要编码的字符总数，然后将每一个字符按顺序确定编号，编号值的大小无意义，仅作为识别与使用这些字符的依据。字符形式的多少涉及编码的位数。对西文字符与中文字符，由于形式不同，使用不同的编码。

1. 西文字符的编码

计算机中最常用的西文字符编码是 ASCII(American Standard Codefor Information Interchang，美国信息交换标准码)，被国际标准化组织指定为国际标准。ASCII 码有 7 位码和 8 位码两种版本，国际通用的是 7 位 ASCII 码，用 7 位二进制数表示一个字符的编码，共有 $2^7=128$ 个不同的编码值，相应可以表示 128 个不同字符的编码，如图 2.11 所示。

ASCII表

(American Standard Code for Information Interchange　美国标准信息交换代码)

高四位		ASCII控制字符												ASCII打印字符														
		0000						0001						0010		0011		0100		0101		0110		0111		
		0						1						2		3		4		5		6		7		
低四位		十进制	字符	Ctrl	代码	转义字符	字符解释	十进制	字符	Ctrl	代码	转义字符	字符解释	十进制	字符	十进制	字符	十进制	字符	十进制	字符	十进制	字符	十进制	字符	Ctrl
0000	0	0		^@	NUL	\0	空字符	16	►	^P	DLE		数据链路转义	32		48	0	64	@	80	P	96	`	112	p	
0001	1	1	☺	^A	SOH		标题开始	17	◄	^Q	DC1		设备控制 1	33	!	49	1	65	A	81	Q	97	a	113	q	
0010	2	2	☻	^B	STX		正文开始	18	↕	^R	DC2		设备控制 2	34	"	50	2	66	B	82	R	98	b	114	r	
0011	3	3	♥	^C	ETX		正文结束	19	‼	^S	DC3		设备控制 3	35	#	51	3	67	C	83	S	99	c	115	s	
0100	4	4	♦	^D	EOT		传输结束	20	¶	^T	DC4		设备控制 4	36	$	52	4	68	D	84	T	100	d	116	t	
0101	5	5	♣	^E	ENQ		查询	21	§	^U	NAK		否定应答	37	%	53	5	69	E	85	U	101	e	117	u	
0110	6	6	♠	^F	ACK		肯定应答	22	▬	^V	SYN		同步空闲	38	&	54	6	70	F	86	V	102	f	118	v	
0111	7	7	•	^G	BEL	\a	响铃	23	↨	^W	ETB		传输块结束	39	'	55	7	71	G	87	W	103	g	119	w	
1000	8	8	◘	^H	BS	\b	退格	24	↑	^X	CAN		取消	40	(	56	8	72	H	88	X	104	h	120	x	
1001	9	9	○	^I	HT	\t	横向制表	25	↓	^Y	EM		介质结束	41	)	57	9	73	I	89	Y	105	i	121	y	
1010	A	10	◙	^J	LF	\n	换行	26	→	^Z	SUB		替代	42	*	58	:	74	J	90	Z	106	j	122	z	
1011	B	11	♂	^K	VT	\v	纵向制表	27	←	^[	ESC	\e	溢出	43	+	59	;	75	K	91	[	107	k	123	{	
1100	C	12	♀	^L	FF	\f	换页	28	∟	^\	FS		文件分隔符	44	,	60	<	76	L	92	\	108	l	124	|	
1101	D	13	♪	^M	CR	\r	回车	29	↔	^]	GS		组分隔符	45	-	61	=	77	M	93	]	109	m	125	}	
1110	E	14	♫	^N	SO		移出	30	▲	^^	RS		记录分隔符	46	.	62	>	78	N	94	^	110	n	126	~	
1111	F	15	☼	^O	SI		移入	31	▼	^-	US		单元分隔符	47	/	63	?	79	O	95	_	111	o	127	⌂	^Backspace 代码：DEL

注：表中的ASCII字符可以用“Alt + 小键盘上的数字键”方法输入。

图 2.11　ASCII 码编码表

图 2.11 中对大小写英文字母、阿拉伯数字、标点符号及控制符等特殊符号规定了编码，表中每个字符都对应一个数值，称为该字符的 ASCII 码值。例如，SP(Spac)编码是 0100000，表示的是非图形字符(即控制字符)空格。

ASCII 码表中共有 34 个非图形字符(即控制字符)，其余 94 个为可打印字符，也称为图形字符。

计算机的内部用一个字节(8 位二进制位)存放一个 7 位 ASCII 码，最高位置为 0，在需要奇偶校验时，这一位可用于存放奇偶校验的值，此时称这一位为校验位。

2. 汉字的编码

汉字字符的编码方式比起英文字符要复杂得多，汉字不像英文符号一样可以直接输入和显示，所以对汉字的处理需要三种编码，即机内存储码、汉字输入码和汉字显示码。

1) 机内存储码

我国于 1980 年发布了国家汉字编码标准 GB2312-80，全称是《信息交换用汉字编码字符集——基本集》(简称 GB 码或国标码)。根据统计，把最常用的 6763 个汉字分成两级：一级汉字有 3755 个，按汉语拼音字母的次序排列；二级汉字有 3008 个，按偏旁部首排列。由于一个字节只能表示 256 种编码，是不足以表示 6763 个汉字的，所以一个国标码用两个字节来表示一个汉字，每个字节的最高位为 0。汉字机内码由两个字节组成，两个字节的最高位都是 1，如“大”的存储码为 101010011110011。

2) 汉字输入码

汉字输入码又称为外码，是输入汉字时使用的编码方式，曾一度成为汉字信息化的最大瓶颈。常用的汉字输入码有区位码、拼音码、字形码、音形码等。其中 20 世纪 80 年代中期出现的五笔字型输入法，实现了汉字的“盲打”，对汉字信息化产生了重要的影响。目前，各种手持式电子设备普遍使用的是手写输入，是一种通过智能模式识别方式进行汉字输入的方法，是一种非编码的直接识别字形的输入方法。

各种输入码的一个共同特点是操作简便、输入快速、减少重码。

3) 汉字显示码

汉字显示码即字模点阵码，是用 0、1 不同组合表征汉字字形信息的编码。其点阵有 16×16、24×24、32×32、48×48 几种。

除字模点阵码外，汉字还有矢量编码，可以实现任意大小的无失真缩放。

现代计算机系统除了处理数字、字符外，还需要处理大量的多媒体信息。多媒体信息指直接作用于人感觉器官的文字、图形、图像、动画、声音、视频等各种媒体的总称。多媒体信息的表示与处理过程称为数字化，包括采集、压缩、存储、解压和显示等。多媒体数字化的详细内容将在后续章节专门介绍。

习　题

一、选择题

1. 在冯·诺依曼型体系结构的计算机中引进了两个重要的概念，它们是(　　)。

A. CPU 和内存储器　　B. 二进制和存储程序
C. 机器语言和十六进制　　D. ASCII 编码和指令系统

2. 1946 年诞生了世界上第一台电子计算机，它的英文名字是(　　)。
A. UNIVAC-I　　B. EDVAC　　C. ENIAC　　D. MARK-II

3. 一个完整的计算机系统由(　　)组成。
A. CPU 和存储器　　B. 输入、输出系统和系统软件
C. CPU 和输入、输出系统　　D. 硬件系统和软件系统

4. 国际通用的 ASCII 码的码长是(　　)位二进制数。
A. 7　　B. 8　　C. 12　　D. 16

5. 国标码采用两个字节表示一个汉字，每个汉字使用了(　　)位二进制数。
A. 6　　B. 5　　C. 16　　D. 8

6. 计算机中所有信息的存储都采用(　　)。
A. 十进制　　B. 十六进制　　C. ASCII 码　　D. 二进制

7. 组成中央处理器(CPU)的主要部件是(　　)。
A. 控制器和内存　　B. 运算器和内存
C. 控制器和寄存器　　D. 运算器和控制器

8. 计算机能够直接识别和执行的语言是(　　)。
A. 汇编语言　　B. 自然语言　　C. 机器语言　　D. 高级语言

9. 八进制数 703 对应的二进制数是(　　)。
A. 1110011　　B. 110101　　C. 111000011　　D. 111001011

10. 下列数中最大的是(　　)。
A. $(98)_{10}$　　B. $(74)_{16}$　　C. $(341)_8$　　D. $(11011010)_2$

二、简答题

1. 一个完整的计算机系统由哪两大部分组成？这两部分有何联系？
2. 计算机硬件由哪五大部分组成？各部分的作用分别是什么？
3. 简述计算机的工作原理。

第 3 章　Windows 7 操作系统基础

从家庭常用的个人计算机到科学研究使用的功能强大的巨型计算机，每台计算机都配有各自的操作系统，可以说操作系统已经成为现代计算机系统不可分割的重要组成部分。

本章主要介绍了操作系统的基本概念、功能，并以 Windows 7 操作系统为基础讲解操作系统的基本操作和应用。

3.1　初识 Windows 7

操作系统是一组用于管理和控制计算机硬件和软件资源，为用户提供便捷使用计算机的程序的集合，是用户和计算机之间的接口，也是计算机硬件与其他软件之间的纽带和桥梁。用户要想方便、有效地使用计算机，一般都要通过操作系统才能正常进行。操作系统是计算机最重要的系统软件，是计算机的灵魂，是每台计算机不可缺少的组成部分。离开操作系统，计算机只是一堆废料。

3.1.1　操作系统的定义

操作系统应包括以下三个基本概念：

(1) 操作系统是一个由少则上万行、多则几百万行代码组成的庞大软件集合，是计算机系统软件的核心。

(2) 操作系统的功能是控制和管理计算机所有硬件和软件资源，使它们有条不紊、高效安全地工作，是计算机系统的管理和指挥机构。

(3) 操作系统是人们为了能更好、更方便地使用计算机而开发的，是用户和计算机系统之间的交互界面和桥梁，用户正是通过操作系统和计算机打交道的。

3.1.2　操作系统的作用

操作系统的作用是调度、分配和管理所有的硬件和软件系统，使其统一、协调地运行，以满足用户实际操作的需求。操作系统为使用计算机的用户合理组织工作流程，并向其提供功能强大、使用便利以及扩展的工作环境。其主要作用体现在以下两方面：

1．有效管理计算机资源

操作系统要合理地组织计算机的工作流程，使软件和硬件之间、用户和计算机之间、系统软件和应用软件之间的信息传输和处理流程准确、畅通；操作系统要有效地管理和分配计算机系统的硬件和软件资源，使得有限的系统资源能够发挥更大的作用。操作系统主要工作之一就是有序地管理计算机中的全部资源，提高计算机系统的工作效率。

2. 为用户提供友好的界面

操作系统通过内部极其复杂的综合处理，为用户提供友好、便捷的操作界面，以便用户无需了解计算机硬件或系统软件的有关细节就能方便地使用计算机，提高用户的工作效率。

3.1.3　微型计算机常用的操作系统

1. DOS 操作系统

DOS(Disk Operating System，磁盘操作系统)是微软公司开发的、早期微型计算机使用最广泛的操作系统，是单用户单任务的操作系统，采用字符用户界面，主要靠字符信息进行人机交换。

在 Windows 7 中提供了对部分 DOS 程序的支持，用户可以在 Windows 7 的“程序”菜单的“附件”中，选中“命令提示符”项，启动 DOS。在打开的 DOS 窗口中可以使用字符命令运行各种应用程序和进行文件管理。目前，在一些计算机硬件管理和编程场合还常常会用到 DOS 命令。

2. Windows 操作系统

Windows 操作系统是微软公司在 MS-DOS 系统的基础上创建的一个多任务的图形用户界面。目前有代表性的有 Windows XP、Windows Vista、Windows 7 等，另外还有 Windows Server 等网络版系列。Windows 操作系统已经成为风靡全球的计算机操作系统。从发展历史来看，Windows 操作系统一直是朝着增加或提高多媒体性、方便性、网络性、安全性、稳定性的方向发展的。

Microsoft 公司于 2009 年推出中文版 Windows 7，其核心版本号为 Windows NT 6.1。Windows 7 可供家庭及商业工作环境、笔记本电脑、平板电脑、多媒体中心等使用。Windows 7 版本有家庭普通版、家庭高级版、专业版、企业版、旗舰版。

3. Unix 操作系统

Unix 操作系统是一种性能先进、功能强大、使用广泛的多用户、多任务的操作系统。该系统 1969 年诞生于贝尔实验室，是典型的交互式分时操作系统，它具有开放性、公开源代码、易扩充、易移植等特点。用户可以方便地向系统中添加新功能和工具。该系统具有强大的网络与通信功能，可以安装与运行在微型机、工作站以至大型机上。该系统因其稳定可靠的特点而在金融、保险等行业广泛应用。

4. Linux 操作系统

Linux 是一个免费、源代码开放、自由传播、类似于 Unix 的操作系统，是一个基于 Unix 的多用户、多任务、支持多线程和多 CPU 的操作系统。它既可以作为各种服务器操作系统，也可以安装在微机上，并提供上网软件、文字处理软件、绘图软件、动画软件等。它还提供了类似 Windows 风格的图形界面。缺点是兼容性差，使用不习惯。目前，Linux 操作系统在嵌入式系统应用开发中表现出了不可替代的优势。

3.1.4 Windows 7 操作系统的安装

Windows 7 的安装通常有两种方法：一种是正常安装，另一种为快速恢复(系统还原)安装。对于一台新计算机，可以用正常安装方法，对计算机进行安装，安装成功后，做基本的系统优化，再用一键还原软件制作恢复文件，恢复文件是一种系统备份文件，以后可利用它来快速恢复计算机系统。

1. Winodws 7 的最低配置

Windows 7 安装的最低配置要求如表 3.1 所示。

表 3.1 Windows 7 安装的最低配置要求

设备名称	基本要求	备 注
CPU	1 GHz 及以上	
内存	1 GB 及以上	安装识别的最低内存是 512 M，小于 512 M 会提示内存不足(只是安装时提示)。实际上 384 M 就可以较好运行，即使内存小到 96 M 也能勉强运行
硬盘	20 GB 以上可用空间	安装后就是这个大小，最好可以保证该分区有 20 GB 的大小
显卡	有 WDDM1.0 或更高版驱动的集成显卡 64 MB 以上	128 MB 为打开 Aero 最低配置，不打开的话 64 MB 也可以
其他设备	DVD-R/RW 驱动器或者 U 盘等其他储存介质	安装用。如果需要，可以用 U 盘安装 Windows 7，这需要制作 U 盘引导

2. Windows 7 操作系统的正常安装

所谓安装操作系统，一般是指将光盘中的系统程序安装到计算机硬盘中。如果计算机是第一次安装系统程序，首先要设置 BIOS 参数(大部分计算机只要在开机时，长按 Del 或 F2 键，即可进入 BIOS 参数设置)。将第一驱动盘(1ST BootDevice)设置为光盘。将安装盘插入光驱，开机或重新启动计算机，计算机将启动自动安装程序。如果第一次使用硬盘，系统会自动提示硬盘分区。分区是将一个大硬盘划分为几个小的逻辑盘。第一逻辑盘自动命名为“C:”，其他逻辑盘命名为“D:”“E:”“F:”等，依英文字母顺序排列。计算机默认“C:”分区为激活分区，该分区是当前操作系统的安装分区(用户也可以自选激活分区)，后续操作系统软件将自动安装在该分区中。

分区完成后，计算机将自动提示进行硬盘格式化。硬盘格式化后，操作系统开始安装。虽然 Windows 7 的安装过程基本不需要手动操作，但是有一些地方，计算机会自动提示用户在安装过程中进行设置或输入。例如输入序列号、设置时间、网络、管理员密码、用户设置等。

Windows 7 操作系统正常安装的具体方法如下：

1) *在新格式化的硬盘上安装 Windows 7*

(1) 运行安装程序：一般将安装盘放入光驱将自动执行安装程序，否则运行 Setup.exe。

(2) 运行安装向导：在安装向导中，填入姓名、公司等相关信息。设置安装路径以及要安装的组件。

(3) 开始安装：收集完基本的相关信息后，安装向导就会开始安装文件。

(4) 完成安装：扫尾工作，安装开始菜单项目及注册组件和驱动程序等。

2) 升级式安装

升级式安装即只对现有操作系统进行升级，安装完成后计算机上只有一种操作系统——Windows 7。

在安装界面中，选择“升级”选项，安装程序将替换现有的 Windows 系统文件，但现有的设置和应用程序将保留下来。

3) 克隆安装

借助第三方软件(著名的就是 Norton Ghost 和 Drive Image)，将已经安装好的系统做成镜像保存好，需要时只用几分钟就可以恢复。

操作系统安装完成后可以看到 Windows 7 的标准桌面。计算机桌面包括桌面上的图标、背景和外观等，用户可以自己设置和定义，具体设置方法将在后面的系统管理中进行讲解。

3. Windows 7 操作系统快速恢复(系统还原)

用户第一次安装完成计算机系统后，为了防止今后使用过程中病毒破坏计算机系统，造成计算机无法正常工作，可以在第一次安装完计算机系统后创建还原点或安装“一键还原”程序，例如“一键还原精灵(装机版)”程序。该程序运行完成后，将立即对现有的系统进行自动备份。以后当这台计算机系统被破坏而无法工作时，只要按 F9 或 F11 键，就可以用备份的计算机系统覆盖现在被破坏的系统，使计算机恢复正常工作。

“一键还原”系统安装好后，每次开启计算机，用户在计算机上都可以看到“系统自动恢复”的提示信息。只要用户按提示按功能键 F11，这时备份的系统程序将自动覆盖现有的计算机系统。

3.2　Windows 7 基本操作

3.2.1　操作系统的启动

启动操作系统实际上就是启动计算机，是把操作系统的核心程序从磁盘(软盘、硬盘)、优盘、光盘或其他存储设备中调入内存并执行的过程。这是用户使用计算机的前提，是不可缺少的首要操作步骤。尽管启动操作系统的内部处理过程非常复杂，其间要完成很多工作，但这一切都是自动执行的，无需用户操心。具体的启动加载过程与具体的操作系统和具体的计算机配置有关。对于 Windows 来说，一般启动方法有以下三种：

(1) 冷启动。冷启动也称加电启动，用户只需打开计算机电源开关即可。这是计算机在处于未通电状态下的启动方式。

(2) 热启动。用户只需同时按下键盘上的 Ctrl+Alt+Delete 三个键，在随后弹出的对话框中按提示操作即可。这是计算机在已经处于通电状态下，但由于某种原因如死机等需要重新启动操作系统的方式。

(3) 复位启动。用户只需按一下主机箱面板上的 RESET 按钮即可实现。这是在系统完

全崩溃，无论按什么键计算机都没有反应的情况下，对计算机强行复位，重新启动操作系统。但值得注意的是，许多品牌机没有安装这个按钮。

对于安装了 Windows 7 的计算机，只要启动了计算机即可进入 Windows 7，显示 Windows 7 桌面。在 Windows 7 启动时系统可能会要求输入用户密码，这一过程称为登录，此时登录的用户可以有自己的自定义选项设置。此外在 Windows 7 启动过程中，用户可根据需要，以不同的模式进入 Windows 7。

3.2.2 Windows 7 桌面

“桌面”是在安装好中文版 Windows 7 后，用户启动计算机登录到系统后看到的整个屏幕界面，它是用户和计算机进行交流的窗口，上面可以存放用户经常用到的应用程序和文件夹图标，用户可以根据自己的需要在桌面上添加各种快捷图标，在使用时双击图标就能够快速启动相应的程序或文件。

用户可以通过桌面管理的计算机，与以往任何版本的 Windows 相比，中文版 Windows 7 桌面有着更加漂亮的画面、更富个性的设置和更为强大的管理功能。

当用户安装好中文版 Windows 7 后，可以看到如图 3.1 所示的桌面。

图 3.1 Windows 7 桌面

1. 桌面上的图标

“图标”是指在桌面上排列的小图像，它包含图形、说明文字两部分，如果用户把鼠标放在图标上停留片刻，桌面上会出现对图标所表示内容的说明或者是文件存放的路径，双击图标就可以打开相应的内容。

安装好中文版 Windows 7，启动后的桌面默认图标即系统图标说明如下：

(1) “Administrator”图标：用于管理“Administrator”下的文件和“我的文档”等文件夹，可以保存图片、音乐、下载的文档和其他文档，它是系统默认的文档保存位置。

(2) “计算机”图标：用户通过该图标可以实现对计算机硬盘驱动器、文件夹和文件的管理，在其中用户可以访问连接到计算机的硬盘驱动器、照相机、扫描仪和其他硬件以及有关信息。

(3) “网络”图标：该项中提供了公用网络和本地网络属性，在双击展开的窗口中用户可以进行查看工作组中的计算机、查看网络位置及添加网络位置等工作。

(4) “回收站”图标：在回收站中暂时存放着用户已经删除的文件或文件夹等一些信息，当用户还没有清空回收站时，可以从中还原删除的文件或文件夹。

(5) “Internet Explorer”图标：用于浏览互联网上的信息，通过双击该图标可以访问网络资源。

如果用户想恢复桌面上系统默认的图标，可执行下列操作：

(1) 右击桌面，在弹出的快捷菜单中选择“个性化”命令。

(2) 在打开的对话框中单击“更改桌面图标”，打开“桌面图标设置”对话框。

(3) 在“桌面图标”选项组中选中“我的电脑”“网上邻居”等复选框(若取消选择则在桌面隐藏该图标)，单击“确定”按钮返回到“个性化”对话框。

(4) 单击“应用”按钮，然后关闭该对话框，这时用户就可以看到系统默认的图标。

2. 创建桌面图标

桌面上的图标实质上就是打开各种程序和文件的快捷方式，用户可以在桌面上创建自己经常使用的程序或文件的图标，这样使用时直接在桌面上双击即可快速启动该项目。创建桌面图标可执行下列操作：

(1) 右击桌面上的空白处，在弹出的快捷菜单中选择“新建”命令。

(2) 利用“新建”命令下的子菜单，用户可以创建各种形式的图标，比如文件夹、快捷方式、文本文档等，如图 3.2 所示。

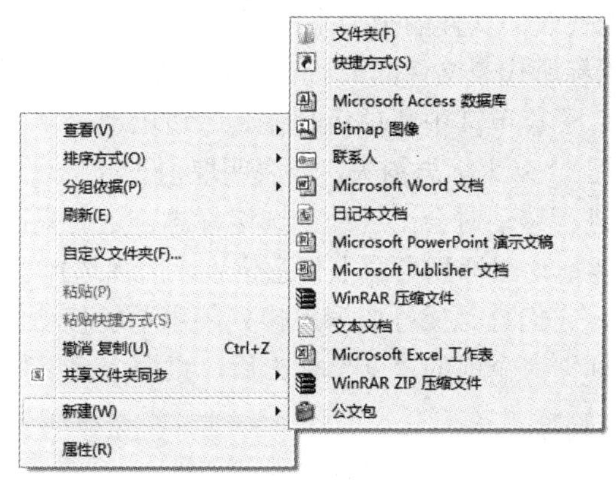

图 3.2 “新建”命令组

(3) 当用户选择了所要创建的选项后，在桌面上会出现相应的图标，用户可以为它命名，以便于识别。

当用户选择了“快捷方式”命令后，出现一个“创建快捷方式”向导，该向导会帮助用户创建本地或网络程序、文件、文件夹、计算机或 Internet 地址的快捷方式，可以手动键入项目的位置，也可以单击“浏览”按钮，在打开的“浏览文件夹”窗口中选择快捷方式的目标，确定后即可在桌面上建立相应的快捷方式。

3. 图标的排列与查看

当用户在桌面上创建了多个图标时，如果不进行排列，会显得非常凌乱，这样不利于

用户选择所需要的项目，而且影响视觉效果。使用排列图标命令，可以使用户的桌面看上去整洁且富有条理。用户需要对桌面上的图标进行位置调整时，可在桌面上的空白处右击，在弹出的快捷菜单中选择“排序方式”命令，在子菜单项中包含了多种排列方式，如图 3.3 所示。

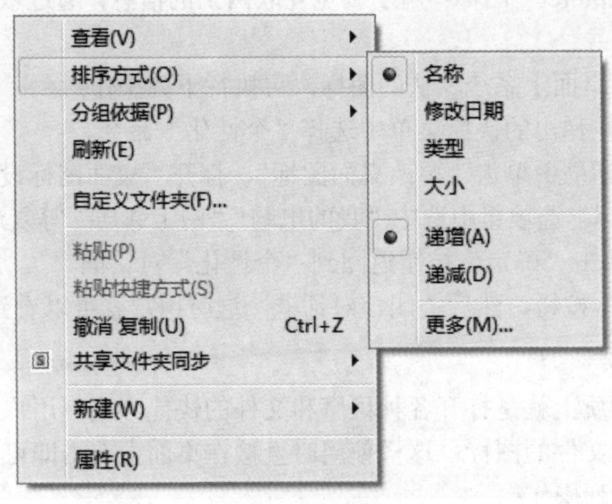

图 3.3　“排序方式”命令

(1) 名称：按图标名称开头的字母或拼音顺序排列。

(2) 大小：按图标所代表文件的大小的顺序来排列。

(3) 类型：按图标所代表的文件的类型来排列。

(4) 修改日期：按图标所代表文件的最后一次修改时间来排列。

当用户选择“查看”子菜单其中几项后，在其旁边出现“√”标志，说明该选项被选中，再次选择这个命令后，“√”标志消失，即表明取消了此选项。如果用户选择了“自动排列”命令，在对图标进行移动时会出现一个选定标志，这时只能在固定的位置将各图标进行位置的互换，而不能拖动图标到桌面上任意位置。而当选择了“对齐到网格”命令后，如果调整图标的位置时，它们总是成行成列地排列，也不能移动到桌面上任意位置。当用户取消了“显示桌面图标”命令前的“√”标志后，桌面上将不显示任何图标。

4．图标的重命名与删除

若要给图标重新命名，可执行下列操作：

(1) 在该图标上右击。

(2) 在弹出的快捷菜单中选择“重命名”命令。

(3) 当图标的文字说明位置呈反色显示时，用户可以输入新名称，然后在桌面上任意位置单击，即可完成对图标的重命名。

桌面的图标失去使用的价值时，就需要删掉。同样，在所需要删除的图标上右击，在弹出的快捷菜单中执行“删除”命令。

用户也可以在桌面上选中该图标，然后在键盘上按下 Delete 键将该图标直接删除。当选择删除命令后，系统会弹出一个对话框询问用户是否确实要删除所选内容并移入回收站。用户单击“是”，删除生效，单击“否”或者是单击对话框的关闭按钮，此次操作取消。

3.2.3　任务栏与开始菜单

1. 任务栏

任务栏是位于桌面最下方的一个小长条，它显示了系统正在运行的程序和打开的窗口、当前时间等内容，用户通过任务栏可以完成许多操作，而且也可以对它进行一系列的设置。

1) 任务栏的组成

任务栏有「开始」菜单按钮、快速启动工具栏、窗口按钮栏等几部分，如图 3.4 所示。

图 3.4　任务栏

(1) 「开始」菜单按钮：单击此按钮，可以打开「开始」菜单，在用户操作过程中，要用它打开大多数的应用程序。

(2) 快速启动工具栏：它由一些小型的按钮组成，单击某按钮可以快速启动对应程序，一般情况下，它包括网上浏览工具 Internet Explorer 图标、收发电子邮件的程序 Outlook Express 图标和显示桌面图标等。

(3) 窗口按钮栏：当用户启动某项应用程序而打开一个窗口后，在任务栏上会出现相应的有立体感的按钮，表明当前程序正在被使用，在正常情况下，按钮是向下凹陷的，而把程序窗口最小化后，按钮则是向上凸起的，这样可以使用户观察更方便。

(4) 语言栏：在此用户可以选择各种语言输入法，单击“ ”按钮，在弹出的菜单中可以切换为中文输入法。语言栏可以最小化以按钮的形式在任务栏显示，单击右上角的还原小按钮可以还原窗口。

如果用户还需要添加某种语言，可在语言栏任意位置右击，在弹出的快捷菜单中选择“设置”命令，即可打开“文字服务和输入语言”对话框，用户可以设置默认输入语言，对已安装的输入法进行添加、删除，添加世界各国的语言以及设置输入法切换的快捷键等。

(5) 隐藏和显示按钮：按钮“ ”的作用是隐藏不活动的图标和显示隐藏的图标。如果用户在任务栏属性中选择“隐藏不活动的图标”复选框，系统会自动将用户最近没有使用过的图标隐藏起来，以使任务栏的通知区域不至于很杂乱，它在隐藏图标时会出现一个小文本框提醒用户。

(6) 扬声器：任务栏右侧小喇叭形状的按钮。单击后出现音量控制对话框，用户可以通过拖动上面的小滑块来调整扬声器的音量，单击小喇叭可进行“静音”或取消“静音”切换，设置“静音”则扬声器的声音消失。若单击扬声器图标可打开“扬声器 属性”对话框，如图 3.5 所示，可设置扬声器的平衡、效果、驱动等特性。

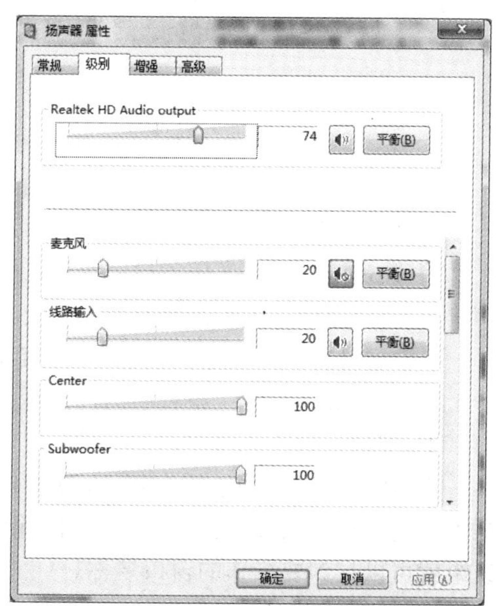

图 3.5　“扬声器 属性”对话框

当用户右击扬声器按钮后，再在弹出的快捷菜单中单击“音量合成器”，则在打开的对话框中显示有关音频的设备和应用程序信息，可以对其进一步进行调整。

当用户右击扬声器按钮，在弹出的快捷菜单中单击“声音”后，在“声音”选项卡中，用户可以改变应用于Windows和程序事件中的声音方案，单击“浏览”按钮，在打开的对话框中可根据系统提供的多种设置声音方案进行选择设置。

(7) 日期指示器：在任务栏的最右侧显示了当前的时间和日期，单击打开“日期和时间属性”对话框，用户可以在该对话框中完成时间和日期的校对、时区的设置，还可以设置使用与Internet时间同步，这样可以使本机上的时间与互联网上的时间保持一致。

2) 自定义任务栏

系统默认的任务栏位于桌面的最下方，用户可以根据自己的需要把它拖到桌面的任何边缘处及改变任务栏的宽度，通过改变任务栏的属性，还可以让它自动隐藏。

(1) 任务栏的属性。

用户在任务栏上的非按钮区域右击，在弹出的快捷菜单中选择“属性”命令，即可打开“任务栏和「开始」菜单属性”对话框，如图3.6所示。

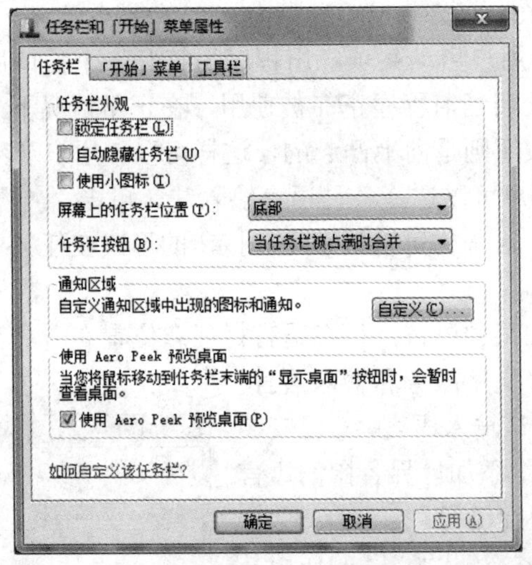

图3.6 “任务栏和「开始」菜单属性”对话框

在“任务栏外观”选项组中，用户可以通过对复选框的选择来设置任务栏的外观。

① 锁定任务栏：当任务栏锁定后，任务栏不能被随意移动或改变大小。

② 自动隐藏任务栏：当用户不对任务栏进行操作时，它将自动消失，当用户需要使用时，可以把鼠标放在任务栏位置，它会自动出现。

③ 使用最小图标：设置小图标显示。

④ 屏幕上的任务栏位置：底部、左侧、右侧、顶部。

⑤ 任务栏按钮：把相同的程序或相似的文件归类分组合并而使用同一个按钮，这样不至于在用户打开很多的窗口时，按钮变得很小而不容易被辨认，使用时只要找到相应的按钮组就可以找到要操作的窗口名称。

在“通知区域”选项组中，用户可以选择把最近没有点击过的图标隐藏起来以便保持通知区域的简洁明了。单击“自定义”按钮，在打开的自定义通知界面用户可以进行隐藏或显示图标的设置，如图 3.7 所示。

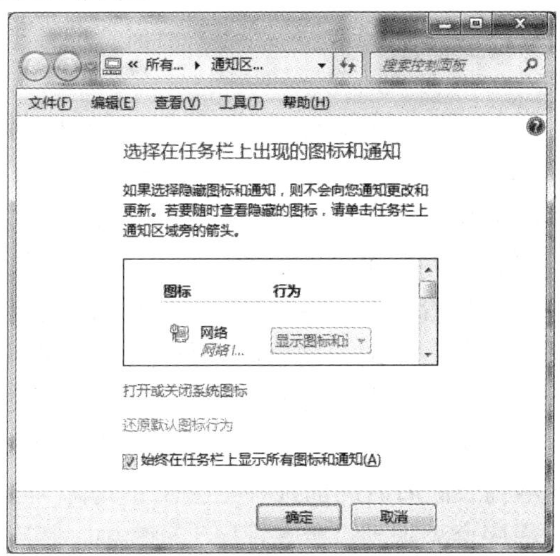

图 3.7　自定义通知界面

(2) 改变任务栏及各区域大小。

当任务栏位于桌面的下方妨碍了用户的操作时，可以把任务栏拖动到桌面的任意边缘，在移动时，用户先确定任务栏处于非锁定状态，然后在任务栏上的非按钮区按下鼠标左键拖动到所需要边缘再放手，这样任务栏就会改变位置。

有时用户打开的窗口比较多而且都处于最小化状态，在任务栏上显示的按钮会变得很小，用户观察会很不方便，这时可以改变任务栏的宽度来显示所有的窗口，把鼠标放在任务栏的上边缘，当出现双箭头指示时，按下鼠标左键不放拖动到合适位置再松开手，使任务栏变宽，即可显示所有的按钮。

任务栏中的各组成部分所占比例也是可以调节的，当任务栏处于非锁定状态时，各区域的分界处将出现两竖排凹陷的小点，把鼠标放在上面出现双向箭头后，按下鼠标左键拖动即可改变各区域的大小。

2.「开始」菜单

如图 3.8 所示，「开始」菜单是计算机程序、文件夹和设置的主门户。之所以称之为“菜单”，是因为它提供了一个选项列表，就像餐馆里的菜单那样。至于“开始”的含义，在于它通常是用户要启动或打开某项内容的位置。

图 3.8　「开始」菜单

1) 使用「开始」菜单可执行的任务

使用「开始」菜单可执行的任务有启动程序，打开常用的文件夹，搜索文件、文件夹和程序，调整计算机设置，获取有关 Windows 操作系统的帮助信息，关闭计算机，注销 Windows 或切换到其他用户账户等。

2) 打开「开始」菜单

单击屏幕左下角的「开始」按钮(◉)，或者按键盘上的 Windows 徽标键⊞均可打开「开

始」菜单。

3) 「开始」菜单的组成部分

如图 3.8 所示，「开始」菜单分为三个基本部分：

(1) 左边的大窗格显示计算机上程序的一个短列表。计算机制造商可以自定义此列表，所以其确切外观会有所不同。

单击“所有程序”可显示程序的完整列表。「开始」菜单最常见的一个用途是打开计算机上安装的程序。若要打开「开始」菜单左边窗格中显示的程序，可单击它打开程序，并且「开始」菜单随之关闭。如果看不到所需的程序，可单击左边窗格底部的“所有程序”。左边窗格会立即按字母顺序显示程序的长列表，后跟一个文件夹列表。若要返回到刚打开「开始」菜单时看到的程序，可单击菜单底部的“后退”。如果不清楚某个程序是做什么用的，可将指针移动到其图标或名称上，会出现一个框，该框通常包含了对该程序的描述。

「开始」菜单中的程序列表随着时间的推移也会发生变化，出现这种情况有两种原因：首先，安装新程序时，新程序会添加到“所有程序”列表中；其次，「开始」菜单会检测最常用的程序，并将其置于左边窗格中以便快速访问。

(2) 左边窗格的底部是搜索框，通过键入搜索项可在计算机上查找程序和文件。

(3) 右边窗格提供对常用文件夹、文件、设置和功能的访问。在这里还可以注销 Windows 或关闭计算机。

① 个人文件夹：它是根据当前登录到 Windows 的用户命名的，例如，如果当前用户是 MollyClark，则该文件夹的名称为 MollyClark。此文件夹依次包含特定于用户的文件，其中包括“文档”“音乐”“图片”和“视频”文件夹。

② 文档：打开“文档”文件夹，可以在这里存储和打开文本文件、电子表格、演示文稿以及其他类型的文档。

③ 图片：打开“图片”文件夹，可以在这里存储和查看数字图片及图形文件。

④ 音乐：打开“音乐”文件夹，可以在这里存储和播放音乐及其他音频文件。

⑤ 游戏：打开“游戏”文件夹，可以在这里访问计算机上的所有游戏。

⑥ 计算机：打开此窗口，可以在这里访问磁盘驱动器、照相机、打印机、扫描仪及其他连接到计算机的硬件。

⑦ 控制面板：打开“控制面板”，可以在这里自定义计算机的外观和功能、安装或卸载程序、设置网络连接和管理用户账户。

⑧ 设备和打印机：打开此窗口，可以在这里查看有关打印机、鼠标和计算机上安装的其他设备的信息。

⑨ 默认程序：打开此窗口，可以在这里选择要让 Windows 运行诸如 Web 浏览活动的程序。

⑩ 帮助和支持：打开 Windows 帮助和支持，可以在这里浏览和搜索有关使用 Windows 和计算机的帮助主题。

4) 自定义「开始」菜单

应用自定义可以控制要在「开始」菜单上显示的项目。例如，可以将喜欢的程序的图标附到「开始」菜单以便于访问，也可从列表中移除程序，还可以选择在右边窗格中隐藏或显示某些项目。

右击“任务栏”，在弹出的快捷菜单中单击“属性”打开“任务栏和「开始」菜单”对话框，单击“「开始」菜单”选项卡，打开图 3.9 所示“自定义「开始」菜单”对话框。

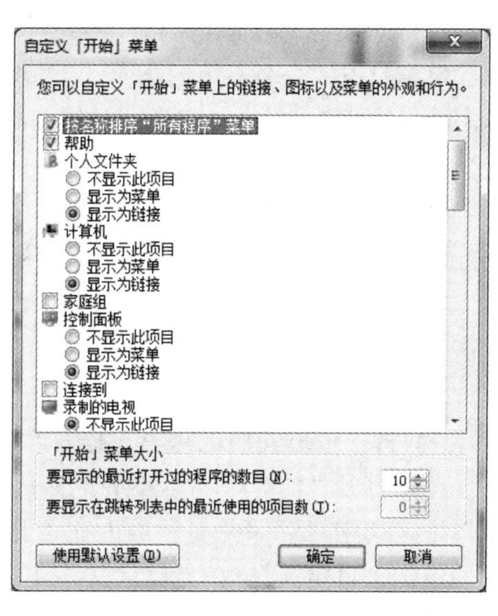

图 3.9　“自定义「开始」菜单”对话框

(1) 将程序图标锁定到「开始」菜单。

如果定期使用程序，可以通过将程序图标锁定到「开始」菜单以创建程序的快捷方式。锁定的程序图标将出现在「开始」菜单的左侧。

右键单击想要锁定到「开始」菜单中的程序图标，然后单击“锁定到「开始」菜单”。若要解锁程序图标，右键单击它，然后单击“从「开始」菜单解锁”。

若要更改固定的项目的顺序，可将程序图标拖动到列表中的新位置。

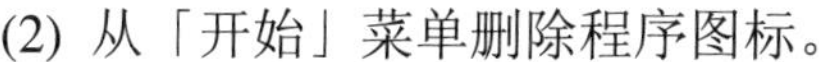

(2) 从「开始」菜单删除程序图标。

从「开始」菜单删除程序图标不会将它从“所有程序”列表中删除或卸载该程序。

单击「开始」按钮，右键单击要从「开始」菜单中删除的程序图标，然后单击“从列表中删除”。

(3) 移动「开始」按钮。

「开始」按钮位于任务栏左侧，尽管不能从任务栏删除「开始」按钮，但可以移动任务栏及与任务栏在一起的「开始」按钮。

右键单击任务栏上的空白空间。如果其旁边的“锁定任务栏”有复选标记，请单击它以删除复选标记。

单击任务栏上的空白空间，然后按下鼠标按钮，并拖动任务栏到桌面的四个边缘之一。当任务栏出现在所需的位置时，释放鼠标按钮。

(4) 清除「开始」菜单中最近打开的文件或程序。

清除「开始」菜单中最近打开的文件或程序不会将它们从计算机中删除。

单击打开“任务栏和「开始」菜单属性”对话框，单击“「开始」菜单”选项卡。若要清除最近打开的程序，请清除“存储并显示最近在「开始」菜单中打开的程序”复选框。若要清除最近打开的文件，请清除“存储并显示最近在「开始」菜单和任务栏中打开的项目”复选框，然后单击“确定”。

(5) 调整频繁使用的程序的快捷方式的数目。

「开始」菜单显示最频繁使用的程序的快捷方式。可以更改显示程序快捷方式的数量(这可能会影响「开始」菜单的高度)。

单击打开“任务栏和「开始」菜单属性”对话框，单击“「开始」菜单”选项卡，然后单击“自定义”。在“自定义「开始」菜单”对话框的“要显示的最近打开过的程序的数目”框中输入想在「开始」菜单中显示的程序数目，单击“确定”，然后再次单击“确定”。

(6) 自定义「开始」菜单的右窗格。

可以添加或删除出现在「开始」菜单右侧的项目，如计算机、控制面板和图片。还可

以更改一些项目，以使它们显示如链接或菜单。

单击打开“任务栏和「开始」菜单属性”对话框，单击“「开始」菜单”选项卡，然后单击“自定义”。在“自定义「开始」菜单”对话框中，从列表中选择所需选项，单击“确定”，然后再次单击“确定”。

(7) 还原「开始」菜单默认设置。

可以将「开始」菜单还原为其最初的默认设置。

单击打开“任务栏和「开始」菜单属性”对话框，单击“「开始」菜单”选项卡，然后单击“自定义”。在“自定义「开始」菜单”对话框中，单击“使用默认设置”，单击“确定”，然后再次单击“确定”。

(8) 将“最近使用的项目”添加至「开始」菜单。

单击打开“任务栏和「开始」菜单属性”对话框，单击“「开始」菜单”选项卡。在“隐私”下，选中“存储并显示最近在「开始」菜单和任务栏中打开的项目”复选框。

单击“自定义”。在“自定义「开始」菜单”对话框中滚动选项列表以查找“最近使用的项目”复选框，选中它，单击“确定”，然后再次单击“确定”。

3.2.4 中文版 Windows 7 的窗口

当用户打开一个文件或者是应用程序时，都会出现一个窗口，窗口是用户进行操作时的重要组成部分，熟练地对窗口进行操作，会提高用户的工作效率。

1. 窗口的组成

在中文版 Windows 7 中有许多种窗口，如资源管理器窗口、文件夹窗口、程序窗口、文档窗口等，其中大部分都包括了相同的组件，如图 3.10 所示是资源管理器窗口，它由标题栏、菜单栏、组织栏等几部分组成。

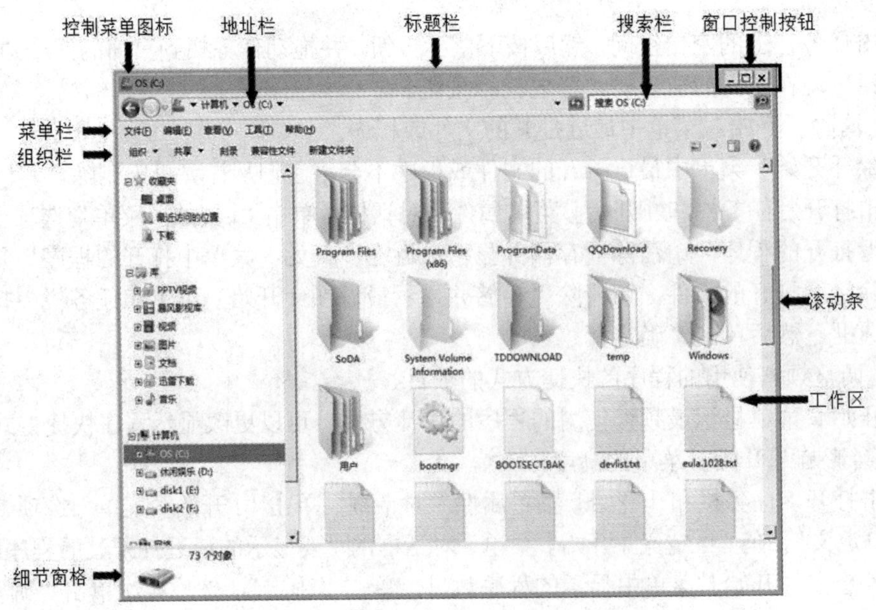

图 3.10　窗口

(1) 标题栏：位于窗口的最上部，它标明了当前窗口的名称，左侧有控制菜单图标，右侧有最小、最大化或还原以及关闭窗口的控制按钮。

(2) 菜单栏：在标题栏的下面，它提供了用户在操作过程中要用到的各种访问途径。

(3) 组织栏：类似原来 Windows XP 工具栏的功能，随着鼠标点击选择不同的对象，组织栏动态列出一些能对该对象进行操作的常用功能按钮，用户在使用时可以直接从上面选择。

(4) 地址栏：Windows 7 地址栏做了很大改进，使用户操作更为方便，在窗口地址栏中，不仅可以知道当前打开的文件夹名称、路径，还可以在地址栏中输入本地硬盘的地址或网络地址，直接打开相应内容，另外在地址栏中还增加了“按钮”的概念。

(5) 搜索栏：具有动态搜索功能，也就是说，当用户输入关键字的一部分的时候，搜索就已经开始了，随着输入的关键字的增多，搜索的结果会反复筛选，直到搜索出需要的内容。

(6) 工作区：它在窗口中所占的比例最大，显示了应用程序界面或文件中的全部内容。

(7) 滚动条：当工作区域的内容太多而不能全部显示时，窗口将自动出现滚动条，用户可以通过拖动水平或者垂直的滚动条来查看所有的内容。

(8) 细节窗格：这是 Windows 7 提供的新功能，显示了当前文件夹窗口或选定的文件的大小、类型等细节信息。

2. 窗口的操作

窗口操作在 Windows 系统中是很重要的，不但可以通过鼠标使用窗口上的各种命令来操作，而且可以通过键盘来使用快捷键操作。基本操作包括打开、缩放、移动等。

1) 打开窗口

当需要打开一个窗口时，可以通过下面两种方式来实现：

(1) 选中要打开的图标，然后双击打开。

(2) 在选中的图标上右击，在其快捷菜单中选择“打开”命令。

2) 移动窗口

用户在打开一个窗口后，不但可以通过鼠标来移动窗口，而且可以通过鼠标和键盘的配合来完成。移动窗口时用户只需要在标题栏上按下鼠标左键拖动，移动到合适的位置后再松开，即可完成移动的操作。

用户如果需要精确地移动窗口可以在标题栏上右击，在打开的快捷菜单中选择“移动”命令，当屏幕上出现移动标志时，再通过按键盘上的方向键将窗口移动到合适的位置后用鼠标单击或者按回车键确认即可。

3) 缩放窗口

窗口不但可以移动到桌面上的任何位置，而且还可以随意改变大小，将其调整到合适的尺寸。

(1) 当用户只需要改变窗口的宽度时，可把鼠标放在窗口的垂直边框上，当鼠标指针变成双向的箭头时，可以任意拖动。如果只需要改变窗口的高度时，可以把鼠标放在水平边框上，当指针变成双向箭头时进行拖动。当需要对窗口进行等比缩放时，可以把鼠标放在边框的任意角上进行拖动。

(2) 用户也可以用鼠标和键盘的配合来完成窗口的缩放。在标题栏上右击，在打开的快捷菜单中选择“大小”命令，应用键盘上的方向键来调整窗口的高度和宽度，调整至合适位置时，用鼠标单击或者按回车键结束操作。

4) 最大化、最小化窗口

用户在对窗口进行操作的过程中，可以根据自己的需要，把窗口最小化、最大化等。

最小化按钮▭：在暂时不需要对窗口操作时，可把它最小化以节省桌面空间，用户直接在标题栏上单击此按钮，窗口会以按钮的形式缩小到任务栏。

最大化按钮▭：窗口最大化时铺满整个桌面，这时不能再移动或者是缩放窗口。用户在标题栏上单击此按钮即可使窗口最大化。

还原按钮▭：当把窗口最大化后若又想恢复窗口原来打开时的初始状态，单击此按钮即可实现对窗口的还原。

用户在标题栏上双击可以对窗口进行最大化与还原切换。每个窗口标题栏的左方都会有一个表示当前程序或者文件特征的控制菜单按钮，单击即可打开控制菜单，应用控制菜单与右击标题栏所弹出的快捷菜单的操作内容一致。

用户也可以通过快捷键来完成以上的操作。用“Alt+空格键”来打开控制菜单，然后根据菜单中的提示，在键盘上输入相应的字母，比如最小化输入字母“N”，通过这种方式可以快速完成相应的操作。

5) 切换窗口

当用户打开了多个窗口时，往往需要在各个窗口之间进行切换。下面是几种窗口切换的方式。

当窗口处于最小化状态时，用户在任务栏上选择所要操作窗口的按钮，然后单击即可完成切换。当窗口处于非最小化状态时，可以在所选窗口的任意位置单击，当标题栏的颜色变深时，表明完成对窗口的切换。

用 Alt+Tab 组合键来完成切换，用户可以在键盘上同时按下“Alt”和“Tab”两个键，屏幕上会出现切换任务栏，在其中列出了当前正在运行的窗口，用户这时可以按住“Alt”键，然后在键盘上按“Tab”键从“切换任务栏”中选择所要打开的窗口，选中后再松开两个键，选择的窗口即可成为当前窗口，如图 3.11 所示。

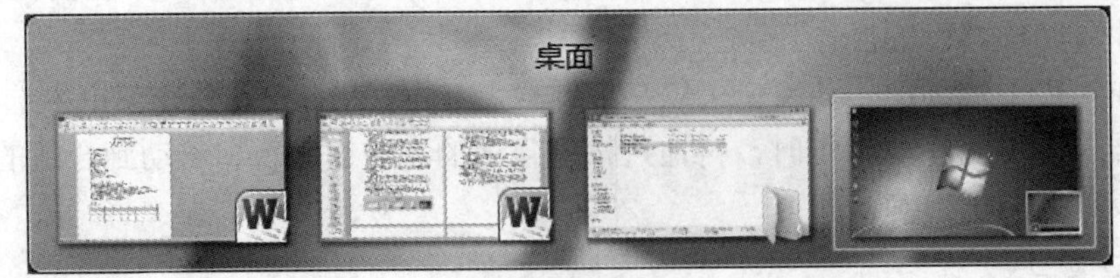

图 3.11　切换任务栏

6) 关闭窗口

用户完成对窗口的操作后，在关闭窗口时有下面几种方式：

(1) 直接在标题栏上单击“关闭”按钮(☒)。

(2) 双击控制菜单按钮。

(3) 单击控制菜单按钮，在弹出的控制菜单中选择“关闭”命令。

(4) 使用 Alt+F4 组合键。如果用户打开的窗口是应用程序，可以在文件菜单中选择“退出”命令，同样也能关闭窗口。如果所要关闭的窗口处于最小化状态，可以在任务栏上选择该窗口的按钮，然后在右击弹出的快捷菜单中选择“关闭”命令。用户在关闭窗口之前要保存所创建的文档或者所做的修改，如果忘记保存，当执行了“关闭”命令后，会弹出一个对话框，询问是否要保存所做的修改，选择“是”后保存关闭，选择“否”后不保存关闭，选择“取消”则不能关闭窗口，可以继续使用该窗口。

3. 窗口的排列

当用户在对窗口进行操作时打开了多个窗口，而且需要全部处于全显示状态，这就涉及排列的问题，在中文版 Windows 7 中为用户提供了三种排列的方案：“层叠窗口”“堆叠显示窗口”和“并排显示窗口”。

在任务栏上的非按钮区右击，在弹出的快捷菜单中选择排列方式。

在选择了某项排列方式后，在任务栏快捷菜单中会出现相应撤消该选项的命令，例如，用户执行了“层叠窗口”命令后，任务栏的快捷菜单会增加一项“撤消层叠”命令，可撤消当前窗口排列。

3.2.5 使用对话框

对话框是用户与计算机系统之间进行信息交流的窗口，对话框是特殊类型的窗口，在对话框中用户可以对选项进行选择，对系统进行对象属性的修改或者设置。

1. 对话框的组成

对话框的组成和窗口有相似之处，例如都有标题栏，但对话框要比窗口更简洁、更直观、更侧重于与用户的交流，它一般包含标题栏、选项卡与标签、文本框、列表框、命令按钮、单选按钮和复选框等几部分。

(1) 标题栏：位于对话框的最上方，系统默认的是深蓝色，上面左侧标明了该对话框的名称，右侧有关闭按钮，有的对话框还有帮助按钮。

(2) 选项卡与标签：在系统中有很多对话框都是由多个选项卡构成的，选项卡上写明了标签，以便于进行区分。用户可以通过各个选项卡之间的切换来查看不同的内容，在选项卡中通常有不同的选项组。例如在“任务栏和开始菜单”对话框中包含了“任务栏”“「开始」菜单”“工具栏”三个选项卡，同前面的图 3.6 所示。

(3) 文本框：在有的对话框中需要用户手动输入某项内容，还可以对各种输入内容进行修改和删除操作。一般在其右侧会带有向下的箭头，可以单击箭头在展开的下拉列表中查看最近曾经输入过的内容。比如在桌面上单击“开始”按钮，选择“运行”命令，可以打开“运行”对话框(若“开始”菜单里没有“运行”命令，可通过“自定义开始菜单”来显示“运行”命令)，这时系统要求用户输入要运行的程序或者文件名称，如图 3.12 所示。

(4) 列表框：有的对话框在选项组下已经列出了众多的选项，用户可以从中选取，但是通常不能更改。比如前面我们所讲到的“显示属性”对话框中的桌面选项卡，系统自带了多张图片，用户是不可以进行修改的。

(5) 命令按钮：它是指在对话框中那种圆角矩形并且带有文字的按钮，常用的有“确定”“应用”“取消”等按钮。

图 3.12　“运行”对话框

(6) 单选按钮：它通常是一个小圆形按钮，其后面有相关的文字说明。当选中它后，在圆形中间会出现一个绿色的小圆点。在对话框中通常是一个选项组中包含多个单选按钮，当选中其中一个后，别的选项是不可以选的。

(7) 复选框：它通常是一个小正方形框，在其后面也有相关的文字说明，当用户选择它之后，在正方形框中间会出现一个“√”标志，它是可以任意选择的。

另外，在有的对话框中还有调节数字的按钮，它由向上和向下两个箭头组成，用户在使用时分别单击箭头即可增加或减少数字。

2．对话框的操作

对话框的操作包括对话框的移动和关闭、对话框中的切换等。下面介绍关于对话框的有关操作。

1) 对话框的移动和关闭

用户要移动对话框时，可以在对话框的标题上按下鼠标左键拖动其到目标位置再松开，也可以在标题栏上右击，选择“移动”命令，然后在键盘上按方向键来改变对话框的位置，对话框到达目标位置时，用鼠标单击或者按回车键确认，即可完成移动操作。

关闭对话框的方法为单击“确认”按钮或者“应用”按钮，可在关闭对话框的同时保存用户在对话框中所做的修改。如果用户要取消所做的改动，可以单击“取消”按钮，或者直接在标题栏上单击关闭按钮，也可以在键盘上按 Esc 键退出对话框。

2) 对话框中的切换

由于有的对话框中包含多个选项卡，在每个选项卡中又有不同的选项组，在操作对话框时，可以利用鼠标来切换，也可以使用键盘来实现切换。

(1) 在不同的选项卡之间的切换方式如下：

① 用户可以直接用鼠标来进行切换，也可以先选择一个选项卡，即当该选项卡出现一个虚线框时，再按键盘上的方向键来移动虚线框，这样就能在各选项卡之间进行切换。

② 用户还可以利用 Ctrl+Tab 组合键从左到右切换各个选项卡，而 Ctrl+Tab+Shift 组合键为反向顺序切换。

(2) 在相同的选项卡中的切换方式如下：

① 在不同的选项组之间进行切换，可以按 Tab 键以从左到右或者从上到下的顺序进行切换，而 Shift+Tab 键则按相反的顺序切换。

② 相同的选项组之间的切换，可以使用键盘上的方向键来完成。

3.2.6　中文版 Windows 7 的退出

当用户要结束对计算机的操作时，一定要先退出中文版 Windows 7 系统，然后再关闭显示器，否则会丢失文件或破坏程序，如果用户在没有退出 Windows 系统的情况下就关机，系统将认为是非法关机，当下次再开机时，系统会自动执行自检程序。

1. 中文版 Windows 7 的注销、切换用户

由于中文版 Windows 7 是一个支持多用户的操作系统，当登录系统时，只需要在登录界面上单击用户名前的图标，即可实现多用户登录。各个用户可以进行个性化设置而互不影响。

如果计算机上有多个用户账户，则另一用户登录该计算机的便捷方法是使用“快速用户切换”，该方法不需要注销或关闭程序和文件。

“快速用户切换”的操作方法：如图 3.13 所示，单击“开始”按钮，然后单击“关机”按钮旁边的箭头，单击“切换用户”，或按 Ctrl+Alt+Delete，然后单击希望切换到的用户。

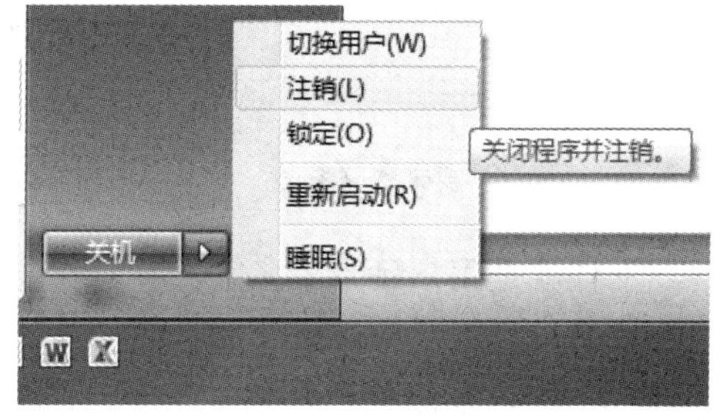

图 3.13　“关机”按钮旁的箭头下的选项

为了便于不同的用户快速登录来使用计算机，中文版 Windows 7 提供了注销的功能，应用注销功能从 Windows 注销后，正在使用的所有程序都会关闭，但计算机不会关闭。

当用户需要注销中文版 Windows 7 时，如图 3.13 所示，在“开始”菜单的“关机”项中单击“注销”，这时桌面上会出现“注销”对话框，提示用户关闭已打开的窗口和确认是否注销。

2. 关闭计算机

(1) 关闭：用完计算机以后应将其正确关闭，这一点很重要，不仅是因为节能，这样做还有助于保证计算机的安全，并确保数据得到保存。关闭计算机的方法有三种：按计算机的电源按钮；使用「开始」菜单上的“关机”按钮；如果是便携式计算机，合上其盖子。

如图 3.14 所示，在「开始」菜单中单击“关机”时，计算机关闭所有打开的程序以及 Windows 本身，然后完全关闭计算机和显示器。关机不会保存工作文件，因此必须先保存已打开的文件再关机。

图 3.14　“关机”按钮

(2) 睡眠：可以选择使计算机睡眠，而不是将其关闭。在计算机进入睡眠状态时，显示器将关闭，而且通常计算机的风扇也会停止。通常，计算机机箱外侧的一个指示灯闪烁或变黄就表示计算机处于睡眠状态，这个过程只需要几秒钟。

若要唤醒计算机，可按下计算机机箱上的电源按钮。因为不必等待 Windows 启动，所以将在数秒钟内唤醒计算机，并且几乎可以立即恢复工作。

尽管使计算机睡眠是最快的关闭方式，而且也是快速恢复工作的最佳选择，但是有些时候还是需要选择关闭计算机。

(3) 关闭：选择此项后，系统将停止运行，保存设置并退出，而且会自动关闭电源。用户不再使用计算机时选择该项可以安全关机。

(4) 重新启动：此选项将关闭并重新启动计算机。用户也可以在关机前关闭所有的程序，然后使用 Alt+F4 组合键快速调出“关闭计算机”对话框进行关机。

3.3 资源管理

3.3.1 文件和文件夹

文件就是用户赋予了名字并存储在磁盘上的信息的集合，它可以是用户创建的文档，也可以是可执行的应用程序或一张图片、一段声音等。文件夹是系统组织和管理文件的一种形式，是为方便用户分类、查找、存储等管理而设置的，用户可以将文件分门别类地存放在不同的文件夹中。在文件夹中可存放所有类型的文件和下一级文件夹、磁盘驱动器及打印队列等内容。

1. 创建新文件夹

用户可以创建新的文件夹来存放具有相同类型或相近形式的文件。创建新文件夹可执行下列操作步骤：

(1) 双击桌面“计算机”图标，打开“资源管理器”，如图 3.15 所示。

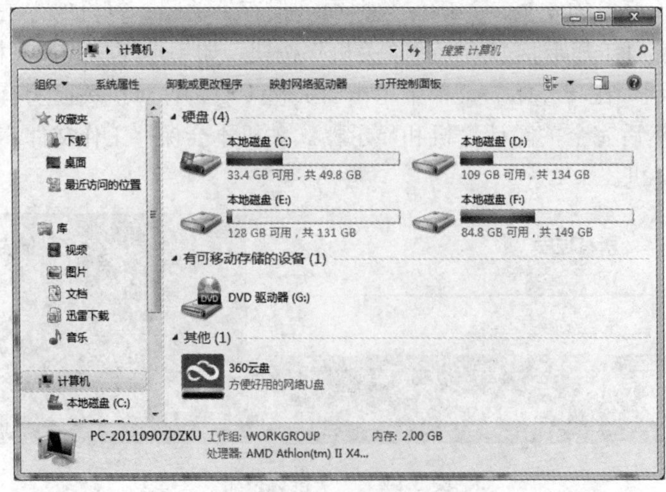

图 3.15　资源管理器

(2) 双击要新建文件夹的磁盘，打开该磁盘。

(3) 选择“文件”→“新建”→“文件夹”命令，或单击右键，在弹出的快捷菜单中选择“新建”→“文件夹”命令即可新建一个文件夹。

(4) 在新建的文件夹名称文本框中输入文件夹的名称，单击 Enter 键或用鼠标单击其他地方确认即可。

2. 移动和复制文件或文件夹

在实际应用中，有时用户需要将某个文件或文件夹移动或复制到其他地方以方便使用，这时就需要用到移动或复制命令。移动文件或文件夹就是将文件或文件夹放到其他地方，执行移动命令后，原位置的文件或文件夹消失，出现在目标位置；复制文件或文件夹就是将文件或文件夹复制一份，放到其他地方，执行复制命令后，原位置和目标位置均有该文件或文件夹。

移动和复制文件或文件夹的操作步骤如下：

(1) 选择要进行移动或复制的文件或文件夹。

(2) 单击“编辑”→“剪切”→“复制”命令，或单击右键，在弹出的快捷菜单中选择“剪切”→“复制”命令。

(3) 选择目标位置。

(4) 选择“编辑”→“粘贴”命令，或单击右键，在弹出的快捷菜单中选择“粘贴”命令即可。

若要一次移动或复制多个相邻的文件或文件夹，可按住 Shift 键选择多个相邻的文件或文件夹；若要一次移动或复制多个不相邻的文件或文件夹，可按住 Ctrl 键选择多个不相邻的文件或文件夹；若非选文件或文件夹较少，可先选择非选文件或文件夹，然后单击“编辑”→“反向选择”命令即可；若要选择所有的文件或文件夹，可单击“编辑”→“全部选定”命令或按 Ctrl+A 键。

3. 重命名文件或文件夹

重命名文件或文件夹就是给文件或文件夹重新命名一个新的名称，使其可以更符合用户的要求。

重命名文件或文件夹的具体操作步骤如下：

(1) 选择要重命名的文件或文件夹。

(2) 单击“文件”→“重命名”命令，或单击右键，在弹出的快捷菜单中选择“重命名”命令。

(3) 这时文件或文件夹的名称将处于编辑状态(蓝色反白显示)，用户可直接键入新的名称进行重命名操作。也可在文件或文件夹名称处直接单击两次(两次单击间隔时间应稍长一些，以免使其变为双击)，使其处于编辑状态，键入新的名称进行重命名操作。

4. 删除文件或文件夹

当有的文件或文件夹不再需要时，用户可将其删除掉，以利于对文件或文件夹进行管理。删除后的文件或文件夹将被放到“回收站”中，用户可以选择将其彻底删除或还原到原来的位置。

删除文件或文件夹的操作如下：

(1) 选定要删除的文件或文件夹。若要选定多个相邻的文件或文件夹，可按 Shift 键进行选择；若要选定多个不相邻的文件或文件夹，可按 Ctrl 键进行选择。

(2) 选择“文件”→“删除”命令，或单击右键，在弹出的快捷菜单中选择“删除”命令。

(3) 弹出“删除文件夹”对话框，如图 3.16 所示。

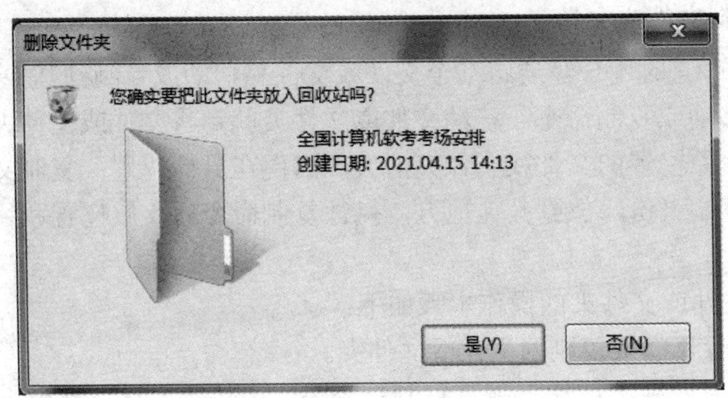

图 3.16 “删除文件夹”对话框

(4) 若确认要删除该文件或文件夹，可单击“是”按钮；若不删除该文件或文件夹，可单击“否”按钮。

从网络位置删除的项目、从可移动媒体(例如优盘、移动硬盘)删除的项目或超过“回收站”存储容量的项目将不被放到“回收站”中，而且被彻底删除且不能还原。

5. 删除或还原“回收站”中的文件或文件夹

“回收站”为用户提供了一个安全的删除文件或文件夹的解决方案，用户从硬盘中删除文件或文件夹时，Windows 7 会将其自动放入“回收站”中，直到用户将其清空或还原到原位置。

删除或还原“回收站”中文件或文件夹的操作步骤如下：

(1) 双击桌面上的“回收站”图标。

(2) 打开“回收站”窗口，如图 3.17 所示。

图 3.17 “回收站”窗口

(3) 若要删除“回收站”中所有的文件和文件夹，可单击“清空回收站”命令；若要还原所有的文件和文件夹，可单击“还原所有项目”命令；若要还原文件或文件夹，可选中该文件或文件夹，单击窗口中的“恢复此项目”命令，或右击该对象选择“还原”，若要还原多个文件或文件夹，可按着 Ctrl 键选定多个文件或文件夹。

删除“回收站”中的文件或文件夹，意味着将该文件或文件夹彻底删除，无法再还原；若还原已删除文件夹中的文件，则该文件夹将在原来的位置重建，然后在此文件夹中还原文件；当回收站满后，Windows 7 将自动清除“回收站”中的空间以存放最近删除的文件和文件夹。也可以选中要删除的文件或文件夹，将其拖到“回收站”中进行删除。若想直接删除文件或文件夹，而不将其放入“回收站”中，可在拖到“回收站”时按住 Shift 键，或选中该文件或文件夹，按 Shift+Delete 键。

6. 更改文件或文件夹属性

文件或文件夹包含三种属性：只读、隐藏和存档。若将文件或文件夹设置为“只读”属性，则该文件或文件夹不允许更改和删除；若将文件或文件夹设置为“隐藏”属性，则该文件或文件夹在常规显示中将不被看到；若将文件或文件夹设置为“存档”属性，则表示该文件或文件夹已存档，有些程序用此选项来确定哪些文件需做备份。

更改文件或文件夹属性的操作步骤如下：

(1) 选中要更改属性的文件或文件夹。

(2) 选择“文件”→“属性”命令，或单击右键，在弹出的快捷菜单中选择“属性”命令，打开“属性”对话框。

(3) 选择“常规”选项卡，如图 3.18 所示。

(4) 在该选项卡的“属性”选项组中选定需要的属性复选框。

(5) 单击“应用”按钮，并单击“确定”按钮。

若是对文件夹设置属性，单击“应用”后在出现的对话框中可选择“仅将更改应用于该文件夹”或“将更改应用于该文件夹、子文件夹和文件”选项。单击“确定”按钮即可关闭该对话框。在“常规”选项卡中，单击“确定”按钮即可应用该属性。

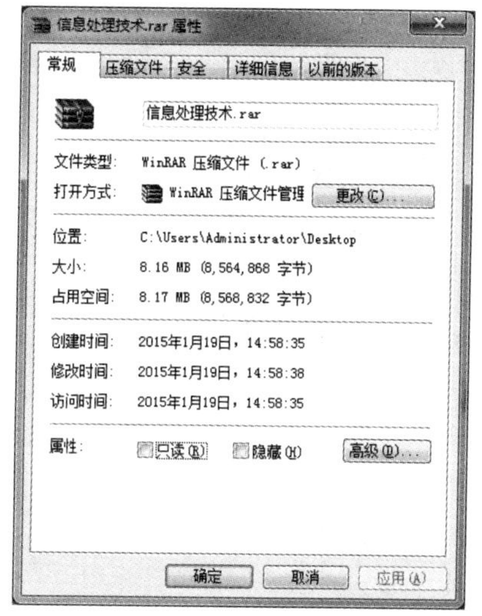

图 3.18　“常规”选项卡

7. 搜索文件和文件夹

有时候用户需要察看某个文件或文件夹的内容，却忘记了该文件或文件夹存放的具体位置或名称，这时 Windows 7 提供的搜索文件或文件夹功能就可以帮助用户查找该文件或文件夹。

搜索文件或文件夹的具体操作如下：

单击“开始”按钮，在“搜索”栏输入文件或文件夹，输入信息即开始搜索，Windows 7 会将搜索的结果显示在当前对话框中，如图 3.19 所示。

双击搜索后显示的文件或文件夹，即可打开该文件或文件夹。

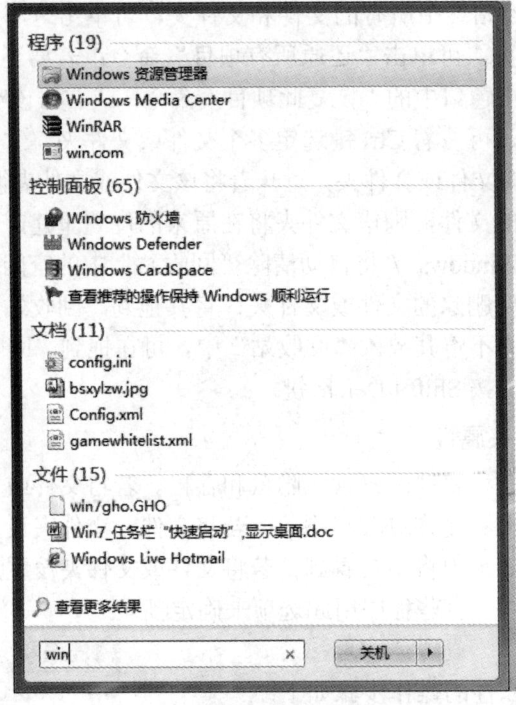

图 3.19　“搜索”对话框

8. 设置共享

Windows 7 网络方面的功能设置更加强大，可以与他人共享单个文件和文件夹，甚至整个库。

1) “共享对象”菜单

共享某些内容最快速的方式是使用新的“共享对象”菜单。共享选项取决于共享的文件和计算机连接到的网络类型：家庭组、工作组或域。

(1) 在家庭组中共享文件和文件夹。右键单击要共享的项目，然后单击“共享对象”(图 3.20)，可选择下列选项之一：

① 家庭组(读取)：此选项与整个家庭组共享项目，但只能打开该项目，家庭组成员不能修改或删除该项目。

② 家庭组(读取/写入)：此选项与整个家庭组共享项目，可打开、修改或删除该项目。

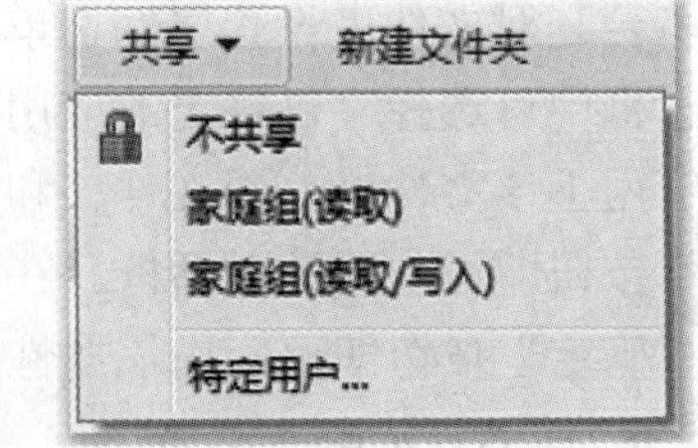

图 3.20　“共享对象”选项

如果尝试共享一个 Windows 7 公用文件夹中的某些内容，“共享对象”菜单将显示一个称为“高级共享设置”的选项。此选项将引导访问“控制面板”，可以在其中打开或关闭“公用文件夹共享”窗口。

(2) 在工作组或域中共享文件和文件夹。右键单击要共享的项目，单击“共享对象”，然后单击“特定用户”，此选项将打开文件共享向导，允许选择与其共享项目的单个用户。如图 3.21 所示，在“文件共享”向导中，单击文本框旁的箭头，从列表中单击名称，然后单击“添加”。在“权限级别”列下，选择下列选项之一：

① 读取：收件人可以打开文件，但不能修改或删除文件。

② 读取/写入：收件人可以打开、修改或删除文件。

添加完用户后，单击“共享”，如果系统提示输入管理员密码或进行确认，请键入该密码或提供确认。收到项目已共享的确认信息后，执行以下操作之一：

① 如果安装了电子邮件程序，单击“电子邮件”向某人发送指向共享文件的链接。单击“复制”将显示的链接自动复制到 Windows 剪贴板。然后可以将其粘贴到电子邮件、即时消息或其他程序，完成后单击“完成”按钮。

② 如果看不到“共享对象”菜单，则可能是正在尝试共享网络或其他不受支持的位置上的项目。当选择个人文件夹之外的文件时，该菜单也不会出现。

③ 如果启用了密码保护的共享，则要与其共享的用户必须在您的计算机上具有用户账户和密码才能访问共享项目。密码保护的共享位于控制面板中的“高级共享设置”下。默认情况下，该共享处于打开状态。

(3) 停止共享文件或文件夹。右键单击要停止共享的项目，单击“共享对象”，如图 3.21 所示，单击“不共享”。

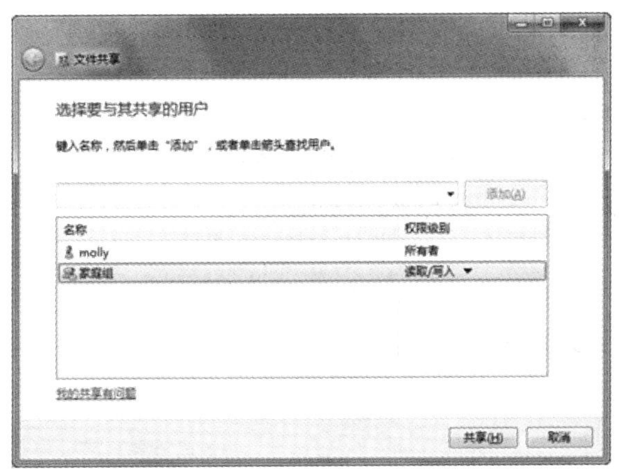

图 3.21　选择要与其共享的用户

(4) 访问其他家庭组计算机上的文件、文件夹或库。单击「开始」按钮，然后单击用户名。在导航窗格(左窗格)中的“家庭组”下单击要访问其文件的用户的用户账户。在文件列表中双击要访问的库，然后双击所需的项目。

2) 公用文件夹

可以通过将文件和文件夹复制或移动到 Windows 7 公用文件夹之一(例如公用音乐或公用图片)来共享文件和文件夹。依次单击「开始」按钮、用户账户名称，如图 3.22 所示，单击“库”旁边的箭头展开文件夹进行查找。

在默认情况下，公用文件夹共享处于关闭状态(除非是在家庭组中)。“公用文件夹共享”打开时，计算机或网络上的任何人均可以访问这些文件夹。在其关闭后，只有在计算机上具有用户账户和密码的用户才可以访问。

打开或关闭“公用文件夹共享”的步骤如下：

单击打开“高级共享设置”，单击 V 形图标展开当前的网络配置文件。

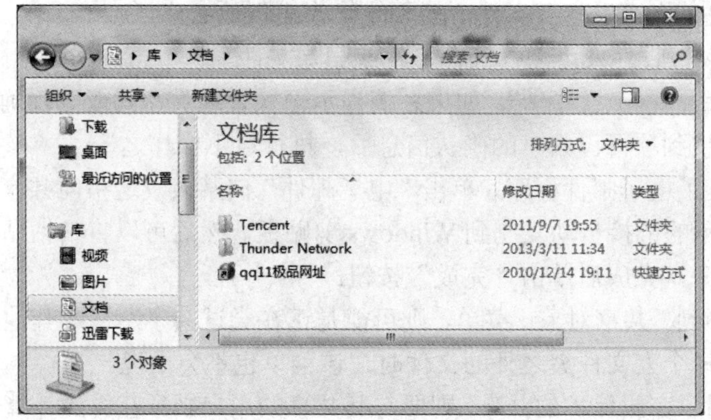

图 3.22　公用文件夹包含在 Windows 库中

在“公用文件夹共享”下，选择下列选项之一：

(1) 启用共享以便访问网络的用户可以读取和写入公用文件夹中的文件。

(2) 关闭公用文件夹共享(登录到此计算机的用户仍然可以访问这些文件夹)。

单击“保存更改”。如果系统提示输入管理员密码或进行确认，则键入该密码或提供确认。

打开或关闭密码保护的共享的步骤如下：

单击打开“高级共享设置”，单击 V 形图标展开当前的网络配置文件。

在“密码保护的共享”下，选择下列选项之一：

(1) 启用密码保护的共享。

(2) 关闭密码保护的共享。

单击“保存更改”。如果系统提示您输入管理员密码或进行确认，请键入该密码或提供确认。

3) 高级共享

出于安全考虑，在 Windows 中有些位置不能直接使用“共享对象”菜单共享。若要共享整个驱动器或系统文件夹(包括 Users 和 Windows 文件夹)，需要启用“高级共享”。一般情况下，不建议共享整个驱动器或 Windows 系统文件夹。使用“高级共享”的步骤如下：

右键单击驱动器或文件夹，单击“共享对象”，然后单击“高级共享”。

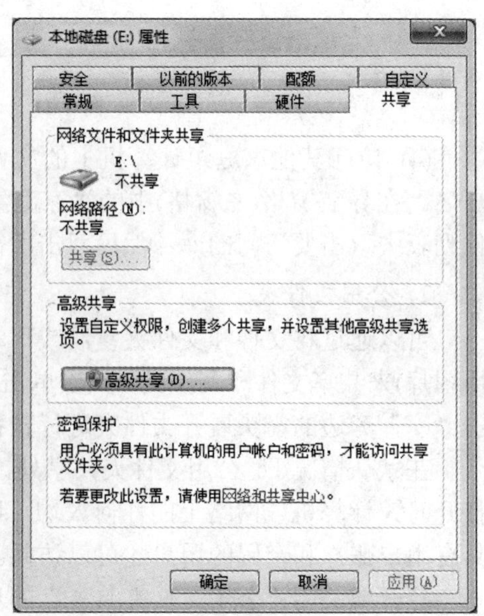

图 3.23　高级共享

如图 3.23 所示，在显示的对话框中，单击“高级共享”。如果系统提示输入管理员密码或进行确认，需键入该密码或提供确认。在“高级共享”对话框中，选中“共享此文件夹”复选框。若要指定用户或更改权限，需单击“权限”。单击“添加”或“删除”来添加或删除用户或组。选择每个用户或组，选中要为该用户或组分配的权限对应的复选框，然后单击“应用”。完成后，单击“确定”。

在 Windows 7 中，不能共享驱动器号后有美元符号的驱动器的根目录。例如，不能将 D 驱动器的根目录共享为“D$”，但可以将其共享为“D”或任何其他名称。

9. 文件夹选项

“文件夹选项”对话框是系统提供给用户设置文件夹的常规及显示方面的属性以及设置关联文件的打开方式及脱机文件等的窗口。打开“文件夹选项”对话框的步骤：单击“开始”按钮，选择“控制面板”命令；打开“控制面板”对话框；双击“文件夹选项”图标，即可打开“文件夹选项”对话框。也可以通过双击桌面上的“计算机”图标，在打开的对话框中单击“工具”→“文件夹选项”命令，打开“文件夹选项”对话框。在该对话框中有常规、查看、文件类型和脱机文件四个选项卡。下面我们就来讲解这四个选项卡中各命令所能实现的功能。

1) “常规”选项卡

该选项卡用来设置文件夹的常规属性，如图 3.24 所示。

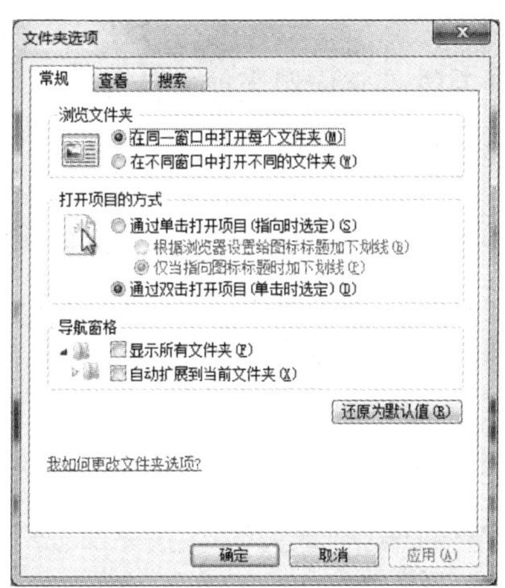

图 3.24　“常规”选项卡

该选项卡中的“浏览文件夹”选项组可设置文件夹的浏览方式，如在打开多个文件夹时是在同一窗口中打开还是在不同的窗口中打开。

“打开项目的方式”选项组用来设置文件夹的打开方式，可设定文件夹通过单击打开还是通过双击打开。若选择“通过单击打开项目”单选按钮，则“根据浏览器设置给图标标题加下划线”和“仅当指向图标标题时加下划线”选项变为可用状态，可根据需要选择在何时给图标标题加下划线。

“导航窗格”选项组用于设置是否显示所有文件夹或自动扩展到当前文件夹。

在“导航窗格”选项组下有一个“还原为默认值”按钮，单击该按钮，可还原为系统默认的设置方式。单击“应用”按钮，即可应用设置方案。

2) “查看”选项卡

该选项卡用来设置文件夹的显示方式，如图 3.25 所示。

在该选项卡中的“文件夹视图”选项组中有“应用到文件夹”和“重置文件夹”两个按钮。单击“应用到文件夹”按钮，将弹出“文件夹视图”对话框，如图 3.26 所示。

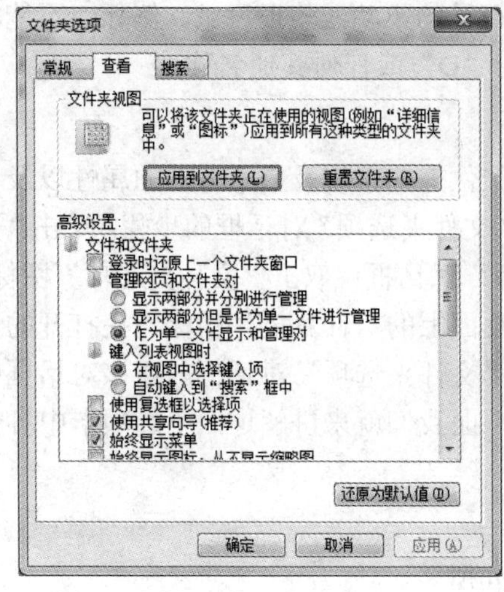

图 3.25　“查看”选项卡

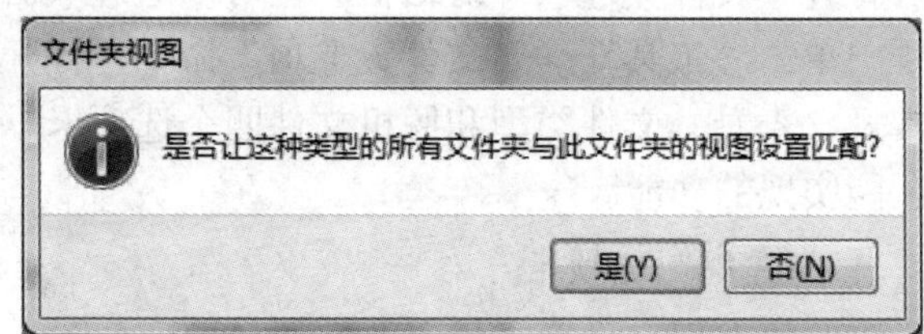

图 3.26　“文件夹视图”对话框

单击“是”按钮，可使所有文件夹应用当前文件夹的视图设置。单击“重置文件夹”按钮，弹出“文件夹视图”对话框，单击“是”按钮，可将所有文件夹还原为默认视图设置。

在“高级设置”列表框中显示了有关文件和文件夹的一些高级设置选项，用户可根据需要选择需要的选项，单击“应用”按钮即可应用所选设置。

单击“还原为默认值”按钮，可还原为系统默认的选项设置。

3)“搜索”选项卡

“搜索”选项卡如图 3.27 所示。

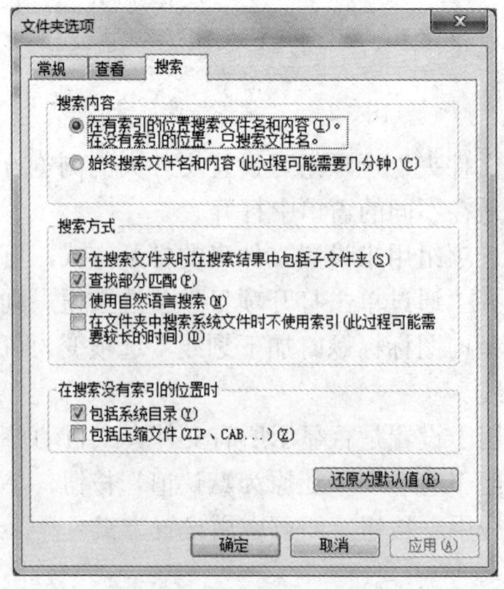

图 3.27　“搜索”选项卡

在该选项卡中的“搜索内容”列表框中，设置无论是否有索引都搜索文件名和内容或始终搜索文件名和内容。

在该选项卡中的“搜索方式”列表框中，用于设置在搜索文件夹时在搜索结果中包括子文件夹、查找部分匹配、使用自然语言搜索、在文件夹中搜索系统文件时不使用索引。

3.3.2　使用资源管理器

资源管理器可以以分层的方式显示计算机内所有文件的详细图表。使用资源管理器可以更方便地实现浏览、查看、移动和复制文件或文件夹等操作，用户可以不必打开多个窗口，而只在一个窗口中就可以浏览所有的磁盘和文件夹。

打开资源管理器的步骤如下：

(1) 单击「开始」按钮，打开「开始」菜单。

(2) 选择“所有程序”→“附件”→“Windows 资源管理器”命令，打开“Windows 资源管理器”窗口，如图 3.28 所示。

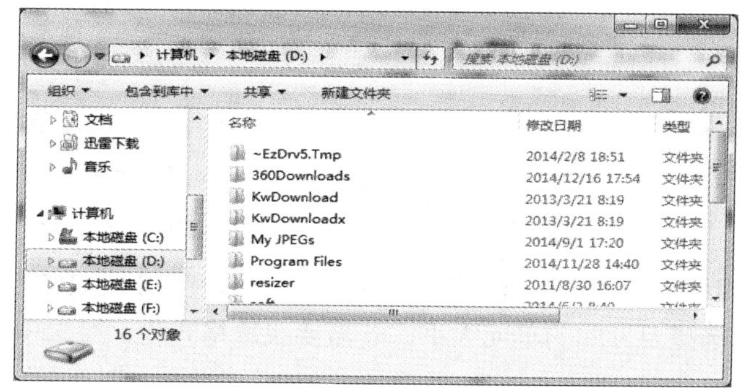

图 3.28　“Windows 资源管理器”窗口

(3) 在该窗口中，左边的窗格显示了所有收藏夹、库、磁盘和文件夹列表，窗口下边用于显示选定的磁盘和文件夹信息，右侧窗格中列出了选定磁盘和文件夹可以执行的任务等详细信息。

(4) 在左边的窗格中，若收藏夹、库、驱动器或文件夹前面有“⊞”，表明该驱动器或文件夹有下一级子项目，单击“⊞”可展开或折叠其所包含的项目。

(5) 若要移动或复制文件或文件夹，可选中要移动或复制的文件或文件夹，单击右键，在弹出的快捷菜单中选择“剪切”或“复制”命令。打开目标磁盘或文件夹，单击右键，在弹出的快捷菜单中选择“粘贴”命令即可。

3.3.3　管理磁盘

1. 格式化磁盘

格式化磁盘就是在磁盘内进行磁区分割，做内部磁区标示，以方便存取。格式化磁盘可分为格式化硬盘和格式化软盘两种。格式化硬盘又可分为高级格式化和低级格式化，高级格式化是指在 Windows 7 操作系统下对硬盘进行的格式化操作；低级格式化是指在高级格式化操作之前，对硬盘进行的分区和物理格式化。

进行格式化磁盘的具体操作如下：

(1) 若要格式化的磁盘是移动硬盘或优盘，应先将其插入相应接口；若要格式化的磁盘是硬盘，可直接执行第二步。

(2) 单击“计算机”图标，打开“计算机”窗口，或打开资源管理器。

(3) 选择要进行格式化操作的磁盘，单击“文件”→“格式化”命令，或右击要进行格式化操作的磁盘，在打开的快捷菜单(图 3.29)中选择“格式化”命令。

(4) 打开“格式化”对话框，如图 3.30 所示。

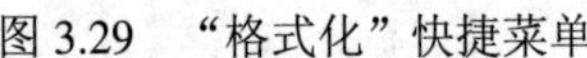

图 3.29　“格式化”快捷菜单

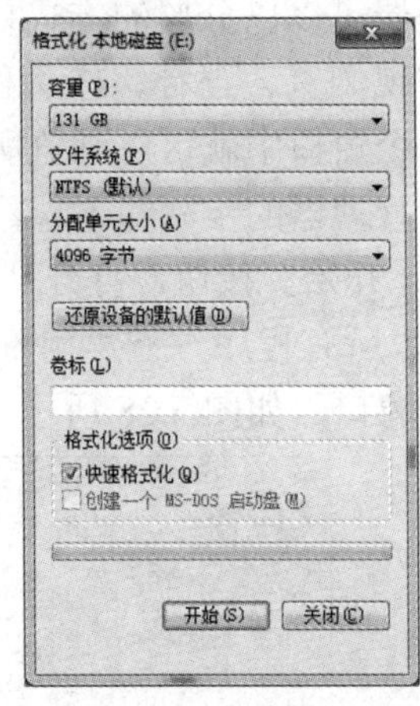

图 3.30　“格式化”对话框

(5) 格式化硬盘时可在“文件系统”下拉列表中选择 NTFS 或 FAT32，在“分配单元大小”下拉列表中可选择要分配的单元大小。若需要快速格式化，可选中“快速格式化”复选框。

快速格式化不扫描磁盘的坏扇区而直接从磁盘上删除文件。只有在磁盘已经进行过格式化而且确认该磁盘没有损坏的情况下才使用该选项。

(6) 单击“开始”按钮，将弹出“格式化警告”对话框，若确认要进行格式化，单击“确定”按钮即可开始进行格式化操作。

(7) 这时在“格式化”对话框中的“进程”框中可看到格式化的进程。

(8) 格式化完毕后，将出现“格式化完毕”对话框，单击“确定”按钮即可。

值得注意的是格式化磁盘将删除磁盘上的所有信息。

2. 清理磁盘

使用磁盘清理程序可以帮助用户释放硬盘驱动器空间，删除临时文件、Internet 缓存文件，也可以安全删除不需要的文件，腾出它们占用的系统资源，以提高系统性能。

执行磁盘清理程序的具体操作如下：

(1) 单击“开始”按钮，选择“所有程序”→“附件”→“系统工具”→“磁盘清理”命令。

(2) 打开“磁盘清理：选择驱动器”对话框，如图 3.31 所示。

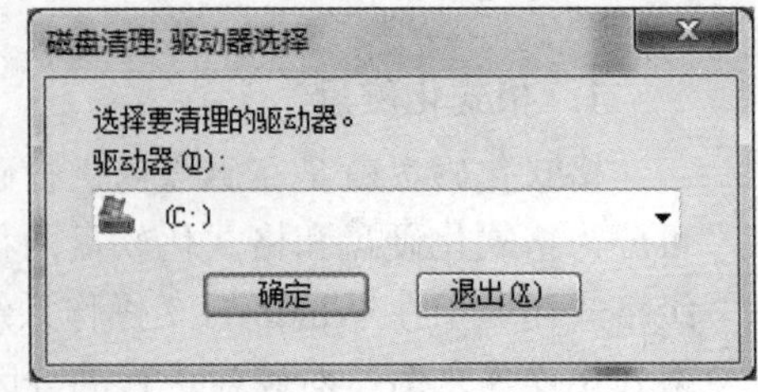

图 3.31　“磁盘清理：驱动器选择”对话框

(3) 在该对话框中可选择要进行清理的驱动器。选择后单击“确定”按钮可弹出该驱动器的“磁盘清理”对话框，选择“磁盘清理”选项卡，如图 3.32 所示。

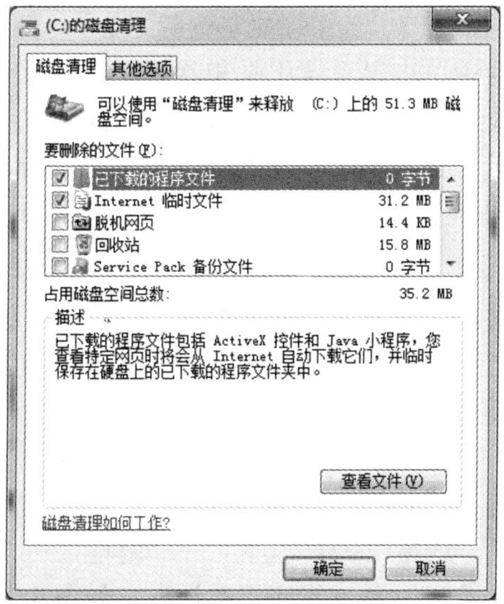

图 3.32　“磁盘清理”选项卡

(4) 在该选项卡中的“要删除的文件”列表框中列出了可删除的文件类型及其所占用的磁盘空间大小，选中某文件类型前的复选框，在进行清理时即可将其删除；在“占用磁盘空间总数”中显示了若删除所有选中复选框的文件类型后，可得到的磁盘空间总数；在“描述”框中显示了当前选择的文件类型的描述信息，单击“查看文件”按钮，可查看该文件类型中包含文件的具体信息。

(5) 单击“确定”按钮，将弹出“磁盘清理”确认删除对话框，单击“是”按钮，弹出显示清理进度的“磁盘清理”对话框，清理完毕后，该对话框将自动消失。

(6) 若要删除不用的可选 Windows 组件或卸载不用的安装程序，可选择“其他选项”选项卡进行切换，如图 3.33 所示。

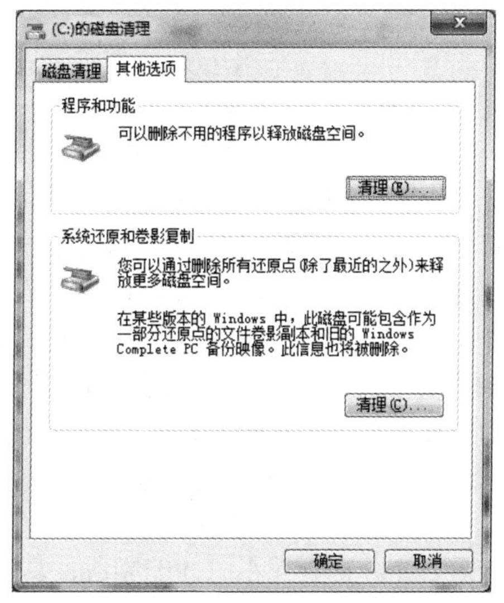

图 3.33　“其他选项”选项卡

(7) 在该选项卡中单击“程序和功能”选项组中的“清理”按钮，打开“程序和功能”窗口，可卸载或更改已安装的程序，若在该窗口中单击“打开或关闭 Windows 功能”可删除不用的可选 Windows 组件。

在“磁盘清理”选项卡中单击“系统还原和卷影复制”选项组中的“清理”按钮，可以通过所有还原点(除了最近的之外)来释放更多的磁盘空间。在某些版本的 Windows 中，此磁盘可能包含作为一部分还原点的文件卷影副本和旧的 Windows Complete PC 备份映像，删除些信息以释放空间。

3．整理磁盘碎片

碎片会使硬盘执行能够降低计算机速度的额外工作。可移动存储设备(如 USB 闪存驱动器)也可能成为碎片。磁盘碎片整理程序可以重新排列碎片数据，以便磁盘和驱动器能够更有效地工作。磁盘碎片整理程序可以按计划自动运行，但也可以手动分析磁盘和驱动器以及对其进行碎片整理。

运行磁盘碎片整理程序的具体操作如下：

(1) 单击“开始”按钮，选择“所有程序”→“附件”→“系统工具”→“磁盘碎片整理程序”命令，打开“磁盘碎片整理程序”对话框，如图 3.34 所示。

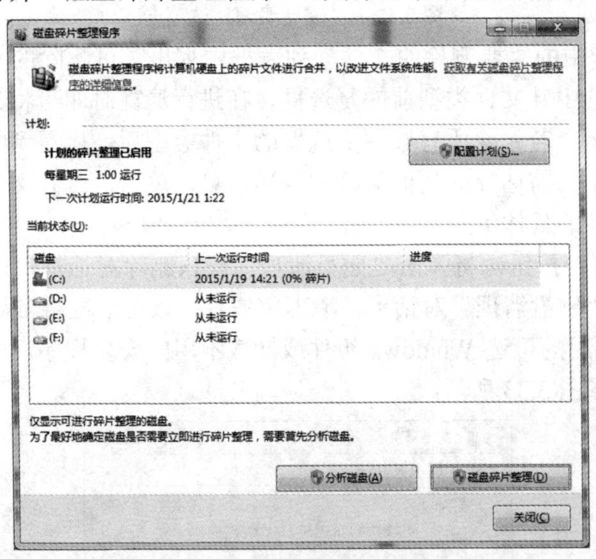

图 3.34　“磁盘碎片整理程序”对话框

(2) 在“当前状态”下，选择要进行碎片整理的磁盘进行“分析磁盘”。

若要确定是否需要对磁盘进行碎片整理，请先单击“分析磁盘”按钮来分析磁盘碎片情况。如果系统提示输入管理员密码或进行确认，请键入该密码或提供确认。

在 Windows 完成分析磁盘后，可以在“上一次运行时间”列中检查磁盘上碎片的百分比。如果数字高于 10%，则应该对磁盘进行碎片整理。

(3) 磁盘碎片整理。单击“磁盘碎片整理”，如果系统提示输入管理员密码或进行确认，请键入该密码或提供确认。

磁盘碎片整理程序可能需要几分钟到几小时才能完成，具体取决于硬盘碎片的大小和程度。在碎片整理过程中，仍然可以使用计算机。如果磁盘已经由其他程序独占使用，或者磁盘使用 NTFS 文件系统、FAT 或 FAT32 之外的文件系统格式化，则无法对该磁盘进行碎片整理。不能对网络位置进行碎片整理。如果此处未显示希望在“当前状态”下看到的磁盘，则可能是因为该磁盘包含错误。这时应该首先尝试修复该磁盘，然后返回磁盘碎片整理程序重试。

4．查看磁盘属性

磁盘的属性通常包括磁盘的类型、文件系统、空间大小、卷标信息等常规信息，以及磁盘的查错、碎片整理等处理程序和磁盘的硬件信息等。

1) 查看磁盘的常规属性

磁盘的常规属性包括磁盘的类型、文件系统、空间大小、卷标信息等，查看磁盘的常规属性可执行以下操作：

(1) 双击“计算机”图标，打开“计算机”窗口。

(2) 右击要查看属性的磁盘图标，在弹出的快捷菜单中选择“属性”命令。

(3) 打开“磁盘属性”对话框，选择“常规”选项卡，如图 3.35 所示。

图 3.35　“常规”选项卡

(4) 在该选项卡中，用户可以在最上面的文本框中键入该磁盘的卷标；在该选项卡的中部显示了该磁盘的类型、文件系统、已用空间及可用空间等信息；在该选项卡中以饼图显示了该磁盘的容量、已用空间和可用空间的比例信息。

2) 工具选项卡

“工具”选项卡如图 3.36 所示，包括查错、碎片整理和备份三项内容。

(1) 进行磁盘查错。用户在经常进行文件的移动、复制、删除及安装、删除程序等操作后，可能会出现坏的磁盘扇区，这时可执行磁盘查错程序，以修复文件系统的错误，恢复坏扇区等。执行磁盘查错程序的具体操作如下：

① 双击“计算机”图标，打开“计算机”窗口。

② 右击要进行磁盘查错的磁盘图标，在弹出的快捷菜单中选择“属性”命令。

③ 打开“磁盘属性”对话框，选择“工具”选项卡，如图 3.36 所示。

④ 单击“查错”选项组中的“开始检查”按钮，弹出“检查磁盘”对话框，如图 3.37 所示。

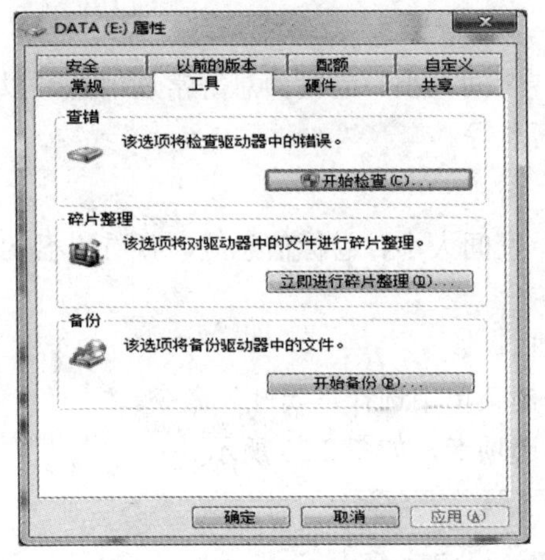

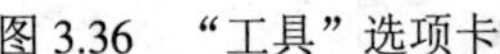

图 3.36　“工具”选项卡

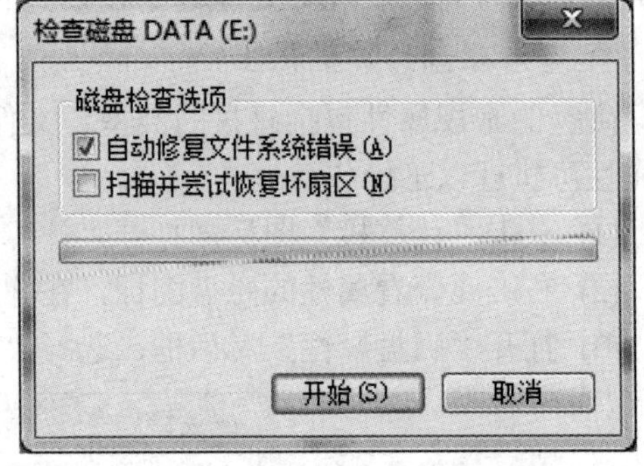

图 3.37　“检查磁盘”对话框

⑤ 在该对话框中用户可选择“自动修复文件系统错误”或“扫描并尝试恢复坏扇区”选项，单击“开始”按钮，即可进行磁盘查错，在“进度”框中可看到磁盘查错的进度。

⑥ 磁盘查错完毕后将弹出“正在检查磁盘”对话框，单击“确定”按钮即可。

(2) 单击“碎片整理”选项组中的“开始整理”按钮，可执行“磁盘碎片整理程序”。

备份与还原如图 3.38 所示，单击“开始备份”打开“备份和还原”窗口。

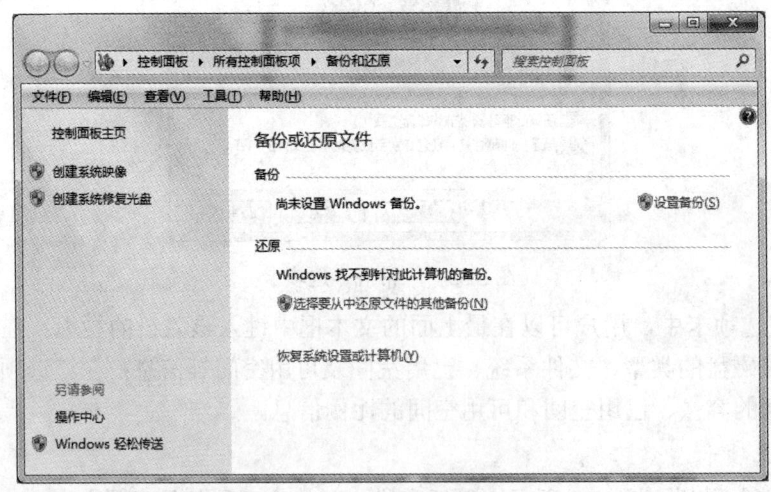

图 3.38　“备份和还原”窗口

① 文件备份。Windows 备份允许为使用计算机的所有人员创建数据文件的备份。可以让 Windows 选择备份的内容或者用户可以选择要备份的个别文件夹、库和驱动器。默认情况下，将定期创建备份。可以更改计划，并且可以随时手动创建备份。设置 Windows 备份之后，Windows 将跟踪新增或修改的文件和文件夹并将它们添加到用户的备份中。

创建文件备份的操作步骤如下：

单击打开“备份和还原”。如果以前从未使用过 Windows 备份，请单击如图 3.38 所示的“设置备份”按钮，然后按照向导中的步骤操作。如果系统提示输入管理员密码或进行确认，请键入该密码或提供确认。如果以前创建了备份，则可以等待定期计划备份发生，或者可以通过单击“立即备份”手动创建新备份。

提示 建议不要将文件备份到安装 Windows 的硬盘中，防止因出现系统故障而损坏备份文件；将用于备份的介质(外部硬盘、DVD 或 CD)存储在安全的位置。

② 系统映像备份。Windows 备份提供创建系统映像的功能，系统映像是驱动器的精确映像。系统映像包含 Windows 和系统设置、程序及文件。如果硬盘或计算机无法工作，则可以使用系统映像来还原计算机的内容。从系统映像还原计算机时，将进行完整还原，不能选择个别项进行还原，当前的所有程序、系统设置和文件都将因系统映像还原而被替换。尽管此类型的备份包括个人文件，但还是建议使用 Windows 备份定期备份文件，以便根据需要还原个别文件和文件夹。

创建系统映像备份的操作步骤：单击打开“备份和还原”窗口(图 3.38)，再单击窗口左侧的“创建系统映像”按钮，弹出相应的对话框(图 3.39)，指定创建系统映像的位置(可以指定到硬盘、DVD 和网络上)，单击“下一步”按钮，指定要备份的磁盘(图 3.40)，再单击“下一步”按钮创建系统映像。

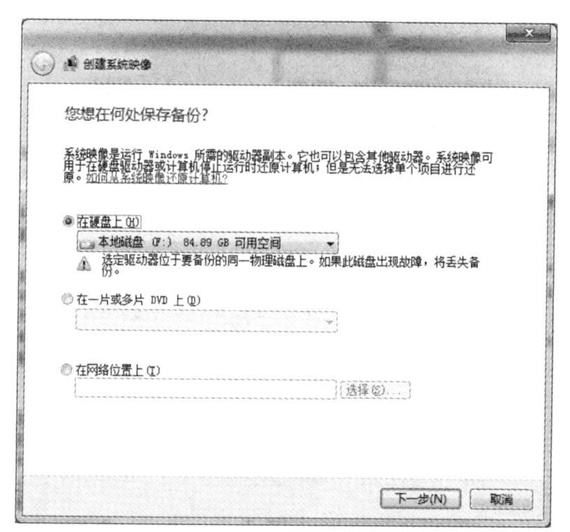

图 3.39 指定存放系统映像的位置

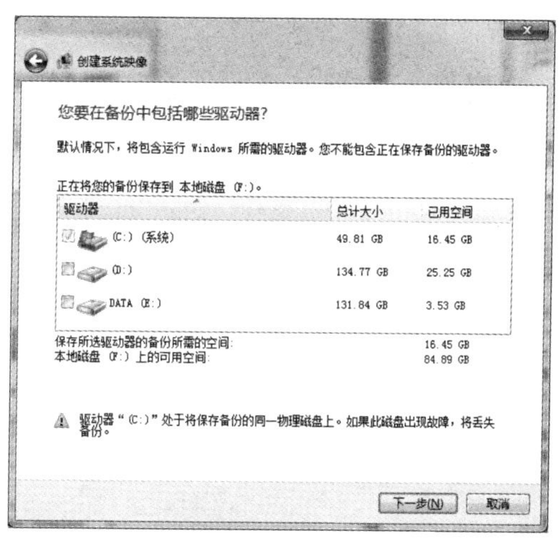

图 3.40 指定要备份的磁盘

③ 从备份还原文件。可以还原丢失、受到损坏或意外更改的备份版本的文件，也可以还原个别文件、文件组或者已备份的所有文件。从备份还原文件的操作步骤为：首先单击打开“备份和还原”，然后，若要还原文件，请单击“还原我的文件”；若要还原所有用户的文件，请单击“还原所有用户的文件”；若要浏览备份的内容，请单击“浏览文件”或“浏览文件夹”(浏览文件夹时，将无法查看文件夹中的个别文件)；若要查看个别文件，使用“浏览文件”选项。

3) *查看磁盘的硬件信息及更新驱动程序*

若用户要查看磁盘的硬件信息或要更新驱动程序，可执行下列操作：

(1) 双击“计算机”图标，打开“计算机”窗口。

(2) 右击磁盘图标，在弹出的快捷菜单中选择“属性”命令。

(3) 打开“磁盘属性”对话框，选择“硬件”选项卡，如图 3.41 所示。

(4) 在该选项卡中的“所有磁盘驱动器”列表框中显示了计算机中的所有磁盘驱动器。单击某一磁盘驱动器，在“设备属性”选项组中即可看到关于该设备的信息。

(5) 单击“属性”按钮，可打开设备属性对话框，在该对话框中显示了该磁盘设备的详细信息。

(6) 若用户要更新驱动程序，可选择“驱动程序”选项卡。

(7) 单击“更新驱动程序”按钮，即可在弹出的“硬件升级向导”对话框中更新驱动程序。单击“驱动程序详细信息”按钮，可查看驱动程序文件的详细信息；单击“返回驱动程序”按钮，可在更新失败后，用备份的驱动程序返回到原来安装的驱动程序；单击“卸载”按钮，可卸载该驱动程序。

(8) 单击“确定”或“取消”按钮，可关闭该对话框。

4) 查看并设置共享

如图 3.42 所示，应用“共享”选项卡可以查看当前磁盘、网络文件和文件夹的共享信息。应用“高级共享”可以设置自定义权限，创建多个共享，并设置其他高级共享选项。应用“密码保护”可以设置打开此共享的用户账户和密码。

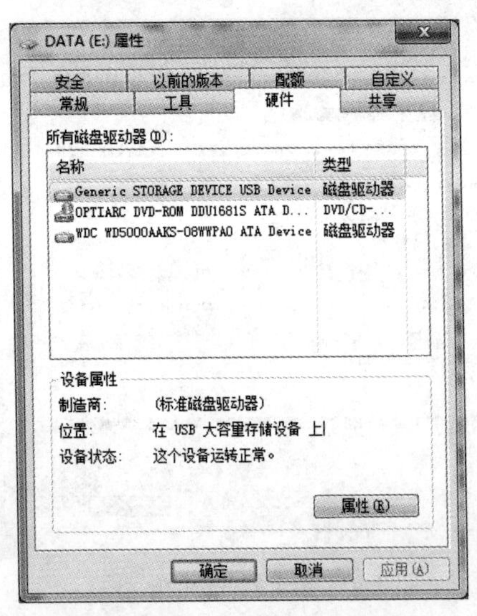

图 3.41 “硬件”选项卡

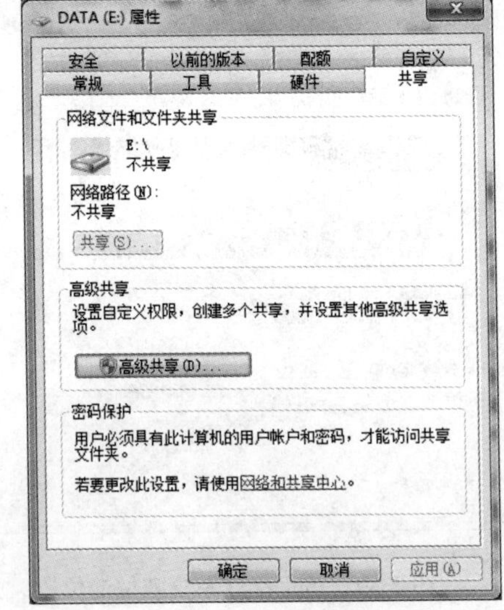

图 3.42 “共享”选项卡

5) 设置“ReadyBoost”

如图 3.43 所示，若查看的是 U 盘的属性，则“属性”对话框会出现一个“ReadyBoost”选项卡，应用该选项卡可以查看、设置当前设备上的可用空间以加快系统速度。可设置的选项包括：不使用这个设备；该设备专用于“ReadyBoost”；使用这个设备，选择该项时可设置该设备上的预留空间用于加快系统速度，保留的空间将不用于文件存储。

6) 自定义

如图 3.44 所示，应用“自定义”选项卡可以设置优化文件夹和文件夹图片。

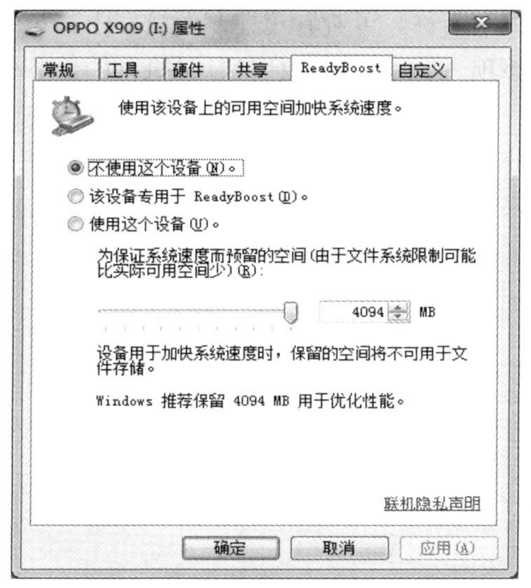

图 3.43　“ReadyBoost”选项卡

图 3.44　“自定义”选项卡

3.4　控制面板

3.4.1　Windows 7 控制面板

“控制面板”是 Windows 7 的功能控制和系统配置中心，提供丰富的专门用于更改 Windows 外观和行为方式的工具。可以使用“控制面板”更改 Windows 的设置，这些设置几乎控制了有关 Windows 外观和工作方式的所有设置，用户对 Windows 进行设置，使其更加适合应用的需要。

打开“控制面板”的方法：选择“开始”→“控制面板”命令，打开“控制面板”。

首次打开“控制面板”时，将看到如图 3.45 所示的“控制面板”分类视图，这些项目按照分类进行组织。

图 3.45　控制面板分类视图窗口

在分类视图下，用鼠标指针指向某图标或类别名称，可查看“控制面板”中某一项目的详细信息。单击项目图标或类别名，可打开该项目。部分项目会打开可执行的任务列表和选择的单个控制面板项目。

在控制面板窗口“查看方式”中选择“大图标”“小图标”，可以看到所需的具体项目，双击项目图标，即可打开该项目。控制面板经典视图如图 3.46 所示。

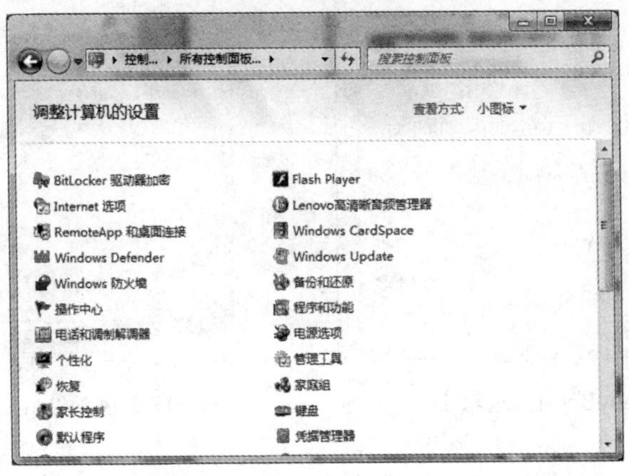

图 3.46　控制面板经典视图窗口

3.4.2　Windows 7 控制面板应用

1．键盘、鼠标等输入设备的设置

1) 键盘的属性设置

利用键盘的属性设置功能，可以对键盘输入的手感、灵敏度、按键的延缓时间和重复速度等进行设置。对键盘的属性设置的方法如下：

(1) 选择“开始”→“控制面板”，若控制面板是分类视图，则单击“打印机和其他硬件”选项，在打开的“打印机和其他硬件”窗口中，单击“键盘”图标。若是控制面板经典视图，直接双击“键盘”图标，进入如图 3.47 所示的“键盘属性”对话框。

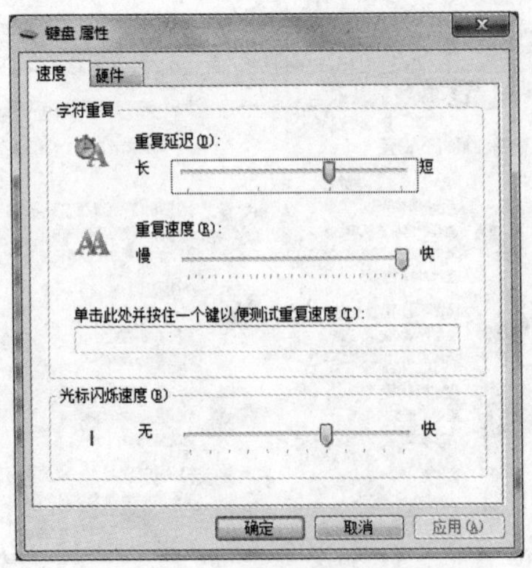

图 3.47　“键盘属性”对话框

(2) 单击“速度”标签，在“字符重复”框架中，拖动“重复延迟”和“重复速度”调节滑动条，设置相应的延迟时间和重复速度值。拖动“光标闪烁速度”调节滑动条，设置光标闪烁速度。

2) 鼠标的设置

在现在的计算机应用中，不管是操作系统还是应用程序，几乎都是基于视窗的用户界面，即都支持鼠标操作。鼠标已成为广大用户使用最频繁的设备之一。Windows 7 提供了方便、快捷的鼠标键设置方法，用户可根据自己的个人习惯、性格和喜好设置鼠标。

(1) 设置鼠标键。鼠标键是指鼠标上的左右按键。根据个人习惯，可将鼠标设置为适合于右手操作或左手操作，还可设置打开一个项目时使用的鼠标操作为单击还是双击。设置鼠标键的具体操作步骤如下：

① 打开“鼠标属性”对话框。

打开“鼠标属性”对话框的操作与打开键盘属性的操作步骤相同：选择“开始”→“控制面板”，若控制面板是分类视图，则单击“打印机和其他硬件”选项，在打开的“打印机和其他硬件”窗口中，单击“鼠标”。若控制面板是经典视图，直接双击“鼠标”图标。打开如图 3.48 所示的“鼠标属性”对话框。

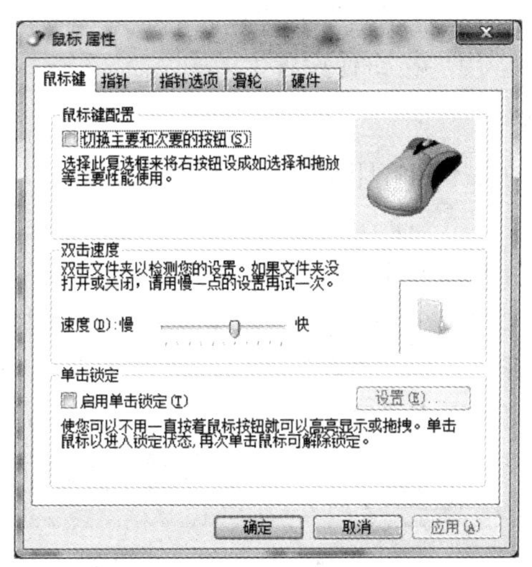

图 3.48　“鼠标属性”对话框

② 在“鼠标键”选项卡中，可以设置鼠标键的使用。默认情况下，左边的键为主要键，若选中“切换主要和次要的按钮”复选框，则设置右边的键为主要键。

③ 在“双击速度”选项组中拖动滑块可调整鼠标的双击速度，双击该选项组中的文件夹图标可检验设置的速度。

④ 在“单击锁定”选项组中，若选中“启用单击锁定”复选框，则可以在移动项目时不用一直按着鼠标键就可实现，单击“设置”按钮，在弹出的“单击锁定的设置”对话框中可调整实现单击锁定需要按鼠标键或轨迹球按钮的时间。

(2) 设置鼠标指针的显示外观。

① 在“鼠标属性”对话框中，选择“指针”选项卡。

② 在“方案”下拉列表框中选择一种系统自带的指针方案，然后在“自定义”列表框

中，选中要选择的指针。

如果希望指针带阴影，可同时选中“启用指针阴影”复选框。

如果希望使用鼠标设置的系统默认值，可单击“使用默认值”按钮。

③ 若用户对某种样式不满意，可选中它后，单击“浏览”按钮，打开“浏览”对话框，在“浏览”对话框中选择一种喜欢的鼠标指针样式，单击“打开”按钮，即可将所选样式应用到所选鼠标指针方案中。

④ 设置完毕，单击“应用”按钮，使设置生效。

(3) 设置鼠标的移动方式。

① 在“鼠标属性”对话框中，选择“指针选项”选项卡。

② 在“移动”选项区域中，用鼠标拖动滑块，可调整鼠标指针移动速度的快慢。

③ 在“取默认按钮”选项区域中，选中“自动将指针移动到对话框中的默认按钮”复选框，则在打开对话框时，鼠标指针会自动放在默认按钮上。

④ 在“可见性”选项区域中，若选中“显示指针轨迹”复选框，则在移动鼠标指针时会显示指针的移动轨迹，拖动滑块可调整轨迹的长短；若选中“在打字时隐藏指针”复选框，则在输入文字时将隐藏鼠标指针；若选中“当按 Ctrl 键时显示指针的位置”复选框，则按 Ctrl 键时会以同心圆的方式显示指针的位置。

⑤ 设置完毕，单击“应用”按钮使设置生效。

2. 字体的安装与删除

字体用于显示屏幕上的文本和打印文本。

1) 字体的安装

将新字体添加到计算机系统中的步骤：

(1) 打开“字体”窗口。选择“开始”→“控制面板”，若控制面板是分类视图，单击“外观和主题”选项，打开“外观和主题”窗口，在“请参阅”任务窗格中单击“字体”。若控制面板是经典视图，直接双击“字体”图标，打开如图 3.49 所示的“字体”窗口。

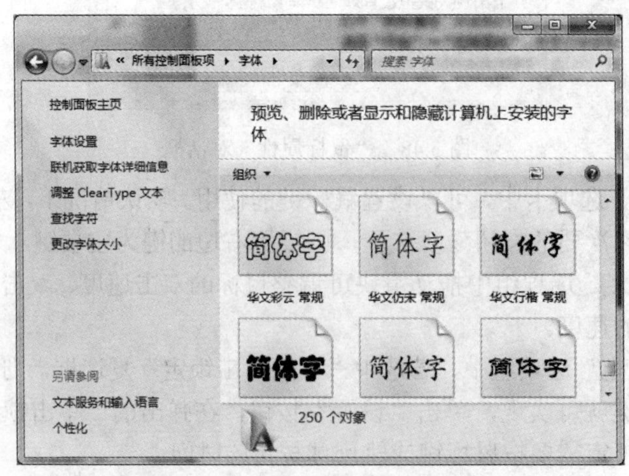

图 3.49 “字体”窗口

(2) 安装新字体。右键单击要安装的字体，然后单击“安装”。还可以通过将字体拖动到“字体”控制面板页来安装字体或应用复制粘贴到字体文件夹。

2) 字体的删除

单击打开“字体”，单击要删除的字体。若要一次选择多种字体，请在单击每种字体时按住 Ctrl 键，在工具栏中单击“删除”。

3. 区域语言设置

通过“控制面板”中的“区域和语言”选项，可以更改 Windows 7 显示日期、时间、货币和数字的方式，也可以选择公制或者美国的度量制。如果使用多种语言工作，或与说其他语言的人交流，那么可能需要安装其他语言组。安装的每个语言组均允许输入和阅读时使用该组语言(例如西欧和美国、中欧等)撰写的文档。每种语言均有默认的键盘布局，但许多语言还有其他的布局。

进行区域设置的方法：选择“开始”→“控制面板”，若控制面板是分类视图，则单击“日期、时间、语言和区域设置”选项，在打开的“日期、时间、语言和区域设置”窗口中，单击“区域和语言”。若控制面板是经典视图，直接双击“区域和语言”图标，打开如图 3.50 所示的“区域和语言”对话框。

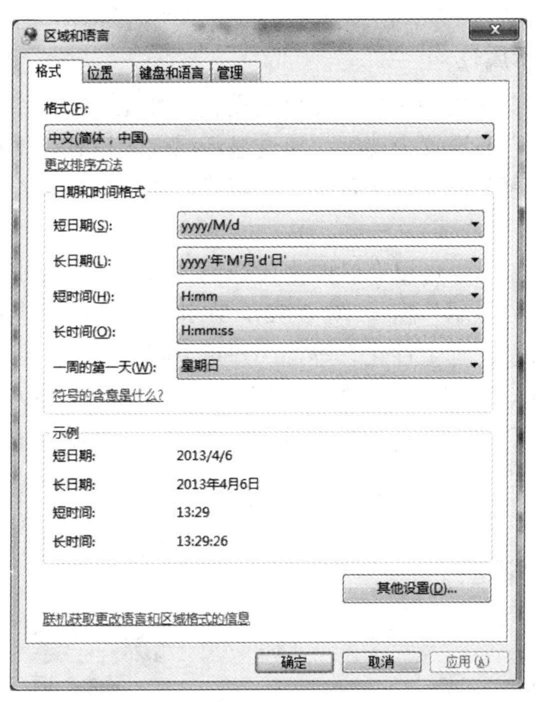

图 3.50　“区域和语言”选项对话框

在“格式”选项卡中，单击要使用的日期、时间、数字和货币格式。若对系统给出的选项不满意，还可以通过单击“其他设置”按钮进行自定义设置。

在“键盘和语言”选项卡中，单击“更改键盘”打开“文本服务和输入语言”对话框(图 3.51)，在该对话框中可以进行多种输入语言、文字服务和键盘布局的选择，可以设置语言栏的显示方式，定义输入法的快捷键，还可以对输入法编辑器、语音和手写识别程序进行设置。

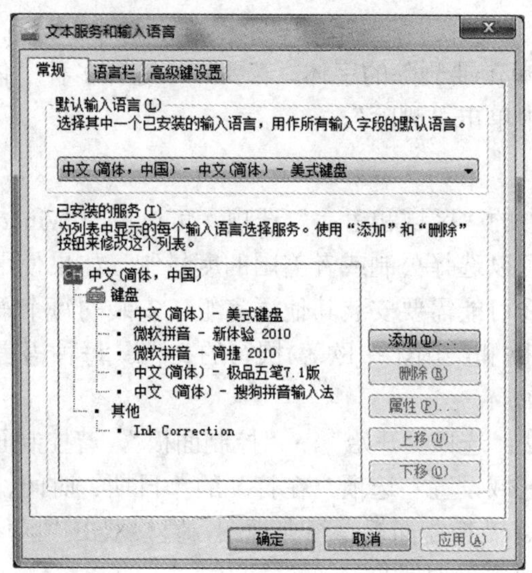

图 3.51　“文本服务和输入语言”对话框

4．Windows 7 显示属性

在中文版 Windows 7 系统中为用户提供了设置个性化桌面的空间，系统自带了许多精美的图片，用户可以将它们设置为墙纸；通过显示属性的设置，用户还可以改变桌面的外观，或选择屏幕保护程序，还可以为背景加上声音，通过这些设置可以使用户的桌面更加赏心悦目。

在进行显示属性设置时，可以在桌面上的空白处右击，在弹出的快捷菜单中选择“属性”命令，这时会出现“显示”窗口(图 3.52)，在其中包含的功能项：“调整分辨率”“校准颜色”“更改显示器设置”“个性化”等，用户可以在各项中进行个性化设置，也可以直接在图 3.52 中选择较小、中等、较大来改变屏幕上的文本大小以及其他选项。

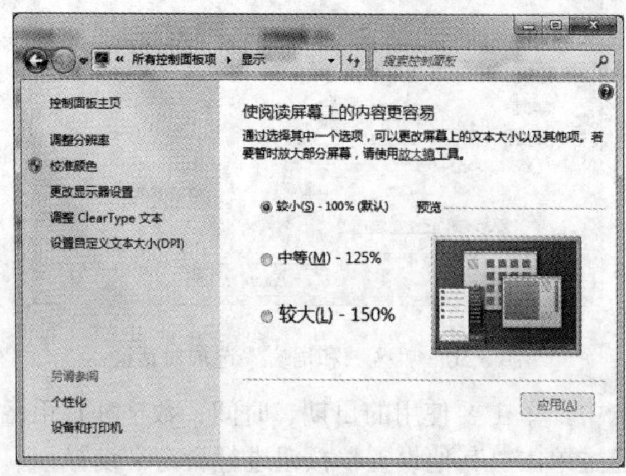

图 3.52　“显示”窗口

1) 调整分辨率

显示器显示高清晰的画面，不仅有利于用户观察，而且会很好地保护视力，特别是对于一些专业从事图形图像处理的用户来说，对显示屏幕分辨率的要求是很高的，如图 3.52 所示，单击左侧“调整分辨率”打开图 3.53 所示的窗口。

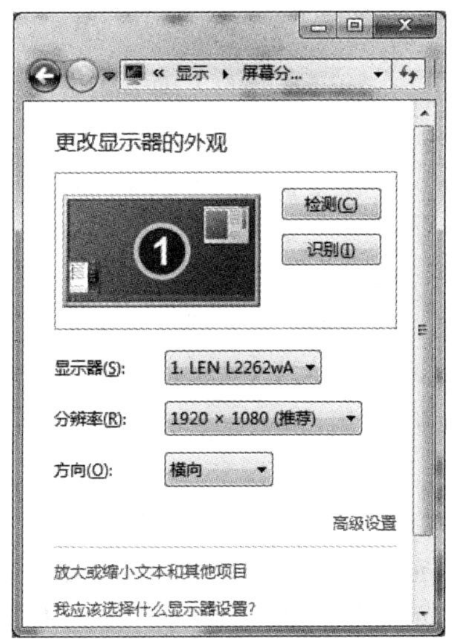

图 3.53　调整分辨率图

在“分辨率”中，用户可以单击下拉按钮来调整其分辨率，分辨率越高，在屏幕上显示的信息越多，画面就越逼真。在“方向”中选择显示方向。

单击“高级设置”按钮，弹出“通用即插即用监视器”对话框，在其中有关于显示器及显卡的硬件信息设置，如图 3.54 所示。在“适配器”选项卡中，显示了适配器的类型以及适配器的其他相关信息，包括芯片类型、内存大小，等等。单击“属性”按钮，弹出“适配器”属性对话框，用户可以在此查看适配器的使用情况，还可以进行驱动程序的更新。单击“列出所有模式”按钮可以选择系统提供的包含分辨率、颜色、刷新频率的多种模式。

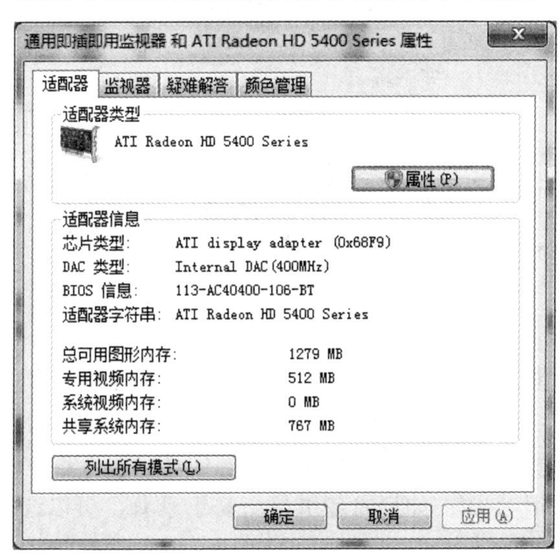

图 3.54　“通用即插即用监视器”对话框

(1) 在“监视器”选项卡中，用户可以设置监视器的颜色、刷新频率。

(2) 在“疑难解答”选项卡中，可以设置有助于用户诊断与显示有关的问题。

(3) 在“颜色管理”选项卡中，用户可以通过添加、修改颜色配置文件和校准显示器。

2) 校准颜色

校准显示器有助于确保颜色在显示器上的正确显示。在 Windows 中，可以使用“显示颜色校准”功能来校准显示器。

在开始显示颜色校准之前，请确保显示器已设置为原始分辨率，这有助于提高校准结果的准确性。

如果其他软件附带有显示校准设备，可以考虑使用颜色管理设备及其附带软件的“显示颜色校准”功能。使用校准设备及通常随该设备附带的校准软件能够帮助获得最佳的颜色显示效果。通常来说，与使用可视校准(在“显示颜色校准”中完成)相比，使用颜色管理设备来校准显示器能够获得更好的校准效果。

开始显示颜色校准的步骤：

单击打开“显示颜色校准”。在“显示颜色校准”中，单击“下一步”继续。

使用“显示颜色校准”调整不同的颜色设置后，显示器将拥有一个包含新颜色设置的新校准。新的校准将与屏幕显示关联，并由颜色管理程序使用。

3) 个性化设置

单击图 3.52 所示的“个性化”按钮，弹出如图 3.55 所示的“个性化”窗口。应用个性化窗口可以个性化设置桌面背景、窗口颜色、声音、屏幕保护程序等。

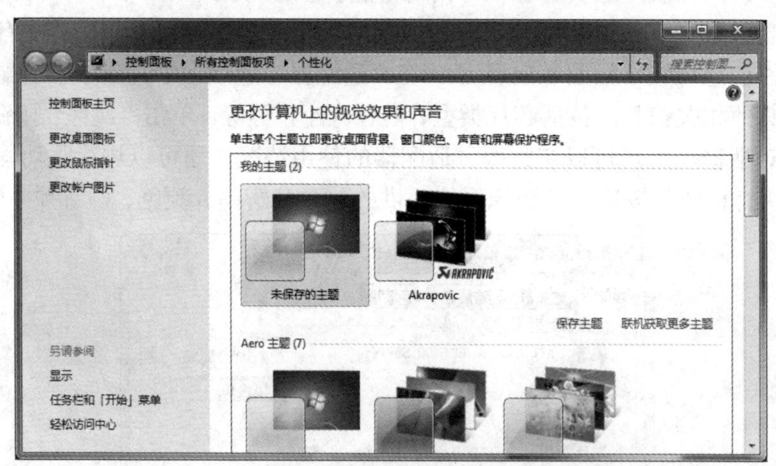

图 3.55　“个性化”窗口

(1) 主题设置。

主题是计算机上的图片、颜色和声音的组合。它包括桌面背景、屏幕保护程序、窗口边框颜色和声音方案。某些主题也可能包括桌面图标和鼠标指针。

Windows 提供了多个主题，可以选择 Aero 主题使计算机个性化；如果计算机运行缓慢，可以选择 Windows 7 基本主题；如果希望屏幕更易于查看，可以选择高对比度主题。还可以联机获取更多主题。

(2) 自定义主题。

① 更改桌面图标。可以选择在桌面上显示或隐藏常用的 Windows 功能，如“计算机”“网络”和“回收站”。按照以下步骤将快捷方式添加至桌面显示：

单击打开“个性化”，在左窗格中单击“更改桌面图标”，在“桌面图标”下选中要在桌面上显示的每个图标对应的复选框，清除与不想要显示的图标对应的复选框，然后单击“确定”按钮。

若将相应图标复选框的“ √ ”取消，则取消相应图标在桌面的显示。

② 更改鼠标指针。单击打开“个性化”，在左窗格中单击“更改鼠标指针”按钮，单击打开“鼠标属性”对话框，单击“指针”选项卡选择新的鼠标指针方案。若要更改单个指针，则在“自定义”列表下单击要更改的指针。

③ 桌面背景。单击“桌面背景”，用户可以设置自己的桌面背景。在“背景”中，提供了多种风格的图片，用户可根据自己的喜好来选择图片或纯色，也可以通过浏览的方式调入自己喜爱的图片，还可以设置图片显示间隔时间，以幻灯片的方式显示。对选择的图片有“填充”“适应”“居中”“平铺”“拉伸”五种位置设置选择。

④ 窗口颜色。

单击“窗口颜色”，在“窗口颜色和外观”窗口中用户可以改变窗口边框、开始菜单、任务栏颜色和透明效果。

单击“高级外观设置”打开“窗口颜色和外观”对话框(图 3.56)，在“项目”中选择更具体的项目设置个性化颜色和字体。

⑤ 声音。如图 3.57 所示，单击“声音”打开“声音”对话框，设置声音方案和程序事件。

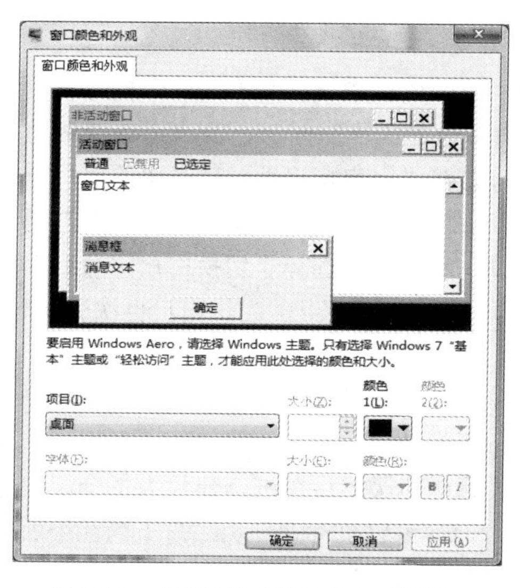

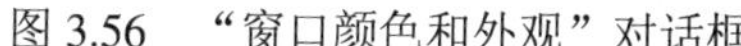
图 3.56　“窗口颜色和外观”对话框

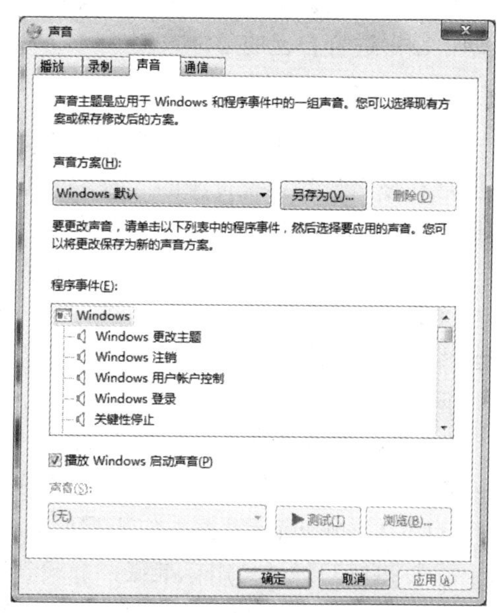

图 3.57　“声音”对话框

⑥ 屏幕保护程序。当用户暂时不对计算机进行任何操作时，可以使用“屏幕保护程序”将显示屏幕屏蔽掉，这样可以节省电能，有效地保护显示器，并且防止其他人在计算机上进行任意的操作，从而保证数据的安全。

单击“屏幕保护程序”，打开“屏幕保护程序设置”对话框(图 3.58)，在“屏幕保护程序”下拉列表框中提供了各种静止和活动的样式，当用户选择了一种活动的程序后，可以设置程序参数。

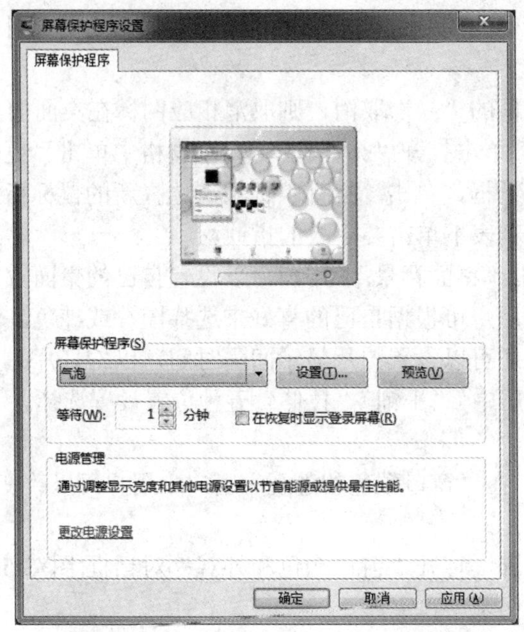

图 3.58　“屏幕保护程序设置”对话框

如果用户要调整监视器的电源设置来节省电能，单击“更改电源设置”按钮设置电源计划，制定适合自己的节能方案。

5．用户账户

Windows 7 中允多个用户登录，不同的用户可以使用该系统拥有不同的个性化设置，各用户在使用公共系统资源的同时，可以设置富有个性的工作空间。在 Windows 7 环境下切换用户账户的时候，不需要重新启动计算机，只要在“用户账户”窗口在更改用户登录和注销方式中快速切换，不用关闭所有程序就可以快速切换到另一个用户账户。在退出计算机系统时，出现一个要求用户进行选择的对话框，这时可以选择“切换用户”命令，就能够保留当前用户正在运行的程序，而迅速登录到另一个用户账户，当该用户再次登录时，可以返回到切换前的状态。

Windows 7 系统中有三种类型的账户：

标准账户：适用于日常计算。标准账户可防止用户做出会对该计算机的所有用户造成影响的更改(如删除计算机工作所需要的文件)，从而帮助保护计算机。建议为每个用户创建一个标准账户。当使用标准账户登录到 Windows 时，可以执行管理员账户下的几乎所有的操作，但是如果要执行影响该计算机其他用户的操作(如安装软件或更改安全设置)，则 Windows 可能要求提供管理员账户的密码。

管理员账户：可以对计算机进行最高级别的控制。针对可以对计算机进行全系统更改、安装程序和访问计算机上所有文件的人而设置的。只有拥有计算机管理员账户的人才拥有对计算机上其他用户账户的完全访问权。计算机管理员账户可以创建和删除计算机上的其他用户账户，可以为计算机上其他用户账户创建账户密码，可以更改其他人的账户名、图片、密码和账户类型，但是无法将自己的账户类型更改为受限制账户类型，除非至少有一个其他用户在该计算机上拥有计算机管理员账户类型，以确保计算机上总是至少有一个人拥有计算机管理员账户。

来宾账户：主要针对需要临时使用计算机的用户，在计算机上没有账户的用户可以使用的账户。来宾账户没有密码，所以他们可以快速登录，以检查电子邮件或者浏览 Internet。登录到来宾账户的用户无法安装软件或硬件，无法更改来宾账户类型，但可以访问已经安装在计算机上的程序，可以更改来宾账户图片。

1) *新用户的建立*

选择“开始”→“控制面板”，若控制面板是分类视图，则单击“用户账户”选项。若控制面板是经典视图，直接双击“用户账户”图标。打开如图 3.59 所示的“用户账户”窗口。

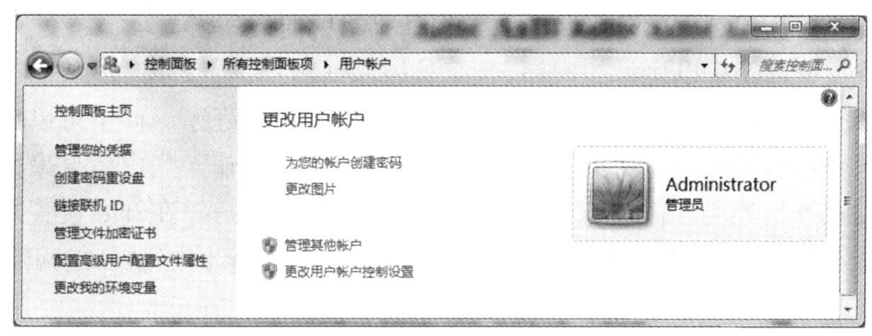

图 3.59 用户账户设置窗口

在“用户账户”窗口中，单击“管理其他账户”弹出“管理账户”窗口(图 3.60)，单击“创建一个新账户”，如图 3.61 所示，在打开的向导窗口中键入新用户账户的名称，设置账户类型，然后单击“创建账户”完成账户创建。

图 3.60 “管理账户”窗口

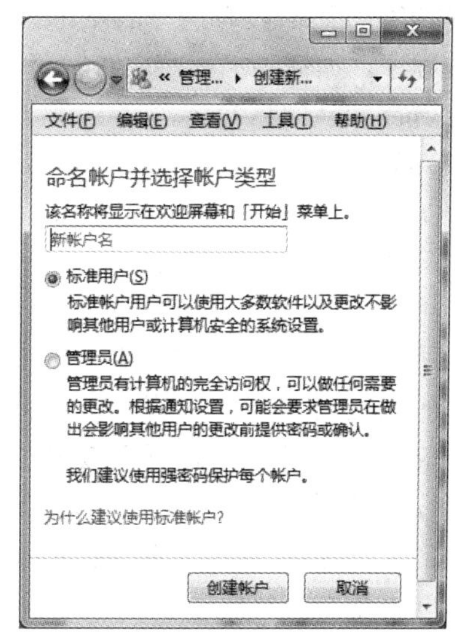

图 3.61 “创建新账户”窗口

2) *用户账户的删除*

当系统中的某一用户账户不再使用，可从图 3.60 所示的“管理账户”窗口中单击要删除的用户，在弹出的如图 3.62 所示的“更改账户”窗口中，单击“删除账户”，在紧接出现的窗口中选择是否保留或删除账户的文件，如果保留选“保留文件”，不保留选“删除

文件”。

3) *用户账户的更改*

在如图 3.62 所示的“更改账户”窗口中，单击“更改账户名称”，可更改用户账户的登录名。

单击“创建密码”，可创建更改用户账户的密码；单击“删除密码”，可删除用户账户的密码。

单击“更改图片”可以更改用户账户的登录图标。

单击“更改账户类型”可以更改用户的账户类型。

图 3.62　“更改账户”窗口

单击“设置家长控制”可以限制儿童使用计算机的时段、可以玩的游戏类型以及可以运行的程序。当家长控制或阻止了对某个游戏或程序的访问时，将显示一个通知声明已阻止该程序，孩子可以单击通知中的链接，以请求获得该游戏或程序的访问权限。家长可以通过输入账户信息来允许其访问。若要为孩子设置家长控制，需要有一个自己的管理员用户账户。在开始设置之前，确保要为其设置家长控制的每个孩子都有一个标准的用户账户。家长控制只能应用于标准用户账户。

6. 程序和功能

1) *添加新程序*

“添加程序”可以帮助用户管理计算机上的程序和组件。使用该项功能可从光盘、软盘或网络上添加程序，或者通过 Internet 添加 Windows 升级程序或增加新的功能，还可以添加或删除在初始安装时没有选择的 Windows 组件。

(1) 安装程序。如何添加程序取决于程序的安装文件所处的位置。通常程序从 CD 或 DVD、从 Internet 或从网络安装。

① 从 CD 或 DVD 安装程序的步骤。将光盘插入计算机，然后按照屏幕上的说明操作。从 CD 或 DVD 安装的许多程序会自动启动程序的安装向导。在这种情况下，将显示“自动播放”对话框，然后可以选择运行该向导。如果程序不开始安装，请检查程序附带的信息。该信息可能会提供手动安装该程序的说明。如果无法访问该信息，还可以浏览整张光盘，然后打开程序的安装文件(文件名通常为 Setup.exe 或 Install.exe)。

② 从 Internet 安装程序的步骤。在 Web 浏览器中，单击指向程序的链接。若要立即安装程序，请单击“打开”或“运行”按钮，然后按照屏幕上的指示进行操作。若要以后安装程序，请单击“保存”按钮，然后将安装文件下载到计算机上。做好安装该程序的准备后，双击该文件，并按照屏幕上的指示进行操作。

从 Internet 下载和安装程序时，请确保该程序的发布者以及提供该程序的网站是值得信任的。

(2) 打开/关闭 Windows 功能。在图 3.63 所示的“程序和功能”窗口中单击“打开或关闭 Windows 功能”，打开如图 3.64 所示的“Windows 功能”对话框，若要打开一种功能，则选择其复选框。若要关闭一种功能，则清除其复选框。安装 Windows 7 功能的操作时一般需要准备 Windows 7 安装盘备用。

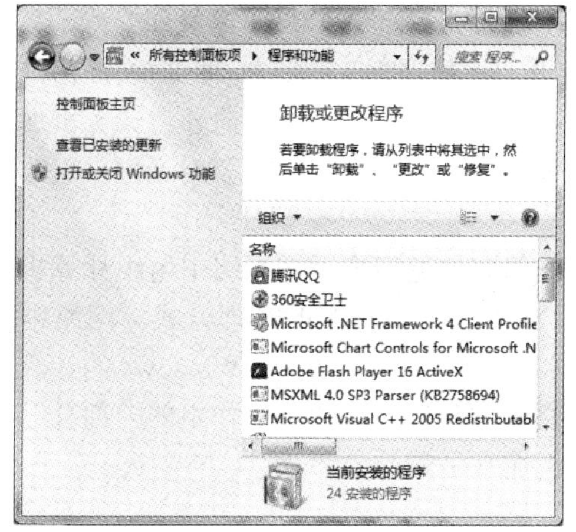

图 3.63　“程序和功能”窗口

图 3.64　“Windows 功能”对话框

2) 卸载或更改程序

如果不再使用某个程序，或者如果希望释放硬盘上的空间，则可以从计算机上卸载该程序。可以使用“程序和功能”卸载程序，或通过添加或删除某些选项来更改程序配置。

单击打开“程序和功能”，选择程序，然后单击“卸载”。

除了卸载选项外，某些程序还包含更改或修复程序选项，但许多程序只提供卸载选项。若要更改程序，请单击“更改”或“修复”。

3) 查看已安装的更新

单击“查看已安装的更新”，系统列出当前安装的更新列表，选定列表项可卸载该更新。

7. 系统

在“控制面板”中单击“系统”图标打开“系统”窗口(图 3.65)，应用该窗口可以查看有关计算机的基本信息，进行设备管理和远程设置，设置系统保护，进行高级系统设置。

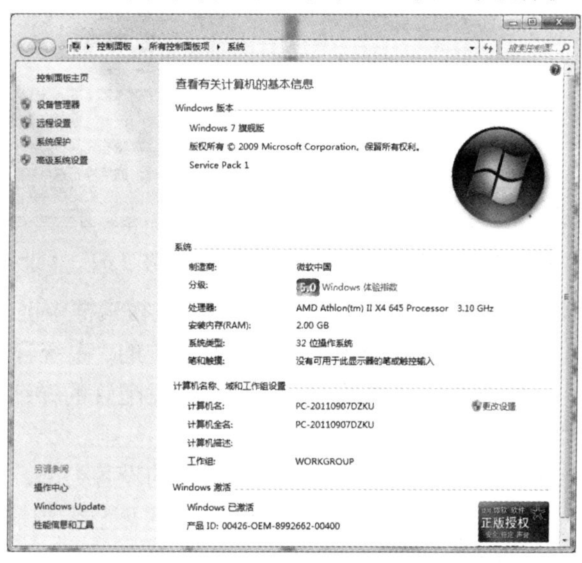

图 3.65　“系统”窗口

1) 查看有关计算机的基本信息，更改计算机名称、域、工作组、家庭组

单击图 3.65 所示的“更改设置”按钮，打开“系统属性”对话框(图 3.66)，在“计算机名”选项卡中可设置计算机描述。单击图 3.66 中“网络 ID”可使用向导将计算机加入到域、工作组和家庭组。单击图 3.66 中“更改”按钮打开“计算机名/域”对话框，更改计算机名称，设置隶属的域和工作组。

域、工作组和家庭组之间的区别：域、工作组和家庭组表示在网络中组织计算机的不同方法。它们之间的主要区别是对网络中的计算机和其他资源的管理方式。网络中基于 Windows 的计算机必须属于某个工作组或某个域。家庭网络中的基于 Windows 的计算机也可以属于某个家庭组，但不是必需的。家庭网络中的计算机通常是工作组的一部分，也可能是家庭组的一部分，而工作区网络上的计算机通常是域的一部分。

2) 设备管理器

如图 3.67 所示，设备管理器提供计算机上所安装硬件的图形视图。所有设备都通过一个称为“设备驱动程序”的软件与 Windows 通信。使用设备管理器可以安装和更新硬件设备的驱动程序、修改这些设备的硬件设置以及解决问题。使用设备管理器只能管理“本地计算机”上的设备。在“远程计算机”上，设备管理器将仅以只读模式工作，此时允许查看该计算机的硬件配置，但不允许更改该配置。

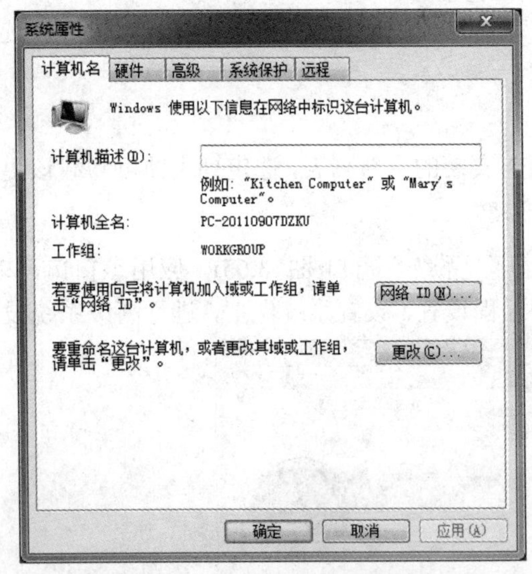

图 3.66　“系统属性”对话框

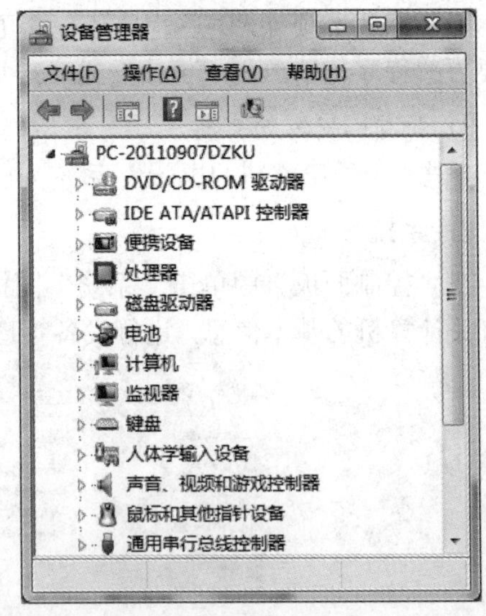

图 3.67　“设备管理器”窗口

打开“设备管理器”的方法：单击「开始」按钮，在搜索框中键入“设备管理器”，然后在结果列表中单击“设备管理器”；打开“控制面板”中的“系统”，单击“设备管理器”。

(1) 查看设备信息。使用设备管理器，可以看到硬盘配置的详细信息，包括其状态、正在使用的驱动程序以及其他信息。

① 查看设备的状态。打开设备管理器，双击要查看的设备类型，右键单击所需的设备，然后单击“属性”，在“常规”选项卡上，“设备状态”区域显示当前状态的描述。如果设备遇到问题，则显示问题的类型，还可能看到问题代码和编号，以及建议的解决方案。如果显示“检查解决方案”按钮，还可以通过单击该按钮向 Microsoft 提交 Windows 错误报告。

② 查看隐藏的设备。最常见的隐藏设备类型是安装了其驱动程序，但设备当前未显示。在打开的设备管理器“查看”菜单上单击“显示隐藏的设备”可以查看计算机上的隐藏设备。

③ 查看有关设备驱动程序的信息。在打开的设备管理器中查找并右键单击所需的特定设备，然后单击“属性”；在“驱动程序”选项卡上显示有关当前已安装驱动程序的信息，单击“详细信息”按钮可以查看更详细的驱动程序信息。

(2) 安装设备及其驱动程序。

① 安装即插即用设备。将新设备插入到计算机中，在“发现新硬件”对话框中选择“查找并安装驱动程序软件”，选择此选项将开始安装过程。若选择“稍后再询问我”则不安装设备且不更改计算机的配置，如果下次登录到计算机时该设备仍插入，则会再次显示此对话框。若选择“不要为此设备再次显示此消息”，选择此选项会将即插即用服务配置为不安装此设备的驱动程序，并且不会使设备起作用。若要完成设备驱动程序的安装，必须断开设备，然后重新进行连接。

② 安装非即插即用设备。打开设备管理器，右键单击细节窗格中顶部的节点，单击“添加过时硬件”，在“添加硬件向导”中，单击“下一步”，然后按屏幕上的说明执行操作。

③ 更新或更改用于设备的驱动程序。打开设备管理器，双击要更新或更改的设备的类型，右键单击所需的设备，然后单击“更新驱动程序”，按照“更新驱动程序软件”向导中的说明执行操作。

④ 启用或禁用即插即用设备。启用即插即用设备：打开设备管理器，右键单击所需的设备，然后单击“启用”。如果设备处于禁用状态，则将只列出“启用”。也可以在设备的“属性”页上启用设备。在“常规”选项卡的底部，如果存在“更改设置”则单击它，然后在“驱动程序”选项卡上单击“启用”。如果系统提示重新启动计算机，则直到重新启动计算机后才会启用设备。禁用设备：右键单击所需的特定设备，然后单击“禁用”。禁用设备时，物理设备虽然保持与计算机的连接，但设备驱动程序处于禁用状态。启用设备时，驱动程序将再次可用。如果想使计算机拥有多种硬件配置，或者如果拥有在扩展槽中使用的便携式计算机，则禁用设备很有用。如果系统提示重新启动计算机，则设备将不会被禁用并继续运行，直到重新启动计算机为止。禁用设备并重新启动计算机之后，将释放分配给设备的资源，并可以将其分配给其他设备。某些设备无法禁用，如磁盘驱动器和处理器之类的设备。

(3) 卸载或重新安装设备。

① 卸载设备。打开设备管理器，双击要卸载的设备的类型，右键单击所需的特定设备，然后单击“卸载”。也可以双击设备，然后在“驱动程序”选项卡上单击“卸载”。

如果还要从驱动程序存储区中删除设备驱动程序包，则在“确认设备删除”页中选择“删除此设备的驱动程序软件”。

单击“确定”以完成卸载过程。卸载过程完成时，需要从计算机中拔出设备。如果系统提示重新启动计算机，则删除未完成，且设备可能继续运行，直到重新启动计算机为止。

② 重新安装即插即用设备：只有在设备工作不正常或已完全停止工作时才需要重新安装设备。重新安装设备前，请尝试重新启动计算机并检查设备，以确定其是否正常运行。如果运行不正常，则请尝试重新安装该设备。重新安装即插即用设备操作方法如下：打开设备管理器，按照前面过程中的说明执行操作以卸载设备。

如果提示重新启动计算机，则执行以下步骤：插入设备，然后重新启动计算机。Windows在重新启动之后将检测并重新安装该设备。

如果未提示重新启动计算机，请执行以下步骤：在设备管理器的“操作”菜单中，单击“扫描检测硬件改动”，按照屏幕上的说明进行相关操作。

8. 网络和共享中心

应用网络和共享中心(图3.68)可以设置使用家庭或小型办公网络，共享Internet连接或打印机、查看和处理共享文件，以及共享计算机程序等。

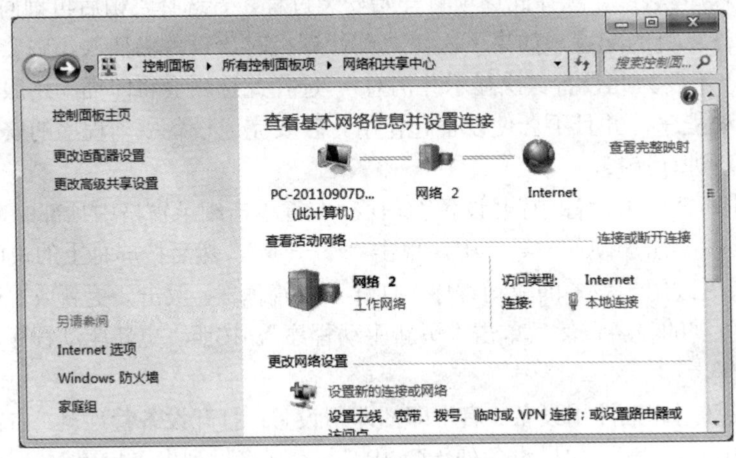

图3.68　网络和共享中心

1) 设置家庭/小型办公网络

设置家庭网络确定所希望的网络类型并具备必要硬件之后，需要执行以下四个步骤：

(1) 安装所有必要的硬件。在需要网络适配器的所有计算机中安装网络适配器，将网络适配器通过网络传输介质、网络设备(路由器/交换机/调制解调器)连接到计算机。

(2) 设置Internet连接。要设置Internet连接，则需要电缆或DSL调制解调器以及由Internet服务提供商提供的账户。若不需要Internet连接，则使用网络来共享Internet连接。有关创建Internet连接的详细操作请参阅本书在西安电子科技大学出版社网站上提供的电子文档。

(3) 连接计算机。连接计算机的方法——其配置取决于所拥有的网络适配器、调制解调器和Internet连接的类型。同时，还取决于是否要在网络上的所有计算机中共享Internet连接。常见的连接方法有：

① 以太网网络连接。使用以太网连接时，需要集线器、交换机或路由器来连接计算机。若要共享Internet连接，则需要使用路由器。将路由器连接到已与调制解调器相连的计算机。

② 无线网络连接。对于无线网络，在连接到路由器的计算机上运行设置网络向导。该向导将指导完成向网络添加其他计算机和设备的过程。如果需要密码，那么需键入网络安全密钥。

③ HomePNA网络连接。对于HomePNA网络，每台计算机都需要有HomePNA网络适配器(通常是外部网络适配器)，并且计算机所在的每个房间内都有电话插孔。

④ Powerline网络连接。对于Powerline网络，每台计算机都需要有Powerline网络适

配器(通常是外部网络适配器)，并且计算机所在的每个房间内都有电源插座。

(4) 运行设置网络向导(仅适用于无线网络)。如果是有线网络，插入以太网电缆后即可连接。如果是无线网络，则在连接到路由器的计算机上运行设置网络向导。

2) 更改适匹器设置

(1) “网络连接”窗口。

单击图 3.68 所示“网络和共享中心”窗口左侧的“更改适匹器设置”打开“网络连接”窗口。

在窗口中单击需要更改的本地连接可以更改的设置项目：禁用此网络设备、诊断这个连接、重命名连接、查看此连接的状态、更改此连接的设置。

在窗口中双击本地连接打开“本地连接状态”对话框，可以更改本地连接属性、禁用和诊断连接。

(2) 更改网络适匹器 TCP/IP 设置。

TCP/IP 可定义计算机与其他计算机的通信方式，是实现计算机连网的必要条件。

若要使 TCP/IP 设置的管理更加简单，建议使用自动动态主机配置协议(Dynamic Host Configuratoin Protocol，DHCP)，DHCP 会为网络中的计算机自动分配 Internet 协议(IP)地址。如果使用 DHCP，则将计算机移动到其他位置时不必更改 TCP/IP 设置，DHCP 会自动配置 TCP/IP 设置，例如域名系统(Domain Name System，DNS)和 Windows Internet 名称服务(Windows Internet Name Servrice，WINS)。若要启用 DHCP 或更改其他 TCP/IP 设置，执行以下步骤：

单击打开“网络连接”，右键单击要更改的连接，然后单击“属性”。或在图 3.68 中单击“本地连接”，然后单击“属性”打开“本地连接 属性”对话框(图 3.69)。在“网络”选项卡“此连接使用下列项目”下单击“Internet 协议版本 4(TCP/IPv4)”或“Internet 协议版本 6(TCP/IPv6)”，然后单击“属性”打开“Internet 协议版本 4(TCP/IPv4)属性”对话框(图 3.70)。

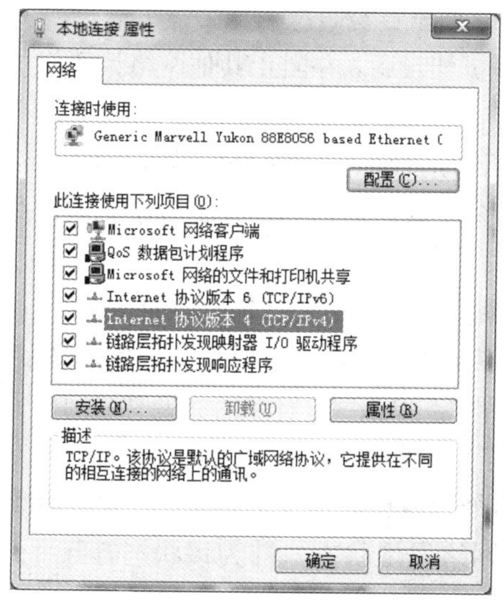

图 3.69 设置“本地连接 属性”

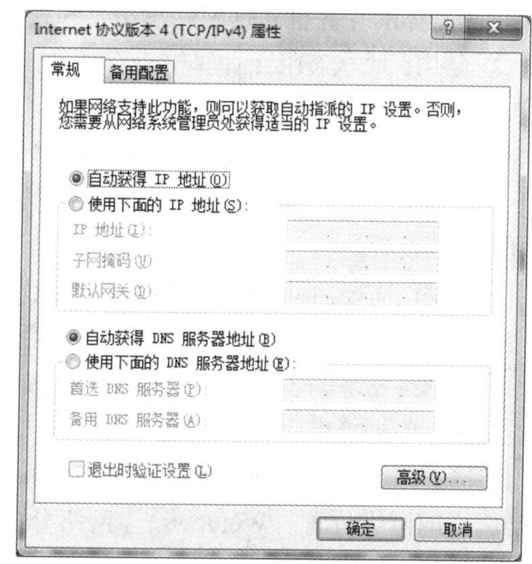

图 3.70 设置“Internet 协议版本 4(TCP/IPv4)属性”

若要指定 IPv4 IP 地址设置，请执行下列操作之一：

① 若要使用 DHCP 自动获得 IP 设置，请单击“自动获得 IP 地址”，然后单击“确定”。

② 若要指定 IP 地址，请单击“使用下面的 IP 地址”，然后在“IP 地址”“子网掩码”和“默认网关”框中，键入 IP 地址设置。

若要指定 IPv6IP 地址设置，请执行下列操作之一：

① 若要使用 DHCP 自动获得 IP 设置，则单击“自动获取 IPv6 地址”，然后单击“确定”。

② 若要指定 IP 地址，则单击“使用下面的 IPv6 地址”，然后在“IPv6 地址”“子网前缀长度”和“默认网关”框中，键入 IP 地址设置。

若要指定 DNS 服务器地址设置，请执行下列操作之一：

① 若要使用 DHCP 自动获得 DNS 服务器地址，则单击“自动获得 DNS 服务器地址”，然后单击“确定”。

② 若要指定 DNS 服务器地址，则单击“使用下面的 DNS 服务器地址”，然后在“首选 DNS 服务器”和“备用 DNS 服务器”框中，键入主 DNS 服务器和辅助 DNS 服务器的地址。

3) 更改高级共享设置

单击图 3.68 所示“网络和共享中心”窗口左侧的“更改高级共享设置”按钮，打开“高级共享设置”窗口，可以更改以下内容的设置：网络发现、文件和打印机共享、公用文件夹共享、受密码保护的共享、媒体流以及文件共享连接。

(1) 网络发现。

如果已启用网络发现，则此计算机可以发现其他网络计算机和设备，而其他网络计算机也可发现此计算机。

存在以下三种网络发现状态：

① 启用。此状态允许计算机查看其他网络计算机和设备，并允许其他网络计算机上的人可以查看你的计算机。这使共享文件和打印机变得更加容易。

② 禁用。此状态阻止计算机查看其他网络计算机和设备，并阻止其他网络计算机上的用户查看你的计算机。

③ 自定义。这是一种混合状态，在此状态下与网络发现有关的部分设置已启用，但不是所有设置都启用。例如，可以启用网络发现，但系统管理员可能已经更改了影响网络发现的防火墙设置。

网络发现需要启动 DNS 客户端、功能发现资源发布、SSDP 发现和 UPnP 设备主机服务，从而允许网络发现通过 Windows 防火墙进行通信，并且其他防火墙不会干扰网络发现。

启用网络发现的步骤：单击打开“高级共享设置”，单击“V”形图标展开当前的网络配置文件，单击“启用网络发现”，然后单击“保存更改”。

连接到网络时，必须选择一个网络位置。有四个网络位置：家庭、工作、公用和域。根据选择的网络位置，Windows 为网络分配一个网络发现状态，并为该状态打开合适的 Windows 防火墙端口。

(2) 文件和打印机共享。

启用文件和打印机共享时，网络上的用户可以访问通过此计算机共享的文件和打印机。

① 共享文件或文件夹。该操作最快速的方式是使用“共享对象”菜单，将文件夹设置为共享并赋予权限后，将需要共享的文件或文件夹放到该共享文件夹中，通过连网的其他计算机就可以访问该共享文件了，或将某个网络设置为家庭组时，此网络上的特定文件将会自动共享。

② 共享打印机。在家庭办公网络中共享打印机的最常见的方式是将打印机连接到其中一台 PC，然后在 Windows 中设置共享，这称为“共享打印机”。共享打印机的优点是它可与任何 USB 打印机协同工作；缺点是连接打印机的主机必须打开，否则网络中的其他计算机将不能访问共享打印机。将某个网络设置为家庭组时，此网络上的打印机和特定文件将会自动共享。

“网络打印机”(设计为作为独立设备直接连接到计算机网络中的设备)在大型办公室中被广泛使用。现在打印机制造商越来越多地提供各种适用于家庭网络中的网络打印机的廉价喷墨打印机和激光打印机。网络打印机与共享打印机相比不同的是不受主机的影响，可以随时使用。网络打印机有两种常见类型：有线和无线。

手动连接到家庭组打印机的步骤如下：

在物理连接打印机的计算机上，单击「开始」按钮，再单击“控制面板”，在搜索框中键入家庭组，然后单击“家庭组”。确保已选中“打印机”复选框(如果没有，请选中，然后单击“保存更改”)，单击打开“家庭组”，然后单击“安装打印机”，如果尚未安装该打印机的驱动程序，则在出现的对话框中单击“安装驱动程序”。

(3) 公用文件夹共享。

打开公用文件夹共享时，网络上包括家庭组成员在内的用户都可以访问公用文件夹中的文件。还可以通过将文件和文件夹复制或移动到 Windows 7 公用文件夹之一(例如公用音乐或公用图片)来共享文件和文件夹。可以通过依次单击「开始」按钮、用户账户名称，然后单击“库”旁边的箭头展开文件夹进行查找。

默认情况下，公用文件夹共享处于关闭状态(除非是在家庭组中)。“公用文件夹共享”打开时，计算机或网络上的任何人均可以访问这些文件夹。在其关闭后，只有在计算机上具有用户账户和密码的用户才可以访问。

打开或关闭“公用文件夹共享”的步骤：单击打开“高级共享设置”，单击“V”形图标展开当前的网络配置文件，在“公用文件夹共享”下，选择下列选项之一：

① 启用共享以便可以访问网络的用户可以读取和写入公用文件夹中的文件。

② 关闭公用文件夹共享(登录到此计算机的用户仍然可以访问这些文件夹)。

③ 单击“保存更改”按钮。

(4) 媒体流。

当媒体流被打开时，网络上的人员和设备便可以访问该计算机上的图片、音乐以及视频。该计算机还可以在网络上查找媒体。

(5) 文件共享连接。

Windows 7 使用 128 位加密帮助保护文件共享连接，某些设备不支持 128 位加密，必须使用 40 或 56 位加密。

(6) 受密码保护的共享。

如果已启用密码保护的共享，则只有具备此计算机的用户账户名和密码的用户才可以访问共享文件、连接到此计算机的打印机以及公用文件夹。若要使其他用户具备访问权限，必须关闭密码保护的共享。

3.5 Windows 7 应用程序工具

3.5.1 附件

Windows 7 自带了一些非常方便而且又非常实用的应用程序，它们一般存在于附件组中。如：“记事本”“写字板”“计算器”“画图”“录音”“截图工具”，等等。

1. 记事本

“记事本”是一个简单的文本编辑器，使用它可以进行一些简单文本编辑，比如输入、读取无格式的文本(一般为.TXT 格式)。

以下是打开“记事本”的两种方法：

① 单击「开始」按钮。在搜索框中，键入“记事本”，然后在结果列表中单击“记事本”。

② 执行“开始”→“所有程序”→“附件”→“记事本”就会启动“记事本”程序。打开的“记事本”界面如图 3.71 所示。

图 3.71 记事本界面

“记事本”是一个单文档用户界面(Single Document Interface，SDI)编辑器，即在同一时间内只能打开一个文档窗口。如果想打开一个新的文档窗口，就必须关闭前一个窗口。

将光标放进其空白区(也称编辑区)里，就可以通过键盘输入字符。需要注意的是，在默认情况下，使用”记事本”输入或显示的字符不会自动换行。若输入的文本超过了窗口右边界，就会自动出现水平滚动条。若按一下回车键，可以强制性换行。使用强制换行或滚动条显示都不太方便，可以执行“格式”→“自动换行”命令，设置其具备自动换行功能。

可以对输入的文本进行删除、复制、移动等操作，还可进行保存、打印等操作。关于文本的删除、复制、移动等操作与前面讲到的文件和文件夹的删除、复制、移动类似，在此不再重复。下面就介绍文档的管理操作。

文档的保存：执行“文件→保存”命令。如果是首次保存就会出现提示保存的对话框，在对话框里可以选择文档的路径及文件名。如果是再次保存，就不会出现对话框而是以相同的名字在原位置保存。

文档另存为：对于打开的旧文档，执行“文件”→“另存为”命令，就会出现另存为对话框。可以选择一个新路径和新的文件名将它另存一份。当然，对于新的文档也可以执行“文件”→“另存为”命令。

文档的新建：执行“文件”→“新建”命令。如果当前存在一个尚未保存的文档，就会出现保存提示信息。单击“是”或“否”按钮后就可完成新建文档操作。

文档的打开：执行“文件”→“打开”命令，可以打开已经存在的文档。

文档的打印：执行“文件”→“打印”命令。如果有打印机就可以将当前文档打印出来。

2. 写字板

“写字板”与”记事本”类似，也是一个单文档用户界面的文本编辑器，但它的功能比”记事本”强，它可以对文本设置格式，也可以存取 RTF(Rich Text Format)格式的文件。

“写字板”的很多操作和功能与 Word 相似，Word 虽然功能强大，但是其体积也非常的大，需要占据很大的磁盘空间，而写字板是 Windows 自带的附件之一，其体积小，节省空间。

执行“开始”→“所有程序”→“附件”→“写字板”命令，打开写字板程序，其界面如图 3.72 所示。

图 3.72　写字板窗口

与“记事本”的界面相比，写字板的窗口复杂了许多，除了有标题栏、菜单栏外，还多了两个工具栏、一个标尺。这与后面要讲的 Word 很相似，所以在此不详述操作方法。

3. 计算器

Windows 7 提供的“计算器”模式有标准型、科学型、程序员、统计信息。执行“查看”→“科学型”可切换到相应模式界面。

可以使用“计算器”进行加、减、乘、除这样的简单运算。“计算器”还提供了编程计算器、科学型计算器和统计信息计算器(图 3.73)的高级功能。

可以单击计算器按钮来执行计算，或者使用键盘键入进行计算。通过按 NumLock，还可以使用数字键盘键入数字和运算符。

执行“开始”→“所有程序”→“附件”→“计算器”命令打开计算器窗口，如图 3.74 所示。

图 3.73　统计信息计算器窗口

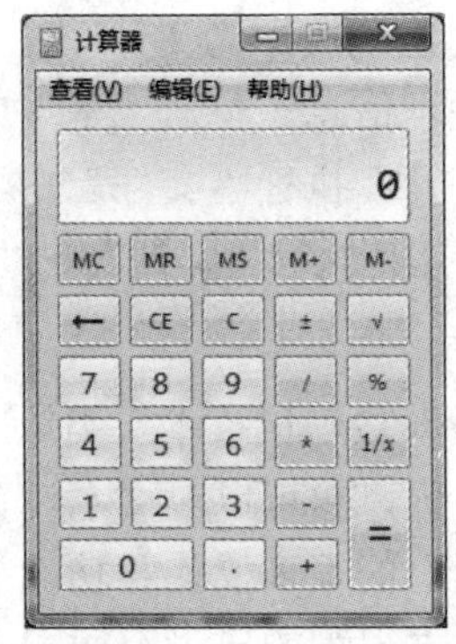

图 3.74　标准型计算器窗口

常用的计算器的使用方法有以下三种。

(1) 用鼠标单击窗口上的按钮。这是一种最简单直观的方法，直接用鼠标单击其面板上所对应的操作数或操作符，最后单击一下“=”按钮，就可在窗口上方的文本框中出现计算结果。如计算“11+9=20”可以用鼠标依次单击面板上的“11”“+”“9”“=”就会得到“20”这个结果。

(2) 直接按键盘。键盘上一些操作数或操作符与“计算器”上对应的操作数或操作符的功能是一样的，直接按键盘上的按钮就可达到运算目的。如计算“12×5=60”这个运算，打开计算器窗口后，直接按键盘上的“12”“*”“5”“=”，同样会在计算器面板的文本框中出现结果“60”。

(3) 数据粘贴到“计算器”。操作方法：在写字板、记事本、Word 等应用程序中先输入数据或表达式，然后选中该数据或表达式，“复制”后再到计算器窗口执行“粘贴”操作，这时在计算器面板的文本框中就会得到结果。如打开“写字板”，输入“2005−326+810=”并将其选中执行“复制”命令。回到计算器面板，执行“粘贴”命令，就会得到结果“2489”。

4. 画图

“画图”是 Windows 7 中的一项功能，可用于在空白绘图区域或在现有图片上创建绘图。“画图”中使用的很多工具都可以在“功能区”中找到，“功能区”位于“画图”窗口的顶部。图 3.75 显示了“画图”中的“功能区”和其他部分区域。

画图应用程序的启动：执行“开始”→“所有程序”→“附件”→“画图”命令启动画图程序，其窗口如图 3.75 所示。

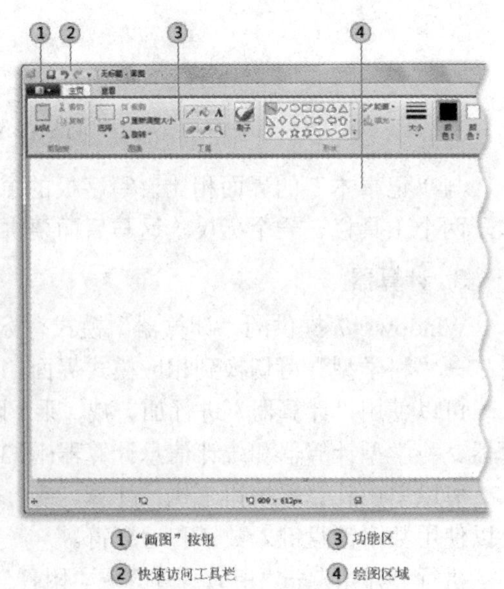

图 3.75　画图窗口

(1) 绘制线条。

可以在“画图”中使用多个不同的工具绘制线条。所使用的工具及所选择的选项决定了线条在绘图中显示的方式，以下工具可用于在“画图”中绘制线条。

① “铅笔”工具：使用“铅笔”工具可绘制细的、任意形状的直线或曲线。

② “刷子”工具：使用“刷子”工具可绘制具有不同外观和纹理的线条，就像使用不同的艺术刷一样。使用不同的刷子，可以绘制具有不同效果的任意形状的线条和曲线。

③ “直线”工具：使用“直线”工具，可绘制直线。使用此工具时，可以选择线条的粗细，还可以选择线条的外观。

④ “曲线”工具：使用“曲线”工具可绘制平滑曲线。

(2) 绘制其他形状。可以使用“画图”在图片中添加其他形状。已有的形状除了传统的矩形、椭圆、三角形和箭头之外，还包括一些有趣的特殊形状，如心形、闪电形或标注等。如果希望自定义形状，可以使用“多边形”工具。

(3) 添加文本。在“画图”中，还可以在图片中添加文本或消息。

(4) 选择并编辑对象。在“画图”中可能希望选择图片或对象的某一部分进行更改。为此，需要选择图片中要更改的部分，然后进行编辑。可以进行的更改包括调整对象大小、移动或复制对象、旋转对象或裁剪图片使之只显示选定的项。选择并编辑对象的工具有“选择”工具、裁剪、旋转、“橡皮擦”工具。

(5) 调整整个图片或图片中某部分的大小。使用“重设大小”功能可调整整个图像、图片中某个对象或某部分的大小，还可以扭曲图片中的某个对象，使之看起来呈倾斜状态。

① 调整整个图片大小：如果图片为 320 × 240 像素并且想在保持相同纵横比的情况下使其尺寸减少一半，则在“重设大小”区域中选中“保持纵横比”复选框，然后在“水平”框中输入 160。新的图片大小将是原始图片大小的一半，为 160 × 120 像素。

② 调整图像中某部分的大小：如果所选择的部分为 320 × 240 像素并且想在保持相同纵横比的情况下使其尺寸减少一半，则在“重设大小”区域中，选中“保持纵横比”复选框，然后在“水平”框中输入 160。该部分将变成原始大小的一半，为 160 × 120 像素。

③ 更改绘图区域大小：若要使绘图区域变得大些，则将绘图区域边缘上其中一个白色小框拖到所需的尺寸。若要通过输入特定尺寸来调整绘图区域大小，则单击“画图”按钮，然后单击“属性”，在“宽度”和“高度”框中输入新的宽度和高度值，然后单击“确定”。

④ 扭曲对象：在“主页”选项卡中，单击“选择”，然后拖动指针以选择要调整大小的区域或对象，单击“重设大小”，在“调整大小和扭曲”对话框中，在“倾斜(角度)”区域的“水平”和“垂直”框中键入选定区域的扭曲量(度)，然后单击“确定”。

(6) 移动和复制对象。选择对象后，可以剪切或复制选定项。这样便可以重复使用图片中某个对象，或将对象(选中后)移动到图片中的新位置。

① 剪切和粘贴：使用“剪切”功能可剪切选定对象并将其粘贴到图片中的另一位置。剪切选定区域后，被剪切的区域将显示背景色。因此，如果图片使用纯色背景，可以在剪切对象之前更改“颜色 2”颜色，使之与背景色匹配。

② 复制和粘贴：使用“复制”功能可复制“画图”中选定的对象。如果希望在图片中多次显示某些线条、形状或文本，则此选项很有用。

③ 将图片粘贴到“画图”中：使用“粘贴来源”将现有图片文件粘贴到“画图”中。

粘贴图片文件之后，即可以在不更改原始文件的情况下对其进行编辑(只要使用与原始文件不同的文件名保存编辑后的图片)。

(7) 处理颜色。有很多工具专门帮助处理“画图”中的颜色。这些工具允许在“画图”中绘制和编辑内容时使用期望的颜色。

① 颜料盒。“颜料盒”指示当前的“颜色 1(前景色)”和“颜色 2(背景色)”颜色。使用颜料盒时，可以进行下列一项或多项操作：

若要更改选定的前景色，在“主页”选项卡的“颜色”组中单击“颜色 1”，然后单击某个色块。

若要更改选定的背景色，在“主页”选项卡的“颜色”组中单击“颜色 2”，然后单击某个色块。

若要用选定的前景颜色绘图，则拖动指针。

若要用选定的背景颜色绘图，则在拖动指针时单击鼠标右键。

② 颜色选取器。使用“颜色选取器”工具可以设置当前前景色或背景色。通过从图片中选取某种颜色可以确保在“画图”中绘图时使用所需的颜色，使颜色更加匹配。

③ 用颜色填充。使用“用颜色填充”工具可为整个图片或封闭图形填充颜色。

④ 编辑颜色。使用“编辑颜色”功能可以选取新颜色。在“画图”中混合颜色以便选择要使用的确切颜色。

(8) 查看图片。在“画图”中更改视图允许用户选择处理图片的方式。可以根据需要放大图片的特定部分或整个图片。相反，如果图片太大也可以缩小图片。此外，还可以在“画图”中工作时显示标尺和网格线，它们有助于更好地在“画图”中工作。

① 放大镜：使用“放大镜”工具可以放大图片的某一部分。

② 放大和缩小：使用“放大”和“缩小”工具可查看图像的较大或较小视图。

③ 标尺：使用“标尺”可查看位于绘图区域顶部的水平标尺和位于绘图区域左侧的垂直标尺。使用标尺可以查看图片的尺寸，在调整图片大小时此功能会很有帮助。

④ 网格线：在“画图”中绘图时使用“网格线”来对齐形状和线条。网格线能够在绘图时帮助提供对象尺寸的可视参考，还能够帮助对齐对象。

⑤ 全屏：使用“全屏”可以全屏方式查看图片。

(9) 保存和使用图片。在“画图”中编辑图片时，应经常保存图片，以免意外丢失。保存图片后可以在计算机上使用保存后的图片或通过电子邮件与他人共享。

5. 录音机

可使用录音机来录制声音并将其作为音频文件保存在计算机上。可以从不同音频设备录制声音，例如计算机上插入声卡的麦克风。可以从其录音的音频输入源的类型取决于所拥有的音频设备以及声卡上的输入源。使用录音机录制音频的方法如下：

① 确保有音频输入设备(如麦克风)连接到计算机，单击打开“录音机”(图 3.76)。

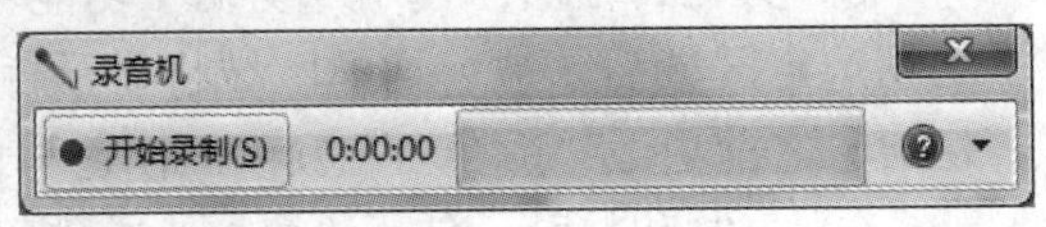

图 3.76　录音机

② 单击“开始录制”，若要停止录制音频，则单击“停止录制”。

③ 如果要继续录制音频，则单击“另存为”

对话框中的“取消”，然后单击“继续录制”继续录制声音，然后单击“停止录制”。

④ 单击“文件名”框为录制的声音键入文件名，然后单击“保存”将录制的声音另存为音频文件。

6. 截图工具

可以使用截图工具捕获屏幕上任何对象的屏幕快照或截图，然后对其添加注释、保存或共享该图像。可以捕获以下任何类型的截图：

① “任意格式截图”：围绕对象绘制任意格式的形状。

② “矩形截图”：在对象的周围拖动光标构成一个矩形。

③ “窗口截图”：选择一个窗口，例如希望捕获的浏览器窗口或对话框。

④ “全屏幕截图”：捕获整个屏幕。

截图工具应用程序的启动：执行“开始”→“所有程序”→“附件”→“截图工具”命令启动截图工具程序，其窗口如图 3.77 所示。

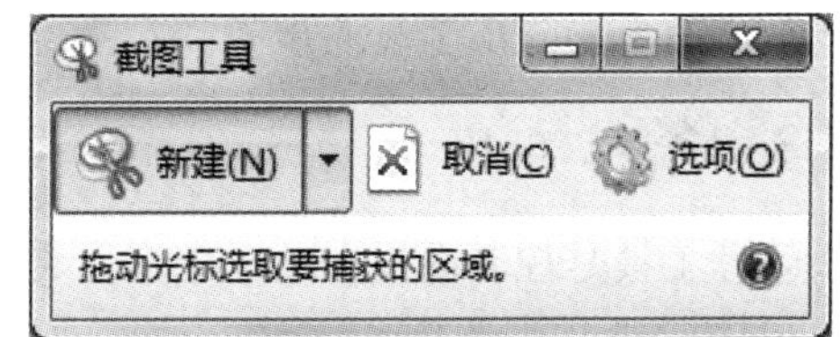

图 3.77　截图工具

捕获截图的步骤：单击打开“截图工具”，单击“新建”按钮旁边的箭头，从列表中选择“任意格式截图”“矩形截图”“窗口截图”或“全屏幕截图”，然后选择要捕获的屏幕区域。

保存截图的步骤：捕获截图后，在标记窗口中单击“保存截图”按钮，在“另存为”对话框中输入截图的名称，选择保存截图的位置，然后单击“保存”。

3.5.2　桌面小工具

Windows 7 随附的小工具包括日历、时钟、联系人、提要标题、幻灯片放映、图片拼图板。计算机上安装的所有桌面小工具都位于“桌面小工具库”中，可以将任何已安装的小工具添加到桌面中。将小工具添加到桌面之后，可以移动它、调整它的大小以及更改它的选项。

右键单击桌面，在弹出的快捷菜单中单击“小工具”打开“小工具”窗口，如图 3.78 所示。

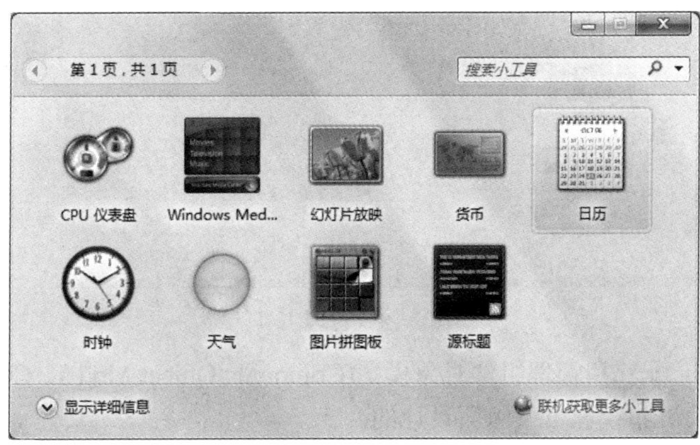

图 3.78　桌面小工具

1. 下载安装“小工具”

如图 3.78 所示，单击“联机获取更多小工具”可到网上下载安装更多小工具。

2. 卸载/还原小工具

右键单击桌面，然后单击“小工具”，打开“小工具”窗口，右键单击小工具，然后单击“卸载”。

如果卸载的是 Windows 附带的小工具，则可以按照以下步骤将其还原到桌面小工具库中：依次单击“开始”→“控制面板”，然后在搜索框中键入“还原小工具”，单击“还原 Windows 上安装的桌面小工具”。

3. 向桌面中添加以及从桌面中删除小工具

向桌面中添加小工具的步骤：右键单击桌面，然后单击“小工具”，双击小工具将其添加到桌面。

从桌面中删除小工具的步骤：右键单击要删除的小工具，然后单击“关闭小工具”。

3.5.3 管理工具

管理工具是控制面板中的一个文件夹，它包含用于系统管理员和高级用户的工具。

单击打开“管理工具”，该文件夹中的很多工具(如“计算机管理”)，是包含其自身的帮助主题的 Microsoft 管理控制台(Microsoft Management Console，MMC)管理单元。

单击“开始”菜单→“所有程序”→“控制面板”→“管理工具”打开管理工具窗口(图 3.79)，该文件夹中包括如下常用的管理工具：

图 3.79　管理工具

(1) 组件服务：配置和管理组件对象模型(Componet Object Model，COM)组件。组件服务是专门为开发人员和管理员使用而设计的。

(2) 计算机管理：通过使用单个综合的桌面工具管理本地或远程计算机。使用“计算机管理”可以执行很多任务，如监视系统事件、配置硬盘以及管理系统性能。

(3) 数据源(Open Database Connectivity，ODBC)：使用开放式数据库连接(ODBC)将数据从一种类型的数据库(“数据源”)移动到其他类型的数据库。

(4) 事件查看器：查看有关事件日志中记录的重要事件(如程序启动、停止或安全错误)的信息。

(5) iSCSI 发起程序：配置网络上存储设备之间的高级连接。

(6) 本地安全策略：查看和编辑组策略安全设置。

(7) 性能监视器：查看有关中央处理器(CPU)、内存、硬盘和网络性能的高级系统信息。

(8) 打印管理：管理打印机和网络上的打印服务器以及执行其他管理任务。

(9) 服务：管理计算机后台中运行的各种服务。

(10) 系统配置：识别可能阻止 Windows 正确运行的问题。

(11) 任务计划程序：计划要自动运行的程序或其他任务。

(12) 高级安全 Windows 防火墙：在该计算机以及网络上的远程计算机上配置高级防火墙设置。

(13) Windows 内存诊断：检查计算机内存以查看是否正常运行。

习　题

简答题

1. 操作系统的功能是什么？
2. 什么是文件、文件系统，文件系统的功能是什么？
3. Windows 文件系统的类型有哪些？
4. 简述进程与程序的区别。
5. Windows 7 的线程状态如何转换？

第 4 章 计算机网络应用基础知识

本章将介绍计算机网络相关知识，包括计算机网络基本概念、互联网的基本概念及其应用、常用的网络通信设备、常用的上网连接方法等知识。

4.1 计算机网络基本概念

4.1.1 计算机网络

计算机网络是计算机技术与通信技术高度发展、紧密结合的产物。在计算机网络发展过程的不同阶段，人们对计算机网络提出了不同的定义。当前较为准确的定义为“以能够相互共享资源的方式互联起来的自治计算机系统的集合”，即由分布在不同地理位置上的具有独立功能的多个计算机系统，通过通信设备和通信线路相互连接起来，实现数据传输和资源共享的系统。从资源共享的角度理解计算机网络，需要把握以下两点：

(1) 计算机网络提供资源共享的功能。资源包括硬件资源和软件资源以及数据信息。硬件包括各种处理器、存储设备、输入/输出设备等，比如打印机、扫描仪和 DVD 刻录机。软件包括操作系统、应用软件和驱动程序等。对于当今越来越依赖计算机化管理的公司、企业和政府部门来讲，更重要的是共享信息，共享的目的是让网络上的每一个人都可以访问所有的程序、设备和特殊的数据，并且让资源的共享摆脱地理位置的束缚。

(2) 组成计算机网络的计算机设备是分布在不同地理位置的独立的“自治计算机”。每台计算机核心的基本部件，如 CPU、系统总线、网络接口等都要求存在并且独立。这样，互联的计算机之间没有明确的主从关系，每台计算机既可以联网使用，也可以脱离网络独立工作。

4.1.2 数据通信

数据通信是通信技术和计算机及技术相结合而产生的一种新的通信方式。它是指在两台计算机或终端之间以二进制的形式进行信息交换，传输数据。关于数据通信的相关概念，下面介绍几个有关数据通信的常用术语。

1. 信道

信道是信息传输的媒介或渠道，作用是把携带有信息的信号从输入端传递到输出端。根据传输媒介的不同，信道可分为有线信道和无线信道两类。常见的有线信道包括双绞线、同轴电缆、光缆等。无线信道有地波传播、短波、超短波、人造卫星中继等。

2. 数字信号和模拟信号

数据通信技术研究的是如何将表示各类信息的二进制比特序列通过传输媒介在不同计算机之间传输。信号可以分为数字信号和模拟信号两类。数字信号是一种离散的脉冲序列，计算机产生的电信号用两种不同的电平表示 0 和 1。模拟信号是一种连续变化的信号，如电话线上传输的按照声音强弱幅度连续变化所产生的电信号，就是一种典型的模拟信号，可以用连续的电波表示。

3. 调制与解调

计算机内的信息是由“0”和“1”组成数字信号，而在电话线上传递的却只能是模拟电信号（模拟信号为连续的，数字信号为间断的）。于是，当两台计算机要通过电话线进行数据传输时，就需要一个设备负责数模的转换。这个数模转换器就是我们这里要讨论的 Modem。计算机在发送数据时，先由 Modem 把数字信号转换为相应的模拟信号，这个过程称为“调制”，也称 D/A 转换。经过调制的信号通过电话载波传送到另一台计算机之前，也要由接收方的 Modem 负责把模拟信号还原为计算机能识别的数字信号，这个过程我们称为“解调”，也称 A/D 转换。正是通过这样一个“调制”与“解调”的数模转换过程，从而实现了两台计算机之间的远程通讯。

4. 宽带(Bandwidth)与传输速率

在模拟通信中，以宽带表示信道传输信息的能力。宽带以信号的最高频率和最低频率差表示，即可传送信号的频率范围。在某一特定宽带的信道中，同一时间内，数据不仅能以某一种频率传递，而且还可以用其他不同的频率传送。因此，信道的带宽值越大，其可用的频率就越多，传输的数据量就越大。

在数字信道中，用数据传输速率(比特率)表示信道的传输能力，即每秒传输的二进制位数(b/s，比特/秒)，单位为 b/s、kb/s、Mb/s、Gb/s 与 Tb/s。其中：

1 kb/s＝1 × 103 b/s；

1 Mb/s＝1 × 106 b/s；

1 Gb/s＝1 × 109 b/s；

1 Tb/s＝1 × 1012 b/s。

研究证明，信道的最大传输速率与信道宽带之间存在着明确的关系，所以人们经常用“带宽”来表示信道的数据传输速率，“带宽”与“速率”几乎成了同义词。带宽与数据传输速率是通信系统的主要技术指标之一。

5. 误码率

误码率是指二进制比特在数据传输系统中被传错的概率，是通信系统的可靠性指标。数据在通信信道传输中一定会因某种原因出现错误，传输错误是正常和不可避免的，但是一定要控制在某个允许的范围内。在计算机网络系统中，一般要求误码率低于 10^{-6}。

4.1.3　计算机网络的组成

从物理构成上看，计算机网络由网络硬件系统和网络软件系统组成。其中网络硬件系统主要包括网络服务器、网络工作站、网络适配器、传输介质等；网络软件系统主要包括网络操作系统软件、网络通信协议、网络工具软件、网络应用软件等。

从功能角度上看，计算机网络由资源子网和通信子网构成。其中，通信子网提供网络通信功能，能完成网络主机之间的数据传输、交换、通信控制和信息变换等通信处理工作；资源子网为用户提供了访问网络的能力，它由主机系统、终端控制器、请求服务的用户终端、通信子网的接口设备、提供共享的软件资源和数据资源构成，它负责网络的数据处理业务，向网络用户提供各种资源和服务。

4.1.4　计算机网络的分类

计算机网络的种类繁多、性能各异，根据不同的分类原则，可以得到各种不同类型的计算机网络。

1. 按网络的覆盖范围划分

根据计算机网络的覆盖范围可以分为局域网、城域网、广域网等。

(1) 局域网(Local Area Network，LAN)：将小区域内的各种通信设备互连在一起所形成的网络，覆盖范围一般局限在房间、大楼或园区内。局域网一般指分布于几公里范围内的网络。局域网的特点：距离短、延迟小、数据速率高、传输可靠。目前我国常见的局域网类型包括以太网(Ethernet)、异步传输模式(Asynchronous Transfer Mode，ATM)等，它们在拓扑结构、传输介质、传输速率、数据格式等多方面都有许多不同。其中应用最广泛的当属以太网——一种总线结构的LAN，是目前发展最迅速，也最经济的局域网。

(2) 城域网(Metropolitan Area Network，MAN)：覆盖范围就是城市区域，一般是在方圆10～60 km范围内，最大不超过100 km。它的规模介于局域网与广域网之间，但在更多的方面较接近于局域网，因此又有一种说法：城域网实质上是一个大型的局域网，或者说是整个城市的局域网。

(3) 广域网(Wide Area Network，WAN)：连接地理范围较大，一般跨度超过100 km，常常是一个国家或是一个洲。中国公用分组交换网(CHINAPAC)、中国公用数字数据网(CHINADDN)，以及中国教育和科研网(CERnet)、CHINANET 等都属于广域网。Internet就是全球最大的广域网。

2. 按网络的传输技术划分

(1) 广播式网络：在网络中只有一个单一的通信信道，由这个网络中所有的主机所共享，即多个计算机连接到一条通信线路上的不同分支点上，任意一个节点所发出的报文分组被其他所有节点接受。发送的分组中有一个地址域，指明了该分组的目标接受者和源地址。

(2) 点到点网络：由许多互相连接的节点构成，在每对机器之间都有一条专用的通信信道，当一台计算机发送数据分组后，它会根据目的地址，经过一系列的中间设备的转发，直至到达目的节点，这种传输技术称为点到点传输技术，采用这种技术的网络称为点到点网络。

分组存储转发与路由选择是广播式网络、点到点网络的主要区别。

3. 按网络的使用范围划分

(1) 公用网：由电信部门组建、管理和控制供内部各个单位或部门使用传输和交换装置的网络，如公用电话交换网(PSTN)、数字数据网(DDN)、综合业务数字网(ISDN)。

(2) 专用网：由租用电信部门的传输线路或自己铺设线路而建立的只允许内部使用的网络，如金融、铁路、石油的专用网。

4. 按传输介质划分

(1) 有线网：采用双绞线、同轴电缆以及光纤作为传输介质的计算机网络。

(2) 无线网：使用电磁波作为传输介质的计算机网络，如无线电话网、语音广播网、无线电视网、微波通信网、卫星通信网。

5. 按企业和公司管理划分

(1) 内联网(Intranet)：企业的内部网，是由企业内部原有的各种网络环境和软件平台组成的计算机网络。采用 TCP/IP 通信协议，利用 WWW 技术以 Web 模型作为标准平台。

(2) 外联网(Extranet)：扩展连接到与自己相关的其他企业网的计算机网络。采用 Internet 技术，建立自己的 WWW 服务器，安装防火墙将内联网与 Internet 隔开以保证企业内部信息的安全。

6. 按通信速率划分

计算机网络按通信速率可划分为低速网、中速网和高速网。

7. 按数据交换方式划分

计算机网络按数据交换方式可划分为直接交换网、存储转发交换网和混合交换网。

8. 按通信性能划分

计算机网络按通信性能可划分为资源共享计算机网、分布式计算机网和远程通信网。

9. 按配置划分

计算机网络按配置可划分为同类网、单服务器网和混合网。

10. 按数据组织方式划分

计算机网络按数据组织方式可划分为分布式数据组织网络系统、集中式数据组织网络系统。

4.1.5　计算机网络功能

计算机网络具有以下的主要功能：资源共享、数据通信、分布式处理、提高计算机的可靠性和可用性。

(1) 资源共享：网络中的各种资源可以相互通用，用户能在自己的位置上部分或全部使用网络中的软件、硬件和数据。

(2) 数据通信：计算机网络可以实现各计算机之间的数据传递，使分散在不同地点的用户相互通信，通过数据通信，可以实现数据信息的远程传输，实现电子邮件的传送，发布新闻消息和进行电子数据交换，极大地方便了用户，提高了工作效率。

(3) 分布式处理：把一项复杂的任务划分成若干个部分，由网络上各计算机分别承担其中一部分任务，同时运作，共同完成，从而使用整个系统的效能加强。

(4) 提高计算机的可靠性和可用性：计算机网络中的各台计算机可以通过网络互为后备机，一旦某个计算机出现故障，网络中的其他计算机可代为继续执行，这样可以避免整

个系统瘫痪，从而提高了计算机的可靠性；如果网络中某台计算机任务太重，网络可以将该机器上的部分任务交给其他空闲的计算机，以达到均衡计算机负载，提高网络上的计算机可用性的目的。

4.1.6 网络的拓扑结构

拓扑学是几何学的一个分支，从图论演变过来，是研究与大小、形状无关的点、线和面构成的图形特征的方法。计算机网络拓扑是将构成网络的结点和连接结点的线路抽象成点和线，用几何关系表示网络结构，从而反映出网络中各实体的结构关系。常见的网络拓扑结构主要有星型、环型、总线型、树型和网状等几种。

1. 星型拓扑

图 4.1(a)描述了星型拓扑结构。星型拓扑是最早的通用网络拓扑结构形式。在星型拓扑中，每个结点与中心结点连接，中心结点控制全网的通信，任何两个结点之间的通信都要通过中心结点。因此，要求中心结点有很高的可靠性。星型拓扑结构简单，易于实现和管理，但是由于它是集中控制方式的结构，一旦中心结点出现故障，就会造成全网的瘫痪，可靠性较差。

2. 环型拓扑

图 4.1(b)描述了环型拓扑结构。在环型拓扑结构中，各个结点通过中继器连接到一个闭合的环路上，环中的数据沿着一个方向传输，由目的结点接收。环型拓扑结构简单，成本低，适用于数据不需要在中心结点上处理而主要在各自结点上进行处理的情况。但是环中任意一个结点的故障都可能造成网络瘫痪，这成为环型网络可靠性的瓶颈。

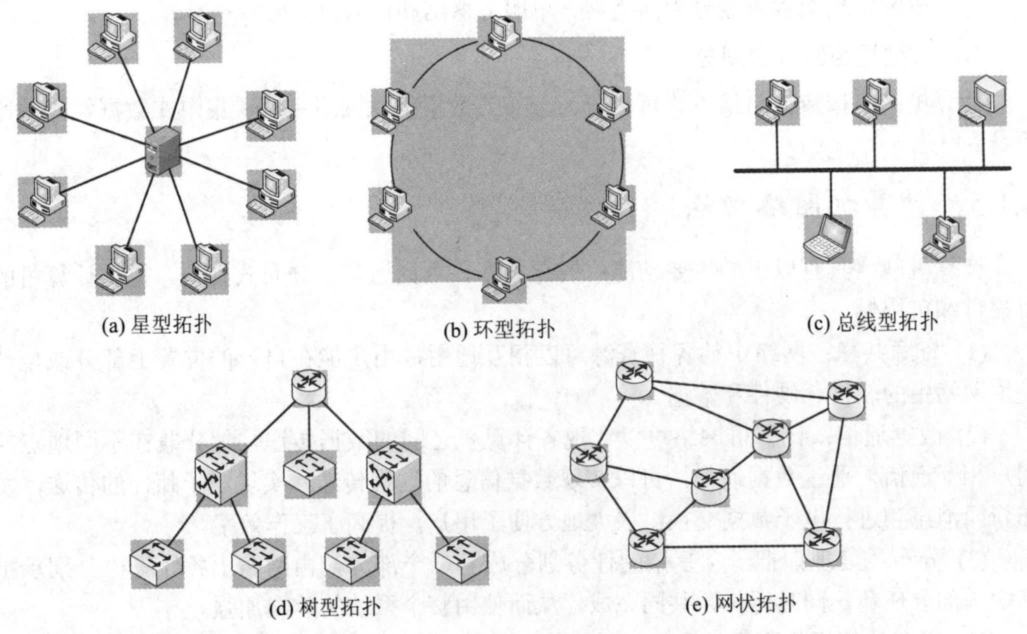

(a) 星型拓扑　(b) 环型拓扑　(c) 总线型拓扑

(d) 树型拓扑　(e) 网状拓扑

图 4.1　网络拓扑结构

3. 总线型拓扑

图 4.1(c)描述了总线型拓扑结构。网络中各个结点由一根总线相连，数据在总线上由一个结点传向另一个结点。总线型拓扑结构的优点：结点加入和退出网络都非常方便；总线上某个结点出现故障也不会影响其他站点之间的通信，不会造成网络瘫痪；可靠性较高；结构简单；成本低。因此这种拓扑结构是局域网普遍采用的形式。

4. 树型拓扑

图 4.1(d)描述了树型拓扑结构。结点按层次进行连接，像树一样，有分支、根结点、叶子结点等，信息交换主要在上、下结点之间进行。树型拓扑可以看作是星型拓扑的一种扩展，主要适用于汇集信息的应用要求。

5. 网状拓扑

图 4.1(e)描述了网状拓扑结构。从图上可以看出网状拓扑没有上述四种拓扑那么明显的规则，结点的连接是任意的，没有规律。网状拓扑的优点是系统可靠性高，但是由于结构复杂，就必须采用路由协议、流量控制等方法。广域网中基本都采用网状拓扑结构。

4.1.7　网络硬件

与计算机系统类似，计算机网络系统也由网络软件和硬件设备两部分组成。下面主要介绍常见的网络硬件设备。

1. 传输介质(Media)

局域网中常用的传输介质有同轴电缆、双绞线和光纤维电缆(光缆)。随着无线网的深入研究和广泛应用，无线技术也越来越多地用来进行局域网的组建。

2. 网络接口卡(NIC)

网络接口卡(简称网卡)是构成网络必需的基础设备，用于将计算机和通信电缆连接起来，以便经电缆在计算机之间进行高速数据传输。因此，每台连接到局域网的计算机(工作站或服务器)都需要安装一块网卡。通常网卡都插在计算机的扩展槽内。网卡的种类很多，它们各有自己适用的传输介质和网络协议。

3. 交换机(Switch)

交换概念的提出是对于共享工作模式的改进，而交换式局域网的核心设备是局域网交换机。共享式局域网在每个时间片上只允许有一个结点占用公用的通信信道。交换机支持端口连接的结点之间的多个并发连接，从而增大网络带宽，改善局域网的性能和服务质量。

4. 无线 AP

无线 AP(Access Point)也称为无线访问点或无线桥接器，即是当作传统的有线局域网络与无线局域网络之间的桥梁。通过无线 AP，任何一台装有无线网卡的主机都可以去连接有线局域网络。无线 AP 含义较广，不仅提供单纯性的无线接入点，也同样是无线路由器等类设备的统称，兼具路由、网管等功能。单纯性的无线 AP 就是一个无线交换机，仅仅是提供无线信号发射的功能，其原理是将网络信号通过双绞线传送过来，AP 将电信号转换成无线电信号发送出来，形成无线网的覆盖。不同的无线 AP 型号具有不同的功率，可以实

现不同程度、不同范围的网络覆盖，一般无线 AP 的最大覆盖距离可达 300 米，非常适合在建筑物之间、楼层之间等不便于架设有线局域网的地方构建无线局域网。

5. 路由器(Router)

处于不同地理位置的局域网通过广域网进行互联是当前网络互联的一种常见的方式。路由器是实现局域网与广域网互联的主要设备。路由器检测数据的目的地址，对路径进行动态分配，根据不同的地址将数据分流到不同的路径中。如果存在多条路径，则根据路径的工作状态和忙闲情况，选择一条合适的路径，动态平衡通信负载。

4.1.8 网络软件

计算机网络的设计除了硬件，还必须要考虑软件，目前的网络软件都是高度结构化的。为了降低网络设计的复杂性，绝大多数网络都通过划分层次，每一层都在其下一层的基础上向上一层提供特定的服务。提供网络硬件设备的厂商很多，不同的硬件设备如何统一划分层次，并且能够保证通信双方对数据的传输理解一致，这些就要通过单独的网络软件通信协议来实现。

通信协议就是通信双方都必须遵守的通信规则，是一种约定。比如，当人们见面，某一方伸出手时，另一方也应该伸手与对方握手表示友好，如果后者没有伸手，则违反了礼仪规则，那么他们后面的交往可能就会出现问题。

计算机网络中的协议是非常复杂的，因此网络协议通常都按照结构化的层次方式来进行组织。TCP/IP 协议是当前最流行的商业化协议，被公认为是当前的工业标准或事实标准。1974 年，出现了 TCP/IP 参考模型，图 4.2 给出了 TCP/IP 参考模型的分层结构，它将计算机网络划分为以下四个层次。

应用层
传输层
互联层
主机至网络层

图 4.2　TCP/IP 参考模型

(1) 应用层(Application Layer)：负责处理特定的应用程序数据，为应用软件提供网络接口，包括超文本传输协议(Hyper Text Transfer Protocol，HTTP)、Telnet(远程登录协议)、文件传输协议(File Transfer Protocol，FTP)等协议。

(2) 传输层(Transport Layer)：为两台主机间的进程提供端到端的通信，主要协议有传输控制协议(Transmission Control Protocol，TCP)和用户数据报协议(User Datagram Protocol，UDP)。

(3) 互联层(Internet Layer)：确定数据包从源端到目的端如何选择路由。互联层主要的协议有 IPv4(网际协议版本 4)、ICMP(网际网控制报文协议)以及 IPv6(互联网协议第 6 版)等。

(4) 主机至网络层(Host-to-Network Layer)：规定了数据包从一个设备的网络层传输到另一个设备的网络层的方法。

4.1.9 无线局域网

随着计算机硬件的快速发展，笔记本电脑、掌上电脑等各种移动便携设备迅速普及，人们希望在家中或办公室里也可以一边走动一边上网，而不是被网线牵在固定的书桌上。

于是许多研究机构很早就开始为计算机的无线连接而努力，使它们之间可以像有线网络一样进行通信。常见的有线局域网建设，其中铺设、检查电缆是一项费时费力的工作，在短时间内也不容易完成。而在很多实际情况中，一个企业的网络应用环境不断更新和发展，如果使用有线网络重新布局，则需要重新安装网络线路，维护费用高、难度大，尤其是在一些比较特殊的环境当中，例如一个公司的两个部门在不同楼层，甚至不在一个建筑物中，安装线路的工程费用就更高了。因此，架设无线局域网络就成为最佳解决方案。

在无线网络的发展史上，从早期的红外线技术到蓝牙(Bluetooth)，都可以无线传输数据，多用于系统互联，但却不能组建局域网。如将一台计算机的各个部件(鼠标、键盘等)连接起来，再如常见的蓝牙耳机。如今新一代的无线网络，不仅仅是简单地将两台计算机相连，更是建立无需布线和使用非常自由的无线局域网(Wireless LAN，WLAN)。在 WLAN 中有许多计算机，每台计算机都有一个无线调制解调器和一个天线，通过该天线，它可以与其他的系统进行通信。通常在室内的墙壁或天花板上也有一个天线，所有机器都与它通信，然后彼此之间就可以相互通信了，如图 4.3 所示。在无线局域网的发展中，Wi-Fi 由于其较高的传输速度、较大的覆盖范围等优点，发挥了重要的作用。Wi-Fi 不是具体的协议或标准，它是无线局域网联盟(WLANA)为了保障使用 Wi-Fi 标志的商品之间可以相互兼容而推出的。在如今许多的电子产品，如笔记本电脑、手机、PAD 等上面都可以看到 Wi-Fi 的标志。针对无线局域网，IEEE(Institute of Electrical and Electronics Engineers，美国电气和电子工程师协会)制定了一系列无线局域网标准，即 IEEE802.11 家族，包括 802.11a、802.Ub、802.11g 等，802.11 现在已经非常普及了。随着协议标准的发展，无线局域网的覆盖范围更广，传输速率更高，安全性、可靠性等也大幅提高。

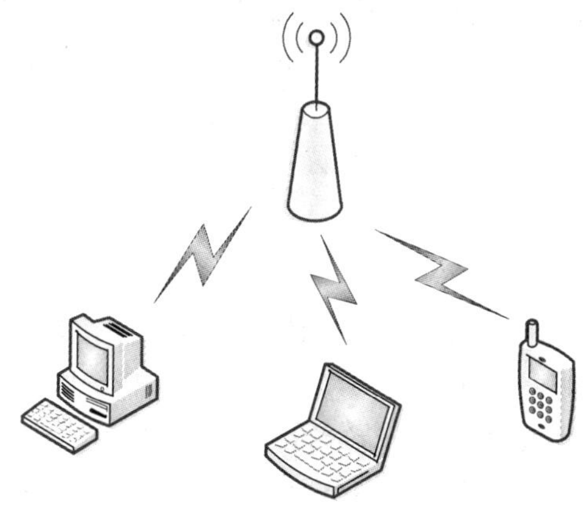

图 4.3　无线局域网

4.2　互联网基本概念及其应用

Internet 的前身是美国国防部高级计划研究署在 1969 年作为军事实验而建立的 ARPA net，目前已成为世界上规模最大、覆盖面最广、最具影响力的计算机互联网络，它是将分

布在世界各地的计算机采用开放系统协议连接在一起，用来进行数据传输、信息交换和资源共享。

4.2.1 互联网基本概念

Internet 是一个开放的、互联的、遍及全世界的计算机网络系统，遵从 TCP/IP 协议，是一个使世界上不同类型的计算机能够交换各类数据的通信媒介，为人们打开了通往世界的信息大门。

Internet 的特点：

(1) TCP/IP 是 Internet 的基础和核心。网络离不开通信协议，Internet 的核心就是 TCP/IP，正是依靠着 TCP/IP，Internet 实现了各种网络的互连。

(2) Internet 实现了与公用电话交换网的互连，从而使全世界众多的个人用户可以方便地入网。任何用户只要一条电话线、一台计算机和一个 Modem，就可以连入 Internet，这是 Internet 得以迅速普及的重要原因之一。

(3) Internet 是用户自己的网络。由于因特网上的通信没有统一的管理机构，因此，网上的许多服务和功能都是由用户自己进行开发、经营和管理。

为了实现 Internet 上不同计算机之间的通信，每台计算机都必须有一个不与其他计算机重复的地址，它相当于通信时每台计算机的名字。在使用 Internet 的过程中，遇到的地址有 IP 地址、域名、电子邮件地址和 URL 等。

4.2.2 TCP/IP 协议的工作原理

TCP/IP 协议在因特网中能够迅速发展，不仅因为它最早在 ARPANET 中使用，由美国军方指定，更重要的是它适应了世界范围内的数据通信的需要。TCP/IP 是用于因特网计算机通信的一组协议，其中包括了不同层次上的多个协议。主机至网络层是最底层，包括各种硬件协议，面向硬件；应用层面向用户，提供一组常用的应用层协议，如文件传输协议、电子邮件发送协议等。而传输层的 TCP 协议和互联层的 IP 协议是众多协议中最重要的两个核心协议。

1. IP 协议

IP(Internet Protocol)协议是 TCP/IP 协议体系中的网络层协议。它的一个功能是将不同类型的物理网络互联在一起。为了达到这个目的，需要将不同格式的物理地址转换成统一的 IP 地址，将不同格式的帧(物理网络传输的数据单元)转换成“TP 数据报”，从而屏蔽了下层物理网络的差异，向上层传输层提供 IP 数据报，实现无连接数据报传送服务。IP 的另一个功能是路由选择，简单地说，就是从网上某个结点到另一个结点的传输路径的选择，将数据从一个结点按路径传输到另一个结点。

2. TCP 协议

TCP(Transmission Control Protocol)即传输控制协议，位于传输层。TCP 协议向应用层提供面向连接的服务，确保网上所发送的数据报可以完整地接收，一旦某个数据报丢失或损坏，TCP 发送端可以通过协议机制重新发送这个数据报，以确保发送端到接收端的可靠传输。依赖于 TCP 协议的应用层协议主要是需要大量传输交互式报文的应用，如远程登录

协议(Telnet)、简单邮件传输协议(Simple Mail Transfer Protocol，SMTP)、文件传输协议(FTP)、超文本传输协议(HTTP)等。

4.2.3　IP 地址和域名

因特网通过路由器将成千上万个不同类型的物理网络互联在一起，是一个超大规模的网络。为了使信息能够准确到达因特网上指定的目的结点，必须给因特网上每个结点(主机、路由器等)指定一个全局唯一的地址标识，就像每一部电话都具有一个全球唯一的电话号码一样。在因特网通信中，可以通过 IP 地址和域名，实现明确的目的地指向。

1. IP 地址

IP 地址提供了一种互联网通用的地址格式，用于屏蔽各种物理网络的地址差异，IP 地址由 IP 地址管理机构进行统一管理和分配，保证互联网上运行的设备不会产生地址冲突。IPv4 由两部分组成，前面部分为网络地址，后面部分为主机地址。每个 IPv4 地址均由长度为 32 位的二进制数组成(即 4 个字节)，每 8 位(1 个字节)之间用圆点分开，如 11011110.00111000.01111111.10100110。

用二进制数表示的 IP 地址难于书写和记忆，通常将 32 位的二进制地址写成 4 个十进制数字段，书写形式为 xxx.xxx.xxx.xxx，其中，每个字段 xxx 都在 0～255 之间取值。例如，上述二进制 IP 地址转换成相应的十进制表示为 222.56.127.166。

IP 地址通常分为 A、B、C 三大类，此外，IP 地址还有加外两个类别，组播地址和保留地址，分别分配给 Internet 体系结构委员会和实验性网络使用，称为 D 类和 E 类。

1) A 类地址(用于大型网络)

一个 A 类 IP 地址是指，在 IP 地址的四段号码中，第一段号码为网络号码，剩下的三段号码为本地计算机的号码。如果用二进制表示 IP 地址的话，A 类 IP 地址就由 1 字节的网络地址和 3 字节主机地址组成，网络地址的最高位必须是“0”。A 类 IP 地址中网络的标识长度为 8 位，主机标识的长度为 24 位，A 类网络地址数量较少，可以用于主机数达 1600 多万台的大型网络。

A 类 IP 地址地址范围 1.0.0.1～126.255.255.254(二进制表示为：00000001000000000000000000000001～01111110111111111111111111111110)。最后一个是广播地址。A 类 IP 地址的子网掩码为 255.0.0.0，每个网络支持的最大主机数为 $256^3-2=16\ 777\ 214$ 台。

2) B 类地址(用于中型网络)

一个 B 类 IP 地址是指，在 IP 地址的四段号码中，前两段号码为网络号码。如果用二进制表示 IP 地址的话，B 类 IP 地址就由 2 字节的网络地址和 2 字节主机地址组成，网络地址的最高位必须是“10”。B 类 IP 地址中网络的标识长度为 16 位，主机标识的长度为 16 位，B 类网络地址适用于中等规模的网络，每个网络所能容纳的计算机数为 6 万多台。

B 类 IP 地址范围 128.0.0.1～191.255.255.254(二进制表示为：10000000000000000000000000000001～10111111111111111111111111111110)。最后一个是广播地址。B 类 IP 地址的子网掩码为 255.255.0.0，每个网络支持的最大主机数为 $256^2-2=65\ 534$ 台。

3) C 类地址(用于小型网络)

一个 C 类 IP 地址是指，在 IP 地址的四段号码中，前三段号码为网络号码，剩下的一

段号码为本地计算机的号码。如果用二进制表示 IP 地址的话，C 类 IP 地址就由 3 字节的网络地址和 1 字节主机地址组成，网络地址的最高位必须是“110”。C 类 IP 地址中网络的标识长度为 24 位，主机标识的长度为 8 位，C 类网络地址数量较多，适用于小规模的局域网络，每个网络最多只能包含 254 台计算机。

C 类 IP 地址范围 192.0.0.1～223.255.255.255(二进制表示为：11000000000000000000000000000001～11011111111111111111111111111110)。C 类 IP 地址的子网掩码为 255.255.255.0，每个网络支持的最大主机数为 256−2=254 台。

2. 域名

网络是基于 TCP/IP 协议进行通信和连接的，每一台主机都有一个唯一的标识固定的 IP 地址，以区别在网络上成千上万个用户和计算机。网络在区分所有与之相连的网络和主机时，均采用了一种唯一、通用的地址格式，即每一个与网络相连接的计算机和服务器都被指派了一个独一无二的地址。为了保证网络上每台计算机的 IP 地址的唯一性，用户必须向特定机构申请注册，分配 IP 地址。由于 IP 地址是数字标识，使用时难以记忆和书写，因此在 IP 地址的基础上又发展出一种符号化的地址方案，来代替数字型的 IP 地址。每一个符号化的地址都与特定的 IP 地址对应，这样网络上的资源访问起来就容易得多了。这个与网络上的数字型 IP 地址相对应的字符型地址，就被称为域名。

域名系统采用层次结构，按地理域或机构域进行分层，一个域名最多由 25 个子域名组成，每个子域名之间用圆点隔开，最右边的为顶级域名，在域名系统中，顶级域名划分为组织模式和地理模式两类。

例如，www.baidu.com 的顶级域名 com 属于商业组织模式类，用户由此可以推知它是一个公司的网站地址。例如，www.bsnc.cn 是地址模式域名，顶级域名 cn 表示这是中国的网站。表 4.1 为常见的顶级域名及其含义。

表 4.1　常见的顶级域名及其含义

组织模式顶级域名	含　义	地址模式顶级域名	含　义
com	商业机构	cn	中国
net	网络服务机构	us	美国
org	非营利性组织	uk	英国
gov	政府机构	jp	日本
edu	教育机构	in	印度
mil	军事机构	kr	韩国
int	国际机构	ru	俄罗斯

顶级域的管理权被分派给指定的管理机构，各管理机构对其管理的域继续进行划分，即划分为二级域并将二级域名的管理权授予其下属的管理机构，如此层层细分就形成了层次型的域名结构。

3. DNS 原理

域名和 IP 地址都表示主机的地址，实际上是同一事物的不同表示。用户可以使用主机的 W 地址，也可以使用它的域名。从域名到 IP 地址或者从 IP 地址到域名的转换由域名系统(Domain Name System，DNS)完成。

当用域名访问网络上某个资源地址时，必须获得与这个域名相匹配的真正的 IP 地址。这时用户将希望转换的域名放在一个 DNS 请求信息中，并将这个请求发送给 DNS 服务器，DNS 从请求中取出域名，将它转换为对应的 IP 地址，然后在一个应答信息中将结果地址返回给用户。

当然，因特网中的整个域名系统是以一个大型的分布式数据库方式工作的，并不只有一个或几个 DNS 服务器。大多数具有因特网连接的组织都有一个域名服务器。每个服务器包含连向其他域名服务器的信息，这些服务器形成一个大的协同工作的域名数据库。这样，即使第一个处理 DNS 请求的 DNS 服务器没有域名和 IP 地址的映射信息，它依旧可以向其他 DNS 服务器提出请求，无论经过几步查询，最终会找到正确的解析结果，除非这个域名不存在。

4.2.4　Internet 提供的服务

1. WWW 服务

WWW(World Wide Web，环球信息网)，是一个基于超文本方式的信息查询服务。WWW 是由欧洲粒子物理研究中心(CERN)研制的。WWW 将位于全世界 Internet 网上不同网址的相关数据信息有机地编织在一起，提供了一个友好的界面，大大方便了人们的信息浏览，而且 WWW 方式仍然可以提供传统的 Internet 服务。它不仅提供了图形界面的快速信息查找，还可以通过同样的图形界面与 Internet 的其他服务器对接。它把 Internet 上现有资源统统连接起来，使用户能在 Internet 上已经建立了 WWW 服务器的所有站点提供超文本媒体资源文档。

2. FTP 服务

FTP(File Transfer Protocol)服务解决了远程传输文件的问题，Internet 网上的两台计算机在地理位置上无论相距多远，只要两台计算机都加入互联网并且都支持 FTP 协议，它们之间就可以进行文件传送。只要两者都支持 FTP 协议，网上的用户既可以把服务器上的文件传输到自己的计算机上(即下载)，也可以把自己计算机上的信息发送到远程服务器上(即上传)。FTP 实质上是一种实时的联机服务。与远程登录不同的是，用户只能进行与文件搜索和文件传送等有关的操作。用户登录到目的服务器上就可以在服务器目录中寻找所需文件，FTP 几乎可以传送任何类型的文件，如文本文件、二进制文件、图像文件、声音文件等。匿名 FTP 是最重要的 Internet 服务之一。匿名登录不需要输入用户名和密码，许多匿名 FTP 服务器上都有免费的软件、电子杂志、技术文档及科学数据等供人们使用。

3. 电子邮件系统

电子邮件(Electronic Mail)亦称 E-mail，是 Internet 上使用最广泛和最受欢迎的服务，它是网络用户之间进行快速、简便、可靠且低成本联络的现代通信手段。

电子邮件使网络用户能够发送和接收文字、图像和语音等多种形式的信息。使用电子

邮件的前提是拥有自己的电子信箱，即 E-mail 地址，实际上就是在邮件服务器上建立一个用于存储邮件的磁盘空间。使用电子邮件服务的前提：拥有自己的电子信箱，一般又称为电子邮件地址(Email Address)。电子信箱是提供电子邮件服务的机构为用户建立的，实际上是该机构在与 Internet 联网的计算机上为用户分配的一个专门用于存放往来邮件的磁盘存储区域，这个区域是由电子邮件系统管理的。自动读取、分析该邮件中的命令，若无错误则将检索结果通过邮件方式发给用户。

4. 远程登录服务

远程登录(Remote-login)是 Internet 提供的最基本的信息服务之一，它是指允许一个地点的用户与另一个地点的计算机上运行的应用程序进行交互对话；是指远距离操纵别的机器，实现自己的需要。Telnet 协议是 TCP/IP 通信协议中的终端机协议。Telnet 使用户能够从与网络连接的一台主机进入 Internet 上的任何计算机系统，只要用户是该系统的注册用户，就像使用自己的计算机一样使用该计算机系统。在远程计算机上登录，必须事先成为该计算机系统的合法用户并拥有相应的帐号和口令。登录成功后，用户便可以实时使用该系统对外开放的功能和资源，Telnet 是一个强有力的资源共享工具，许多大学图书馆都通过 Telnet 对外提供联机检索服务，一些政府部门、研究机构也将它们的数据库对外开放，使用户通过 Telnet 进行查询。

4.2.5　下一代因特网

因特网影响着人类生产生活的方方面面，然而，因特网在其诞生之初，并未预料到会有如此巨大的影响力，能深刻地改变人类的生活。因特网在其高速发展过程中，涌现出了无数的优秀技术。但是，因特网还存在着很多问题未能解决，如安全性、带宽、地址短缺、无法适应新应用的要求等。

IPv4 协议是 20 世纪 70 年代末发明的，如今已经过去几十年了，用 32 位进行编址的 IPv4 地址早已不够用了，地址已经耗尽。当然，很多科学家和工程师已经早早预见到地址耗尽的问题，他们提出了无类别域间路由(Classless Inter-Domain Routing，CIDR)技术，使 IP 地址分配更加合理；NAT 地址转换技术也被大量使用，以节省大量的公网 IP。然而这些技术只是减慢地址耗尽的速度，并不能从根本上解决问题。于是，人们不得不考虑改进现有的网络，采用新的地址方案、新的技术，尽早过渡到下一代因特网(Next Generation Internet，NGI)。

什么是 NGI？简单地说，就是地址穿回更大、更安全、更快、更方便的因特网。NGI 涉及多项技术，其中最核心的就是 IPv6(Internet Protocol Version 6)协议，它在扩展网站的地址容量、安全性、移动性、服务质量以及对应的支持方面都具有明显的优势。IPv6 和 IPv4 一样，仍然是网络层的协议，它的主要变化就是提供了更大的地址空间，从原来的 32 位增大到了 128 位，这意味着什么呢？如果整个地球表面都覆盖着计算机，那么 IPv6 允许每平方米分配 7×10^{23} 个地址，也就是说可以为地球上每一粒沙子都分配一个地址。假如地址消耗速度是每微秒分配 100 万个地址，则需要 10^{19} 年的时间才能将所有可能的地址分配完毕。因此，可以说使用 IPv6 之后再也不用考虑地址耗尽的问题了！除此之外 IPv6 还提供了更灵活的首部结构，允许协议扩展，支持自动配置地址，强化了内置安全性。

目前，全球各国都在积极向 IPv6 网络迁移。专门负责制定网络标准、政策的 Internet Society 在 2012 年 6 月 6 日宣布，全球主要互联网服务提供商、网络设备厂商以及大型网站公司(包括 Facebook、Yahoo、Microsoft Bing 等)，于当日正式启用 IPv6 服务及产品。这意味着全球正式开展 IPv6 的部署，同时也促使广大的因特网用户逐渐适应新的变化。我国也在 2012 年 11 月于北京邮电大学进行了一次 IPv6 的国际测试，未来考虑纳入“TPv6Ready”和“IPv6Enabled”的全球认证测试体系。

我国早在 2004 年，就开通了世界上规模最大的纯 IPv6 因特网——CERNET2(第二代中国教育和科研计算机网)。在工信部正式发布的《互联网行业“十二五”发展规划》中提到“推进互联网向 IPv6 的平滑过渡。在同步考虑网络与信息安全的前提下制定国家层面推进方案，加快 IPv6 商用部署。以重点城市和重点网络为先导推进网络改造，以重点商业网站和政府网站为先导推进应用迁移，发展特色应用，积极推动固定终端和移动智能终端对 IPv6 的支持，在网络中全面部署 IPv6 安全防护系统。加快 IPv6 产业链建设，形成网络设备制造、软件开发经营服务、应用等创新链条和大规模产业。”国家正在大力发展 IPv6 产业链，鼓励下一代因特网上的创新与实践。

4.3　常用的网络通信设备

4.3.1　网络传输介质

传输介质是计算机网络的组成部分。它们就像是交通系统中的公路，是信息数据运输的通道。网络中的计算机就是通过这些传输介质实现相互之间的通信。

各种传输介质特性是不同的，它直接影响通信的质量指标，如传输速率、通信距离和线路费用等。用户可以根据自己对网络传输的要求和用户的位置情况，选择适合的介质。

1. 有线传输介质

(1) 电话线。目前家庭或小型局域网经常会用到的 ADSL 就是在普通电话线上传输高速数字信号的技术。

(2) 双绞线。双绞线(Twisted Pair，TP)是目前使用最广的一种传输介质，它有价格便宜、易于安装，适用于多种网络拓扑结构等优点。双绞线是由两条相互绝缘的导线按照一定的规格互相缠绕在一起而制成的一种通用配线。双绞线分为非屏蔽双绞线和屏蔽双绞线两种。

(3) 同轴电缆。同轴电缆(Coaxial Cable)是实心或多芯铜线电缆，包上一根圆柱形的绝缘皮，外导体为硬金属或金属网，外导体外还有一层绝缘体，最外面是一层塑料皮包裹，由于外导体屏蔽层的作用，同轴电缆具有较高的抗干扰能力，能传输比双绞线更宽频率范围的信号。

(4) 光纤。光纤(Optical Fiber)是发展最为迅速的传输介质，光纤通信是利用光纤传递光脉冲信号实现的，由多条光纤组成的传输线就是光缆，光信号可以在纤芯中传输数千米而没有损耗。与其他传输介质相比，低损耗、高带宽和高抗干扰是光纤最主要的优点。目前在大型网络系统的主干或多媒体网络应用系统中，几乎都采用光纤作为网络传输介质。

2. 无线传输介质

无线传输介质包括微波、红外线、蓝牙等。

(1) 微波：就是频率较高的电磁波。微波在空间主要是直线传播。微波通信有两种主要的通信方式：地面微波通信和卫星微波通信。

(2) 红外线：红外线通信是一种廉价、近距离、无线、低功能、保密性强的通信方式。

(3) 蓝牙：蓝牙(Bluetooth)通信技术是一种在有效通信半径范围内实现单点对多点的无线数据和声音传输。

4.3.2 网络互联设备

1. 网卡

网卡(Network Interface Card)是计算机与外界局域网的连接的必需设备。网卡工作在物理层的网路组件中，是局域网中连接计算机和传输介质的接口，不仅能实现与局域网传输介质之间的物理连接和电信号匹配，还涉及帧的发送与接收、帧的封装与拆封、介质访问控制、数据的编码与解码以及数据缓存的功能等。

2. 中继器

中继器(Repeater)是工作于OSI/RM物理层的网络连接设备，要求每个网络在数据链路层以上具有相同的协议。计算机网络的覆盖范围会因为所使用的传输介质的限制，信号传输到一定距离就会因衰减而变得很弱以致于接收设备无法识别出该信号，为了扩大信号的传输距离，在网段间可以使用中继器设备，它接收网上的所有信号(包括CSMA/CD碰撞信号)并将其放大、再生，然后发送出去，从而扩展网络跨距。

3. 集线器

集线器(Hub)是一种多端口中继器，其区别仅在于中继器只是连接两个网段，而集线器能够提供更多的端口服务。集线器通过对工作站进行集中管理，能够避免网络中出现问题的区段对整个网络正常运行的影响。

4. 网桥

网桥(Bridge)又被称为桥接器，它工作在OSI(Open System Interconnection，开放式系统互联)参考模型的数据链路层，要求每个网络在网络层以上各层中采用相同或兼容协议。网桥一般用于互连两个运行同类型NOS的LAN，而网络的拓扑结构、通信介质和通信协议可以不同。

5. 交换机

交换机(Switch)的功能类似于集线器，它是一种低价位、高性能的多端口的网络设备，除了具有集线器的全部特性外，还具有自动导址、数据交换等功能。它将传统的共享带宽方式转变为独占方式，每个结点都可以拥有和上游结点相同的带宽。

6. 路由器

路由器(Router)工作在OSI/RM的网络层，实现网络层以及以下各层的协议转换，通常用来互连局域网和广域网或者实现在同一点两个以上的局域网的互连。最基本的功能是转发数据包。

在通过路由器实现的互连网络中，路由器根据网络层地址(如 IP 地址)进行信息的转发，主要的功能有两个：路由选择和数据转发。

对数据包进行检测，判断其中所含的目的地址，若数据包不是发向本地网络的某个节点，路由器就要转发该数据包，并决定转发到哪一个目的地以及从哪个网络接口转发出去。

7. 网关

网关(Gateway)又称网间协议变换器，是实现两种不同协议的网络之间进行转换的网络互连设备。有广义网关(指所有用于网络互连的软、硬件)和狭义网关(指工作于 OSI/RM 高层协议的网络互连设备，负责高层协议的转换)两种，我们讨论的是后者，通常用于 WAN——WAN 互连、网络与大型主机系统的互连。网关实现协议转换的方法有两种：一是直接将输入的网络数据包转换成输出的网络数据包的格式；二是将输入的网络数据包格式转换成一种标准的网间数据包的格式。

4.4　常用的上网连接方法

作为承载互联网应用的通信网，宏观上可划分为接入网和核心网两大部分。接入网(Access Network，AN)，或称用户环路，主要用来完成用户接入核心网的任务。在 ITU-T 建议 G.963 中接入网被定义为：本地交换机(即端局)与用户端设备之间的连接部分，通常包括用户线传输系统、复用设备、数字交叉连接设备和用户/网络接口设备。

在接入网中，目前可供选择的接入方式主要有 PSTN、ISDN、DDN、ADSL、Cable Modem、局域网接入和宽带无线接入技术等。

1. PSTN

PSTN(Public Switched Telephone Network，公用电话交换网)技术是利用 PSTN 通过调制解调器拨号实现用户接入的方式。

优点：由于电话网非常普及，用户终端设备 Modem 很便宜，在 100～500 元之间，而且不用申请就可开户，只要家里有电脑，把电话线接入 Modem 就可以直接上网(该种 Modem 早就停产)，因此 PSTN 拨号接入方式比较经济。

缺点：目前最高的速率为 56 kb/s，已经达到香农定理确定的信道容量极限，这种速率远远不能够满足宽带多媒体信息的传输需求。而且当拨号上网时，通信线路被全程占用，不能同时实现语音通话、传真等业务。

2. ISDN

ISDN(Integrated Services Digital Network，综合业务数字网)接入技术俗称“一线通”，它采用数字传输和数字交换技术，将电话、传真、数据、图像等多种业务综合在一个统一的数字网络中进行传输和处理。用户利用一条 ISDN 用户线路，可以在上网的同时拨打电话、收发传真，就像两条电话线一样。

1) ISDN 的优点

(1) 通信业务的综合化。利用一条用户线就可以提供电话、传真、可视图文及数据通信等多种业务。

(2) 使用方便。数据信道和信令信道分离。在一条 2B+D 的用户线上最多可以连接 8 个不同设备，其中 3 个可以同时工作。

(3) 实现高可靠性及高质量的通信。由于采用数字信号传输，噪音、串音及信号衰落失真受距离与链路数增加的影响非常小，并具有可以压缩、便于处理与保密等特性。

(4) 可以利用现有资源，允许使用现有的模拟设备，包括普通电话机和传真机等。

(5) 数据传输速率较传统的 Modem 快，使用基本速率接口(2B+D)，最低速率是 64 kb/s，最高为 128 kb/s(同时使用两个 B 通道)。

(6) 费用较低。和各自独立的通信网相比，将业务综合在一个网内的费用要低廉得多。此外，对于无需全天使用数据通信的用户来说，选用 ISDN 的费用远低于租用数字数据网(DDN)专线的费用。

2) ISDN 的缺点

ISDN 接入方式最主要的缺点还是带宽受限，常用的对普通用户的基本速率接口(2B+D)最高仅能提供 128 kb/s 的传输速率，只能适应低带宽的网络应用(如语音、可视电话等业务需求)，无法满足网络日益增长的实时应用和多媒体应用对数据传输带宽的需求。

3．ADSL

数字用户线(Digital Subscriber Line，DSL)是一种不断发展的宽带接入技术，该技术采用更先进的数字编码技术和调制解调技术利用现有的电话线路传送宽带信号(模拟信号)。目前已经比较成熟并且投入使用的 DSL 方案有 ADSL、HDSL、SDSL 和 VDSL 等，这些 DSL 系列统称为 xDSL。ADSL 是目前 xDSL 领域中最成熟的技术。

ADSL(Asymmetric Digital Subscriber Line，非对称数字用户线)利用现有的电话线，为用户提供上、下行非对称的传输速率：从网络到用户的下行传输速率为 1.5～8 Mb/s，而从用户到网络的上行速率为 16～640 kb/s。ADSL 无中继传输距离可达 5 km 左右。ADSL 这种数据上下传输速率不一致的情况与用户上网的实际使用情况非常吻合。

ADSL 采用复杂的数字信号处理技术，最大限度地利用可用带宽而达到了尽可能高的数据传输速率。用户可以在打电话的同时进行视频点播、发送电子邮件等上网操作。

ADSL 的主要特点与优点如下：

(1) 速率高。理论上 ADSL 可以达到 8 Mb/s 的数据传输速率，不过实际使用过程中下行速率往往只能达到 4～5 Mb/s。

(2) 独享带宽。ADSL 接入方案在网络拓扑结构上可以看作是星型结构，每个用户都有单独的一条线路与 ADSL 局端相连，因此每一用户独享数据传输带宽。

(3) 对现有电话网资源进行充分的增值利用。ADSL 接入是基于电话线路的，它充分利用了现有的电话网络，在线路两端加装 ADSL 通讯终端设备即可为用户提供宽带服务，几乎不用对现有线路作任何改动。

(4) 可以与普通电话共存于一条电话线上。ADSL 采用了频分多路复用技术，利用普通电话线实现了高速数据传输和语音电话、传真通讯等同时进行。

但是，ADSL 对线路质量要求较高，此外还可能存在语音、数据相互干扰的问题。ADSL 使用的接入线为铜电话线，传输频率在 30 kHz～1 MHz 之间，传输过程中容易受到外来高频信号的串扰。

4．DDN

DDN(Digital Data Network，数字数据网)专线是指向电信部门租用的 DDN 线路，按传输速率可分为 14.4 K、28.8 K、64 K、128 K、256 K、512 K、768 K、1.544 M(T1 线路)及 44.763 M(T3 线路)九种。DDN 专线接入 Internet 是指用户与 ISP 之间以通过物理线路的实际连接来传输数字数据，继而达到接入互联网的目的。

(1) DDN 的优点：通信保密性强，特别适合金融、保险等保密性要求高的客户。传输质量高，网络时延小。用户网络的整体接入使局域网内的 PC 均可共享互联网资源。用户可免费得到多个 Internet 合法 IP 地址及域名。

(2) DDN 的缺点：覆盖范围不如公用电话网，并且费用昂贵。由于 DDN 需要铺设专用线路从用户端进入主干网络，所以使用 DDN 专线不仅要付信息费，还要付 DDN 线路月租费。

5．Cable Modem

Cable Modem(线缆调制解调器)是利用已有的有线电视光纤同轴混合网(Hybrid Fiber Coax，HFC)进行 Internet 高速数据接入的装置。HFC 是一个宽带网络，具有实现用户宽带接入的基础。Cable Modem 一般有两个接口：一个与室内墙上的有线电视 CATV 端口相连，另一个与计算机网卡或 HUB 相连。

Cable Modem 系统的主要性能分为上行通道和下行通道两部分。下行通道的频率范围为 88～860 MHz，每个通道的带宽为 6 MHz，采用 64 QAM 或 256 QAM 调制方式，对应的数据传输速率为 30.342 Mb/s 或 2.884 Mb/s。上行通道的频率范围为 5～65 MHz，每个通道的带宽可为 200、400、800、1600 或 3200 kHz，采用 QPSK 或 16 QAM 调制方式，对应的数据传输速率为 320～5120 kb/s 或 640～10 240 kb/s。

Cable Modem 系统优点如下：抗干扰能力强、共享介质。Cable Modem 系统与有线电视共享传输介质，充分利用频分复用和时分复用技术，加之以新的调制方法，在高速传输数据的同时，空闲频段仍然可用于有线电视信号的传输，线路始终通畅。Cable Modem 系统不占用电话线，不需拨号，可永久连接。

Cable Modem 接入方式也存在以下缺点：Cable Modem 的用户是共享带宽的，当多个 Cable Modem 用户同时接入 Internet 时，带宽就由这些用户共享，数据传输速率也会相应有所下降。可靠性不如 ADSL。由于有线电视网是一个树状网络，单点故障，如电缆的损坏、放大器故障、传送器故障都会造成整个结点上的用户服务的中断。而 ADSL 利用的是一个星型的网络，一台 ADSL 设备的故障只会影响到一个用户，资金投入大。由于有线电视网当初是用于广播式的电视传播，也就是说，是单向的，所以要用于电脑网络，必须对现有的网络前端和用户端进行改造，使之具有双向传输功能。

6．局域网接入

通过局域网接入 Internet 即 FTTB+LAN。FTTB(Fiber To The Building，光纤到楼(或光纤到小区))，是一种基于高速光纤局域网技术的宽带接入方式。FTTB 采用光纤到楼、网线到户的方式实现用户的宽带接入，因此又称为 FTTB+LAN，这是一种最合理、最实用、最经济有效的宽带接入方法。

优点：用户可以获取足够的带宽，速度优势极为明显，可扩展性、抗干扰性、稳定性

都很好。

缺点：地域上受到一定限制，只有已经铺设了局域网的小区才能使用这种接入方式。

7．宽带无线接入技术

宽带无线接入技术(Broadband Wireless Access，BWA)代表了宽带接入技术的一种新的不可忽视的发展趋势，不仅建网开通快、维护简单、用户相对集中时成本较低，而且改变了本地电信业务的传统观念，最适于新的电信竞争者开展有效的竞争，也可以作为电信公司有线接入的重要补充。

优点：无线接入方式不受线缆束缚，满足用户移动性要求，可提供高带宽的接入技术。

缺点：初期成本投入高，信号传输质量容易受外界影响。

习　题

一、单选题(共 43 题，55 分)

1. 按网络的范围和计算机之间的距离划分的是(　　)。

A. Windows NT　　B. WAN 和 LAN
C. 星型网络和环型网络　　D. 公用网和专用网

2. 网络的物理拓扑结构可分为(　　)。

A. 星型、环型、树型和路径型　　B. 星型、环型、路径型和总线型
C. 星型、环型、局域型和广域型　　D. 星型、环型、树型和总线型

3. 在基于个人计算机的局域网中，网络的核心是(　　)。

A. 通信线　　B. 网卡　　C. 服务器　　D. 路由器

4. 计算机网络最主要的特点是(　　)。

A. 电子邮件　　B. 资源共享　　C. 文件传输　　D. 打印共享

5. 在局域网络通信设备中，集线器具有(　　)的作用。

A. 再生信号　　B. 管理多路通信
C. 放大信号　　D. 以上三项都是

6. 不同体系的局域网与主机相连，应使用(　　)。

A. 网桥　　B. 网关　　C. 路由器　　D. 集线器

7. Internet 网络协议的基础是(　　)。

A. Windows NT　　B. Netware　　C. IPX/SPX　　D. TCP/IP

8. IP 地址由(　　)位二进制数组成。

A. 64　　B. 32　　C. 16　　D. 128

9. B 类 P 地址前 16 位表示网络地址，按十进制来看也就是第一段的取值范围(　　)。

A. 大于 192、小于 256　　B. 大于 127、小于 192
C. 大于 64、小于 127　　D. 大于 0、小于 64

10. 局域网的网络硬件主要包括网络服务器、工作站、(　　)和通信介质。

A. 计算机　　B. 网卡　　C. 网络拓扑结构　　D. 网络协议

11. 常用的有线通信介质包括双绞线、同轴电缆和(　　)。

A. 微波　　B. 红外线　　C. 光缆　　D. 激光

12. (　　)多用于局域网、广域网之间的互联。

A. 中继器　　B. 网桥　　C. 路由器　　D. 网关

13. Internet A 类网络中最多约可以容纳(　　)台主机。

A. 1677 万台　　B. 16 777 万台　　C. 16.7 亿台　　D. 167 亿台

14. 严格地说，Internet 中所提到的客户是指一个(　　)。

A. 计算机　　B. 计算机网络　　C. 用户　　D. 计算机软件

15. TCP 的主要功能是(　　)。

A. 进行数据分组　　B. 保证可靠传输

C. 确定数据传输路径　　D. 提高传输速度

16. 主机域名 publiC.tpt.hz.cn 由 4 个子域组成，其中(　　)表示最高层域。

A. public　　B. tpt　　C. hz　　D. cn

17. 下列叙述中，不正确的是(　　)。

A. FTP 提供了因特网上任意两台计算机相互传输文件的机制，因此它是用户获得大量 Internet 资源的重要方法

B. WWW 是利用超文本和超媒体技术组织和管理信息或信息检索的系统

C. E-mail 是用户或用户组之间通过计算机网络收发信息的服务

D. 当拥有一台 586 个人计算机和一部电话机时，只要再安装一个调制解调器 Modem，便可将个人计算机连接到因特网上了

18. OSI(开放系统互联)参考模型的最底层是(　　)。

A. 传输层　　B. 网络层　　C. 物理层　　D. 应用层

19. 在计算机网络中，TCP/IP 是一组(　　)。

A. 支持同种类型的计算机网络互联的通信协议

B. 支持异种类型的计算机网络互联的通信协议

C. 局域网技术

D. 广域网技术

20. 一座办公大楼内各个办公室中的微机进行联网，这个网络属于(　　)。

A. WAN　　B. LAN　　C. MAN　　D. GAN

21. 将两个同类局域网使用相同的网络操作系统互联，应使用的设备是(　　)。

A. 网卡　　B. 网关　　C. 网桥　　D. 路由器

22. 从用户的角度看，Internet 是一个(　　)。

A. 广域网　　B. 远程网　　C. 综合业务网　　D. 信息资源网

23. 与 Internet 相连的任何一台计算机，不管是最大型还是最小型的，都被称为 Internet(　　)。

A. 服务器　　B. 工作站　　C. 客户机　　D. 主机

24. ADSL 虚拟拨号入网，可获得(　　)。

A. 静态 IP 地址　　B. 动态 IP 地址　　C. 虚拟 IP 地址　　D. 虚拟域名

25. 当你使用 WWW 浏览页面时，你所看到的文件叫作(　　)文件。

A. DOS　　B. Windows　　C. 超文本　　D. 二进制

26. 主机的 IP 地址和主机的域名的关系是(　　)。

A. 两者完全是一回事　B. 一一对应

C. 一个 IP 地址对应多个域名　D. 一个域名对应多个 IP 地址

27. WWW 客户机与 WWW 服务器之间的信息传输采用(　　)协议。

A. HTTP　B. FTP　C. SMTP　D. HTML

28. 网络中的任何一台计算机必须有一个地址，而且(　　)。

A. 不同网络中的两台计算机的地址不允许重复

B. 同一个网络中的两台计算机的地址不允许重复

C. 同一个网络中的两台计算机的地址允许重复

D. 两台不在同一个城市的计算机的地址允许重复

29. 有 16 个 IP 地址，如果动态地分配它们，最多可以允许(　　)个用户以 IP 方式入网。

A. 1　B. 等于 16　C. 多于 16　D. 少于 16

30. Internet 中域名系统将域名地址分为几个级别，如一级、二级、三级和各个子级。常见的一级域名“com”代表(　　)。

A. 教育机构　B. 政府机构　C. 网络机构　D. 商业机构

31. 在电子政务技术实现中的 CA 是指(　　)。

A. 电子签名　B. 证书认证　C. 数字加密　D. 以上都不是

32. 认证中心(CA)的核心功能是(　　)。

A. 信息加密　B. 发放和管理数字证书

C. 网上交易　D. 制定和实施信息安全标准

33. 使用 Yahoo!搜索工具中，用“-”连接两个关键词，表示(　　)。

A. 两个关键词连接成一个关键词

B. 检索含第一个关键词，不含第二个关键词

C. 检索的内容同时包含这两个关键词

D. 表示减法运算

34. 防火墙的主要作用是(　　)。

A. 防止火灾在建筑物中蔓延

B. 阻止计算机病毒

C. 保护网络中的用户、数据和资源的安全

D. 提高网络运行效率

35. 目前，比较先进的电子政务网站提供基于(　　)的用户认证机制用于保障网上办事的信息安全和不可抵赖性。

A. CA 数字身份证书　B. 用户名和密码

C. 电子邮件地址　D. SSL

36. 在电子邮件中，为了验证身份和保证邮件不被更改，可以使用(　　)的方法。

A. 加密　B. 手写签名　C. 查验身份证　D. 数字签名

37. 有时使用简单搜索将造成返回大量无用的检索结果文档，为了能快速高效地搜索到我们需要的内容，需要使用(　　)来进行搜索。

A. 关键词　B. 全文检索　C. 多种查询条件的组合　D. 文件的字号

38. 信息安全技术具体包括保密性、完整性、可用性和(　　)等几方面的含义。
A. 信息加工　B. 安全立法　C. 真实性　D. 密钥管理

39. RSA 加密技术特点是(　　)。
A. 加密方和解密方使用不同的加密算法，但共享同一个密钥
B. 加密方和解密方使用相同的加密算法，但使用不同的密钥
C. 加密方和解密方不但使用相同的加密算法，而且共享同一个密钥
D. 加密方和解密方不但使用不同的加密算法，而且使用不同的密钥

40. 数字签名是数据的接收者用来证实数据的发送者身份确实无误的一种方法，目前进行数字签名最常用的技术是(　　)。
A. 秘密密钥加密技术　B. 公开密钥加密技术
C. A 和 B 两者都是　D. A 和 B 两者都不是

41. 我们通常所说的“网络黑客”，他的行为可以是(　　)。
A. 在网上发布不健康信息　B. 制造并传播病毒
C. 攻击并破坏 Web 网站　D. 收看不健康信息

42. MAC 地址通常存储在计算机的(　　)。
A. 内存　B. 网卡　C. 硬盘　D. 高速缓存区

43. FTP 是 Internet 中(　　)。
A. 发送电子邮件的软件　B. 浏览网页的工具
C. 用来传送文件的一种服务　D. 一种聊天工具

二、多选题(共 14 题，15 分)

1. 计算机网络的特点是(　　)。
A. 资源共享　B. 均衡负载，互相协作
C. 分布式处理　D. 提高计算机的可靠性

2. 网络由(　　)等组成。
A. 计算机　B. 网卡　C. 通信线路　D. 网络软件

3. 总线型拓扑结构的优点是(　　)。
A. 结构简单　B. 隔离容易　C. 可靠性高　D. 网络响应速度快

4. 星型拓扑结构的优点是(　　)。
A. 结构简单　B. 隔离容易　C. 线路利用率高　D. 主节点负担轻

5. Windows 7 连接局域网络时，需做的工作有(　　)。
A. 设置网络协议　B. 设置网络客户
C. 设置文件和打印机共享　D. 设置拨号连接

6. E-mail 的优点是(　　)。
A. 一信多发　B. 邮寄多媒体　C. 定时邮寄　D. 自动回复电子邮件

7. Internet 的接入方式有(　　)。
A. X.25 接入　B. ISDN 接入　C. 拨号接入　D. ADSL 接入

8. 信息安全技术手段包括(　　)。
A. 加密　B. 数字签名　C. 身份认证　D. 安全协议

9. ADSL 的接入类型有(　　)。

A. 专线接入　　B. 虚拟拨号接入

C. 手机接入　　D. X.25 接入

10. IE 的主要功能有(　　)。

A. 浏览 Web 网页　　B. 收集资料

C. 发送电子邮件　　D. 搜索信息

11. 下列不属于防火墙的作用的是(　　)。

A. 防止不希望的，未经授权的通信进出内部网络

B. 防止计算机病毒进入内部网络

C. 对 IP 报文进行过滤

D. 对进出内部网络的报文进行加密解密

12. 在双绞线组网方式中，(　　)是以太网的中心连接设备。

A. 集线器　　B. 网卡　　C. 中继器　　D. 交换机

13. 以下 URL 表示正确的是(　　)。

A. http://lah.abeedu.cn　　B. ftp://lab. abc. edu.cn

C. unix://lab. abc. edu.cn　　D. http://lab. abc. edu.cn

14. 下列(　　)软件是浏览软件。

A. InternelExplorer　　B. NetscapeCommunicator

C. Lotus1-2-3　　D. HotJavaBrowser

三、填空题(共 15 题，15 分)

1. 计算机网络是利用通信设备和线路将地理位置不同的、功能独立的多个计算机系统连接起来，以功能完善的网络软件实现网络的硬件、软件及(　　)的系统。

2. 在局域网中常以(　　)为中心，将所有分散的工作站与服务器连接在一起，形成星型结构的共享型局域网系统。

3. 网络适配器通常又称(　　)。

4. 最初设计互联网络时，为了便于寻址以及层次化构造网络，每个 IP 地址包括两个标识码(ID)，即网络 ID 和(　　)。

5. 计算机网络是由许多计算机按照一定的网络结构相互连接在一起组成的，这种网络结构被称为(　　)。

6. 分组交换技术将一个长的报文传输，划分为若干个定长的(　　)，每一个(　　)均含有发送方地址、接收方地址和数据。

7. (　　)中每台客户机都可以与其他客户机对话，共享彼此的信息资源和硬件资源，组网的计算机一般类型相同。

8. 域名可以通过域名管理系统(　　)翻译成对应的数字型 IP 地址。

9. Internet(互联网)，又称因特网，是网络与(　　)之间所串连成的庞大网络，这些网络以一组通用的协议相连，形成逻辑上的单一巨大国际网络。

10. 局域网覆盖范围一般在几百米到(　　)以内，局域网结构简单，易实现，数据传输可靠，误码率低。

11. ADSL 在一条线路上可同时传送互不干扰的语音信号和(　　)。

12. 允许用户从一台计算机向另一台计算机复制文件的服务叫(　　)。

13. 远程登录(　　)使用户的 PC 机成为远程主机的一个终端，从而可以以主机的强大功能进行复杂的处理。

14. 统一资源定位符(　　)，又称为网址。

15. 物联网(Internetof Things)是一个基于(　　)、(　　)等信息承载体，让所有能够被独立寻址的普通物理对象实现互联互通的网络。

四、判断题(共 14 题，15 分)

1. 分布式处理是计算机网络的特点之一。(　　)
2. 网卡是网络通信的基本硬件，计算机通过它与网络通信线路相连接。(　　)
3. 网络协议是网络设备之间互相通信的语言和规范，用来保证两台设备之间正确的数据传送。(　　)
4. WWW 中的超文本文件是用超文本标识语言写的。(　　)
5. 广域网是一种广播网。(　　)
6. 分组交换优于线路交换和报文交换。(　　)
7. 百度中文搜索是中国人创建的。(　　)
8. 搜索引擎是一个应用程序。(　　)
9. 加密解密技术是网络安全的一个非常重要的方面。(　　)
10. 数字签名是用于鉴别数字信息的方法，它起到与书写签名或印章同样的法律效用。(　　)
11. 非对称密钥密码体系也称为公开密钥密码体系，即加密解密采用两个不同的密钥。(　　)
12. 对称密钥密码体系也称为常规密钥密码体系，即加密解密采用两个不同的密钥。(　　)
13. 防火墙是指设置在不同网络(如可信任的企业内部网和不可信的公共网)或网络安全域之间的一系列部件的组合。(　　)
14. Internet 是计算机网络的网络。(　　)

第 5 章 Office 应用基础

微软公司推出的 Microsoft Office 套装软件凭借其友好的界面、方便的操作、完善的功能和易学易用等诸多优点已经成为众多使用者进行办公应用的主流工具之一。

Microsoft Office 套装软件中包含多个组件，其中最常用的基础组件有 Word、Excel 以及 PowerPoint。这些组件有着统一友好的操作界面、通用的操作方法及技巧，各个组件之间可以方便地传递、共享数据，这种统一性为人们的学习、生活、工作提供了极大的便利。

为给后面具体学习各个组件打下良好的基础，本章主要以 Microsoft Office 2010 为蓝本，介绍 Office 2010 套装组件的共用界面及其操作方法，以及主要组件 Word 2010、Excel 2010 以及 PowerPoint 2010 之间是如何共享数据的。

5.1 以任务为导向的 Office 应用界面

为了帮助人们更加方便地按照日常事务处理的流程和方式操作软件，Microsoft Office 2010 应用程序提供了一套以工作成果为导向的用户界面，让使用者可以用最高效的方式完成日常工作。全新的用户界面覆盖所有 Microsoft Office 2010 的组件，包括 Word 2010、Excel 2010 以及 PowerPoint 2010 等。

1. 功能区与选项卡

传统的菜单和工具栏已被功能区所代替。功能区是一种全新的设计，它以选项卡的方式对命令进行分组和显示。同时，功能区上的选项卡在排列方式上与用户所要完成任务的顺序相一致，并且选项卡中命令的组合方式更加直观，大大提升了应用程序的可操作性。

例如，在 Word 2010 功能区中拥有“开始”“插入”“页面布局”“引用”“邮件”和“审阅”等编辑文档的选项卡(如图 5.1 所示)。同样，在 Excel 2010 和 PowerPoint 2010 的功能区中也拥有一组类似的选项卡(如图 5.2、图 5.3 所示)。这些选项卡可引导用户开展各种工作，简化对应用程序中多种功能的使用方式，并会直接根据用户正在执行的任务来显示相关命令。

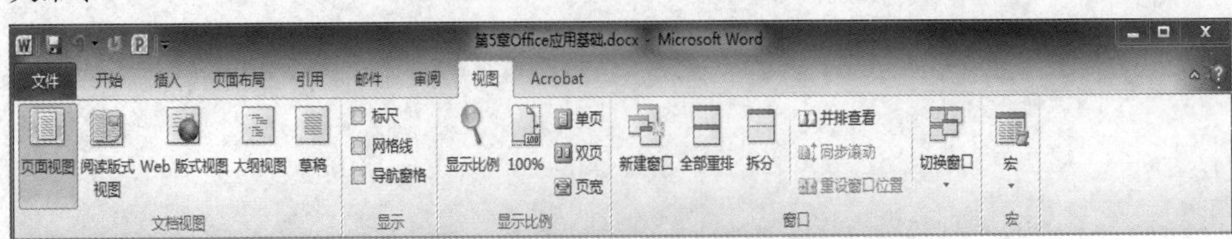

图 5.1 Word 2010 中的功能区

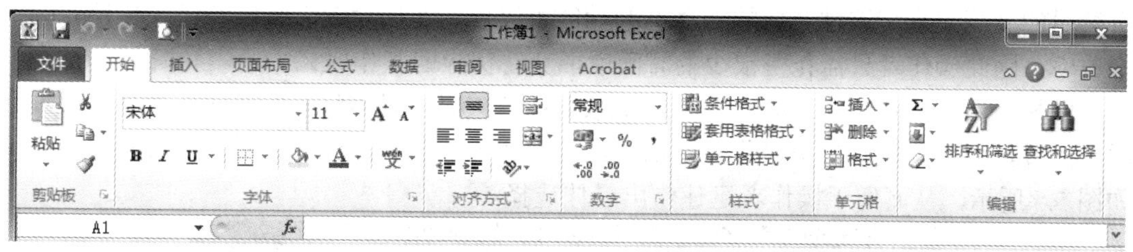

图 5.2　Excel 2010 中的功能区

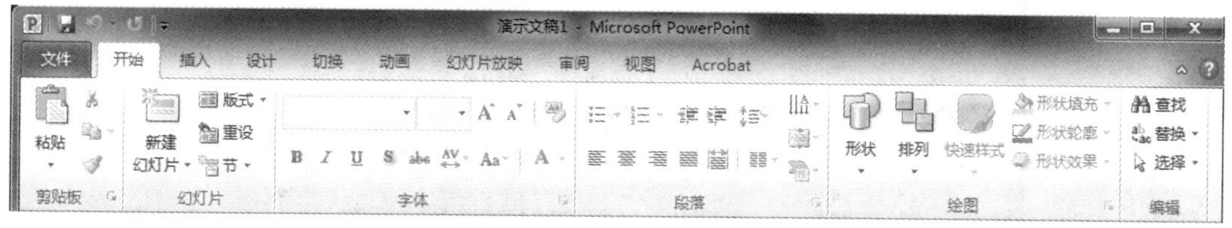

图 5.3　PowerPoint 2010 中的功能区

功能区显示的内容并不是一成不变的，Office 2010 会根据应用程序窗口的宽度自动调整功能区中显示的内容。当功能区较窄时，一些图标会相对缩小以节省空间，如果功能区进一步变窄，则某些命令分组就会只显示图标。

2. 上下文选项卡

有些选项卡只有在编辑、处理某些特定对象的时候才会在功能区中显示出来，以供使用。例如，在 Excel 2010 中，用于编辑图表的命令只有当工作表中存在图表并且操作者选中图表时才会显示出来(如图 5.4 所示)，这就是所谓的上下文选项卡。上下文选项卡仅在需要时显示，其动态性使人们能够更加轻松地根据正在进行的操作来获得和使用所需要的命令。这种工具不仅智能、灵活，而且同时也保证了用户界面的整洁性。

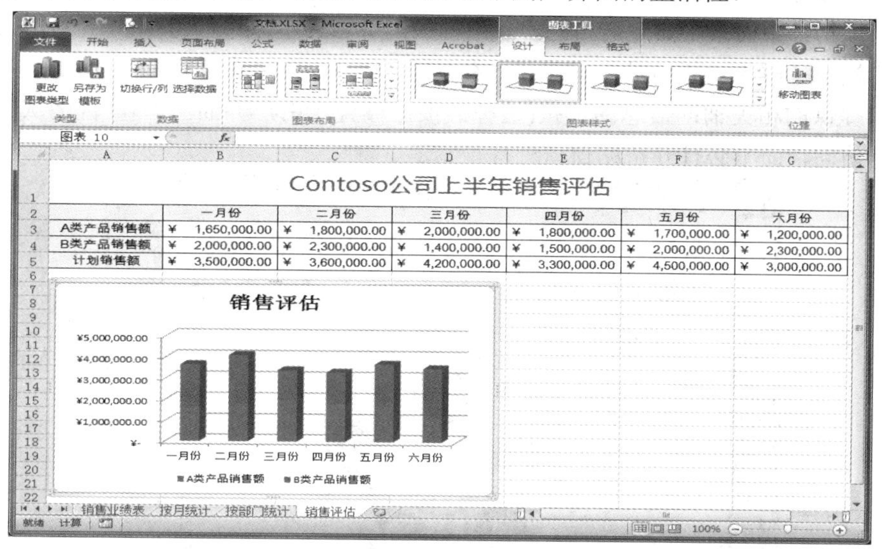

	一月份	二月份	三月份	四月份	五月份	六月份
A类产品销售额	¥ 1,650,000.00	¥ 1,800,000.00	¥ 2,000,000.00	¥ 1,800,000.00	¥ 1,700,000.00	¥ 1,200,000.00
B类产品销售额	¥ 2,000,000.00	¥ 2,300,000.00	¥ 1,400,000.00	¥ 1,500,000.00	¥ 2,000,000.00	¥ 2,300,000.00
计划销售额	¥ 3,500,000.00	¥ 3,600,000.00	¥ 4,200,000.00	¥ 3,300,000.00	¥ 4,500,000.00	¥ 3,000,000.00

图 5.4　上下文选项卡

3. 实时预览

如果将鼠标指针移动到相关的选项，实时预览功能就会将指针所指的选项应用到当前

所编辑的文档中来。这种全新的、动态的功能可以提高布局设置、编辑和格式化操作的执行效率，因此操作者只需花费很少的时间就能获得优异的工作成果。

例如，当人们希望在 Word 文档中更改表格样式时，只需将鼠标在各个表格样式集选项上滑过，而无须执行单击操作进行确认，即可实时预览到该样式集对当前表格的影响，如图 5.5 所示，从而便于操作者迅速作出最佳选择。

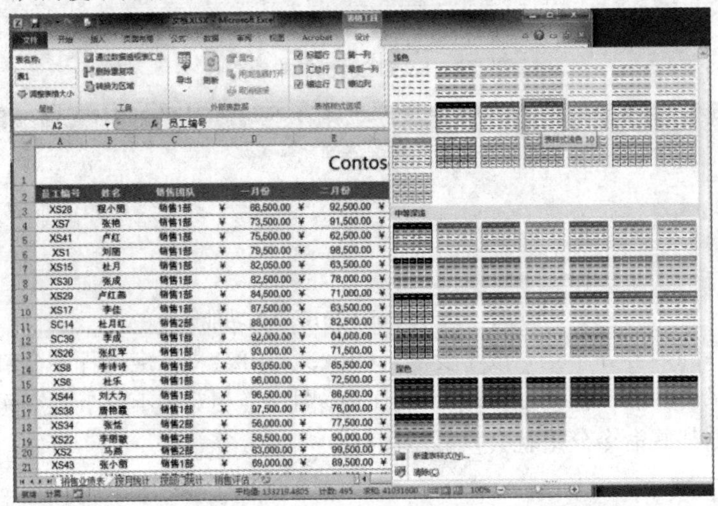

图 5.5 实时预览功能

4. 增强的屏幕提示

全新的用户界面在很大程度上提升了访问命令和工具相关信息的效率。同时， Office 2010 还提供了比以往版本显示面积更大、容纳信息更多的屏幕提示。这些屏幕提示还可以直接从某个命令的显示位置快速访问其相关帮助信息。

当将鼠指针指向某个命令时，就会弹出相应的屏幕提示(如图 5.6 所示)，它所提供的信息对于想快速了解该功能的操作者往往已经足够。如果想要获取更加详细的信息，可以用该功能所提供的相关辅助信息的链接(这种链接已被置入用户界面当中)，直接从当前命令对其进行访问，而不必打开帮助窗口进行搜索了。

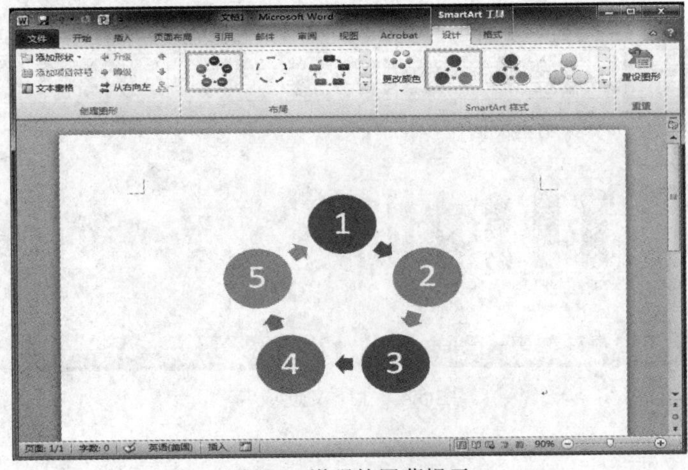

图 5.6 增强的屏幕提示

5. 快速访问工具栏

有些功能命令使用得相当频繁，例如保存、撤消等命令。此时人们就希望无论目前处于哪个选项卡下都能够方便地执行这些命令，这就是快速访问工具栏存在的意义。快速访问工具栏位于 Office 2010 各应用程序标题栏的左侧，默认状态只包含了保存、撤消、恢复等三个基本的常用命令。操作者可以根据自己的需要把一些常用命令添加到其中，以方便使用。

例如，如果经常需要将 Word 文档转换为 PowerPoint 演示文稿，则可以在 Word 2010 快速访问工具栏中添加所需的命令，操作步骤如下：

① 单击 Word 2010 快速访问工具栏右侧的黑色三角箭头，在弹出的菜单中包含了一些常用命令(如图 5.7 所示)。如果希望添加的命令恰好位于其中，选择相应的命令即可；否则应选择“其他命令”选项，将打开相应对话框。

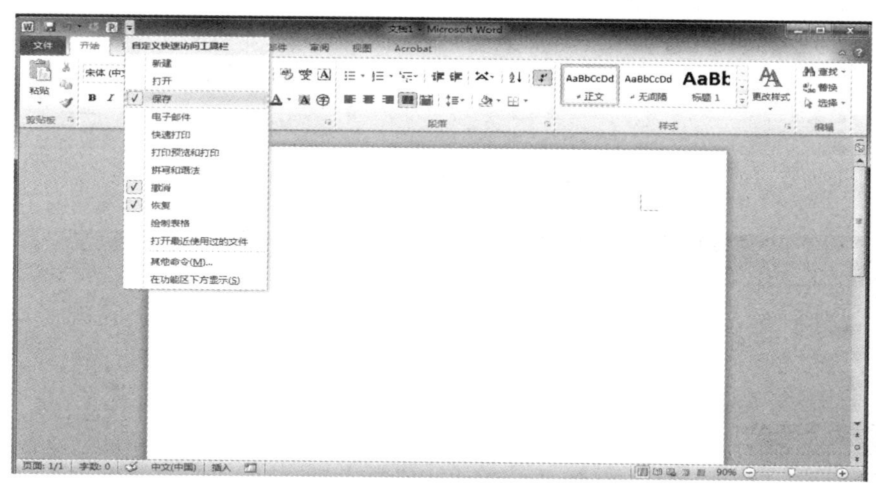

图 5.7　自定义快速访问工具栏

② 这里选择“其他命令”，打开“Word 选项”对话框，并自动定位在“快速访问工具栏”选项组中。在中间的命令列表中选择所需要的命令，例如选择“不在功能区中的命令”位置下的“发送到到 Microsoft PowerPoint”命令，然后单击“添加”按钮，将其添加到右侧的“自定义快速访问工具栏”命令列表中，如图 5.8 所示。设置完成后单击“确定”按钮。此时，在 Word 应用程序的快速访问工具栏中即可出现所选定的命令按钮。

6. 后台视图

如果说 Microsoft Office 2010 功功能区中包含了用于在文档中工作的命令集，那么 Microsoft Office 后台视图则是用于对文档或应用程序执行操作的命令集。在 Office 2010 应用程序中单击“文件”选项卡，即可查看 Office 后台视图。在后台视图中可以管理文档和有关文档的相关数据，例如创建、保存和发送文档；检查文档中是否包含隐藏的元数据或个人信息；文档安全控制选项；应用程序自定义选项，等等。后台视图如图 5.9 所示。

在后台视图中，单击左侧列表中的“选项”命令，即可打开相应组件的选项对话框。在该对话框中能够对当前应用程序的工作环境进行定制，如设定窗口的配色方案、设置显示对象、指定文件自动保存的位置、自定义功能区及快速访问工具栏以及其他高级设置。

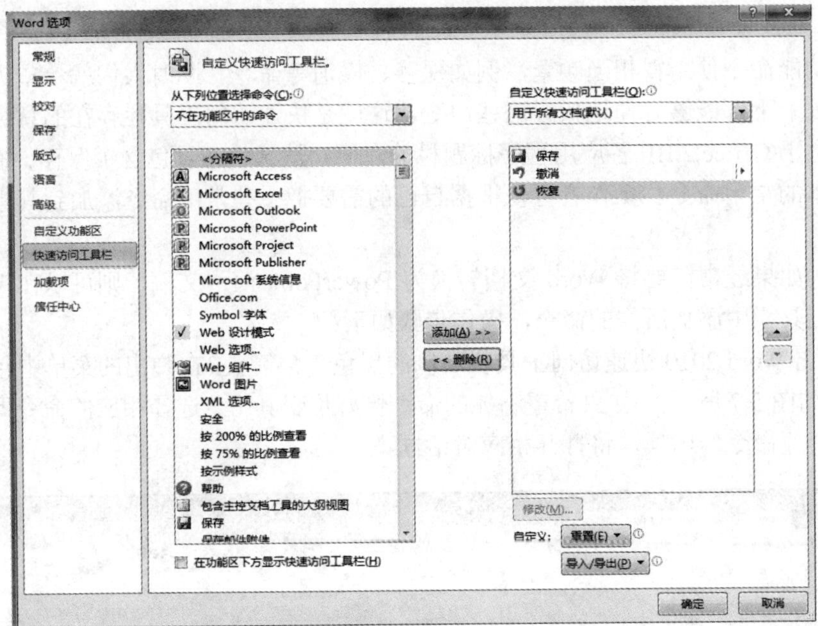

图 5.8 选择出现在快速访问工具栏中的命令

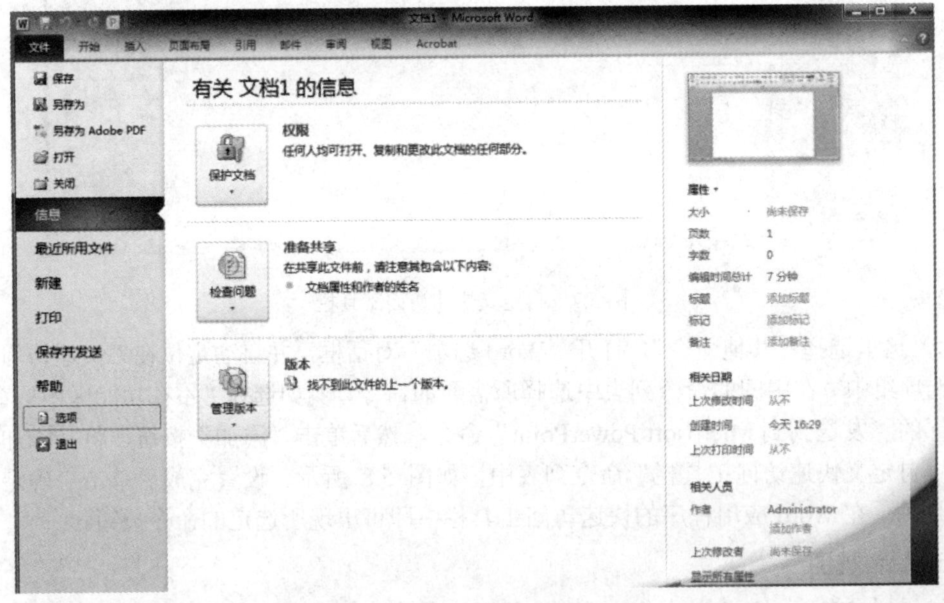

图 5.9 后台视图

7. 自定义 Office 功能区

Office 2010 根据多数使用者的操作习惯来确定功能区中选项卡以及命令的分布，然而这可能依然不能满足各种不同的使用需求。因此，人们可以根据自己的使用习惯自定义 Office 2010 应用程序的功能区。在 Word 中自定义功能区的操作步骤如下：

① 在功能区空白处单击鼠标右键，从弹出的快捷菜单中选择执行“自定义功能区”命令，如图 5.10 所示。

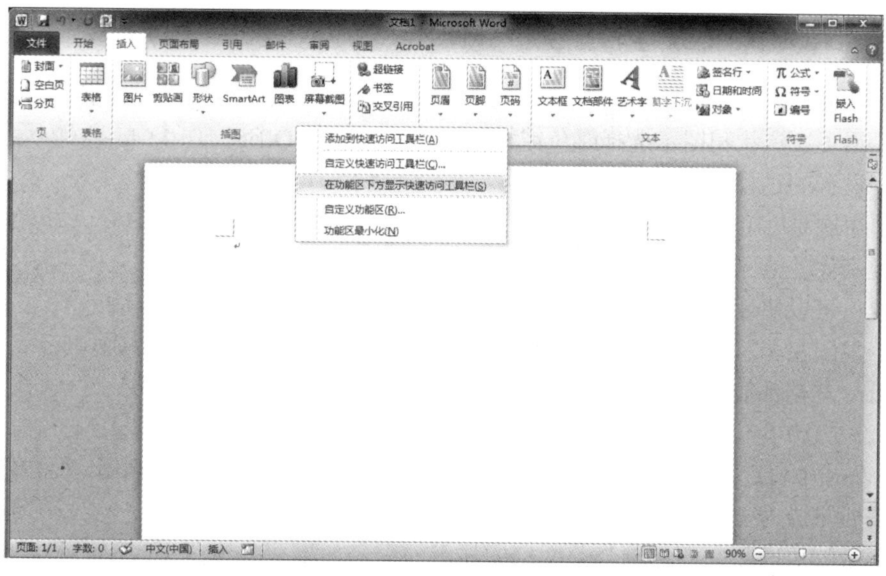

图 5.10　“自定义功能区”命令

② 随后进入到“Word 选项”对话框，并自动定位在“自定义功能区”选项组中。此时就可以在该对话框右侧区域中单击“新建选项卡”或“新建组”按钮，创建所需要的选项卡或命令组，然后将相关的命令添加到其中即可；还可以通过“重命名”按钮修改新建选项卡的名称，类似图 5.11 所示。设置完成后单击“确定”按钮。

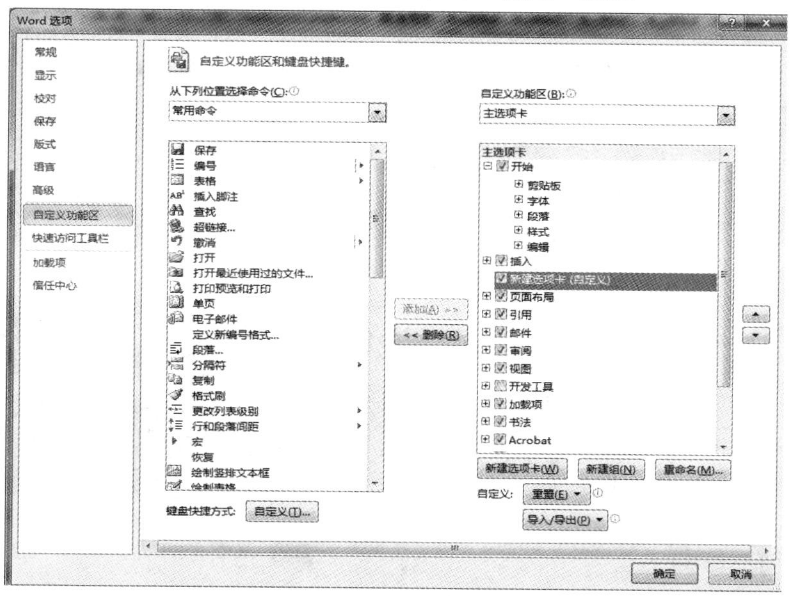

图 5.11　自定义功能区

5.2　Office 组件之间的数据共享

作为一个套装软件，Office 各个组件之间可以通过各种途径很好地实现数据传输与共享。

5.2.1　Office 主题共享

以往，要设置协调一致、美观专业的 Office 文档格式很费时间，因为操作者必须分别为表格、图表、形状和图示选择颜色或样式等选项，而在 Office 2010 中，主题功能简化了这一系列设置的过程。

文档主题是一套具有统一设计元素的格式选项，包括一组主题颜色(配色方案的集合)、一组主题字体(包括标题字体和正文字体)和一组主题效果(包括线条和填充效果)。通过应用文当主题，可以快速而轻松地设置整个文档的格式，赋予它专业和时尚的外观。

文档主题在 Word、Excel、PowerPoint 应用程序之间共享，这样可以确保应用了相同主题的 Office 文档都能保持高度统一的外观。

Office 2010 提供多套默认的主题可供选用，也可以根据需要自定义主题。在一个程序组件如 Word 中自定义的主题可以在其他程序(如 Excel、PowerPoint)中调用。要自定义文档主题，需要完成对主题颜色、主题字体以及主题效果的设置工作。对一个或多个这样的主题组件所做的更改将立即影响当前文档的显示外观。如果要将这些更改应用到新文档中，则可以将它们另存为自定义文档主题。

在 Word 和 Excel 中，可以通过“页面布局”选项卡上的“主题”组套用或者自定义主题，在 PowerPoint 中则可以通过“设计”选项卡上的“主题”组应用主题，如图 5.12 所示。

图 5.12　在不同的 Office 程序中应用相同的文档主题

5.2.2　Office 数据共享

Word、Excel 和 PowerPoint 三者在处理文档时各有各的长处。Word 便于对文字进行编辑处理，Excel 长于对数据进行计算、统计与分析，而 PowerPoint 则更擅长对信息进行展示和传播。为了高效地创建和处理综合文档，Office 提供了多种方法，以方便在各个程序组件之间传递和共享数据。例如，在 Excel 中创建的表格可以轻松用于 Word 文档或 PowerPoint 演示文稿中，而在 Word 中编辑完成的文本可以快速发送到 PowerPoint 中形成幻灯片文本。

1．基本方法

Word、Excel 和 PowerPoint 三者之间传递和共享数据最通用的方法是通过剪贴板和插入对象方法进行操作。下面以在 Word、PowerPoint 中调用 Excel 表格为例简要介绍这两种方法。

1) 剪贴板方法

(1) 在 Excel 中选择要复制的数据区域，在“开始”选项卡上的“剪贴板”组中单击“复制”按钮。

(2) 打开 Word 文档或 PowerPoint 演示文稿，将光标定位到要插入 Excel 表格的位置。

(3) 在“开始”选项卡上的“剪贴板”组中，单击“粘贴”按钮下方的黑色箭头，从如图 5.13(a)所示的“粘贴选项”下拉列表中选择一种粘贴方式。其中，选择“选择性粘贴”命令，将会打开如图 5.13(b)所示的“选择性粘贴”对话框，单击选中“粘贴链接”选项，将会使得插入的内容与源数据同步更新。

(a) 选择性粘贴方式

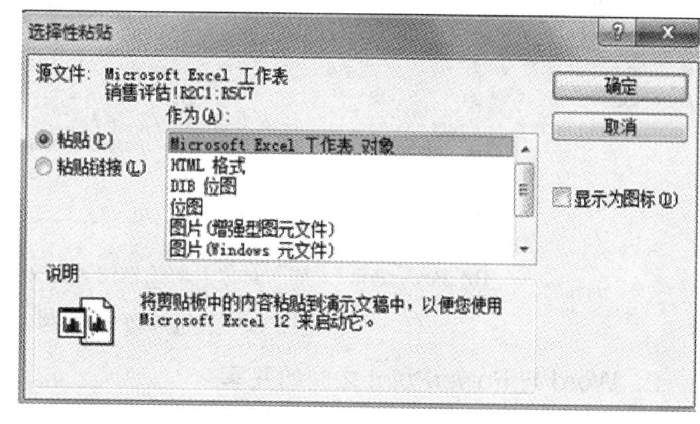

(b) “选择性粘贴”对话框

图 5.13　通过剪贴板在 Word、Excel 和 PowerPoint 之间传递数据

2) 插入对象方法

(1) 打开 Word 文档或 PowerPoint 演示文稿，将光标定位到要插入 Excel 表格的位置。

(2) 从“插入”选项卡上的“文本”组中，单击“对象”按钮，打开“插入对象”对话框。要想插入一个空白工作表，可在类似图 5.14(a)所示的“新建”选项卡下单击选择 Mcrosoft Excel 工作表；要想插入一个现有文档，可在类似图 5.14(b)所示的“由文件创建”

选项卡下选择一个文件。

(3) 在插入的表格中双击鼠标，进入编辑状态，可以像在 Excel 中那样输入数据、对表格进行编辑修改。修改完毕后，在表格区域外单击即可返回 Word 文档或 PowerPoint 演示文稿中。

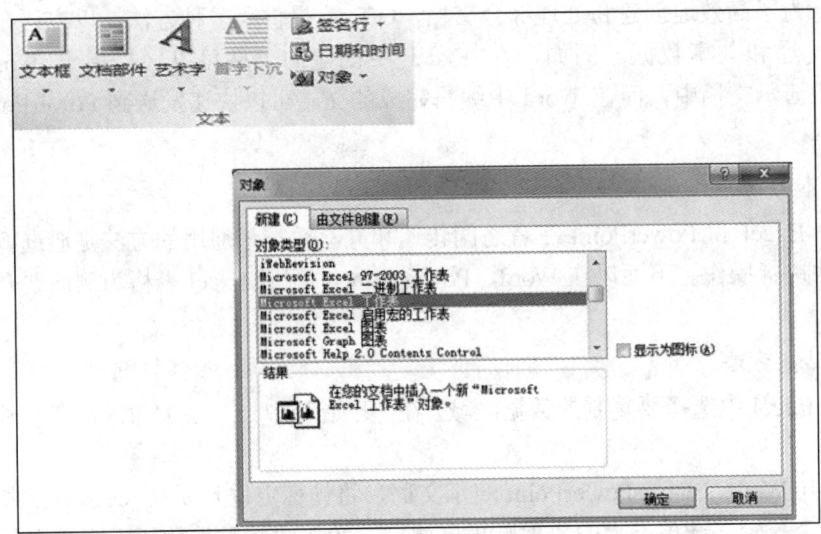

(a) Word 中“对象”对话框的“新建”选项卡

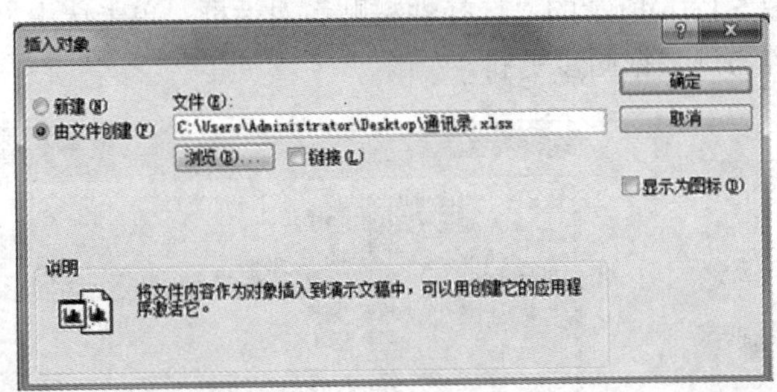

(b) PowerPoint“插入对象”对话框的“由文件创建”选项卡

图 5.14　通过对象传递数据

2. Word 与 PowerPoint 之间的共享

Office 还为 Word 与 PowerPoint 之间传递和共享数据提供更专有的方式。

1) 将 Word 文档发送到 PowerPoint 中

在 Word 中可以方便、高效地编辑处理一些长文档，如论文、演讲稿、书籍等，有时候需要将 Word 生成的文档进行压缩、精简然后制作成简短的演示文稿，以便讲课及展示。

Word 的内置样式与 PowerPoint 演示文稿中的文本存在着对应关系，一般情况下，样式标题 1 对应幻灯片中的标题，标题 2 对应幻灯片中第一级文本，标题 3 对应幻灯片中第二级文本，依此类推。利用这一对应关系，即可快速制作演示文稿。具体方法如下：

① 首先在 Word 中编辑好文档，为需要发送到 PowerPoint 演示文稿中的内容使用内置

的标题样式。

② 依次选择“文件”选项卡→“选项”→“快速访问工具栏”→“不在功能区中的命令”→“发送到 Microsoft PowerPoint”命令→“添加”按钮，相应命令显示在“快速访问工具栏”中。

③ 单击“快速访问工具栏”中新增加的“发送到 Microsoft PowerPoint”按钮，Word 即可将应用了内置样式的文本自动发送到新创建的PowerPoint演示文稿中，如图 5.15 所示。

注意这种方式只能发送文本，不能发送图表图像。而且当 Word 文档比较长时，生成演示文稿的时间也比较长。

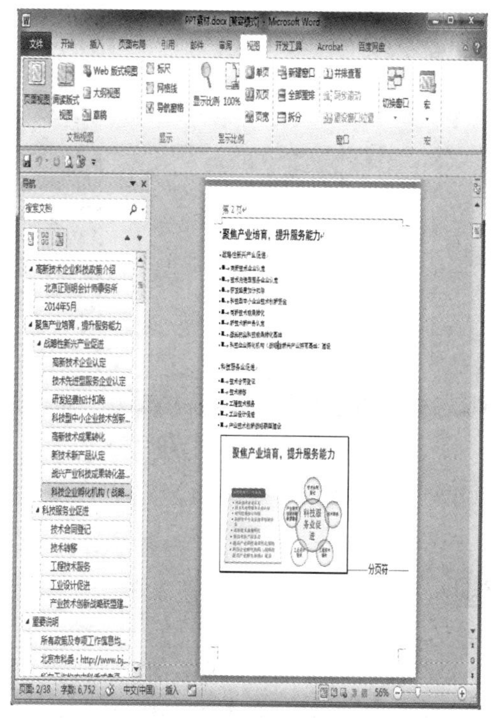

(a) 在 Word 中编辑文本并应用样式

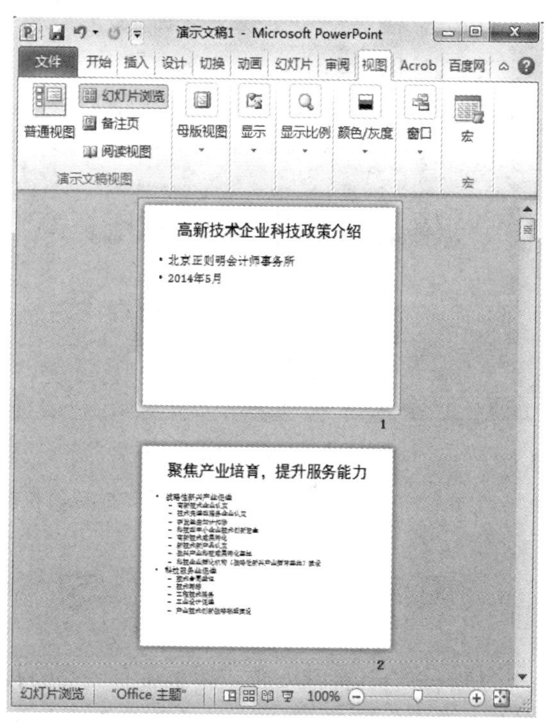

(b) 发送到 PowerPoint 中形成的幻灯片

图 5.15　将 Word 文档发送到 PowerPoint 中

2) 使用 Word 为幻灯片创建讲义

在 PowerPoint 中制作完成的幻灯片可以在 Word 中生成讲义并打印，具体方法如下：

① 首先在 PowerPoint 中制作包含若干张幻灯片的演示文稿。

② 依次选择“文件”选项卡→“选项”→“快速访问工具栏”→“不在功能区中的命令”→“使用 Microsoft Word 创建讲义”命令→“添加”按钮，相应命令显示在“快速访问工具栏”中。

③ 单击“快速访问工具栏”中新增加的“使用 Microsoft Word 创建讲义”按钮，打开如图 5.16(a)所示的对话框。

④ 选择讲义版式后，单击“确定”按钮，幻灯片被按固定版式从 PowerPoint 中发送至 Word 文档中，如图 5.16(b)所示。

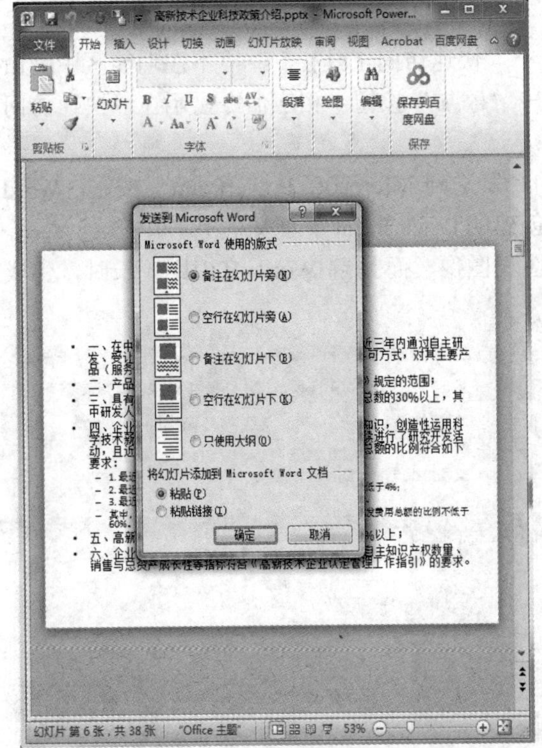

(a) 在 PowerPoint 中指定格式

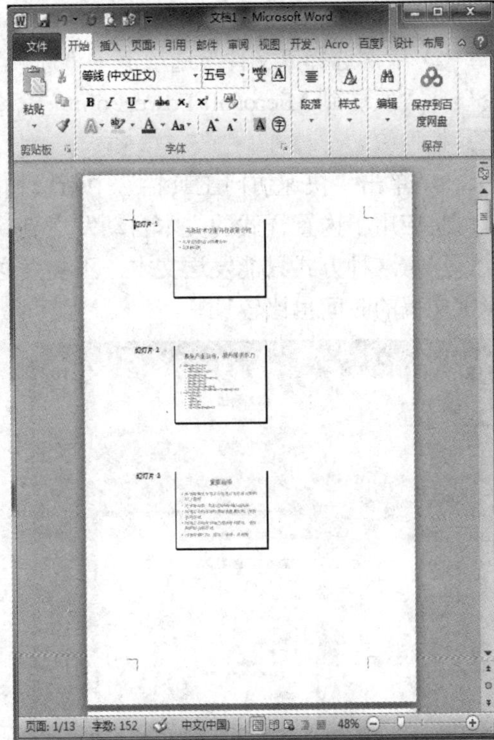

(b) 发送到 Word 中形成的讲义

图 5.16　在 Word 文档中创建幻灯片讲义

习　题

培训部会计师魏女士正在准备有关高新技术企业科技政策的培训课件，相关资料存放在 Word 文档“PPT 素材.docx”中。按下列要求帮助魏女士完成 PPT 课件的整合制作：

在演示文稿中插入 38 张幻灯片，该演示文稿需要包含 Word 文档“PPT 素材.docx”中的所有内容，每 1 张幻灯片对应 Word 文档中的 1 页，其中 Word 文档中应用了“标题 1”“标题 2”“标题 3”样式的文本内容分别对应演示文稿中的每页幻灯片的标题文字、第一级文本内容、第二级文本内容，并以“文档.pptx”文件名保存在原路径下。

第 6 章　Word 应用

通过文字处理软件创建、编辑复杂的电子文档已经成为人们当前学习和工作必备的技能之一。Word 是一款目前比较流行、应用广泛的文字处理软件，它由微软开发，属于 Microsoft Office 套装办公软件中主要组件之一。本书以 Word 2010 为蓝本，本章主要学习以下 Word 重要功能及应用：

- 创建并编辑文档
- 通过格式化操作及图文表混排美化文档
- 编辑与管理长文档
- 修订与共享文档
- 使用邮件合并技术批量处理文档

6.1　创建并编辑文档

Word 提供了许多易于使用的文档创建工具，同时也提供了丰富的图、表功能供创建复杂的文档使用，使文档更具有吸引力。

6.1.1　快速创建文档

在 Word 中，通常可以选用以下方式之一快速新建一个新文档：

- 创建空白的新文档
- 利用模板快速创建新文档

1. 创建空白的新文档

在 Word 中，可以通过启动程序、选项卡菜单、快速访问工具栏、快捷键等多种途径创建空白文档。

1) 通过启动程序创建

(1) 单击 Windows 任务栏中的“开始”按钮，选择“所有程序”命令。

(2) 在展开的程序列表中，依次选择“Microsoft Office→Microsoft Office Word 2010”命令，启动 Word 2010 应用程序。

(3) Word 将自动创建一个基于 Normal 模板的空白文档，此时就可以直接在该文档中输入并编辑内容。

2) 通过选项卡菜单创建

如果先前已经启动了 Word 程序，在编辑文档的过程中，还需要创建一个新的空白文

档，可以通过“文件”选项卡的后台视图来实现，其操作步骤如下：

(1) 单击“文件”选项卡，在打开的后台视图中执行“新建”命令。

(2) 在“可用模板”选项区中选择“空白文档”选项，如图 6.1 所示。

(3) 单击左下角的“创建”按钮，即可创建一个空白文档。

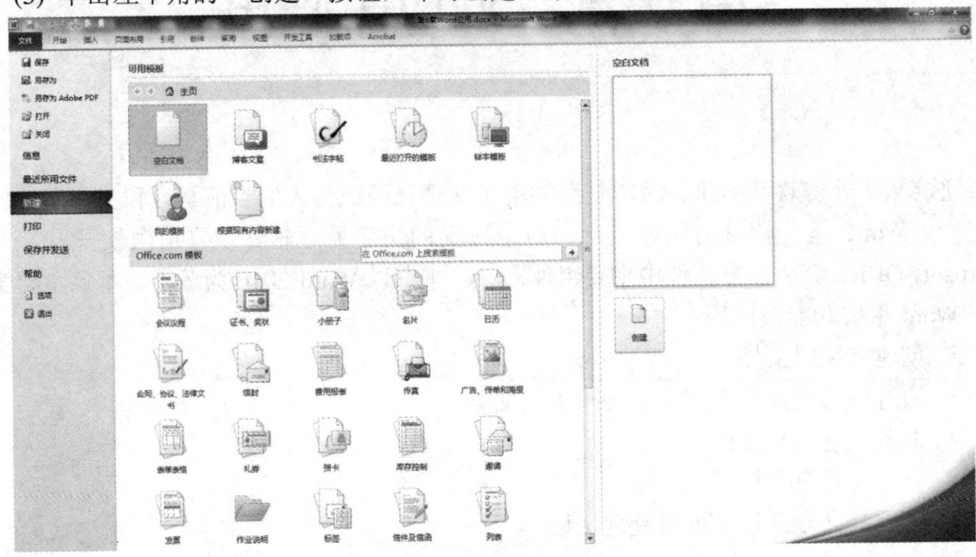

图 6.1　创建空白文档

3) 通过快速访问工具栏创建

首先将“新建”命令添加到快速访问工具栏中，然后单击“新建”按钮，如图 6.2 所示。

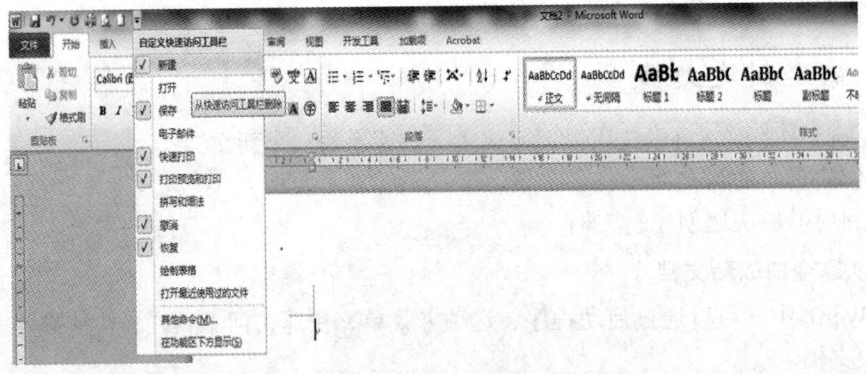

图 6.2　从快速访问工具栏中创建文档

4) 通过快捷键创建

按下快捷组合键 Ctrl+N，即可快速创建一个空白文档。

2. 利用模板快速创建新文档

使用模板可以快速创建出外观精美、格式专业的文档，Word 提供了多种模板以满足不同的具体需求。对于不熟悉 Word 的初级使用者而言，模板的使用能够有效减轻工作的负担。并且 Office 2010 已将 Microsoft Office Online 上的模板嵌入到了应用程序中，这样在新建文档时就可快速浏览并选择合适的在线模板使用。利用模板快速创建新文档的操作步骤

如下：

(1) 单击“文件”选项卡，在打开的后台视图中执行“新建”命令。

(2) 在“可用模板”选项区中单击“样本模板”选项，即可打开在计算机中已经安装的 Word 模板类型，从中选择需要的模板后，窗口右侧将显示利用本模板创建的文档外观，如图 6.3 所示。

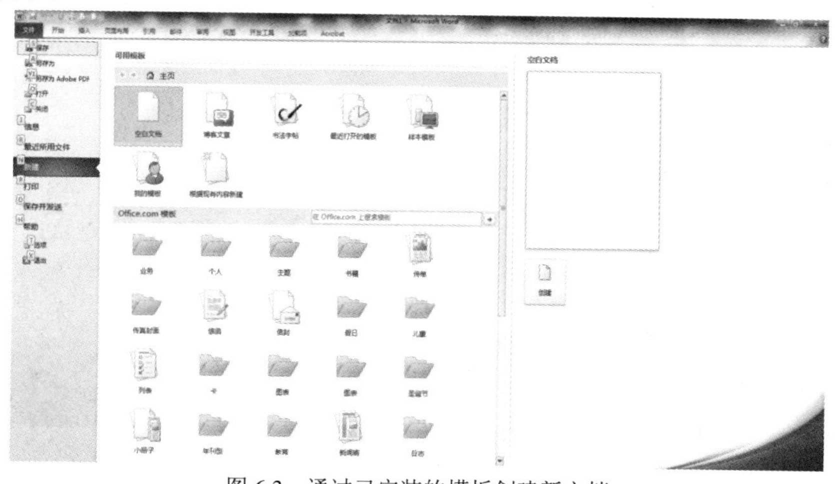

图 6.3　通过已安装的模板创建新文档

(3) 单击“创建”按钮，即可快速创建出一个带有格式和基本内容的文档。

(4) 在模板内容的基础上进行编辑和修改，并进行保存，即可完成文档的创建。

如果本机上已安装的模板不能满足用户的需求，用户还可以到微软网站的模板库中挑选所需的模板。在 Microsoft Office Online 上可以浏览并下载近 40 个分类、上万个文档模板。通过使用 Office Online 上的模板，可以节省创建标准化文档的时间，有助于提高处理 Office 文档的职业水准。

如果计算机已经连接到因特网上，则在打开“新建”文档的后台视图时，即可浏览并搜索 Office Online 上的模板类型，如图 6.4 所示。

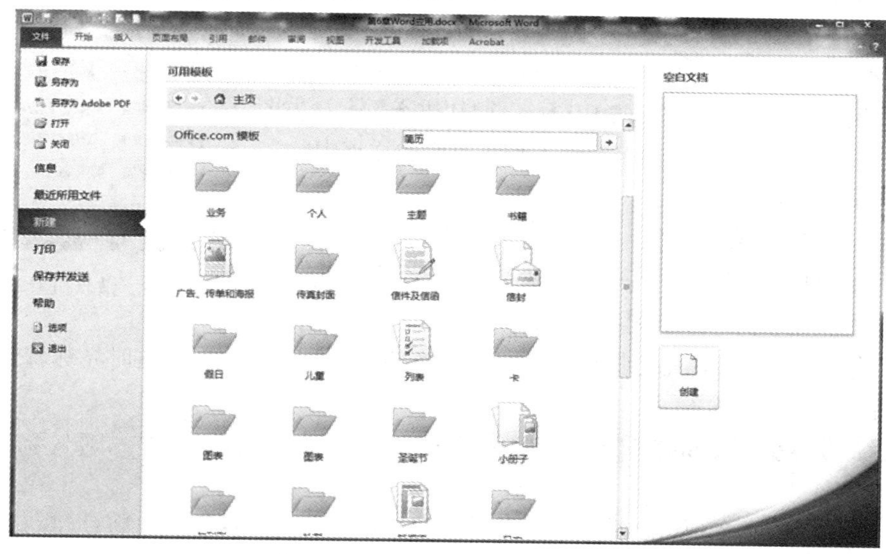

图 6.4　搜索 Office.com 上的模板

浏览并选中需要的文档模板后，在后台视图的右侧将出现本文档的预览效果，如图 6.5 所示。单击“下载”按钮就可以将其下载到本地计算机，并可利用该模板创建一个新的文档。

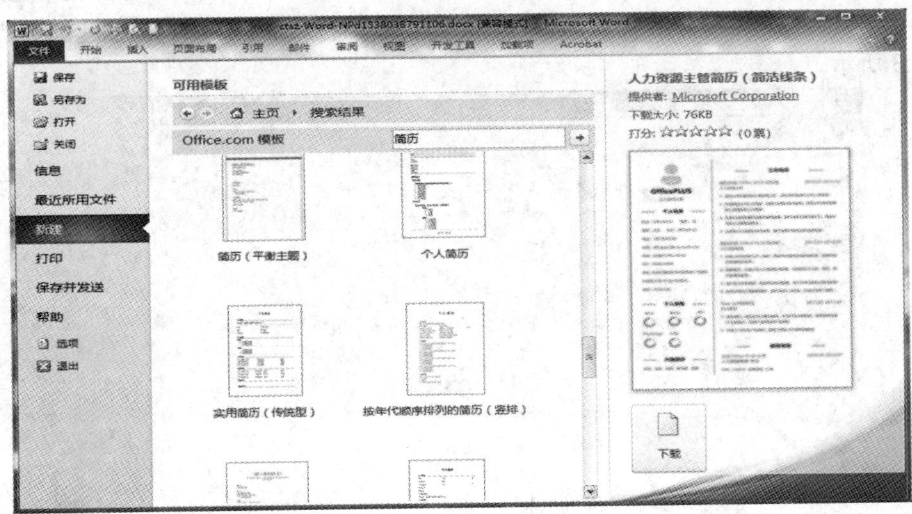

图 6.5　下载文档模板并创建新文档

6.1.2　输入并编辑文本

输入文本并对输入的文本进行基本编辑操作，是在 Word 中进行文字处理的基础工作。

1. 输入文本

创建了新文档后，在文本编辑区域中将会出现一个闪烁的光标，它表明了目前文档的输入位置，由此开始即可输入文档内容。

1) 输入普通文字

只要安装了语言支持的功能，就可以在文档中输入各种语言的文本。在 Word 程序中输入文本时，不同内容的文本输入方法会有所不同，普通文本(例如汉字、英文、阿拉伯数字等)通过键盘就可以直接输入。

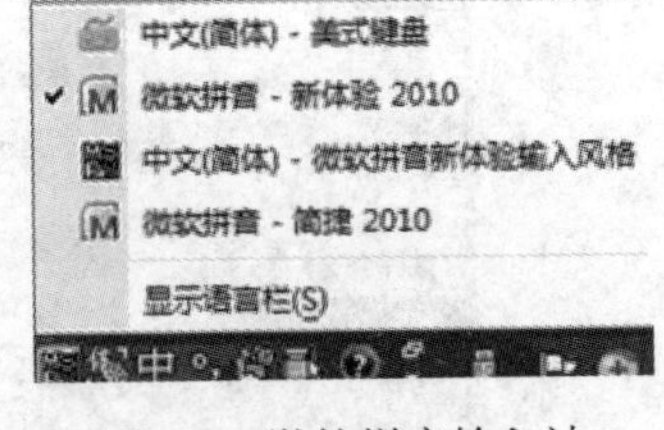

图 6.6　微软拼音输入法

在安装了 Microsoft Office 2010 后，“微软拼音”输入法将会被自动安装，使用“微软拼音”输入法可以完成文档中的文本输入，操作步骤如下：

(1) 单击 Windows 任务栏中的“输入法指示器”，在弹出的快捷菜单中执行“微软拼音—新体验 2010”命令，此时输入法处于中文输入状态，如图 6.6 所示。

(2) 输入文本之前，先将鼠标指针移至文本插入点，单击一下，这时光标就会在插入点处闪烁，即可开始输入。

提示： 按键盘上的 Shift 键可以在“微软拼音”输入法的中文状态和英文状态之间进行切换。

(3) 当输入的文本到达文档编辑区边界，而本段输入又未结束时，将会自动换行。若要另起一段，只需按键盘上的 Enter 键，这时段尾会显示一个“*”符号，称为硬回车符，又称段落标记，它能够使文本强制换行而开始一个新的段落。

2) 输入特殊符号

除了正常文字外，在输入文档的过程中经常需要输入一些特殊符号，如中文标点、数学运算符、货币符号、带括号的数字等。有些输入法已将某些常用符号(如常用中文标点、人民币符号等)定义在键盘的按键上，但大多数特殊符号仍需要采用下列方法输入。

首先定位光标，然后在“插入”选项卡下的“符号”组中单击“符号”按钮，从打开的下拉列表中选择“其他符号”命令，打开如图 6.7 所示的“符号”对话框，从中选择所需的符号，最后单击“插入”按钮。

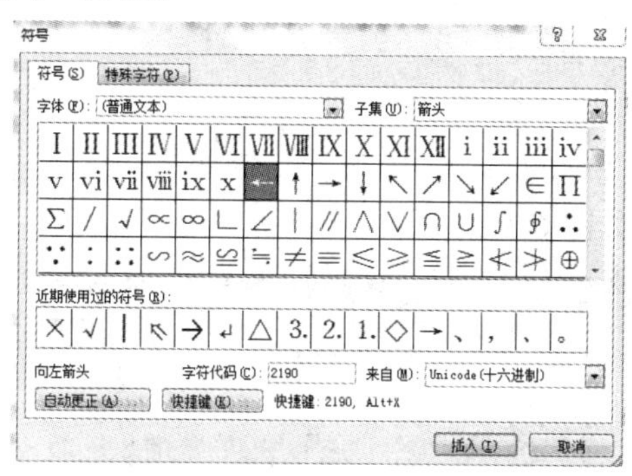

图 6.7　在文档中输入特殊符号

2. 选择文本

对文本内容进行格式设置和更多操作之前，需要先选择文本。熟练掌握文本选择的方法，将有助于提高工作效率。

1) 拖动鼠标选择文本

这种方法是最常用，也是最基本、最灵活的方法。用户只需将鼠标指针停留在所要选定的内容的开始部分，然后按住鼠标左键拖动鼠标，直到所要选定文档部分的结尾处，即所有需要选定的文档内容都已成高亮状态，松开鼠标即可，如图 6.8 所示。

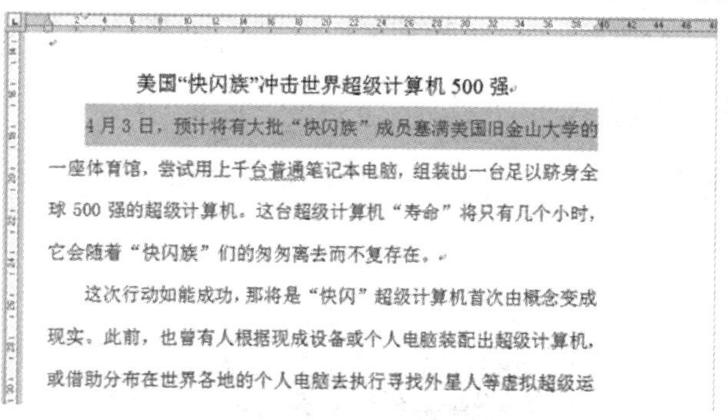

图 6.8　拖动鼠标选择文本

提示　选择文本时，默认情况下将会显示一个方便、微型、半透明的工具栏，它被称为浮动工具栏。将指针悬停在浮动工具栏上时，该工具栏就会变清晰。它可以帮助用户迅速地使用字体、字号、对齐方式、文本颜色、缩进级别和项目符号等功能，如图 6.9 所示。通过“文件”选项卡下“选项”→“常规”窗口可以设置浮动工具栏的显示与否。

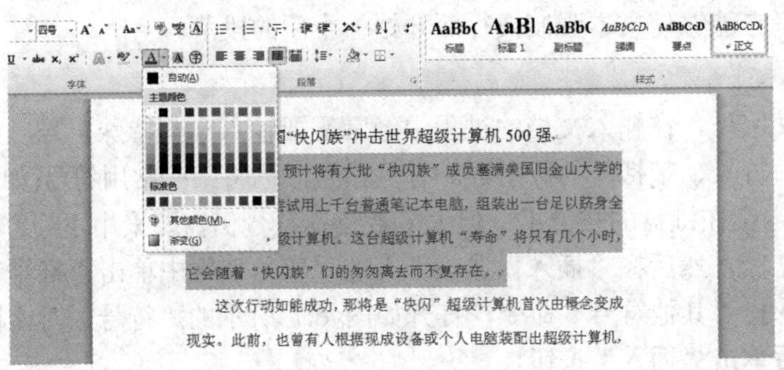

图 6.9　浮动工具栏

2) 选择一行文本

将鼠标指针移动到要选行的左侧，当鼠标指针变为一个指向右边的箭头时，单击鼠标左键，即可选中这一行，如图 6.10 所示。

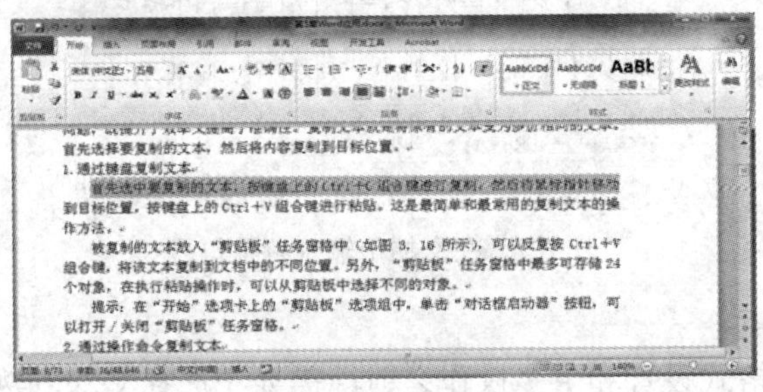

图 6.10　选择一行文本

3) 选择一个段落的文本

将鼠标指针移动到该段落的左侧，当鼠标指针变成一个指向右边的箭头时，双击鼠标左键即可选定该段落。另外，还可以将鼠标指针放置在该段中的任意位置，然后连续单击三次鼠标左键，同样也可选定该段落，如图 6.11 所示。

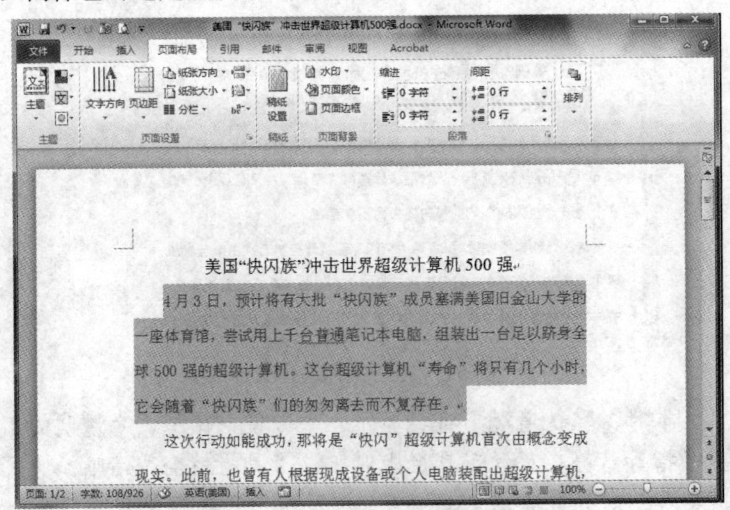

图 6.11　选择一个段落文本

4) 选择不相邻的多段文本

按照上述任意方法选择一段文本后，按住键盘上的 Ctrl 键，再选择另外一处或多处文本，即可将不相邻的多段文本同时选中，如图 6.12 所示。

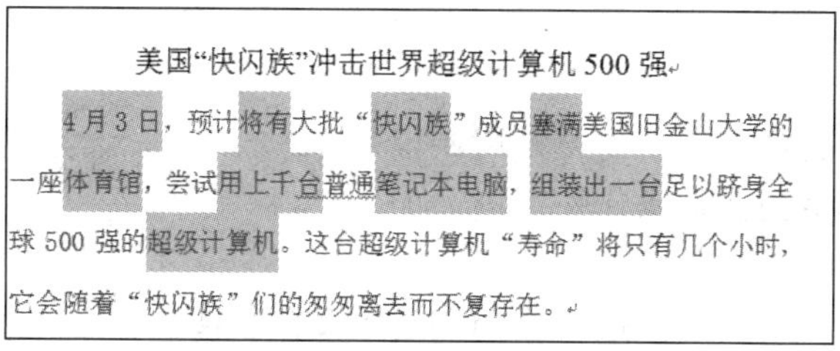

美国“快闪族”冲击世界超级计算机 500 强

4 月 3 日，预计将有大批“快闪族”成员塞满美国旧金山大学的一座体育馆，尝试用上千台普通笔记本电脑，组装出一台足以跻身全球 500 强的超级计算机。这台超级计算机“寿命”将只有几个小时，它会随着“快闪族”们的匆匆离去而不复存在。

图 6.12　选择不相邻的多段文本

5) 选择垂直文本

必要时还可以选择一块垂直的文本(表格单元格中的内容除外)。首先，按住键盘上的 Alt 键，将鼠标指针移动到要选择文本的开始字符处，按下鼠标左键，然后拖动鼠标，直到要选择文本的结尾处，松开鼠标和 Alt 键。此时，一块垂直文本就被选中了，如图 6.13 所示。

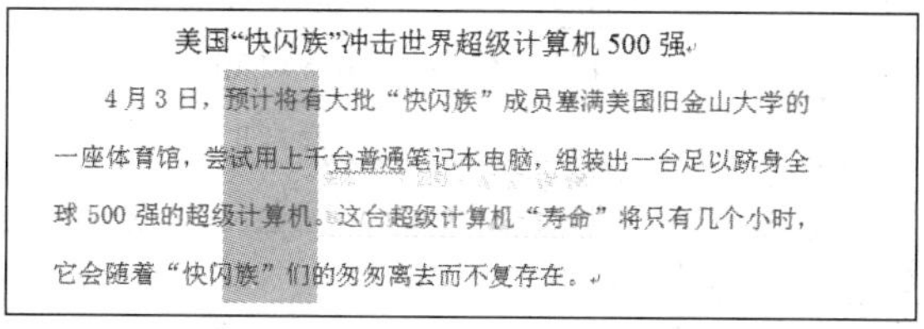

美国“快闪族”冲击世界超级计算机 500 强

4 月 3 日，预计将有大批“快闪族”成员塞满美国旧金山大学的一座体育馆，尝试用上千台普通笔记本电脑，组装出一台足以跻身全球 500 强的超级计算机。这台超级计算机“寿命”将只有几个小时，它会随着“快闪族”们的匆匆离去而不复存在。

图 6.13　选择垂直文本

6) 选择整篇文档

将鼠标指针移动到文档正文的左侧，当鼠标指针变成一个指向右边的箭头时，连续单击三次鼠标左键，即可选定整篇文档，如图 6.14 所示。

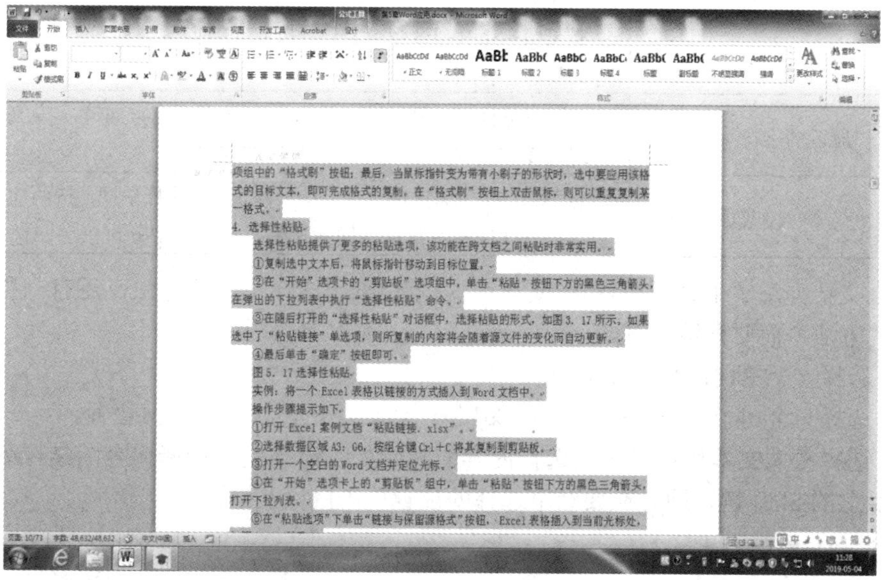

图 6.14　选择整篇文档

提示　在“开始”选项卡的“编辑”选项组中，单击“选择”按钮，在弹出的下拉列表中执行“全选”命令(如图 6.15 所示)，也可以选择整篇文档。

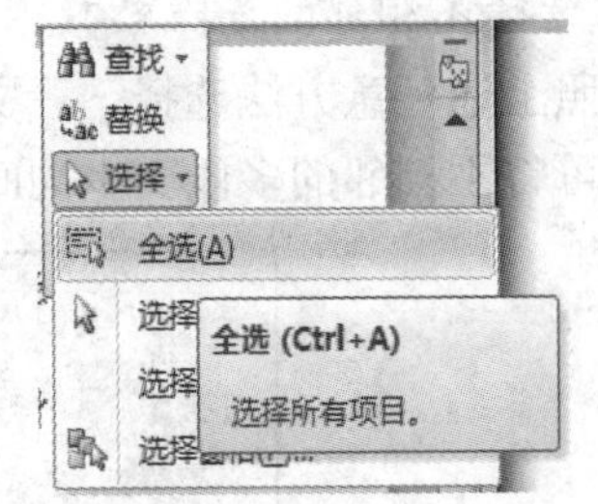

图 6.15　通过执行命令选择整篇文档

7) 使用键盘选择文本

虽然通过键盘来选择文本不是很常用，但是也有必要知道一些常用的文本操作快捷键，如表 6.1 所示。

表 6.1　常用的文本操作快捷键

选　择	操　作
右侧的一个字符	按 Shift+向右方向键
左侧的一个字符	按 Shift+向左方向键
一个单词(从开头到结尾)	将插入点放在单词开头，再按 Ctrl+Shift+向右方向键
一个单词(从结尾到开头)	将插入点移动到单词结尾，再按 Ctrl+Shift+向左方向键
一行(从开头到结尾)	按 Home 键，然后按 Shift+End 组合键
一行(从结尾到开头)	按 End 键，然后按 Shift+Home 组合键
下一行	按 End 键，然后按 Shift+向下方向键
上一行	按 Home 键，然后按 Shift+向上方向键
一段(从开头到结尾)	将指针移动到段落开头，再按 Ctrl+Shift+向下方向键
一段(从结尾到开头)	将指针移动到段落结尾，再按 Ctrl+Shift+向上方向键
一个文档(从结尾到开头)	将指针移动到文档结尾，再按 Ctrl+Shift+Home 组合键
一个文档(从开头到结尾)	将指针移动到文档开头，再按 Ctrl+Shift+End 组合键
从窗口的开头到结尾	将指针移动到窗户开头，再按 Alt+Ctrl+Shift+Pagedown 组合键
整篇文档	按 Ctrl+A 组合键
垂直文本块	按 Ctrl+Shift+F8 组合键，再按向左方向键或向右方向键；按 Esc 可关闭选择模式
最近的字符	按 F8 键打开选择模式，再按左方向键或右方向键；按 Esc 可以关闭选择模式
单词、句子、段落或文档	按 F8 键打开选择模式，再按一次 F8 键选择单词，按两次选择句子，按三次选择段落，按四次选择文档；按 Esc 可以关闭选择模式

以上主要介绍了七种利用鼠标(或与键盘按键结合)选择文本的方法，还有一些其他选择文本的方法，简要介绍如下。

(1) 选择一个单词：双击该单词。

(2) 选择一个句子：按住键盘上的 Ctrl 键，然后单击该句中的任何位置。

(3) 选择较大文本块：单击要选择内容的起始处，滚动到要选择内容的结尾处，然后按住键盘上的 Shift 键，同时在要结束选择的位置单击鼠标左键。

3. 复制与粘贴文本

在编辑文档的过程中，往往会应用许多相同的内容。如果一次次地重复输入将会浪费大量的时间，同时还有可能在输入的过程中出现错误。使用复制功能可以很好地解决这一问题，既提升了效率又提高了准确性。复制文本就是将原有的文本变为多份相同的文本。首先选择要复制的文本，然后将内容复制到目标位置。

1) 通过键盘复制文本

首先选中要复制的文本，按键盘上的 Ctrl+C 组合键进行复制，然后将鼠标指针移动到目标位置，按键盘上的 Ctrl+V 组合键进行粘贴，这是最简单和最常用的复制文本的操作方法。

被复制的文本放入“剪贴板”任务窗格中(如图 6.16 所示)，可以反复按 Ctrl+V 组合键，将该文本复制到文档中的不同位置。另外，“剪贴板”任务窗格中最多可存储 24 个对象，在执行粘贴操作时，可以从剪贴板中选择不同的对象。

提示　在“开始”选项卡上的“剪贴板”选项组中，单击“对话框启动器”按钮，可以打开/关闭“剪贴板”任务窗格。

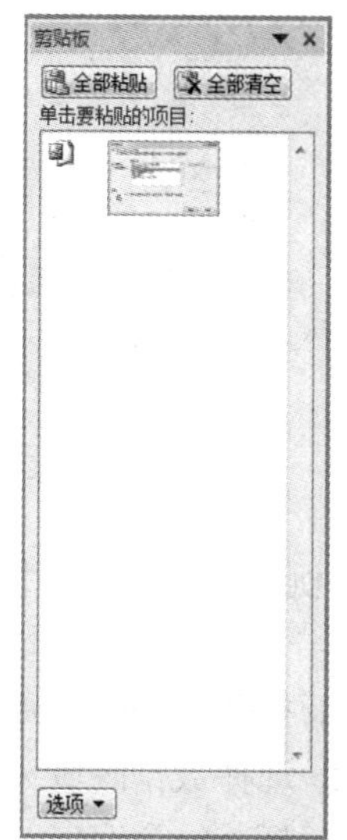

图 6.16　“剪贴板”任务窗格

2) 通过操作命令复制文本

可以在 Word 2010 的功能区中以执行命令的方式轻松复制文本，操作步骤如下：

(1) 在 Word 文档中，选中要复制的文本。

(2) 在 Word 2010 功能区的“开始”选项卡中，单击“剪贴板”选项组中的“复制”按钮。

(3) 将鼠标指针移动到目标位置。

(4) 在“开始”选项卡的“剪贴板”选项组中，单击“粘贴”按钮，打开“粘贴选项”，选择某一格式进行粘贴，如单击“只保留文本”按钮，则进行不带格式的复制。此时，在步骤(1)中选中的文本就被复制到了指定的目标位置。

3) 格式复制

格式复制就是将某一文本的字体、字号、段落设置等重新应用到另一目标文本。

首先，选中已经设置好格式的文本；然后，在“开始”选项卡下，单击“剪贴板”选项组中的“格式刷”按钮；最后，当鼠标指针变为带有小刷子的形状时，选中要应用该格式的目标文本，即可完成格式的复制。在“格式刷”按钮上双击鼠标，则可以重复复制某一格式。

4) 选择性粘贴

选择性粘贴提供了更多的粘贴选项，该功能在跨文档之间粘贴时非常实用。

(1) 复制选中文本后，将鼠标指针移动到目标位置；

(2) 在“开始”选项卡的“剪贴板”选项组中，单击“粘贴”按钮下方的黑色三角箭头，在弹出的下拉列表中执行“选择性粘贴”命令；

(3) 在随后打开的“选择性粘贴”对话框中，选择粘贴的形式，如图 6.17 所示，如果选中了“粘贴链接”选项，则所复制的内容将会随着源文件的变化而自动更新；

(4) 最后单击“确定”按钮即可。

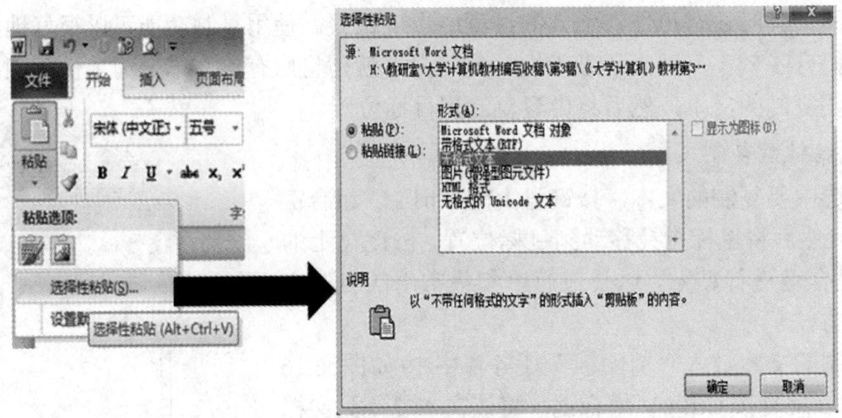

图 6.17 选择性粘贴

【例 6-1】 将一个 Excel 表格以链接的方式插入到 Word 文档中。

将一个 Excel 表格以链接的方式插入到 Word 文档中的操作步骤提示如下：

(1) 打开 Excel 案例文档“粘贴链接．xlsx”；

(2) 选择数据区域 A3:G6，按组合键 Ctrl+C 将其复制到剪贴板；

(3) 打开一个空白的 Word 文档并定位光标；

(4) 在“开始”选项卡上的“剪贴板”组中，单击“粘贴”按钮下方的黑色三角箭头，打开下拉列表；

(5) 在“粘贴选项”下单击“链接与保留源格式”按钮，该 Excel 表格即插入到当前光标处，如图 6.18 所示；

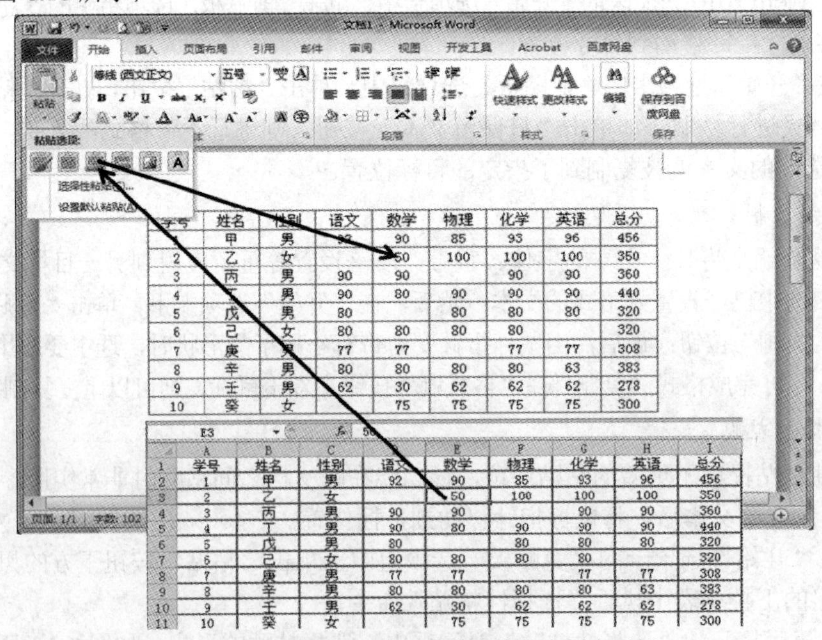

图 6.18 通过链接方式粘贴的表格将会同步更新

(6) 到 Excel 案例文档窗口，将单元格 E3 中的数学成绩改为“50”；

(7) 切换回 Word 文档窗口，查看一下通过链接方式插入的 Excel 表格中相关内容是否同步更改。

4. 删除与移动文本

Word 2010 可以采用多种方法删除文本。针对不同的删除内容，可采用不同的删除方法。

如果在输入过程中删除单个文字，最简便的方法是使用键盘上的 Delete 键或者是 Backspace 键。这两个键的使用方法是不同的：键盘上的 Delete 键将会删除光标右边的内容，而 Backspace 键将会删除光标左边的内容。

对于大段文本的删除，可以先选中所要删除的文本，然后再按 Delete 键即可。

在编辑文档的过程中，如果发现某段已输入的文字放在其他位置会更合适，这时就需要移动文本。移动文本最简便的方法就是用鼠标拖动，操作步骤如下：

(1) 选择要移动的文本；

(2) 将鼠标指针放在被选定的文本上，当鼠标指针变成了一个空心箭头时，按住鼠标左键，鼠标箭头的旁边会有竖线，该竖线显示了文本移动后的位置，同时鼠标箭头的尾部会有一个小方框，拖动竖线到新的需要插入文本的位置；

(3) 释放鼠标左键，被选取的文本就会移动到新的位置。

6.1.3 查找与替换文本

在编辑文档的过程中，可能会发现某个词语输入错误或使用不够妥当。这时，如果在整篇文档中通过拖动滚动条，人工逐行搜索该词语，然后手工逐个地改正过来，则将是一件极其浪费时间和精力的事，而且也不能确保万无一失。

Word 2010 为此提供了强大的查找和替换功能，可以帮助使用者从烦琐的人工修改中解脱出来，从而实现高效率的工作。

1. 查找文本

查找文本功能可以帮助人们快速找到指定的文本以及这个文本所在的位置，同时也能帮助核对该文本是否存在。查找文本的操作步骤如下：

(1) 在“开始”选项卡上，单击“编辑”选项组中的“查找”按钮，将会打开“导航”任务窗格；

(2) 在“导航”任务窗格的“搜索文档”区域中输入要查找的文本，如图 6.19 所示，此时在文档中查找到的第一个文本便会以黄色突出显示出来；

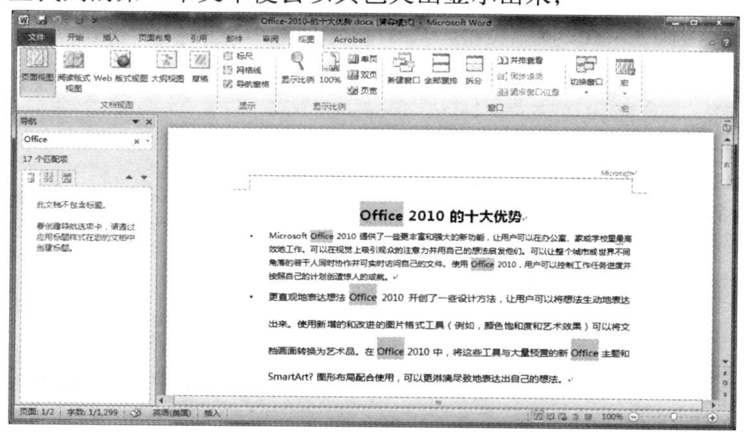

图 6.19 在“导航”任务窗格中查找文本

(3) 单击“上一处”或“下一处”三角形搜索箭头，即可搜索位于其他位置的同一文本。

2. 在文档中定位

除了查找文本中的关键字词外，还可以通过查找特殊对象来在文档中定位，具体步骤如下：

(1) 在“开始”选项卡上的“编辑”选项组中，单击“查找”按钮旁边的黑色三角箭头；

(2) 从下拉列表中选择“转到”命令，打开“查找和替换”对话框的“定位”选项卡，如图 6.20 所示；

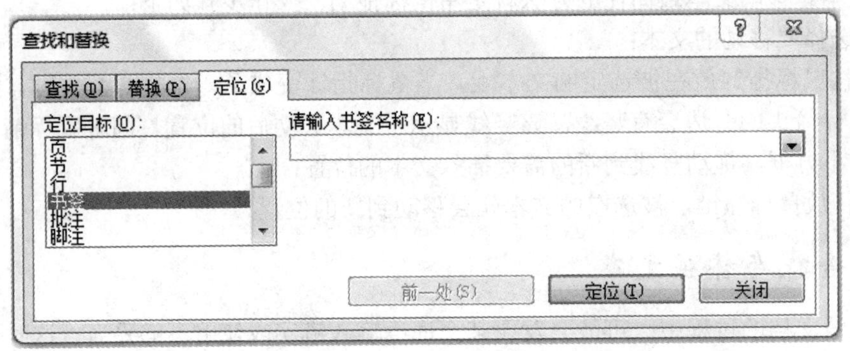

图 6.20　“查找和替换”对话框的“定位”选项卡

(3) 在“定位目标”列表框中选择用于定位的对象；

(4) 在右边的文本框中输入或选择定位对象的具体内容，如页码、书签名称等。

提示　通过单击“插入”选项卡→“链接”组→“书签”按钮，可以在文档中插入用于定位的书签，这在审阅长文档时非常有用。

3. 替换文本

使用“查找”功能，可以迅速找到特定文本或格式的位置，而若要将查找到的目标进行替换，就要使用“替换”命令。

1) 简单替换

简单替换文本的操作步骤如下：

(1) 在 Word 2010 功能区的“开始”选项卡中，单击“编辑”组中的“替换”按钮，打开如图 6.21 所示的“查找和替换”对话框。

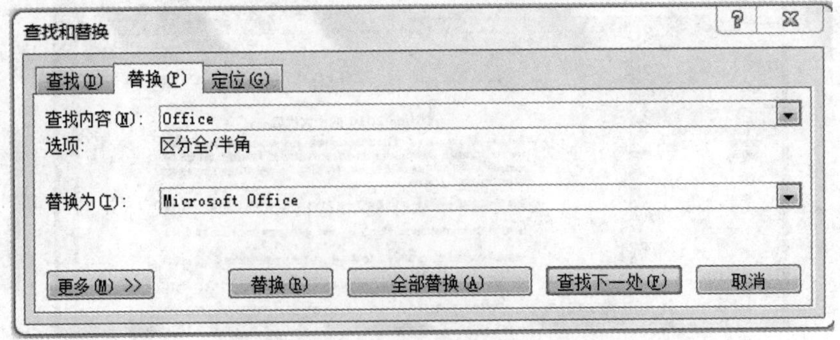

图 6.21　“查找和替换”对话框

(2) 在“替换”选项卡中的“查找内容”文本框中输入需要查找的文本，在“替换为”文本框中输入替换后的文本。

(3) 连续单击“替换”按钮，进行逐个查找并替换。如果无须替换，则可直接单击“查找下处”按钮。如果确定需要全文替换，则可直接单击“全部替换”按钮。

(4) 替换完毕，会弹出一个提示性对话框，说明已完成对文档的搜索和替换工作，单击“确定”按钮，文档中的文本替换工作自动完成。

2) 高级替换

此外，还可以在图 6.21 所示的“查找和替换”对话框中单击左下角的 更多(M) >> 按钮(此时 更多(M) >> 按钮变为 << 更少(L) 按钮)，打开如图 6.22 所示的对话框，进行高级查找和替换设置。

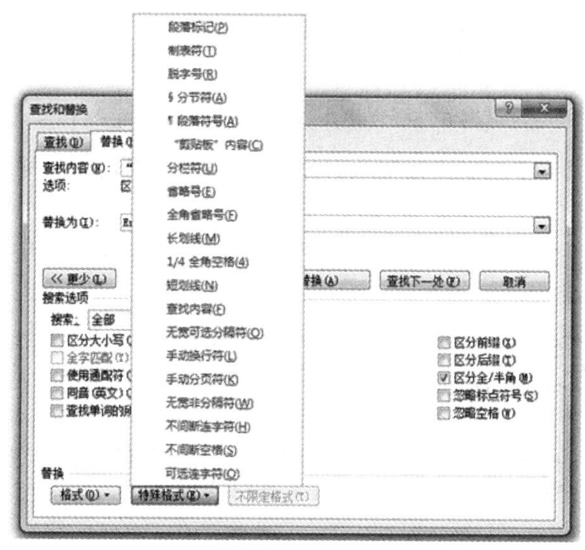

图 6.22 高级查找和替换设置

通过高级查找和替换设置，可以进行格式替换、特殊字符替换、使用通配符替换等操作。例如，可以设定仅替换某一颜色、某一样式、替换段落标记(即回车符，以~P 表示)等。高级替换功能使得文本的查找和替换更加方便和灵活，实用性更强。

【例 6-2】 通过替换功能删除文中的空行。

案例文档“特殊替换案例素材.docx”来自互联网，文中有许多空行需要删除。利用替换功能可以快速达到目的。操作步骤提示如下：

(1) 打开文档“特殊替换案例素材.docx”。

(2) 在“开始”选项卡上的“编辑”组中单击“替换”按钮，打开“查找和替换”对话框。

(3) 单击左下角的“更多>>”按钮，展开对话框。

(4) 在“查找内容”文本框中单击定位光标，单击“特殊格式”按钮，从打开的列表中选择“段落标记”命令，连续选择两次该命令，用于查找两个连续的回车符，如图 6.23 所示。

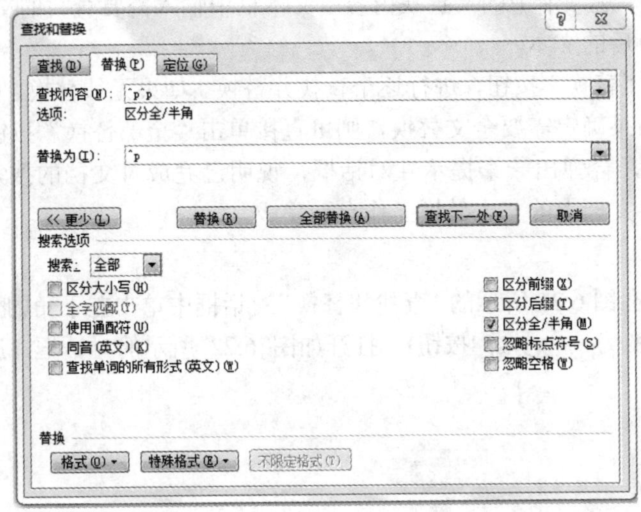

图 6.23 查找并替换文中的段落标记

(5) 在“替换为”文本框中直接输入“^p^p”(“^p”代表段落标记)，表示将两个连续的回车符替换为一个。

(6) 单击“查找下一个”按钮，文档中两个连续的回车符被选中，单击“替换”按钮替换为一个。

(7) 确定替换结果正确后，直接单击“全部替换”按钮，即可将文中所有的空行删除。

6.1.4 保存与打印文档

完成对一个文档的新建并输入相应的内容之后，往往需要随时对文档进行保存，以保留工作成果，必要时还可以将其打印出来以供阅读与传递。

1. 保存文档

保存文档不仅指的是在一份文档编辑结束时才将其保存，同时也指在编辑的过程中进行保存。因为文档的信息随着编辑工作的不断进行，也在不断地发生改变，必须时刻让 Word 有效地记录这些变化。

1) 手动保存新文档

在文档的编辑过程中，应及时对其进行保存，以避免由于一些意外情况导致文档内容丢失。手动保存文档的操作步骤如下：

(1) 在 Word 2010 应用程序中，单击“文件”选项卡，在打开的 Office 后台视图中执行“保存”命令，打开“另存为”对话框。

(2) 选择文档所要保存的位置，在“文件名”文本框中输入文档的名称，如图 6.24 所示。

提示 单击快速访问工具栏中的“保存”按钮，或者按 Ctrl + S 组合键也可以打开“另存为”对话框，保存新文档。已经保存过的文档只需选择“保存”命令或者单击“保存”按钮即可直接完成保存，选择“另存为”命令则可以将已保存过的文档换一个名称或格式保存。

(3) 单击“保存”按钮，即可完成新文档的保存工作。

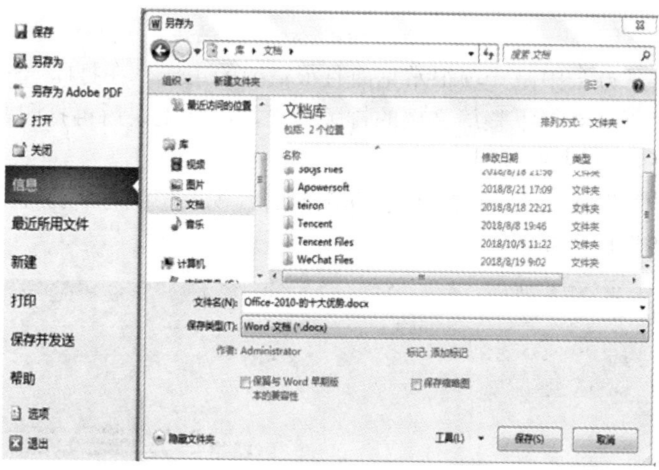

图 6.24　保存文档

在“另存为”对话框中，从“保存类型”下拉列表中可以重新指定文档的保存类型，如可以另存为文本文档、低版本的 Word 文档、PDF 格式文档等，以方便数据交换。

2) 自动保存文档

“自动保存”是指 Word 会在一定时间内自动保存一次文档。这样的设置可以有效地防止用户在进行了大量工作之后，因没有保存而又发生意外(停电、死机等)而导致的文档内容大量丢失。虽然这样操作仍有可能因为一些意外情况而引起文档内容丢失，但损失可以降到最小。

设置文档自动保存的操作步骤如下：

(1) 单击“文件”选项卡，在打开的 Office 后台视图中执行“选项”命令。

(2) 打开“Word 选项”对话框，切换到“保存”选项卡。

(3) 在“保存文档”选项区域中，选中“保存自动恢复信息时间间隔”复选框，并指定具体分钟数(可输入从 1 到 120 的整数)，默认自动保存时间间隔是 10 分钟，如图 6.25 所示。

(4) 最后单击“确定”按钮，至此，自动保存文档设置完毕。

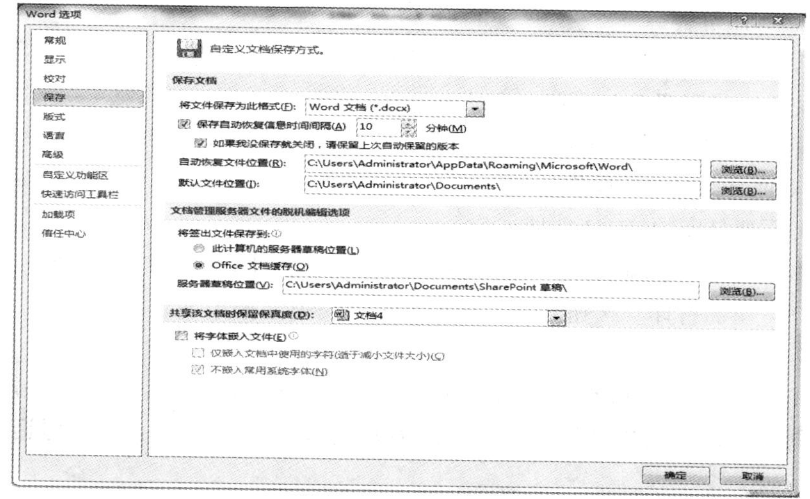

图 6.25　设置文档自动保存选项

2. 打印文档

打印文档在日常办公中是一项很常见而且很重要的工作。在打印 Word 文档之前，可以通过打印预览功能查看一下整篇文档的排版效果，确认无误后再打印文档。编辑完成之后，可以通过如下操作步骤完成打印。

(1) 单击“文件”选项卡，在打开的 Office 后台视图中执行“打印”命令，打开如图 6.26 所示的“打印”后台视图。

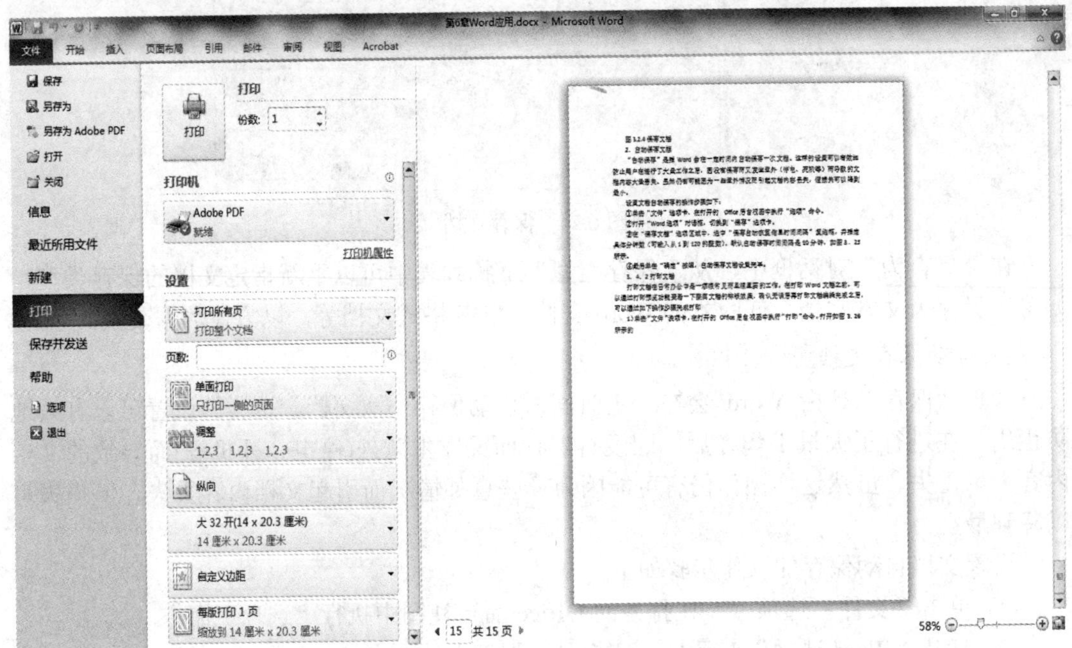

图 6.26　打印文档后台视图

(2) 在该打印视图的右侧可以即时预览文档的打印效果。同时，可以在打印设置区域中对打印机或打印页面进行相关调整，例如页边距、纸张大小、打印份数、指定单面或双面打印、每版打印页数等。

(3) 设置完成后，单击“打印”按钮，即可将文档打印完成。

【例 6-3】　实现手动双面打印文档。

当打印机不支持双面打印时，需要设置手动双面打印。双面打印可以节省纸张、便于阅读。手动双面打印操作步骤提示如下：

(1) 打开需要打印的 Word 文档。

(2) 单击“文件”选项卡，在打开的 Office 后台视图中选择“打印”命令。

(3) 单击“单面打印”按钮，从打开的下拉列表中选择“手动双面打印”命令，如图 6.27 所示。

(4) 单击“打印”按钮开始打印第一面。当奇数页面打印完毕后，系统提示重新放纸。

(5) 此时，应将打印好的纸张翻面后重新放入打印机，然后单击提示对话框中的“确定”按钮。

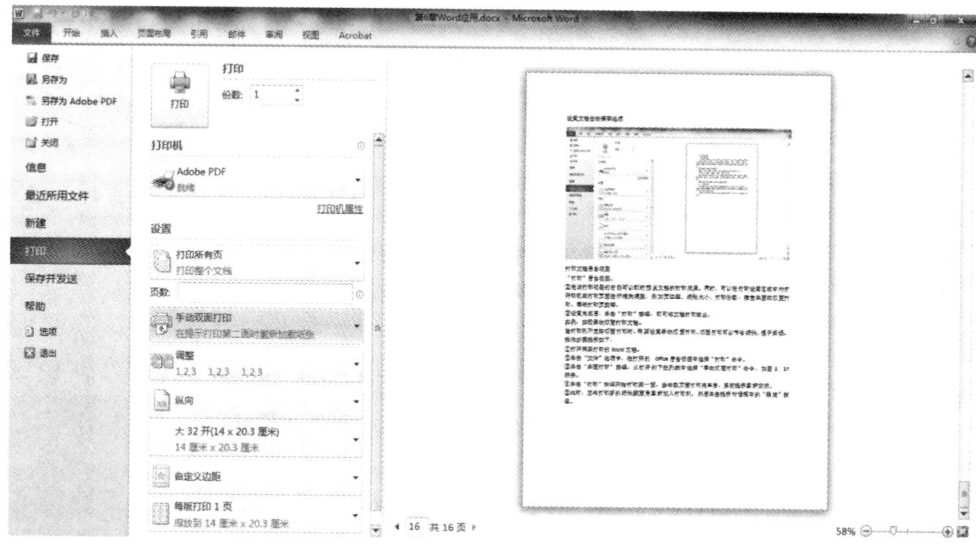

图 6.27　手动双面打印

6.2　美化并充实文档

如果想要让单调乏味的文档变得醒目美观，就需要对其格式进行多方面的设置，如字体、字号、字形、颜色等字体格式，段落对齐、缩进、段落间距等段落格式。另外，在文档中插入适当的图形、图像、图表等对象，也可以使得文档的表现力更加丰富、形象。恰当的格式设置及图文表混排不仅有助于美化文档，还能够在很大程度上增强信息的传递力度，从而帮助读者更加轻松自如地阅读文档。

6.2.1　设置文档的格式

文档格式设置包括字体格式、段落格式、使用主题快速调整文档外观三大部分，下面分别介绍。

1. 设置文本的字体格式

文本的字体格式，是以单字、词组或句子为对象的格式设置，包括字体、字号、字形、字体颜色、文本效果、字符间距等。当需要对文本进行字体格式设置时，需要精确选中该文本。

1) 设置字体和字号

如果在编辑文本的过程中通篇采用相同的字体和字号，那么文档就会变得毫无特色。下面就来介绍如何通过设置文本的字体和字号，以使文档变得美观大方、层次鲜明，操作步骤如下：

(1) 首先，在 Word 文档中选中要设置字体和字号的文本。

(2) 在“开始”选项卡的“字体”选项组中，单击“字体”下拉列表框右侧的向下三角按钮。

(3) 在随后弹出的列表框中，选择需要的字体，例如“微软雅黑”，如图 6.28 所示。此时，被选中的文本就会以新的字体显示。

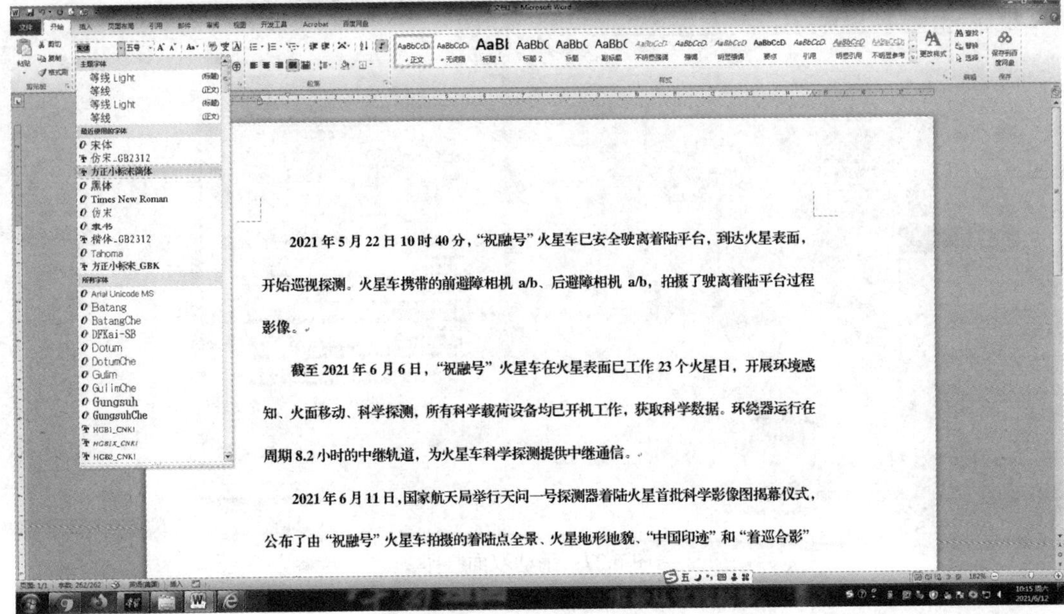

图 6.28　设置文本字体

提示　当鼠标在“字体”下拉列表框中滑动时，凡是经过的字体选项都会实时地反映到当前文档中，操作者可以在没有执行单击操作前实时预览到不同字体的显示效果，从而便于确定最终的选择。

(4) 在“开始”选项卡的“字体”选项组中，单击“字号”下拉列表框右侧的向下三角箭头。

(5) 在随后弹出的列表框中，选择需要的字号，如图 6.29 所示。此时，被选中的文本就会以指定的字体大小显示。

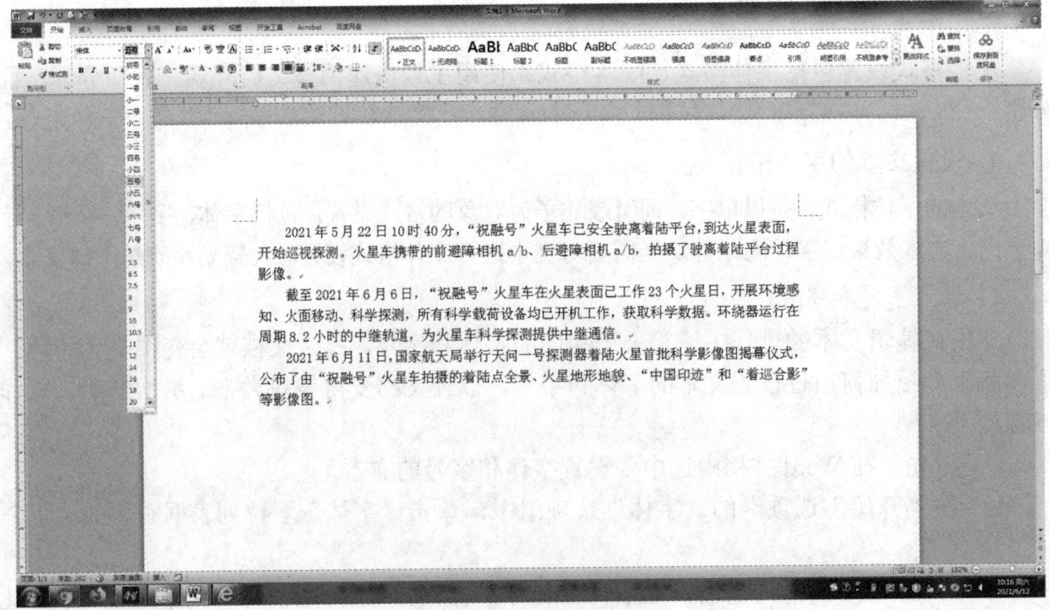

图 6.29　设置文本字号

2) 设置字形

在 Word 2010 中，还可以对字形进行修饰，例如可以将粗体、斜体、下画线、删除线等多种效果应用于文本，从而使内容在显示上更为突出。

在 Word 文档中选中要设置字形的文本，在“开始”选项卡的“字体”选项组中单击相应按钮，即可进行各种字形设置，其中：

(1) “加粗”按钮可将所选文字以粗体显示，例如：**“天问一号”**。

(2) “倾斜”按钮可将所选文字以斜体显示，例如：*“祝融号”*火星车。

(3) “下画线”按钮可为所选文字增加下画线。单击“下画线”按钮旁边的向下三角箭头按钮，在弹出的下拉列表可选择添加不同样式的下画线，例如：“中华人民共和国”。执行其中的“下画线颜色”命令，可以进一步设置下画线的颜色，如图 6.30 所示。

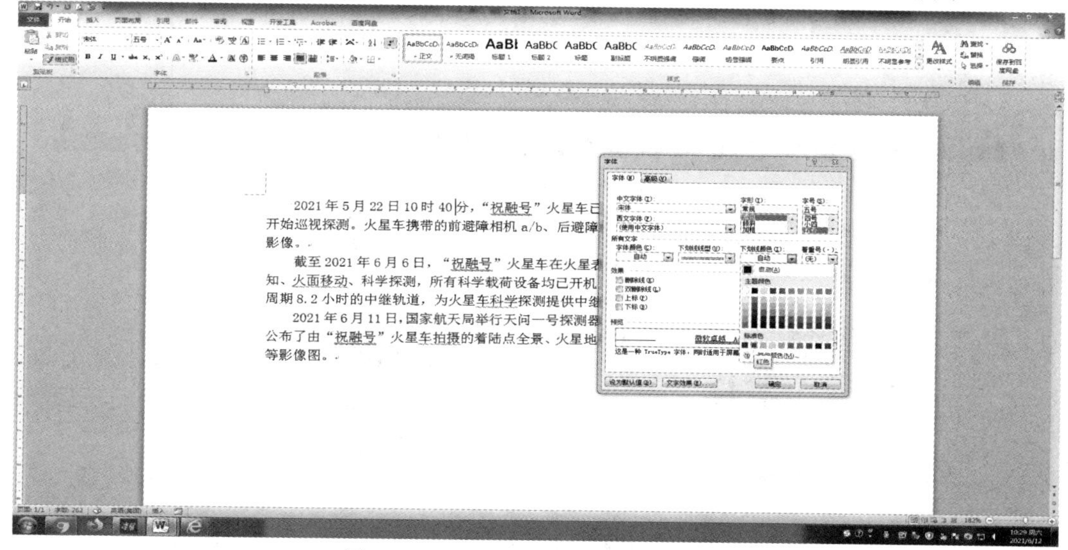

图 6.30　设置文本下画线线型及颜色①

(4) “删除线”按钮为在所选文字的中间画一条线，例如：“~~错误的时间~~”。

(5) “上标”和“下标”按钮。上标是在文字右上方创建小字符，例如：X^5；下标是在文字右下方创建小字符，例如：a_1。上下标效果常用在创建数学公式的时候。

提示　如果需要把粗体字、带有下画线或设置了其他字形效果的文本变回正常文本，只需选中该文本，然后再次单击“字体”选项组中的相应按钮即可。或者也可以通过直接单击“清除格式”按钮来还原文本格式。单击“字体”组右下角的对话框启动器，在随后打开的“字体”对话框中可以设置更多的字形效果。

3) 设置字体颜色

单击“字体”选项组中“字体颜色”按钮旁边的向下三角箭头按钮，在弹出的下拉列表中从“主题颜色”或“标准色”下单击选择自己喜欢的颜色即可，如图 6.31 所示。

如果系统提供的主题颜色和标准色不能满足用户的个性需求，可以在弹出的下拉列表中执行“其他颜色”命令，打开“颜色”对话框，然后在“标准”选项卡和“自定义”选项卡中选择合适的颜色，如图 6.32 所示。

---

① 因软件汉化有误，图中“下划线”应用“下画线”，全书同。

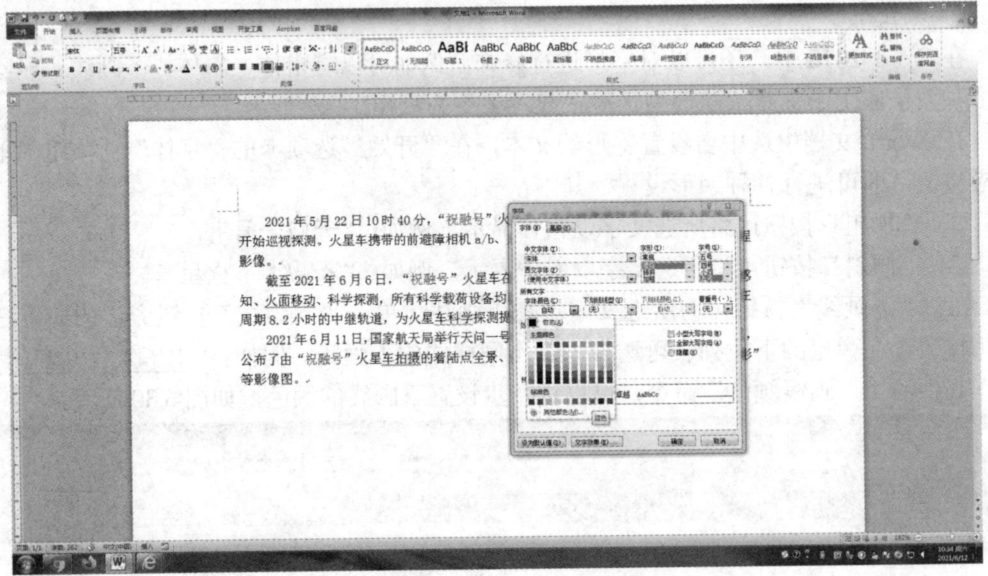

图 6.31　设置字体颜色

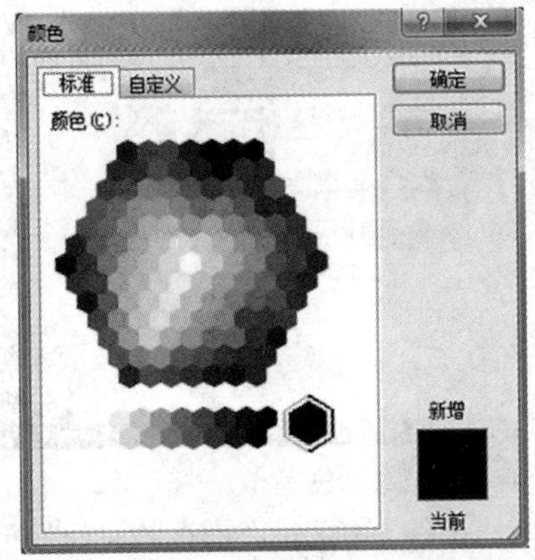

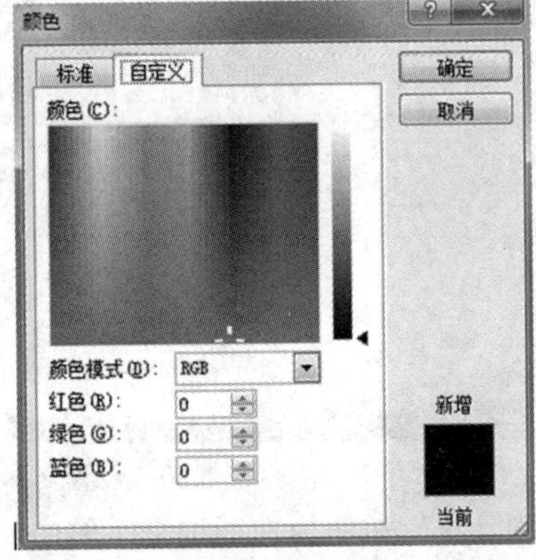

图 6.32　“颜色”对话框的“标准”和“自定义”选项卡

Word 2010 还提供了一些其他字体效果，如双删除线、隐藏等。在“开始”选项卡上，单击“字体”选项组中的对话框启动器按钮打开“字体”对话框，在“字体”选项卡的“效果”选项区域中自行设置即可，如图 6.33 所示。

4) 设置文本效果

在“开始”选项卡上的“字体”选项组中单击“文本效果”按钮，可为选定文本应用阴影、发光等外观效果。单击“字体”对话框中的“文字效果”按钮，在打开的“设置文本效果格式”对话框中可进一步设置文本的填充方式、文本边框类型、轮廓样式以及其他特殊的文字效果，如图 6.34 所示。

图 6.33　设置字体其他效果

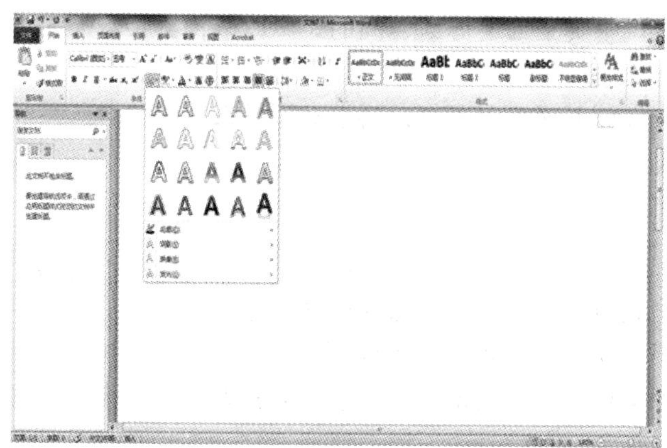

图 6.34　设置文本效果

5) 设置字符间距

在 Word 2010 中允许对字符间距进行调整，操作步骤如下。

(1) 在“开始”选项卡上的“字体”选项组中，单击对话框启动器按钮打开“字体”对话框，切换到“高级”选项卡，如图 6.35 所示。

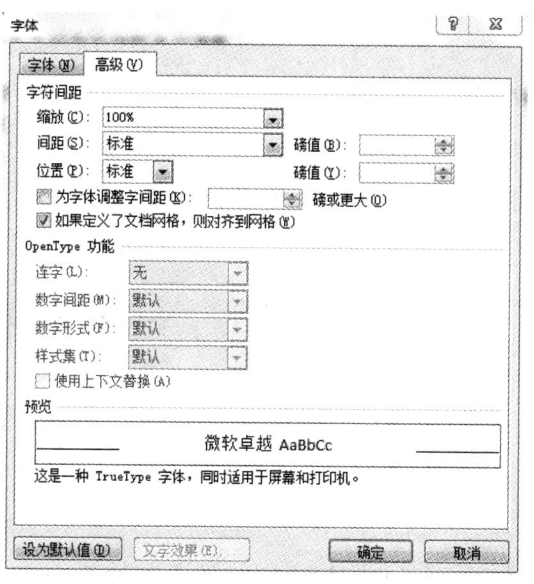

图 6.35　在“字体”对话框的“高级”选项卡中设置字符间距

(2) 在“字符间距”选项区域按需要调整字符间距。其中，在“缩放”下拉列表框中，有多种字符缩放比例可供选择，也可以直接在文本框中输入想要设定的缩放百分比数值(可不必输入“%”)对文字进行横向缩放。

在“间距”下拉列表框中，有“标准”“加宽”和“紧缩”三种字符间距可供选择。“加宽”方式将使字符间距比“标准”方式宽，“紧缩”方式使字符间距比“标准”方式窄。可以在右边的“磅值”微调框中输入合适的字符间距磅值。

在“位置”下拉列表框中，有“标准”“提升”和“降低”三种字符位置可选，也可以在“磅值”微调框中输入合适的数值来控制所选文本相对于基准线的位置。

“为字体调整字间距”复选框用于调整文字或字母组合间的距离，以使文字看上去更加美观、均匀。可以在其右边的微调框中输入数值进行设置。

选中“如果定义了文档网格，则对齐到网格”复选框，将自动设置每行字符数，使其与“页面设置”对话框中设置的字符数相一致。

2. 设置文本的段落格式

段落是指以特定符号作为结束标记的一段文本。用于标记段落的符号是不可打印的字符。在编排整篇文档时，合理的段落格式设置可以使内容层次明晰、结构鲜明，从而便于阅读。Word 2010 的段落排版命令是适用于整个段落的，因此要对一个段落进行排版，可以将光标移到该段落的任何地方，但如果要对多个段落进行排版，则需要将这几个段落同时选中。

通过单击“开始”选项卡上“段落”组中的相应按钮，可对各种段落格式进行快速设置。在“开始”选项卡上，单击“段落”选项组中的对话框启动器按钮打开“段落”对话框，在该对话框中，可以对段落格式进行详细和精确的设置，如图 6.36 所示。

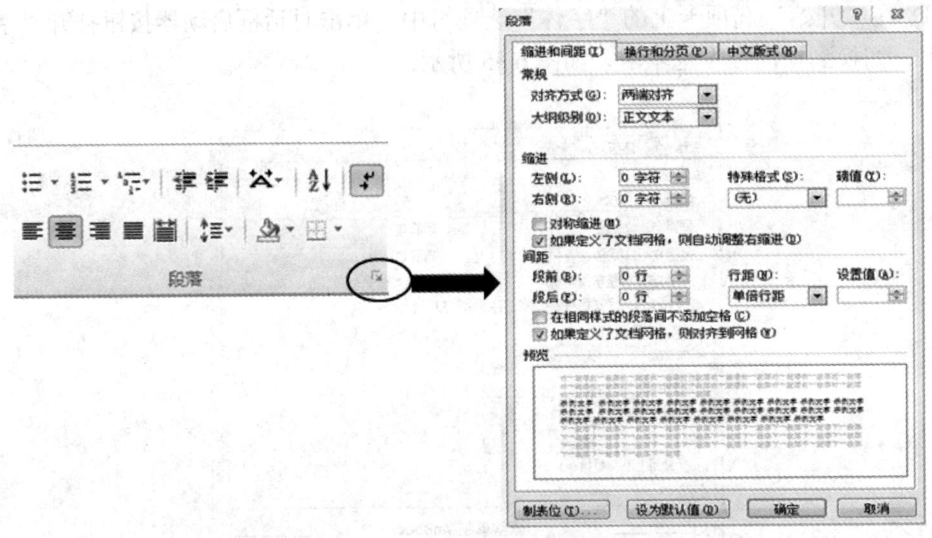

图 6.36　“段落”选项组及“段落”对话框

1) 段落对齐方式

Word 2010 一共提供了五种段落对齐方式：文本左对齐、居中、文本右对齐、两端对齐和分散对齐。通过“开始”选项卡上的“段落”组中的对应按钮可快速设置段落的对齐方式，如图 6.37 所示。

图 6.37　选项卡中设置段落对齐方式的按钮

2) 段落缩进

一般情况下，文本的输入范围是整个页面除去页边距以外的部分。但有时为了美观，文本还要再向内缩进一段距离，这就是段落缩进。增加或减少缩进量时，改变的是文本和页边距之间的距离。默认状态下，段落左、右缩进量都是零。

可以通过在“开始”选项卡上单击“段落”组中的“减少缩进量”按钮和“增加缩进量”按钮，来快速减少或增加段落的整体缩进量。

在“开始”选项卡上，单击“段落”选项组中的对话框启动器按钮打开“段落”对话框，在“缩进和间距”选项卡的“缩进”选项区域中可对选中段落的缩进方式和缩进量进行详细、精确的设置。缩进包括首行缩进、悬挂缩进和左右缩进。

(1) 首行缩进就是每一个段落中第一行第一个字符缩进一定的空格位。中文段落普遍采用首行缩进两个字符的格式。

提示　设置首行缩进之后，当用户按 Enter 键输入后续段落时，系统会自动为后续段落设置与前面段落相同的首行缩进格式，无须重新设置。

(2) 悬挂缩进是指段落的首行起始位置不变，其余各行一律缩进一定距离。这种缩进方式常用于如词汇表、项目列表等内容。

(3) 左右缩进。左缩进是指整个段落都向右移动一定距离；而右缩进一般是指使段落的右端整体均向左移动一定距离。

3) 行距和段落间距

(1) 行距决定了段落中各行文字之间的垂直距离。“开始”选项卡上“段落”选项组中的“行距”按钮可以用来设置行距(默认的设置是一倍行距)。单击“行距”按钮旁边的向下三角箭头，弹出如图 6.38 所示的下拉列表，在这个下拉列表中可以选择所需的行距。如果执行其中的“行距选项”命令，将打开“段落”对话框的“缩进和间距”选项卡，在其中的“间距”选项区域中的“行距”下拉列表框中，可以选择其他行距选项并可在“设置值”微调框中设置具体的数值。

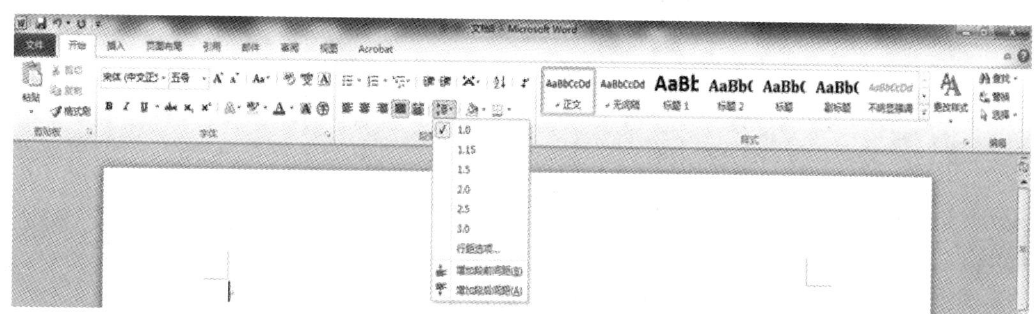

图 6.38　“行距”下拉列表

(2) 段落间距是指段落与段落之间的距离。在某些情况下，为了满足排版的需要，会对段落之间的距离进行调整。可以通过以下三种方法来调整段落间距：① 执行“行距”下拉列表中的“增加段前间距”和“增加段后间距”命令，迅速调整段落间距；② 在“段落”对话框的“间距”选项区域中，单击“段前”和“段后”微调框中的微调按钮，可以精确设置段落间距；③ 打开“页面布局”选项卡，在“段落”选项组中单击“段前”和“段后”

微调框中的微调按钮同样可以完成段落间距的设置工作，如图 6.39 所示。

提示：如果设置了新的行距，在后面的段落中该设置将被继承，无须重新设置。

图 6.39　在“页面布局”选项卡中设置段落间距

4) 换行和分页设置

在对某些专业的或比较长的文档进行排版时，经常需要对一些特殊的段落进行格式调整，以使版式更加和谐、美观。这可以通过如图 6.40 所示的“段落”对话框中的“换行和分页”选项卡进行设置。其中：

(1) 孤行控制。如果在页面顶部仅显示段落的最后一行，或者在页面底部仅显示段落的第一行，则这样的行称为孤行。选中该选项，则可避免出现这种情况发生。在比较专业的文档排版中这一功能非常有用。

(2) 与下段同页。该选项可保持前后两个段落始终处于同一页中。在表格、图片的前后带有表注或图注时，常常希望表注和表、图注和图不分离，通过选中该选项即可实现这一效果。

(3) 段中不分页。该选项可保持一个段落始终位于同一页上，不会被分开显示在两页上。

(4) 段前分页。自当前段落开始自动显示在下一页，相当于在该段之前自动插入了一个分页符。这比手动分页符更加容易控制，且作为段落格式可以定义在样式中。

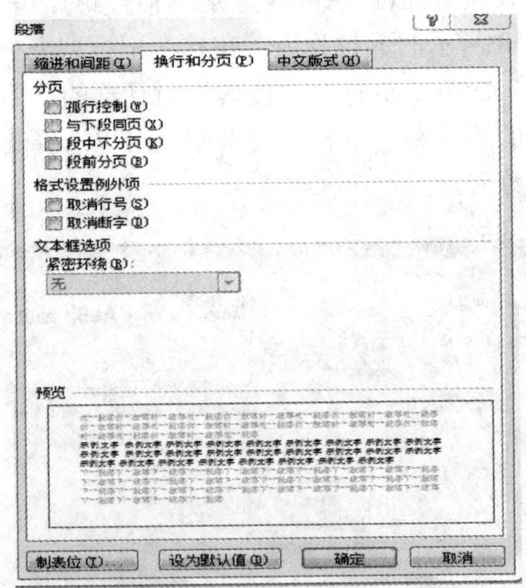

图 6.40　“段落”对话框的“换行和分页”选项卡

3. 使用主题快速调整文档外观

文档主题是一套具有统一设计元素的格式选项，包括主题颜色、主题字体和主题效果。通过应用文档主题，可以快速而轻松地设置整个文档的格式。Office 主题在 Word、Excel、PowerPoint 等组件之间共享。

1) 应用 Office 内置主题

(1) 在“页面布局”选项卡的“主题”选项组中，单击“主题”按钮。

(2) 在弹出的下拉列表中，系统内置的“主题库”以图示的方式罗列了“Office”“暗香扑面”“跋涉”“都市”“风舞九天”“华丽”等 20 余种文档主题。可以在这些主题之间滑动鼠标，通过实时预览功能来试用每个主题的应用效果。

(3) 单击一个符合需求的主题，即可完成文档主题的设置。

2) 自定义主题

必要时可以创建自定义文档主题。在“页面布局”选项卡的“主题”组中，分别单击“颜色”“字体”“效果”按钮，按照需求完成自定义设置即可。

例如，如果需要改变默认的超级链接的显示颜色，则可通过“颜色”按钮下的“新建主题颜色”来实现，如图 6.41 所示。

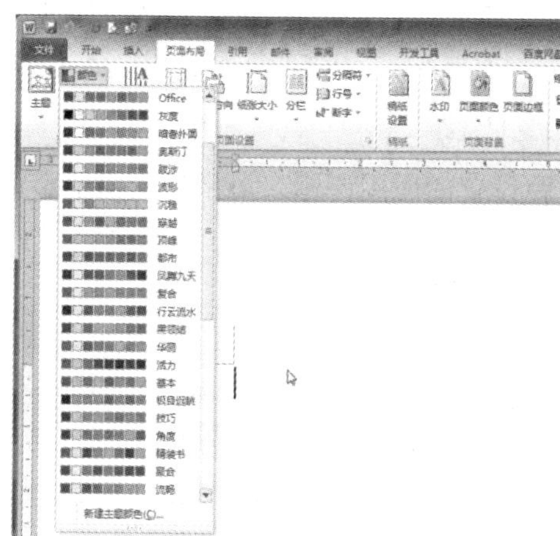

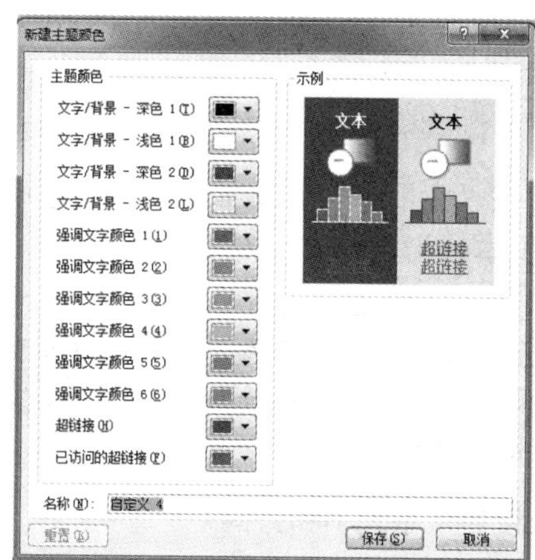

图 6.41　自定义主题颜色

对一个或多个这样的主题组件所做的更改将立即影响当前文档的显示外观。如果要将这些更改应用到新文档，还可以将它们另存为自定义文档主题。

6.2.2　调整页面布局

Word 2010 所提供的页面设置功能可以轻松完成对“页边距”“纸张大小”“纸张方向”“文字排列”等诸多选项的设置工作。

1. 设置页边距

通过指定页边距，可以满足不同的文档版面要求。设置页边距的操作步骤如下。

(1) 打开“页面布局”选项卡，单击“页面设置”选项组中的“页边距”按钮。

(2) 从弹出的预定义页边距下拉列表中单击选择合适的页边距，如图 6.42(a)所示。

(3) 如果需要自己指定页边距，可以在下拉列表中执行“自定义边距”命令，打开“页面设置”对话框中的“页边距”选项卡，如图 6.42(b)所示。其中：

① 在“页边距”选项区域中，可以通过单击微调按钮调整“上”“下”“左”“右”四个页边距的大小和“装订线”的大小位置，在“装订线位置”下拉列表框中选择“左”或“上”选项；

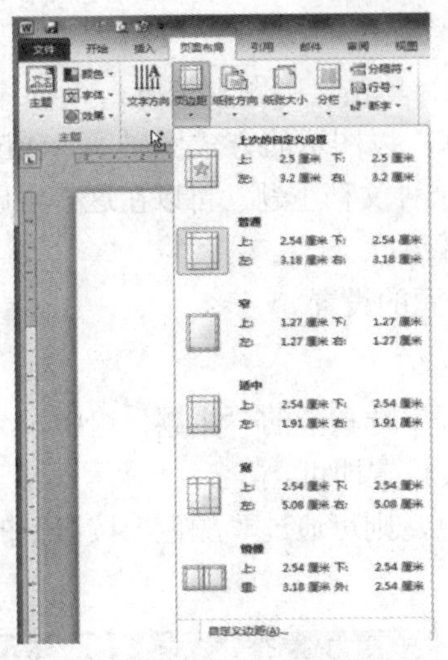

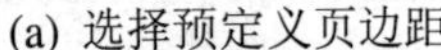
(a) 选择预定义页边距

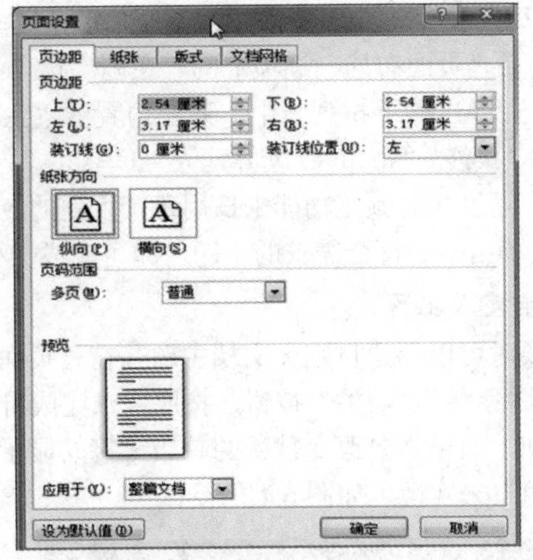

(b) “页面设置”对话框的“页边距”选项卡

图 6.42 设置页边距

② 在“应用于”下拉列表中可指定页边距设置的应用范围，可指定应用于整篇文档、选定的文本或指定的节(如果文档已分节)。

(4) 单击“确定”按钮即可完成自定义页边距的设置。

提示 还可以在“页面设置”对话框的“页边距”选项卡中指定不同的“页码范围”，如“对称页边距”，这时，左右页边距的名称将变为“内侧”和“外侧”，以与页码范围选项相适应。不同的页码范围选项将会产生不同的输出效果。

2. 设置纸张大小和方向

纸张的大小和方向决定了排版页面所采用的布局方式。设置恰当的纸张大小和方向可以令文档版面更加美观、实用。

1) 设置纸张方向

Word 2010 提供了纵向(垂直)和横向(水平)两种布局以供选择。更改纸张方向时，与其相关的内容选项也会随之更改，例如封面、页眉、页脚样式库中所提供的内置样式便会始终与当前所选纸张方向保持一致。更改文档的纸张方向的操作步骤如下：

(1) 打开“页面布局”选项卡，单击“页面设置”选项组中的“纸张方向”按钮。

(2) 在弹出的下拉列表中，选择“纵向”或“横向”。

如需同时指定纸张方向的应用范围，则应在“页面设置”对话框的“页边距”选项卡中，从“应用于”下拉列表中选择某一范围。

2) 设置纸张大小

同页边距一样，Word 2010 为用户提供了预定义的纸张大小设置，用户既可以使用默认的纸张大小，又可以自己设定纸张大小，以满足不同的应用要求。设置纸张大小的操作步骤如下：

(1) 打开“页面布局”选项卡，在“页面设置”组中单击“纸张大小”按钮。

(2) 在弹出的预定义纸张大小下拉列表中选择合适的纸张大小，如图 6.43(a)所示。

(3) 如果需要自己指定纸张大小，可以在下拉列表中执行“其他页面大小”命令，打开“页面设置”对话框中的“纸张”选项卡，如图 6.43(b)所示。其中：

① 在“纸张大小”下拉列表框中，可以选择不同型号的打印纸，例如“A3”“A4”“16 开”;

② 选择“自定义大小”纸型，可以在下面的“宽度”和“高度”微调框中自己定义纸张的大小；

③ 在“应用于”下拉列表中可以指定纸张大小的应用范围。

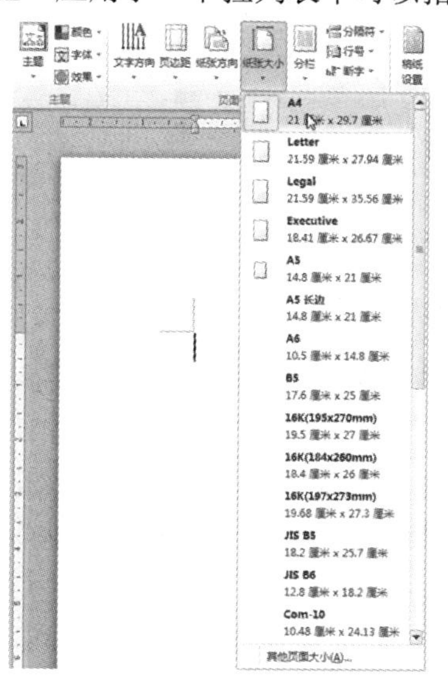

(a) 快速设置纸张大小

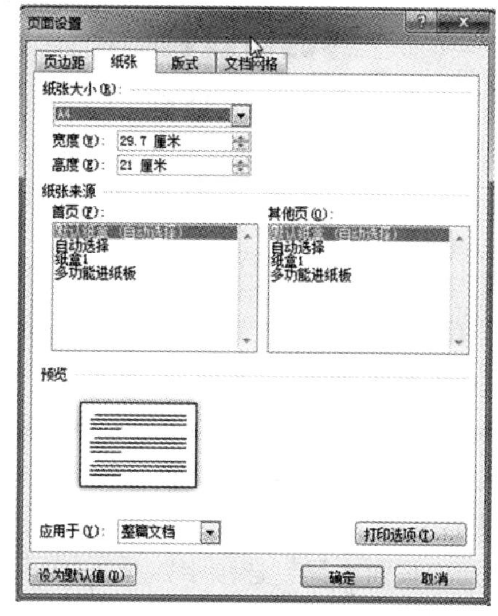

(b) “页面布局”对话框中的“纸张”项卡

图 6.43　设置纸张大小

(4) 单击“确定”按钮即可完成自定义纸张大小的设置。

3. 设置页面背景

Word 2010 提供了丰富的页面背景设置功能，可以非常便捷地为文档应用水印、页面颜色和页面边框等效果。

1) 页面颜色和背景

通过页面颜色设置，可以为背景应用渐变、图案、图片、纯色或纹理等填充效果，其中渐变、图案、图片和纹理将以平铺或重复方式来填充页面，从而可以针对不同应用场景制作专业美观的文档。为文档设置页面颜色和背景的操作步骤如下。

(1) 打开“页面布局”选项卡，单击“页面背景”组中的“页面颜色”按钮。

(2) 在弹出的下拉列表中，可以在“主题颜色”或“标准色”区域中单击所需颜色，如图 6.44 所示。

(3) 选择其他颜色。在“页面颜色”下拉列表中执行“其他颜色”命令，在随后打开的“颜色”对话框中进行选择。

(4) 设定填充效果。如果希望添加特殊的效果，则可在“页面颜色”下拉列表中执行“填充效果”命令，打开“填充效果”对话框，如图 6.44 所示。在该对话框中有“渐变”

“纹理”“图案”和“图片”四个选项卡，用于设置页面的特殊填充效果。

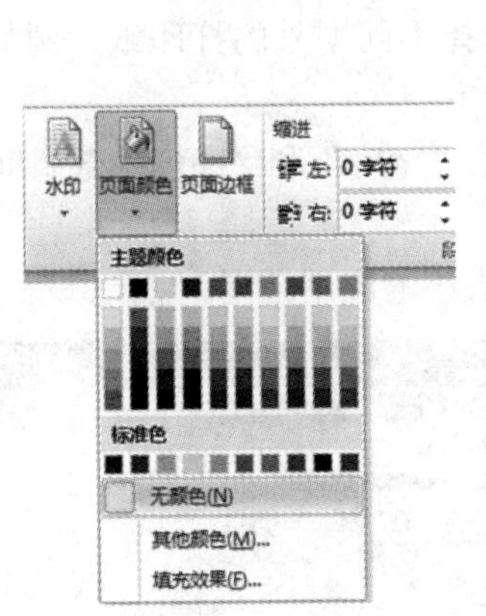

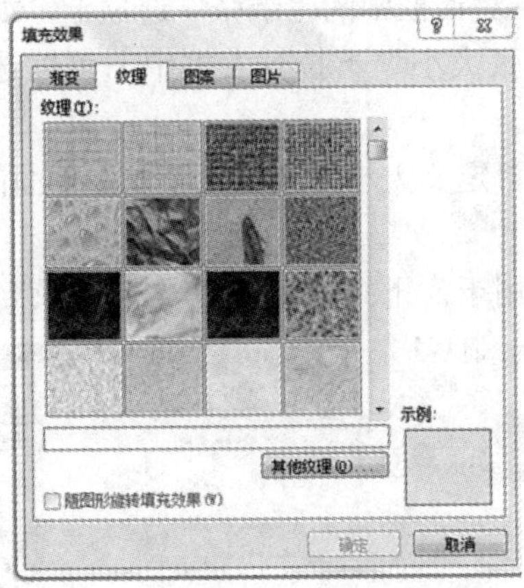

图 6.44　设置页面颜色和填充效果

(5) 设置完成后，单击“确定”按钮，即可为整个文档中的所有页面应用美观的背景。

2) 水印效果

水印效果用于在文档内容的底层显示虚影效果。通常情况下，当文档有保密、版权保护等特殊要求时，可添加水印效果。水印效果可以是文字，也可以是图片。实现水印效果的操作方法如下：

① 打开“页面布局”选项卡，单击“页面背景”组中的“水印”按钮。

② 在弹出的下拉列表中，可以选择一个预定义水印效果，如图 6.45(a)所示。

③ 自定义水印。在“水印”下拉列表中，选择“自定义水印”命令，打开如图 6.45(b)所示的“水印”对话框。在该对话框中可指定图片或文字作为文档的水印。设置完毕后单击“确定”按钮即可。

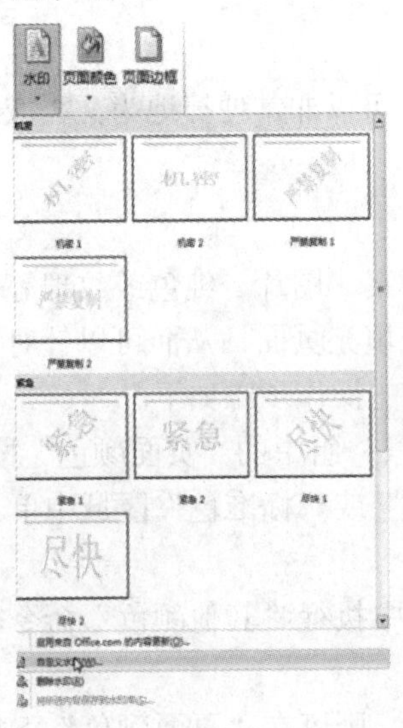

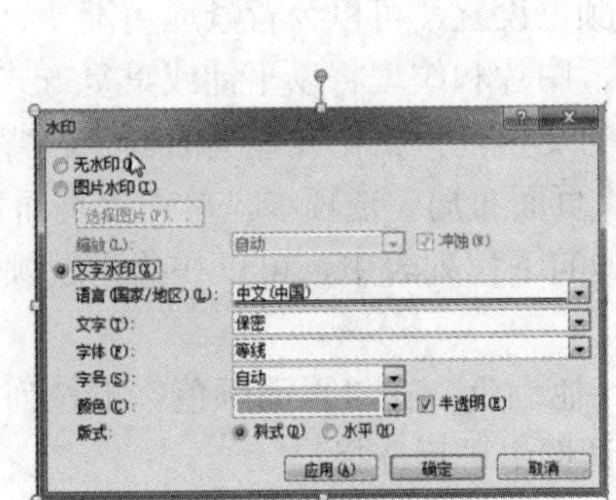

(a) 选择一个预定义水印效果　　(b) “水印”对话框

图 6.45　设置水印效果

【例 6-4】 将单位名称作为水印添加到文档中。

该实例的操作步骤提示如下：

① 打开一个空白的 Word 文档，在“页面布局”选项卡的“页面背景”组中单击“水印”按钮。

② 在弹出的下拉列表中选择“自定义水印”命令，打开“水印”对话框。

③ 在该对话框中单击“文字水印”单选项，在“文字”右侧的文本框中输入单位名称“保山学院信息学院”；指定字体、字号和颜色，版式为“斜式”。设置完毕后单击“确定”按钮，水印效果如图 6.46 所示。

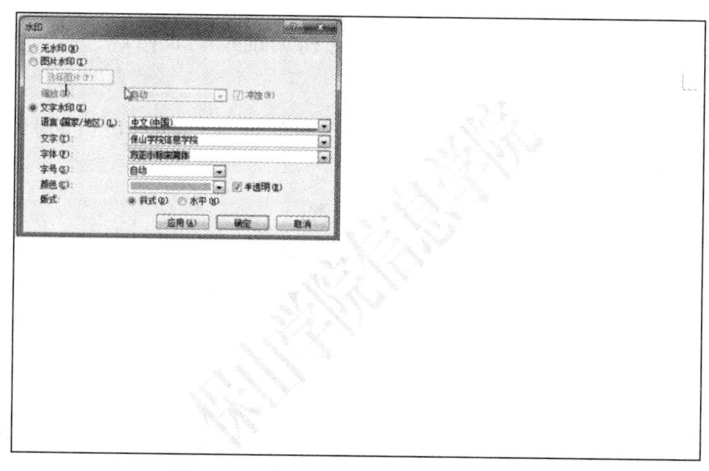

图 6.46　将单位名称制作成水印效果

4．设置文档网格

在很多中文文档中，要求每页有固定的行数，这就需要进行文档网格的设置。具体操作方法如下：

① 在“页面布局”选项卡上，单击“页面设置”组中的“对话框启动器”按钮，打开“页面设置”对话框；

② 单击“文档网格”选项卡，切换到如图 6.47 所示的“文档网格”设置窗口；

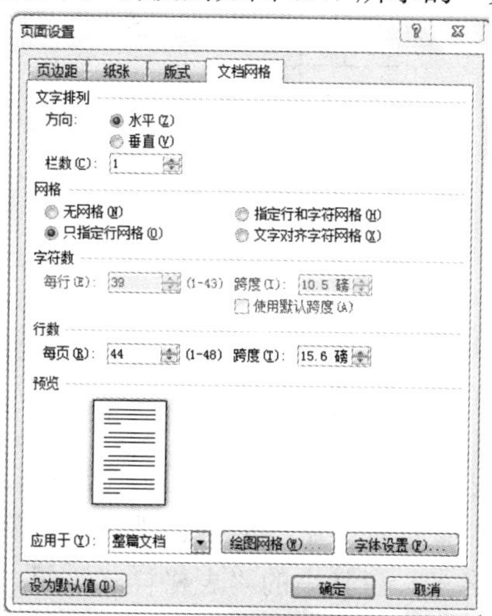

图 6.47　“页面设置”对话框中的“文档网格”选项卡

③ 指定网格类型，设置每行字符数、每页行数等内容；

④ 在“应用于”下拉列表中指定应用范围，单击“确定”按钮完成设置。

6.2.3　在文档中应用表格

作为文字处理软件，表格功能是必不可少的。在 Word 2010 中，不仅可以方便地制作表格，还可以通过套用表格样式、实时预览表格等功能最大限度地简化表格的格式化操作，使得创建专业、美观的表格更加轻松。

1. 在文档中插入表格

在 Word 2010 中，可以通过多种途径来创建精美别致的表格。

1) 即时预览创建表格

利用“表格”下拉列表插入表格的方法既简单又直观，并且可以即时预览到表格在文档中的效果。其操作步骤如下：

① 将鼠标光标定位在要插入表格的文档位置。

② 打开“插入”选项卡，单击“表格”选项组中的“表格”按钮。

③ 在弹出的下拉列表的“插入表格”区域，以滑动鼠标的方式指定表格的行数和列数。与此同时，可以在文档中实时预览到表格的大小变化，如图 6.48 所示。确定行列数目后，单击鼠标左键即可将指定行列数目的表格插入到文档中。

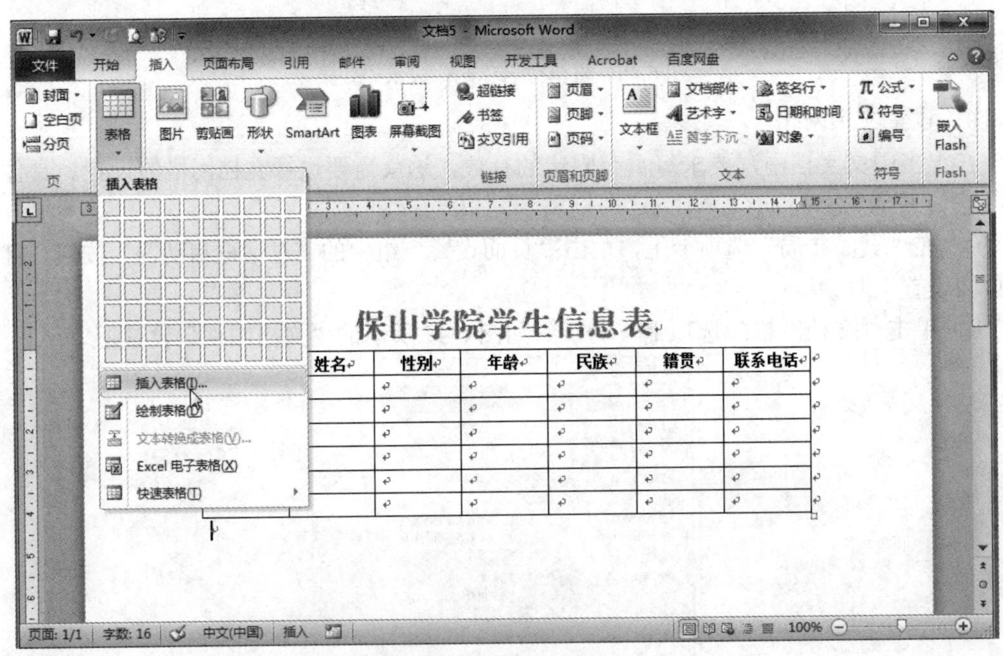

图 6.48　插入并预览表格

④ 此时，功能区中自动打开“表格工具”中的“设计”选项卡。在其中的“表格样式”选项组中，可以选择为表格的某个特定部分应用特殊格式，例如选中“标题行”复选框，则将表格的首行设置为特殊格式。在其中的“表格样式”组中单击“表格样式库”右侧的“其他”按钮，可从打开的表格样式库列表中选择一种表格样式，便可快速完成表格格式

应用，如图 6.49 所示。

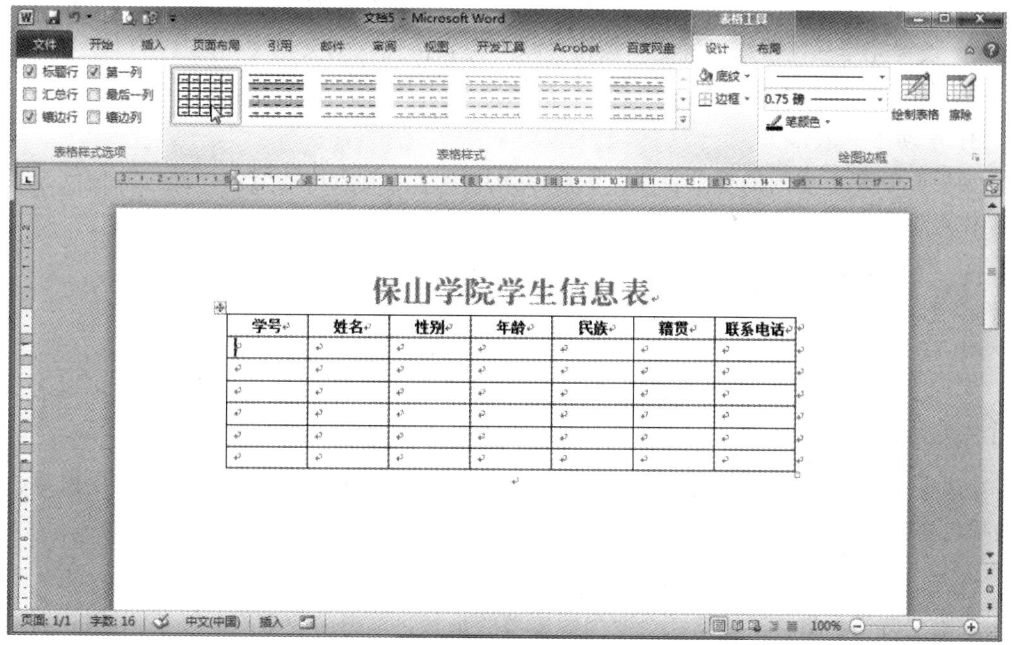

图 6.49　快速套用表格样式

⑤ 之后，可以在表格中输入数据以完成表格的制作。

2) 使用“插入表格”命令创建表格

通过“插入表格”命令创建表格时，可以在表格插入文档之前选择表格尺寸和格式，操作步骤如下。

① 将鼠标光标定位在要插入表格的文档位置。

② 打开“插入”选项卡，单击“表格”选项组中的“表格”按钮。

③ 在弹出的下拉列表中，执行“插入表格”命令，打开如图 6.50 所示的“插入表格”对话框。

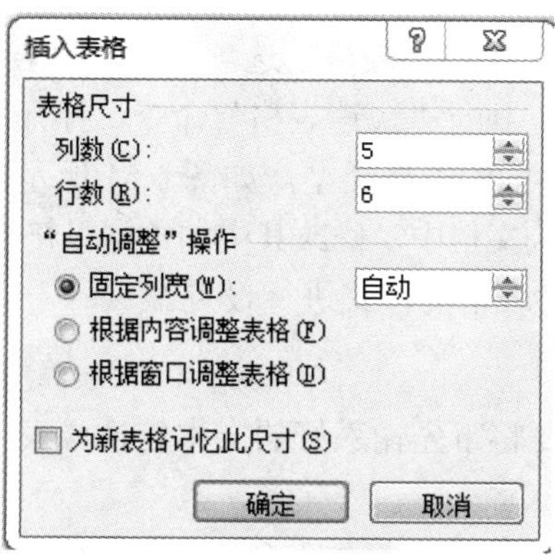

图 6.50　“插入表格”对话框

④ 在“表格尺寸”选项区域中分别指定表格的“列数”和“行数”。

⑤ 在“自动调整”操作区域中根据实际需要调整表格尺寸。如果选中了“为新表格记忆此尺寸”复选框，那么在下次打开“插入表格”对话框时，就会默认保持此次的表格设置。

⑥ 设置完毕后，单击“确定”按钮，即可将表格插入到文档中。同样可以在“表格工具 | 设计”选项卡上进一步设置表格外观和属性。

3) 手动绘制表格

如果要创建不规则的复杂表格，则可以采用手动绘制表格的方法，此方法使创建表格的操作更具有灵活性。操作步骤如下：

① 将鼠标光标定位在要插入表格的文档位置。

② 打开“插入”选项卡，单击“表格”选项组中的“表格”按钮。

③ 在弹出的下拉列表中，执行“绘制表格”命令。

④ 此时，鼠标指针会变为铅笔状，在文档中拖动鼠标即可自由绘制表格。可以先绘制一个大矩形以定义表格的外边界，然后在该矩形内根据实际需要绘制行线和列线。

注意　此时 Word 会自动打开“表格工具”中的“设计”选项卡，并且“绘图边框”选项组中的“绘制表格”按钮处于选中状态。

⑤ 如果要擦除某条线，可以在“表格工具 | 设计”选项卡中，单击“绘制边框”组中的“擦除”按钮。此时鼠标指针会变为橡皮擦的形状，单击需要擦除的线条即可将其擦除。

⑥ 擦除线条后，再次单击“擦除”按钮，即可使其不再处于选中状态。这样，就可以继续在“设计”选项卡中设计表格的样式了。

提示　在“表格工具 | 设计”选项卡上，可以在“绘图边框”组中的“笔样式”下拉列表中选择为绘制边框应用不同的线型，在“笔画粗细”下拉列表中选择为绘制边框应用不同的线条宽度，在“笔颜色”下拉列表中更改绘制边框的颜色。

4) 插入快速表格

Word 2010 提供了一个“快速表格库”，其中包含一组预先设计好格式的表格可供选择，以便迅速创建表格。快速表格是作为构建基块存储在库中的表格，可以随时被访问和重用。通过快速表格创建表格的操作步骤如下：

① 将鼠标光标定位在要插入表格的文档位置。

② 打开“插入”选项卡，单击“表格”选项组中的“表格”按钮。

③ 在弹出的下拉列表中，执行“快速表格”命令，打开系统内置的快速表格库，其中以图示化的方式提供了许多不同的表格类型，如图 6.51 所示，单击选择其中一个样式。

④ 将所选快速表格插入到文档中，修改其中的数据以符合特定需要。通过“表格工具 | 设计”选项卡，可以进一步对表格的样式进行设置。

2. 将文本转换成表格

在 Word 2010 中，如果要将事先输入好的文本转换成表格，只需在文本中设置分隔符即可，其操作步骤如下：

(1) 首先在 Word 文档中输入文本，并在希望分隔的位置使用分隔符。分隔符可以是制表符、空格、逗号以及其他一些可以输入的符号。每行文本(也有可能是一段文本)对应一行表格内容。

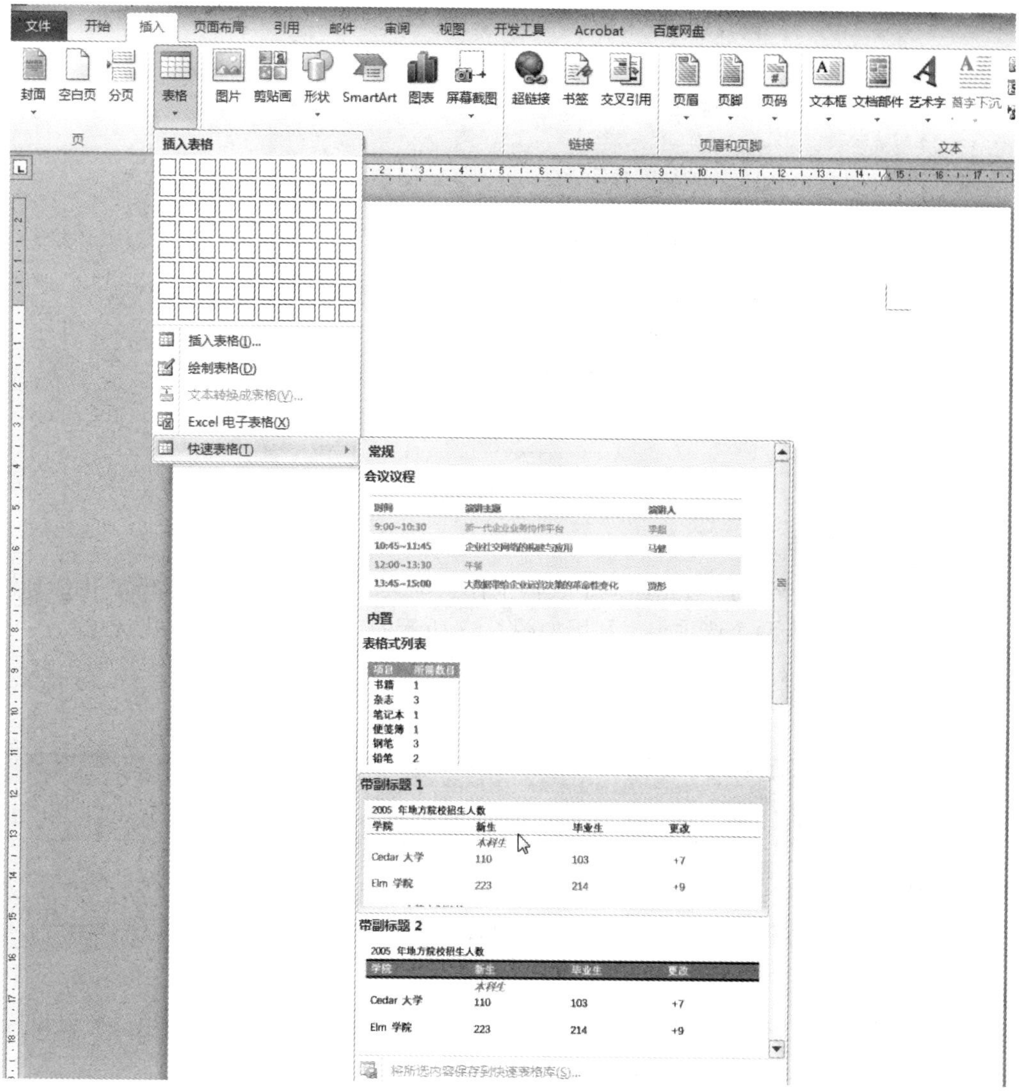

图 6.51　快速表格库

(2) 选择要转换为表格的文本，单击“插入”选项卡上“表格”选项组中的“表格”按钮。

(3) 在弹出的下拉列表中，执行“将文字转换成表格”命令，打开如图 6.52 所示的“将文字转换成表格”的对话框。

(4) 在“文字分隔位置”选项区域中单击文本中使用的分隔符，或者在“其他字符”右侧的文本框中输入所用字符。通常，Word 会根据所选文本中使用的分隔符默认选中相应的单选项，同时自动识别出表格的行列数。

(5) 确认无误后，单击“确定”按钮，原先文档中的文本就被转换成了表格。

此外，还可以将某表格置于其他表格内。包含在其他表格内的表格称作嵌套表格。通过在单元格内单击，然后使用任何创建表格的方法就可以插入嵌套表格。当然，将现有表格复制和粘贴到其他表格中也是一种插入嵌套表格的方法。

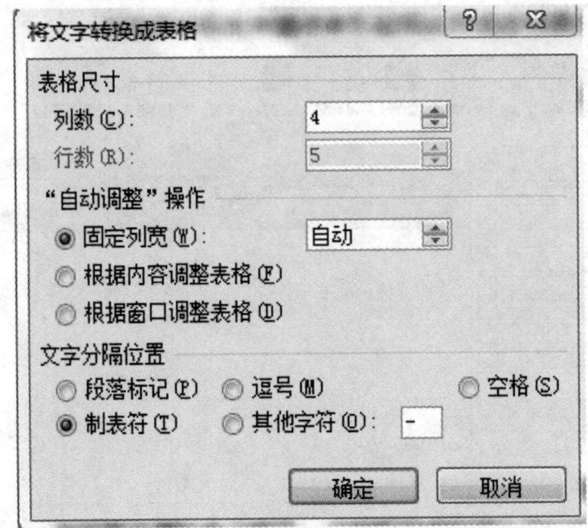

图 6.52 “将文字转换成表格”对话框

3. 调整表格布局

在文档中插入表格后，当光标位于表格中任意位置时，将会出现“表格工具 | 设计”和“表格工具 | 布局”两个选项卡。利用如图 6.53 所示的“表格工具 | 布局”选项卡，可以改变表格的行列数，对表格的单元格、行、列的属性进行设置，还可以对表格中内容的对齐方式进行指定。

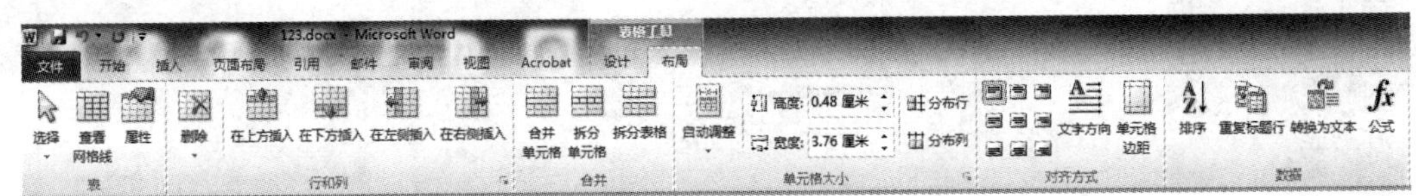

图 6.53 “表格工具 | 布局”选项卡

1) 基本设置

单击“表”选项组中的“属性”按钮，在打开的“表格属性”对话框中，可以设置表格整体的对齐方式、表格行和列以及单元格的属性。

单击“行和列”选项组中的相应按钮，可以删除或插入行或列。

利用“合并”选项组中的命令可以对选定的单元格进行合并或拆分。其中单击“拆分表格”按钮，可将当前表格拆分成两个。

在“单元格大小”选项组中，可以调整表格的行高和列宽。通过“自动调整”下拉列表中的命令可以自动调整表格的大小。

通过“对齐方式”选项组中的命令，可以设置表格中的文本在水平及垂直方向上的对齐方式。

单击“数据”选项组中的“排序”按钮，还可以对表格内容进行简单排序。

2) 设置标题行跨页重复

对于内容较多的表格，难免会跨越两页或更多页。此时，如果希望表格的标题行可以自动地出现在每个页面的表格上方，可以设置标题行重复出现，操作步骤如下：

① 首先选择表格中需要重复出现的标题行。

② 在“表格工具 | 布局”选项卡上，单击“数据”选项组中的“重复标题行”按钮。

【例 6-5】　将文本转换为表格并进行处理。

将案例素材文档“文本转换为表格.docx”中以制表符分隔的文本转换为一个表格并进行适当的修饰，效果如图 6.54 所示。

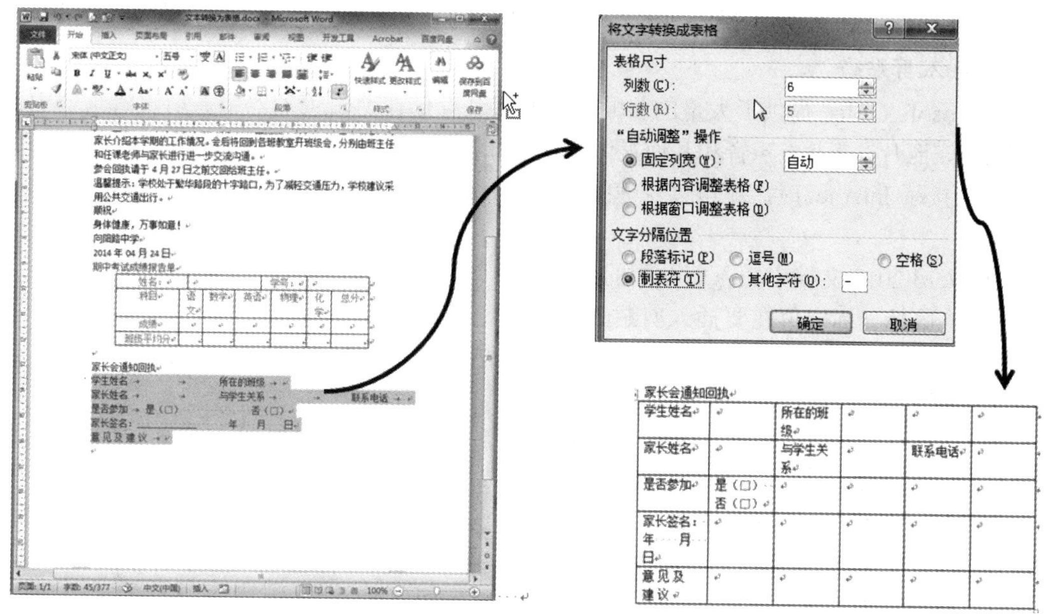

图 6.54　将文本转换为表格并进行修饰

操作步骤提示如下：

① 打开案例素材“文本转换为表格 .docx”，选择第 2～7 行文本。

② 在“插入”选项卡上“表格”组中单击“表格”按钮，从下拉列表中选择“文本转换成表格”命令。

③ 在“将文字转换成表格”对话框中单击选中“根据窗口调整表格”选项，指定文字分隔位置为制表符，单击“确定”按钮。

④ 在“表格工具 | 设计”选项卡上的“表格样式”组中选择一个内置表格样式。

⑤ 在“表格工具 | 布局”选项卡上的“单元格大小”组中，单击“分布列”按钮。

⑥ 在“表格工具 | 布局”选项卡上的“文字方向”组中，单击“水平居中”按钮。

6.2.4　在文档中处理图形图片

在实际文档处理过程中，往往需要在文档中插入一些图片或剪贴画来装饰文档，从而增强文档的视觉效果。在 Word 文档中可以插入各类图片、绘制各种形状等，以形成图文混排的效果。

插入到 Word 中的图片可以进行各种处理以达到符合展示要求的图片效果。

1. 在文档中插入图片

在 Word 中插入的图片可以是程序本身带有的剪贴画，也可以是来自外部的图片文件，甚至可以直接插入屏幕截图，这大大丰富了文档的表现力。

1) 插入来自文件的图片

在 Word 文档中可以插入各类格式的图片文件，操作步骤如下：

① 将鼠标光标定位在要插入图片的位置。

② 在“插入”选项卡的“插图”选项组中单击“图片”按钮，打开“插入图片”对话框。

③ 在指定文件夹下选择所需图片，单击“插入”按钮，即可将所选图片插入到文档中。

2) 插入剪贴画

Microsoft Office 提供了大量的剪贴画，并将其存储在剪辑管理器中。剪辑管理器中包含剪贴画、照片、影片、声音和其他媒体文件，可将它们插入到文档中，以便于演示或发布。

当连接了 Internet 时，还可以快速搜索在 Microsoft Office Online 站点上免费提供的更多资源。

在 Word 2010 文档中插入剪贴画的操作方法如下：

① 将鼠标光标定位在要插入剪贴画的位置。

② 在“插入”选项卡的“插图”选项组中单击“剪贴画”按钮，打开“剪贴画”任务窗格。

③ 在“搜索文字”文本框中输入与剪贴画相关的单词或词组描述，或输入剪贴画文件的全部或部分文件名。

④ 在“结果类型”下拉列表中选择剪贴画类型，其中包括“剪贴画”“照片”“视频”和“音频”。

⑤ 设置完搜索文字、类型后，单击“搜索”按钮。符合搜索条件的剪贴画将会在“剪贴画”任务窗格中的列表框中显示出来，如图 6.55 所示。直接单击“搜索”按钮则可显示所有剪贴画。

⑥ 将鼠标光标指向某一剪贴画，单击其右侧的向下三角箭头按钮，在弹出的下拉列表中执行“插入”命令，即可将所选剪贴画插入到文档中。

图 6.55　搜索并插入剪贴画

3) 截取屏幕图片

Office 2010 增加了屏幕图片捕获功能，可以方便地在文档中直接插入已经在计算机中开启的屏幕画面，并且可以按照选定的范围截取屏幕内容。在 Word 2010 文档中插入屏幕画面的操作步骤如下：

① 将鼠标光标定位在要插入图片的位置。

② 在“插入”选项卡上的“插图”选项组中单击“屏幕截图”按钮，打开如图 6.56 所示的“可用视窗”列表。

③ 在“可用视窗”列表中显示目前在计算机中开启的应用程序屏幕画面，单击选择某一图片缩略图将其作为图片插入到文档中。

④ 如果需要截取窗口的一部分，可以单击下拉列表中的“屏幕剪辑”命令，然后在屏幕上用鼠标拖动选择某一屏幕区域作为图片插入到文档中。

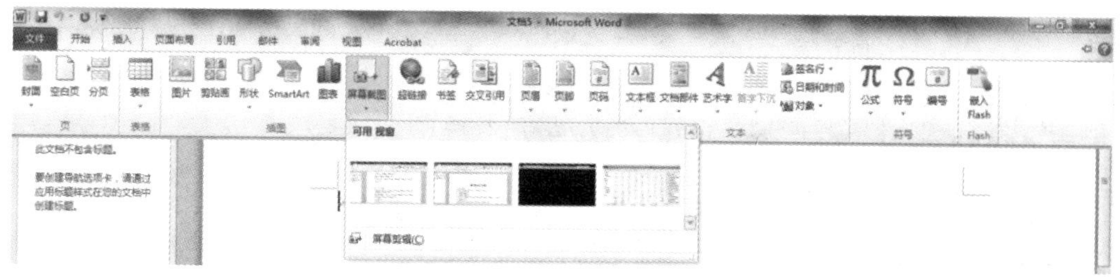

图 6.56 插入屏幕截图

2. 设置图片格式

在文档中插入图片并选中图片后，功能区中将自动出现“图片工具|格式”选项卡，如图 6.57 所示。通过该选项卡，可以对图片的大小、格式进行各种设置。

图 6.57 “图片工具|格式”选项卡

1) 调整图片的样式

(1) 应用预定义图版样式：在“图片工具|格式”选项卡上，单击“图片样式”选项组中的“其他”按钮，在展开的“图片样式库”中，列出了许多图片样式，如图 6.58 所示。单击选择其中的某一类型，即可将相应样式快速应用到当前图片上。

图 6.58 图片样式

(2) 自定义图片样式：如果认为“图片样式库”中内置的图片样式不能满足实际需求，可以分别通过“图片样式”选项组中的“图片版式”“图片边框”和“图片效果”三个命令按钮进行多方面的图片属性设置，如图 6.59 所示。

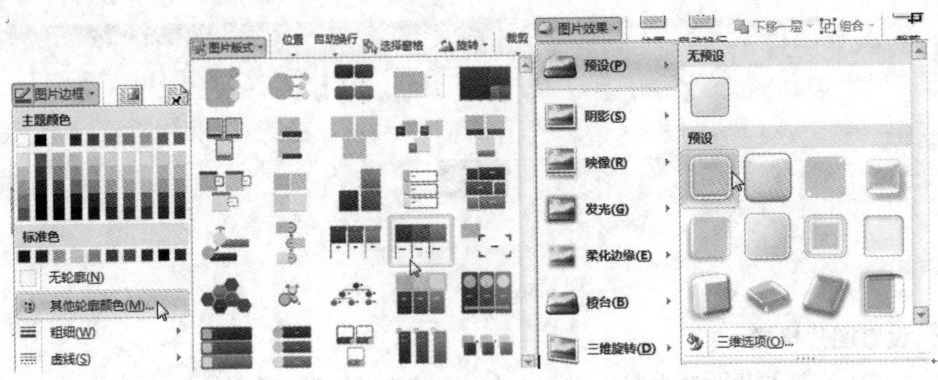

图 6.59　自定义图片样式

(3) 进一步调整格式：在“图片工具|格式”选项卡上，通过“调整”选项组中的“更正”“颜色”和“艺术效果”按钮可以自由地调节图片的亮度、对比度、清晰度以及艺术效果，如图 6.60 所示。

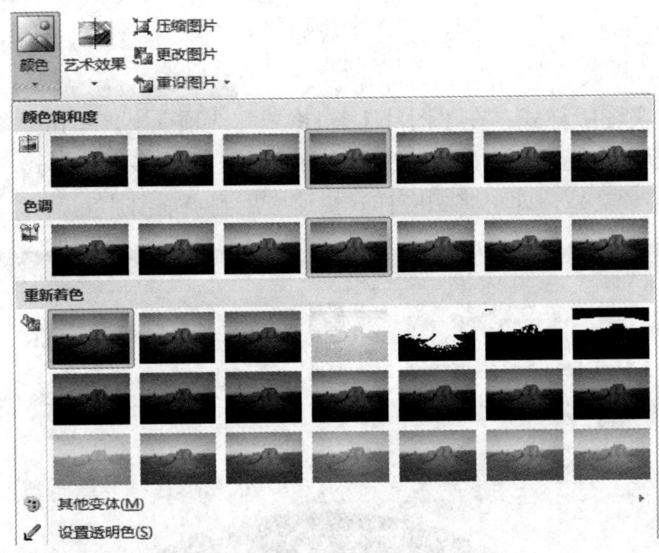

图 6.60　设置图片的颜色和艺术效果

2) 设置图片的文字环绕方式

环绕方式决定了图形之间以及图形与文字之间的交互方式。设置图片文字环绕方式的操作步骤如下：

① 选中要进行设置的图片，打开“图片工具|格式”选项卡。

② 单击“排列”选项组中的“自动换行”命令，在展开的下拉列表中选择某一种环绕方式，如图 6.61(a)所示。

③ 可以在“自动换行”下拉列表中单击“其他布局选项”命令，打开如图 6.61(b)所示的“文字环绕”选项卡“布局”对话框。在“文字环绕”选项卡中根据需要设置“环绕方式”“自动换行”方式以及图片距离正文文字的距离。

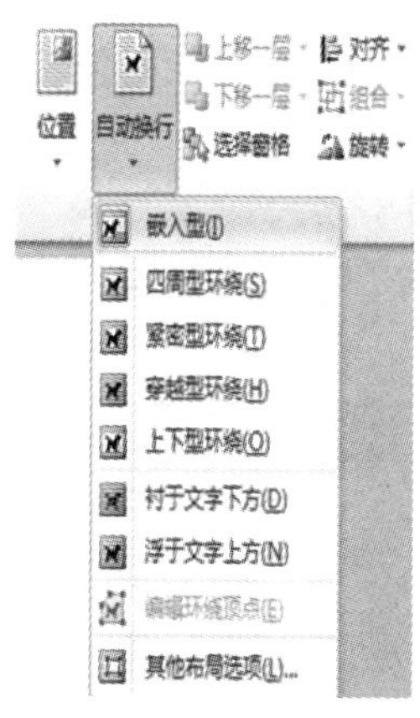

(a) “自动换行”下拉列表

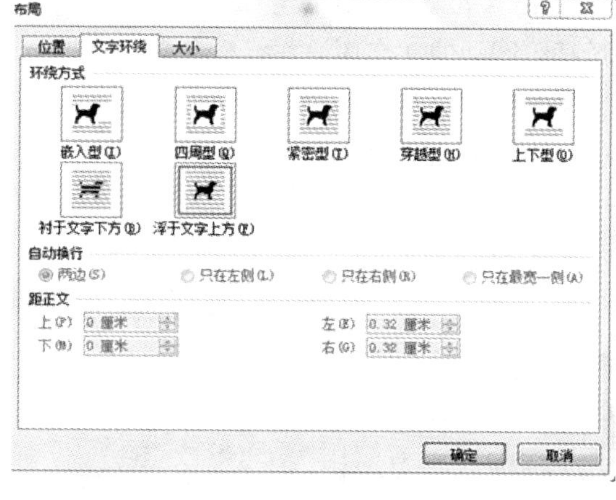

(b) “文字环绕”选项卡

图 6.61　选择文字环绕方式

环绕有两种基本形式：嵌入(在文字层中)和浮动(在图形层中)。浮动意味着可将图片拖动到文档的任何位置，而不像嵌入到文档文字层中的图片那样受到一些限制。表 6.2 描述了不同环绕样式在文档中的布局效果(对照图 6.61(b))。

表 6.2　环绕样式列表

环绕设置	在文档中的效果
嵌入型	图片插入到文字层。可以拖动图形，但只能从一个段落标记移动到另一个段落标记中。通常用在简单文档和正式报告中
四周型	文本中设置图形的位置会出现一个方形的“洞”，文字会环绕在图形周围，并产生间隙，此时可将图形拖到文档中的任意位置。该布局通常用在带有大片空白的新闻稿和传单中
紧密型	实际上在文本中创建了一个形状与图形轮廓相同的“洞”，使文字环绕在图形周围。可以通过环绕顶点改变文字环绕的“洞”形状，可将图形拖到文档中的任何位置。该布局通常用在纸张空间很宝贵且可以接受不规则形状(甚至希望使用不规则形状)的出版物中
衬于文字下方	嵌入在文档底部或下方的绘制层，可将图形拖动到文档的任意位置。该布局通常用作水印或页面背景图片，文字位于图形上方
浮于文字上方	嵌入在文档上方的绘制层，可将图形拖动到文档的任意位置，文字位于图形下方。该布局通常用在有意用某种方式来遮盖文字以实现某种特殊效果的情形中
穿越型	文字围绕着图形的环绕顶点(环绕顶点可以调整)，这种环绕样式产生的效果和表现出来的行为与“紧密型”环绕相似
上下型	实际上创建了一个与页边距等宽的矩形，文字位于图形的上方或下方，但不会在图形旁边，可将图形拖动到文档的任何位置。当图形在文档中最重要的地方时通常会使用这种环绕样式

3) 设置图片在页面上的位置

当所插入图片的文字环绕方式为非嵌入型时，通过设置图片在页面的相对位置，可以合理地根据文档类型布局图片，其操作步骤如下：

(1) 选中要进行设置的图片，打开“图片工具|格式”选项卡。

(2) 单击“排列”选项组中的“位置”按钮，在展开的下拉列表中选择某一位置布局方式，如图 6.62(a)所示。

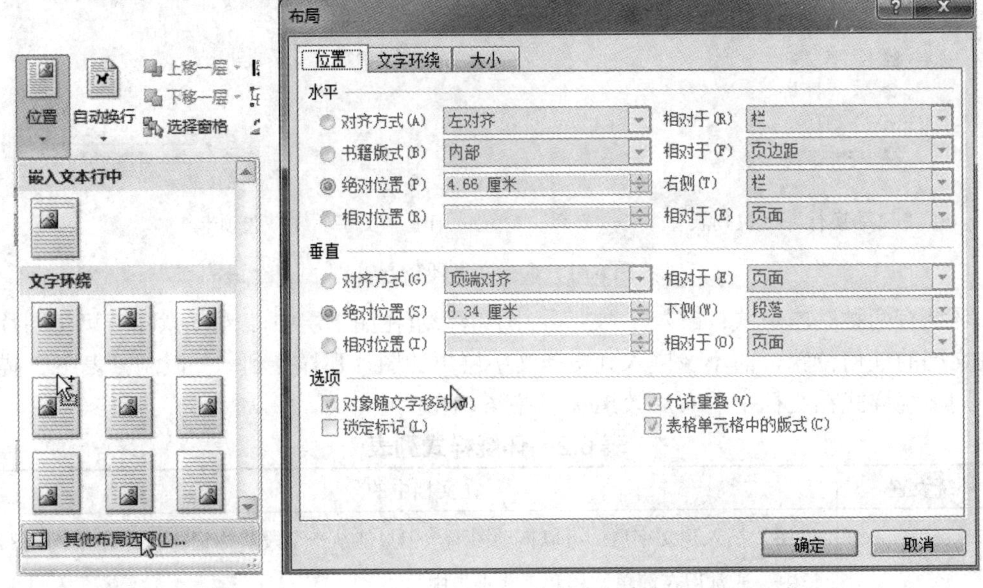

(a) “位置”下拉列表　　　　(b) “位置”选项卡

图 6.62　选择位置布局

(3) 可以在“位置”下拉列表中单击“其他布局选项”命令，打开如图 6.62(b)所示的“布局”对话框。在“位置”选项卡中根据需要设置“水平”“垂直”位置以及相关的选项。其中：

① 对象随文字移动。该设置将图片与特定的段落关联起来，使段落始终保持与图片显示在同一页面上。该设置只影响页面上的垂直位置。

② 锁定标记。该设置锁定图片在页面上的当前位置。

③ 允许重叠。该设置允许图形对象相互覆盖。

④ 表格单元格中的版式。该设置允许使用表格在页面上安排图片的位置。

4) 删除图片背景

插入到文档中的图片可能会因为背景颜色太深而影响阅读和输出效果，此时可以去除图片背景。删除图片背景的操作步骤如下：

① 选中要进行设置的图片，打开“图片工具|格式”选项卡。

② 单击“调整”选项组中的“删除背景”命令，此时在图片上出现遮幅区域。

③ 在图片上调整选择区域四周的控制柄，使要保留的图片内容浮现出来。调整完成后，在“背景消除”上下文选项卡中单击“保留更改”按钮，则指定图片的背景被删除，如图 6.63 所示。

图 6.63　消除图片的背景

5) 图片大小与裁剪图片

插入到文档中的图片大小可能不符合要求，这时需要对图片的大小进行处理。

(1) 图片缩放。单击选中所插入的图片，图片周围出现控制柄，用鼠标拖动图片边框上的控制柄可以快速调整其大小。如需对图片进行精确缩放，可以在“图片工具|格式”选项卡的“大小”选项卡中单击对话框启动器按钮，打开如图 6.64 所示的“布局”对话框中的“大小”选项卡。在“缩放”选项区域中，选中“锁定纵横比”复选框，然后设置“高度”和“宽度”的百分比即可更改图片的大小。

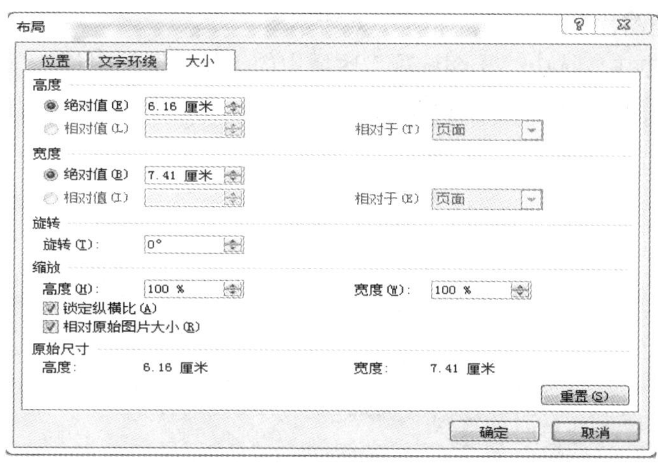

图 6.64　调整图片大小

(2) 裁剪图片。当图片中的某部分(如消除背景后出现的空白区域)多余时，可以将其裁剪掉。裁剪图片的操作方法如下：

① 选中要进行裁剪的图片，打开“图片工具|格式”选项卡。

② 单击“大小”选项组中的“裁剪”按钮，图片周围出现裁剪标记，拖动图片四周的裁剪标记，将图片调整到适当的大小。

③ 调整完成后，在图片外的任意位置单击或者按 Esc 键退出裁剪操作，此时在文档中只保留裁剪了多余区域的图片。

④ 如需裁剪出更加丰富的效果，可以单击“裁剪”按钮旁边的向下三角箭头，从打开的下拉列表中选择合适的命令后再进行裁剪。例如，选择“裁剪为形状”后可将图片按指定的形状进行剪裁，如图 6.65 所示。

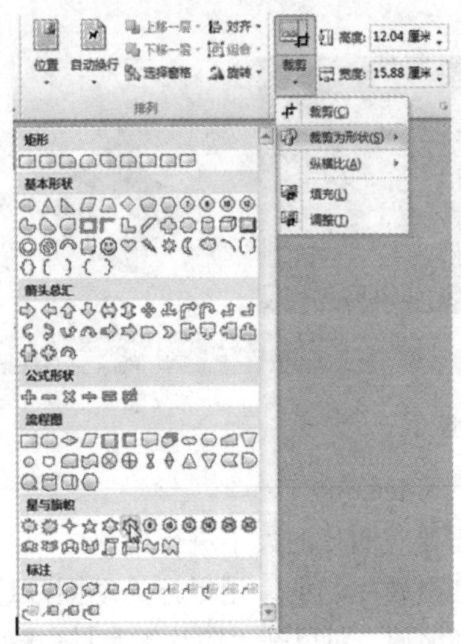

图 6.65　将图片裁剪为形状

⑤ 实际上，在裁剪完成后，图片的多余区域依然保留在文档中，只不过看不到而已。如果希望彻底删除图片中被裁剪掉的多余区域，可以单击“调整”选项组中的“压缩图片”按钮，打开“压缩图片”对话框，如图 6.66 所示。

⑥ 在该对话框中，选中“压缩选项”区域中的“仅用于此图片”“删除图片的剪裁区域”复选框，然后单击“确定”按钮即可完成操作。

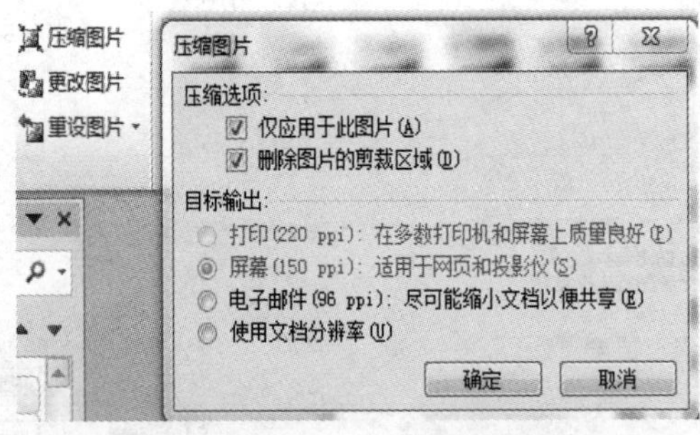

图 6.66　压缩图片以裁减多余区域

3. 绘制图形

Word 中的绘图是指一个或一组图形对象(包括形状、图表、流程图、线条和艺术字等)，可以直接选用相应工具在文档中绘制图形，并通过颜色、边框或其他效果对其进行设置。

1) 使用绘图画布

向 Word 文档插入图片、图形对象时，可以将图片、图形等对象放置在绘图画布中。绘图画布在绘图和文档的其他部分之间提供了一条框架式的边界。在默认情况下，绘图画布没有背景或边框，但是如同处理图形对象一样，可以对绘图画布进行格式设置。

绘图画布能够将绘图的各个部分组合起来，这在绘图是由若干个形状组成的情况下尤其有用。如果计划在插图中包含多个形状，或者希望在图片上绘制一些形状实现突出效果，最佳做法是先插入一个绘图画布，然后在绘图画布中绘制形状、组织图形图片。插入绘图画布的操作步骤如下：

① 将鼠标光标定位在要插入绘图画布的位置。

② 在“插入”选项卡上的“插图”选项组中，单击“形状”按钮。

③ 在弹出的下拉列表中执行“新建绘图画布”命令，然后会在文档中插入一幅绘图画布。

在绘图画布中可以绘制图形，也可以插入图片。插入绘图画布或绘制图形后，功能区中将自动出现如图 6.67 所示的“绘图工具 | 格式”选项卡，通过该选项卡可以对绘图画布以及图形进行格式设置。例如，在“绘图工具|格式”选项卡上的“形状样式”选项组中，通过“形状填充”“形状轮廓”“形状效果”按钮可以设置绘图画布的背景和边框；在“大小”选项组中可以精确设置绘图画布的大小。

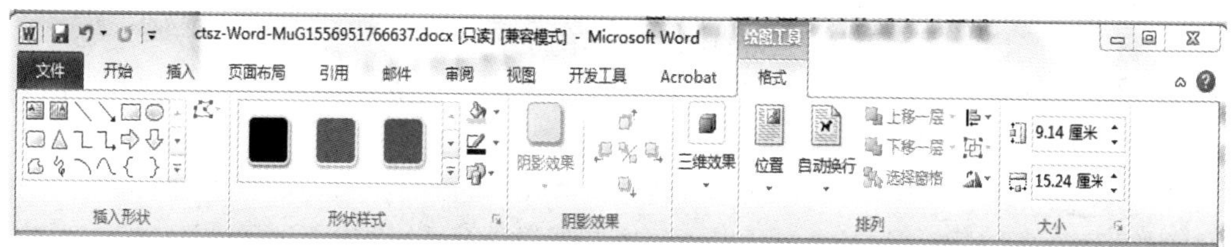

图 6.67 “绘图工具|格式”选项卡

2) 绘制图形

图形可以绘制在插入的绘图画布中，也可直接绘制在文档中指定的位置。绘制图形的基本方法如下：

① 打开“插入”选项卡，单击“插图”选项组中的“形状”按钮，打开“形状库”列表。

② “形状库”中提供了各种线条、基本形状、箭头、流程图、标注以及星与旗帜等形状。在该列表中单击选择需要的图形形状。

③ 在文档的绘图画布中或其他合适的位置拖动鼠标即可绘制图形，如图 6.68 所示。

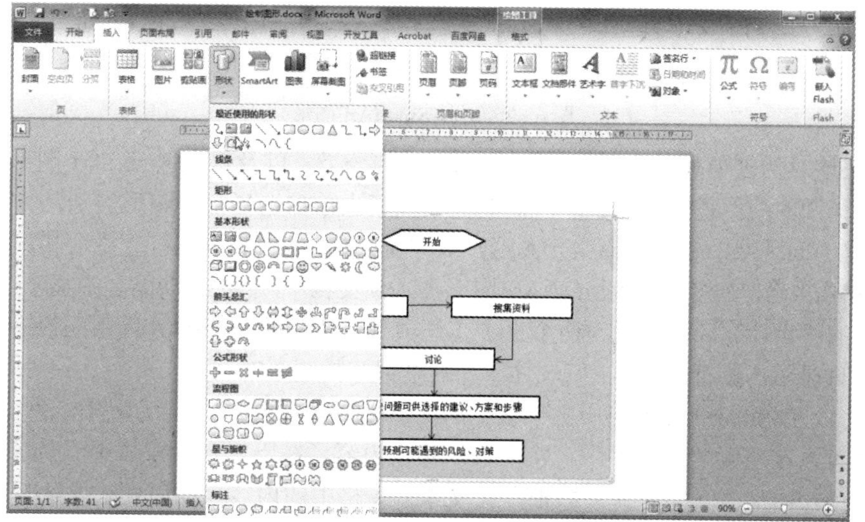

图 6.68 在绘图画布中绘制图形

④ 通过“绘图工具|格式”选项卡上的各个选项组中的功能，可以对选中的图形进行格式设置。例如，图形的大小、排列方式、颜色和形状以及在文本中的位置等，还可以对多个形状进行组合。

⑤ 如果需要删除整个绘图或部分绘图，可以选择绘图画布或要删除的图形对象，然后按 Delete 键。

提示　如果需要在各个图形之间使用连接符，使得连接线随着图形的移动而变化，则应在绘图画布中创建图形，并使用“线条”下的不同连接符将它们连接起来。

4. 使用 SmartArt 图形

单纯的文字总是令人难以记忆，如果能够将文档中的某些理念以图形方式展现出来，就能够大大促进阅读者对相关理念的理解与记忆。在 Microsoft Office 2010 中，SmartArt 图形功能可以使单调乏味的文字以美轮美奂的效果呈现在读者面前，令人印象深刻。添加 SmartArt 图形的基本方法如下。

① 将鼠标光标定位在要插入 SmartArt 图形的位置。

② 打开“插入”选项卡，在“插图”选项组中单击“SmartArt”按钮，打开如图 6.69 所示的“选择 SmartArt 图形”对话框。

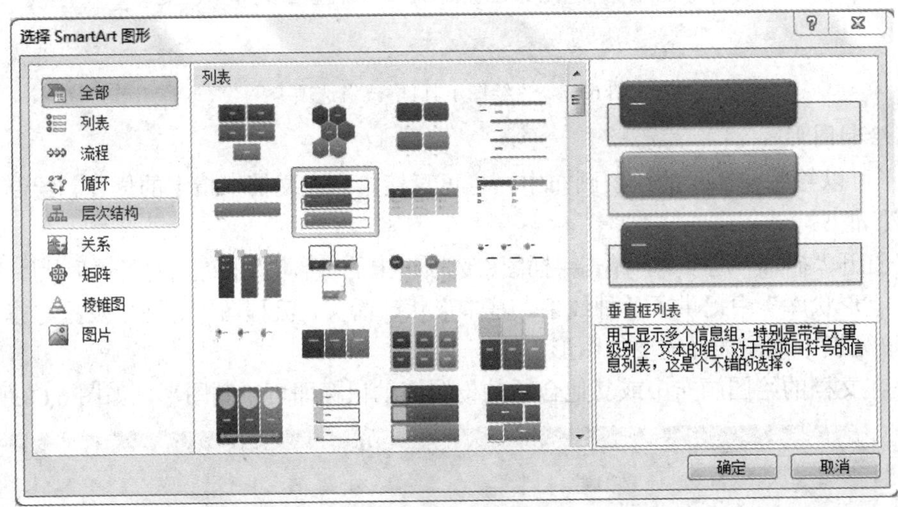

图 6.69　选择 SmartArt 图形

③ 在该对话框中列出了所有 SmartArt 图形的分类，以及每个 SmartArt 图形的外观预览效果和详细的使用说明信息。从左侧的类别列表中单击选择某一图形类别，如“列表”。

④ 在中间区域中单击选择某一图形，如“垂直框列表”，右侧将会显示其预览效果。

⑤ 单击“确定”按钮，将 SmartArt 图形插入到文档中。同时，功能区中显示“SmartArt 工具”下的“设计”和“格式”两个上下文选项卡。此时的 SmartArt 图形还没有具体的信息，是个只显示占位符文本(如“[文本]”)的框架，如图 6.70 所示。

⑥ 可以在 SmartArt 图形中各形状上的文字编辑区域内直接输入所需信息替代占位符文本，也可以在左侧的“文本”窗格中输入所需内容。在“文本”窗格中添加和编辑内容时，SmartArt 图形会自动更新，即根据“文本”窗格中的内容自动添加或删除形状。

提示　如果看不到“文本”窗格，则可以在“SmartArt 工具”中的“设计”选项卡上，单击“创建图形”选项组中的“文本”窗格按钮，以显示出该窗格。或者单击 SmartArt 图形左侧的“文本”窗格控件将该窗格显示出来。

⑦ 通过“SmartArt 工具 | 设计”和“SmartArt 工具 | 格式”两个选项卡，可以对插入的 SmartArt 图形在弹出的下拉列表中选择适当的颜色，为 SmartArt 图形应用新的颜色搭配效果，如图 6.71 所示。

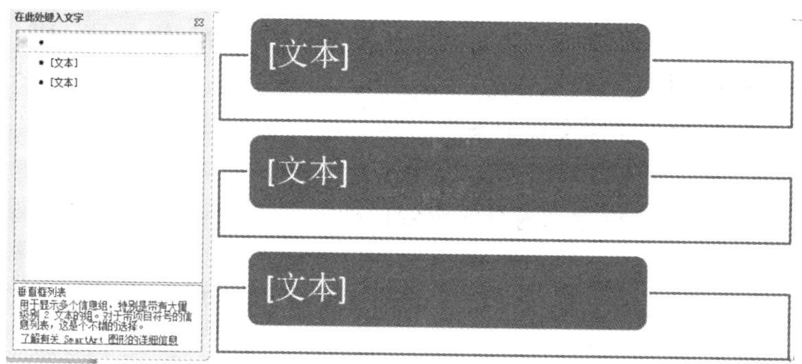

图 6.70　插入文档中的 SmartArt 图形框架

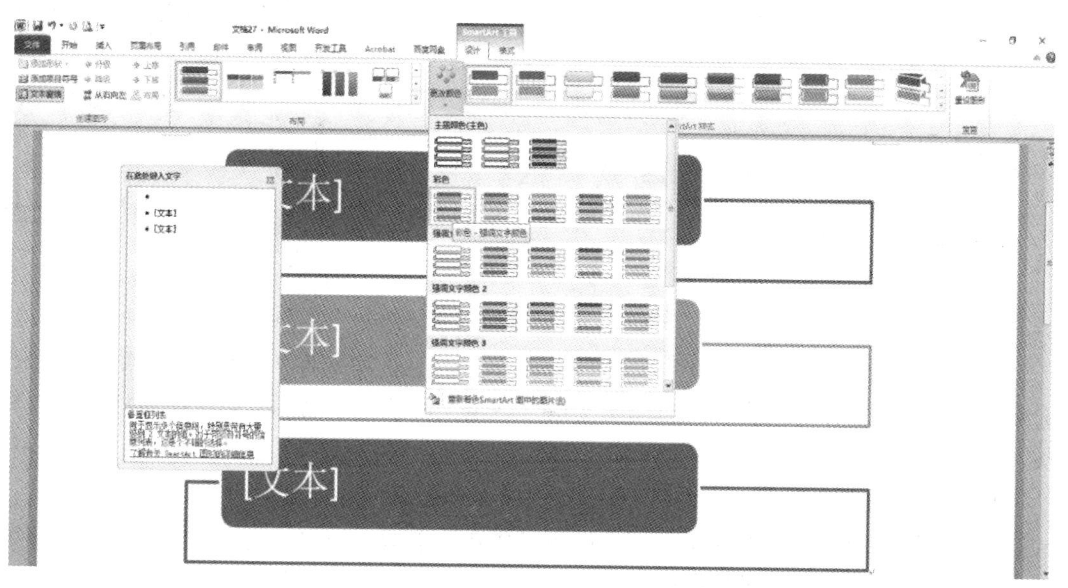

图 6.71　为 SmartArt 图形更改颜色搭配效果

6.2.5　在文档中插入其他内容

除了文字、表格、图片之外，在 Word 文档中还可以插入很多其他对象，例如文档部件、文本框、图表等。多种多样的信息汇总和排列，可令文档的内容丰富，表现力卓越。

1. 构建并使用文档部件

文档部件实际上就是对某一段指定文档内容(文本、图片、表格、段落等文档对象)的封装手段，也可以单纯地将其理解为对这段文档内容的保存和重复使用，这为在文档中共享已有的设计或内容提供了高效手段。文档部件包括自动图文集、文档属性(如标题和作者)

以及域等。

1) 自动图文集

自动图文集是可以重复使用、存储在特定位置的构建基块，是一类特殊的文档部件。如果需要在文档中反复使用某些固定内容，就可将其定义为自动图文集词条，并在需要时引用。

① 首先在文档中输入需要定义为自动图文集词条的内容，如公司名称、通信地址、邮编、电话等组成的联系方式即可以作为一组词条，可对其进行适当的格式设置。

② 选择需要定义为自动图文集词条的内容。

③ 打开“插入”选项卡，单击“文本”选项组中的“文档部件”按钮，从下拉列表中选择“自动图文集”下的“将所选内容保存到自动图文集库”命令，打开“新建构建基块”对话框，如图 6.72 所示。

④ 输入词条名称，设置其他属性后，单击“确定”按钮。

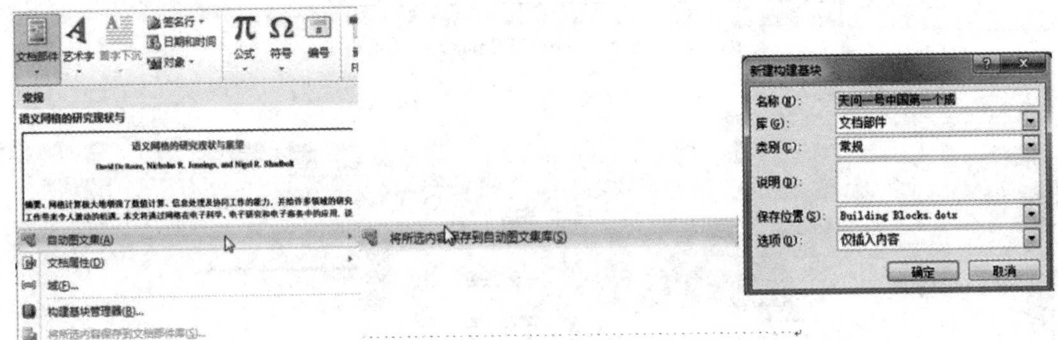

图 6.72　定义自动图文集词条

⑤ 在文档中需要插入自动图文集词条的位置单击，依次选择“插入”选项卡→“文本”选项组→“文档部件”按钮→“自动图文集”→定义好的词条名称，即可快速插入相关词条内容。

2) 文档属性

文档属性包含当前正在编辑文档的标题、作者、主题、摘要等文档信息。这些信息可以在“文件”后台视图中进行编辑和修改。

(1) 设置文档属性的操作方法如下：

① 打开需要设置文档属性的 Word 文档。

② 单击“文件”选项卡，打开 Office 后台视图。

③ 从左侧列表中单击“信息”命令，在右侧的属性区域中进行各项文档属性设置。例如，在“标题”右侧区域中单击进入编辑状态，即可修改标题属性，如图 6.73 所示。

(2) 调用文档属性的操作方法如下：

① 在文档中需要插入文档属性的位置单击鼠标。

② 打开“插入”选项卡，单击“文本”选项组中的“文档部件”按钮，从下拉列表中选择“文档属性”。

③ 从“文档属性”列表中选择所需的属性名称即可将其插入到文档中，如图 6.74

所示。

④ 在插入文档中的“文档属性”框中可以修改属性内容，该修改可同步反映到后台视图的属性信息。

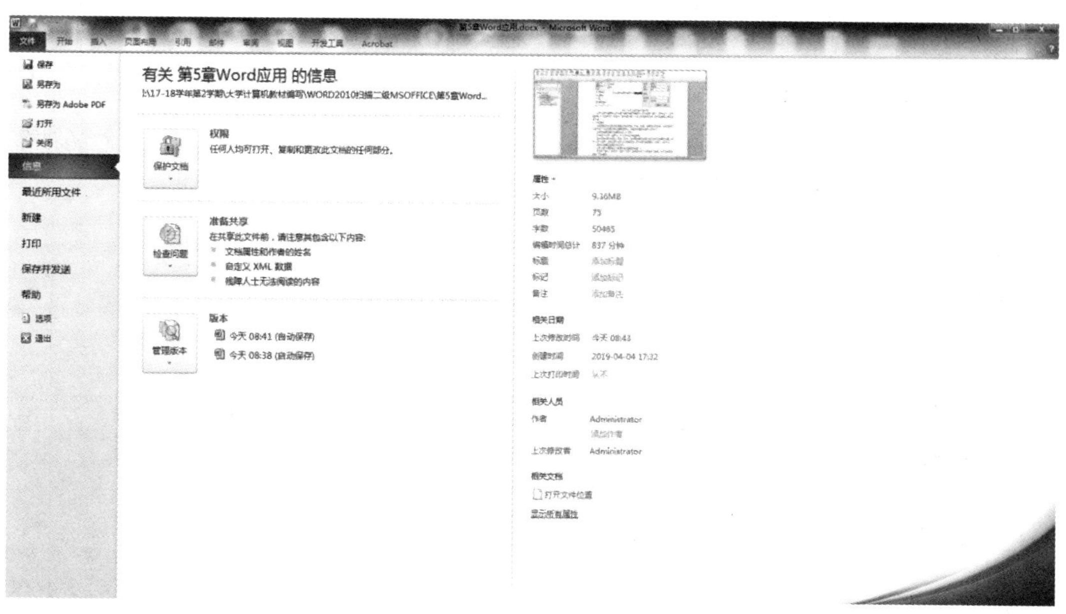

图 6.73　编辑修改文档的属性

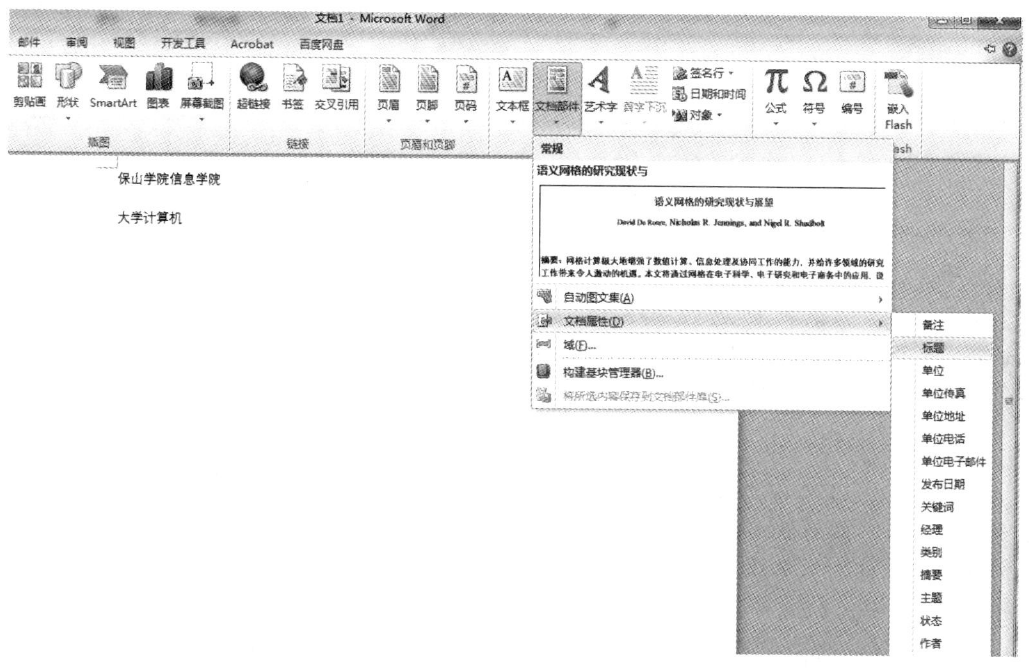

图 6.74　在文档中插入文档属性并修改

3) 插入域

域是一组能够嵌入文档中的指令代码，其在文档中体现为数据的占位符。域可以提供

自动更新的信息，如时间、标题、页码等。在文档中使用特定命令时，如插入页码、插入封面等文档构建基块时或者创建目录时，Word 会自动插入域。必要时，还可以手动插入域，以自动处理文档外观。例如，当需要在一个包含多个章节的长文档的页眉处自动插入每章的标题内容时，可以通过手动插入域来实现。

手动插入域的操作方法如下：

(1) 在文档中需要插入域的位置单击鼠标。

(2) 打开“插入”选项卡，单击“文本”选项组中的“文档部件”按钮，打开下拉列表。

(3) 从下拉列表中选择“域”命令，打开如图 6.75 所示的“域”对话框。

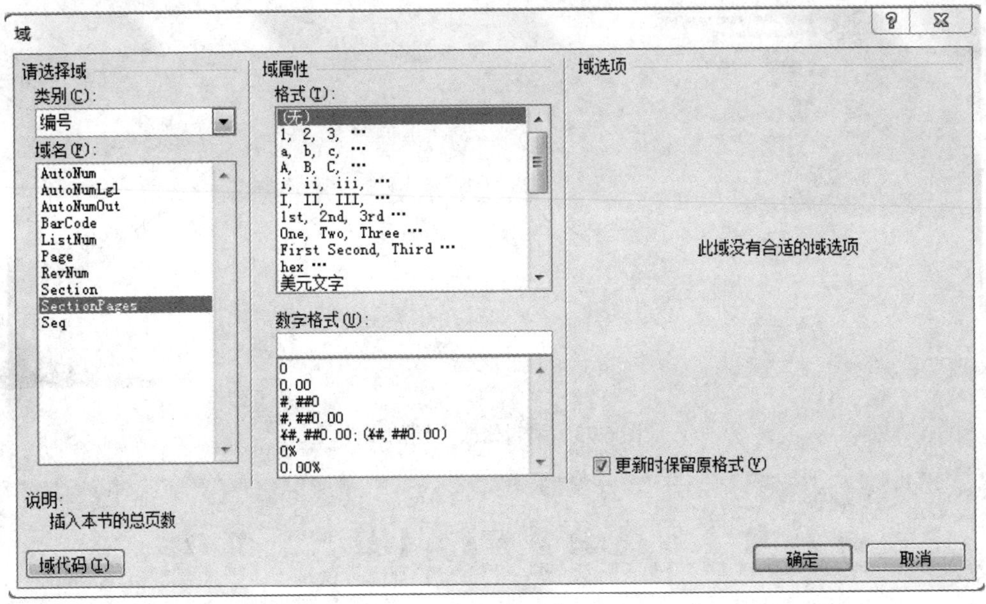

图 6.75　“域”对话框

(4) 选择类别、域名，必要时设置相关域属性后，单击“确定”按钮。在对话框的“域名”区域下方显示有对当前域功能的简单说明。

提示　在插入的域上单击鼠标右键，利用快捷菜单可以实现切换域代码、更新域、编辑域等操作。另外，还可以通过按快捷组合键实现相关操作，如按 F9 可以更新域，按 Alt + F9 可以切换域代码，按 Ctrl + Shift + F9 可以将域转换为普通文本等。

4) 自定义文档部件

要将文档中已经编辑好的某一部分内容保存为文档部件并可以反复使用该文件，可自定义文档部件，其方法与自定义自动图文集相类似。例如，一个产品销量的表格框架很有可能在撰写其他同类文档时会再次被使用，此时就可以将其定义为一个文档部件。具体操作步骤如下：

① 在文档中编辑需要保存为文档部件的内容并进行格式化，然后选中该部分内容。

② 打开“插入”选项卡，单击“文本”选项组中的“文档部件”按钮。

③ 从下拉列表中执行“将所选内容保存到文档部件库”命令，打开“新建构建基块”对话框，如图 6.76 所示。

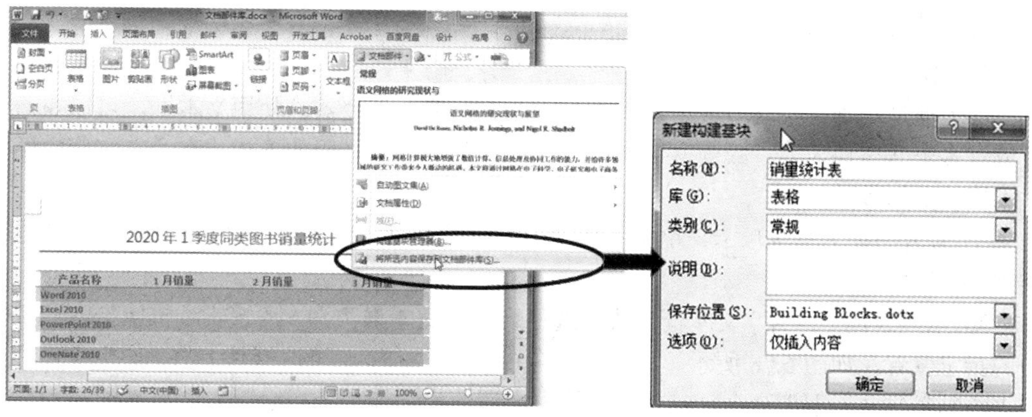

图 6.76　在“新建构建基块”对话框中创建文档部件

④ 输入文档部件的名称，并在“库”类别下拉列表中指定其存储的部件库，如选择“表格”。

⑤ 单击“确定”按钮，完成文档部件的创建工作。

⑥ 打开或新建另外一个文档，将光标定位在要插入文档部件的位置，依次选择“插入”选项卡→“文本”选项组→“文档部件”按钮→“构建基块管理器”命令，打开如图 6.77 所示的“构建基块管理器”对话框。从“构建基块”列表中选择新建的文档部件，单击“插入”按钮，即可将其直接重用在文档中。

如果需要删除自定义的文档部件，只需要在图 6.77 所示的“构建基块管理器”对话框中选中该部件，然后单击“删除”按钮即可。

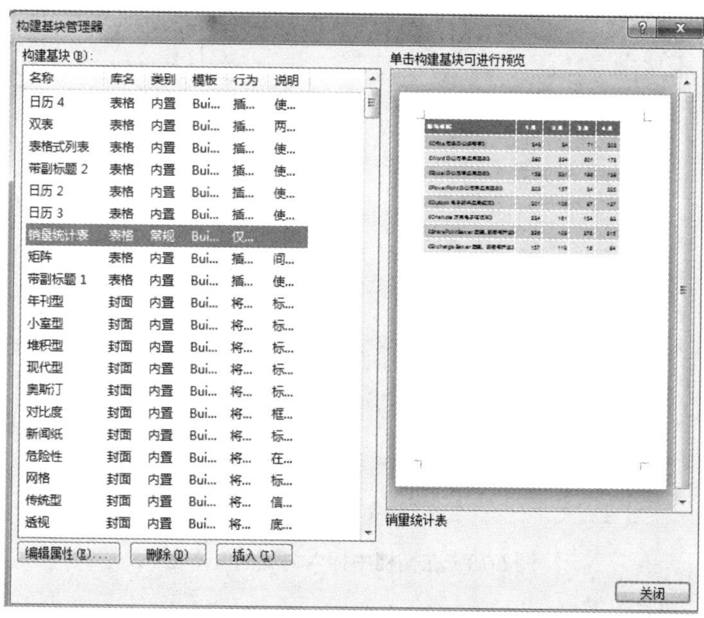

图 6.77　“构建基块管理器”对话框

2. 插入其他对象

文本框、图表、艺术字、首字下沉效果是中文排版过程中经常用到的功能，这些功能

的使用可以使得文档内容更丰富、外观更漂亮、版面更清晰。

1) 使用文本框

文本框是一种可移动位置、可调整大小的文字或图形容器。使用文本框，可以在一页上放置多个文字块内容，或使文字按照与文档中其他文字不同的方式排布。在文档中插入文本框的操作步骤如下：

① 打开“插入”选项卡，单击“文本”选项组中的“文本框”按钮，弹出可选文本框类型下拉列表。

② 从列表的“内置”文本框样式中选择合适的文本框类型，所选文本框即插入到文档中的指定位置，如图 6.78 所示。如果需要自由定制文本框，可选择其中的“绘制文本框”或“绘制竖排文本框”命令，然后在文档中合适的位置拖动鼠标绘制一个文本框。

③ 可直接在文本框中输入内容并进行编辑。

④ 利用“绘图工具 | 格式”选项卡上的各类工具，可对文本框及其中的内容进行设置。其中，通过“文本”组中的“创建链接”按钮，可在两个文本框之间建立链接关系，使得文本在其间自动传递。

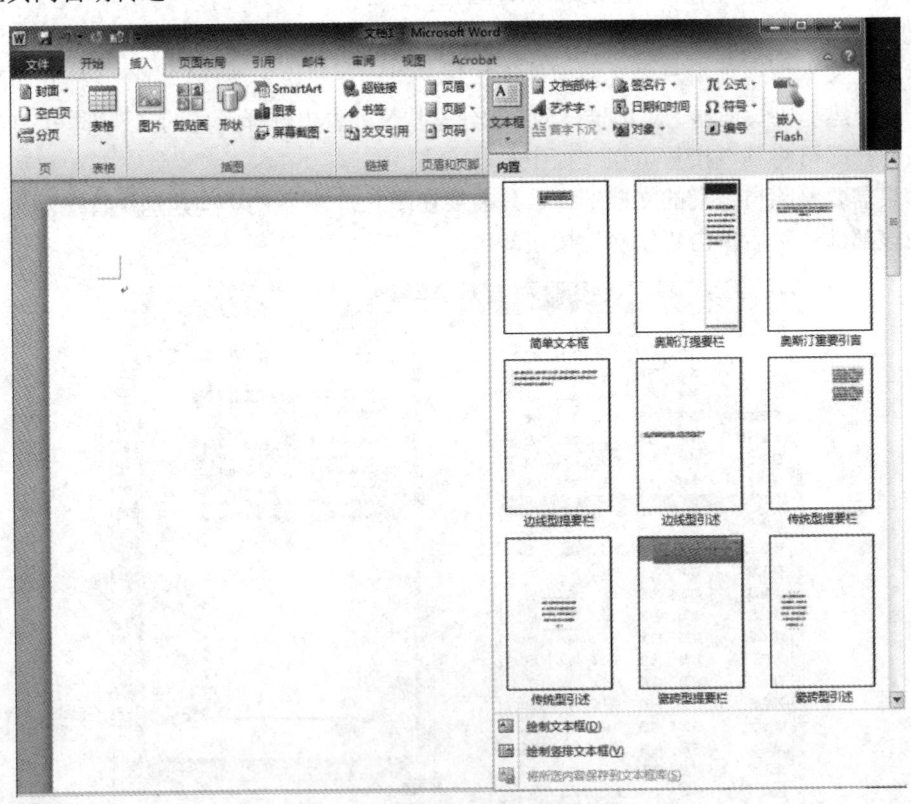

图 6.78　在文档中插入内置的文本框

2) 插入文档封面

专业的文档要配以漂亮的封面才会更加完美，Word 2010 内置的“封面库”提供了充足的选择空间，无须为设计漂亮的封面而大费周折。为文档添加专业封面的操作步骤如下：

① 打开“插入”选项卡，单击“页”选项组中的“封面”按钮，打开系统内置的“封

面库”列表。

② “封面库”中以图示的方式列出了许多文档封面。单击其中某一封面类型，例如“奥斯汀”，所选封面自动插入到当前文档的第一页中，现有的文档内容会自动后移，如图 6.79 所示。

图 6.79 选择文档封面并插入到文档中

③ 单击封面中的内容控件框，例如“摘要”“标题”“作者”等，在其中输入或修改相应的文字信息并进行格式化，一个漂亮的封面就制作完成了。

若要删除已插入的封面，可以在“插入”选项卡的“页”选项组上单击“封面”按钮，然后在弹出的下拉列表中执行“删除当前封面”命令。

如果自行设计了符合特定需求的封面，也可以通过执行“插入”选项卡→“页”选项组→“封面”按钮→“将所选内容保存到封面库”命令，将其保存到封面库中以备下次使用。

3) 插入艺术字

以艺术字的效果呈现文本，可以有更加亮丽的视觉效果。在文档中插入艺术字的操作方法如下：

① 在文档中选择需要添加艺术字效果的文本，或者将光标定位于需要插入艺术字的位置。

② 打开“插入”选项卡，单击“文本”选项组中的“艺术字”按钮，打开艺术字样式列表。

③ 从列表中选择一个艺术字样式，即可在当前位置插入艺术字文本框，如图 6.80 所示。

④ 在艺术字文本框中编辑或输入文本。通过“绘图工具 | 格式”选项卡上的各项工具，可对艺术字的形状、样式、颜色、位置及大小进行设置。

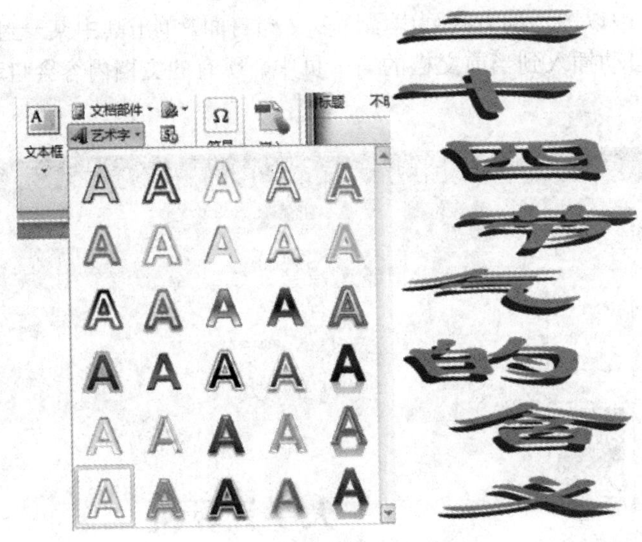

图 6.80　在文档中插入艺术字

4) 首字下沉

可以设置文档段落的首字呈现下沉效果，以起到突出显示的作用，其操作步骤如下：

① 选择需要设置下沉效果的文本，可以包含两个字。

② 在“插入”选项卡上的“文本”组中单击“首字下沉”按钮，从下拉列表中选择下沉样式。

③ 单击其中的“首字下沉”命令，打开“首字下沉”对话框，可以进行详细设置，如6.81 所示。

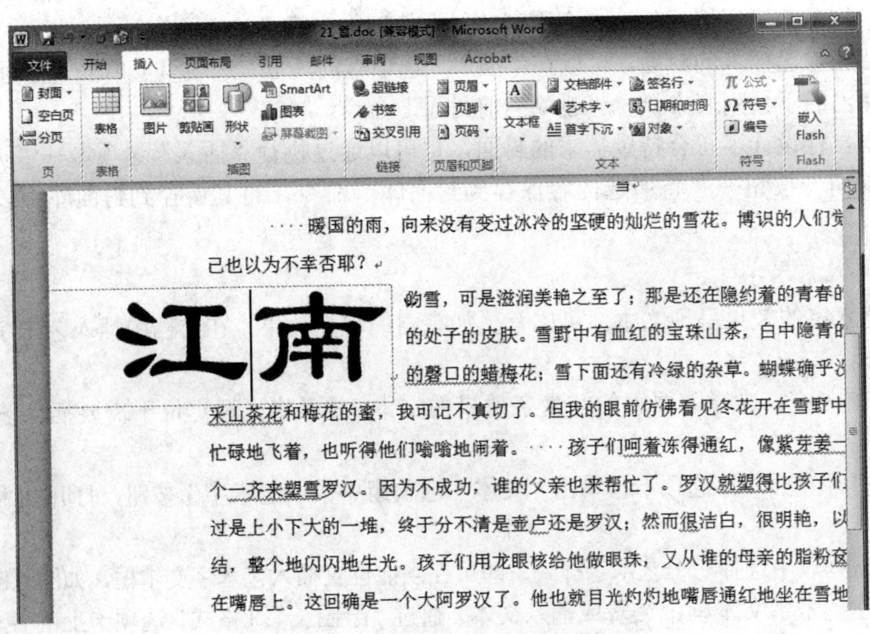

图 6.81　设置首字下沉效果

5) 插入图表

图表可对文档中的数据图示化，增强文档可读性。在文档中制作图表的操作方法如下：

① 在文档中将光标定位于需要插入图表的位置。

② 打开“插入”选项卡，单击“插图”选项组中的“图表”按钮，打开如图 6.82 所示的“插入图表”对话框。

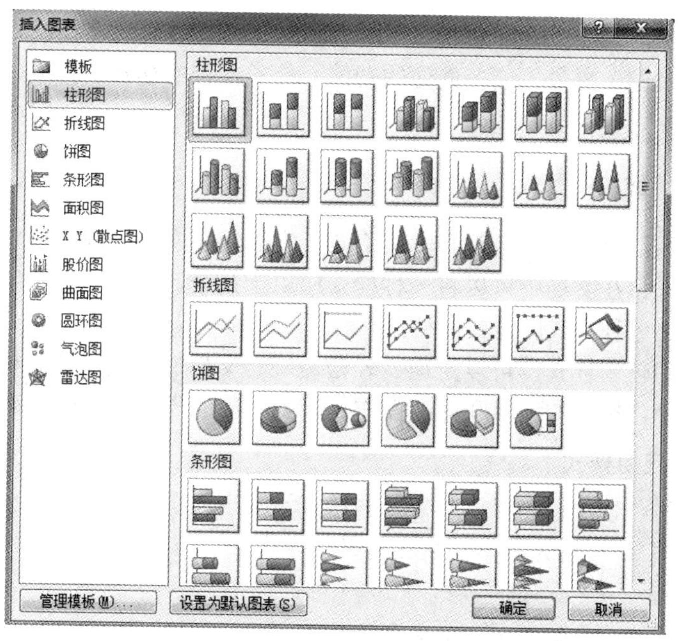

图 6.82　“插入图表”对话框

③ 选择合适的图表类型，如“柱形图”，单击“确定”按钮，自动进入 Excel 工作表窗口。

④ 在指定的数据区域中输入生成图表的数据源，拖动数据区域的右下角可以改变数据区域的大小。同时 Word 文档中显示相应的图表，如图 6.83 所示。

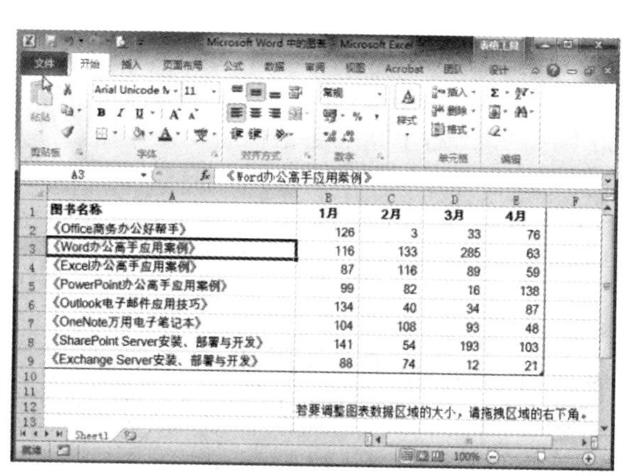

图书名称	1月	2月	3月	4月
《Office商务办公好帮手》	126	3	33	76
《Word办公高手应用案例》	116	133	285	63
《Excel办公高手应用案例》	87	116	89	59
《PowerPoint办公高手应用案例》	99	82	16	138
《Outlook电子邮件应用技巧》	134	40	34	87
《OneNote万用电子笔记本》	104	108	93	48
《SharePoint Server安装、部署与开发》	141	54	193	103
《Exchange Server安装、部署与开发》	88	74	12	21

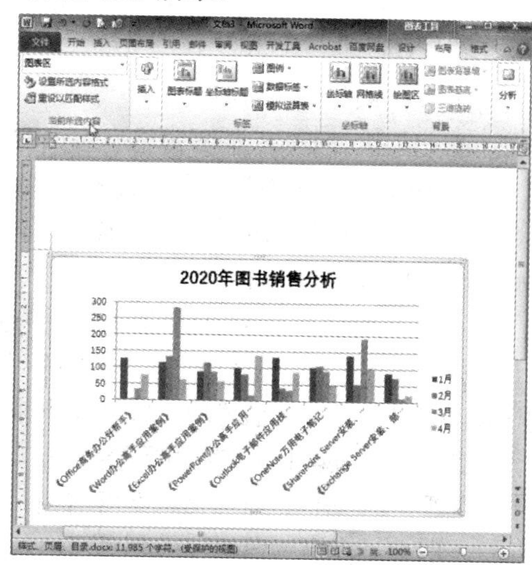

图 6.83　在 Word 文档中插入图表

⑤ 先退出 Excel，然后在 Word 文档中通过“图表工具”下的“设计”“布局”和“格式”三个选项卡对插入的图表进行各项设置。

6.3 长文档的编辑与管理

制作专业的文档除了使用常规的页面内容和美化操作外，还需要注重文档的结构以及排版方式。Word 2010 提供了诸多简便的功能，使长文档的编辑、排版、阅读和管理更加轻松自如。

6.3.1 定义并使用样式

样式是指一组已经命名的字符和段落格式，它规定了文档中标题、正文以及要点等各个文本元素的格式。在文档中可以将一种样式应用于某个选定的段落或字符，以使所选定的段落或字符具有这种样式所定义的格式。

通过在文档中使用样式，可以迅速、轻松地统一文档的格式；辅助构建文档大纲以使内容更有条理；简化格式的编辑和修改操作等，并且借助样式还可以自动生成文档目录。

1. 在文档中应用样式

在编辑文档时，使用样式可以省去一些格式设置上的重复性操作。利用 Word 2010 提供的“快速样式库”，可以为文本快速应用某种样式。

1) 快速样式库

利用“快速样式库”应用样式的操作步骤如下：

① 在文档中选择要应用样式的文本段落，或将光标定位于某一段落中。

② 在“开始”选项卡上的“样式”选项组中，单击“其他”按钮，打开如图 6.84(a)所示的“快速样式库”下拉列表。

③ 在“快速样式库”下拉列表中的各种样式之间轻松滑动鼠标，所选文本就会自动呈现出当前样式应用后的视觉效果。单击某一样式，该样式所包含的格式就会被应用到当前所选文本中。

2) “样式”任务窗格

通过使用“样式”任务窗格也可以将样式应用于选中文本段落，操作步骤如下：

① 在文档中选择要应用样式的文本段落，或将光标定位于某一段落中。

② 在“开始”选项卡上的“样式”选项组中，单击右下角的对话框启动器按钮，打开如图 6.84(b)所示的“样式”任务窗格。

③ 在“样式”任务窗格的列表框中选择某一样式，即可将该样式应用到当前段落中。

在“样式”任务窗格中选中下方的“显示预览”复选框方可看到样式的预览效果，否则所有样式只以文字描述的形式列举出来。

提示　在 Word 提供的内置样式中，标题 1、标题 2、标题 3 等标题样式在创建目录、按大纲级别组织和管理文档时非常有用。通常情况下，在编辑一篇长文档时，建议将各级标题分别赋予内置标题样式，然后可对标题样式进行适当修改以适应格式需求。

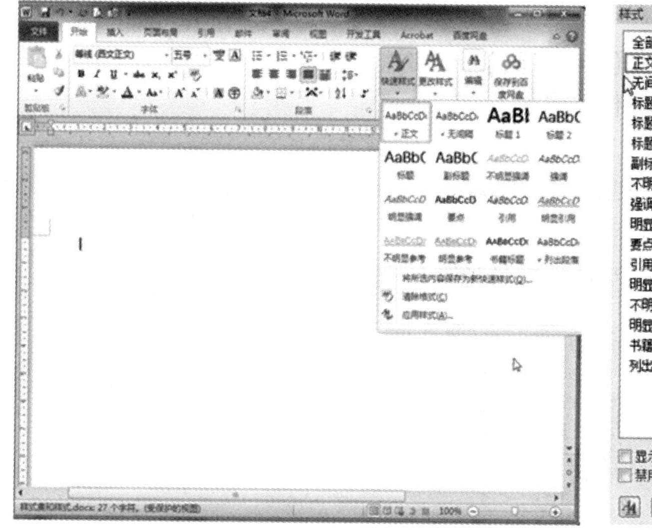

(a) “快速样式”库

(b) “样式”任务窗格

图 6.84　应用样式

3) 样式集

除了单独为选定的文本或段落设置样式外，Word 2010 内置了许多经过专业设计的样式集，而每个样式集都包含了一整套可应用于整篇文档的样式组合。只要选择了某个样式集，其中的样式组合就会自动应用于整篇文档，从而实现一次性完成文档中的所有样式设置。应用样式集的操作方法如下：

① 首先为文档中的文本应用 Word 内置样式，如标题文本应用内置标题样式。

② 在“开始”选项卡上的“样式”选项组中，单击“更改样式”按钮。

③ 从下拉列表中选择“样式集”命令，打开如图 6.85 所示的样式集列表，从中单击选择某样式集，如“流行”，该样式集中包含的样式设置就会应用于当前文档中已应用了内置标题样式正文样式的文本。

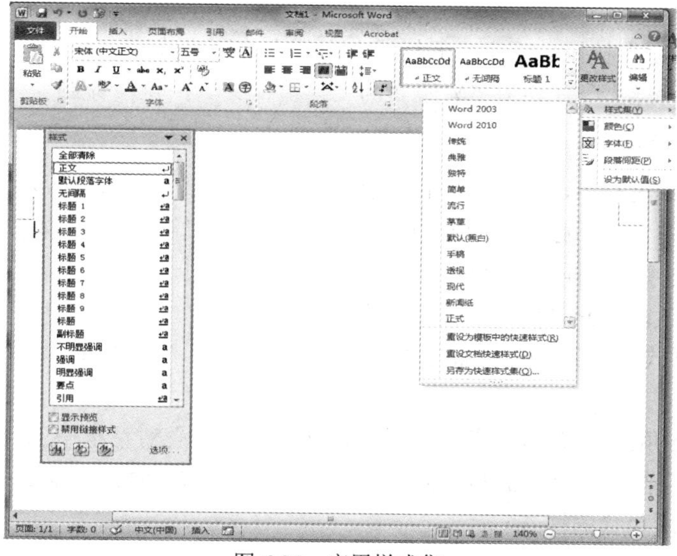

图 6.85　应用样式集

2. 创建新样式

可依据现在的文本格式创建新样式，也可以直接定义新样式。依据已有文本格式创建一个全新的自定义样式的操作方法如下：

① 首先对文档中某一文本或段落进行格式设置。

② 选中已经完成格式定义的文本或段落，并在所选内容中单击鼠标右键，在如图6.86(a)所示的快捷菜单中执行“样式”→“将所选内容保存为新快速样式”命令。

③ 打开如图 6.86(b)所示的“根据格式设置创建新样式”对话框，在“名称”文本框中输入新样式的名称，例如“一级标题”。

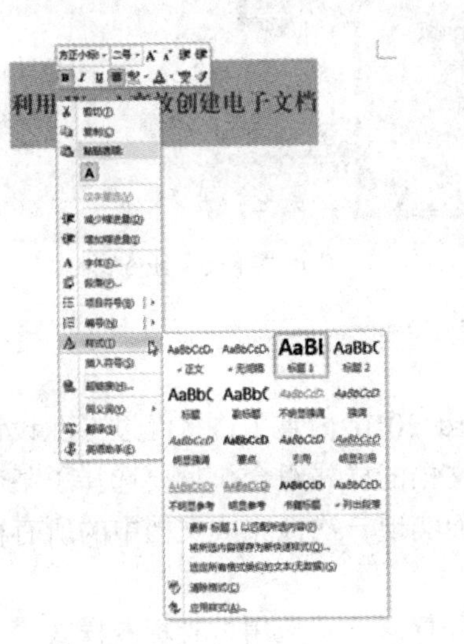

(a) 右键快捷菜单

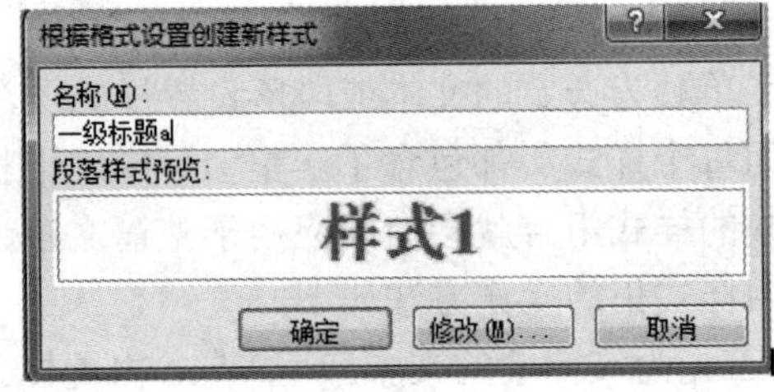

(b) “根据格式设置创建新样式”对话框

图 6.86　将所选内容中包含的格式保存为新快速样式

④ 单击“修改”按钮，打开“修改样式”对话框，在该对话框中可对样式的类型及格式进一步修改。

⑤ 单击“确定”按钮，新定义的样式会出现在快速样式库中以备调用。

提示　单击“样式”任务窗格左下角的“创建样式”按钮，可以直接创建新样式。

3. 复制并管理样式

在编辑文档的过程中，如果需要使用其他模板或文档的样式，可以将其复制到当前的活动文档或模板中，而不必重复创建相同的样式。复制与管理样式的操作步骤如下：

① 打开需要接收新样式的目标文档，在“开始”选项卡上的“样式”选项组中，单击对话框启动器按钮，打开“样式”任务窗格。

② 单击“样式”任务窗格底部的“管理样式”按钮，打开“管理样式”对话框，如图6.87 所示。

③ 单击左下角的“导入/导出”按钮，打开“管理器”对话框中的“样式”选项卡。在该对话框中，左侧区域显示的是当前文档中所包含的样式列表，右侧区域显示的是 Word 默认文档模板中所包含的样式。

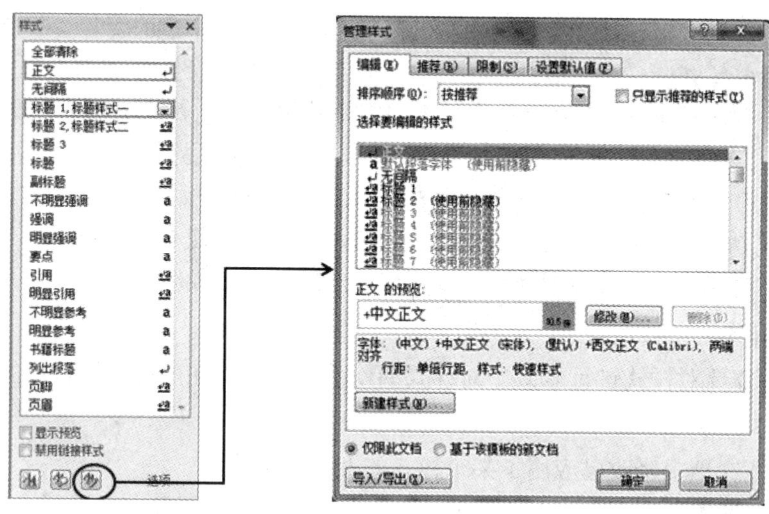

图6.87　打开“管理样式”对话框

④ 此时，可以看到右边的“样式的有效范围”下拉列表框中显示的是“Normal.dotm(共用模板)”，而不是包含有需要复制到目标文档样式的源文档。为了改变源文档，单击右侧的“关闭文件”按钮，原来的“关闭文件”按钮就会变成“打开文件”按钮，如图6.88所示。

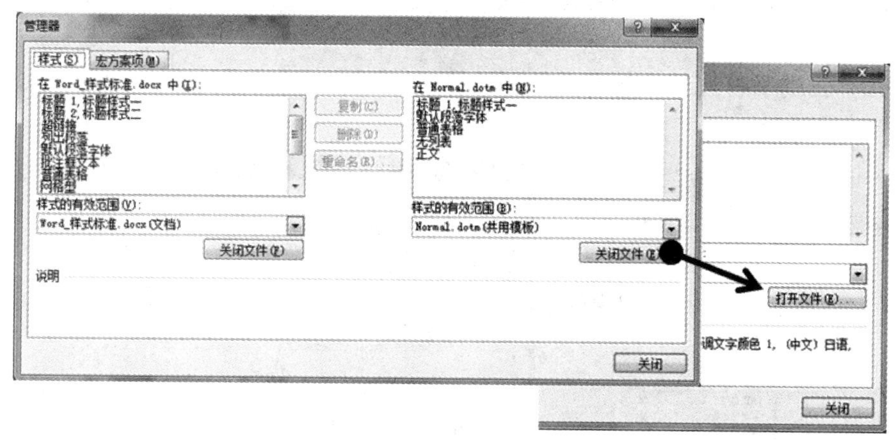

图6.88　“管理器”对话框中的“样式”选项卡

⑤ 单击“打开文件”按钮，打开“打开”对话框。

⑥ 在“文件类型”下拉列表中选择“所有 Word 文档”，找到并选择包含需要复制到目标文档样式的源文档后，单击“打开”按钮将源文档打开。

⑦ 选中右侧样式列表中所需要的样式类型，然后单击“复制”按钮，即可将选中的样式复制到左侧的当前目标文档中。

⑧ 单击“关闭”按钮，结束操作。此时就可以在当前文档的“样式”任务窗格中看到已添加的新样式了。

在复制样式时，如果目标文档或模板已经存在相同名称的样式，Word会给出提示，可以决定是否要用复制的样式来覆盖现有的样式。如果既想要保留现有的样式，同时又想将其他文档或模板的同名样式复制出来，则可以在复制前对样式进行重命名。

提示　实际上，也可以将左边的文件设置为源文件，将右边的文件设置为目标文件。在源文件中选中样式时，可以看到中间的“复制”按钮上的箭头方向发生了变化，从右指向左就变成了从左指向右，实际上箭头的方向就是从源文件到目标文件的方向。这就是说，在执行复制操作时，既可以把样式从左边打开的文档或模板中复制到右边的文档或模板中，也可以从右边打开的文档或模板中复制到左边的文档或模板中。

在图 6.89 所示的“管理样式”对话框中，还可以对样式进行其他管理，如新建或修改新样式、删除新样式、改变排列顺序、设置样式的默认格式等。

4. 修改样式

可以根据需要对样式进行修改。对样式的修改将会反映在所有应用该样式的段落中。

1) *在文本中修改*

① 首先在文档中修改已应用了某个样式的文本的格式。

② 选中该文本段落，在其上单击鼠标右键，从弹出的快捷菜单中选择“样式”→“更新 xx 以匹配所选内容”命令，其中“xx”为样式名称。新格式将会应用到当前样式中。

2) *在样式中修改*

① 在“开始”选项卡上的“样式”选项组中，单击对话框启动器按钮打开“样式”任务窗格。

② 将光标指向“样式”任务窗格中需要修改的样式名称，单击其右侧的向下三角箭头按钮。

③ 从弹出的下拉列表中选择“修改”命令，打开“修改样式”对话框，如图 6.89 所示。

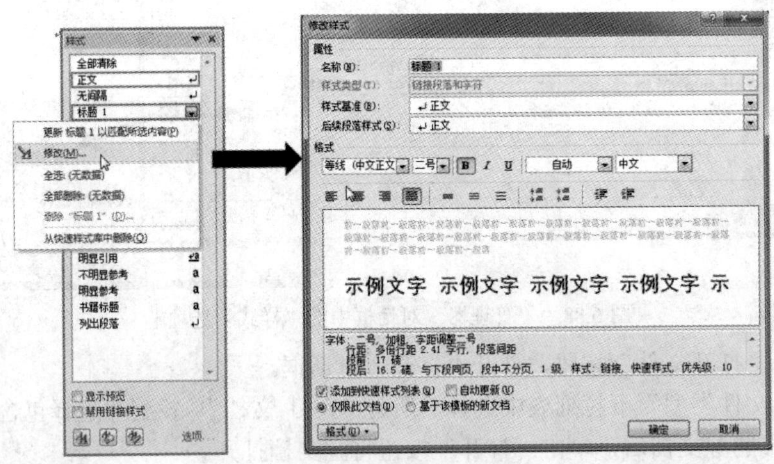

图 6.89　修改样式

④ 在该对话框中，可重新定义样式基准和后续段落样式。单击左下角的“格式”按钮，可分别对该样式的字体、段落、边框、编号、文字效果、快捷键等进行重新设置。

⑤ 修改完毕，单击“确定”按钮。对样式的修改将会立即反映到所有应用该样式的文本段落中。

【例 6-6】　为案例文档应用并修改样式。

打开案例素材文档“修改样式.docx”，为文中以红色字体标出的段落“第一章”“第二

章”……“第十二章”应用内置样式“标题 1”，然后将样式“标题 1”的格式修改为：字体为华文中宋、三号黑色，段落居中对齐、单倍行距、段前 12 磅、段后 6 磅，始终与下段同页。

① 在“第一章总则”所在的段落上单击鼠标右键，从弹出的快捷菜单中选择“样式”→“选择格式相似的文本”命令，选中文档中所有红色字体段落，如图 6.90(a)所示。

② 在“开始”选项卡上的“样式”组中，从样式库中选择“标题 1”，将该样式应用于所选段落。

③ 选中“第一章总则”所在的段落，通过“开始”选项卡上“字体”组中的相关工具将其字体设为华文中宋、三号、颜色为黑色；在“段落”对话框的“缩进和间距”选项卡中按照要求设置对齐方式和段落间距，其中可在“段后”文本框中直接输入“6 磅”；在“段落”对话框的“换行和分页”选项卡中勾选“与下段同页”复选框。

④ 保证“第一章总则”所在的段落仍处于选中状态，在“开始”选项卡上的“样式”组中单击右下角的对话框启动器按钮打开“样式”任务窗格；在“样式”任务窗格中单击“标题 1”右侧的黑色三角箭头，从下拉列表中选择“更新标题 1 以匹配所选内容”，将更新“标题 1”的格式并应用到所有相关段落，如图 6.90(b)所示。

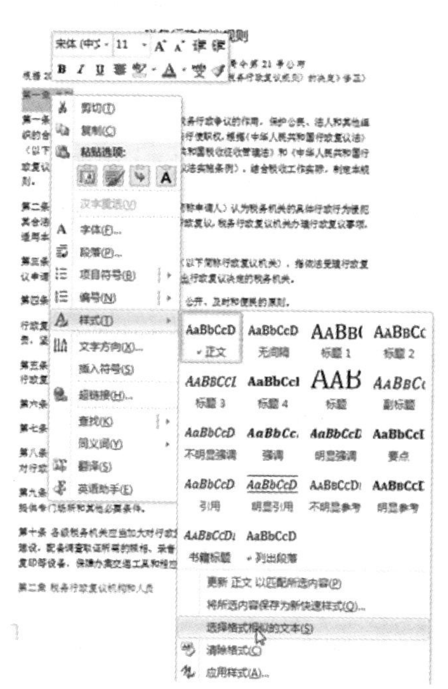

(a) 选择格式相似的文本

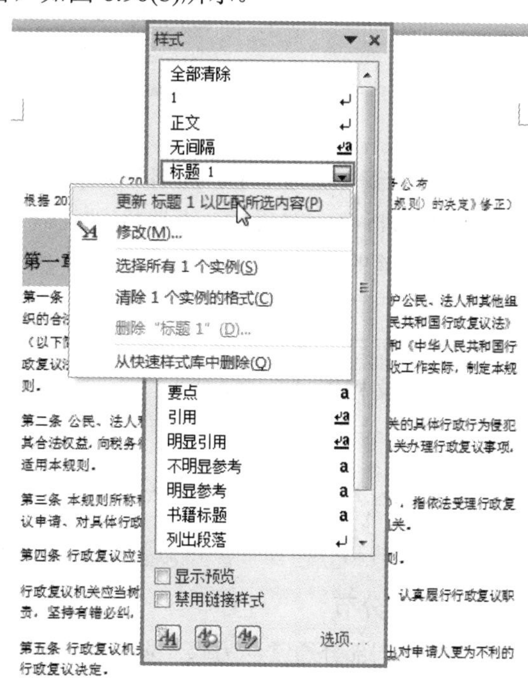

(b) 更新样式的格式

图 6.90　应用并更新样式

5. 在大纲视图中管理文档

Word 提供了多种视图方式以方便文档的编辑、阅读和管理。其中，大纲视图便于查看、组织文档的结构，更加有利于对长文档的编辑和管理。当为文档中的文本应用了内置标题样式或在段落格式中指定了大纲级别后，就可以在大纲视图中通过调整文本的大纲级别来调整文档的结构。

在大纲视图中组织和管理文档的方法如下。

① 在文档中为各级标题应用内置的标题样式，或为文本段落指定大纲级别。

② 在“视图”选项卡上，单击“文档视图”选项组中的“大纲视图”按钮，切换到大纲视图，如图6.91所示。

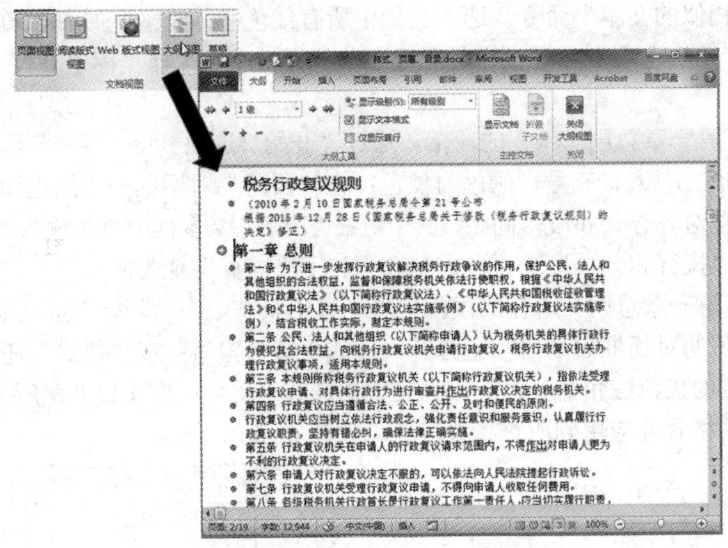

图6.91　在大纲视图中组织和管理文档

③ 在“大纲”选项卡上，利用“大纲工具”选项组中的各项工具可以设定窗口中的显示级别、展开/折叠大纲项目、上移/下移大纲项目、提升/降低大纲项目的级别，也可以直接指定文本段落的大纲级别。

④ 单击“主控文档”选项组中的“显示文档”按钮，可以展开“主控文档”选项组。单击其中的“创建”按钮，可为当前选中的大纲项目创建子文档。在子文档中的修改可以即时反馈到主文档中。

⑤ 单击“关闭”组中的“关闭大纲视图”，即可返回普通编辑状态。

6.3.2　文档分页、分节与分栏

分页、分节和分栏操作，可以使得文档的版面更加多样化，布局更加合理有效。

1. 分页与分节

文档的不同部分通常会另起一页开始，很多人习惯用加入多个空行的方法使新的部分另起页，这种做法会导致修改文档时重复排版，从而增加了工作量，降低了工作效率。借助Word的分页或分节操作，可以有效划分文档内容的布局，而且可使文档排版工作更简单高效。

1) 手动分页

一般情况下，Word文档是自动分页的，文档内容到页尾时会自动排布到下一页。但如果为了排版布局需要，可能会单纯地将文档内容从中间划分为上下两页，这时可在文档中插入分页符，操作步骤如下：

① 将光标置于需要分页的位置。

② 在“页面布局”选项卡上的“页面设置”选项组中，单击“分隔符”按钮，打开如图6.92所示的分隔符选项列表。

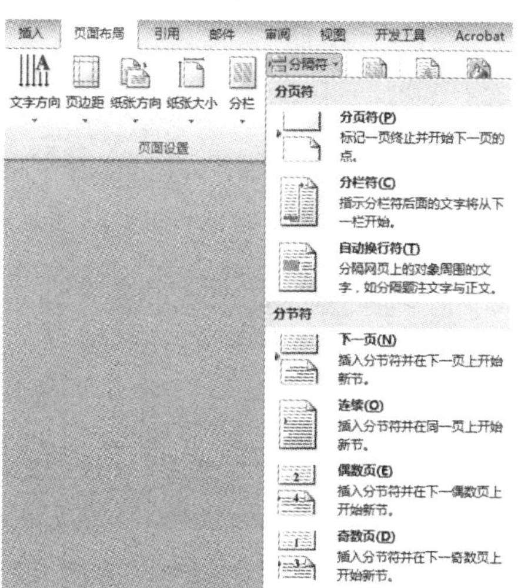

图 6.92　分页符和分节符

③ 单击“分页符”命令集中的“分页符”按钮，即可将光标后的内容布局到一个新的页面中，分页符前后页面设置的属性及参数均保持一致。

2) 文档分节

在文档中插入分节符，不仅可以将文档内容划分为不同的页面，而且还可以分别针对不同的节进行页面设置。插入分节符的操作步骤如下：

(1) 将光标置于需要分节的位置。

(2) 在“页面布局”选项卡上的“页面设置”选项组中，单击“分隔符”按钮，打开分隔符选项列表。分节符的类型共有如下四种。

① 下一页分节符后的文本从新的一页开始，也就是分节的同时分页。

② 连续新节与其前面一节同处于当前页中，也就是只分节不分页，两节处于同一页中。

③ 偶数页分节符后面的内容转入下一个偶数页，也就是分节的同时分页，且下一页从偶数页码开始。

④ 奇数页分节符后面的内容转入下一个奇数页，也就是分节的同时分页，且下一页从奇数页码开始。

(3) 单击选择其中的一类分节符后，在当前光标位置处插入一个分节符。

分节在 Word 中是个非常重要的功能，如果缺少了“节”的参与，许多排版效果将无法实现。

默认方式下，Word 将整个文档视为一节，所有对文档的设置都是应用于整篇文档的。当插入“分节符”将文档分成几“节”后，可以根据需要设置每“节”的页面格式。例如，当一部书稿分为不同的章节时，将每一章分为一个节后，就可以为每一章设置不同的页眉和页脚，并可使得每一章都从奇数页开始。

【例 6-7】　页面方向的横纵混排。

举例来说，在一篇 Word 文档中，一般情况下会将所有页面均设置为“横向”或“纵向”。但有时也需要将其中的某些页面与其他页面设置为不同方向。例如对于一个包含较大表格的文档，如果采用纵向排版，那么无法将表格完整打印，于是就需要将表格部分采取

横向排版，如图 6.93 所示。

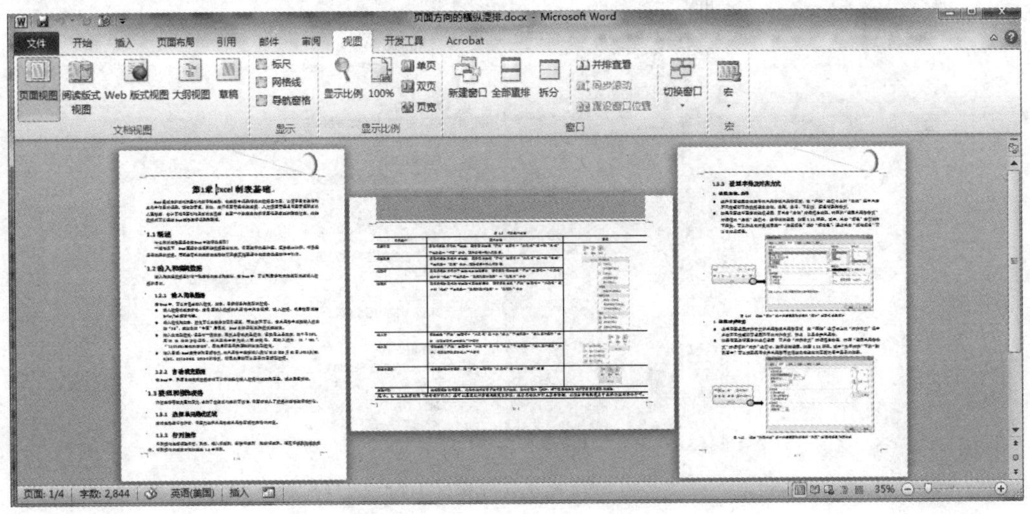

图 6.93　页面方向的横纵混排

可是如果直接通过页面设置中的相关命令来改变其纸张方向，就会引起整个文档所有页面方向的改变。有的人会将该文档拆分为“A”和“B”两个文档。“文档 A”是文字部分，使用纵向排版；“文档 B”用于放置表格，采用横向排版。其实通过分节功能就可以轻松实现页面方向的横纵混排，具体的方法是：在表格所在页面的前后分别插入分节符，只将表格所在页面的纸张方向设为“横向”即可。

2. 分栏处理

有时候文档一行中的文字太长，不便于阅读，此时就可以利用分栏功能将文本分为多栏排列，使版面更加生动。在文档中为内容创建多栏的操作步骤如下。

① 首先在文档中选择需要分栏的文本内容。如果不选择，将对整个文档进行分栏设置。

② 在“页面布局”选项卡上的“页面设置”选项组中，单击“分栏”按钮。

③ 从弹出的下拉列表中，选择一种预定义的分栏方式，以迅速实现分栏排版，如图 6.94(a)所示。

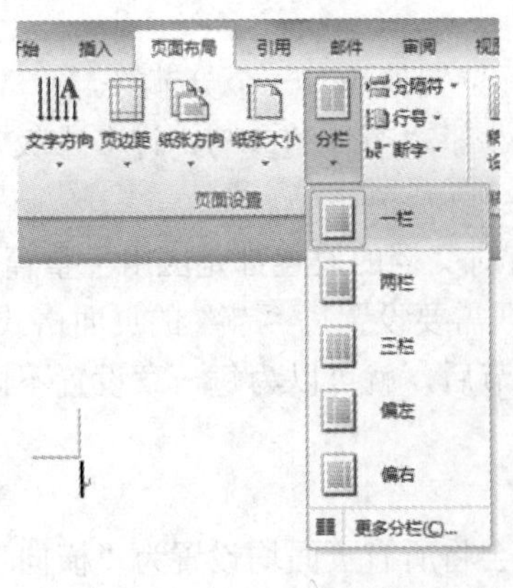

(a) 预定义分栏方式

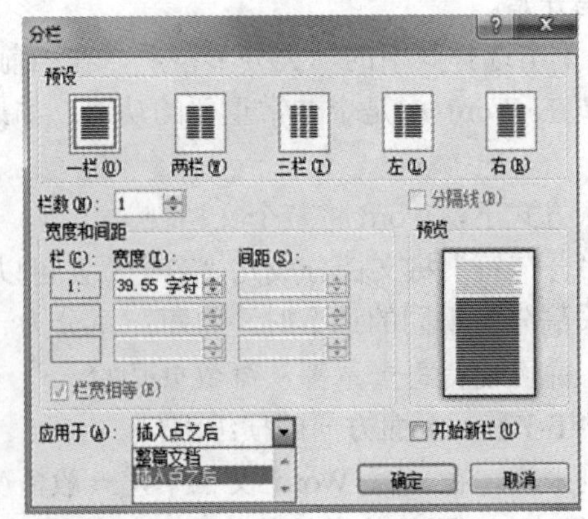

(b) “分栏”对话框

图 6.94　将文档内容分栏显示

④ 如需对分栏进行更为具体的设置，可以在弹出的下拉列表中执行“更多分栏”命令，打开如图 6.94(b)所示的“分栏”对话框，进行以下设置。

在“栏数”微调框中设置所需的分栏数值。

在“宽度和间距”选项区域中设置栏宽和栏间的距离。只需在相应的“宽度”和“间距”微调框中输入数值即可改变栏宽和栏间距。

如果选中了“栏宽相等”复选框，则在“宽度和间距”选项区域中自动计算栏宽，使各栏宽度相等。如果选中了“分隔线”复选框，则在栏间插入分隔线，使得分栏界限更加清晰、明了。若在分栏前未选中文本内容，则可在“应用于”下拉列表框中设置分栏效果作用的区域。

⑤ 设置完毕，单击“确定”按钮即可完成分栏排版。

如果需要取消分栏布局，只需在“分栏”下拉列表中选择“一栏”选项即可。

提示　如果分栏前事先选中了分栏内容，或者在“分栏”对话框中选择了“应用于”插入点之后，则在分栏的同时会自动插入连续分节符。可以通过单击“开始”选项卡上的“段落”选择组中的“显示/隐藏编辑标记”按钮来控制分节或分页符显示与否，从而了解这些标记在文档中的位置。

6.3.3　设置页眉、页脚与页码

页眉和页脚是文档中每个页面的顶部、底部和两侧页边距中的区域。在页眉和页脚中可以插入文本、图形、图片以及文档部件，例如页码、时间和日期、公司徽标、文档标题、文件名、文档路径或作者姓名等。

1. 插入页码

页码一般是插入到文档的页眉和页脚位置的。当然，如果有必要，也可以将其插入到文档中。Word 提供有一组预设的页码格式，另外还可以自定义页码。利用插入页码功能插入的实际是一个域而非单纯数码，因为它是可以自动变化和更新的。

1) 插入预设页码

① 在“插入”选项卡上，单击“页眉和页脚”选项组中的“页码”按钮，打开可选位置下拉列表。

② 光标指向希望页码出现的位置，如“页边距”，右侧出现预置页码格式列表，如图 6.95 所示。

③ 从中单击选择某一页码格式，页码即可以指定格式插入到指定位置。

2) 自定义页码格式

① 首先在文档中插入页码，将光标定位在需要修改页码格式的节中。

② 在“插入”选项卡上，单击“页眉和页脚”选项组中的“页码”按钮，打开下拉列表。

③ 单击其中的“设置页码格式”命令，打开如图 6.96 所示的“页码格式”对话框。

④ 在“编号格式”下拉列表中更改页码的格式，在“页码编号”选项组中可以修改某一节的起始页码。

⑤ 设置完毕，单击“确定”按钮。

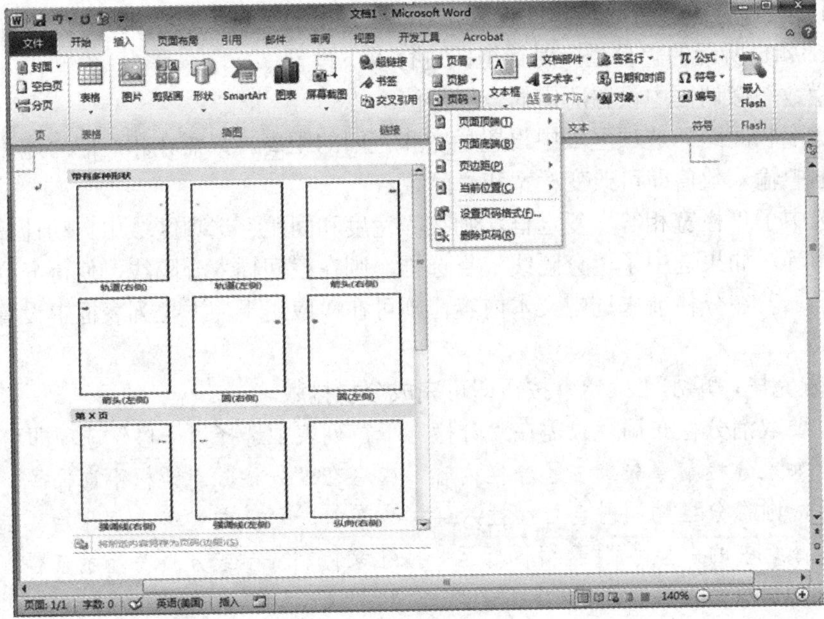

图 6.95 插入页码

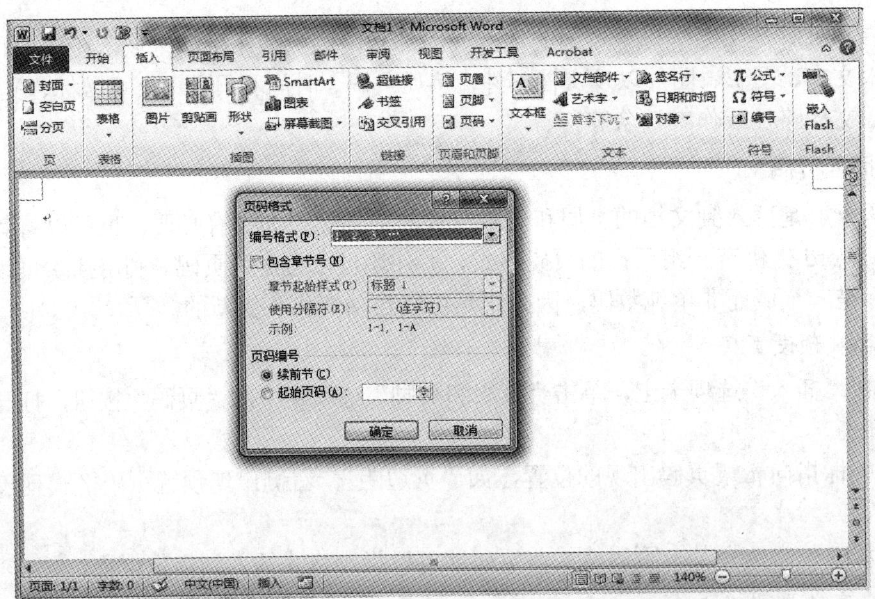

图 6.96 在“页码格式”对话框中设置页码格式

2. 插入页眉或页脚

在 Word 2010 中，不仅可以在文档中轻松地插入、修改预设的页眉或页脚样式，还可以创建自定义外观的页眉或页脚，并将新的页眉或页脚保存到样式库中以便在其他文档中使用。

1) 插入预设的页眉或页脚

在整个文档中插入预设的页眉或页脚的操作步骤如下：

① 打开“插入”选项卡，在“页眉和页脚”选项组中，单击“页眉”按钮。

② 在打开的“页眉库”列表中以图示的方式罗列出许多内置的页眉样式，如图 6.97 所示。从中选择一个合适的页眉样式，例如“新闻纸”，所选页眉样式就被应用到文档中的每一页。

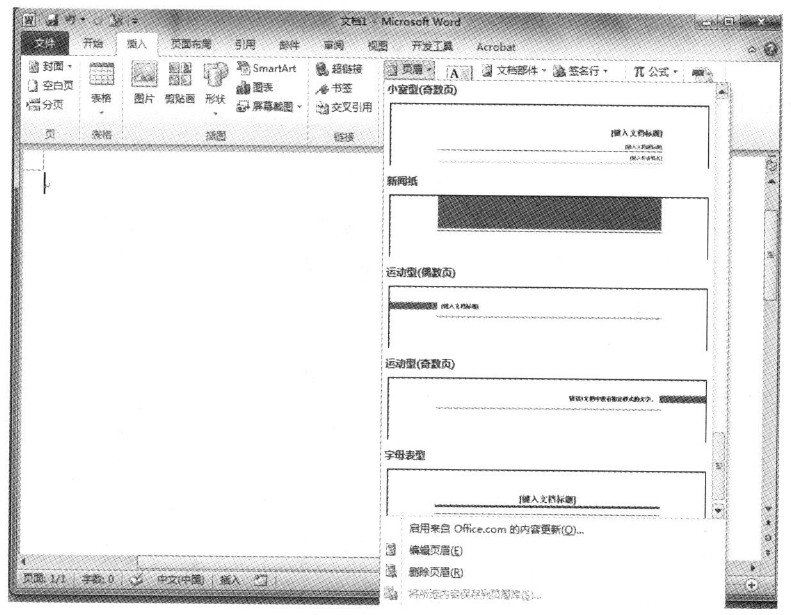

图 6.97　插入预设的页眉

③ 在页眉位置输入相关内容并进行格式化，如插入页码、图形、图片等。

同样，在“插入”选项卡上的“页眉和页脚”选项组中，单击“页脚”按钮，在打开的内置“页脚库”列表中可以选择合适的页脚设计，即可将其插入到整个文档中。

在文档中插入页眉或页脚后，自动出现“页眉和页脚工具”中的“设计”选项卡，通过该选项卡可对页眉或页脚进行编辑和修改。单击“关闭”选项组中的“关闭页眉和页脚”按钮，即可退出页眉和页脚编辑状态。

在页眉或页脚区域中双击鼠标，即可快速进入到页眉和页脚编辑状态。

2) 创建首页不同的页眉和页脚

如果希望将文档首页页面的页眉和页脚设置得与众不同，可以按照如下方法操作：

① 双击文档中的页眉或页脚区域，功能区自动出现“页眉和页脚工具 | 设计”选项卡，如图 6.98 所示。

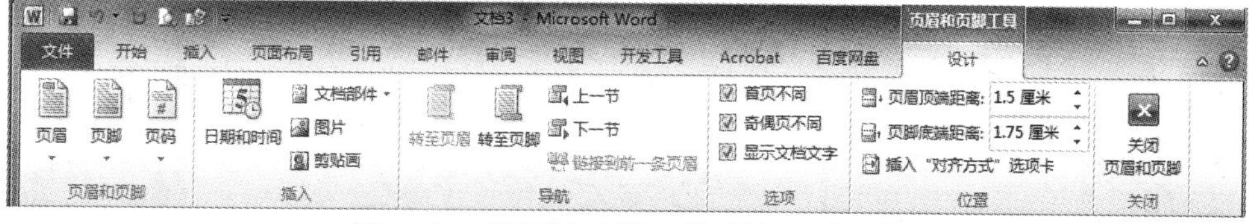

图 6.98　“页眉和页脚工具 | 设计”选项卡

② 在“选项”选项组中单击选中“首页不同”复选框，此时文档首页中原先定义的页眉和页脚就被删除了，可以根据需要另行设置首页页眉或页脚。

3) 为奇偶页创建不同的页眉或页脚

有时一个文档中的奇偶页上需要使用不同的页眉或页脚。例如，在制作书籍资料时可选择在奇数页上显示书籍名称，而在偶数页上显示章节标题。令奇偶页具有不同的页眉或页脚的操作步骤如下：

① 双击文档中的页眉或页脚区域，功能区中自动出现“页眉和页脚工具 | 设计”选项卡。

② 在“选项”选项组中单击选中“奇偶页不同”复选框。

③ 分别在奇数页和偶数页的页眉或页脚上输入内容并格式化，以创建不同的页眉或页脚。

提示　“页眉和页脚工具 | 设计”选项卡上提供了“导航”选项组，单击“转至页眉”按钮或“转至页脚”按钮可以在页眉区域和页脚区域之间切换。如果文档已分节或者选中了“奇偶页不同”复选框，则单击“上一节”按钮或“下一节”按钮可以在不同节之间、奇数页和偶数页之间切换。

4) 为文档各节创建不同的页眉或页脚

当文档分为若干节时，可以为文档的各节创建不同的页眉或页脚，例如可以在一个长篇文档的“目录”与“内容”两部分应用不同的页脚样式。为不同节创建不同的页眉或页脚的操作步骤如下：

① 先将文档分节，然后将鼠标光标定位在某一节中的某一页上。

② 在该页的页眉或页脚区域中双击鼠标，进入页眉和页脚编辑状态。

③ 插入页眉或页脚内容并进行相应的格式化。

④ 在“页眉和页脚工具 | 设计”选项卡的“导航”选项组中，单击“上一节”或“下一节”按钮进入到其他节的页眉或页脚中。

⑤ 默认情况下，下一节自动接受上一节的页眉和页脚信息，如图 6.99 所示。在“导航”选项组中单击“链接到前一条页眉”按钮，可以断开当前节与前一节中的页眉(或页脚)之间的链接，页眉和页脚区域将不再显示“与上一节相同”的提示信息，此时修改本节页眉和页脚信息不会再影响前一节的内容。

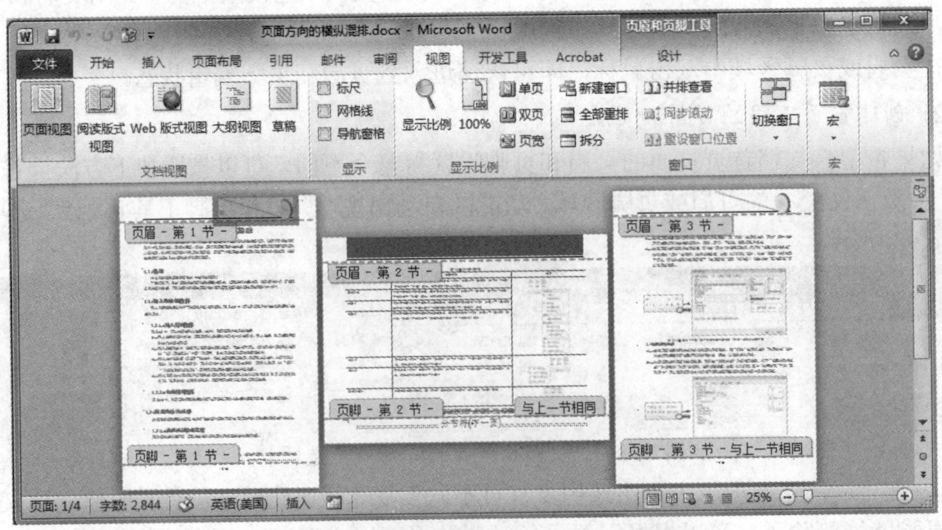

图 6.99　页眉页脚在文档不同节中的显示

⑥ 编辑修改新节的页眉或页脚信息。在文档正文区域中双击鼠标即可退出页眉页脚编辑状态。

【例 6-8】　为案例文档插入动态的页眉。

为案例素材文档“设置页眉.docx”设置奇偶页不同的页眉，其中：首页不显示页眉，奇数页居右显示文档标题内容，偶数页居左显示当前章标题。

① 在页眉区域双击鼠标，进入页眉页脚编辑状态。

② 在“页眉和页脚工具 | 设计”选项卡上的“选项”组中，勾选“首页不同”和“奇偶页不同”两个复选框。

③ 将光标移动到偶数页页眉位置中，输入文档的标题内容“税务行政复议规则”，并将其左对齐。

④ 将光标移动到奇数页页眉位置，在“插入”选项卡上的“文本”组中单击“文档部件”按钮，从下拉列表中选择“域”命令，在弹出的“域”对话框中进行下列设置：从“类别”下拉列表中选择“链接和引用”，在“域名”列表中选择“StyleRef”，在中间的“样式名”列表中选择“标题 1”。设置完毕后单击“确定”按钮。

⑤ 将奇数页页眉设置为右对齐，结果如图 6.100 所示。

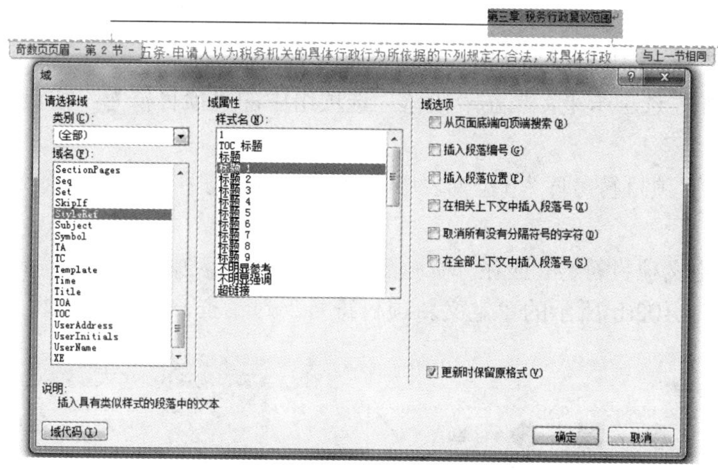

图 6.100　设置不同的奇偶页页眉

3. 删除页眉或页脚

删除文档中页眉或页脚的方法很简单，其操作步骤如下：

① 单击文档中的任意位置定位光标，在功能区中打开“插入”选项卡。

② 在“页眉和页脚”选项组中，单击“页眉”按钮。

③ 在弹出的下拉列表中执行“删除页眉”命令，即可将当前节的页眉删除。

④ 在“插入”选项卡上的“页眉和页脚”选项组中，单击“页脚”按钮。在弹出的下拉列表中执行“删除页脚”命令即可将当前节的页脚删除。

6.3.4　使用项目符号和编号

在文档中使用项目符号和编号，可以令文档层次分明、条理清晰，更加便于阅读。一

般情况下，项目符号是图形或图片，无顺序；而编号是数字或字母，有顺序。

1. 使用项目符号

项目符号是置于文本之前以强调效果的圆点、方块或其他符号。在 Word 中，可以在输入文本时自动创建项目符号列表，也可以快速给现有文本添加项目符号。

1) 自动创建项目符号列表

在文档中输入文本的同时自动创建项目符号列表的方法十分简单，其具体操作步骤如下：

① 在文档中需要应用项目符号列表的位置输入“*”，然后按键盘上的空格键或 Tab 键，即可开始应用项目符号列表。

② 输入文本后，按 Enter 键，将自动插入下一个项目符号开始添加下一个列表项。

③ 若要结束项目符号列表，可按两次 Enter 键或者按一次 Backspace 键删除列表中最后一个项目符号即可。

提示　如果不想将文本转换为列表，可以单击出现在符号左侧的“自动更正选项”智能标记按钮，在弹出的下拉列表中执行“撤销自动编号”命令，如图 6.101 所示。

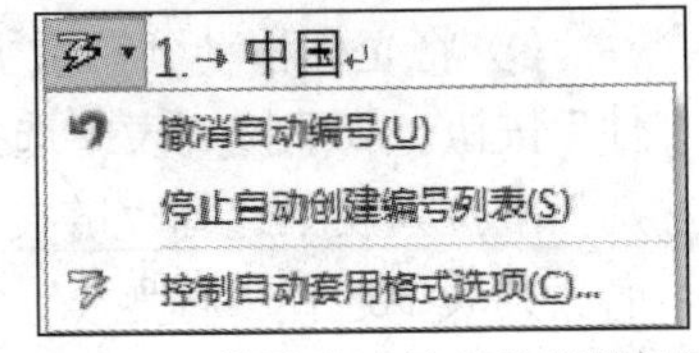

图 6.101　撤销自动编号的智能标记

2) 为现有文本添加项目符号

可按下述操作方法为现有文本快速添加项目符号。

① 首先，在文档中选择要向其添加项目符号的文本。

② 在“开始”选项卡上，单击“段落”选项组中的“项目符号”按钮旁边的向下三角箭头按钮。

③ 从弹出的“项目符号库”下拉列表中选择一个项目符号应用于当前文本，如图 6.102(a)所示。

④ 如需自定义项目符号，应在“项目符号库”下拉列表中选择执行“定义新项目符号”命令，打开如图 6.102(b)所示的“定义新项目符号”对话框。

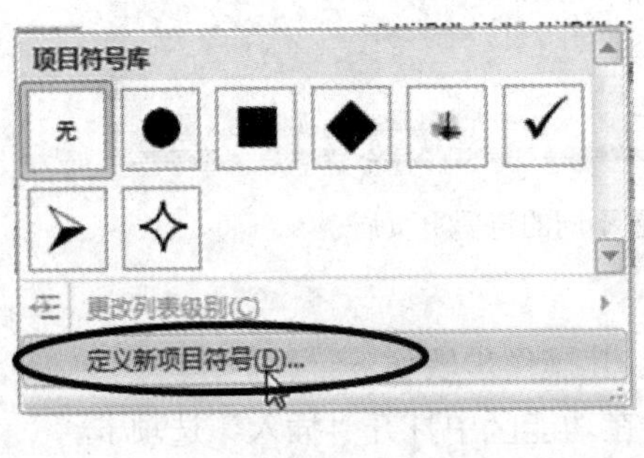

(a) “项目符号库”下拉列表

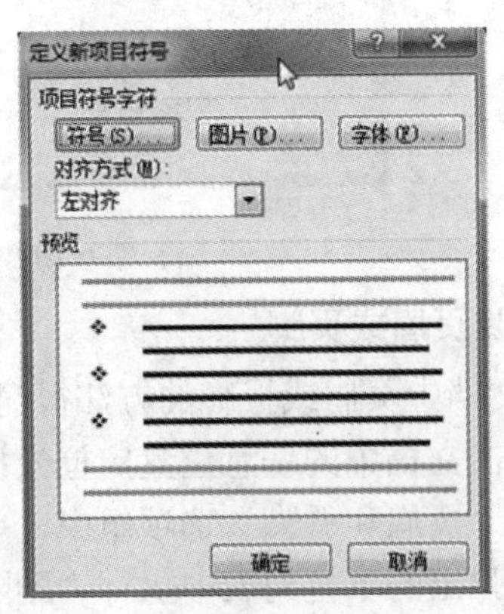

(b) “定义新项目符号”对话框

图 6.102　为文本应用项目符号

⑤ 在该对话框中可以选择新的符号或图片作为项目符号，还可对项目符号的字体、对齐方式进行修改。

⑥ 单击“确定”按钮完成设置。

2. 使用编号列表

在文本前添加编号有助于增强文本的层次感和逻辑性，尤其在编辑长文档时，多级编号列表非常有用。

1) *应用单一编号*

创建编号列表与创建项目符号列表的操作过程相仿，操作步骤如下：

① 在文档中选择要向其添加编号的文本。

② 在“开始”选项卡上，单击“段落”选项组中的“编号”按钮旁边的向下三角箭头按钮。

③ 从弹出的“编号库”下拉列表中选择一类编号应用于当前文本，如图 6.103(a)所示。

④ 如需修改编号格式，应在“编号库”下拉列表中选择执行“定义新编号格式”命令，打开如图 6.103(b)所示的“定义新编号格式”对话框。

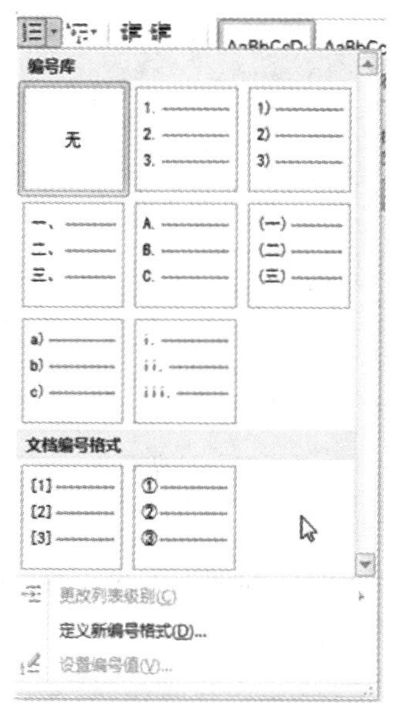

(a) “编号库”下拉列表

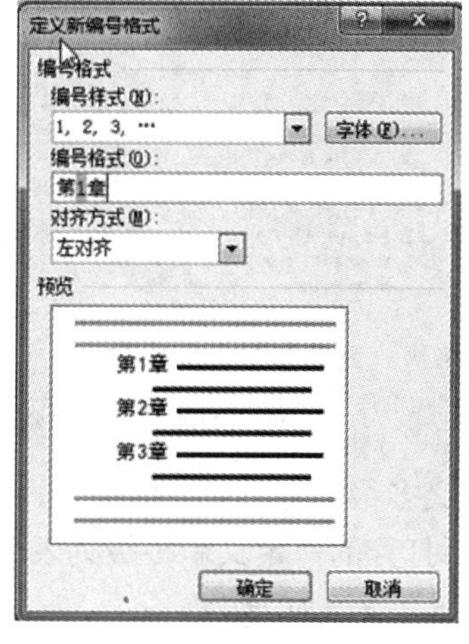

(b) “定义新编号格式”对话框

图 6.103　为文本添加编号

⑤ 在该对话框中可以选择新的编号样式、修改编号格式等。

⑥ 单击“确定”按钮完成设置。

2) *应用多级编号列表*

为了使文档内容更具层次感和条理性，经常需要使用多级编号列表。例如，一篇包含多个章节的书稿，可能需要通过应用多级编号来标示各个章节。多级编号与文档的大纲级别、内置标题样式相结合时，将会快速生成分级别的章节编号。应用多级编号编排长文档的最大优势在于，调整章节顺序、级别时，编号能够自动更新。为文本应用多级编号的操作方法如下：

① 在文档中选择要向其添加多级编号的文本段落。

② 在“开始”选项卡上，单击“段落”选项组中的“多级列表”按钮。

③ 从弹出的“列表库”下拉列表中选择一类多级编号应用于当前文本，如图 6.104(a)所示。

④ 如需改变某一级编号的级别，可以将光标定位在文本段落之前按 Tab 键，也可以在该文本段落中单击右键，从如图 6.104(b)所示的快捷菜单中选择“减少缩进量”或“增加缩进量”命令来实现。

(a) 多级“列表库”下拉列表

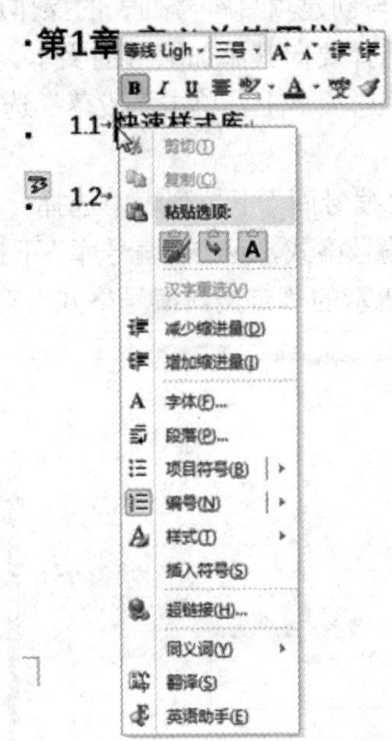

(b) 右键快捷菜单

图 6.104　添加多级编号并调整列表级别

⑤ 如需自定义多级编号列表，应在“列表库”下拉列表中选择执行“定义新的多级列表”命令，在随后打开的“定义新多级列表”对话框中进行设置。

3) 多级编号与样式的链接

多级编号与内置标题样式进行链接之后，应用标题样式即可同时应用多级列表，具体操作方法如下：

① 在“开始”选项卡上，单击“段落”选项组中的“多级列表”按钮。

② 从弹出的下拉列表中选择“定义新的多级列表”命令，打开“定义新多级列表”对话框。

③ 单击对话框左下角的“更多”按钮，进一步展开对话框。

④ 从左上方的级别列表中单击指定列表级别，在右侧的“将级别链接到样式”下拉列表中选择对应的内置标题样式。例如，级别 1 对应“标题 1”，如图 6.105 所示。

⑤ 在下方的“编号格式”区域中可以修改编号的格式与样式、指定起始编号等。设置完毕后单击“确定”按钮。

⑥ 在文档中输入标题文本或者打开已输入了标题文本的文档，然后为该标题应用已链接了多级编号的内置标题样式。

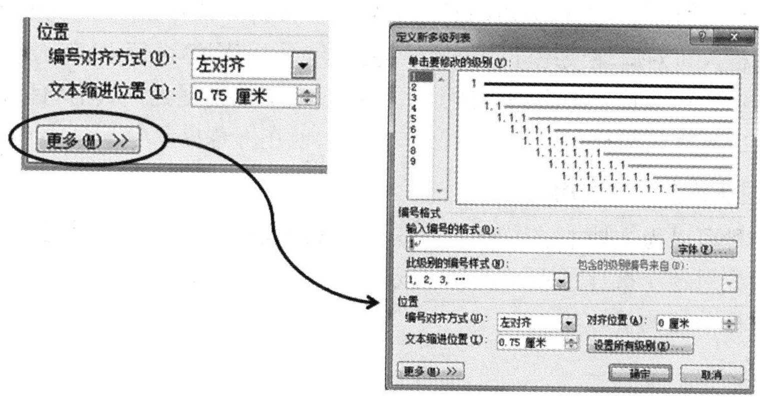

图 6.105 展开“定义新多级列表”对话框进行设置

6.3.5 在文档中添加引用内容

在长文档的编辑过程中，文档内容的索引、脚注、尾注、题注等引用信息非常重要，这类信息的添加可以使文档的引用内容和关键内容得到有效的组织，并可随着文档内容的更新而自动更新。

1. 插入脚注和尾注

脚注和尾注一般用于在文档和书籍中显示引用资料的来源，或者用于输入说明性或补充性的信息。脚注位于当前页面的底部或指定文字的下方，而尾注则位于文档的结尾处或者指定节的结尾。脚注和尾注均通过一条短横线与正文分隔开。二者均包含注释文本，该注释文本位于页面的结尾处或者文档的结尾处，且都比正文文本的字号小一些。

在文档中插入脚注或尾注的操作步骤如下：

① 在文档中选择需要添加脚注或尾注的文本，或者将光标置于文本的右侧。

② 在功能区的“引用”选项卡上，单击“脚注”选项组中的“插入脚注”按钮，即可在该页面的底端加入脚注区域；单击“插入尾注”按钮，即可在文档的结尾加入尾注区域。

③ 在脚注或尾注区域中输入注释文本，如图 6.106(a)所示。

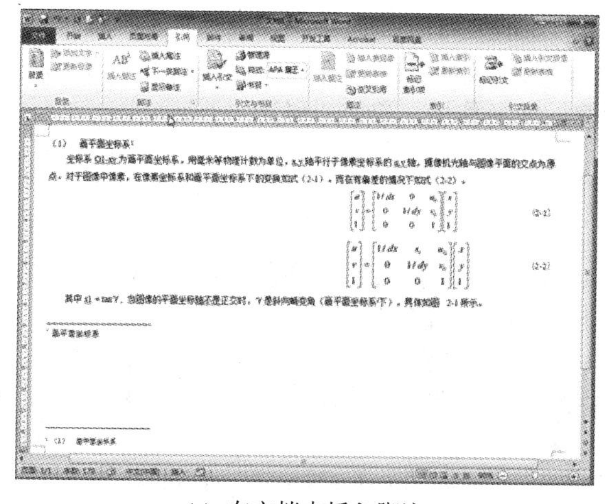

(a) 在文档中插入脚注

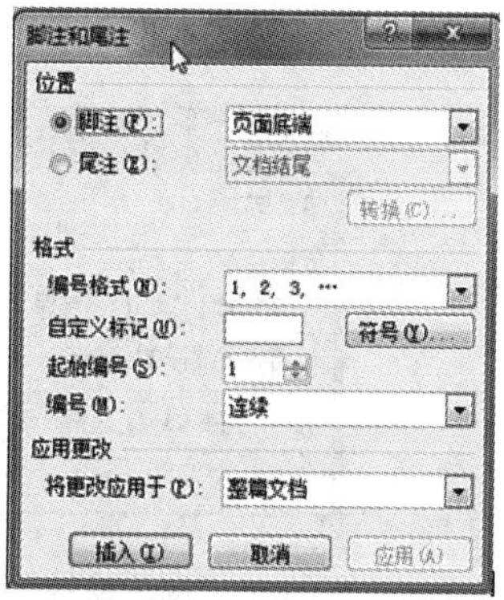

(b) “脚注和尾注”对话框

图 6.106 在文档中设置脚注或尾注

④ 单击“脚注”选项组右下角的对话框启动器按钮，打开如图 6.106(b)所示的“脚注和尾注”对话框，可对脚注或尾注的位置、格式及应用范围等进行设置。

当插入脚注或尾注后，不必向下滚到页面底部或文档结尾处，只需将鼠标指针停留在文档中的脚注或尾注引用标记上，注释文本就会出现在屏幕提示中。

2. 插入题注并在文中引用

题注是一种可以为文档中的图表、表格、公式或其他对象添加的编号标签，如果在文档的编辑过程中对题注执行了添加、删除或移动操作，则可以一次性更新所有题注编号，而不需要再进行单独调整。

1) 插入题注

在文档中定义并插入题注的操作步骤如下：

① 在文档中定位光标到需要添加题注的位置，例如一张图片下方的说明文字之前。

② 在“引用”选项卡上，单击“题注”选项组中的“插入题注”按钮，打开如图 6.107 所示的“题注”对话框。

③ 在“标签”下拉列表中，根据添加题注的不同对象选择不同的标签类型。

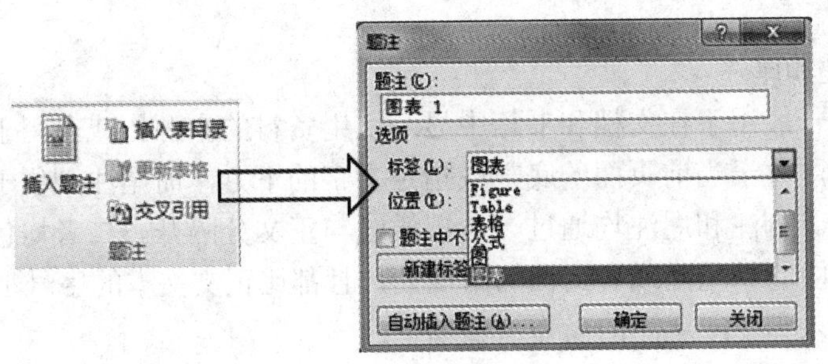

图 6.107　打开“题注”对话框

④ 单击“编号”按钮，打开如图 6.108(a)所示的“题注编号”对话框，在“格式”下拉列表中可重新指定题注编号的格式。如果选中“包含章节号”复选框，则可以在题注前自动增加标题序号(该标题应已经应用了内置的标题样式)。单击“确定”按钮完成编号设置。

⑤ 单击“题注”对话框中的“新建标签”按钮，打开如图 6.108(b)所示的“新建标签”对话框，在“标签”文本框中输入新的标签名称后，单击“确定”按钮。

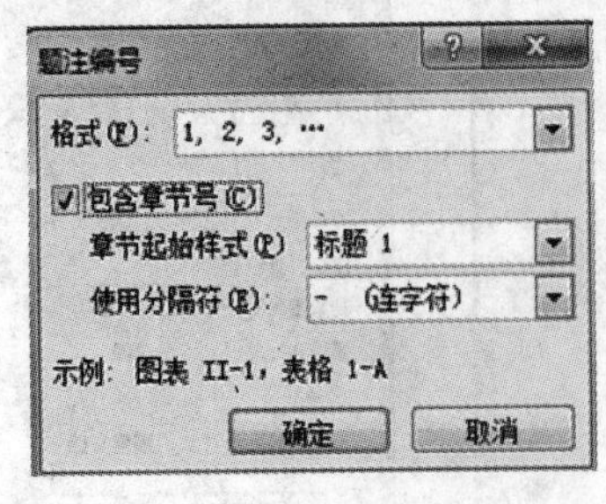

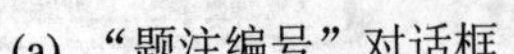

(a) “题注编号”对话框

(b) “新建标签”对话框

图 6.108　自定义题注标签

所有的设置均完成后单击“确定”按钮，即可将题注添加到相应的文档位置。

2) 交叉引用题注

在编辑文档过程中，经常需要引用已插入的题注。在文档中引用题注的操作方法如下：

① 首先在文档中应用标题样式、插入题注，然后将光标定位于需要引用题注的位置。

② 在“引用”选项卡上，单击“题注”选项组中的“交叉引用”按钮，打开“交叉引用”对话框。

③ 在该对话框中，选择引用类型、设定引用内容，指定所引用的具体题注。

④ 单击“插入”按钮，在当前位置插入引用，如图 6.109 所示。单击“关闭”按钮退出对话框。

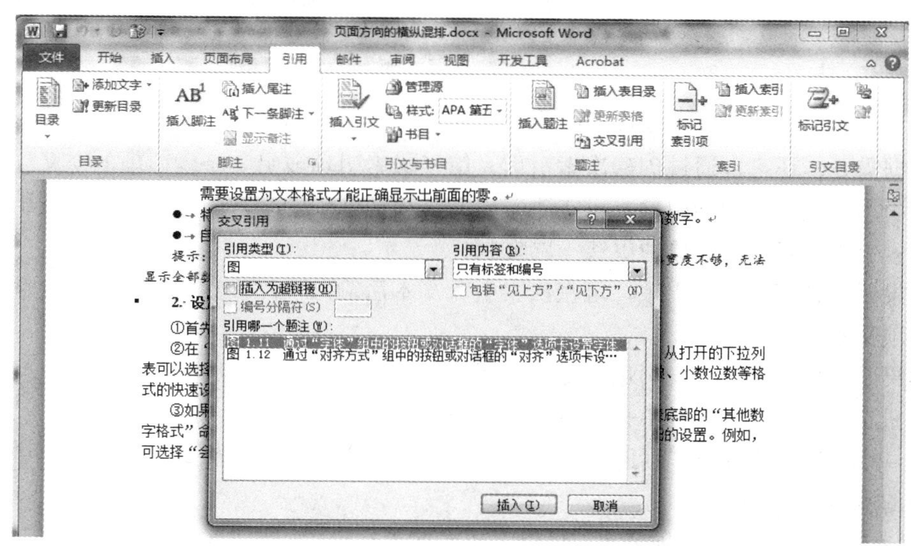

图 6.109　通过“交叉引用”对话框在文档中插入题注引用

交叉引用是作为域插入到文档中的，当文档中的某个题注发生变化后，只需进行一下打印预览，文档中的其他题注序号及引用内容就会随之自动更新。

3. 标记并创建索引

索引用于列出一篇文档中讨论的术语和主题以及它们出现的页码。要创建索引，可以通过提供文档中主索引项的名称和交叉引用来标记索引项，然后生成索引。

可以为某个单词、短语或符号创建索引项，也可以为包含延续数页的主题创建索引项。除此之外，还可以创建引用其他索引项的索引。

1) 标记索引项

在文档中加入索引之前，应当先标记出组成文档索引的诸如单词、短语和符号之类的全部索引项。索引项是用于标记索引中的特定文字的域代码。当选择文本并将其标记为索引项时 Word 将会添加一个特殊的 XE(索引项)域，该域包括标记好了的主索引项以及所选择的任何交叉引用信息。标记索引项的操作步骤如下：

① 在文档中选择要作为索引项的文本。

② 在“引用”选项卡上的“索引”选项组中，单击“标记索引项”按钮，打开“标记索引项”对话框。在“索引”选项区域中的“主索引项”文本框中显示已选定的文本，如

图 6.110 所示。

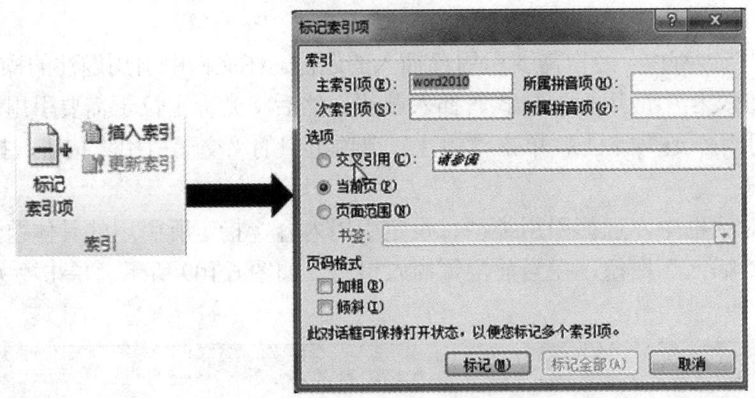

图 6.110 打开“标记索引项”对话框

根据需要，还可以通过创建次索引项、第三级索引项或另一个索引项的交叉引用来自定义索引项。要创建次索引项，可在“索引”选项区域中的“次索引项”文本框中输入文本。次索引项是对索引对象的更深一层限制。

如果要包括第三级索引项，可在次索引项文本后输入“：”，然后在文本框中输入第三级索引项文本。

如果要创建对另一个索引项的交叉引用，可以在“选项”选项区域中选中“交叉引用”单选按钮，然后在其文本框中输入另一个索引项的文本。

③ 单击“标记”按钮即可标记索引项，单击“标记全部”按钮即可标记文档中与此文本相同的所有文本。

④ 在标记了一个索引项之后，可以在不关闭“标记索引项”对话框的情况下，继续标记其他多个索引项。

⑤ 标记索引项之后，对话框中的“取消”按钮变为“关闭”按钮。单击“关闭”按钮即可完成标记索引项的工作。

插入到文档中的索引项实际上也是域代码，通常情况下该索引标记域代码只用于显示不会被打印。

2) 生成索引

标记索引项之后，就可以选择一种索引设计并生成最终的索引了。Word 会收集索引项，并将它们按字母顺序排序，同时引用其页码，找到并删除同一页上的重复索引项，然后在文档中显示该索引。为文档中的索引项创建索引的操作步骤如下：

① 首先将鼠标光标定位在需要建立索引的位置，通常是文档的末尾。

② 在“引用”选项卡上的“索引”选项组中，单击“插入索引”按钮，打开如图 6.111 所示的“索引”对话框。

③ 在该对话框的“索引”选项卡中进行索引格式设置，其中：

从“格式”下拉列表中选择索引的风格，选择的结果可以在“打印预览”列表框中进行查看。若选中“页码右对齐”复选框，索引页码将靠右排列，而不是紧跟在索引项的后面，然后可在“制表符前导符”下拉列表中选择一种页码前导符号。

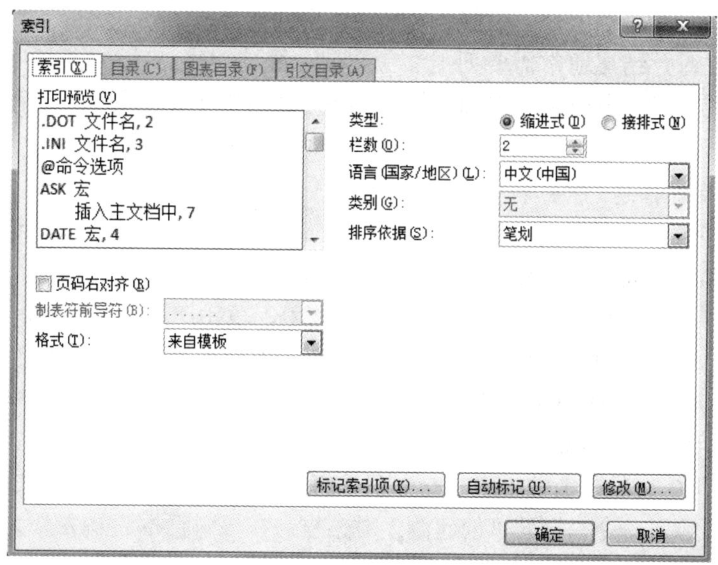

图 6.111　设置索引格式

在“类型”选项区域中有两种索引类型可供选择，分别是“缩进式”和“接排式”。如果选中“缩进式”单选按钮，次索引项将相对于主索引项缩进；如果选中“接排式”单选按钮，则主索引项和次索引项将排在一行中。

在“栏数”文本框中指定分栏数以编排索引，如果索引比较短，一般选择两栏。

在“语言”下拉列表中可以选择索引使用的语言，语言决定排序的规则。如果选择“中文”，则可以在“排序依据”下拉列表中指定排序方式。

④ 设置完成后，单击“确定”按钮，创建的索引就会出现在文档中，如图 6.112 所示。

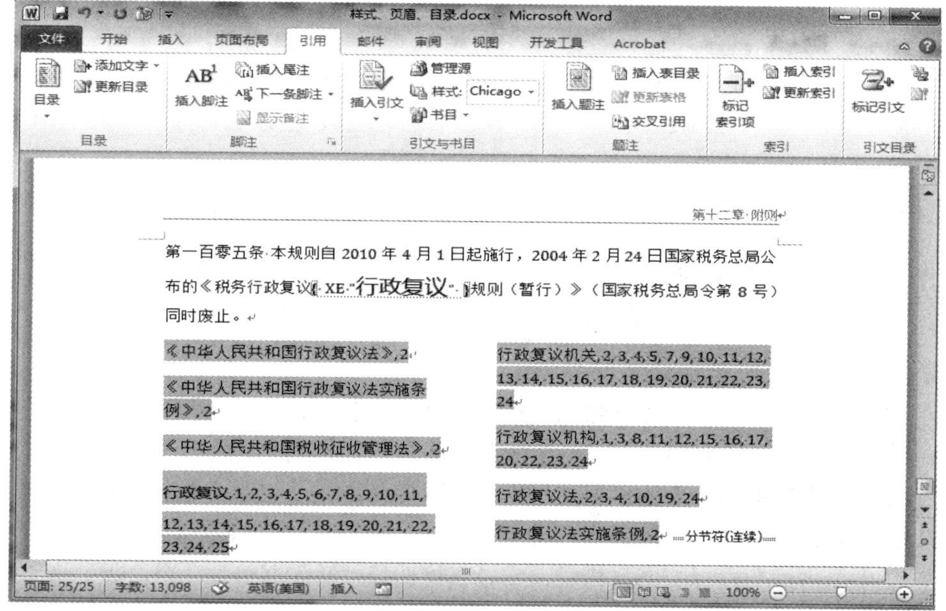

图 6.112　在文档中创建索引

4. 创建书目

在论文写作时，结尾通常需要列出参考文献，通过创建书目功能即可实现这一效果。书目是在创建文档时参考或引用的源文档的列表，通常位于文档的末尾。在 Word 2010 中，需要先组织源信息，然后可以根据为该文档提供的源信息自动生成书目。

1) 创建书目源信息

源可能是一本书、一篇报告或一个网站等。当在文档中添加新的引文的同时就新建了一个可显示于书目中的源。创建源的操作步骤如下：

① 在“引用”选项卡上的“引文与书目”组中，单击“样式”旁边的向下三角箭头，从如图 6.113(a)所示的源样式列表中单击选择要用于引文和源的样式。例如，社会科学类文档的引文和源通常使用 MLA 或 APA 样式。

② 在要引用的句子或短语的末尾处单击鼠标。

③ 在“引用”选项卡上的“引文与书目”组中，单击“插入引文”按钮，从下拉列表中单击“添加新源”命令，打开“创建源”对话框。在该对话框中输入作为源的书目信息，如图 6.113(b)所示。

提示　如果从“插入引文”下拉列表中选择“添加新占位符”命令，则只在当前位置添加一个占位符，待需要时再创建引文和填写源信息。

④ 单击“确定”按钮，创建源信息条目的同时完成插入引文的操作。

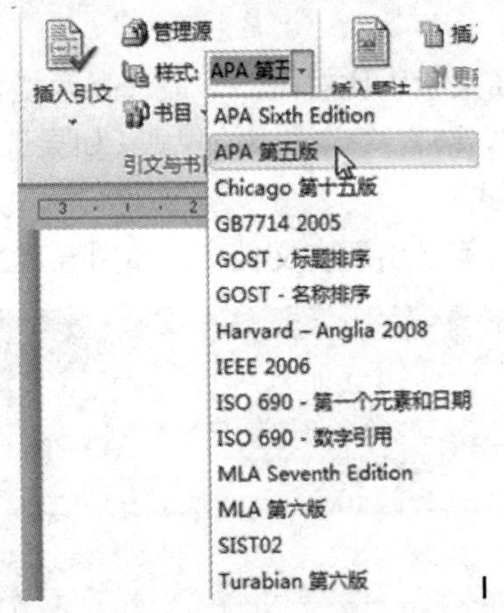

(a) 选择源样式

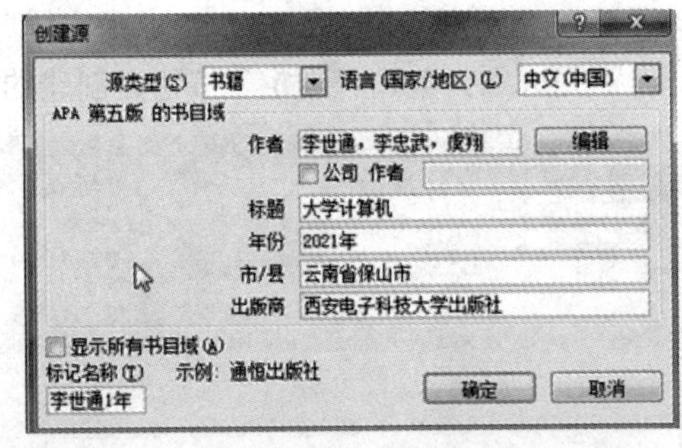

(b) 创建指定样式的源信息

图 6.113　创建指定样式的源信息

2) 创建书目

向文档中插入一个或多个源信息后，便可以随时创建书目。创建书目的方法如下：

① 在文档中单击需要插入书目的位置，通常位于文档的末尾。

② 在“引用”选项卡上的“引文与书目”组中，单击“书目”按钮，打开如图 6.114 所示的书目样式列表。

③ 从中单击一个内置的书目格式，或者直接选择“插入书目”命令，即可将书目插入文档。

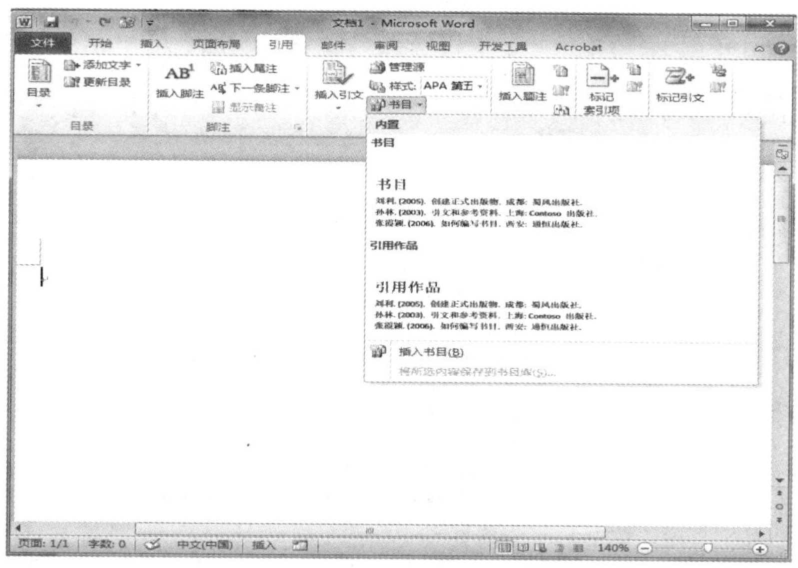

图 6.114　插入书目

6.3.6　创建文档目录

目录通常是长篇幅文档不可缺少的一项内容，它列出了文档中的各级标题及其所在的页码，便于文档阅读者快速检索、查阅到相关内容。自动生成目录时，最重要的准备工作是为文档的各级标题应用样式，最好是内置标题样式。

1. 利用目录库样式创建目录

Word 2010 提供的内置“目录库”中包含多种目录样式可供选择，可代替编制者完成大部分工作，使得插入目录的操作变得异常快捷、简便。

在文档中使用“目录库”创建目录的操作步骤如下：

① 首先将鼠标光标定位于需要建立目录的位置，通常是文档的最前面。

② 在“引用”选项卡上的“目录”选项组中，单击“目录”按钮，打开目录库下拉列表，系统内置的“目录库”以可视化的方式展示了许多目录的编排方式和显示效果。

③ 如果事先为文档的标题应用了内置的标题样式，则可从列表中选择某一种“自动目录”样式，Word 2010 就会自动根据所标记的标题在指定位置创建目录，如图 6.115 所示。如果未使用标题样式，则可通过单击“手动目录”样式，然后自行填写目录内容。

2. 自定义目录

除了直接调用目录库中的现成目录样式外，还可以自定义目录格式，特别是在文档标题应用了自定义后，自定义目录变得更加重要。自定义目录格式的操作步骤如下：

① 首先将鼠标光标定位于需要建立目录的位置，通常是文档的最前面。

② 在“引用”选项卡上的“目录”选项组中，单击“目录”按钮。

③ 在弹出的下拉列表中选择“插入目录”命令，打开如图 6.116(a)所示的“目录”对话框，在该对话框中可以设置页码格式、目录格式以及目录中的标题显示级别，默认显示 3 级标题。

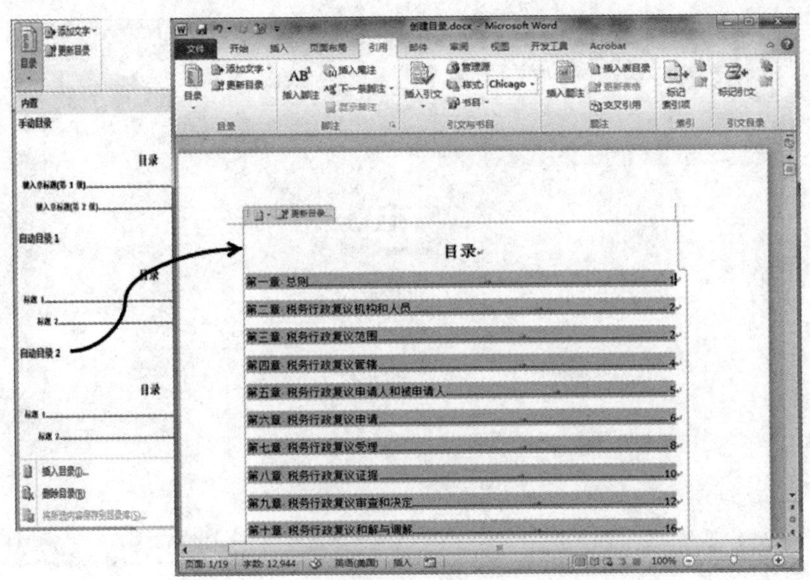

图 6.115　通过“目录库”在文档中插入目录

④ 在图 6.116(a)中所示的“目录”选项卡中单击“选项”按钮，打开如图 6.116(b)所示的“目录选项”对话框，在“有效样式”区域中列出了文档中使用的样式，包括内置样式和自定义样式。在样式名称旁边的“目录级别”文本框中输入目录的级别(可以输入 1 到 9 中的一个数字)，以指定样式所代表的目录级别。如果希望仅使用自定义样式，则可删除内置样式的目录级别数字，例如删除“标题 1”“标题 2”和“标题 3”样式名称旁边的代表目录级别的数字。

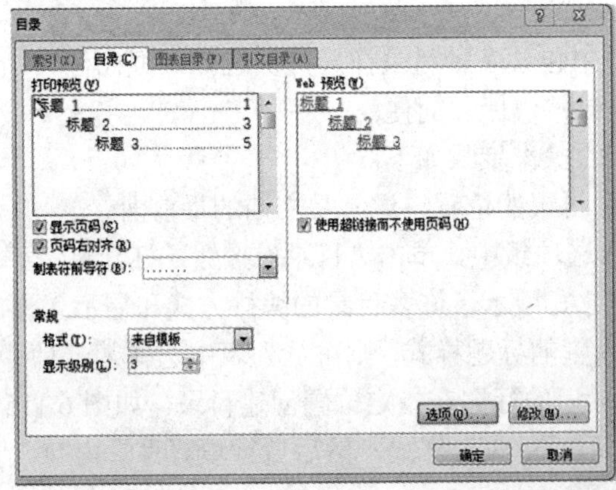

(a) “目录”对话框　　(b) “目录选项”对话框

图 6.116　自定义目录项

⑤ 当有效样式和目录级别设置完成后，单击“确定”按钮，关闭“目录选项”对话框。

⑥ 返回到“目录”对话框后，可以在“打印预览”和“Web 预览”区域中看到创建目录时使用的新样式设置。如果正在创建的文档将用于在打印页上阅读，那么在创建目录时应包括标题和标题所在页面的页码，即选中“显示页码”复选框，以便快速翻到特定页面。如果创建的是用于联机阅读的文档，则可以将目录各项的格式设置为超链接，即选中“使用超链接而不使用页码”复选框，以便读者可以通过单击目录中的某项标题转到对应的内

容。最后，单击“确定”按钮完成所有设置。

3. 更新目录

目录也是以域的方式插入到文档中的。如果在创建目录后，又添加、删除或更改了文档中的标题或其他目录项，可以按照如下操作步骤更新文档目录：

(1) 在“引用”选项卡上的“目录”选项组中，单击“更新目录”按钮。或者在目录区域中单击鼠标右键，从弹出的快捷菜单中选择“更新域”命令，打开如图 6.117 所示的“更新目录”对话框。

(2) 在该对话框中选中“只更新页码”单选按钮或者“更新整个目录”单选按钮，然后单击“确定”按钮即可按照指定要求更新目录。

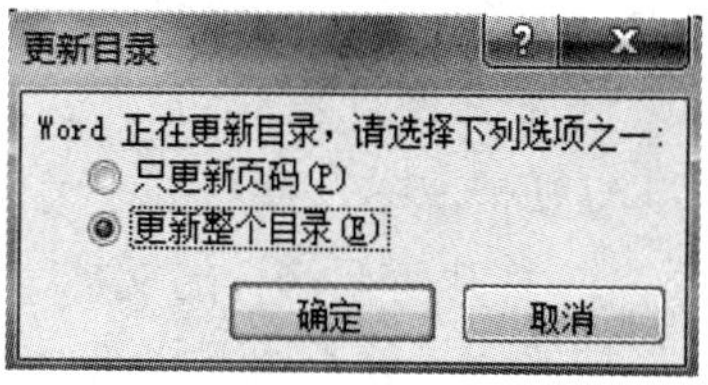

更新目录
Word 正在更新目录，请选择下列选项之一：
只更新页码(P)
更新整个目录(E)
确定　取消

图 6.117　更新文档目录

【例 6-9】　为案例文档创建一级标题目录。

① 打开案例文档“创建目录.docx”。

② 将光标移动到文档的开始处，在“插入”选项卡上的“页”选项组中单击“空白页”按钮，在文档的最前面插入一个空白页。

③ 将光标移动到空白页中，在“引用”选项卡上的“目录”组中单击“目录”按钮，从打开的下拉列表中选择“插入目录”命令。

④ 在弹出的“目录”对话框中，将“显示级别”设为 1，单击“确定”按钮。

⑤ 在目录前插入一个空行，输入标题文本“目录”并进行适当格式化，结果如图 6.118 所示。

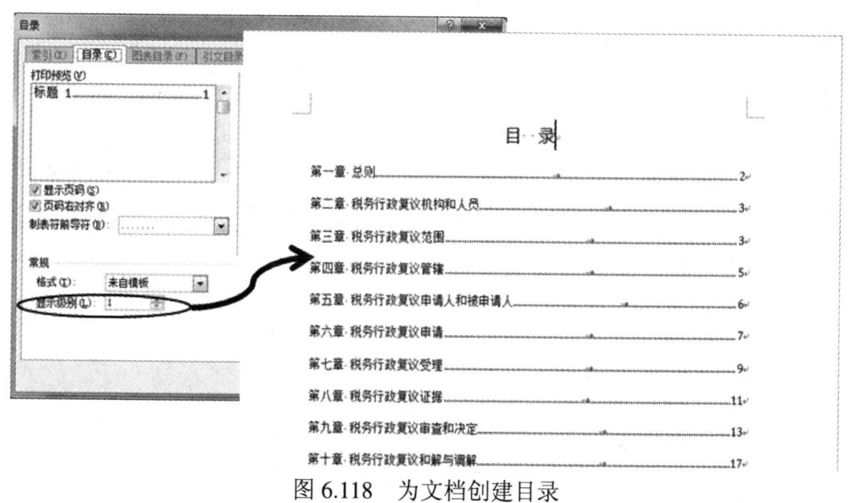

图 6.118　为文档创建目录

6.4　文档修订与共享

在与他人一同处理文档的过程中，审阅、跟踪文档的修订状况将成为最重要的环节之一，作者需要及时了解其他修订者更改了文档的哪些内容，以及为何要进行这些更改。这些都可以通过 Word 的审阅与修订功能实现。编辑完成的文档，还可以方便地以不同的方式共享给他人阅读使用。

6.4.1　审阅与修订文档

Word 2010 提供了多种方式来协助多人共同完成文档审阅的相关操作，同时文档作者还可以通过审阅窗格来快速对比、查看、合并同一文档的多个修订版本。

1. 修订文档

在修订状态下修改文档时，Word 应用程序将跟踪文档中所有内容的变化状况，同时会把当前文档中修改、删除、插入的每一项内容都标记下来。

1) 开启修订状态

默认情况下，修订处于关闭状态。若要开启修订并标记修订过程，应执行以下操作：

① 打开所要修订的文档，在功能区的“审阅”选项卡上单击“修订”选项组中的“修订”按钮使其处于按下状态，当前文档即进入修订状态，如图 6.119 所示。

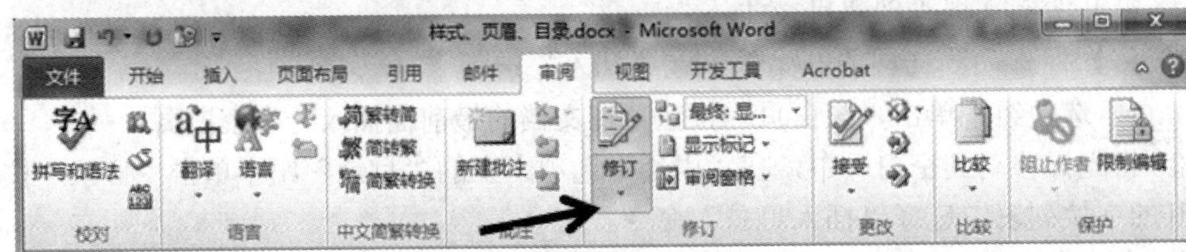

图 6.119　开启文档修订状态

② 在修订状态下对文档进行编辑修改，此时直接插入的文档内容会通过颜色和下画线标记下来，删除的内容可以在右侧的页边空白处显示出来，所有修订动作均会在右侧的修订区域中进行记录，结果类似图 6.120 所示。

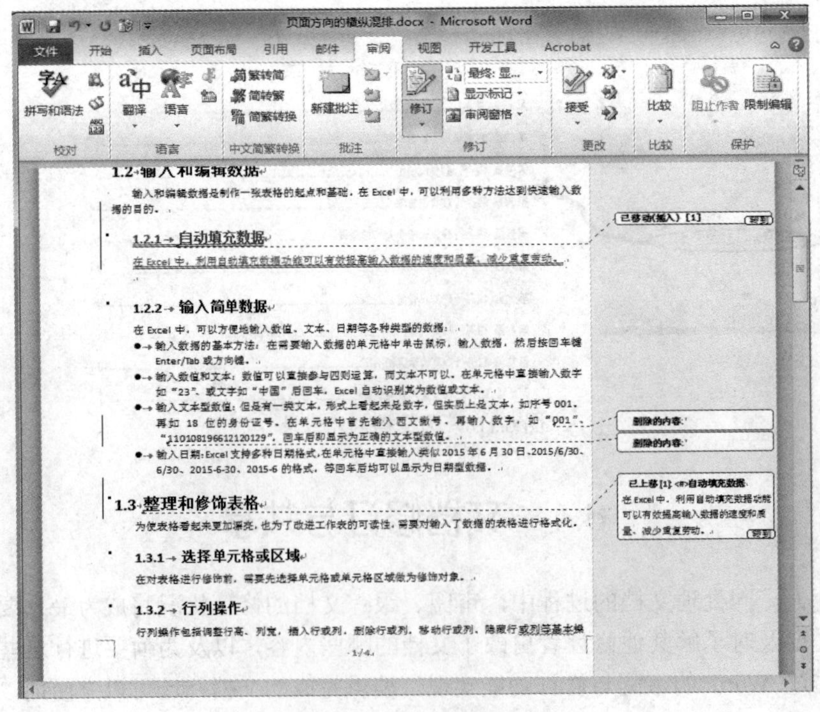

图 6.120　对当前文档进行修订

2) 更改修订选项

当多人同时参与对同一文档的修订时，将通过不同的颜色来区分不同修订者的修订内容，从而可以很好地避免由于多人参与文档修订而造成的混乱局面。为了更好地区分不同修订的内容，可以对修订样式进行自定义设置，具体的操作步骤如下：

① 在“审阅”选项卡上的“修订”选项组中，单击“修订”按钮旁边的向下三角箭头，从打开的下拉列表中选择“修订选项”命令，打开“修订选项”对话框，如图 6.121 所示。

② 在“标记”“移动”“表单元格突出显示”“格式”“批注框”五个选项区域中，可以根据自己的浏览习惯和具体需求设置修订内容的显示情况。

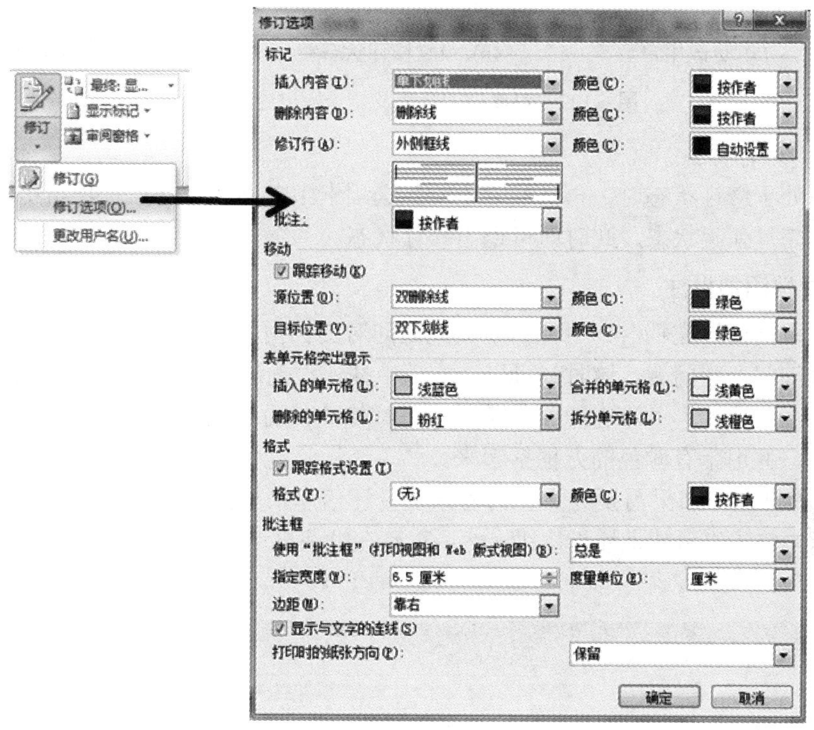

图 6.121　打开“修订选项”对话框

3) 设置修订的标记及状态

(1) 更改修订者名称：在“审阅”选项卡上的“修订”选项组中，单击“修订”按钮旁边的向下三角箭头，从打开的下拉列表中选择“更改用户名”命令，进入 Office 后台视图，在如图 6.122(a)所示的“用户名”文本框中输入新名称即可。

(2) 设置修订状态：在“审阅”选项卡上的“修订”选项组中，单击“修订状态”按钮，从打开的下拉列表中选择一种查看文档修订建议的方式，如图 6.122(b)所示。如需在文档中查看修订信息，则应选择带有修订标记的选项，如“最终：显示标记”。

(3) 设置显示标记：在“审阅”选项卡上的“修订”选项组中，单击“显示标记”按钮，从打开的下拉列表中设置显示何种修订标记以及修订标记显示的方式，如图 6.122(c)所示。

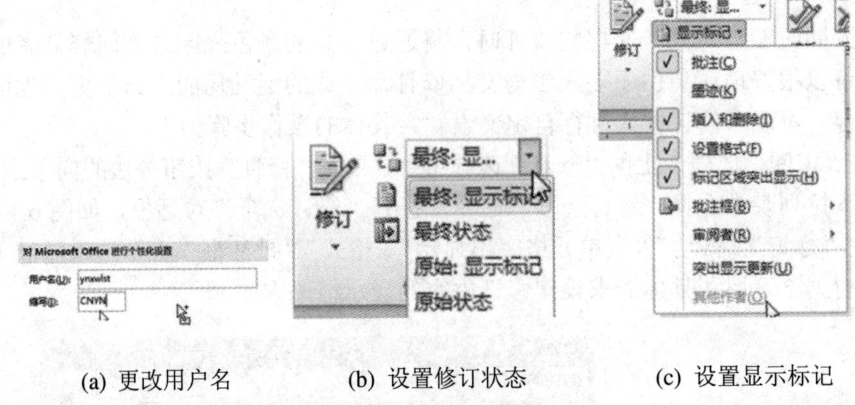

(a) 更改用户名　　(b) 设置修订状态　　(c) 设置显示标记

图 6.122　对修订的状态及显示标记进行设置

4) 退出修订状态

当文档处于修订状态时，再次在“审阅”选项卡上单击“修订”选项组中的“修订”按钮，使其恢复弹起状态，此时即可退出修订状态。

2. 为文档添加批注

在多人审阅同一文档时，可能需要彼此之间对文档内容的变更状况作一个解释，或者向文档作者询问一些问题，这时就可以在文档中插入“批注”信息。“批注”与“修订”的不同之处在于“批注”并不在原文的基础上进行修改，而是在文档页面的空白处添加相关的注释信息，并用带有颜色的方框括起来。

(1) 添加批注：如果需要为文档内容添加批注信息，则只需在“审阅”选项卡的“批注”选项组中单击“新建批注”按钮，然后直接在批注框中输入批注信息即可，如图 6.123 所示。

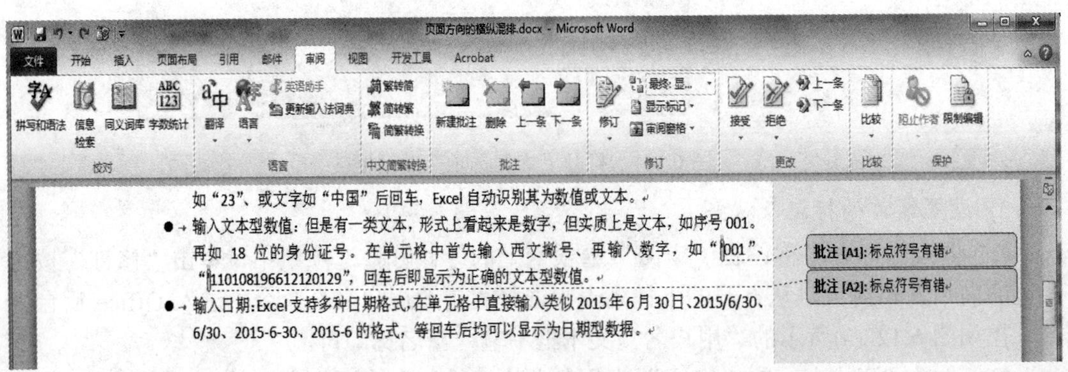

图 6.123　添加批注

除了在文档中插入文本批注信息以外，还可以插入音频或视频对象作为批注信息，从而使文档在形式上更加丰富。

(2) 删除批注：如果要删除文档中的某一条批注信息，则可以右键单击所要删除的批注，在随后打开的快捷菜单中执行“删除批注”命令。如果要删除文档中所有批注，则在“审阅”选项卡的“批注”选项组中执行“删除”→“删除文档中的所有批注”命令，如

图 6.124(a)所示。

(3) 显示审阅者：当文档被多人修订或审批后，可以在“审阅”选项卡中的“修订”选项组中执行“显示标记”→“审阅者”命令，在打开的列表中显示出所有对该文档进行过修订或批注操作的人员名单，如图 6.124(b)所示。可以通过勾选审阅者姓名前面的复选框，查看不同人员对本文档的修订或批注意见。

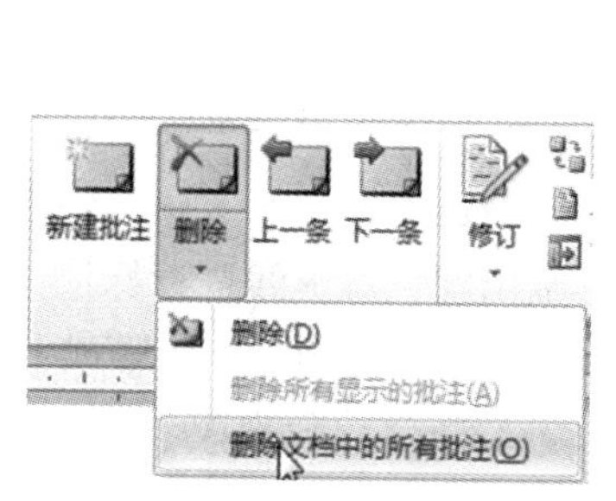

(a) 删除文档中的批注

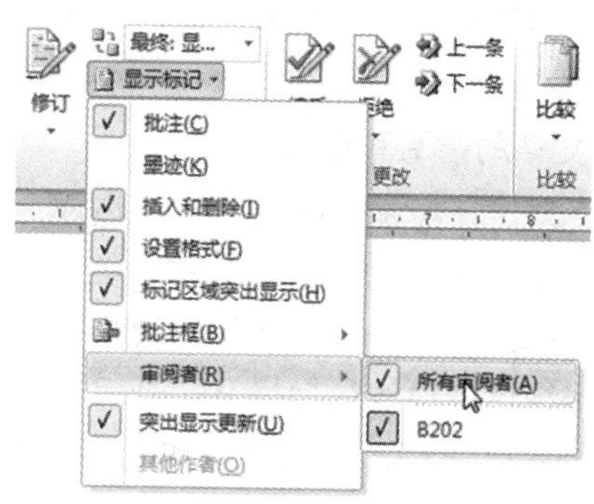

(b) 查看审阅者名单

图 6.124　删除批注及查看审阅者名单

3. 审阅修订和批注

文档内容修订完成以后，一般原作者还需要对文档的修订和批注情况进行最后审阅，并确定出最终的文档版本。当审阅修订和批注时，可以按照如下步骤来接受或拒绝文档内容的每一项更改。

① 在“审阅”选项卡的“更改”选项组中单击“上一条”或“下一条”按钮，即可定位到文档中的上一条或下一条修订或批注内容。

② 对于修订信息可以单击“更改”选项组中的“拒绝”或“接受”按钮，来选择拒绝或接受对文档的更改；对于批注信息可以在“批注”选项组中单击“删除”按钮删除当前批注。

③ 重复步骤①和②，直到文档中所有的修订和批注均已审阅完毕。

④ 如果要接受所有修订，可以在“更改”选项组中执行“接受”→“接受对文档的所有修订”命令；如果要拒绝对当前文档做出的所有修订，可以在“更改”选项组中执行“拒绝”→“拒绝对文档的所有修订”命令，如图 6.125 所示。

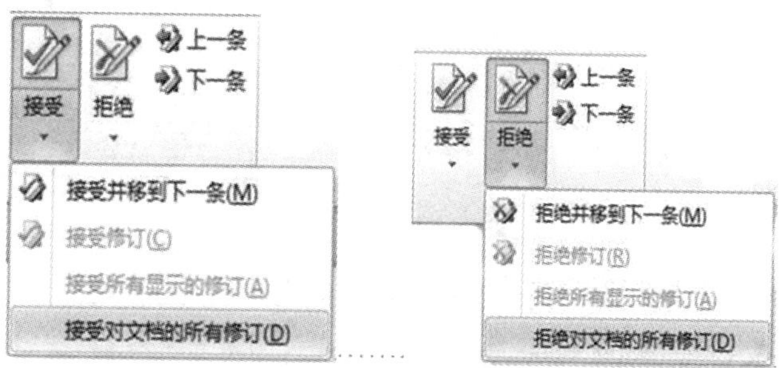

图 6.125　接受或拒绝对文档的所有修订

6.4.2 管理与共享文档

除了修订外，还可以通过“审阅”选项卡上的相关功能对文档进行一些其他常见的管理工作，例如检查拼写错误、统计文档字数、在文档中检索信息、进行简单的即时翻译等。

通过“中文简繁转换”工具可以在中文简体和繁体之间快速转换；通过“保护”工具可以限制对文档格式和内容的编辑修改。文档比较则是对多个版本的文档进行快速差异比对的重要工具。

1. 检查文档的拼写和语法

在编辑文档时，经常会因为疏忽而造成一些错误，很难保证输入文本的拼写和语法都完全正确。Word 2010 的拼写和语法功能开启后，将自动在其认为有错误的字句下面加上波浪线，从而起到提醒作用。如果出现拼写错误，则用红色波浪线进行标记；如果出现语法错误，则用绿色波浪线进行标记。开启拼写和语法检查功能的操作步骤如下。

① 打开 Word 文档，单击“文件”选项卡，打开 Office 后台视图。

② 单击执行“选项”命令。

③ 打开“Word 选项”对话框，切换到“校对”选项卡。

④ 在“在 Word 中更正拼写和语法时”选项区域中选中“键入时检查拼写”和“键入时标记语法错误”复选框，如图 6.126(a)所示。另外还可以根据具体情况选中“使用上下文拼写检查”等其他复选框，设置相关功能。

⑤ 最后，单击“确定”按钮，拼写和语法检查功能的开启工作完成。

拼写和语法检查功能的使用十分简单，在 Word 2010 功能区中打开“审阅”选项卡，单击“校对”选项组中的“拼写和语法”按钮，打开“拼写和语法”对话框，然后根据具体情况进行忽略或更改等操作即可，如图 6.126(b)所示。

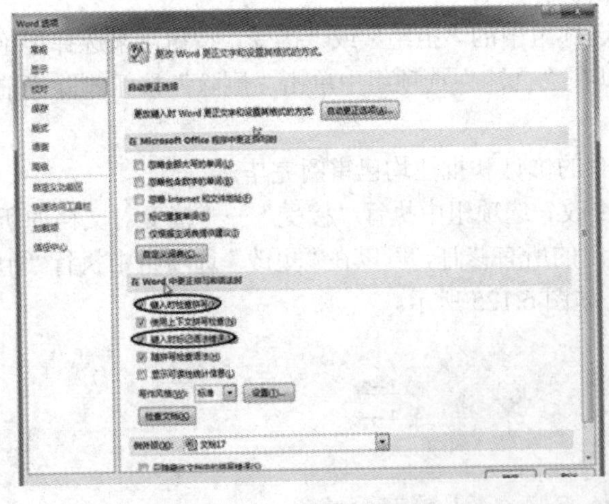

(a)

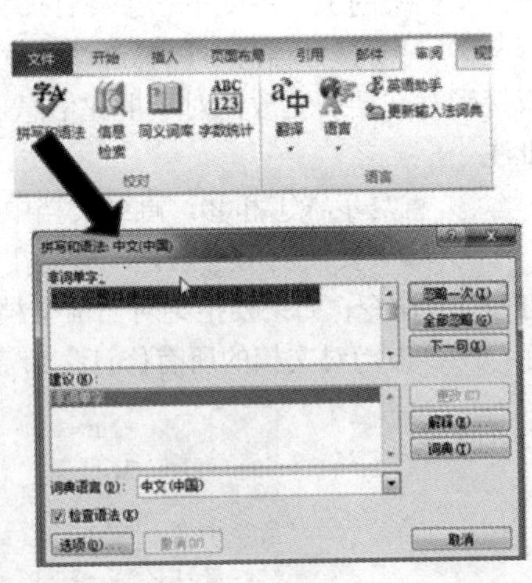

(b)

图 6.126 设置并使用自动拼写和语法检查功能

2. 比较与合并文档

文档经过最终审阅以后，可能形成多个版本。如果希望能够通过对比的方式查看修订前后两个文档版本的变化情况，可通过 Word 提供的精确比较功能显示两个文档的差异，并将两个版本最终合并为一个。

1) 快速比较文档

使用比较功能对文档的不同版本进行比较的具体操作步骤如下：

① 在“审阅”选项卡的“比较”选项组中，单击“比较”按钮，从打开的下拉列表中选择“比较”命令，打开“比较文档”对话框，如图 6.127 所示。

② 在“原文档”区域中，通过浏览找到原始文档；在“修订的文档”区域中，通过浏览找到修订完成的文档。

③ 单击“确定”按钮，将会新建一个比较结果文档，其中突出显示两个文档之间的不同之处以供查阅。在“审阅”选项卡上的“修订”组中单击“审阅窗格”按钮将审阅窗格显示出来，其中自动统计了原文档与修订文档之间的具体差异情况。

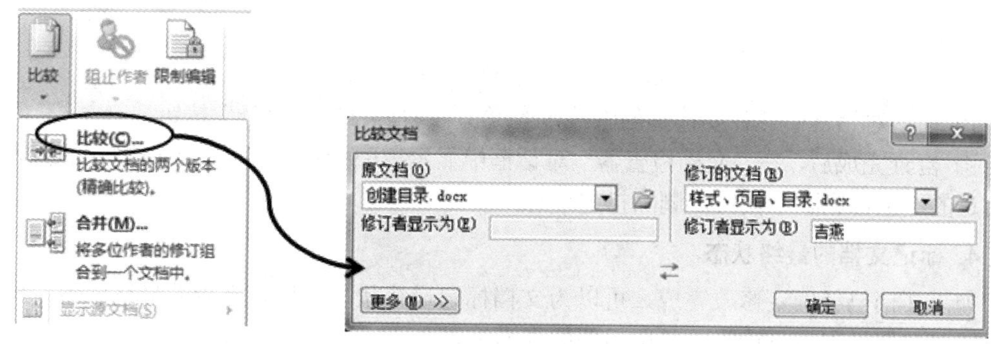

图 6.127　打开“比较文档”对话框

2) 合并文档

合并文档可以将多位作者的修订内容组合到一个文档中，具体操作方法如下：

① 在“审阅”选项卡的“比较”选项组中，单击“比较”按钮，从打开的下拉列表中选择“合并”命令，打开“合并文档”对话框。

② 在“原文档”区域中选择原始文档，在“修订的文档”区域中选择修订后的文档。

③ 单击“确定”按钮，将会新建一个合并结果文档。

④ 在合并结果文档中，审阅修订，决定接受还是拒绝相关修订内容。

⑤ 对合并结果文档进行保存。

3. 删除文档中的个人信息

文档的最终版本确定以后，如果希望将文档的电子副本共享给其他人使用，最好先检查一下该文档是否包含隐藏数据或个人信息，这些信息可能存储在文档本身或文档属性中，因此有必要在共享文档副本之前删除这些隐藏信息。

利用“文档检查器”工具，可以查找并删除在 Word 2010、Excel 2010、PowerPoint 2010 文档中的隐藏数据和个人信息。删除文档中个人信息的具体操作步骤如下：

① 打开要检查是否存在隐藏数据或个人信息的 Office 文档副本，检查前先保存修改。

② 选择“文件”选项卡以打开 Office 后台视图，依次选择“信息”→“检查问题”→“检查文档”命令，打开“文档检查器”对话框，如图 6.128 所示。

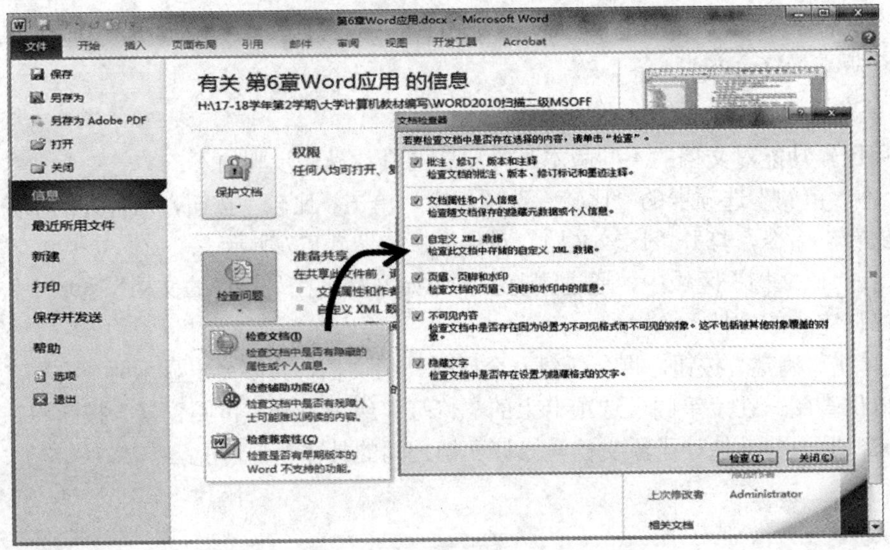

图 6.128　打开“文档检查器”对话框

③ 在该对话框中选择要检查的隐藏内容类型，然后单击“检查”按钮。

④ 检查完成后，在“文档检查器”对话框中显示审阅检查结果，单击要删除的内容类型右边的“全部删除”按钮，删除指定信息。

4. 标记文档的最终状态

如果文档已经确定修改完成，可以为文档标记最终状态来标记文档的最终版本，此操作可以将文档设置为只读，并禁用相关的内容编辑命令。

标记文档的最终状态的操作方法如下：

① 选择“文件”选项卡，打开 Office 后台视图。

② 在“信息”组中单击“保护文档”按钮，打开如图 6.129 所示的选项列表。

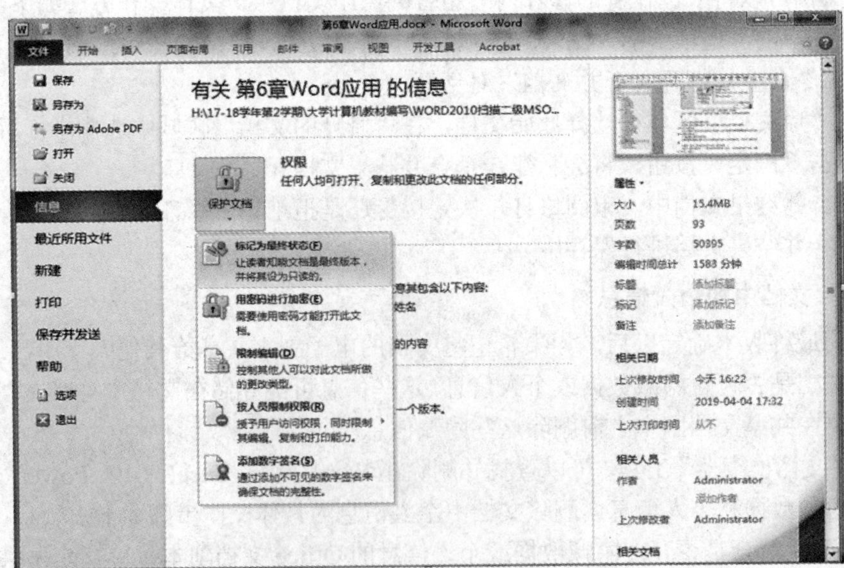

图 6.129　标记文档的最终状态

③ 选择“标记为最终状态”命令完成设置。此时的文档不再允许修改。

5. 与他人共享文档

Word 文档除了可以打印出来供他人审阅外，也可以根据不同的需求通过多种电子化的方式完成共享目的。

1) 通过电子邮件共享文档

如果希望将编辑完成的 Word 文档通过电子邮件方式发送给对方，可执行下述操作步骤：

① 选择“文件”选项卡以打开 Office 后台视图。

② 执行“保存并发送”→“使用电子邮件发送”→“作为附件发送”命令，如图 6.130(a)所示。

2) 转换成 PDF 文档格式

可以将编辑完成的文档保存为 PDF 格式，这样既保证了文档的只读性，同时又确保了那些没有部署 Microsoft Office 产品的用户可以正常浏览文档内容。将文档另存为 PDF 文档的具体操作步骤如下：

① 选择“文件”选项卡以打开 Office 后台视图。

② 依次执行“保存并发送”→“创建 PDF/XPS 文档”→“创建 PDF/XPS” 命令，如图 6.129(b)所示。

③ 在随后打开的“发布为 PDF 或 XPS”对话框中，输入文件名并选择保存位置后，单击“发布”按钮。

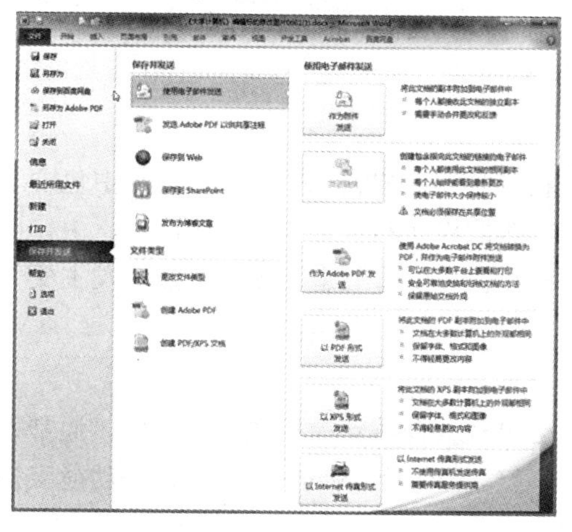

(a) 使用电子邮件发送文档

(b) 将文档发送给 PDF 格式

图 6.130　与他人共享文档

3) 与其他组件共享信息

与 Excel、PowerPoint 等其他 Office 组件共享信息的方法，可参见本书第 5 章中的相关介绍。

6.5　通过邮件合并批量处理文档

Word 2010 提供了强大的邮件合并功能，该功能具有极佳的实用性和便捷性。如果希

望批量创建一组文档，例如寄给多个客户的套用信函，就可以使用邮件合并功能来实现。

利用“邮件合并”功能可以批量创建信函、电子邮件、传真、信封、标签、目录(打印出来或保存在单个 Word 文档中的姓名、地址或其他信息的列表)等文档。

6.5.1　邮件合并

邮件合并过程比较复杂，需要首先了解与之相关的一些基本概念以及基本的操作流程。

1. 什么是邮件合并

Word 的邮件合并可以将一个主文档与一个数据源结合起来，最终生成一系列输出文档。一般要完成一个邮件合并任务，需要包含主文档、数据源、合并文档几个部分，如图 6.130 所示。因此，在进行邮件合并之前，首先需要明确以下几个基本概念。

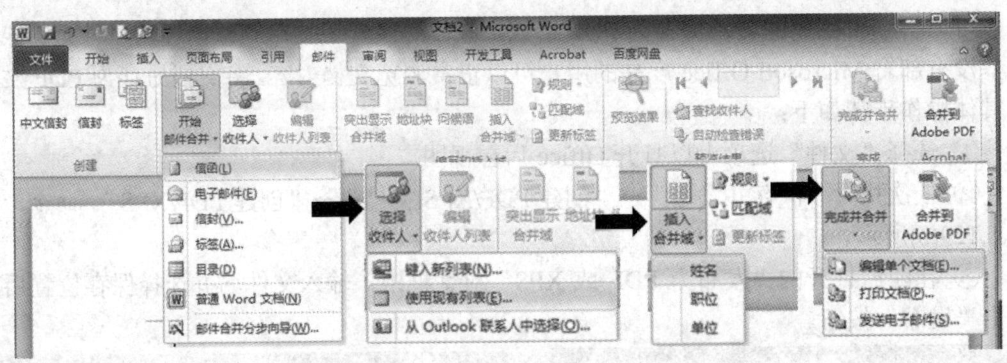

图 6.131　邮件合并操作流程

1) 主文档

主文档是经过特殊标记的 Word 文档，它是用于创建输出文档的“蓝图”。其中包含了基本的文本内容，这些文本内容在所有输出文档中都是相同的，比如信件的信头、主体以及落款等。另外还有一系列指令(称为合并域)，用于插入在每个输出文档中都要发生变化的文本，比如收件人的姓名和地址等。

2) 数据源

数据源实际上是一个数据列表，其中包含了用户希望合并到输出文档的数据。通常它保存了姓名、通信地址、电子邮件地址、传真号码等数据字段。Word 的邮件合并功能支持很多类型的数据源，其中主要包括下列几类数据源：

① Microsoft Office 地址列表。在邮件合并过程中，“邮件合并”任务窗格提供了创建简单的“Office 地址列表”的机会，必要时可以在新建的列表中填写收件人的姓名和地址等相关信息。此方法最适用于不经常使用的小型、简单列表。

② Microsoft Word 数据源。可以使用某个 Word 文档作为数据源。该文档应该只包含一个表格，该表格的第一行必须用于存放标题行，其他行必须包含邮件合并所需要的数据记录。

③ Microsoft Excel 工作表。可以从工作簿内的任意工作表或命名区域选择数据。

④ Microsoft Outlook 联系人列表。可以在“Outlook 联系人列表”中直接检索联系人信息。

⑤ Microsoft Access 数据库。该数据库是指在 Access 中创建的数据库。

HTML 文件使用只包含一个表格的 HTML 文件。表格的第一行必须用于存放标题行，其他行则必须包含邮件合并所需要的数据记录。

3) 邮件合并的最终文档

邮件合并的最终文档是一份可以独立存储或输出的 Word 文档，其中包含了所有的输出结果。最终文档中有些文本内容在每份输出文档中都是相同的，这些相同的内容来自主文档；而有些会随着收件人的不同而发生变化，这些变化的内容来自数据源。

邮件合并功能将主文档和数据源合并在一起，形成一系列的最终文档。数据源中有多少条记录，就可以生成多少份最终结果。

2. 邮件合并的基本方法

邮件合并的基本流程：创建主文档→选择数据源→插入域→合并生成结果。通常可以通过 Word 提供的邮件合并向导来完成这一流程，熟悉该功能的人也可以直接创建邮件合并文档，后者更具灵活性。

1) 通过邮件合并向导创建

通过邮件合并向导创建的具体操作步骤如下：

① 启动 Word，或者打开一个空白的 Word 文档作为主文档。

② 打开功能区的“邮件”选项卡，单击“开始邮件合并”组中的“开始邮件合并”按钮。

③ 从弹出的下拉列表中选择“邮件合并分步向导”命令，打开“邮件合并”任务窗格，同时进入“邮件合并分步向导”的第一步，如图 6.132 所示。邮件合并向导共包含六步。

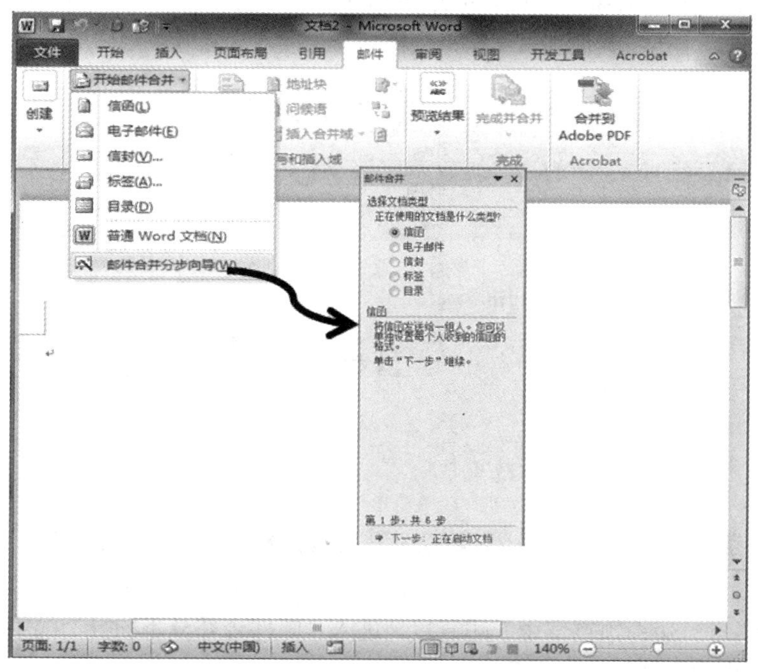

图 6.132　打开“邮件合并”任务窗格

④ 在“选择文档类型”区域中，选择一个希望创建的输出文档的类型。

⑤ 单击“下一步：正在启动文档”超链接，进入“邮件合并分步向导”的第二步、在

“选择开始文档”选项区域中确定邮件合并的主文档，可以使用当前打开的文档，也可以选择一个已有的文档或根据模板新建一个文档。

⑥ 接着单击“下一步：选取收件人”超链接，进入“邮件合并分步向导”的第三步，在“选择收件人”选项区域中确定邮件合并的数据源，可以使用事先准备好的列表，也可以新建一个数据源列表，如图 6.133 所示。

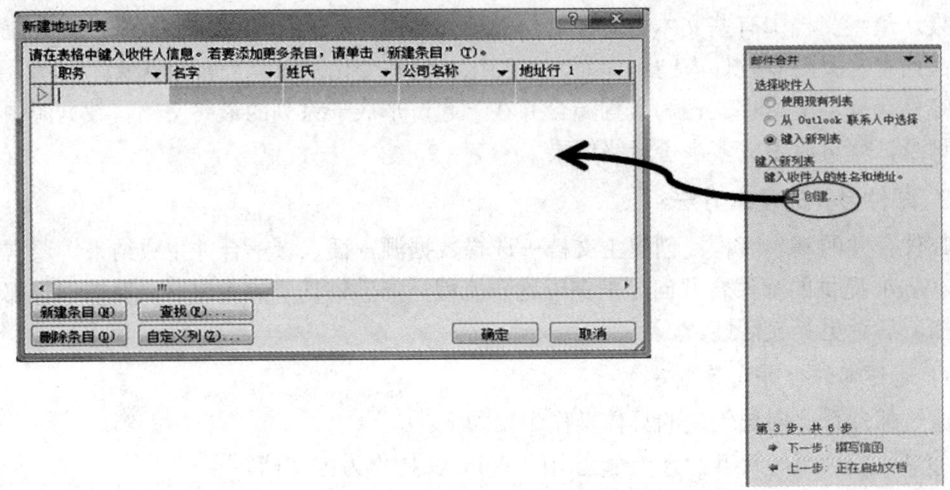

图 6.133 创建一个新的数据源列表

⑦ 确定了数据源之后，单击“下一步：撰写信函”超链接，进入“邮件合并分步向导”的第四步。对主文档进行编辑修改，并通过插入合并域的方式向主文档中适当的位置插入数据源中的信息。单击“其他项目”超链接可打开“插入合并域”对话框，如图 6.134 所示。

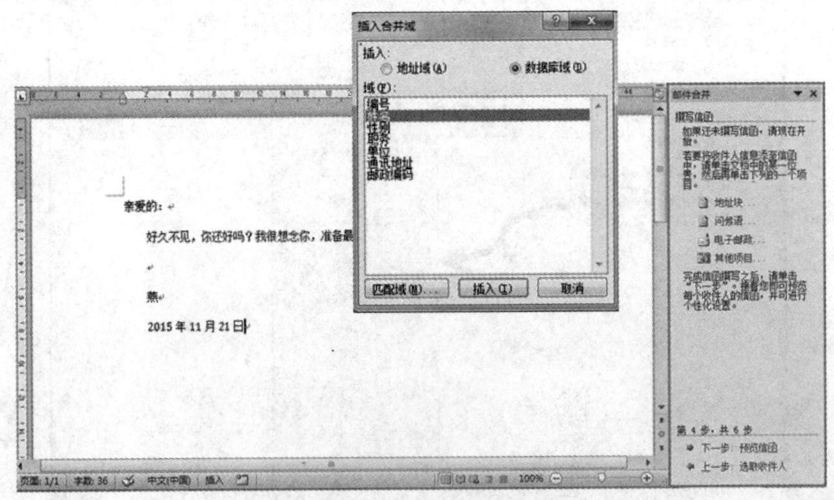

图 6.134 在主文档中插入合并域

⑧ 单击“下一步：预览信函”超链接，进入“邮件合并分步向导”的第五步。此处可以查看最终输出的合并结果。

⑨ 预览并处理输出文档后，单击“下一步：完成合并”超链接，进入“邮件合并分步向导”的最后一步。在“合并”选项区域中，可以根据实际需要选择单击“打印”或“编

辑单个信函”超链接，进行最后的合并工作，如图 6.135 所示。一般情况下，可先行选择“编辑单个信函”超链接以文件形式生成并保存合并结果，然后再确定是否打印。

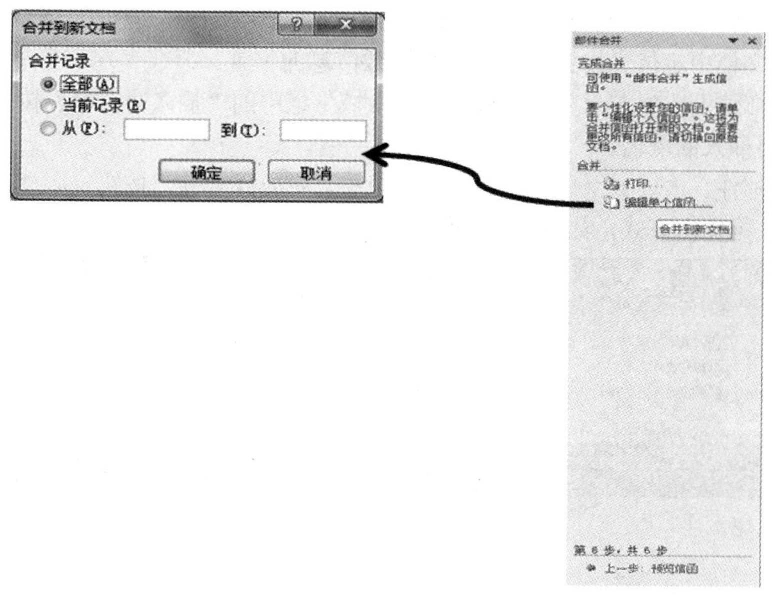

图 6.135　进行最后的合并工作

⑩ 最后需要对主文档和合并结果文档分别进行保存，需要时可对合并结果文档进行打印。

2) 直接进行邮件合并

利用向导进行邮件合并的过程比较烦琐，适合不太熟悉邮件合并程序的新手使用。当对邮件合并流程熟练掌握后，可以直接进行邮件合并。

① 首先，准备好数据源文件，并编辑完成主文档中的固定内容及进行保存。

② 在 Word 中打开主文档，从“邮件”选项卡上的“开始邮件合并”组中单击“选择收件人”按钮。

③ 从如图 6.136(a)所示的下拉列表中选择“使用现有列表”命令，在弹出的“选择数据源”对话框中选择数据源文件，也可以选择“键入新列表”重新创建数据源。

(a) 选择数据源

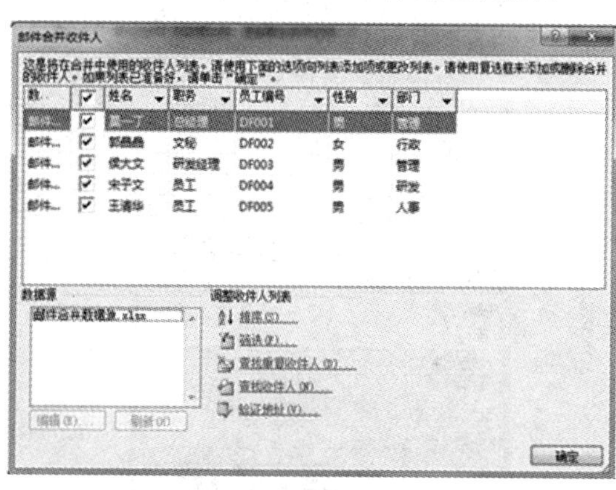

(b) “邮件合并收件人”对话框

图 6.136　选择并编辑数据源

④ 单击“开始邮件合并”组中的“编辑收件人列表”按钮，打开如图 6.136(b)所示的“邮件合并收件人”对话框。在该对话框中可以对数据源列表进行排序、筛选等操作，以确定最后参与合并的收件人记录。设置完毕后单击“确定”按钮退出。

⑤ 在主文档中定位光标到需要插入数据源信息的位置。

⑥ 在“邮件”选项卡上单击“编写和插入域”组中的“插入合并域”按钮，从下拉列表中选择需要插入的域名。

⑦ 在“邮件”选项卡上单击“完成”组中的“完成并合并”按钮，从打开的下拉列表中选择合并结果输出方式，如图 6.137 所示。

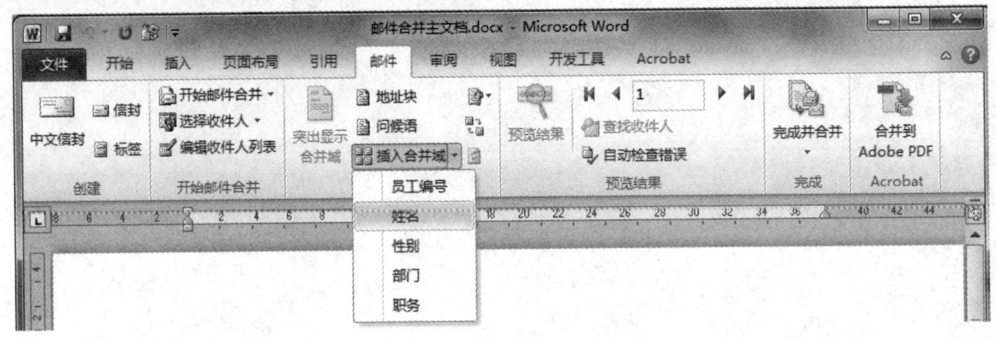

图 6.137　插入合并域并完成合并

⑧ 如果选择了“编辑单个文档”，则可对形成的合并结果文档进行保存，同时需要保存主文档。

3．设置邮件合并规则

在进行邮件合并时，可能需要设置一些条件来对最终的合并结果进行控制，例如只输出某些符合条件的记录等。在邮件合并时设置合并规则的方法如下：

① 在主文档中插入合并域后，在“邮件”选项卡上的“编写和插入域”组中单击“规则”按钮。

② 在打开的规则下拉列表中，单击某一命令，进行规则设置即可。其中，选择“如果…那么…否则…”命令，则可以设置显示条件以控制输入文档的显示信息；选择“跳过记录条件”，则可设置符合指定条件的那些记录在合并结果中显示并输出，如图 6.138 所示。

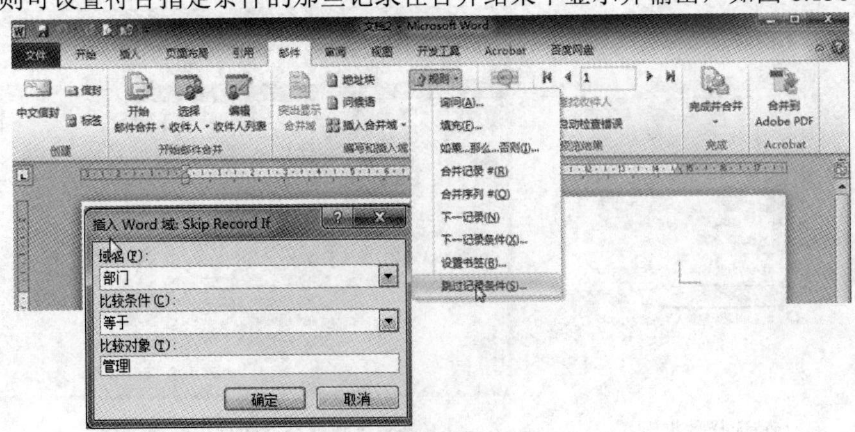

图 6.138　设置邮件合并的规则

6.5.2　邮件合并应用实例

通过邮件合并功能可以创建多种类型的适用于批量处理的文档。下面分别以制作信封和邀请函为例进行实操演练。

1. 利用邮件合并向导制作中文信封

邮件合并向导提供了非常方便的中文信封制作功能，只要通过几个简单的步骤，就可以制作出既漂亮又标准的信封。通向导创建中文信封的操作步骤如下：

① 在功能区中打开“邮件”选项卡，在“创建”组中单击“中文信封”按钮，打开如图 6.139 所示的“信封制作向导”对话框，开始创建信封。

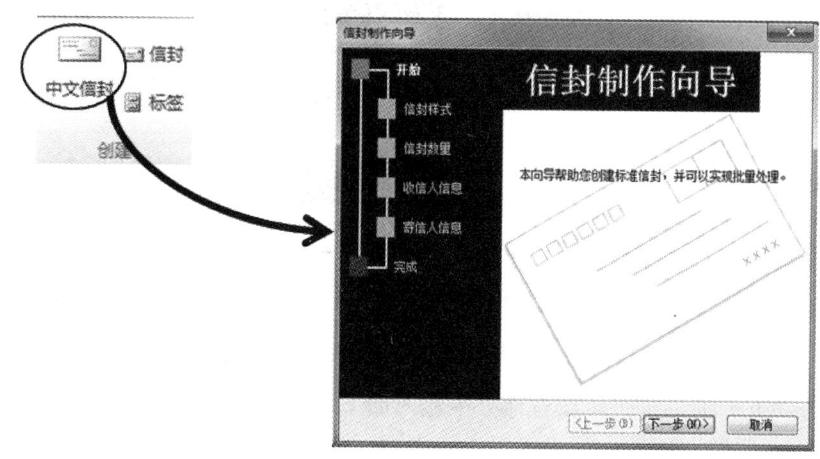

图 6.139　信封制作向导

② 单击“下一步”按钮，在“信封样式”下拉列表框中选择信封的样式，并根据实际需要选中或取消选中有关信封样式的复选框。本例中保持默认设置，如图 6.140(a)所示。

③ 单击“下一步”按钮，选择生成信封的方式和数量，本例选中“基于地址簿文件，生成批量信封”选项，如图 6.140(b)所示。

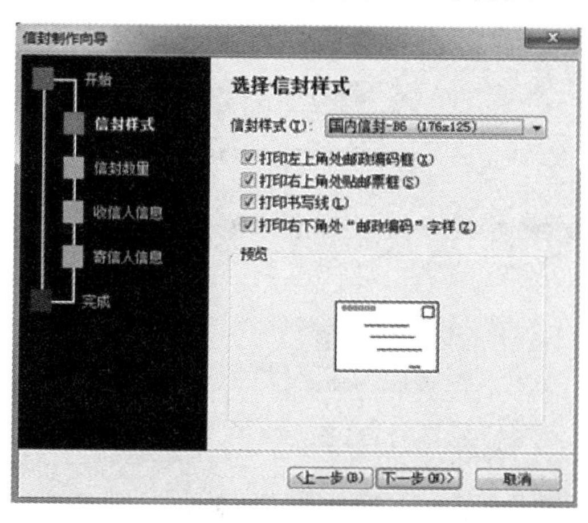

(a)　保持信封样式

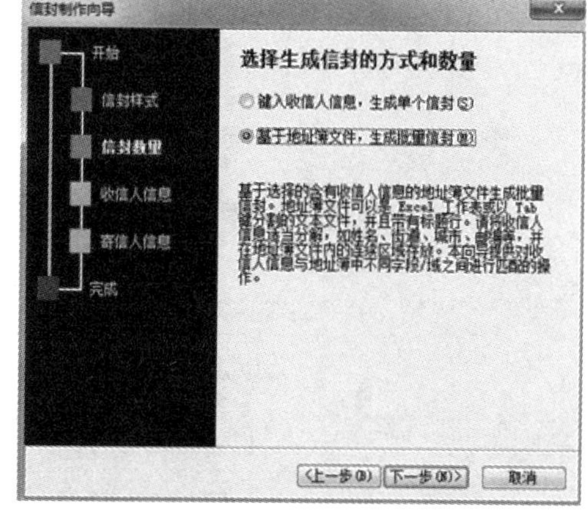

(b)　选择生成信封的方式和数量

图 6.140　选择信封样式和数量

④ 单击“下一步”按钮，从文件中获取并匹配收信人信息。单击“选择地址簿”按钮，在随后打开的“打开”对话框中选择 Excel 案例文件——“邮件合并通讯录. xlsx”作为地址簿，然后单击“打开”按钮，返回到“信封制作向导”对话框。

⑤ 在“地址簿中的对应项”区域的各个下拉列表框中，分别选择与收信人信息匹配的字段，如图 6.141 所示。

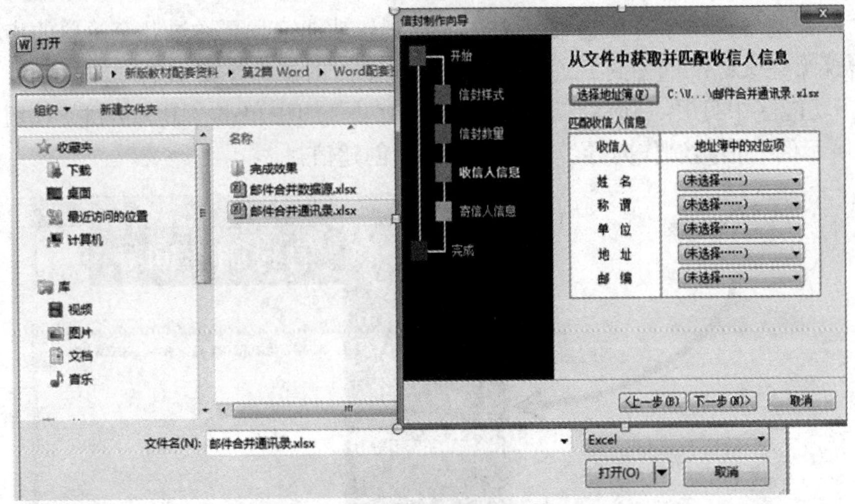

图 6.141　选择数据源并匹配收件人信息

⑥ 单击“下一步”按钮，在对话框中输入如下所列寄信人信息：

单位：保山学院，地址：云南省保山市隆阳区远征路 16 号，邮编：678000。

⑦ 继续单击“下一步”按钮，进入“信封制作向导”的最后一个步骤，单击“完成”按钮，关闭“信封制作向导”对话框。这样，Word 就生成了多个标准的信封，其外观样式如图 6.142 所示。

图 6.142　使用向导生成中文信封

⑧ 对生成的中文信封文档以“中文信封.docx”为名进行保存。

2. 直接制作邀请函

很多情况下，需要制作或发送一些信函或邀请函之类的邮件给客户或合作伙伴，这类邮件的内容通常分为固定不变的内容和变化的内容。例如，在如图 6.143 所示的邀请函文档中已经输入了邀请函的正文内容，这一部分就是固定不变的信息，保存在案例文档“邀请函主文档.docx”中。

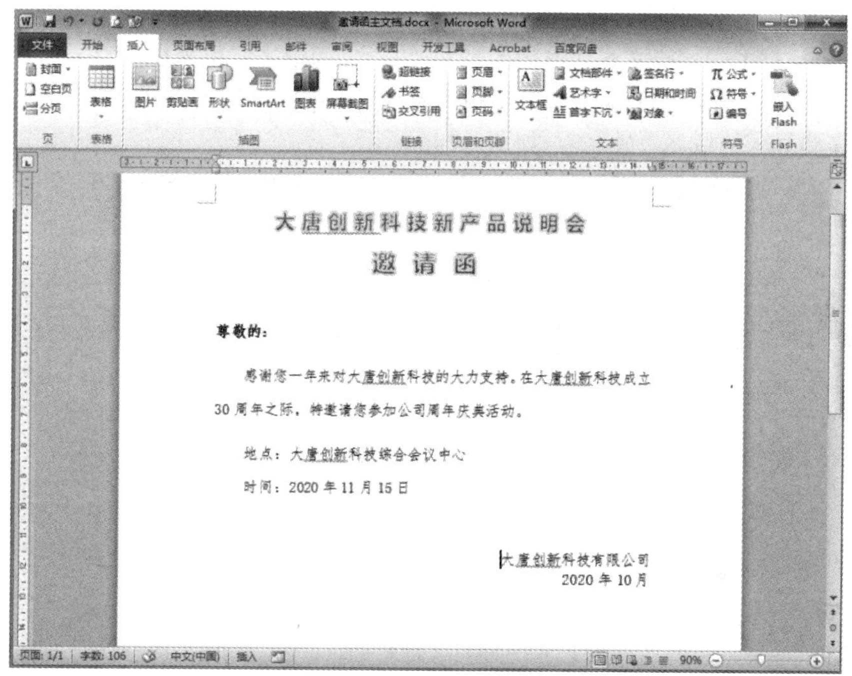

大唐创新科技新产品说明会

邀 请 函

尊敬的：

感谢您一年来对大唐创新科技的大力支持。在大唐创新科技成立30周年之际，特邀请您参加公司周年庆典活动。

地点：大唐创新科技综合会议中心

时间：2020年11月15日

大唐创新科技有限公司

2020年10月

图 6.143　邀请函的主文档

邀请函中的邀请人姓名以及邀请人的称谓等信息就属于变化的内容，而这部分变化的内容作为数据源保存在素材文件“邮件合并通讯录.xlsx”中，这是一个 Excel 工作簿文档，如图 6.144 所示。

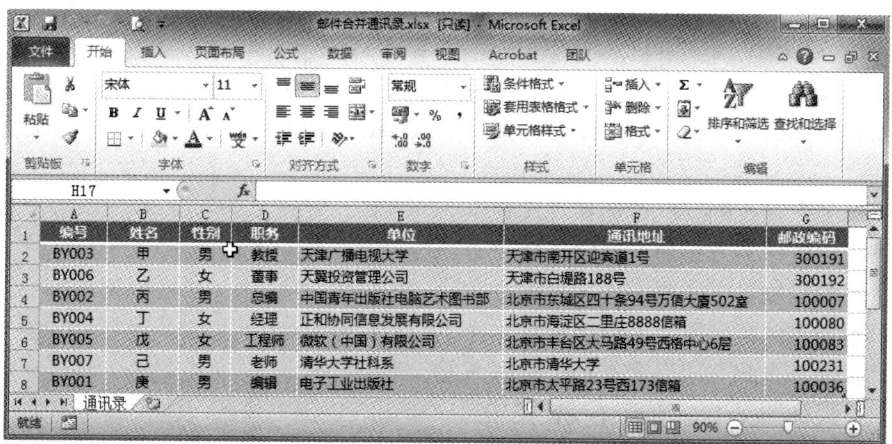

编号	姓名	性别	职务	单位	通讯地址	邮政编码
BY003	甲	男	教授	天津广播电视大学	天津市南开区迎宾道1号	300191
BY006	乙	女	董事	天翼投资管理公司	天津市白堤路188号	300192
BY002	丙	男	总编	中国青年出版社电脑艺术图书部	北京市东城区四十条94号万信大厦502室	100007
BY004	丁	女	经理	正和协同信息发展有限公司	北京市海淀区二里庄8888信箱	100080
BY005	戊	女	工程师	微软（中国）有限公司	北京市丰台区大马路49号西格中心6层	100083
BY007	己	男	老师	清华大学社科系	北京市清华大学	100231
BY001	庚	男	编辑	电子工业出版社	北京市太平路23号西173信箱	100036

图 6.144　保存在 Excel 工作表中的邀请人信息

如果希望将数据源中邀请人的信息自动填写到邀请函主文档中，就可以利用邮件合并功能来实现，操作步骤如下：

① 首先打开案例文档“邮件合并邀请函主文档.docx”，可以对其进行编辑修改以符合个人的要求。

② 从“邮件”选项卡上的“开始邮件合并”组中单击“选择邮件接收人”按钮。

③ 从弹出的下拉列表中选择“使用现有列表”命令，在弹出的“选取数据源”对话框中选择数据源文档“邮件合并通讯录.xlsx”作为数据源。

④ 在主文档中的抬头文本“尊敬的”和“：”之间单击定位光标。

⑤ 在“邮件”选项卡上单击“编写和插入域”组中的“插入合并域”按钮，从下拉列表中选择需要插入的域名“姓名”，如图 6.145 所示。

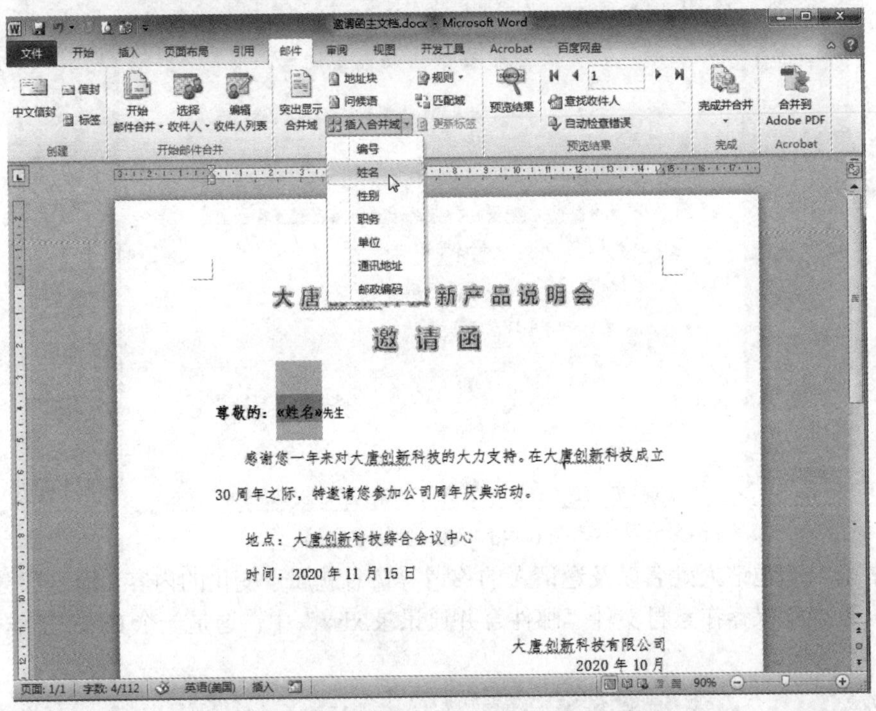

图 6.145 在文档的指定位置插入合并域“姓名”

⑥ 在“邮件”选项卡上，单击“编写和插入域”组中的“规则”按钮，从下拉列表中选择“如果…那么…否则…”命令，打开“插入 Word 域 IF”对话框。在该对话框中设置如下条件：

在“域名”下拉列表框中选择“性别”；

在“比较条件”下拉列表框中选择“等于”；

在“比较对象”文本框中输入“男”；

在“则插入此文字”文本框中输入“先生”；

在“否则插入此文字”文本框中输入“女士”。

设置结果如图 6.146 所示。设置完毕后，单击“确定”按钮，这样就可以使被邀请人的称谓与性别建立关联。

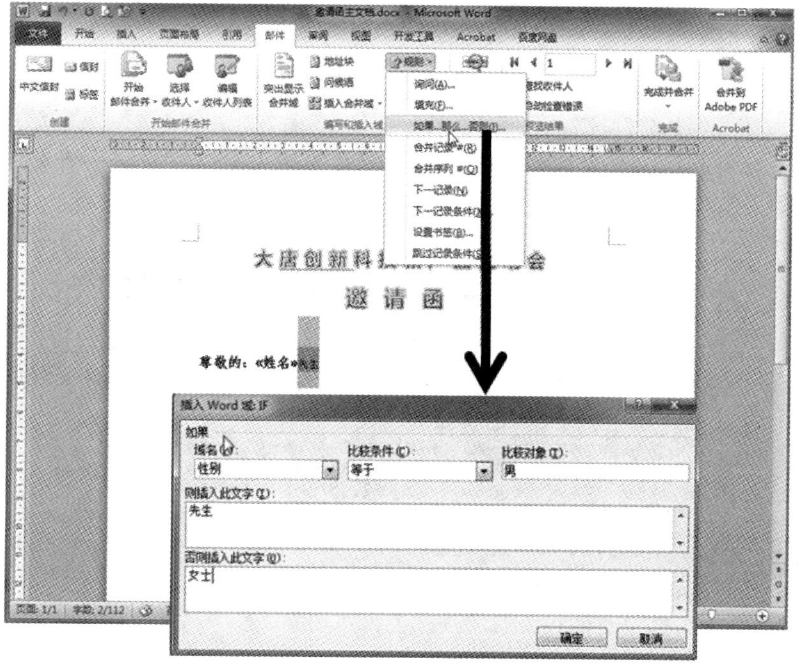

图 6.146　定义插入域规则

⑦ 对插入到主文档中的域“先生”进行字体、字号等格式设置，使其与同段文字格式保持一致。

⑧ 在“邮件”选项卡上单击“完成”组中的“完成并合并”按钮，从打开的下拉列表中选择“编辑单个文档”命令，在弹出的对话框中设定合并全部记录后单击“确定”按钮。

⑨ Word 会将 Excel 中存储的收件人信息自动添加到邀请函正文中，并合并生成一个如图 6.147 所示的新文档，在该文档中，每页中的邀请函客户信息均由数据源自动创建生成。将该文档以“邀请函合并结果.docx”为文件名进行保存，同时应保存主文档“邮件合并邀请函主文档.docx”。

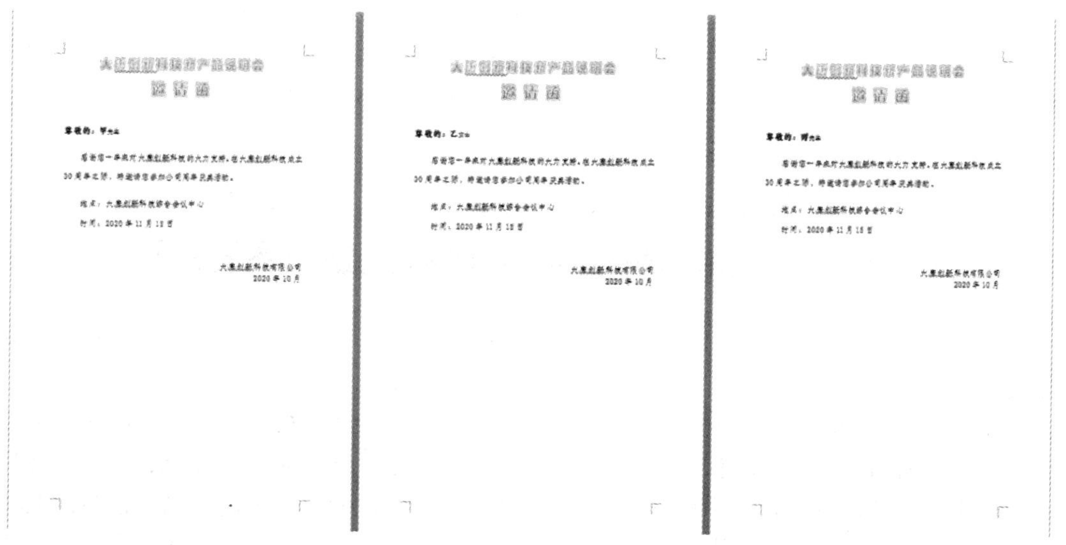

图 6.147　邀请函合并文档输出结果

习　题

刘老师正准备制作家长会通知，根据教材配套的相关素材参照图示结果，按下列要求帮助刘老师完成编辑操作。

北京市向阳路中学

家长会通知

尊敬的李北冥　学生家长：您好！

时光在苒，转眼间本学期已经过去一半。首先感谢您多年来对学校工作的信任、理解和大力支持。

为了您的孩子在学校得到更好的发展，同时使您能够全面了解孩子在校的学习情况及行为表现，以便配合学校做好教育工作，我校准备5月10日（周六）上午8:30在学校教学楼四楼多媒体室召开年级家长会，由年级组长向家长介绍本学期的工作情况。会后将回到各班教室开班级会，分别由班主任和任课老师与家长进行进一步交流沟通。

参会回执请于4月27日之前交回给班主任。

温馨提示：学校处于繁华路段的十字路口，为了减轻交通压力，学校建议采用公共交通出行。

顺祝

身体健康，万事如意！

向阳路中学
2014年04月24日

期中考试成绩报告单

姓名：	李北冥			学号：	C121444	
科目	语文	数学	英语	物理	化学	总分
成绩	78.50	111.40	96.30	78.60	81.60	446.40
班级平均分	92.85	97.75	91.38	88.10	75.60	445.68

家长会通知回执

学生姓名		所在的班级			
家长姓名		与学生关系		联系电话	
是否参加	是（　）			否（　）	
家长签名：________　年　月　日					
意见及建议					

北京市海淀区中关村北大街55号　邮编：199871　1

1. 将纸张大小设为A4，上、左、右边距均为2.5厘米，下边距为2厘米，页眉、页脚分别距边界1厘米。

2. 插入“空白(三栏)”型页眉，在左侧的内容控件中输入学校名称“北京市向阳路中学”，删除中间的内容控件，在右侧插入考生文件夹下的图片Logo.gif代替原来的内容控件，设置图片的宽度为200磅，使其与学校名称共占用一行。将页眉下方的分隔线设为标准红色、2.25磅、上宽下细的双线型。插入“瓷砖型”页脚，输入学校地址“北京市海淀区中关村北大街 55 号 邮编：199871”。

3. 对包含绿色文本的成绩报告单表格进行下列操作：根据窗口大小自动调整表格宽度，且令语文、数学、英语、物理、化学五科成绩所在的列宽均为 74 磅。

4. 将通知最后的蓝色文本转换为一个 5 行 6 列的表格，字体颜色为“黑色”并参照考生文件夹下的文档“回执样例.png”，设置“是(　) 否(　)”单元格内容居中；“家长签名”单元格内容右对齐；设置“意见及建议”单元格内容居中，文字方向为竖排；设置表格外边框为“自定义 紫色标准色 0.75 磅双实线”。设置“家长会通知回执”格式为“四号、黑色、加粗、居中对齐”。

5. 在“尊敬的”和“学生家长”之间插入学生姓名，在“期中考试成绩报告单”的相应单元格中分别插入学生姓名、学号、各科成绩、总分以及各种的班级平均分，要求通知中所有成绩均保留两位小数。学生姓名、学号、成绩等信息存放在考生文件夹下的 Excel 文档“学生成绩表.xlsx”中(提示：班级各科平均分位于成绩表的最后一行)。

6. 按照中文的行文习惯，对家长会通知主文档 Word.docx 中的红色标题设置字体为“黑体”、字号“四号”、颜色“黑色”、对齐方式“居中对齐”，设置正文标题“家长会通知”为“三号”字；“时光荏苒……万事如意！”段落段前段后间距均为 0.5 行，正文“向阳路中学……2014 年 04 月 24 日”右对齐。要求整个通知只占用一页。

7. 仅为其中学号为 C121401～C121405、C121416～C121420、C121440～C1214444 的 15 位同学生成家长会通知，要求每位学生占 1 页内容。将所有通知页面另外保存在一个名为“正式家长会通知.docx”的文档中(如果有必要，应删除“正式家长会通知.docx”文档中的空白页面)。

8. 文档制作完成后，分别保存“Word.docx”和“正式家长会通知.docx”两个文档至学生电脑 d：\Word 操作\文件夹下。

第 7 章　Excel 应用

Microsoft Excel 是微软公司的办公软件 Microsoft Office 的组件之一，是微软办公套装软件的一个重要组成部分，它可以进行各种数据的处理、统计分析和辅助决策的操作，被广泛地应用于管理、统计、财经、金融等众多领域。

7.1　Excel 制表基础

Excel 的主要功能包括计算、数据输入/输出、数据编辑与格式处理、插入图表图形、统计等。

1．Excel 文件

Microsoft Excel 2010 版本的 Excel 文件扩展名是“.xlsx”，Excel 模板扩展名是“.xltx”，Excel 加载宏的扩展名是“.xlsm”。

2．Excel 的帮助

Excel 在启动状态中可以按下“F1”键打开帮助窗口，在弹出的“Office 助手”对话框中选择“目录”选项卡，然后选择相应的一条求助目录，在右部窗格就显示出相关的帮助信息。

3．Excel 窗口界面

Excel 窗口界面如图 7.1 所示。Excel 的主功能区由标题栏、选项卡、功能区、状态栏、滚动条等组成。下面介绍一些 Excel 特有的常用术语。

(1) 工作簿与工作表：一个工作簿就是一个电子表格文件。一个工作簿可以包含多张工作表，默认情况下为三个，分别以 Sheetl、Sheet2、Sheet3 命名。一张工作表就是一张规整的表格，由若干行和若干列构成。

(2) 工作表标签：一般位于工作表的下方，用于显示工作表名称。用鼠标单击工作表标签，可以在不同的工作表间切换，当前可以编辑的工作表称为活动工作表。

(3) 行号：每一行左侧的阿拉伯数字为行号，表示该行的行数，对应称为第 1 行、第 2 行……。

(4) 列号：每一列上方的大写英文字母为列号，代表该列的列名，对应称为 A 列、B 列、C 列……。

(5) 单元格、单元格地址与活动单元格：每一行和每一列交叉处的长方形区域称为单元格，单元格为 Excel 操作的最小对象。单元格所在行、列的行号和列号形成单元格地址，犹如单元格的内在名称，如 A1 单元格、C3 单元格……在工作表中将鼠标光标指向某个单元格后单击，该单元格被粗黑框标出(如图 7.1 中的 A1 单元格)，称为活动单元格，活动单元格是当前可以操作的单元格。

(6) 名称框：一般位于工作表的左上方，其中显示活动单元格的地址或已命名的活动单元格或区域的名称。

(7) 编辑栏：位于名称框右侧，用于显示、输入、编辑、修改当前活动单元格中的内容。

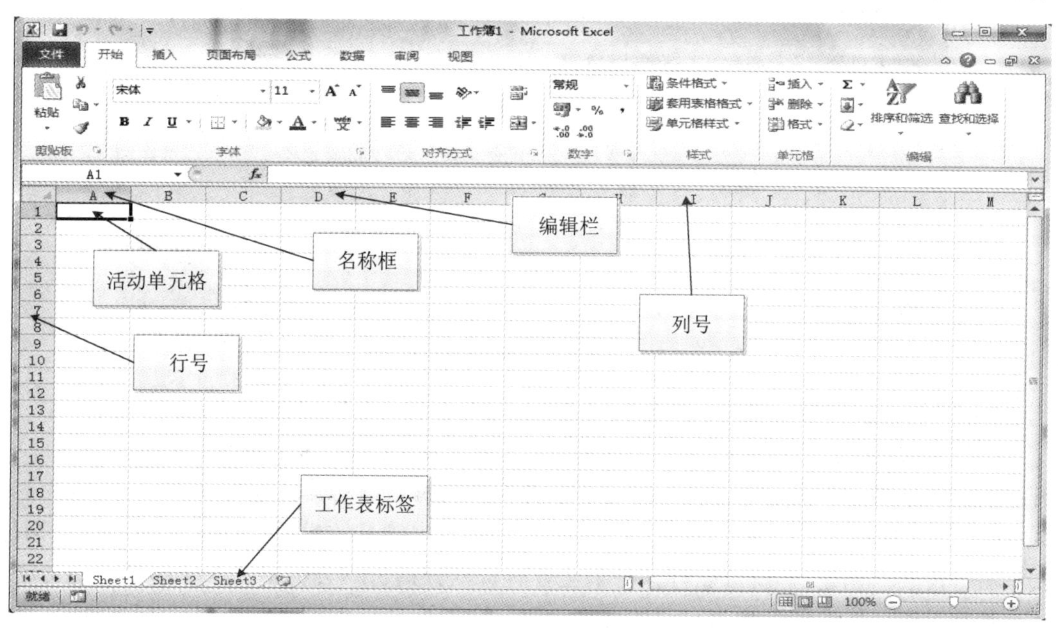

图 7.1　Excel 的窗口界面

7.2　工作簿与工作表的操作

Excel 可以同时对多个工作表进行操作。默认情况下，一个工作簿文件中最多可以包含 255 张工作表，这为连续处理某项事务提供了极大的方便。例如，一个单位的员工工资每月都要存放在一张表格中，一年就需要 12 张表格，将这 12 张表格存放在一个工作簿文件中，管理和分析数据就会非常方便。

7.2.1　工作簿基本操作

Excel 的工作簿实际上就是保存在磁盘上的工作文件，一个工作簿文件可以同时包含多个工作表。如果把工作簿比作一本书，那么工作表就是书中的每一页。

1. 创建一个工作簿

默认情况下，启动 Excel 时将会自动打开一个空白工作簿。自行创建一个新工作簿的基本方法是：启动 Excel 后，从“文件”选项卡上单击“新建”，右侧显示可用模板列表，如图 7.2 所示，其中：

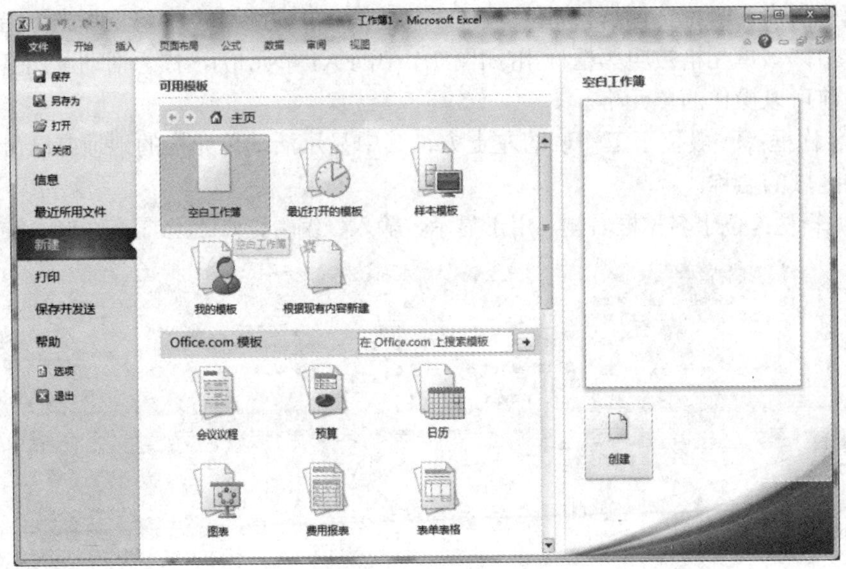

图 7.2　新建工作簿

(1) 创建空白文档。双击“空白工作簿”，可以创建一个空白文档。

提示　如需快速新建一个空白工作簿，可以按 Ctrl+N 组合键；也可以先将“新建”按钮添加到快速启动工具栏中，然后在需要创建空白文档时单击该按钮。

(2) 基于模板创建。依次单击“样本模板”列表中的具体模板，如单击“贷款分期付款”右下角的“创建”，就可以打开一个已含有贷款分期付款公用项目和基本格式的文档，在此基础上进行修改即可变为自己的文档。

当连接到 Internet 上时，还可以访问 Office.com 上提供的模板，在“Office.com 模板”下单击模板类别，然后可在该类别下双击要下载的模板。

另外，还可以自行创建模板，这将在随后的“创建和使用工作簿模板”中进行介绍。

2. 保存工作簿并为其设置密码

可以在保存工作簿文档时为其设置打开或修改密码，以保证数据的安全性。具体设置方法如下：

(1) 从“文件”选项卡上单击“另存为”命令(如果是尚未保存过的新文档，也可通过“快速访问工具栏”中的“保存”按钮，或者“文件”选项卡上的“保存”命令)，打开“另存为”对话框。

(2) 依次选择保存位置、保存类型，并输入文件名。

(3) 单击“另存为”对话框右下方的“工具”按钮，从打开的下拉列表中选择“常规选项”，打开“常规选项”对话框。

(4) 在文本框中输入密码，所输入的密码以“*”显示。若设置“打开权限密码”，则在打开工作簿时需要输入该密码；若设置“修改权限密码”，则在对工作簿中的数据进行修改时需要输入该密码；当选中“建议只读”复选框时，在下次打开该文档时将提示可以以只读方式打开。上述三项可以只设置一项，也可以三项全部设置。如果要取消密码，只需再次进入到“常规选项”对话框中删除密码即可。

提示　一定要牢记自己设置的密码，否则将再也不能打开或修改自己的文档，因为 Excel 不提供取回密码帮助。

(5) 单击“确定”按钮，在随后弹出的“确认密码”对话框中再次输入相同的密码并确定。最后单击“保存”按钮。

提示　已经保存过的文档，经过修改后再次单击“快速访问工具栏”中的“保存”按钮，或者从“文件”选项卡上单击“保存”，将不会再弹出对话框。如果需要将文档换个文件名保存，或者重新设置密码，就需要从“文件”选项卡上单击“另存为”命令，才会弹出相应对话框。

3. 关闭工作簿与退出 Excel

要想只关闭当前工作簿而不影响其他正在打开的 Excel 文档，可从“文件”选项卡上单击“关闭”命令；要想退出 Excel 程序，可从“文件”选项卡上单击“退出”命令，如果有未保存的文档，将会出现提示保存的对话框。

4. 打开工作簿

常用的打开工作簿方法有以下几种：

(1) 直接在资源管理器的文件夹下找到相应的 Excel 文档，用鼠标双击即可打开。

(2) 启动 Excel，从“文件”选项卡上单击“最近所用文件”命令，右侧的文件列表中显示最近编辑过的 Excel 工作簿名称，单击需要的文件名即可将其打开。

(3) 启动 Excel，从“文件”选项卡上单击“打开”命令，在弹出的“打开”对话框中选择相应的文件名。

7.2.2　创建和使用工作簿模板

模板是一种文档类型。根据日常工作和生活的需要，模板中已事先添加了一些常用的文本或数据，并进行了适当的格式化，模板中还可以包含公式和宏，并以一定的文件类型保存在特定的位置。

在模板的基础上进行简单的修改，就可以快速完成类似的文档的创建，而不必从空白页面开始。使用模板是节省时间和创建格式统一的文档的绝佳方式。

Excel 本身提供大量内置模板可供选用，Excel 2010 模板文件的后缀名为.xltx。另外，还可以自行创建模板并使用。

1. 创建一个模板

① 打开要用作模板基础的工作簿文档。

② 对工作簿中的内容进行调整修改。模板中只需要包含一些每个类似文件都有的公用项目，而对于那些不同的内容可以删除，格式和公式应该保留。

③ 在“文件”选项卡上单击“另存为”命令，打开“另存为”对话框。

④ 在“文件名”框中输入模板的名称。

⑤ 打开如图 7.3 所示的“保存类型”列表，从中单击“Excel 模板”命令。

提示　如果该工作簿中包含要在模板中使用的宏，则应单击“Excel 启用宏的模板”。

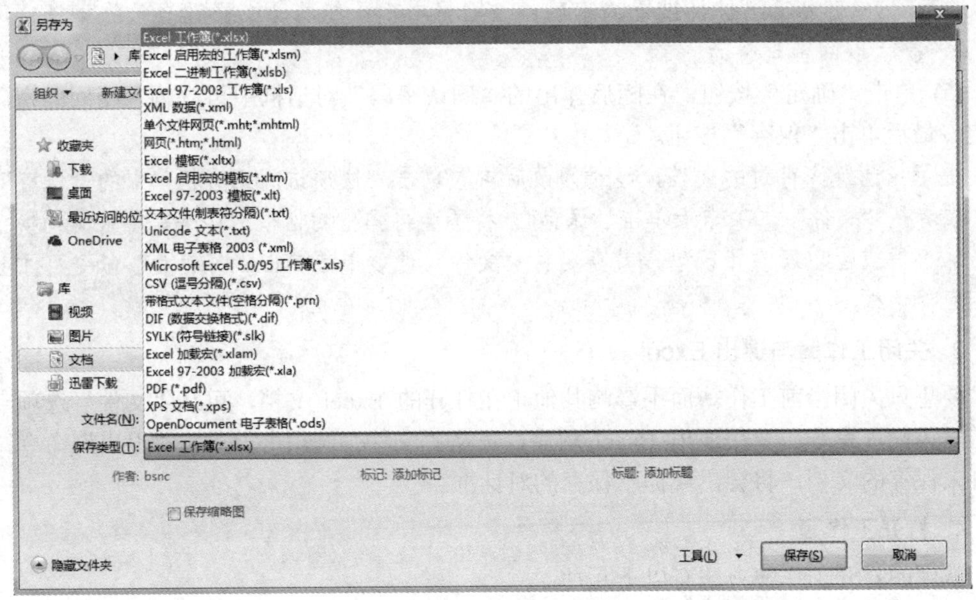

图 7.3　在“另存为”对话框中选择“保存类型”

⑥ 单击“保存”按钮，新建模板将会自动存放在 Excel 的模板文件夹中以供调用。

⑦ 关闭该模板文档。

提示　在“另存为”对话框中不要改变文档的存放位置，以确保在需要用该模板创建新工作簿时该模板可以被调用。

2. 使用自定义模板创建新工作簿

① 启动 Excel，单击“文件”选项卡上的“新建”命令。

② 在“可用模板”下单击“我的模板”，打开一个“新建”对话框，如图 7.4 所示。

③ 在“个人模板”列表中双击要使用的模板。

④ 输入新的数据，进行适当的格式调整，然后将该文档保存为正常的 Excel 工作簿即可。

图 7.4　“新建”对话框中的“个人模板”列表

3. 修改模板

在基于模板创建的新文件中进行修改调整，并不会对模板本身产生影响。如果要对模板本身进行编辑修改，应从“文件”选项卡上单击“打开”命令，选择模板文件存放的位置，找到要编辑的模板名并打开它进行修改。Excel 2010 默认的模板文件保存位置为：C:\Users\[实际的用户名]\AppData\Roaming\Microsoft\Templates。

7.2.3 隐藏与保护工作簿

当需要对工作簿中的数据进行一定的保护时，可以设置其隐藏或保护属性。

1. 隐藏工作簿

当在 Excel 中同时打开多个工作簿时，可以暂时隐藏其中的一个或几个，需要时再显示出来。基本方法：首先切换到需要隐藏的工作簿窗口，单击“视图”选项卡，在如图 7.5 所示的“窗口”组中单击“隐藏”按钮，当前工作簿就会被隐藏起来。

如要取消隐藏，在“视图”选项卡上的“窗口”组中单击“取消隐藏”按钮，在打开的“取消隐藏”对话框中选择需要取消隐藏的工作簿名称，再单击“确定”按钮即可。

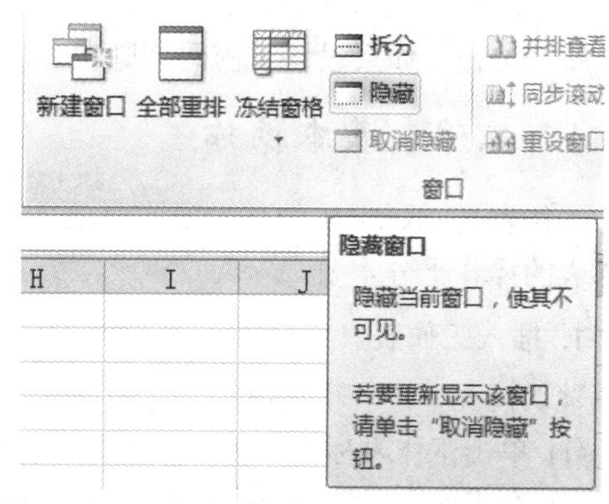

图 7.5　“视图”选项卡上的“窗口”组

2. 保护工作簿

当不希望他人对工作簿的结构或窗口进行改变时，可以设置工作簿保护，基本方法如下：

提示　此处的工作簿保护不能阻止他人更改工作簿中的数据。如果想要达到保护数据的目的，可以进一步设置工作表保护，或者在保存工作簿文档时设定密码。

① 打开需要保护的工作簿文档。

② 在“审阅”选项卡上的“更改”组中，单击“保护工作簿”按钮，打开“保护结构和窗口”对话框，如图 7.6 所示。

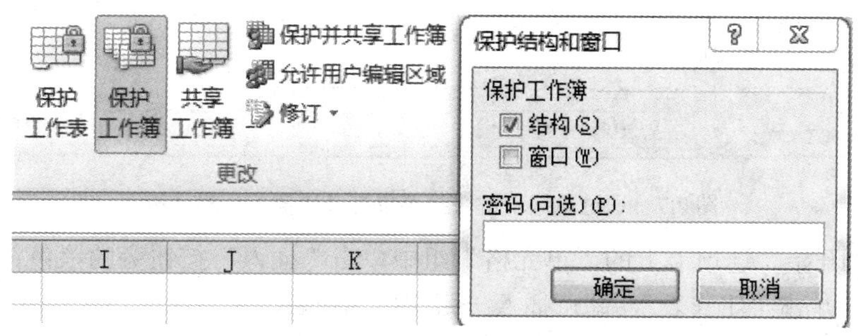

图 7.6　通过“更改”组打开“保护结构和窗口”对话框

③ 在对话框中按照需要进行各项设置，其中：

选中“结构”复选框，将阻止他人对工作簿的结构进行修改，包括查看已隐藏的工作

表，移动、删除、隐藏工作表或更改工作表的表名，插入新工作表，将工作表移动或复制到另一工作簿中等。

选中“窗口”复选框，将阻止他人修改工作簿窗口的大小和位置，包括移动窗口、调整窗口大小或关闭窗口等。

④ 如果要防止他人取消工作簿保护，可在“密码(可选)”框中输入密码，单击“确定”按钮，在随后弹出的对话框中再次输入相同的密码进行确认。

提示 如果不提供密码，则任何人都可以取消对工作簿的保护。如果使用密码，一定要牢记自己的密码，否则自己也无法再对工作簿的结构和窗口进行设置。

如要取消对工作簿的保护，只需再次在“审阅”选项卡上的“更改”组中单击“保护工作簿”按钮，如果设置了密码，则在弹出的对话框中输入密码即可。

7.2.4 工作表基本操作

工作表是 Excel 中的基本操作对象，任何数据的处理均需要在工作表中完成。因此对工作表的操作十分重要。

1. 插入工作表

默认情况下，一个空白的工作簿中包含三张工作表。增加工作表的方法有以下三种。

(1) 单击工作表标签右边的“插入工作表”按钮，可在最右边插入一张空白工作表。

(2) 在工作表标签上单击鼠标右键，在弹出的快捷菜单中单击“插入”命令，打开“插入”对话框，如图 7.7 所示，从中双击表格类型。双击其中的“工作表”将会在当前工作表前插入一张空白工作表。

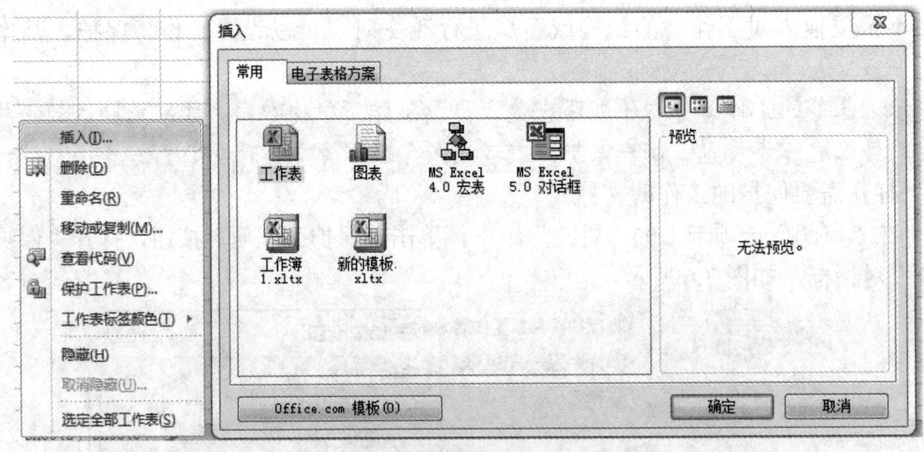

图 7.7 通过鼠标右键快捷菜单打开“插入”对话框

(3) 在“开始”选项卡上的“单元格”组中单击“插入”按钮旁的黑色箭头，从打开的下拉列表中单击“工作表”，即可插入一张空白工作表。

2. 删除工作表

在要删除的工作表标签上单击鼠标右键，从弹出的快捷菜单中选择“删除”命令，即可删除当前选定的工作表。

3. 改变工作表名称

在工作表标签上双击鼠标，或者在“开始”选项卡的“单元格”组中单击打开“格式”列表，从“组织工作表”下选择“重命名工作表”命令，此时工作表标签名进入编辑状态，输入新的工作表名后按 Enter 键确认修改。

4. 设置工作表标签颜色

为工作表标签设置颜色可以突出显示某张工作表。

在要改变颜色的工作表标签上单击鼠标右键，弹出快捷菜单，将光标指向“工作表标签颜色”命令；或者在“开始”选项卡的“单元格”组中单击打开“格式”列表，从“组织工作表”下选择“工作表标签颜色”命令，从颜色列表中单击选择一种颜色。

5. 移动或复制工作表

可以通过移动操作在同一工作簿中改变工作表的位置或将工作表移动到另外一个工作簿中，或通过复制操作在同一工作簿或不同的工作簿中快速生成工作表的副本。

① 首先打开工作簿文档，在需要移动或复制的工作表标签上单击鼠标右键，从弹出的快捷菜单中选择“移动或复制”命令；或者在“开始”选项卡上的“单元格”组中单击打开“格式”列表，从“组织工作表”下选择“移动或复制工作表”命令，打开“移动或复制工作表”对话框，如图 7.8 所示。

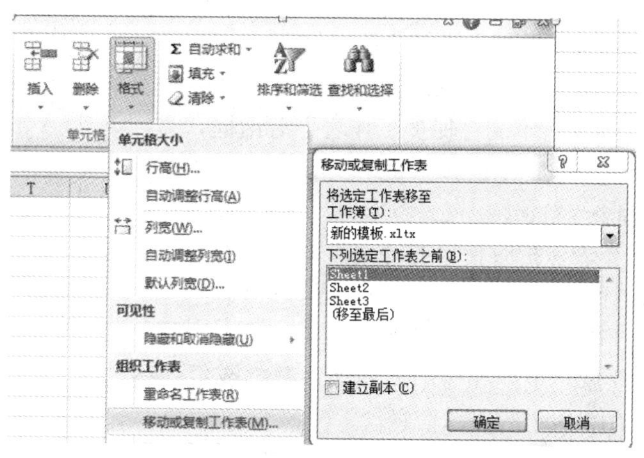

图 7.8　“移动或复制工作表”对话框

② 从“工作簿”下拉列表中选择要移动或复制到的目标工作簿。

提示　想要将工作表移动或复制到另一个工作簿中，必须先将该工作簿打开，否则“工作簿”列表中看不到相应的文件名。

③ 在“下列选定工作表之前”中指定工作表要插入的位置。

④ 如果要复制工作表，需要单击选中“建立副本”复选框，否则将会移动工作表。

⑤ 单击“确定”按钮。所选工作表将被移动或复制到新的位置，如果是移动或复制到另一个工作簿，则自动切换到新工作簿窗口。

提示　可以通过鼠标快速在同一工作簿中移动或复制工作表：用鼠标直接拖动工作表标签即可移动工作表，拖动的同时按下 Ctrl 键即可复制工作表。

6. 显示或隐藏工作表

在要隐藏的工作表标签上单击鼠标右键，从弹出的快捷菜单中选择“隐藏”命令；或者在“开始”选项卡上的“单元格”组中单击“格式”命令，打开“格式”列表，从“隐藏或取消隐藏”下选择“隐藏工作表”命令。

如果要取消隐藏，只需从上述相应菜单中选择“取消隐藏”命令，在打开的“取消隐藏”对话框中选择相应的工作表即可。

7.2.5 工作表的保护

为了防止他人对单元格的格式或内容进行修改，可以设定工作表保护。

默认情况下，当工作表被保护后，该工作表中的所有单元格都会被锁定，他人不能对锁定的单元格进行任何更改。例如，不能在锁定的单元格中插入、修改、删除数据或者设置数据格式。

在很多时候，可以允许部分单元格被修改，这时需要在保护工作表之前，对允许在其中更改或输入数据的区域解除锁定。

1. 保护整个工作表

保护整个工作表，使得任何一个单元格都不允许被更改的方法如下。

① 打开工作簿，选择需要设置保护的工作表。

② 在“审阅”选项卡上的“更改”组中，单击“保护工作表”按钮，打开如图 7.9 所示的“保护工作表”对话框。

③ 在“允许此工作表的所有用户进行”列表中，选择允许他人能够更改的项目。

④ 在“取消工作表保护时使用的密码”框中输入密码，该密码用于设置者取消保护，要牢记自己的密码。

⑤ 单击“确定”按钮，重复确认密码后完成设置。此时，在被保护工作表的任意一个单元格中试图输入数据或更改格式时，均会出现如图 7.10 所示的提示信息。

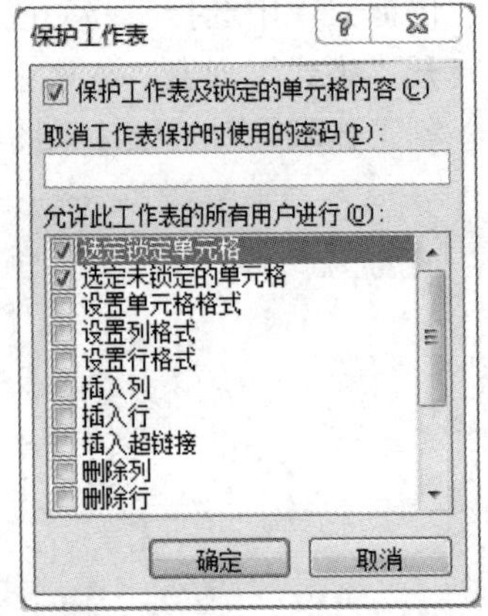

图 7.9 “保护工作表”对话框

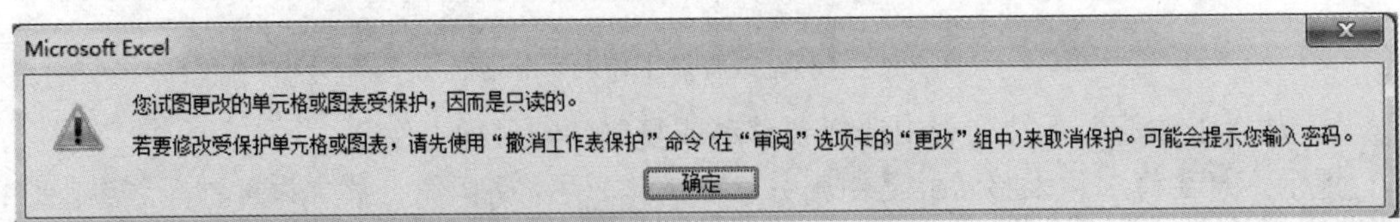

图 7.10 设置保护工作表后的提示信息

2. 取消工作表的保护

① 选择已设置保护的工作表，在“审阅”选项卡上的“更改”组中单击“撤销工作表保护”，打开“撤销工作表保护”对话框。

提示 在工作表受保护时，“保护工作表”按钮会变为“撤销工作表保护”。

② 在“密码”框中输入设置保护时使用的密码，单击“确定”按钮。如果未设密码，则会直接取消保护状态。

3. 解除对部分工作表区域的保护

保护工作表后，默认情况下所有单元格都将无法被编辑。但在实际工作中，有些单元格中的原始数据还是允许输入和编辑的，为了能够更改这些特定的单元格，可以在保护工作表之前先取消对这些单元格的锁定。

① 选择要设置保护的工作表。如果工作表已被保护，则需要先在“审阅”选项卡上的“更改”组中，单击“撤销工作表保护”撤销保护。

② 在工作表中选择要解除锁定的单元格或单元格区域。

③ 在“开始”选项卡上的“单元格”组中，单击“格式”按钮，从打开的下拉列表中选择“设置单元格格式”命令，打开“设置单元格格式”对话框。

④ 在“保护”选项卡下，单击“锁定”取消对该复选框的选择，如图 7.11 所示。单击“确定”按钮，当前选定的单元格区域将会被排除在保护范围之外。

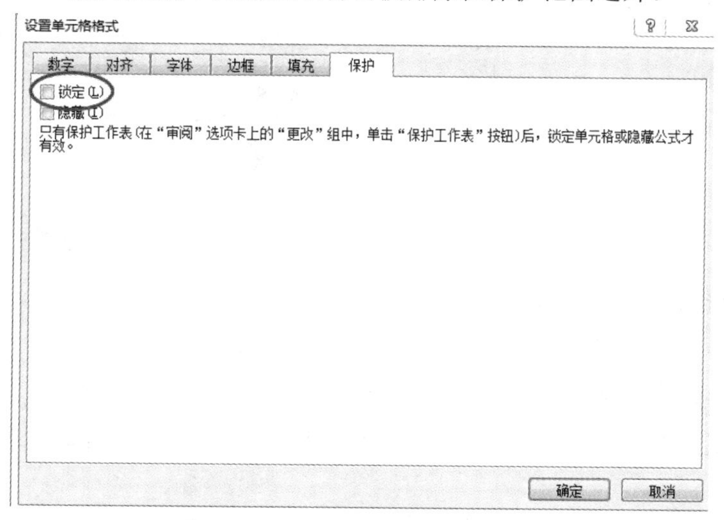

图 7.11 在“设置单元格格式”对话框的“保护”选项卡下解除“锁定”

⑤ 设置隐藏公式。如果不希望他人看到公式或函数的构成，可以设置隐藏该公式。在工作表中选择需要隐藏的公式所在的单元格区域，再次打开“设置单元格格式”对话框，在“保护”选项卡中保证“锁定”复选框被选中的同时再单击选中“隐藏”复选框，单击“确定”按钮。此时，公式不但不能修改还不能被看到。

⑥ 在“审阅”选项卡上的“更改”组中，单击“保护工作表”，打开“保护工作表”对话框。

⑦ 输入保护密码，在“允许此工作表的所有用户进行”列表中设定允许他人能够更改的项目后，单击“确定”按钮。

此时，在取消锁定的单元格中就可以输入数据了。另外，在被隐藏的公式列中只能看到计算结果，既不能修改也无法查看公式本身。

提示 如果只想对工作表中的某个单元格或区域进行保护，可以先选择整个工作表，在“设置单元格格式”对话框的“保护”选项卡下解除对全部单元格的锁定；然后选择需要保护的单元格区域，再在“设置单元格格式”对话框的“保护”选项卡下设置对这些单元格的锁定；最后再在“审阅”选项卡上的“更改”组中，单击“保护工作表”完成对选

定单元格区域的保护。

4. 允许特定用户编辑受保护的工作表区域

如果一台计算机中有多个用户，或者在一个工作组中包括多台计算机，那么可通过该项设置允许其他用户编辑工作表中指定的单元格区域，以实现数据共享。

提示　若要授予特定用户编辑受保护工作表中区域的权限，计算机中必须安装Microsoft Windows XP系统或更高版本，并且计算机必须在某个域中。

① 选择要进行设置的工作表区域，如果已设置工作表保护，则需要先撤销保护。

② 在“审阅”选项卡上的“更改”组中，单击“允许用户编辑区域”按钮，打开如图7.12(a)所示的“允许用户编辑区域”对话框。

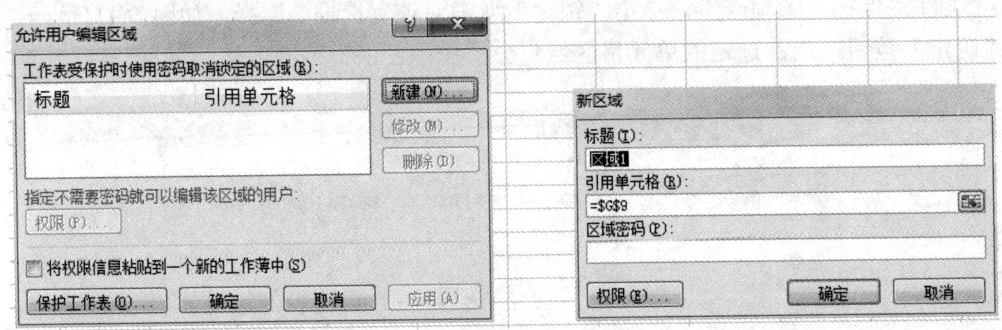

(a) “允许用户编辑区域”对话框　　　(b) “新区域”对话框

图7.12　设定允许用户编辑的区域

③ 单击“新建”按钮，打开如图 7.12(b)所示的“新区域”对话框，添加一个新的可编辑区域，默认为当前选定的区域。在对话框中为所选区域输入一个标题名称，并可输入访问密码。

④ 单击“权限”按钮，在弹出的“权限”对话框中指定可以访问该区域的用户，单击“确定”按钮。

⑤ 单击“允许用户编辑区域”对话框左下角的“保护工作表”按钮，在随后弹出的对话框中设定保护密码及可更改项目。

7.2.6　同时对多张工作表进行操作

Excel允许同时对一组工作表进行相同的操作，如输入数据、修改格式等。这为快速处理一组结构和基础数据相同或相似的表格提供了极大的方便。

1. 选择多张工作表

(1) 选择全部工作表：在某个工作表标签上单击鼠标右键，从弹出的快捷菜单中选择“选定全部工作表”命令，可以选择当前工作簿中的所有工作表。被选中的工作表标签将会反白显示。

(2) 选择连续的多张工作表：在首张工作表标签上单击，按下Shift键不放，再在最后一张工作表标签上单击，即可选择连续的一组工作表。

(3) 选择不连续的多张工作表：在某张工作表标签上单击，按下 Ctrl 键不放，再依次单击其他工作表标签，即可选择不连续的一组工作表。

(4) 取消工作表组合：单击组合工作表以外的任一张工作表，或者从右键快捷菜单中选择“取消组合工作表”命令，即可取消成组选择。

当进行了多张工作表组合以后，工作簿标题栏中的文件名之后将会增加“[工作组]”字样，如图 7.13 所示。

图 7.13　多张工作表组合后标题栏显示［工作组］

2. 同时对多张工作表进行操作

形成工作表组合后，在其中一张工作表中所做的任何操作都会同时反映到同组的其他工作表中，这样可以快速格式化一组工作表或在一组工作表中输入相同的数据和公式等。

3. 填充成组工作表

可以先在一张工作表中输入数据并进行格式化操作，然后将这张工作表中的内容及格式填充到同组的其他工作表中，以便快速生成一组基本结构相同的工作表，具体方法如下。

① 首先在一张工作表中输入基础数据，并对数据进行格式化操作。

② 然后插入多张空表。

③ 在首张工作表中选择包含填充内容及格式的单元格区域，然后选择其他工作表以形成工作组。

④ 在“开始”选项卡上的“编辑”组中，单击“填充”按钮，从下拉列表中选择“成组工作表”命令，打开“填充成组工作表”对话框，如图 7.14 所示。

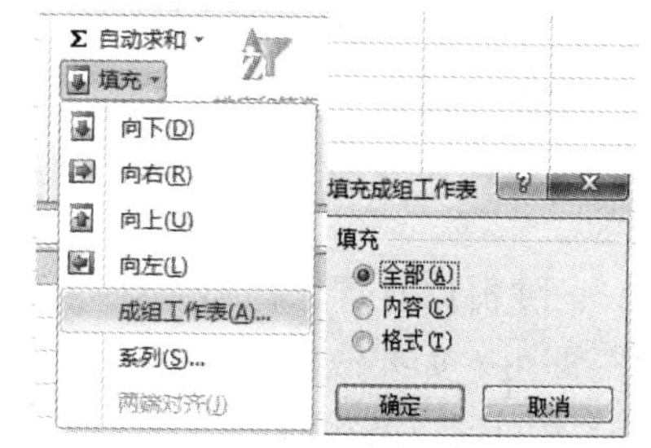

图 7.14　打开“填充成组工作表”对话框

⑤ 从“填充”区域下选择需要填充的项目，单击“确定”按钮。其中，“全部”将复制选中的包括格式及数据的全部内容，“内容”将只复制选中的数据内容，而“格式”将只复制选中的格式。

⑥ 此时在某一张工作表中输入数据、设置格式，均会同时显示在同组的其他工作表中。

⑦ 在 Sheetl 表标签上单击鼠标，退出工作组状态。查看各个工作表，看是否已应用相同的表格数据及格式。

7.2.7　工作窗口的视图控制

当表格中的数据量大到超过一屏时，对工作窗口的视图控制就变得重要起来。灵活地控制视图显示，可以提高表格查看及编辑的速度。

1. 多窗口显示与切换

在 Excel 中，可以同时打开多个工作簿。当一个工作簿中的工作表很大，大到一个窗口中很难显示出全部的行或列时，还可以将工作表划分为多个临时窗口，这样可以进行方便地排列及切换，以便于比较及引用。

(1) 定义窗口：打开一个工作簿，在一个工作表中选择某个区域，在“视图”选项卡上的“窗口”组中(如图 7.15 所示)单击“新建窗口”按钮，被选定区域即会显示在一个新的窗口中。

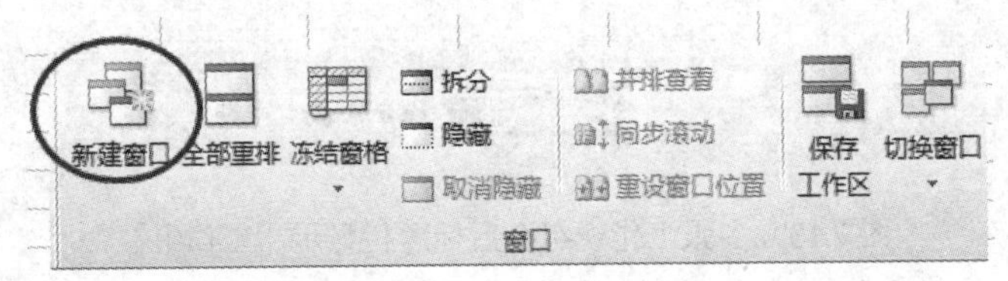

图 7.15 “视图”选项卡上的“窗口”组

(2) 切换窗口：在“视图”选项卡的“窗口”组中单击“切换窗口”，打开的下拉列表中将显示所有窗口名称。其中工作簿以文件名显示，工作表中划分出的窗口则以“工作簿名：序号”的形式显示。单击其中的窗口名称，即可切换到该窗口。

(3) 并排查看：用于按上下排列的方式比较两个工作窗口中的内容。首先切换到一个待比较的窗口中，然后在“视图”选项卡上的“窗口”组中单击“并排查看”，打开如“并排比较”对话框，从中选择另一个用于比较的窗口，单击“确定”按钮，两个窗口将并排显示。默认情况下，操作一个窗口中的滚动条，另一个窗口将会同步滚动。在“视图”选项卡上的“窗口”组中单击“同步滚动”可取消两个窗口的联动，再次单击“并排查看”可取消并排比较。

(4) 全部重排：要想同时查看所有打开的窗口，可在“视图”选项卡上的“窗口”组中单击“全部重排”，打开“重排窗口”对话框，在“排列方式”下选择显示方式，如果选中“当前活动工作簿的窗口”，则只对当前工作簿中已划分的窗口进行排列，而不考虑其他已打开的工作簿。

(5) 隐藏窗口：首先切换到要隐藏的窗口，在“视图”选项卡上的“窗口”组中单击“隐藏”即可。如要取消隐藏，可在“窗口”组中单击“取消隐藏”，从打开的对话框中选择需要显示的窗口名称即可。

2. 冻结窗口

当一个工作表超长超宽，操作滚动条查看超出窗口大小的数据时，由于已看不到行列标题，可能无法分清楚某行或某列数据的含义，这时可以通过冻结窗口来锁定行列标题不随滚动条滚动。

冻结窗口的方法：在工作表中的某个单元格中单击鼠标，该单元格上方的行和左侧的列将在锁定范围之内；然后在“视图”选项卡上的“窗口”组中单击“冻结窗格”按钮，从打开的下拉列表中选择“冻结拆分窗格”，当前单元格上方的行和左侧的列始终保持可见，不会随着操作滚动条而消失。

如要取消窗口冻结，只需从“冻结窗格”下拉列表中选择“取消冻结窗格”即可。

3. 拆分窗口

在工作表的某个单元格中单击鼠标，在“视图”选项卡上的“窗口”组中单击“拆分”按钮，以当前单元格为坐标，将窗口拆分为四个，每个窗口中均可进行编辑。再次单击“拆分”按钮可取消窗口拆分效果。

4. 窗口缩放

通过“视图”选项卡上的“显示比例”组，可以对当前窗口的显示进行缩放设置，其中：

(1) 显示比例：单击该按钮，弹出“显示比例”对话框，在该对话框中可以自由指定一个显示比例。缩放到选定区域：选择某一个区域，单击该按钮，窗口中恰好显示选定的区域。

(2) 100%：单击该按钮，可恢复正常大小的显示比例。

7.3　数据分析与处理

在工作表中输入基础数据后需要对这些数据进行组织、整理、排列、分析，从中获取更加丰富实用的信息。为了实现这一目的，Excel 提供了丰富的数据处理功能，可以对大量、无序的原始数据资料进行深入地处理与分析。本章的功能全部是基于正确的数据列表基础上实现的，因此在本章内容开始前，需要重点强调一下数据列表的构建规则。

(1) 数据列表一般是一个矩形区域，应与周围的非数据列表内容用空白行列分隔开，也就是说一组数据列表中没有空白的行或列。

(2) 数据列表应有一个标题行。作为每列数据的标志，列标题应便于理解数据的含义。标题一般不能使用纯数值，不能重复，也不能分置于两行中。

(3) 数据列表中不能包括合并单元格，标题行单元格一般不插入斜线表头。

(4) 每一列中的数据格式一般应该统一。

7.3.1　合并计算

若要汇总和报告多个单独工作表中数据的结果，可以将各个单独工作表中的数据合并到一个主工作表。被合并的工作表可以与合并后的主工作表位于同一工作簿，也可以位于其他工作簿中。多表合并基本操作步骤如下：

① 打开要进行合并计算的工作簿。

提示　参与合并计算的数据区域应满足数据列表的条件且应位于单独的工作表，不要放置在合并后的主工作表中，同时确保参与合并计算的数据区域都具有相同的布局。

② 切换到放置合并后数据的主工作表中，在要显示合并数据的单元格区域中，单击左上方的单元格。

③ 在“数据”选项卡上的“数据工具”组中，单击“合并计算”按钮，打开“合并计算”对话框，如图 7.16 所示。

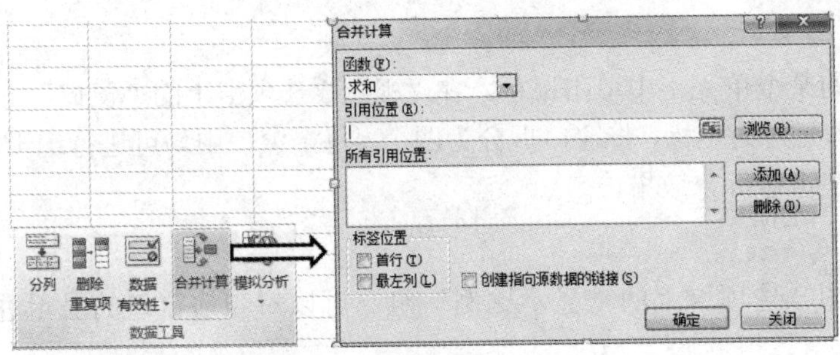

图 7.16　打开“合并计算”对话框

④ 在“函数”下拉框中，选择一个汇总函数。

⑤ 在“引用位置”框中单击鼠标，然后在包含要对其进行合并计算的数据的工作表中选择合并区域。

提示　如果包含合并计算数据的工作表位于另一个工作簿中，可单击“浏览”按钮找到该工作簿，并选择相应的工作表区域。

⑥ 在“合并计算”对话框中，单击“添加”按钮，选定的合并计算区域显示在“所引用的位置”列表框中。

⑦ 重复步骤⑤和步骤⑥以添加其他的合并数据区域。

⑧ 在“标签位置”组下，按照需要单击选中表示标签在源数据区域中所在位置的复选框，可以只选一个，也可以两者都选。如果选中“首行”或“最左列”，Excel 将对相同的行标题或列标题中的数据进行合并计算。

提示　当所有合并计算数据所在的源区域具有完全相同的行列标签时，无须选中“标签位置”。当一个源区域中的标签与其他区域都不相同时，将会导致合并计算中出现单独的行或列。一般情况下，只有当包含数据的工作表位于另一个工作簿中时才选中“创建指向源数据的链接”复选框，以便合并数据能够在另一个工作簿中的源数据发生变化时自动进行更新。

⑨ 单击“确定”按钮，完成数据合并。

⑩ 对合并后的数据表进行修改完善，如进行格式化、输入相关数据等。

7.3.2　对数据排序

对数据进行排序有助于快速直观地组织并查找所需数据，可以对一列或多列中的数据文本、数值、日期和时间按升序或降序的方式进行排序。还可以按自定义序列、格式(包括单元格颜色、字体颜色等)进行排序。大多数排序操作都是列排序。快速简单排序操作步骤如下：

提示　对行列进行排序时，隐藏的行列将不会参与排序。因此在排序前应先取消行列隐藏，以免原始数据被破坏。

① 打开工作簿文件，输入、设计要排序的数据区域。

提示　通常情况下，参与排序的数据列表需要有标题行且为一个连续区域，很少只单独对某一列进行排序。

② 选择要排序的列中的某个单元格，Excel 自动将其周围连续的区域定义为参与排序的区域，且指定首行为标题行，或者直接选择包含标题行的排序区域。

③ 在如图 7.17 所示的“数据”选项卡的“排序和筛选”组中，按下列提示选择排序方式：

图 7.17　“排序和筛选”组中用于排序的按钮

单击升序按钮，当前数据区域按升序进行排序；

单击降序按钮，当前数据区域按降序进行排序。

提示　排序所依据的数据列中的数据格式不同，排序方式不同，其中：
如果是对文本进行排序，则按字母顺序从 A 到 Z 升序，从 Z 到 A 降序。
如果是对数据进行排序，则按数字从小到大的顺序升序，从大到小降序。
如果是对日期和时间进行排序，则按从早到晚的顺序升序，从晚到早的顺序降序。

7.3.3　复杂多条件排序

可以根据需要设置多条件排序。例如，在对成绩按总分高低进行排序时，总分相同的情况下语文成绩高的排名靠前，这就需要设置多个条件。

(1) 选择要排序的数据区域，或者单击该数据区域中的任意一个单元格。

(2) 在“数据”选项卡的“排序和筛选”组中，单击“排序”按钮，打开“排序”对话框。

(3) 在如图 7.18 所示的“排序”对话框中设置排序的第一依据。

图 7.18　在“排序”对话框中设定排序条件

① 在“主要关键字”下拉列表中选择列标题名，作为排序的第一依据。

② 在“排序依据”下拉列表中，选择是依据指定列中的数值还是格式进行排序。

提示　如果要以格式为排序依据，需要首先对数据列设定不同的单元格颜色、字体颜色等格式。

③ 在“次序”列表中，选择要排序的顺序。

(4) 继续添加排序第二依据。单击“添加条件”按钮，条件列表中新增一行，依次指

定排序列的次要关键字、排序依据和次序。

(5) 如需要对排序条件进行进一步设置，可单击对话框右上方的“选项”按钮，打开“排序选项”对话框，在该对话框中进行相应的设置。其中，对西文文本数据排序时可以区分大小写；对中文文本数据可以改为按笔画多少排序，还可以设置按行进行排序，默认情况下均是按列排序的。设置完毕后单击“确定”按钮。

(6) 如果有必要，还可以增加更多的排序条件。最后单击“确定”按钮，完成排序设置。

(7) 如果要在更改数据列表中的数据后重新应用排序条件，可单击排序区域中的任一单元格，然后在“数据”选项卡上的“排序和筛选”组中单击“重新应用”按钮。

提示　只有当前数据列表被定义为“表”且处于自动筛选状态时，排序条件才会被保存，当数据改变后才可以重新应用排序条件，否则“排序和筛选”组中的“重新应用”按钮不可用。将一个数据区域定义为“表”的方法：选择该数据区域，从“插入”选项卡上的“表格”组中单击“表格”按钮。

7.3.4　按自定义列表进行排序

我们还可以按照自定义列表的顺序进行排序，不过只能基于数据(文本、数值以及日期或时间)创建自定义列表，而不能基于格式(单元格颜色、字体颜色等)创建自定义列表。

① 首先，需要通过“文件”选项卡→“选项”→“高级”→“常规”→“编辑自定义列表”按钮创建一个自定义序列。

② 选择要排序的数据区域，或者确保活动单元格在数据列表中。

③ 在“数据”选项卡的“排序和筛选”组中，单击“排序”按钮，打开“排序”对话框。

④ 在排序条件的“次序”列表中，选择“自定义序列”，打开“自定义序列”对话框，如图 7.19 所示。

⑤ 从中选择自定义序列后，依次单击“添加”和“确定”按钮。

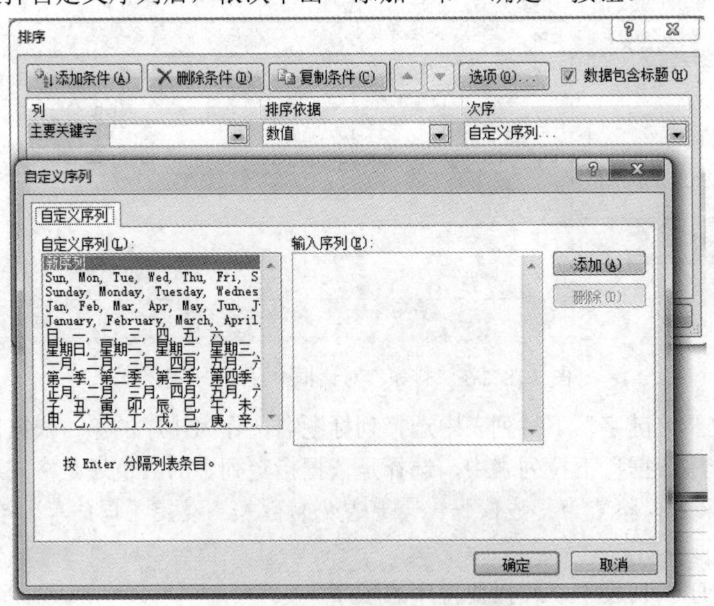

图 7.19　应用自定义序列进行排序

7.3.5　筛选数据

通过筛选功能，可以快速从数据列表中查找符合条件的数据或者排除不符合条件的数据。筛选条件可以是数值或文本，可以是单元格颜色，还可以根据需要构建复杂条件以实现高级筛选。

对数据列表中的数据进行筛选后，就会仅显示那些满足指定条件的行，并隐藏那些不希望显示的行。对于筛选结果可以直接复制、查找、编辑、设置格式、制作图表和打印。

1. 自动筛选

使用自动筛选来筛选数据，可以快速而又方便地查找和使用数据列表中数据的子集。

① 打开工作簿，在工作表中选择要筛选的数据列表，或者在数据列表的任一单元格中单击。

② 在“数据”选项卡上的“排序和筛选”组中，单击“筛选”按钮，进入到自动筛选状态。当前数据列表中的每个列标题旁边均出现一个筛选箭头。

③ 单击某个列标题中的筛选箭头，将打开一个筛选器选择列表，列表下方将显示当前列中包含的所有值。当列中的数据格式为文本时，显示“文本筛选”命令，如图 7.20(a)所示；当列中的数据格式为数值时显示“数字筛选”命令，如图 7.20(b)所示。

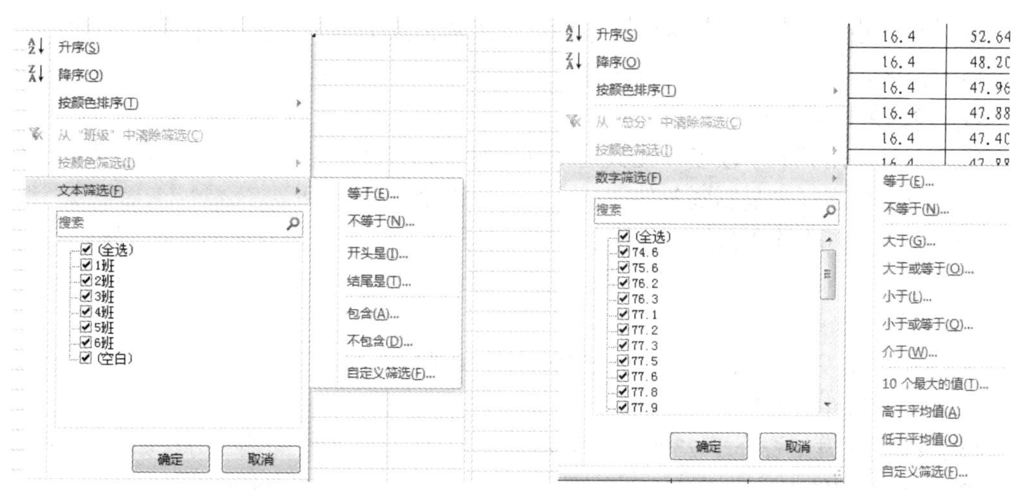

(a) “文本筛选”菜单　　　　(b) “数字筛选”菜单

图 7.20　单击列标题中的筛选箭头打开筛选器选择列表

④ 选用下列方法，在数据列表中搜索或选择要显示的数据：

• 直接在“搜索”框中输入要搜索的文本或数字，可以使用通配符“*”或“？”。

• 在“搜索”下方的列表中指定要搜索的数据。首先单击“全选”取消对该复选框的选择，这将删除所有复选框的选中标记；然后仅单击选中希望显示的值，最后单击“确定”按钮。

• 按指定的条件筛选数据。将光标指向“数字筛选”或“文本筛选”命令，在随后弹出的子菜单中设定一个条件。单击最下边的“自定义筛选”命令，将会打开“自定义自动筛选方式”对话框，在其中设定筛选条件即可。

⑤ 在第一次筛选的基础上，可再次对另一列标题设定筛选条件，实现双重甚至多重嵌套筛选。例如，可以先从成绩表中筛选出全年级总分前 10 名，然后再从总分前 10 名中筛选出男生的数据。

2. 级筛选

通过构建复杂条件可以实现高级筛选。所构建的复杂条件需要放置在工作表单独的区域中，可以为该条件区域命名以便引用。用于高级筛选的复杂条件可以像在公式中那样使用下列运算符比较两个值：=(等号)、>(大于号)、<(小于号)、>=(大于等于号)、<=(小于等于号)、<>(不等号)。

1) 创建复杂筛选条件

构建复杂条件的原则：条件区域中必须有列标题，且与包含在数据列表中的列标题一致；表示“与(and)”的多个条件应位于同一行中，意味着只有这些条件同时满足的数据才会被筛选出来；表示“或(or)”的多个条件应位于不同的行中，意味着只要满足其中的一个条件就会被筛选出来。在要进行筛选的数据区域外或者在新的工作表中，单击放置筛选条件的条件区域左上角的单元格。输入作为条件的列标题，必须与数据表中的列标题对应一致。

2) 高级筛选操作步骤

高级筛选必须有一个条件区域，条件区域距数据清单至少一行一列。筛选结果可以显示在源数据区，也可以显示在新的区域。

(1) 筛选条件的输入方法。

筛选条件中用到的字段名，尤其是当字段名中含有空格时，为了确保完全相同，应采用复制的方法将字段名复制到条件区域中，以免出错。

筛选条件的基本输入规则：条件中用到的字段名在同一行中且连续，下方输入条件值，“与”关系写在同一行上，“或”关系写在同一列上。“横并竖或”是最形象的说法。

(2) 高级筛选条件输入示例。

① 条件“实发工资介于 2300 至 2500，且主管地区为昆明”的输入方法如图 7.21 所示，对于这种多个条件的“与”也可以用“自动筛选”完成。

② 条件“实发工资介于 2300 至 2500，或主管地区为昆明”的输入方法如图 7.22 所示。

③ 条件“实发工资大于 2500 且主管地区为昆明，或主管地区为北京”的输入方法如图 7.23 所示。

主管地区	实发工资	实发工资
昆明	>=2300	<=2500

图 7.21　高级筛选条件设置 1

主管地区	实发工资	实发工资
	>=2300	<=2500
昆明		

图 7.22　高级筛选条件设置 2

主管地区	实发工资
昆明	>=2500
北京	

图 7.23　高级筛选条件设置 3

(3) 高级筛选操作过程。

① 单击数据清单内的任意单元格。

② 打开“数据”，选择“排序和筛选”级联菜单中的“高级”命令，打开“高级筛选”对话框，如图 7.24 所示。

图 7.24　高级筛选设置

③ 对话框的使用：

• 在“方式”栏内选择筛选结果存放的位置：原位置或新位置。

• “列表区域”文本框：系统自动显示当前单元格所在的数据清单，若改变数据清单，可单击右侧的切换按钮，返回工作表窗口，选定数据区域后(应包括条件字段列和结果列)，单击返回按钮返回“高级筛选”对话框。

• 用同样的方法选择条件区域。

• 若在“方式”栏内选择了“将筛选结果复制到其他位置”复选框，则在“复制到”文本框中单击切换按钮，返回工作表，选择结果存放在区域左上角的第一个单元格，单击返回按钮返回“高级筛选”对话框。

• 若选中“选择不重复的记录”复选框，则筛选结果中不会存在完全相同的两个记录。

• 单击“确定”按钮，筛选结果会出现在结果区域中。

3) 清除筛选

• 清除某列的筛选条件：在已设有自动筛选条件的列标题旁边的筛选箭头上单击，从列表中选择“从‘××’中清除筛选”，其中“××”指列标题。

• 清除工作表中的所有筛选条件并重新显示所有行：在“数据”选项卡上的“排序和筛选”组中单击“清除”按钮。

• 退出自动筛选状态：在已处于自动筛选状态的数据列表中的任意位置单击鼠标，在“数据”选项卡上的“排序和筛选”组中单击“筛选”按钮。

7.3.6　分类汇总

在“工资表”中，若需要分别计算各部门的实发工资总额或部门人数，可以用分类汇总的方法。

分类汇总，就是将数据清单中的每类数据进行汇总，因此，执行分类汇总前必须先将数据排序，排序关键字作为分类字段。“以什么字段进行分类汇总，就要以什么字段先排序”形象地说明了这点。例如，“工资表”中，若按“部门”统计数据，就应先按“部门”字段排序，再进行分类汇总。

汇总方式有：计数、求和、求平均值、最大值、最小值等。

下面以部门为分类字段求实发工资的和为例，说明分类汇总的操作过程。

① 先按“部门”字段排序。

② 选定数据清单内的任意单元格。

③ 选择“数据”下拉菜单中的“分类汇总”命令，打开“分类汇总”对话框，如图 7.25 所示。

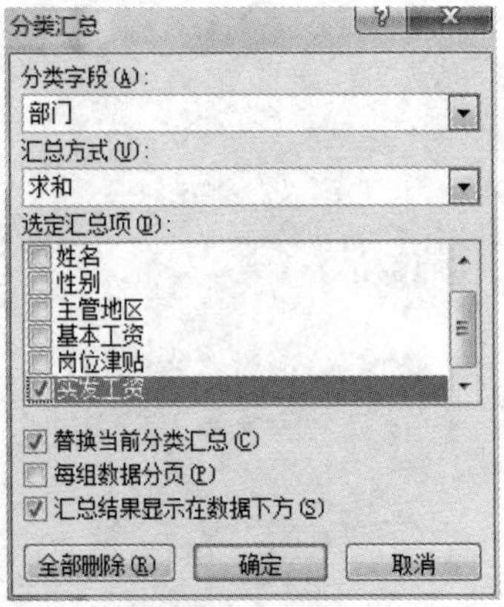

④ 对话框的使用：

• 在“分类字段”下拉列表中选择分类字段，本例中选择“部门”。

• 在“汇总方式”中选择汇总方式，本例选择“求和”。

• 在“选择汇总项”列表框中选择需要汇总的字段，可以选多个，本例中选择“实发工资”。注意：要选定字段左侧的复选框。

• 选中“替换当前的分类汇总”复选框，则只显示最新的汇总结果。

图 7.25　分类汇总设置

• 选中“每组数据分页”，则在每类数据后插入分页符。

• 选中“汇总结果显示在数据下方”复选框，则分类汇总结果和总汇总结果显示在明细数据下方，取消则显示在上方。

• 单击“确定”按钮，完成汇总。本例汇总结果如图 7.26 所示。

	A	B	C	D	E	F	G
1	部门	姓名	性别	主管地区	基本工资	岗位津贴	实发工资
2	采购部	何东	男	昆明	1680	530	2210
3	采购部	周绘	女	昆明	1800	530	2330
4	采购部	张秀秉	男	昆明	2100	500	2600
5	采购部	徐静影	男	上海	1450	500	1950
6	采购部	杨林灵	女	上海	2100	650	2750
7	采购部	李力伟	女	上海	2234	580	2814
8	采购部	曹文健	男	沈阳	1910	600	2510
9	采购部 汇总						17164
10	企划部	王英	女	昆明	1890	530	2420
11	企划部	林玲	女	上海	1850	530	2380
12	企划部	沈文	女	上海	2150	650	2800
13	企划部	刘刚	女	沈阳	1400	500	1900
14	企划部	王小强	男	沈阳	2000	600	2600
15	企划部	王力平	男	沈阳	2500	600	3100
16	企划部 汇总						15200
17	生产部	王二	男	北京	2600	360	2960
18	生产部 汇总						2960
19	销售部	赵刚	男	昆明	1600	600	2200
20	销售部	宋美丽	女	昆明	2000	580	2580
21	销售部	孙静丽	女	上海	2300	630	2930
22	销售部	李梅英	女	上海	2500	550	3050
23	销售部	韩文轩	男	沈阳	1350	500	1850
24	销售部	孙静伟	男	沈阳	1750	580	2330
25	销售部	张华	男	沈阳	1800	600	2400
26	销售部 汇总						17340
27	总计						52664

图 7.26　分类汇总

利用左侧的级别显示按钮 1 2 3 和折叠按钮 +、-，可以隐藏或重现明细记录。单击 1 只显示总的汇总结果，单击 2 显示分类汇总结果和总汇总结果，单击 3 则显示全部明细数据和汇总结果。

删除分类汇总：选择“数据”下拉菜单中的“分类汇总”命令，打开“分类汇总”对话框，单击“全部删除”按钮。

7.3.7　数据透视表

数据透视表是一种可以从源数据列表中快速提取并汇总大量数据的交互式表格。使用数据透视表可以汇总、分析、浏览数据以及呈现汇总数据，达到深入分析数值数据、从不同的角度查看数据，并对相似数据的数值进行比较的目的。

若要创建数据透视表，必须先行创建其源数据。数据透视表是根据源数据列表生成的，源数据列表中每一列都成为汇总多行信息的数据透视表字段，列名称为数据透视表的字段名。

1. 创建数据透视表

① 首先打开一个空白工作簿，在工作表中创建数据透视表所依据的源数据列表。该源数据区域必须具有列标题，并且该区域中没有空行。

② 在用作数据源区域中的任意一个单元格中单击鼠标。

③ 在“插入”选项卡上的“表格”组中单击“数据透视表”按钮，打开“创建数据透视表”对话框，如图 7.27 所示。

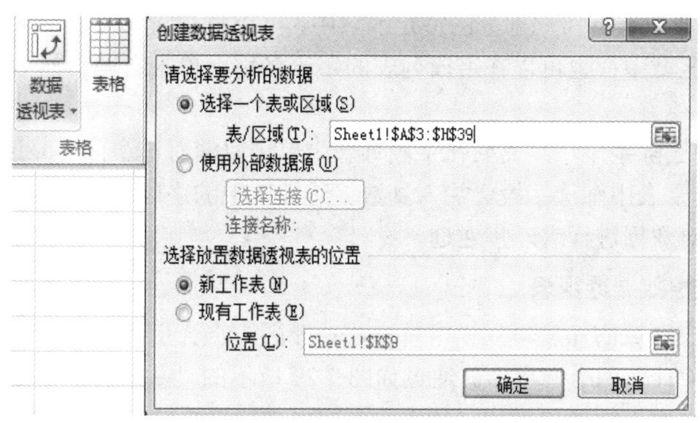

图 7.27　打开“创建数据透视表”对话框

④ 指定数据来源。在“选择一个表或区域”项下的“表/区域”框中显示当前已选择的数据源区域，可以根据需要重新选择数据源。

提示　单击选中“使用外部数据源”项，然后单击“选择连接”按钮，可以选择外部的数据库、文本文件等作为创建透视表的源数据。

⑤ 指定数据透视表存放的位置。选中“新工作表”，数据透视表将放置在新插入的工作表中；选择“现有工作表”，然后在“位置”框中指定放置数据透视表区域的第一个单元格，数据透视表将放置到已有工作表的指定位置。

⑥ 单击“确定”按钮，Excel 会将空的数据透视表添加至指定位置并在右侧显示“数据透视表字段列表”窗格，如图 7.28 所示。该窗口上半部分为字段列表，显示可以使用的字段名，也就是源数据区域的列标题；下半部分为布局部分，包含“报表筛选”区域、“列标签”区域、“行标签”区域和“数值”区域。

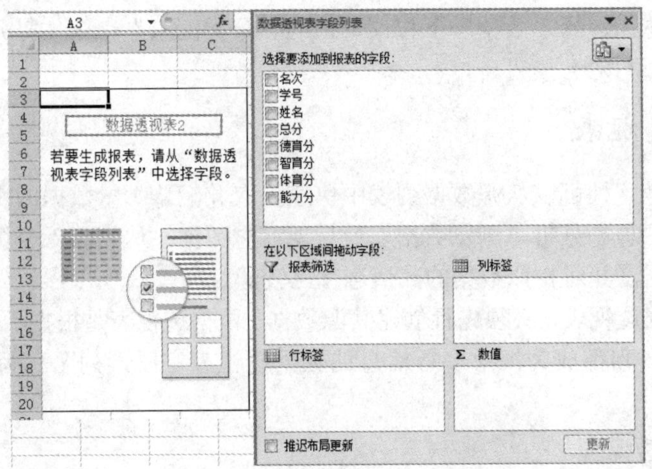

图 7.28　在新工作表中插入空白的透视表并显示数据透视表字段列表窗口

⑦ 按照下列提示向数据透视表中添加字段。

• 若要将字段放置到布局部分的默认区域中，可在字段列表中单击选中相应字段名复选框。默认情况下，非数值字段将会自动添加到“行标签”区域，数值字段会添加到“数值”区域，格式为日期和时间的字段则会添加到“列标签”区域。

• 若要将字段放置到布局部分的特定区域中，可以直接将字段名从字段列表中拖动到布局部分的某个区域中；也可以在字段列表的字段名称上单击右键，然后从快捷菜单中选择相应命令。

• 如果想要删除字段，只需要在字段列表中单击取消对该字段名复选框的选择即可。

⑧ 在数据透视表中筛选字段。加入到数据透视表中的字段名右侧均会显示筛选箭头，通过该箭头可以对数据进行进一步遴选。

2. 更新和维护数据透视表

在数据透视表区域的任意单元格中单击，功能区中将会出现“数据透视表工具”所属的“选项”和“设计”两个选项卡。通过如图 7.29 所示的“数据透视表工具 | 选项”选项卡可以对数据透视表进行多项操作。其中：

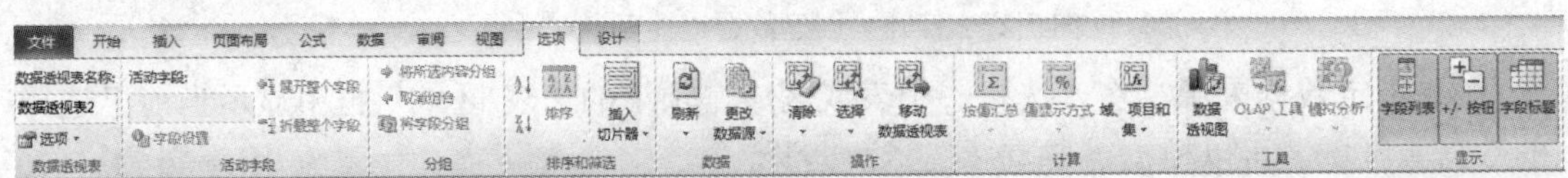

图 7.29　“数据透视表工具 | 选项”选项卡

1) *刷新数据透视表*

在创建数据透视表之后，如果对数据源中的数据进行了更改，那么需要在“数据透视表工具 | 选项”选项卡上单击“数据”组中的“刷新”按钮，所做的更改才能反映到数据透视表中。

2) *更改数据源*

如果在源数据区域中添加或减少了行或列数据，则可以通过更改源数据将这些行列包含到数据透视表或剔除出数据透视表，方法如下：

在数据透视表中单击，从“数据透视表工具 | 选项”选项卡上单击“数据”组中的“更改源数据”按钮。

从打开的下拉列表中选择“更改数据源”命令，打开如图 7.30 所示的“更改数据透视表数据源”对话框。

重新选择数据源区域以包含新增行列数据或减少行列数据，然后单击“确定”按钮。

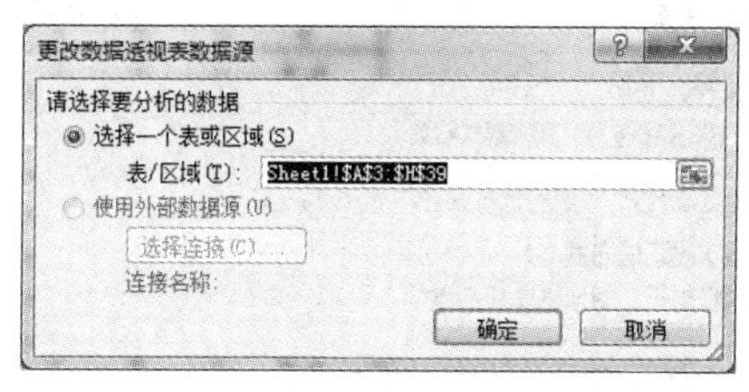

图 7.30　“更改数据透视表数据源”对话框

3) *更改数据透视表名称及布局*

在“数据透视表工具 | 选项”选项卡上的“数据透视表”组中，可进行下列设置：

在“数据透视表名称”下方的文本框中输入新的透视表名称，可重新命名当前透视表。

单击“选项”按钮，在随后弹出的如图 7.31 所示的“数据透视表选项”对话框中可对透视表的布局、行列及数据显示方式进行设定。其中在图 7.31(b)所示的“汇总和筛选”选项卡中可以设定是否自动显示汇总行列。

如果指定报表筛选项，则单击“选项”按钮旁边的黑色箭头，可从下拉列表中选择“显示报表筛选页”命令，用于按指定的筛选项自动批量生成多个透视表。

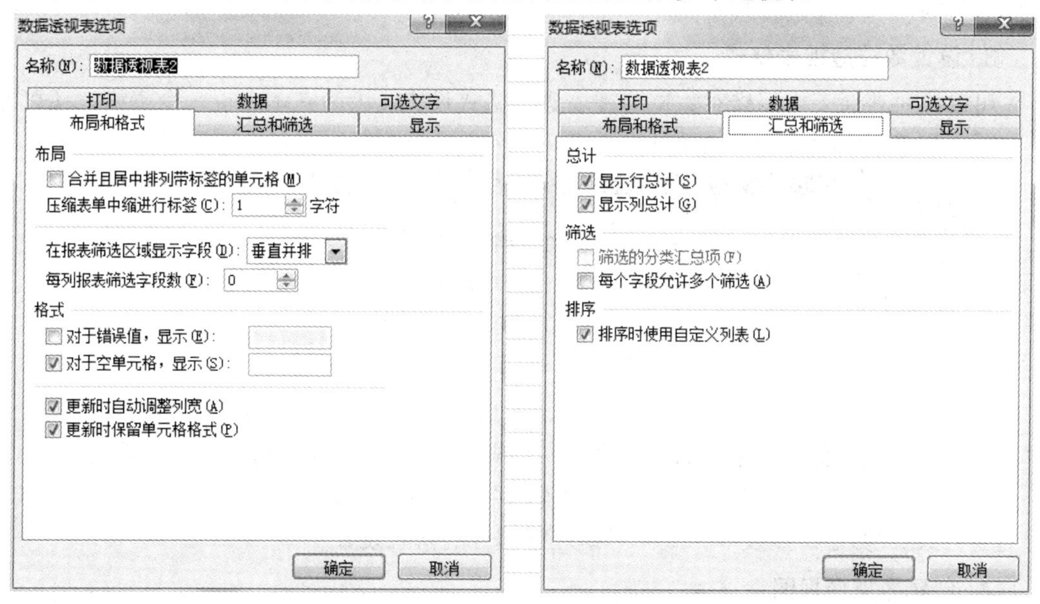

(a)　“布局和格式”选项卡　　(b)　“汇总和筛选”选项卡

图 7.31　“数据透视表选项”对话框

4) *设置活动字段*

在“数据透视表工具 | 选项”选项卡上的“活动字段”组中，可进行下列设置：

(1) 在“活动字段”下方的文本框中输入新的字段名，可更改当前字段名称。

(2) 单击“字段设置”按钮，打开“值字段设置”对话框，当前字段性质不同，对话框中选项也会有所不同。图 7.32 所示的是当前字段为值汇总字段时对话框显示的内容，在该对话框中可以对值汇总方式、值显示方式等进行设置。

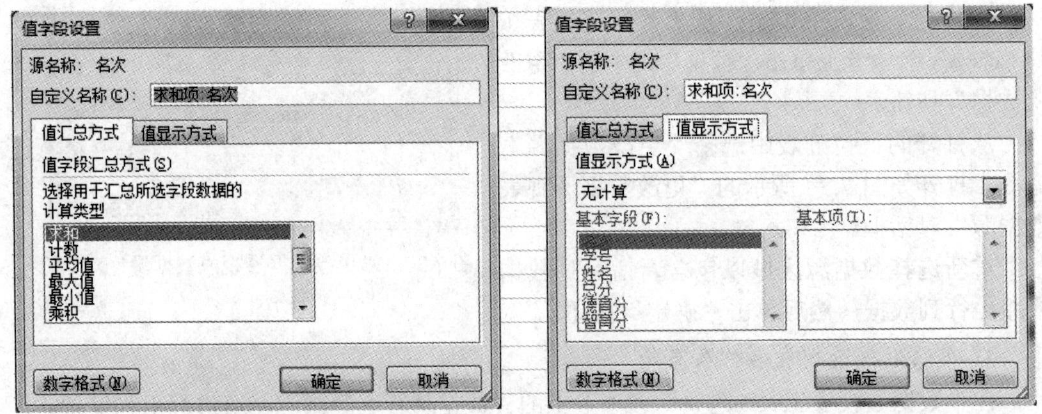

(a) “值汇总方式”选项卡　　(b) “值显示方式”选项卡

图 7.32　“值字段设置”对话框

5) 对数据透视表的排序和筛选

在“数据透视表工具 | 选项”选项卡上的“排序和筛选”组中，可对透视表按行或列进行排序。通过行标签或列标签右侧的筛选箭头，也可对透视表中的数据按指定字段进行排序及筛选。

3. 设置数据透视表格式

可以像对普通表格那样对数据透视表进行格式设置，因为它本来也是个表格；还可通过如图 7.33 所示的“数据透视表工具 | 设计”选项卡为数据透视表快速指定预置样式。

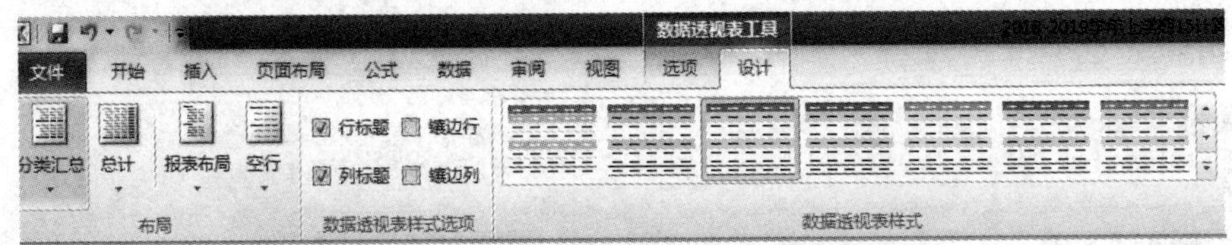

图 7.33　“数据透视表工具 | 设计”选项卡

在数据透视表中的任意单元格中单击，然后再在“数据透视表工具 | 设计”选项卡上单击“数据透视表样式”组中的任意样式，相应格式应用到当前数据透视表中。

在数据透视表中选择需要进行格式设置的单元格区域，从“开始”选项卡的“字体”“对齐方式”“数字”以及“样式”等组进行相应的格式设置。

4. 创建数据透视图

数据透视图以图形形式呈现数据透视表中的汇总数据，其作用与普通图表一样，可以更为形象地对数据进行比较、反映趋势。

为数据透视图提供源数据的是相关联的数据透视表。在相关联的数据透视表中对字段布局和数据所做的更改，会立即反映在数据透视图中。数据透视图及其相关联的数据透视表必须始终位于同一个工作簿中。

除了数据源来自数据透视表以外，数据透视图与标准图表的组成元素基本相同，包括数据系列、类别、数据标记和坐标轴以及图表标题、图例等。与普通图表的区别在于，当创建数据透视图时，数据透视图的图表区中将显示字段筛选器，以便对基本数据进行排序和筛选。

在已创建好的数据透视表中单击，该表将作为数据透视图的数据来源。

在“数据透视表工具 | 选项”选项卡上，单击“工具”组中的“数据透视图”按钮，打开“插入图表”对话框。

与创建普通图表一样，选择相应的图表类型和图表子类型。

提示　在数据透视图中，可以使用除 XY 散点图、气泡图或股价图以外的任意图表类型。

单击“确定”按钮，数据透视图插入到当前数据透视表中，单击图表区中的字段筛选器，可更改图表中显示的数据。

在数据透视图中单击，功能区出现“数据透视图工具”中的“设计”“布局”“格式”和“分析”四个选项卡。通过这四个选项卡，可以对透视图进行修饰和设置，方法与普通图表相同。

5. 删除数据透视表或数据透视图

可以通过下述方法删除数据透视表或数据透视图。

1) 删除数据透视表

(1) 在要删除的数据透视表的任意位置单击。

(2) 在“数据透视表工具 | 选项”选项卡上，单击“操作”组中的“选择”按钮下方的箭头。

(3) 从下拉列表中单击选择“整个数据透视表”命令，按 Delete 键。

2) 删除数据透视图

在要删除的数据透视图中的任意空白位置单击，然后按 Delete 键。删除数据透视图不会删除相关联的数据透视表。

提示　删除与数据透视图相关联的数据透视表会将该数据透视图变为普通图表，并从源数据区中取值。

7.3.8　模拟分析和运算

模拟分析是指通过更改某个单元格中的数值来查看这些更改对工作表中引用该单元格的公式结果的影响的过程。通过使用模拟分析工具，可以在一个或多个公式中试用不同的几组值来分析所有不同的结果。

Excel 附带了三种模拟分析工具：单变量求解、模拟运算表和方案管理器。方案管理器和模拟运算表可获取一组输入值并确定可能的结果。单变量求解则是针对希望获取的结果确定生成该结果的可能的各项值。

1. 单变量求解

单变量求解用来解决以下问题：先假定一个公式的计算结果是某个固定值，当其中引用的变量所在单元格应取值为多少时该结果才成立。实现单变量求解的基本方法如下：

(1) 首先为实现单变量求解，在工作表中输入基础数据，构建求解公式并输入到数据表中。

(2) 单击选择用于产生特定目标数值的公式所在的单元格。

(3) 在“数据”选项卡上的“数据工具”组中，单击“模拟分析”按钮，从下拉列表

中选择“单变量求解”命令，打开“单变量求解”对话框，如图 7.34 所示。

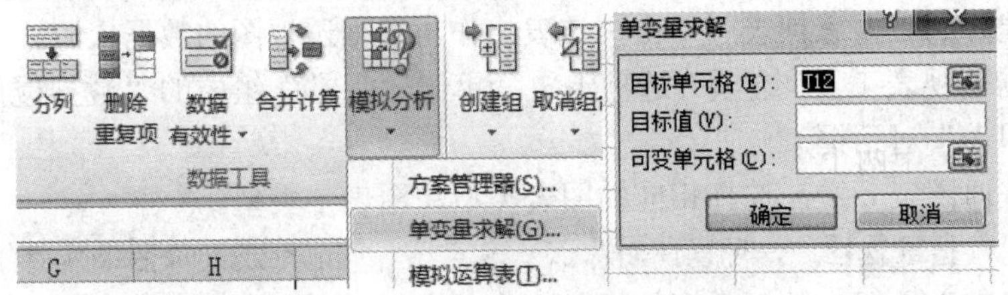

图 7.34　打开“单变量求解”对话框

(4) 在该对话框中设置用于单变量求解的各项参数，其中：

① 目标单元格显示目标值的单元格地址。

② 目标值希望得到的结果值。

③ 可变单元格能够得到目标值的可变量所在的单元格地址。

(5) 单击“确定”按钮，弹出“单变量求解状态”对话框，同时数据区域中的可变单元格中显示单变量求解值。

(6) 单击“单变量求解状态”对话框中的“确定”按钮，接受计算结果。

(7) 重复步骤(2)～(6)，可以重新测试其他结果。

2. 模拟运算表

模拟运算表的结果显示在一个单元格区域中，它可以测算将某个公式中一个或两个变量替换成不同值时对公式计算结果的影响。模拟运算表最多可以处理两个变量，但可以获取与这些变量相关的众多不同的值。模拟运算表依据处理变量个数的不同，分为单变量模拟运算表和双变量模拟运算表两种类型。

1) 单变量模拟运算表

若要测试公式中一个变量的不同取值如何改变相关公式的结果，可使用单变量模拟运算表。在单列或单行中输入变量值后，不同的计算结果便会在公式所在的列或行中显示。

(1) 为了创建单变量模拟运算表，首先要在工作表中输入基础数据与公式。

(2) 选择要创建模拟运算表的单元格区域，其中第一行(或第一列)需要包含变量单元格和公式单元格。

(3) 在“数据”选项卡上的“数据工具”组中，单击“模拟分析”按钮，从下拉列表中选择“模拟运算表”命令，打开如图 7.35 所示的“模拟运算表”对话框。

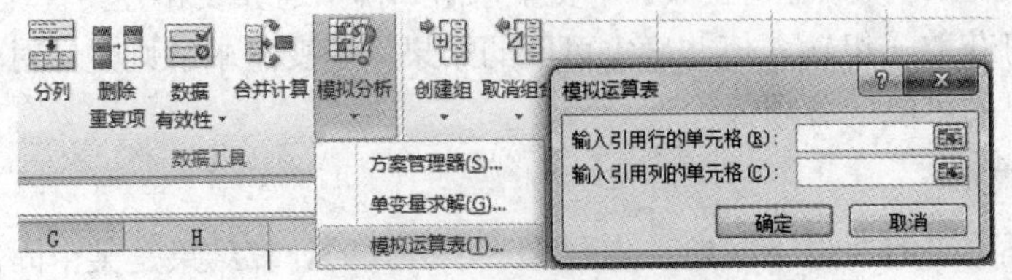

图 7.35　打开“模拟运算表”对话框

(4) 指定变量值所在的单元格。如果模拟运算表变量值输入在一列中，应在“输入引用列的单元格”框中选择第一个变量值所在的位置。如果模拟运算表变量值输入在一行中，应在“输入引用行的单元格”框中选择第一个变量值所在的位置。

(5) 单击“确定”按钮，选定区域中自动生成模拟运算表。在指定的引用变量值的单元格中依次输入不同的值，右侧将根据设定公式测算不同的目标值。

2) 双变量模拟运算表

若要测试公式中两个变量的不同取值如何改变相关公式的结果，可使用双变量模拟运算表。在单列和单行中分别输入两个变量值后，计算结果便会在公式所在区域中显示。

(1) 为了创建双变量模拟运算表，要在工作表中输入基础数据与公式，其中所构建的公式至少需要引用两个单元格。

(2) 输入变量值(提示：也可以在创建了模拟运算表区域之后再输入相关的变量值)。在公式所在的行从左向右输入一个变量的系列值，沿公式所在的列由上向下输入另一个变量的系列值。

(3) 选择要创建模拟运算表的单元格区域，其中第一行和第一列需要包含公式单元格和变量值。公式应位于所选区域的左上角。

(4) 在“数据”选项卡上的“数据工具”组中，单击“模拟分析”按钮，从下拉列表中选择“模拟运算表”命令，打开“模拟运算表”对话框。

(5) 依次指定公式中所引用的行列变量值所在的单元格。

(6) 单击“确定”按钮，选定区域中自动生成一个模拟运算表。此时，当更改模拟运算表中的单价或销量时，其对应的利润测算值就会发生变化。

3. 方案管理器

模拟运算表无法容纳两个以上的变量。如果要分析两个以上的变量，则应使用方案管理器。一个方案最多获取 32 个不同的值，但是却可以创建任意数量的方案。

方案管理器作为一种分析工具，每个方案允许建立一组假设条件，自动产生多种结果，并可以直观地看到每个结果的显示过程，还可以将多种结果存放到一个工作表中进行比较。

1) 建立分析方案

为了创建分析方案，首先需要在工作表中输入基础数据与公式。数据表需要包含多个变量单元格，以及引用这些变量单元格的公式。

(1) 选择可变单元格所在的区域。

(2) 在“数据”选项卡上的“数据工具”组中，单击“模拟分析”按钮，从下拉列表中选择“方案管理器”命令，打开如图 7.36(a)所示的“方案管理器”对话框。

(3) 单击右上方的“添加”按钮，接着弹出如图 7.36(b)所示的“添加方案”对话框。在“方案名”下的文本框中输入方案名称，在“可变单元格”框中可重新指定显示变量的单元格区域。

(4) 在“添加方案”对话框中单击“确定”按钮，继续打开“方案变量值”对话框，依次输入方案的变量值。

(5) 单击“确定”按钮，返回到“方案管理器”对话框。

(6) 重复步骤(4)～(5)，继续添加其他方案。注意：其引用的可变单元格区域始终保持不变。

(7) 所有方案添加完毕后，单击“方案管理器”对话框中的“关闭”按钮。

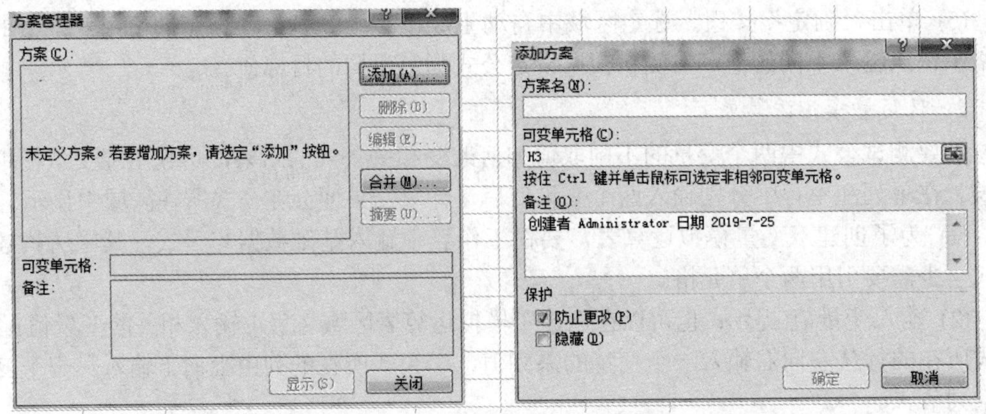

(a) “方案管理”对话框　　　　(b) “添加管理”对话框

图 7.36　在“方案管理器”对话框中添加方案

2) 显示并执行方案

分析方案制订好后，任何时候都可以执行方案，以查看不同的执行结果。

(1) 打开包含已制订方案的工作表。

(2) 在“数据”选项卡上的“数据工具”组中，单击“模拟分析”按钮，从下拉列表中选择“方案管理器”命令，打开“方案管理器”对话框。

(3) 在“方案”列表框中单击选择想要查看的方案，单击对话框下方的“显示”按钮，工作表中的可变单元格中自动显示出该方案的变量值，同时公式中显示方案执行结果。

3) 修改或删除方案

(1) 修改方案：打开“方案管理器”对话框，在“方案”列表中选择想要修改的方案，单击“编辑”按钮，在随后弹出的对话框中可修改名称、变量值等。

(2) 删除方案：打开“方案管理器”对话框，在“方案”列表中选择想要删除的方案，单击“删除”按钮。

4) 建立方案报表

当需要将所有方案的执行结果都显示出来并进行比较时，可以建立合并的方案报表。

(1) 打开已创建方案并希望建立方案报表的工作表，在可变单元格中输入一组变量值作为比较的基础数据，一般可以输入 0，表示未变化前的结果。

(2) 在“数据”选项卡上的“数据工具”组中，单击“模拟分析”按钮，从下拉列表中选择“方案管理器”命令，打开“方案管理器”对话框。

(3) 单击右侧的“摘要”按钮，打开“方案摘要”对话框，如图 7.37 所示。

(4) 在该对话框中选择报表类型，指定运算结果单元格。结果单元格一般指定为方案公式所在单元格。

(5) 单击“确定”按钮，将会在当前工作表之前自动插入“方案摘要”工作表，其中显示各种方案的计算结果，可以立即比较各方案的优劣。

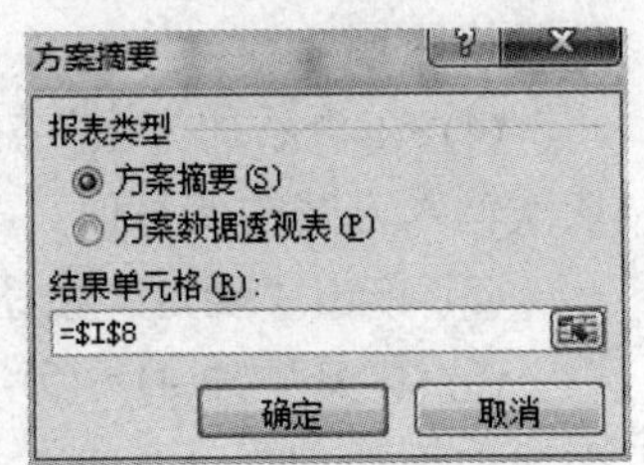

图 7.37　“方案摘要”对话框

7.4　Excel 公式和函数

在 Excel 中，不仅可以输入数据并进行格式化而且可以通过公式和函数方便地进行统计、计算、分析，如求总和、求平均值、计数等。Excel 通过公式和函数计算出的结果不但正确率有保证，而且在原始数据发生改变后，计算结果能够自动更新，这将极大地提高工作效率和效果。

7.4.1　使用公式的基本方法

公式就是一组表达式，由单元格引用、常量、运算符、括号组成，复杂的公式还可以包括函数，用于计算生成新的值。

1. 认识公式

在 Excel 中，公式总是以“=”开始。默认情况下，公式的计算结果显示在单元格中，公式本身则可以通过编辑栏查看。构成公式的常用要素包括：

(1) 单元格引用。单元格引用也就是前面所说的单元格地址，用于表示单元格在工作表中所处位置的坐标。例如，显示在 B 列和第 3 行交叉处的单元格，其引用形式为“B3”。公式中还可以引用经过命名的单元格或区域。

(2) 常量。常量指那些固定的数值或文本，它们不是通过计算得出的值。例如，数字“210”和文本“姓名”均为常量。表达式或由表达式计算得出的值都不属于常量。

(3) 运算符。运算符用于连接常量、单元格引用、函数等，从而构成完整的表达式。公式中常用的运算符有算术运算符(如 +、–、*、/、')、字符连接符(如&)、关系运算符(如 =、<>、>、>=、<、<=)等。通过运算符可以构建复杂公式，完成复杂运算。

2. 公式的输入与编辑

在 Excel 中输入公式与输入普通文本不同，需要遵循一些特殊规定。

1) 输入公式的四个步骤

(1) 定位结果：在要显示公式计算结果的单元格中单击鼠标，使其成为当前活动单元格。

(2) 构建表达式：输入“=”，表示正在输入公式，否则系统会将其判断为文本数据，不会产生计算结果。

(3) 引用位置：直接输入常量或单元格地址，或者用鼠标选择需要引用的单元格或区域。

(4) 确认结果：按回车键 Enter 完成输入，计算结果显示在相应单元格中。

提示　在公式中所输入的运算符都必须是西文的半角字符。

2) 修改公式

用鼠标双击公式所在的单元格，进入编辑状态，单元格及编辑栏中均会显示公式本身，在单元格或编辑栏中均可对公式进行修改。修改完毕，按回车键(Enter)确认即可。

3) 删除公式

单击选择公式所在的单元格或区域，然后按 Delete 键即可删除。

3. 公式的复制与填充

输入到单元格中的公式，可以像普通数据一样，通过拖动单元格右下角的填充或者从“开始”选项卡上的“编辑”组中选择“填充”进行公式的复制填充，此时自动填充的实际上不是数据本身，而是复制的公式。默认情况下填充时公式对单元格的引用采用的是相对引用。

4. 单元格引用

在公式中很少输入常量，最常用到的元素就是单元格引用。可以在公式中引用一个单元格、一个单元格区域、引用另一个工作表或工作簿中的单元格或区域。

单元格引用方式分为以下几大类：

(1) 相对引用。相对引用与包含公式的单元格位置相关，引用的单元格地址不是固定地址，而是相对于公式所在单元格的相对位置，相对引用地址表示为“列标行号”，如 Al 默认情况下，在公式中对单元格的引用都是相对引用。例如，在 B1 单元格中输入公式“=A1”，表示的是在 Bl 中引用紧邻它左侧的那个单元格中的值，当沿 B 列向下拖动复制该公式到单元格 B2 时，那么紧邻它左侧的那个单元格就变成了 A2，于是 B2 中的公式也就变成了“=A2”。

(2) 绝对引用。绝对引用与包含公式的单元格位置无关。在复制公式时，如果不希望所引用的位置发生变化，那么就要用到绝对引用，绝对引用是在引用的地址前插入符号“$”，表示为“$列标$行号”。例如，如果希望在 B 列中总是引用 A1 单元格中的值，那么在 B1 中输入“=$A$1”，此时再向下拖动复制公式时，公式就总是“=$A$1”了，定义名称可以快速实现绝对引用。

(3) 混合引用。当需要固定引用行而允许列变化时，在行号前加符号“$”，例如“=A$1”；当需要固定引用列而允许行变化时，在列标前加符号“$”，例如“=$A1”。

提示 用鼠标双击含有公式的单元格，选择某一个单元格引用，按 F4 键可以在相对引用、绝对引用、混合引用之间快速切换。

7.4.2 定义与引用名称

为单元格或区域指定一个名称，是实现绝对引用的方法之一。可以在公式中使用定义的名称以实现绝对引用。可以定义为名称的对象包括常量、单元格或单元格区域、公式等。

1. 了解名称的语法规则

在 Excel 中创建和编辑名称时需要遵循以下语法规则：

(1) 唯一性原则。名称在其适用范围内必须始终唯一，不可重复。

(2) 有效字符。名称中的第一个字符必须是字母、下画线(“_”)或反斜杠(“\”)，名称中的其余字符可以是字母、数字、句点和下画线，但是名称中不能使用大小写字母“C”“c”“R”或“r”。

(3) 不能与单元格地址相同。例如，名称不能是 A1、B$2 等。

(4) 不能使用空格。在名称中不允许使用空格。如果名称中需要使用分隔符，可选用下画线(“_”)和句点作为单词分隔符。

(5) 名称长度有限制。一个名称最多可以包含 255 个西文字符。

(6) 不区分大小写。名称可以包含大写字母和小写字母，但是 Excel 在名称中不区分大写和小写字母。例如，如果已创建了名称 Sales，就不允许在同一工作簿中再创建另一个名称 SALES，因为 Excel 认为它们是同一名称，违反了唯一性原则。

2. 为单元格区域定义名称

为特定的单元格或区域命名可以方便快速地定位某一单元格或区域，并可在公式和函数中进行绝对引用。

1) 快速定义名称

(1) 打开工作簿，选择要命名的单元格或单元格区域，例如选择区域 B4:D12。

(2) 在编辑栏左侧的“名称框”中单击，原单元格地址被反白选中。

(3) 在“名称框”中输入名称，最后按 Enter 键确认。

2) 将现有行和列标题转换为名称

(1) 选择要命名的区域，必须包括行或列标题。

(2) 在“公式”选项卡上的“定义的名称”组中单击“根据所选内容创建”按钮，打开“以选定区域创建名称”对话框，如图 7.38 所示。

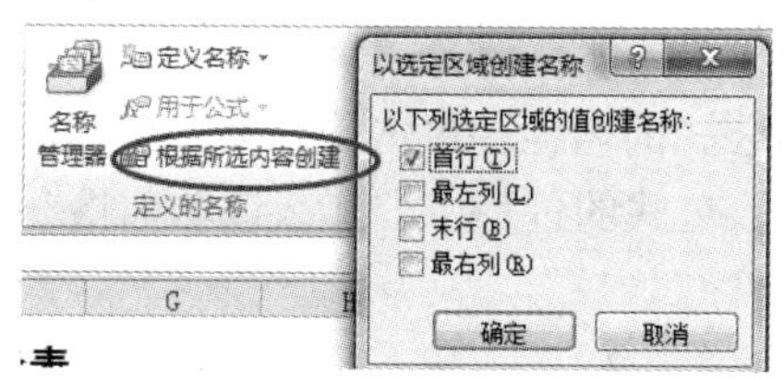

图 7.38　“以选定区域创建名称”对话框

(3) 在该对话框中，通过选中“首行”“最左列”“末行”或“最右列”复选框来指定包含标题的位置。例如选中“首行”则可将所选区域的第 1 行标题设为各列数据的名称。

(4) 单击“确定”按钮，完成名称的创建。通过该方式创建的名称仅引用相应标题下包含值的单元格，并且不包括现有行和列标题。

3) 使用“新名称”对话框定义名称

(1) 在“公式”选项卡上的“定义的名称”组中单击“定义名称”按钮，打开如图 7.39(a) 所示的“新建名称”对话框。

(2) 在“名称”文本框中输入用于引用的名称，例如“工龄工资”。

(3) 设定名称的适用范围。在“范围”下拉列表框中选择“工作簿”或工作表的名称，可以指定该名称只在某个工作表中有效还是在工作簿的所有工作表中均有效。

(4) 可以在“备注”框中输入最多 255 个字符，用于对该名称的说明性批注。

(5) 在“引用位置”框中显示当前选择的单元格或区域。如果需要修改命名对象，可选择下列操作执行。

在“引用位置”框单击鼠标，然后在工作表中重新选择区域单元格或单元格区域。若要为一个常量命名，则输入“=”，然后输入常量值；若要为一个公式命名，则输入“=”，然后输入公式。例如，在“引用位置”框中输入“=50”，则表示将常量 50 的名称定义为“工龄工资”。设置完成的对话框如图 7.39(b)所示。

(6) 单击“确定”按钮，完成命名并返回当前工作表。

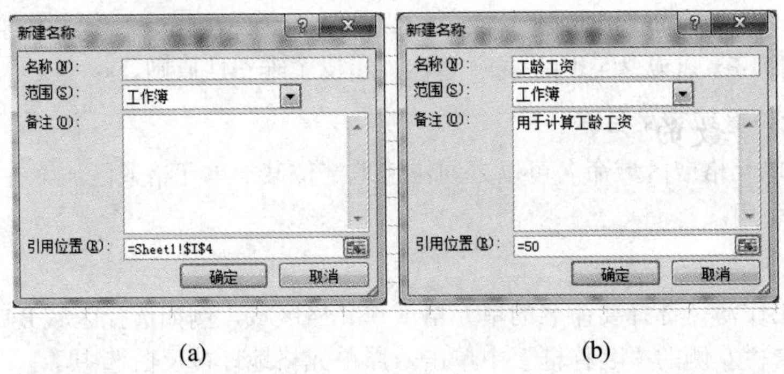

(a)　(b)

图 7.39　在“新建名称”对话框中定义名称

3. 引用名称

名称可直接用来快速选定已命名的区域，更重要的是可以在公式中引用名称以实现精确引用。

1) 通过“名称框”引用

单击“名称框”右侧的黑色箭头，打开“名称”下拉列表，将显示所有已被命名的单元格名称，但不包括常量和公式的名称。单击选择某一名称，该名称所引用的单元格或区域将会被选中，如果是在输入公式的过程中，那么该名称将会出现在公式中。

2) 在公式中引用

(1) 单击准备输入公式的单元格。

(2) 在“公式”选项卡上的“定义的名称”组中，单击“用于公式”按钮，打开名称下拉列表。

(3) 从下拉列表中单击选择需要引用的名称，该名称将出现在当前单元格的公式中。

(4) 按 Enter 键确认输入。

4. 更改或删除名称

如果更改了某个已定义的名称，则工作簿中所有已引用该名称的位置均会自动随之更新。

(1) 在“公式”选项卡上的“定义的名称”组中，单击“名称管理器”，打开如图 7.40 所示的“名称管理器”对话框。

(2) 在该对话框的名称列表中，单击要更改的名称，然后单击“编辑”按钮，打开“编辑名称”。

(3) 在“编辑名称”对话框中按照需要修改名称、引用位置、备注说明等，但是适用范围不能更改。修改完成后单击“确定”按钮。

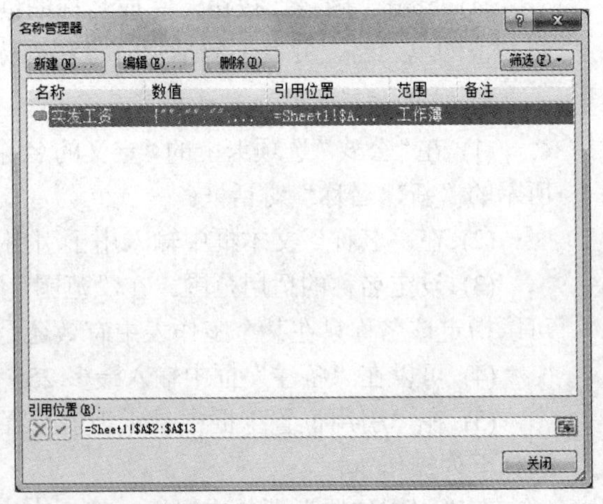

图 7.40　“名称管理器”对话框

(4) 如果要删除某一名称，则从列表中单击该名称，然后单击“删除”按钮，出现提示对话框，单击其中的“确定”按钮完成删除操作。

提示　如果工作簿中的公式已引用的某个名称被删除，可能导致公式出错。

(5) 单击“关闭”按钮，退出“名称管理器”对话框。

7.4.3　使用函数的基本方法

函数实际上是一类特殊的、事先编辑好的公式。函数主要用于处理简单的四则运算不能处理的算法，是为解决那些复杂计算需求而提供的一种预置算法。

1. 认识函数

Excel 提供大量预置函数以供选用，如求和函数(SUM)、平均值函数(AVERAGE)，条件函数(IF)等。

函数通常表示为：函数名([参数 1],[参数 2],……)，括号中的参数可以有多个，中间用逗号分隔，其中[]中的参数是可选参数，而没有[]的参数是必需的，有的函数可以没有参数。函数中的参数可以是常量、单元格地址、数组、已定义的名称、公式、函数等。

函数中可以调用另一函数，称为函数嵌套。Excel 2010 中函数的嵌套不可超过 64 层。函数的输入方法与输入公式相同，必须以“=”开始。

2. Excel 函数分类

Excel 提供了大量工作表函数，并按其功能进行分类。Excel 2010 目前默认提供的函数类别共有 13 大类，如表 7.1 中所列。

表 7.1　Excel 2010 函数类别

函数类别	常用函数示例及说明
财务函数	NPV(rate,valuel,[value2]，…)通过使用贴现率以及一系列未来支出和收入返回一项投资的净现值
日期和时间函数	YEAR(serial_number)返回某日期对应的年份
数学和三角函数	INT(number)将数字向下舍入到最接近的整数
统计函数	AVERAGE(numberl,[number2],…)返回参数的算术平均值
查找和引用函数	VLOOKUP(lookup_value,table_array,col_index_num,[range_lookup])搜索某个单元格区域的第一列，然后返回该区域相同行上任何单元格中的值
数据库函数	DCOUNTA(database,field,criteria)返回列表或数据库中满足指定条件的记录字段(列)中的非空单元格的个数
文本函数	MID(text,start_num,num_chars)返回文本字符串中从指定位置开始的特定数目的字符，该数目由用户指定
逻辑函数	IF(logical_test,[value_if_true],[value_if_false])如果指定条件的计算结果为 TRUE，IF 函数将返回某个值；如果该条件的计算结果为 FALSE，则返回另一个值
信息函数	ISBLANK(value)检验单元格值是否为空，若为空则返回 TRUE

续表

函数类别	常用函数示例及说明
工程函数	CONVERT(number,from_unit,to_unit)将数字从一个度量系统转换到另一个度量系统中。例如，函数 CONVERT 可以将一个以“英里”为单位的距离表转换成一个以“公里”为单位的距离表
兼容性函数	RANK(number,ref,[order])返回一个数字在数字列表中的排位。 注释：该类函数为保持与以前版本兼容性而设置，已有新函数代替
多维数据集函数	CUBEVALUE(connection，member_expressionl，membe,expression2…)从多维数据集中返回汇总值
与加载项一起安装的用户自定义函数	如果在系统中安装了某一包含函数的应用程序，该程序作为 Excel 的加载项，其所包含的函数作为自定义函数显示在这里以供选用

3. 函数的输入与编辑

函数的输入方式与公式类似，可以直接在单元格中输入“=函数名(所引用的参数)”，但是要想记住每一个函数名称并正确输入所有参数是相当困难的。因此，通常情况下采用参照的方式输入一个函数。

1) 通过“函数库”组插入

当能够明确地知道所需函数属于哪一类别时，可采用该方法。如平均值函数 AVERAGE() 为常用函数，同时又属于统计类函数，可以通过“公式”选项卡上“函数库”组中的“自动求和”类别或者“其他函数”下的“统计”类别来选择。具体方法如下：

(1) 在要输入函数的单元格中单击鼠标。

(2) 在“公式”选项卡上的“函数库”组中单击某一函数类别下方的黑色箭头。

(3) 打开的函数列表中单击所需要的函数，弹出类似图 7.41 所示的“函数参数”对话框。

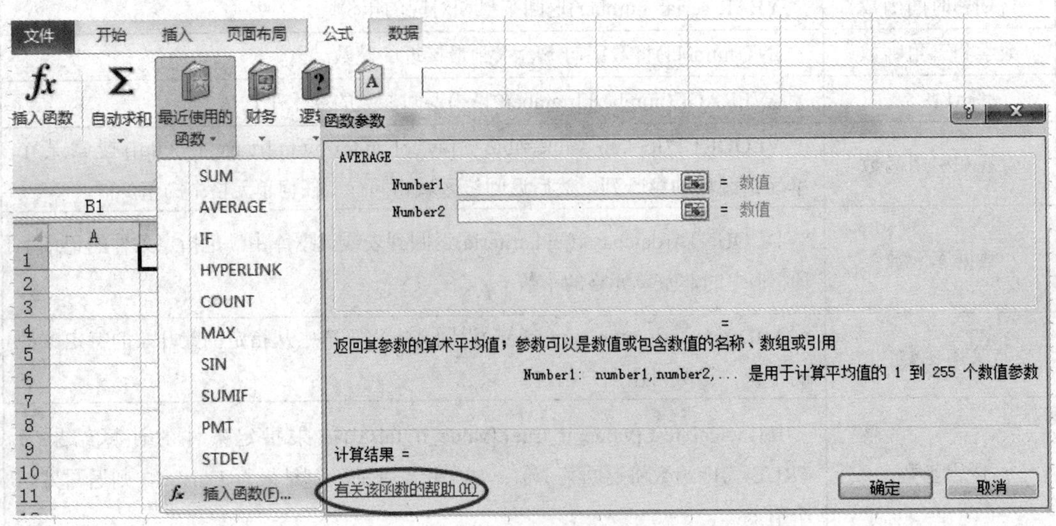

图 7.41　通过“函数库”组插入函数

提示　如果是单一参数函数(如 SUM)，可以直接从工作表中选择要引用的单元格区域。

(4) 按照对话框中的提示输入或选择参数。

(5) 单击对话框左下角的链接“有关该函数的帮助”，可以获取相关的帮助信息。

(6) 输入完毕，单击“确定”按钮。

提示　Excel 函数种类繁多，记住每个函数的用法是不切实际的，所以应该在实际应用中学会如何即时通过帮助信息获取某一函数的使用方法。

2) 通过“插入函数”按钮插入

当无法确定所使用的具体函数或其所属类别时，可通过该方法进行“模糊”查询，具体操作如下：

(1) 在要输入函数的单元格中单击鼠标。

(2) 在“公式”选项卡上的“函数库”组中，单击最左边的“插入函数”按钮，打开“插入函数”对话框，如图 7.42 所示。

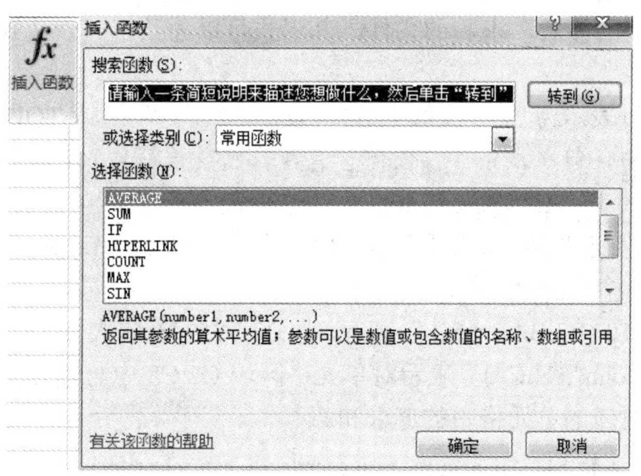

图 7.42　通过插入函数按钮插入函数

(3) 在“选择类别”下拉列表中选择函数类别。

(4) 如果无法确定具体函数，可按需求在“搜索函数”框中输入函数的简单描述，如“查找文件”，然后单击“转到”按钮。

(5) 在“选择函数”列表中单击所需的函数名。同样可以通过“有关该函数的帮助”链接获取相关的帮助信息。

(6) 单击“确定”按钮，在随后打开的“函数参数”对话框中输入参数。

3) 修改函数

在包含函数的单元格中双击鼠标，进入编辑状态，对函数及参数进行修改后按 Enter 键确认。

7.4.4　重要函数的应用

函数是 Excel 应用的利器，是必须掌握的技巧之一。本节主要介绍一些日常工作与生活中应该了解和掌握的函数的使用方法，进一步的函数学习则可以在实际应用中遇到困难时借助于强大的帮助功能实现。Excel 中常用函数简介如下：

以下所列是 Excel 中的常用函数，我们应该很好地掌握其语法规则和实际用法。熟练掌握这些函数的用法可以极大地提高工作效率。

1) 求和函数 SUM(numberl,[number2])

功能：将指定的参数 numberl、number2、…相加求和。

参数说明：至少需要包含一个参数 numberl。每个参数都可以是区域、单元格引用、数组、常量、公式或另一个函数的结果。

示例："=SUM(A1:A5)"是将单元格 Al 至 A5 中的所有数值相加，"=SUM(A1,A3,A5)"是将单元格 A1、A3 和 A5 中的数字相加。

2) 条件求和函数 SUMIF(range,criteria,[sum_range])

功能：对指定单元格区域中符合指定条件的值求和。

参数说明：

range——必需的参数，用于条件计算的单元格区域。

criteria——必需的参数，求和的条件，其形式可以为数字、表达式、单元格引用、文本或函数。

示例：条件可以表示为 32、">32"、B5、32、"32"、"苹果"或 TODAY()。

提示：在函数中任何文本条件或任何含有逻辑或数学符号的条件都必须使用双引号括起来。如果条件为数字，则无须使用双引号。

sum_range——可选参数，要求和的实际单元格。如果 sum_range 参数被省略，则 Excel 会对在 range 参数中指定的单元格求和。

示例："=SUMIF(B2:B25,">5")"表示对 B2:B25 区域大于 5 的数值进行相加；"=SUMIF(B2:B5,"John",C2:C5)"表示对单元格区域 C2:C5 中与单元格区域 B2:B5 中等于"John"的单元格对应的单元格中的值求和。

3) 多条件求和函数 SUMIFS(sum_range,criteria_rangel,criterial,[criteria_range2, criteria2],…)

功能：对指定单元格区域中满足多个条件的单元格求和。

参数说明：

sum_range——必需的参数，要求和的实际单元格区域。

criteria_rangel——必需的参数，在其中计算关联条件的第一个区域。

criterial——必需的参数，求和的条件。条件的形式可为数字、表达式、单元格地址或文本，可用来定义将对 criteria_rangel 参数中的那些单元格求和。例如，条件可以表示为 32、">32"、B4、"苹果" 或 "32"。

criteria_range2，criteria2，…——可选，附加的区域及其关联条件。最多允许 127 个区域/条件对。其中每个 criteria_range 参数区域所包含的行数和列数必须与 sum_range 参数相同。

示例："=SUMIFS(A1:A20,Bl:B20,">0",C1:C20,"<10")"表示对区域 A1:A20 中符合以下条件的单元格的数值求和：Bl:B20 中的相应数值大于 0 且 C1:C20 中的相应数值小于 10。

4) 绝对值函数 ABS(number)

功能：返回数值 number 的绝对值，number 为必需的参数。

示例："=ABS(-2)"表示求 –2 的绝对值，"=ABS(A2)"表示对单元格 A2 中的数值求取绝对值。

5) 向下取整函数 INT(number)

功能：将数值 number 向下舍入到最接近的整数，number 为必需的参数。

示例："=INT(8.9)"表示将 8.9 向下舍入到最接近的整数，结果为 8；"=INT(-8.9)"表示将–8.9 向下舍入到最接近的整数，结果为 –9。

6) 四舍五入函数 ROUND(number,num_digits)

功能：将指定数值 number 按指定的位数 num_digits 进行四舍五入。

示例："=ROUND(25.7825，2)"表示将数值 25.7825 四舍五入为小数点后两位，结果为 25.78。

提示 如果希望始终进行向上舍入，可使用 ROUNDUP 函数；如果希望始终进行向下舍入，则应使用 ROUNDDOWN 函数。

Round 函数用于取得保留 2 位小数后的精确数值，与通过设置单元格数字格式的结果是有差异的。例如，在单元格中输入"=10/3"，设置数字格式保留两位小数后显示结果为 3.33，但单元格中实际值仍为 3.33333……；而输入 11=ROUND(10/3，2)之后，单元格中显示值和实际值均为 3.33。如果希望显示值与实际参与计算的值一致，应通过 Round 函数进行四舍五入。

提示 通过"文件"选项卡→"高级"命令→选中"将精度设为所显示的精度"复选框(如图 7.43 所示)，也可以达到显示值与实际参与计算的值相一致的效果。

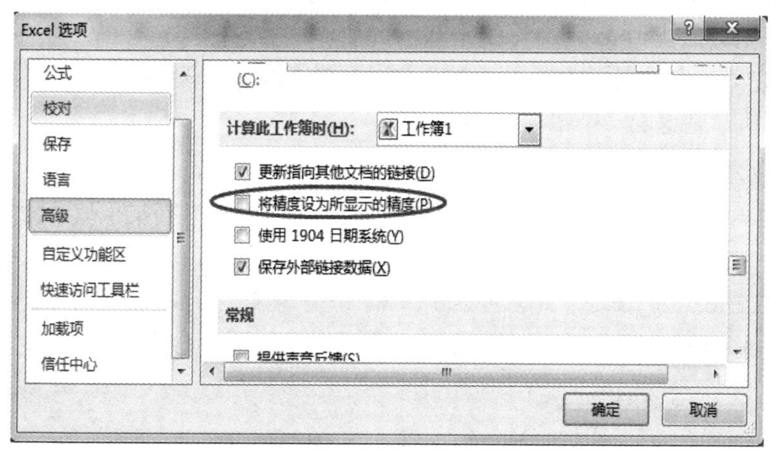

图 7.43 设置显示值与参与计算值的精度相一致

7) 取整函数 TRUNC(number,[num_digits])

功能：将指定数值 number 的小数部分截去，返回整数。num_digits 为取整精度，默认为 0。

示例："=TRUNC(8.9)"表示取 8.9 的整数部分，结果为 8；"=TRUNC(-8.9)"表示取 –8.9 的整数部分，结果为 –8。

8) 垂直查询函数 VLOOKUP(lookup_value,table_array,col_index_num,[range_lookup])

功能：搜索指定单元格区域的第一列，然后返回该区域相同行上任何指定单元格中的值。

参数说明：

lookup_value——必需的参数，要在表格或区域的第一列中搜索到的值。

table_array——必需的参数，要查找的数据所在的单元格区域，table_array 第一列中的值就是 lookup_value 要搜索的值。

col_index_num——必需的参数，最终返回数据所在的列号。col_index_num 为 1 时，返回 table_array 第一列中的值，col_index_num 为 2 时，返回 table_array 第二列中的值，依此类推。如果 col_index_num 参数小于 1，则 VLOOKUP 返回错误值#VALUE!；如果 col_index_num 大于 table_array 的列数，则 VLOOKUP 返回错误值#REF!。

range_lookup——可选，一个逻辑值，取值为 TRUE 或 FALSE，指定希望 VLOOKUP 查找精确匹配值还是近似匹配值。如果 range_lookup 为 TRUE 或被省略，则返回近似匹配值；如果找不到精确匹配值，则返回小于 lookup_value 的最大值；如果 range_lookup 参数为 FALSE，VLOOKUP 将只查找精确匹配值。如果 table_array 的第一列中有两个或更多值与 lookup_value 匹配，则使用第一个找到的值。如果找不到精确匹配值，则返回错误值#N/A。

提示 如果 range_lookup 为 TRUE 或被省略，则必须按升序排列 table_array 第一列中的值；否则，VLOOKUP 可能无法返回正确的值。如果 range_lookup 为 FALSE，则不需要对 table_array 第一列中的值进行排序。

示例："=VLOOKUP(1,A2:C10,2)" 要查找的区域为 A2:C10，因此 A 列为第 1 列，B 列为第 2 列，C 列则为第 3 列。表示使用近似匹配搜索 A 列(第 1 列)中的值 1，如果在 A 列中没有 1，则近似找到 A 列中与 1 最接近的值，然后返回同一行中 B 列(第 2 列)的值。"=VLOOKUP(0.7,A2:C10,3,FALSE)" 表示使用精确匹配在 A 列中搜索值 0.7。如果 A 列中没有 0.7 这个值，则返回一个错误#N/A。

9) 逻辑判断函数 IF(logical_test,[value_if_true],[value_if_false])

功能：如果指定条件的计算结果为 TRUE，则 IF 函数将返回某个值；如果该条件的计算结果为 FALSE，则返回另一个值。

提示 在 Excel 2010 中，最多可以使用 64 个 IF 函数进行嵌套，以构建更复杂的测试条件。也就是说，IF 函数也可以作为 value_if_true 和 value_if_false 参数包含在另一个 IF 函数中。

参数说明：

Logical_test——必需，作为判断条件的任意值或表达式。例如，A2=100 就是一个逻辑表达式，其含义是如果单元格 A2 中的值等于 100，表达式的计算结果为 TRUE，否则为 FALSE。该参数中可使用比较运算符。

value_if_true——可选，logical_test 参数的计算结果为 TRUE 时所要返回的值。

value_if_false——可选，logical_test 参数的计算结果为 FALSE 时所要返回的值。

示例："=IF(A2>=60,"及格","不及格")" 表示如果单元格 A2 中的值大于等于 60，则显示"及格"字样，否则显示"不及格"字样。

"=IF(A2>=90,"优秀",IF(A2>=80,"良好",IF(A2>=60,"及格","不及格")))" 表示下列对应

关系：A2>=90 为优秀，90>A2>=80 为良好，80>A2>=60 为及格，A2<60 为不及格。

10) 当前日期和时间函数 NOW()

功能：返回当前日期和时间。当将数据格式设置为数值时，将返回当前日期和时间所对应的序列号，该序列号的整数部分表明其与 1900 年 1 月 1 日之间的天数。当需要在工作表上显示当前日期和时间或者需要根据当前日期和时间计算一个值并在每次打开工作表时更新该值时，该函数很有用。

参数说明：该函数没有参数，所返回的是当前计算机系统的日期和时间。

11) 函数 YEAR(serial_number)

功能：返回指定日期对应的年份。返回值为 1900 到 9999 之间的整数。

参数说明：Serial_number 必需是一个日期值，其中包含要查找的年份。

示例："=YEAR(A2)"当在 A2 单元格中输入日期 2018/12/27 时，该函数返回年份 2018。

提示　公式所在的单元格不能是日期格式。

12) 当前日期函数 TODAY()

功能：返回今天的日期。当将数据格式设置为数值时，将返回今天日期所对应的序列号，该序列号的整数部分表明其与 1900 年 1 月 1 日之间的天数。通过该函数，可以实现无论何时打开工作簿时工作表上都能显示当前日期；该函数也可以用于计算时间间隔，可以用来计算一个人的年龄。

参数说明：该函数没有参数，所返回的是当前计算机系统的日期。

示例：=YEAR(TODAY())-1963。假设一个人出生在 1963 年，该公式使用 TODAY 函数作为 YEAR 函数的参数来获取当前年份，然后减去 1963，最终返回对方的大约年龄。

13) 平均值函数 AVERAGE(number,[number2],…)

功能：求指定参数 numberl、number2…的算术平均值。

参数说明：至少需要包含一个参数 numberl，最多可包含 255 个。

示例："=AVERAGE(A2:A6)"表示对单元格区域 A2 到 A6 中的数值求平均值；"=AVERAGE(A2:A6,C6)"表示对单元格区域 A2 到 A6 中数值与 C6 中的数值求平均值。

14) 条件平均值函数 AVERAGEIF(range,criteria,[average_range])

功能：对指定区域中满足给定条件的所有单元格中的数值求算术平均值。

参数说明：

range——必需，用于条件计算的单元格区域。

criteria——必需，求平均值的条件，其形式可以为数字、表达式、单元格引用、文本或函数。例如，条件可以表示为 32、">32"、B5、32、"32"、"苹果"或 TODAY()。

average_range——可选参数，要计算平均值的实际单元格。如果 average_range 参数被省略，Excel 会对在 range 参数中指定的单元格求平均。

示例："AVERAGEIF(A2:A5,"<5000")"表示求单元格区域 A2:A5 中小于 5000 的数值的平均值；"AVERAGEIF(A2:A5,">5000",B2:B5)"表示对单元格区域 B2:B5 中与单元格区域 A2:A5 中大于 5000 的单元格所对应的单元格中的值求平均值。

15) 多条件平均值函数 AVERAGEIFS(average_range,criteria_rangel,criteria1, [criteria_range2,criteria2],…)

功能：对指定区域中满足多个条件的所有单元格中的数值求算术平均值。

参数说明：

average_range——必需，要计算平均值的实际单元格区域。

criteria_rangel,criteria_range2,…——在其中计算关联条件的区域。其中 criteria_range1 是必需的，随后的 criteria_range2,…是可选的，最多可以有 127 个区域。

criterial,criteria2,…——求平均值的条件。其中 criteria1 是必需的，随后的 criteria2 是可选的。其中每个 criteria_range 的大小和形状必须与 average_range 相同。

示例："=AVERAGEIFS(A1:A20,B1:B20,">70",C1:C20,">90")" 表示对区域 A1:A20 中符合以下条件的单元格的数值求平均值：B1:B20 中的相应数值大于 70 且 C1:C20 中的相应数值小于 90。

16) 计数函数 COUNT(valuel,[value2],…)

功能：统计指定区域中包含数值的个数。只对包含数字的单元格进行计数。

参数说明：至少包含一个参数，最多可包含 255 个。

示例："=COUNT(A2:A8)"表示统计单元格区域 A2 到 A8 中包含数值的单元格的个数。

17) 计数函数 COUNTA(valuel,[value2],…)

功能：统计指定区域中不为空的单元格的个数。可对包含任何类型信息的单元格进行计数。

参数说明：至少包含一个参数，最多可包含 255 个。

示例："=COUNTA(A2:A8)" 表示统计单元格区域 A2 到 A8 中非空单元格的个数。

18) 条件计数函数 COUNTIF(range,criteria)

功能：统计指定区域中满足单个指定条件的单元格的个数。

参数说明：

range——必需，计数的单元格区域。

criteria——必需，计数的条件。条件的形式可以为数字、表达式、单元格地址或文本。

示例："=COUNTIF(B2:B5,">55")" 表示统计单元格区域 B2 到 B5 中值大于 55 的单元格的个数。

19) 多条件计数函数 COUNTIFS(criteria_rangel,criterial,[criteria_range2,criteria2]…)

功能：统计指定区域内符合多个给定条件的单元格的数量。可以将条件应用于跨多个区域的单元格，并计算符合所有条件的次数。

参数说明：

criteria_rangel——必需，在其中计算关联条件的第一个区域。

criterial——必需，计数的条件。条件的形式可以为数字、表达式、单元格地址或文本。

criteria_range2,criteria2，…——可选，附加的区域及其关联条件。最多允许 127 个区域/条件对。

每一个附加的区域都必须与参数 criteriarangel 具有相同的行数和列数。这些区域可以不相邻。

示例："=COUNTIFS(A2:A7,">80",B2:B7,"<100")"统计单元格区域 A2 到 A7 中包含大于 80 的数，同时在单元格区域 B2 到 B7 中包含小于 100 的数的行数。

20) 最大值函数 MAX(numberl,[number2],…)

功能：返回一组值或指定区域中的最大值。

参数说明：参数至少有一个，且必须是数值，最多可以有 255 个。

示例："=MAX(A2:A6)"表示从单元格区域 A2:A6 中查找并返回最大值。

21) 最小值函数 MIN(numberl,[number2],…)

功能：返回一组值或指定区域中的最小值。

参数说明：参数至少有一个，且必须是数值，最多可以有 255 个。

示例："=MIN(A2:A6)"表示从单元格区域 A2:A6 中查找并返回最小值。

22) 排位函数 RANK.EQ(number,ref,[order])和 RANK.AVG(number,ref,[order])

功能：返回一个数值在指定数值列表中的排位。如果多个值具有相同的排位，使用函数 RANK.AVG 将返回平均排位，使用函数 RANK.EQ 则返回实际排位。

参数说明：

number——必需，要确定其排位的数值。

ref——必需，要查找的数值列表所在的位置。

order——可选，指定数值列表的排序方式。其中，如果 order 为 0(零)或忽略，对数值的排位就会基于 ref 是按照降序排序的列表；如果 order 不为零，对数值的排位就会基于 ref 是按照升序排序的列表。

示例："=RANK.EQ("3.5",A2:A6,1)"表示求取数值 3.5 在单元格区域 A2:A6 的数值列表中的升序排位。

23) 文本合并函数 CONCATENATE(textl,[text2],…)

功能：将几个文本项合并为一个文本项。可将最多 255 个文本字符串连接成一个文本字符串。连接项可以是文本、数字、单元格地址或这些项目的组合。

参数说明：至少有一个文本项，最多可有 255 个，文本项之间以逗号分隔。

示例："=CONCATENATE(B2," ",C2)"表示将单元格 B2 中的字符串、空格字符以及单元格 C2 中的值相连接，构成一个新的字符串。

提示　也可以用文本连接运算符"&"代替 CONCATENATE 函数来连接文本项。

示例："=A1&B1"与"=CONCATENATE(A1,B1)"返回的值相同。

24) 截取字符串函数 MID(text，start_num，num_chars)

功能：从文本字符串中的指定位置开始返回特定个数的字符。

参数说明：

text——必需，包含要提取字符的文本字符串。

start_num——必需，文本中要提取的第一个字符的位置。文本中第一个字符的位置为 1，依此类推。

num_chars——必需，指定希望从文本串中提取并返回字符的个数。

示例：“=MID(A2,7,4)”表示从单元格 A2 中的文本字符串中的第 7 个字符开始提取 4 个字符。

25) 左侧截取字符串函数 LEFT(text，[num_chars])

功能：从文本字符串最左边开始返回指定个数的字符，也就是最前面的一个或几个字符。

参数说明：

text——必需，包含要提取字符的文本字符串。

num_chars——可选，指定要提取的字符的数量。num_chars 必须大于等于零，如果省略该参数，则默认其值为 1。

示例：“=LEFT(A2,4)”表示从单元格 A2 中的文本字符串中提取前 4 个字符。

26) 右侧截取字符串函数 RIGHT(text,[num_chars])

功能：从文本字符串最右边开始返回指定个数的字符，也就是最后面的一个或几个字符。

参数说明：

text——必需，包含要提取字符的文本字符串。

num_chars——可选，指定要提取的字符的数量。num_chars 必须大于等于零，如果省略该参数，则默认其值为 1。

示例：“=RIGHT(A2,4)”表示从单元格 A2 中的文本字符串中提取后 4 个字符。

27) 删除空格函数 TRIM(text)

功能：删除指定文本或区域中的空格。除了单词之间的单个空格外，该函数将会清除文本中所有的空格。在从其他应用程序中获取带有不规则空格的文本时，可以使用函数 TRIM。

示例：“=TRIM("第 1 季度")”表示删除中文文本的前导空格、尾部空格以及字间空格。

28) 字符个数函数 LEN(text)

功能：统计并返回指定文本字符串中的字符个数。

参数说明：text 为必需的参数，代表要统计其长度的文本。空格也将作为字符进行计数。

示例：“=LEN(A2)”表示统计位于单元格 A2 中的字符串的长度。

7.4.5　公式与函数常见问题

在输入公式或函数的过程中，当输入有误时，单元格中常常会出现各种不同的错误结果。对这些错误结果的含义有所了解，有助于更好地发现并修正公式或函数中的错误。

1. 常见错误值列表

1) 公式和函数常见错误值列表

公式和函数中常见的错误提示如表 7.2 中所列。

表 7.2　公式或函数中的常见错误列表

错误显示	说　明
#####	当某一列的宽度不够而无法在单元格中显示所有字符时，或者单元格包含负的日期或时间值时，Excel 将显示此错误。例如，用过去的日期减去将来的日期的公式(如=06/15/2008-07/01/2008)将得到负的日期值
#DIV/0!	当一个数除以零(0)或不包含任何值的单元格时，Excel 将显示此错误
#N/A	当某个值不允许被用于函数或公式但却被其引用时，Excel 将显示此错误
#NAME?	当 Excel 无法识别公式中的文本时，将显示此错误。例如，区域名称或函数名称拼写错误，或者删除了某个公式引用的名称
#NULL!	当指定两个不相交的区域的交集时，Excel 将显示此错误。交集运算符是分隔公式中的两个区域地址间的空格字符。例如，区域 A1:A2 和 C3:C5 不相交，因此输入公式=SUM(A1:A2C3:C5)将返回#NULL!错误
#NUM!	当公式或函数包含无效数值时，Excel 将显示此错误
#REF!	当单元格引用无效时，Excel 将显示此错误。例如，如果删除了某个公式所引用的单元格，该公式将返回#REF!错误
#VALUE!	如果公式所包含的单元格有不同的数据类型，则 Excel 将显示此错误。如果启用了公式的错误检查，则屏幕提示会显示“公式中所用的某个值是错误的数据类型”。通常通过对公式进行较少更改即可修复此问题

2) 不显示公式错误值的方法

如果不希望公式错误值显示在单元格中，可以通过输入适当的公式和函数解决这一问题。例如，当除数为零时，将会显示错误值#DIV/0!，其实这可能并不是公式本身发生了错误，而仅仅是因为公式除数所引用的单元格中还未输入数据。这时便可通过公式或函数改变公式显示结果。

可以使用的公式和函数包括 IFERRORJF 和 ISERROR 嵌套、IF 和 ISERR 嵌套、IF 和 ISNA 嵌套等。例如，“=IF(ISERROR(A1/B1)," ",A1/B1)”表示当除数为零时显示为空，否则显示公式结果。

2. 审核和更正公式中的错误

可以通过 Excel 提供的相关工具的帮助快速检查并更正公式输入过程中发生的错误。

1) 打开或关闭错误检查规则

(1) 在“文件”选项卡上单击“选项”，打开“Excel 选项”对话框，从左侧类别列表中单击“公式”选项。

(2) 在如图 7.44 所示的“错误检查规则”区域中，按照需要选中或清除某一检查规则的复选框，其中：

① 所含公式导致错误的单元格。公式未使用规定的语法、参数或数据类型。错误值包括#DIV/O!、#N/A、#NAME?、#NULL!、#NUM!、#REF!和#VALUE!。

② 表中不一致的计算列公式。计算列可能包含与列公式不同的公式，这将会导致异常。例如，移动或删除由计算列中某一行引用的另一个工作表区域上的单元格。

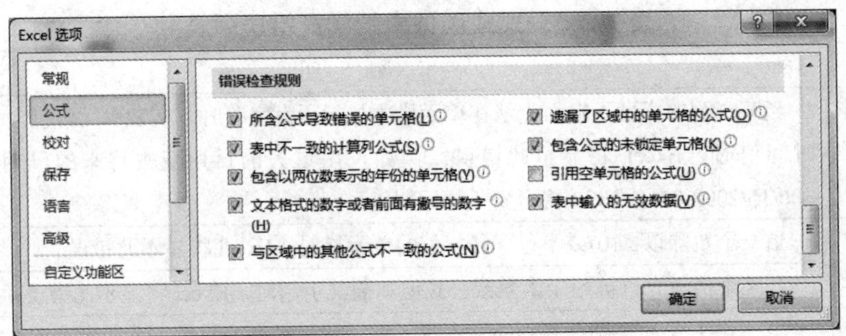

图 7.44 “Excel 选项”对话框中的“错误检查规则”

③ 包含以两位数表示的年份的单元格。在用于公式时，该单元格所包含的文本日期可能被误解为错误的世纪。例如，公式中的日期“=YEAR("1/1/31")”可能是 1931 年或 2031 年。使用此规则可以检查有歧义的文本日期。

④ 文本格式的数字或者前面有撇号的数字。该单元格中包含存储为文本的数字。从其他源导入数据时，通常会存在这种现象。存储为文本的数字可能会导致意外的排序结果，因此最好将其转换为数字。

⑤ 与区域中的其他公式不一致的公式。公式与其他相邻公式的模式不一致。许多情况下，相邻公式的差别只在于各自引用的内容不同。

⑥ 遗漏了区域中的单元格的公式。如果在原数据区域和包含公式的单元格之间插入了一些数据，则该公式可能无法自动包含对这些数据的引用。此规则将公式中的引用与包含该公式的单元格的相邻单元格的实际区域进行比较，如果相邻单元格包含其他值并且不为空，则 Excel 会在该公式旁边显示一个错误。

⑦ 包含公式的未锁定单元格。公式未受到锁定保护。默认情况下，所有单元格均受到锁定保护。对包含公式的单元格进行保护可以防止这些单元格被更改，并且有助于避免将来出错。

⑧ 引用空单元格的公式。公式包含对空单元格的引用，这可能导致意外结果。

⑨ 表中输入的无效数据。表中数据存在有效性错误。

(3) 设置完毕，单击“确定”按钮退出对话框。

2) 检查并依次更正常见公式错误

(1) 选择要进行错误检查的工作表。

(2) 在“公式”选项卡上的“公式审核”组中单击“错误检查”按钮，自动开始对工作表中的公式和函数进行检查。

(3) 当找到可能的错误时，将会显示类似图 7.45 所示的“错误检查”对话框。

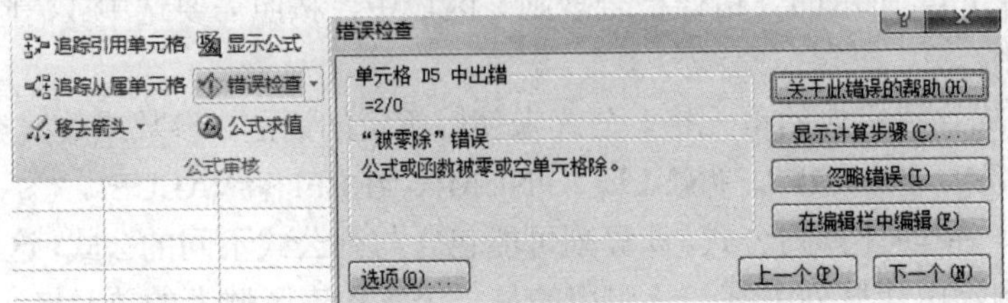

图 7.45 “错误检查”对话框

(4) 根据需要单击对话框右侧的操作按钮之一。可选的操作会因每种错误类型不同而有所不同。

提示　如果单击“忽略错误”，将标记此错误，后面的每次检查都会忽略它。

(5) 单击“下一个”按钮，直至完成整个工作表中的错误检查。在最后出现的提示对话框中单击“确定”按钮结束检查。

3) 通过“监视窗口”监视公式及其结果

当表格较大、某些单元格在工作表上不可见时，可以在“监视窗口”中监视这些单元格及其公式。使用“监视窗口”可以在大型工作表中检查、审核或确认公式计算及其结果，而无须反复滚动或定位到工作表的不同部分。

(1) 首先在工作表中选择要监视的公式所在的单元格。

提示　在“开始”选项卡的“编辑”组中，单击“查找和选择”按钮，从下拉列表中单击“公式”，可以选择当前工作表中所有包含公式的单元格。

(2) 在“公式”选项卡上的“公式审核”组中，单击“监视窗口”按钮，打开如图 7.46(a)所示的“监视窗口”对话框。

(3) 单击“添加监视”按钮，打开“添加监视点”对话框，其中显示已选中的单元格，如图 7.46(b)所示，可以重新选择监视单元格。

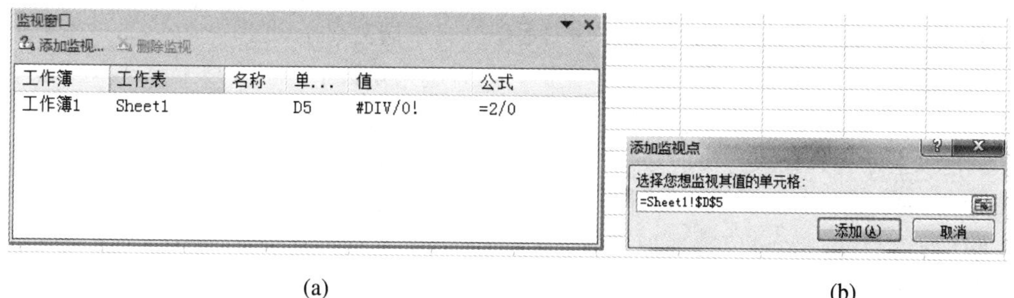

(a)　　(b)

图 7.46　在“监视窗口”中添加监视点

(4) 单击“添加”按钮，所选监视点显示在列表中。

(5) 重复步骤(3)和(4)，继续添加其他单元格中的公式作为监视点。

(6) 将“监视窗口”移动到合适的位置，如窗口的顶部、底部、左侧或右侧等。如要更改窗口的大小，可用鼠标拖动其边框。

(7) 要定位“监视窗口”的监视点所引用的单元格，可双击该监视点条目。

(8) 如果需要删除监视点条目，从“监视窗口”中选择监视点后，单击“删除监视”按钮。

7.5　输入和编辑数据

7.5.1　输入简单数据

在 Excel 中，可以方便地输入数值、文本、日期等各种类型的数据，如图 7.47 所示。

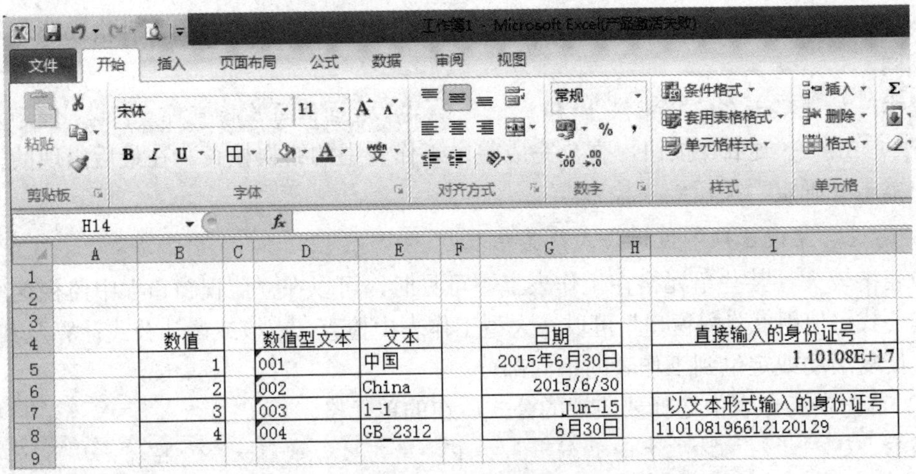

图 7.47　输入各种类型的数据

(1) 输入数据的基本方法：在需要输入数据的单元格中单击鼠标，输入数据，然后按 Enter 键、Tab 键或方向键。

(2) 输入数值和文本：在 Excel 中数值与文本是存在区别的，数值可以直接参与四则运算，而文本不可以。在单元格中直接输入数字如“23”或文字如“中国”后按 Enter 键，Excel 自动识别其为数值或文本，数值居右显示，文本居左显示。

(3) 输入文本型数值：有一类文本，形式上看起来是数字，但实质上是文本，如序号 001，再如 18 位的身份证号。目前 Excel 的数值精度只支持 15 位，无法正确输入 18 位数字，只能以文本方式输入身份证号。在单元格中首先输入西文撇号，再输入数字，如“’001”“110108196612120129”，回车后即显示为正确的文本型数值。

(4) 输入日期：Excel 支持多种日期格式，在单元格中直接输入类似 2015 年 6 月 30 日、2015/6/30、6/30、2015-6-30、2015-6 的格式，等回车后均可以显示为日期型数据，日期会自动居右显示。

数据的格式可以进行设置，还可以自定义新格式，这些内容将在本书的“8.3.4 设置数字格式”一节中讲到。

7.5.2　自动填充数据

在 Excel 中，利用自动填充数据功能可以有效提高输入数据的速度和质量，减少重复劳动。

1. 序列填充的基本方法

序列填充是 Excel 提供的最常用的快速输入技术之一。在 Excel 中可以通过下述途径进行数据的自动填充。

(1) 拖动填充柄：活动单元格右下角的黑色小方块被称为填充柄，如图 7.48(a)所示。首先在活动单元格中输入序列的第一个数据，然后用鼠标向不同的方向上拖动该单元格的填充柄，放鼠标完成填充，所填充区域右下角显示“自动填充选项”图标，单击该图标，可从下拉列表中更改选定区域的填充方式。

(2) 使用“填充”命令：首先在某个单元格中输入序列的第一个数据，从该单元格开始向某一方向选择与该数据相邻的空白单元格或区域(例如，准备向下填充，则选择其下方的单元格)，在“开始”选项卡的“编辑”组中，单击“填充”，从下拉列表中选择“序列”命令，如图 7.48(b)所示，在“序列”对话框中选择填充方式。

提示　若要快速在单元格中填充相邻单元格的内容，可以通过按 Ctrl+D 组合键填充来自上方单元格中的内容，或按 Ctrl+R 组合键填充来自左侧单元格的内容。

(3) 利用鼠标右键快捷菜单：用鼠标右键拖动含有第一个数据的活动单元格右下角的填充柄到最末一个单元格后放开鼠标，从弹出的快捷菜单中选择“填充序列”命令，如图 7.48(c)所示。

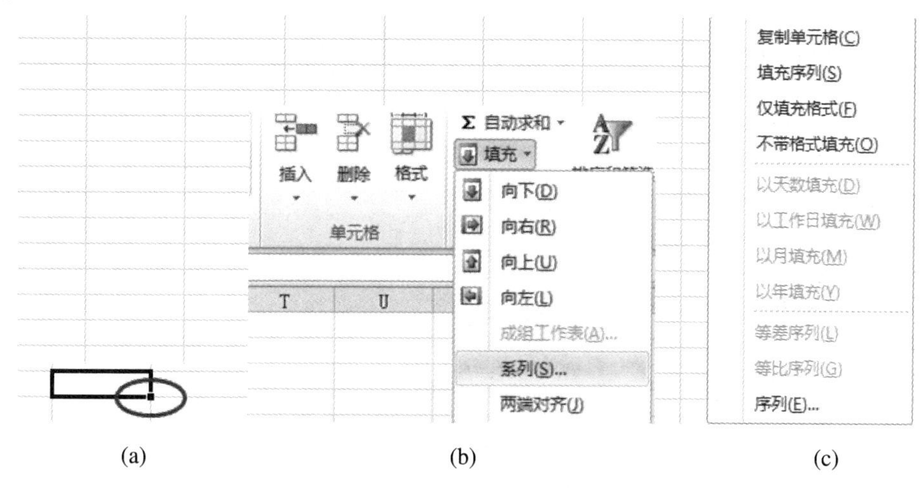

(a)　(b)　(c)

图 7.48　可以通过不同方法实现自动填充

2. 可以填充的内置序列

Excel 提供一些常用的内置序列，可以运用不同的方法自动填充下列数据。

(1) 数字序列。如 1、2、3、…，2、4、6、…在前两个单元格中分别输入序列的第一个、第二个数字，然后同时选中这两个单元格，再拖动填充柄即可完成不同步长的数字序列的填充。

(2) 日期序列。如 2011 年、2012 年、2013 年、…，1 月、2 月、3 月、…，1 日、2 日、3 日、…，等等。

(3) 文本序列。如 01、02、03、…，一、二、三、…，等等。

(4) 其他 Excel 内置序列。如 JAN、FEB、MAR、…，星期日、星期一、星期二、…，子、丑、寅、卯、…，等等。

3. 填充公式

将公式填充到相邻单元格中的方法：首先在第一个单元格中输入某个公式，然后拖动该单元格的填充柄，即可填充公式本身而不仅仅是填充公式计算结果。这在进行大量运算时非常有用，既可加快输入速度，也可减少公式输入的错误。关于公式的填充，在本部分的“7.4 Excel 公式和函数”中还会详细讲解。

4. 自定义序列

对于系统未内置而又经常使用的序列，可以按照下述方法进行自定义。

1) 基于已有项目列表的自定义填充序列

(1) 首先在工作表的单元格中依次输入一个序列的每个项目，每个项目占用一个单元格，如第一小组、第二小组、第三小组、第四小组，然后选择该序列所在的单元格区域。

(2) 依次单击“文件”选项卡→“选项”→“高级”，向下操纵“Excel 选项”对话框右侧的滚动条，直到“常规”区出现，如图 7.49 所示。

(3) 单击“编辑自定义列表”按钮，打开“自定义序列”对话框。

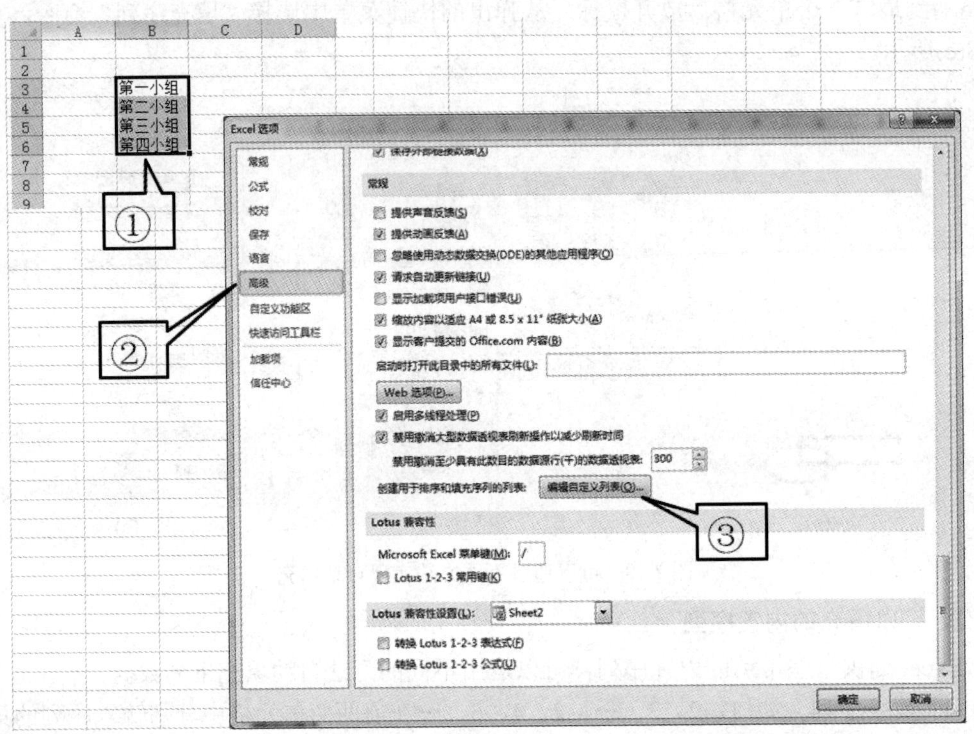

图 7.49　在“Excel 选项”对话框的“常规”区中自定义序列

(4) 确保工作表中已输入序列的单元格引用显示在“从单元格中导入序列”框中，然后单击“导入”按钮，选定项目将会添加到“自定义序列”框中，如图 7.50 所示。

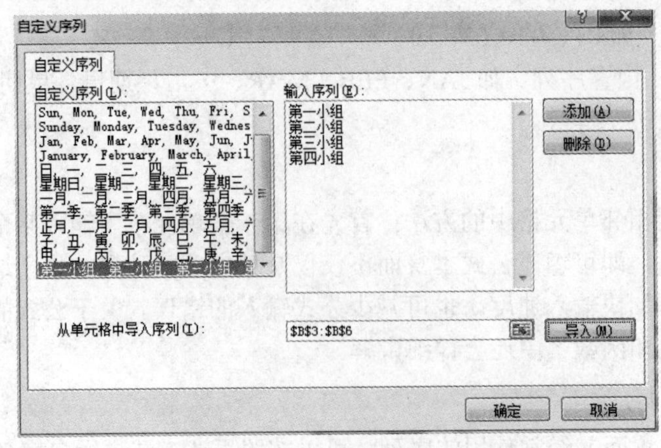

图 7.50　“自定义序列”对话框

(5) 单击“确定”按钮退出对话框，完成自定义序列。

2) 直接定义新项目列表

(1) 依次单击“文件”选项卡→“选项”→“高级”，向下操纵右侧的滚动条，在“常规”区中单击“编辑自定义列表”按钮，打开“自定义序列”对话框。

(2) 在左侧的“自定义序列”列表中单击最上方的“新序列”，然后在右侧的“输入序列”文本框中依次输入序列的各个条目：从第一个条目开始输入，输入每个条目后按 Enter 键确认。

(3) 全部条目输入完毕后，单击“添加”按钮。

(4) 单击“确定”按钮退出对话框，新定义的序列就可以使用了。

3) 自定义序列的使用和删除

自定义序列完成后，即可通过下述方法在工作表中使用：在某个单元格中输入新序列的第一个项目，拖动填充柄进行填充。如需删除自定义序列，只需在如图 7.50 所示的“自定义序列”对话框的左侧列表中选择需要删除的序列，然后单击右侧的“删除”按钮。系统内置的序列不允许被删除。

7.5.3　控制数据的有效性

在 Excel 中，为了避免在输入数据时候出现过多错误，可以通过在单元格中设置数据有效性来进行相关的控制，从而保证数据输入的准确性，提高工作效率。

数据有效性，用于定义可以在单元格中输入或应该在单元格中输入的数据类型、范围、格式等。可以通过配置数据有效性以防止输入无效数据，或者在输入无效数据时自动发出警告。

1) 数据有效性可以实现的常用功能

(1) 将数据输入限制为指定序列的值，以实现大量数据的快速、准确输入。

(2) 将数据输入限制为指定的数值范围，如指定最大值最小值、指定整数、指定小数、限制为某时段内的日期、限制为某时段内的时间等。

(3) 将数据输入限制为指定长度的文本，如身份证号只能是 18 位文本。

(4) 限制重复数据的出现，如学生的学号不能相同。

2) 设置数据有效性的基本方法

(1) 首先选择需要进行数据有效性控制的单元格或区域。

(2) 在“数据”选项卡的“数据工具”组中单击“数据有效性”按钮，从随后弹出的“数据有效性”对话框中指定各种数据有效性控制条件即可。

(3) 如需取消数据有效性控制，只要在“数据有效性”对话框中单击左下角的“全部清除”按钮即可。

7.5.4　编辑修改数据

修改数据的基本方法：双击单元格进入编辑状态，直接在单元格中进行修改；或者单

击要修改的单元格，然后在编辑栏中进行修改。

删除数据的基本方法：选择数据所在的单元格或区域，按 Delete/Del 键。或者在“开始”选项卡的“编辑”组中，单击“清除”，从打开的下拉列表中选择相应命令，可以指定删除格式还是内容。

7.6 整理和修饰表格

为使表格看起来更加漂亮，也为了改进工作表的可读性，需要对输入了数据的表格进行格式化。

7.6.1 选择单元格或区域

在对表格进行修饰前，需要先选择单元格或单元格区域作为修饰对象。在 Excel 中，选择单元格或单元格区域的方法多种多样，常用快捷方法见表 7.3 中所列。

表 7.3 选择单元格或单元格区域的常用快捷方法

操　作	常用快捷方法
选择单元格	用鼠标单击单元格
选择整行	单击行号选择一行；用鼠标在行号上拖动选择连续多行；按下 Ctrl 键单击行号选择不相邻多行
选择整列	单击列标选择一列；用鼠标在列标上拖动选择连续多列；按下 Ctrl 键单击列标选择不相邻多列
选择一个区域	在起始单元格中单击鼠标，按下左键不放拖动鼠标选择一个区域；按住 Shift 键的同时按箭头键以扩展选定区域；单击该区域中的第一个单元格，然后在按住 Shift 键的同时单击该区域中的最后一个单元格
选择不相邻区域	先选择一个单元格或区域，然后按下 Ctrl 键不放选择其他不相邻区域
选择整个表格	单击表格左上角的“全选”按钮(　)，或者在空白区域中按下 Ctrl+A 组合键
选择有数据的区域	按 Ctrl + 箭头键可移动光标到工作表中当前数据区域的边缘；按 Shift+箭头键可将单元格的选定范围向指定方向扩大一个单元格；在数据区域中按下 Ctrl + A 或者 Ctrl + Shift + * 组合键，选择当前连续的数据区域；按 Ctrl+Shift+箭头键可将单元格的选定范围扩展到活动单元格所在列或行中的最后一个非空单元格，或者如果下一个单元格为空，则将选定范围扩展到下一个非空单元格

7.6.2 行列操作

行列操作包括调整行高、列宽，插入行或列，删除行或列，移动行或列，隐藏行或列等基本操作。行列操作的基本方法如图 7.51 所示。

行列操作	基本方法	图示
调整行高	用鼠标拖动行号的下边线；或者依次选择“开始”选项卡→“单元格”组中的“格式”下拉列表→“行高”命令，在对话框中输入精确值	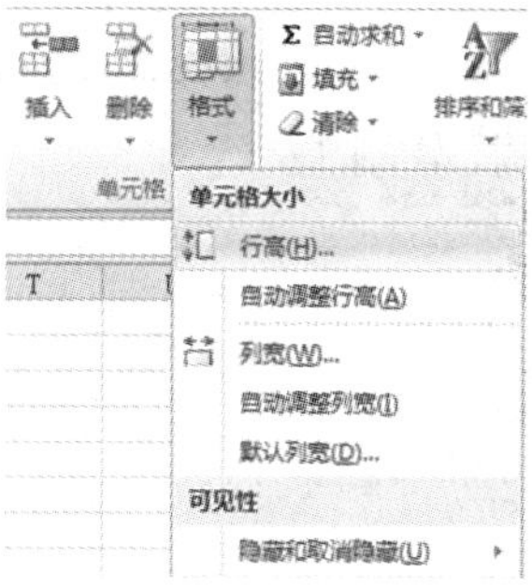
调整列宽	用鼠标拖动列标的右边线；或者依次选择“开始”选项卡→“单元格”组中的“格式”下拉列表→“列宽”命令，在对话框中输入精确值	
隐藏行	用鼠标拖动行号的下边线与上边线重合;或者依次选择“开始”选项卡→“单元格”组中的“格式”下拉列表→“隐藏和取消隐藏”→“隐藏行”命令	
隐藏列	用鼠标拖动列标的右边线与左边线重合；或者依次选择“开始”选项卡→“单元格”组中的“格式”下拉列表→“隐藏和取消隐藏”→“隐藏列”命令	
插入行	依次选择“开始”选项卡→“单元格”组中的“插入”下拉列表→“插入工作表行”命令，将在当前行上方插入一个空行	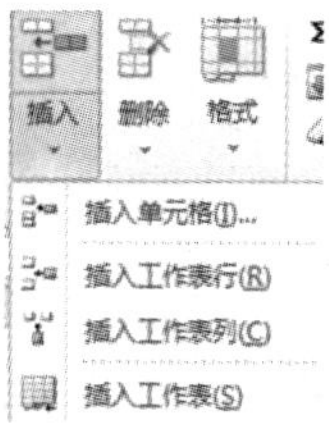
插入列	依次选择“开始”选项卡→“单元格”组中的“插入”下拉列表→“插入工作表列”命令，将在当前列左侧插入一个空行	
删除行或列	选择要删除的行或列，在“开始”选项卡的“单元格”组中单击“删除”按钮	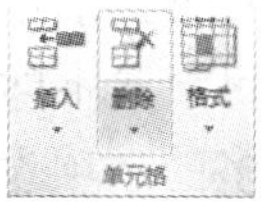
移动行列	选择要移动的行或列，将鼠标光标指向所选行或列的边线，当光标变为✥状时，按下左键拖动鼠标即可实现行或列的移动	

图 7.51　行列操作方法

提示　(1) 以上各项功能(除移动行列外)还可以通过鼠标右键快捷菜单实现，即在单元格或行列上单击右键，从弹出的快捷菜单中选择相应的命令即可。(2) 用鼠标双击行下边线或列右边线可快速调整行高列宽至最合适值。

7.6.3　设置字体及对齐方式

通过设置单元格中文本的字体、字号以及对齐方式，可以使得表格更加美观，增加其可读性，其设置方法与 Word 基本相同。

1. 设置字体、字号

选择需要设置字体、字号的单元格或单元格区域，在“开始”选项卡上的“字体”组中单击不同按钮即可为数据设定字体、字形、字号、下画线、颜色等各种格式。

如果需要进行更多的选项设置，可单击“字体”对话框启动器，在打开的“设置单元格格式”对话框的“字体”选项卡中进行详细设置，如图 7.52 所示。其中，单击“颜色”右侧的向下箭头，可以为选定对象应用某一“主题颜色”或者“标准色”；通过单击“其他颜色”可以自定义颜色。

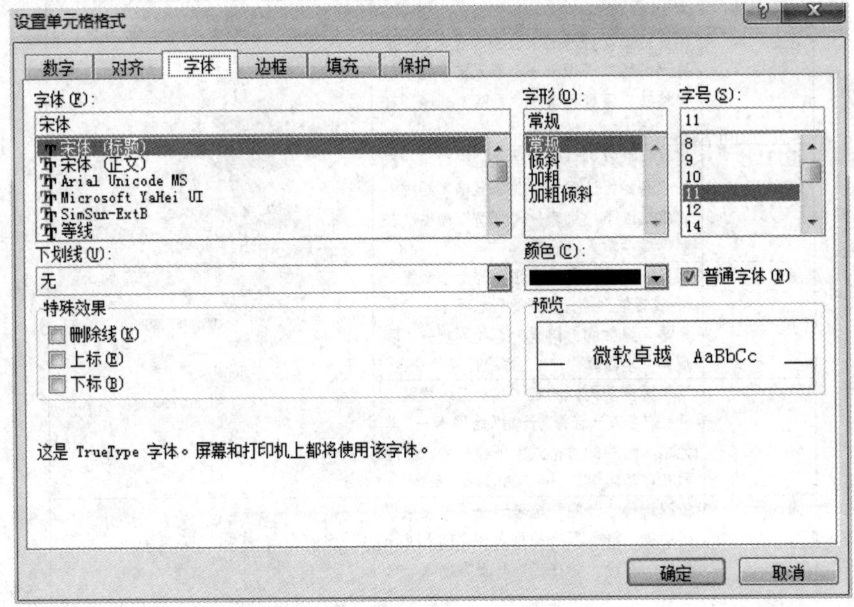

图 7.52　“字体”选项卡的设置

2. 设置对齐方式

选择需要设置对齐方式的单元格或单元格区域，在“开始”选项卡上的“对齐方式”组中单击不同按钮即可设置不同的对齐方式、缩进以及合并单元格。

如果需要进行更多的选项设置，可单击“对齐方式”对话框启动器，打开“设置单元格格式”对话框的“对齐”选项卡进行详细设置，如图 7.53 所示。其中“水平对齐”下的“跨列居中”可以实现无须合并单元格而使得文字在选定的区域内居中显示的效果。

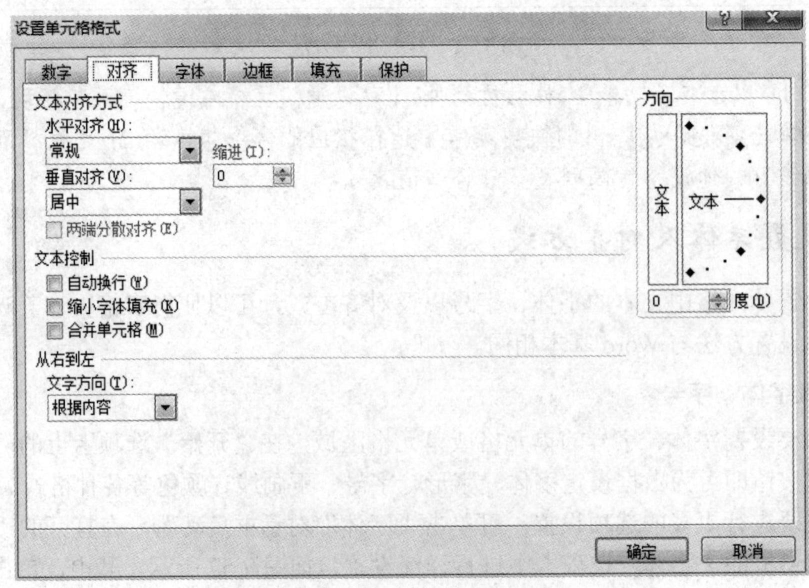

图 7.53　“对齐”选项卡的设置

7.6.4　设置数字格式

数字格式是指表格中数据的外观形式，改变数字格式并不影响数值本身，数值本身会显示在编辑栏中。通常情况下，输入单元格中的数据是未经格式化的，尽管 Excel 会尽量将其显示为最接近的格式，但并不能满足所有需求。例如，当试图在单元格中输入一个人的 18 位身份证号时，可能会发现直接输入一串数字后结果是错误的，这时就需要通过数字格式的设置将其指定为文本，才能正确显示。

通常来说，在 Excel 表格中编辑数据时需要对数据进行数字格式设置，这样不仅美观，而且更便于阅读，或者使其显示精度更高。

1. Excel 提供的内置数字格式

常规：默认格式。数字显示为整数、小数，或者数字太大单元格无法显示时用科学记数法。

数值：可以设置小数位数，选择是否使用逗号分隔千位，以及如何显示负数(用负号、红色、括号或者同时使用红色和括号)。

货币：可以设置小数位数，选择货币符号，以及如何显示负数(用负号、红色、括号或者同时使用红色和括号)。该格式总是使用逗号分隔千位。

会计专用：与货币格式的主要区别在于货币符号总是垂直排列。

日期：分为多种形式，可以选择不同的日期格式。

时间：分为多种形式，可以选择不同的时间格式。

百分比：可以选择小数位数并总是显示百分号。

分数：共九种，可以从九种分数格式中选择一种格式。

科学记数：用指数符号(E)显示数字，例如 2.00E+05=200000，2.05E+05=205000。可以设置在 E 的左边显示的小数位数，也就是精度。

文本：主要用于设置那些表面看来是数字，但实际是文本的数据。例如序号 001、002 就需要设置为文本格式才能正确显示出前面的零。

特殊：包括三种附加的数字格式，即邮政编码、中文小写数字和中文大写数字。

自定义：如果以上的数字格式还不能满足需要，可以自定义数字格式。

提示　如果一个单元格显示出一连串的“##########”标记，这通常意味着单元格宽度不够，无法显示全部数据长度，这时可以加宽该列或改变数字格式。

2. 设置数字格式的基本方法

(1) 首先选择需要设置数据格式的单元格。

(2) 在“开始”选项卡上的“数字”组中，单击“数字格式”按钮右侧的箭头，从打开的下拉列表中选择相应的格式(如图 7.54 所示)，利用“数字”组的其他按钮可进行百分数、小数位数等格式的快速设置。

(3) 如果需要进行更多的格式选择，可单击“数字”对话框启动器，或下拉列表底部的“其他数字格式”命令，打开“设置单元格格式”对话框的“数字”选项卡，进行更加详细的设置。例如，可选择“会计专用”，并设定货币符号为“$”，如图 7.54 所示。

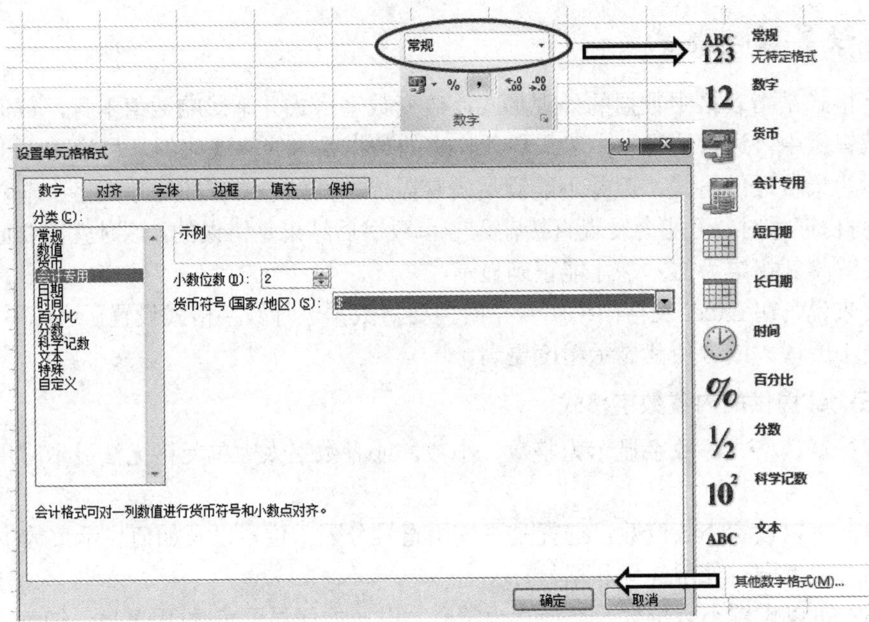

图 7.54 “数字”选项卡的设置

3. 自定义数字格式

尽管 Excel 已经内置了很多有用的数字格式，但有时可能希望表格中的数字显示为一些特殊格式，例如数字后自动加单位，用不同颜色强调某些重要数据，为某些数值设置显示条件，等等。这就需要用到自定义数字格式。

1) 数字格式代码的定义规则

自定义数字格式需要了解 Excel 代码的定义规则。Excel 自定义格式使用下面的通用代码模型：正数格式、负数格式、零格式、文本格式。在这个四节的通用模型中，包含三个数字段和一个文本段，每个字段的含义依次为：大于零的数据使用正数格式、小于零的数据使用负数格式、等于零的数据使用零格式、输入单元格的正文使用文本格式。每类格式代码最多可以指定以上四个节，每节之间用分号分隔。如果在格式定义中只指定了一个节，那么所有数字均使用该格式；如果只指定两个节，则第一部分用于表示正数和零，第二部分用于表示负数；如果要在定义中跳过某一节，则仅用分号代替即可。另外，还可以通过使用条件测试、添加描述文本和使用颜色来扩展自定义格式通用模型的应用。

2) 常用占位符

定义 Excel 数字格式时需要通过占位符来构建代码模型，常用占位符如表 7.4 中所列。

表 7.4 Excel 数字格式的常用占位符

占位符	说 明
0(零)	数字占位符。如果数字长度大于占位符数量，则显示实际数字(小数点后按 0 位数四舍五入)，如果小于占位符的数量，则用 0 补足。例如，输入 6.8，如果希望将其显示为 6.80，可定义格式#.00
#	数字占位符。只显有意义的零而不显示无意义的零。小数点后数字长度若大于#的数量，则按#的位数四舍五入。例如，输入 6.8，并将其格式定义为#.##，则显示数字 6.8

续表

占位符	说　　明
?	数字占位符。对于小数点任一侧的非有效零将会加上空格，使得小数点在列中对齐，即补位。例如，自定义格式 0.0?，将使列中数字 6.8 和 96.89 的小数点对齐
. (句点)	在数字中显示小数点。例如，输入 68，并将其格式定义为##.00，则显示数字 68.00
，(逗号)	在数字中显示千位分隔符。例如，输入 24300，并将其格式定义为#，###，则显示数字 24,300
@	文本占位符。只使用单个@表示引用原始数据，"文本"@ 表示在数据前添加文本，@"文本" 表示在数据后添加文本。例如，输入 12，并将其格式定义为 "人民币"@"元"，显示结果为“人民币 12 元”
[ ](方括号)	输入条件测试。例如，输入 12345.8，并将其格式定义为［绿色］#，###.00，则显示绿色数字 12，345.80

3) 格式中可增加的条件

在占位符的左侧可以增加一些测试条件，这些条件应该输入到方括号中。常用的条件包括以下几种。

(1) 颜色。可设定数据的显示颜色。颜色名称常用的有红色、绿色、蓝色、洋红、白色、黄色、黑色等，颜色编号一般为 1～56。输入格式示例：[红色]、[颜色 10]。

(2) 条件格式。条件格式最多可设置三个条件。当单元格中数字满足指定的条件时，自动将条件格式应用于单元格。在 Excel 自定义数字格式的条件时可以使用以下比较运算符：=、>、<、>=、<=、<>。输入格式示例：[>=90]。

(3) 颜色和条件格式可以同时使用，例如：［红色］［＞=90］，表示数据大于等于 90 时以红色显示。

4) 完整代码示例解析

例如，包含完整 4 节的格式代码“#，##0.00;[红色]-#，##0.00;0.00;@"!"”其含义是：正数保留两位小数、使用千位分隔符；负数以红色表示并添加负号、保留两位小数、使用千位分隔符；零保留两位小数；文本后面自动显示叹号(!)。

5) 创建新的数字格式

创建一个新的数字格式代码是比较困难的。一般情况下，建议在已有的内置格式中选择一个近似的格式，在此基础上更改该格式的任意代码节以创建自己的自定义数字格式，这是比较快捷的自定义数字格式的途径。创建一个数字格式的基本方法如下：

(1) 在“开始”选项卡上的“数字”组中，单击“数字”对话框启动器，打开“设置单元格格式”对话框。

(2) 在“数字”选项卡的“分类”列表中，选择某一内置格式作为参考，如“会计专用”。

(3) 然后单击“分类”列表最下方的“自定义”，右侧“类型”框中将会显示当前数字格式的代码。此时，还可以在下方的代码列表中选择其他的参照代码类型。

(4) 在“类型”下的文本框中输入、修改参照代码，生成新的格式，如图 7.55 所示。

(5) 单击“确定”按钮完成设置。打开一个空白的工作表，输入数据并试着应用一下自定义格式。

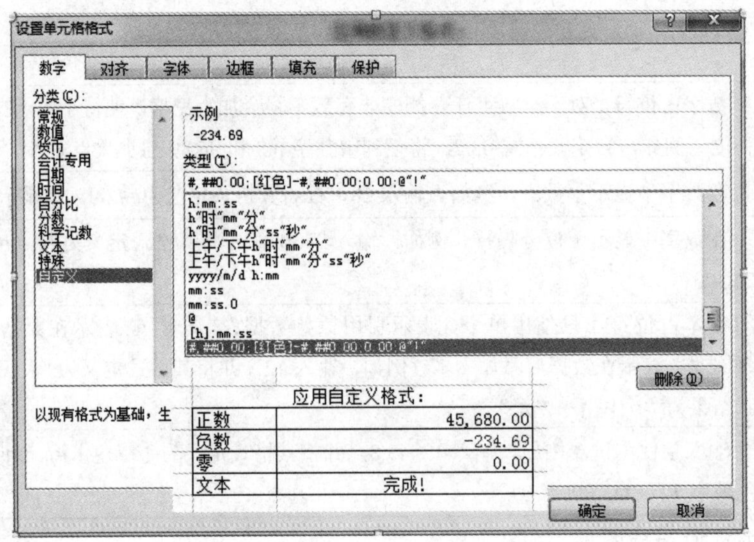

图 7.55　自定义数字格式并进行应用

7.6.5　设置边框和底纹

默认情况下，工作表中的网格线只用于显示，不会被打印。为了使表格更加美观易读，可以改变表格的边框线，还可以为需要重点突出的单元格设置底纹颜色。

改变单元格边框和底纹的基本方法如下：

(1) 首先选择需要设置边框或底纹的单元格。

(2) 在“开始”选项卡上的“字体”组中，单击“边框”按钮右边的箭头，从打开的下拉列表中选择不同类型的预置边框。

(3) 单击“填充颜色”按钮右边的箭头，则可为单元格填充不同的背景颜色。

如果需要进行进一步设置，可在“开始”选项卡上的“单元格”组中单击“格式”按钮，打开相应的下拉列表，选择表中最下面的“设置单元格格式”命令，打开“设置单元格格式”对话框，在如图 7.56(a)所示的“边框”选项卡中设置边框的位置、边框线条的样式及颜色；在如图 7.56(b)所示的“填充”选项卡中指定背景色或图案。

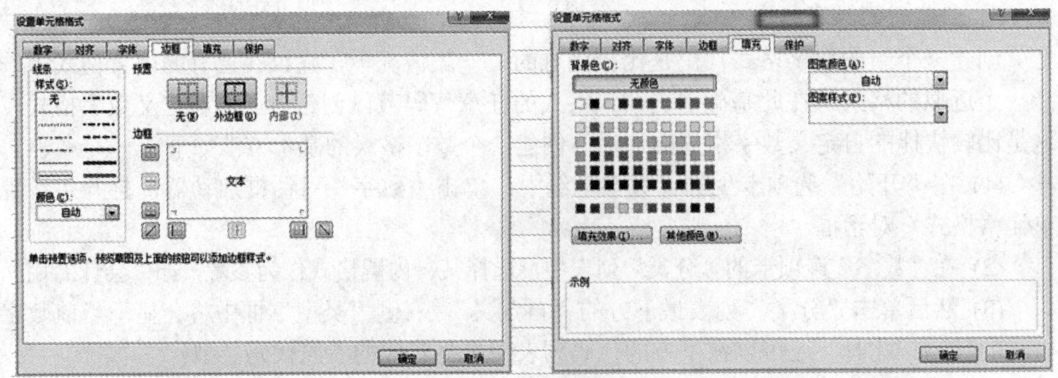

(a) “边框”选项卡　　(b) “填充”选项卡

图 7.56　“设置单元格格式”对话框的“边框”和“填充”选项卡

7.6.6　自动套用预置样式

除了手动进行各种格式化操作外，Excel 还提供各种自动格式化的高级功能，以方便快速进行格式化操作。

1. 自动套用格式

Excel 本身提供大量预置好的表格样式，可自动实现包括字体大小、填充图案和对齐方式等单元格格式集合的应用，可以根据实际需要为数据表格快速指定预定样式从而快速实现报表格式化，在节省许多时间的同时产生美观统一的效果。

1) 指定单元格样式

该功能只对某个指定的单元格设定预置格式，具体方法如下：

(1) 选择需要应用样式的单元格。

(2) 在“开始”选项卡的“样式”组中，单击“单元格样式”按钮，打开预置样式列表，如图 7.57(a)所示。

(3) 从中单击选择某一个预定样式，相应的格式即可应用到当前选定的单元格中。

(4) 如果需要自定义样式，可单击样式列表下方的“新建单元格样式”命令，打开如图 7.57(b)所示的“样式”对话框。

(5) 在该对话框中依次输入样式名，单击“格式”按钮设定相应格式，新建样式将会显示在样式列表最上面的“自定义”区域中以供选择。

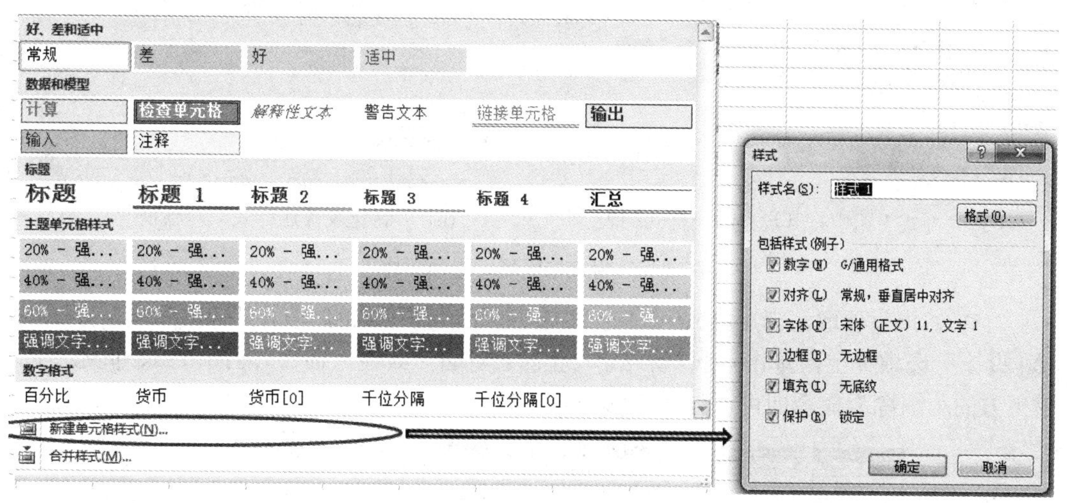

(a) 在“样式”组中打开设置样式列表　　(b) “样式”对话框

图 7.57　为单元格应用预置样式

2) 套用表格格式

自动套用表格格式，将把格式集合应用到整个数据区域。套用表格格式的具体方法如下：

(1) 选择需要套用格式的单元格区域。注意：自动套用格式只能应用在不包括合并单元格的数据列表中。

(2) 在“开始”选项卡的“样式”组中，单击“套用表格格式”按钮，打开预置样式列表，如图 7.58(a)所示。

(3) 从中单击选择某一个预定样式，相应的格式即可应用到当前选定的单元格区域中。

(4) 如果需要自定义快速样式，可单击格式列表下方的“新建表样式”命令，打开如图 7.58(b)所示的“新建表快速样式”对话框，输入样式“名称”，指定需要设定的“表元素”，设定“格式”，单击“确定”按钮，新建样式将会显示在样式列表最上面的“自定义”区域中以供选择。

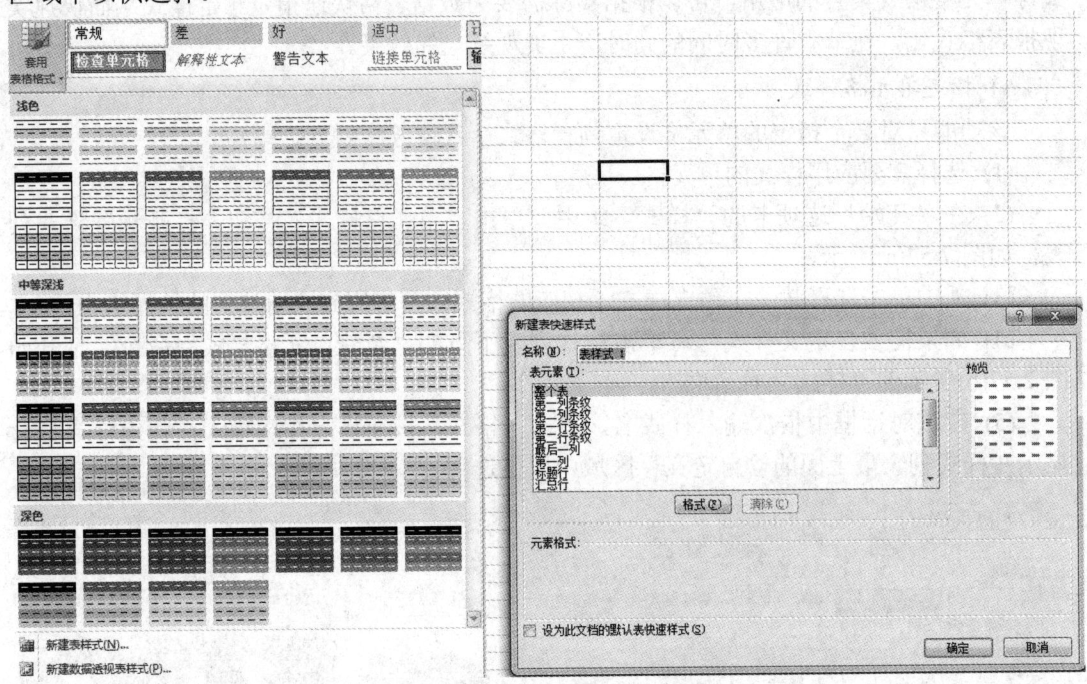

(a) 在“样式”组中打开设置的表样式列表　　(b) “新建表快速样式”对话框

图 7.58　为表格区域套用预置样式

(5) 如果需要取消套用格式，将光标定位在已套用格式的单元格区域中，在“表格工具 | 设计”选项卡上，单击“表格样式”组右下角的“其他”箭头，打开样式列表，单击最下方的“清除”命令即可，如图 7.59 所示。

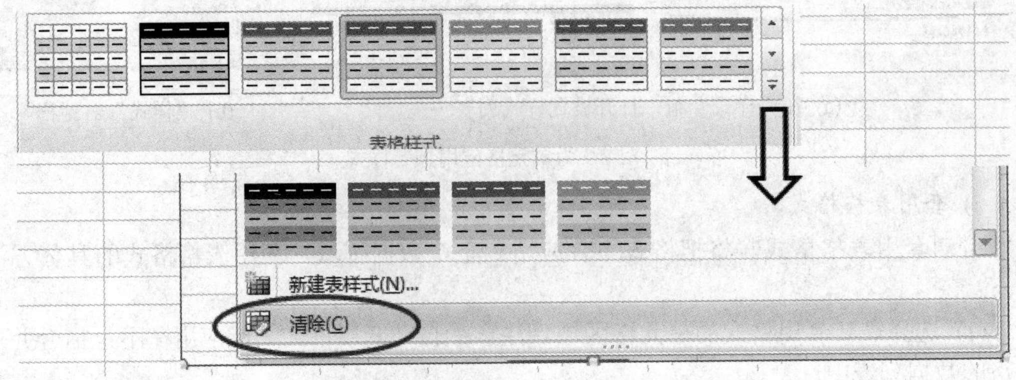

图 7.59　选择“清除”命令来取消套用格式

2. 在工作表中创建“表”

在对工作表中某个区域套用表格格式后，会发现所选区域的第一行自动出现了“筛选”箭头标记，这是因为 Excel 自动将该区域定义成了一个“表”。

1) “表”的概念

“表”是在 Excel 工作表中创建的独立数据区域，可以看作是“表中表”。“表”要求有一个标题行，以便于对“表”中的数据进行管理和分析。例如，可以筛选表列、添加汇总行、应用表格格式等。当在“表”的周围添加数据时，“表”会自动扩展；当在“表”中输入公式时，公式将会自动向下复制且不影响已套用的表格格式；“表”本身以及包含的列将被自动定义名称以便引用。

被定义为“表”的区域，不可以进行分类汇总，不能进行单元格合并操作，不能对带有外部链接的数据区域定义“表”。

2) 在工作表中创建“表”

通常可以通过以下两种方式在工作表中创建“表”。

(1) 通过插入表格的方式创建“表”。

① 在工作表上选择要包括在“表”中的单元格区域。

② 在“插入”选项卡上的“表格”组中，单击“表格”按钮，打开“创建表”对话框，如图 7.60 所示。

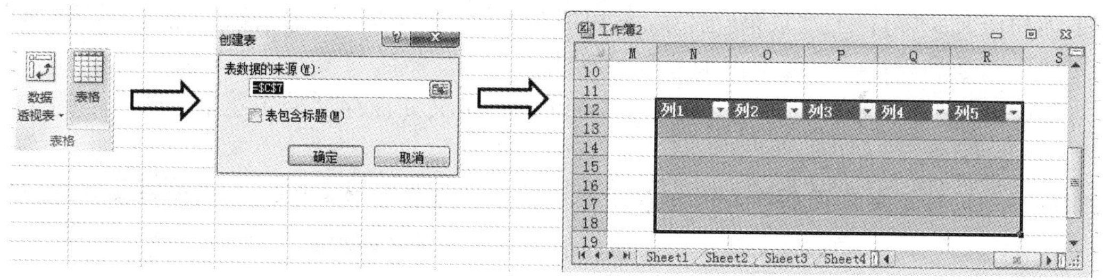

图 7.60　通过插入表格的方式创建“表”

③ 如果所选择区域的第一行包含要显示为表格标题行的数据，应选中“表包含标题”复选框。如果未选中“表包含标题”复选框，则自动向上扩展一行并显示默认标题名称。

④ 单击“确定”按钮，所选区域将自动应用默认表格样式并被定义为一个“表”。

创建“表”后，将光标位于“表”中的任意位置时，“表格工具 | 设计”选项卡(如图 7.61 所示)将变得可用，通过使用“设计”选项卡上的工具可自定义或编辑该“表”，如改变“表”名称、为“表”添加汇总行等。

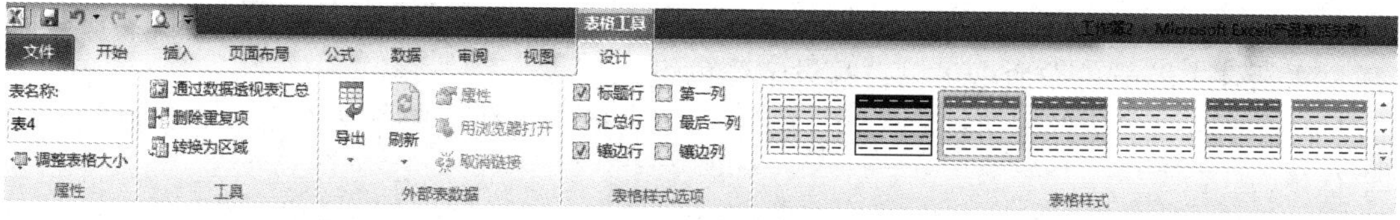

图 7.61　“表格工具 | 设计”选项卡

(2) 通过套用表格格式生成“表”。

在工作表中选择某一单元格区域，通过“开始”选项卡的“样式”组中的“套用表格

格式”，选用任一表格样式的同时所选区域被定义为一个“表”。

3) 将“表”转换为普通区域

“表”中的数据很容易进行管理和分析，但也会带来一些麻烦，例如，不能进行分类汇总。有的时候可能仅仅是为了快速应用一个表格样式，但无须“表”功能。这时就可以将“表”转换为常规数据区域，同时保留所套用的格式。将“表”转换为普通区域的方法如下：

(1) 单击“表”中的任意位置，显示“表格工具 | 设计”选项卡。

(2) 在“表格工具 | 设计”选项卡上的“工具”组中，单击“转换为区域”按钮(如图 7.62 所示)，在随后弹出的提示对话框中单击“是”按钮即可。

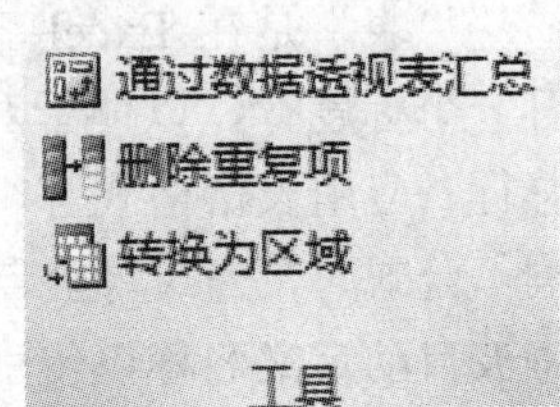

图 7.62 “转换为区域”按钮

4) 删除“表”

在工作表上选择相应的“表”(应包括表标题)，然后按 Delete 键，“表”及表中内容均被删除。

7.6.7 设定与使用主题

主题是一组可统一应用于整个文档的格式集合，其中包括主题颜色、主题字体(包括标题字体和正文字体)和主题效果(包括线条和填充效果)等。通过应用文档主题，可以快速设定文档格式基调并使其看起来更加美观且专业。

Excel 提供许多内置的文档主题，还允许通过自定义并保存文档主题来创建自己的文档主题。

提示 文档主题可在各种 Office 程序之间共享，这样所有 Office 文档都将具有统一的外观。

1. 使用内置主题

设定主题的基本方法：打开需要应用主题的工作簿文档，在“页面布局”选项卡上的“主题”组中单击“主题”按钮，打开如图 7.63 所示的主题列表，从中单击选择所需的主题类型即可。

2. 自定义主题

自定义主题包括设定颜色搭配、字体搭配、显示效果搭配等。自定义主题的基本方法如下：

(1) 在“页面布局”选项卡上的“主题”组中，单击“颜色”按钮选择一组主题颜色，通过“新建主题颜色”命令可以自行设定颜色组合。

(2) 单击“字体”按钮选择一组主题字体，通过“新建主题字体”命令可以自行设定字体组合。

(3) 单击“效果”按钮选择一组主题效果。

(4) 保存自定义主题。在“页面布局”选项卡上的“主题”组中，单击“主题”按钮，从打开的主题列表最下方选择“保存当前主题”命令，在弹出的对话框中输入主题名称即可。

新建主题将会显示在主题列表最上面的“自定义”区域以供选用。

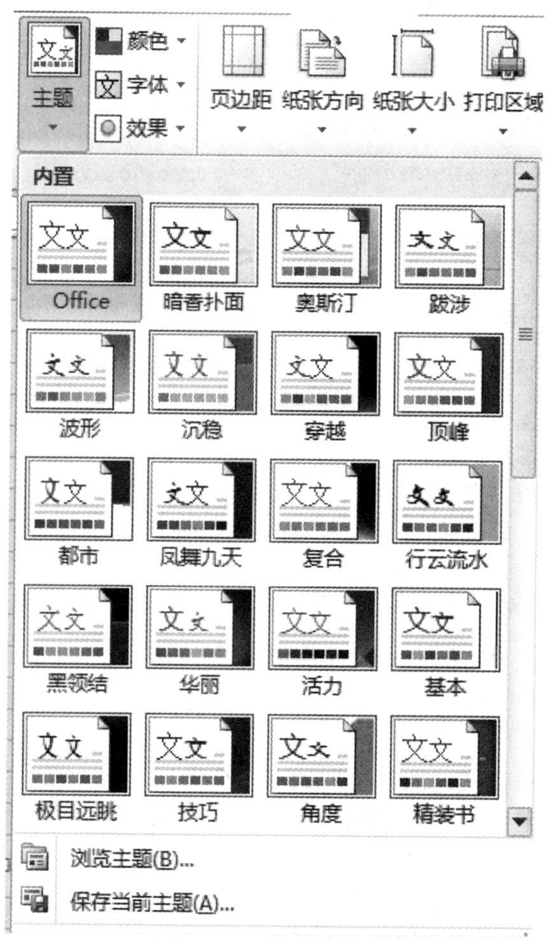

图 7.63 在“主题”组中打开可选主题列表

7.6.8 应用条件格式

Excel 提供的条件格式功能可以迅速为满足某些条件的单元格或单元格区域设定某项格式，例如一份成绩单中哪个成绩最好，哪个成绩最差，不论这份成绩单中有多少人，利用条件格式都可以快速找到并以特殊格式标示出这些特定数据所在的单元格。

条件格式将会基于设定的条件来自动更改单元格区域的外观，可以突出显示所关注的单元格或单元格区域、强调异常值、使用数据条、颜色刻度和图标集来直观地显示数据。

1. 利用预置条件实现快速格式化

Excel 提供了许多预置条件，如可自动标出前 10 个最大的值。快速使用预置条件的方法如下：

(1) 选择工作表中需要设置条件格式的单元格或单元格区域。

(2) 在“开始”选项卡上的“样式”组中，单击“条件格式”按钮，打开规则下拉列表，如图 7.64 所示。

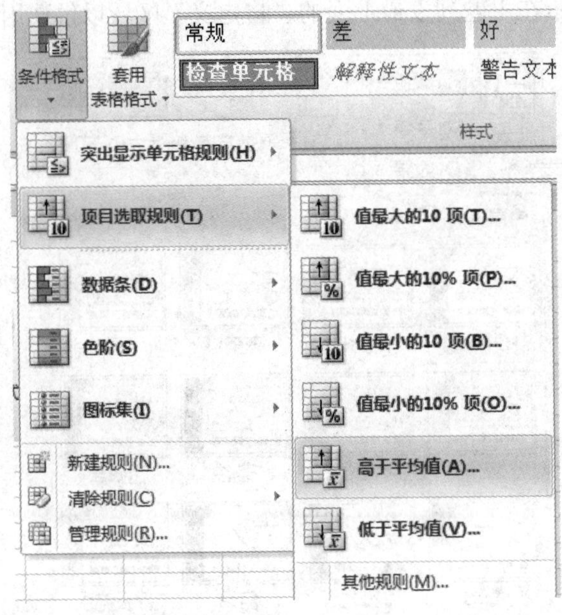

图 7.64 通过“样式”组中的“条件格式”按钮选择规则

(3) 将光标指向某一条规则，右侧将出现下级菜单，从中单击某一预置的条件格式即可快速实现格式化。

各项条件规则的功能说明如下：

(1) 突出显示单元格规则。通过使用大于、小于、等于、包含等比较运算符限定数据范围，对属于该数据范围内的单元格设定格式。例如，在一份工资表中，可将所有大于 10 000 元的工资数用红色字体突出显示。

(2) 项目选取规则。可以将选定单元格区域中的前若干个最高值或后若干个最低值、高于或低于该区域平均值的单元格设定特殊格式。例如，在一份学生成绩单中，可用绿色字体标示某科目排在后 5 名的分数。

(3) 数据条。数据条可用于查看某个单元格相对于其他单元格的值。数据条的长度代表单元格中的值。数据条越长，表示值越高；数据条越短，表示值越低。在观察大量数据(如节假日销售报表中最畅销和最滞销的玩具)中的较高值和较低值时，数据条尤其有用。

(4) 色阶。通过使用两种或三种颜色的渐变效果来直观地比较单元格区域中的数据，用来显示数据分布和数据变化。一般情况下，颜色的深浅表示值的高低。例如，在绿色和黄色的双色色阶中，可以指定数值越大的单元格的颜色越绿，而数值越小的单元格的颜色越黄。

(5) 图标集。可以使用图标集对数据进行注释，每个图标代表一个值的范围。例如，在三色交通灯图标集中，绿色的圆圈代表较高值，黄色的圆圈代表中间值，红色的圆圈代表较低值。

2. 自定义规则实现高级格式化

可以通过自定义复杂的规则来方便地实现条件格式设置。自定义条件规则的方法如下：

(1) 选择工作表中需要应用条件格式的单元格或单元格区域。

(2) 在“开始”选项卡上的“样式”组中，单击“条件格式”按钮，从打开的下拉列表中选择“管理规则”命令，打开如图 7.65 所示“条件格式规则管理器”对话框。

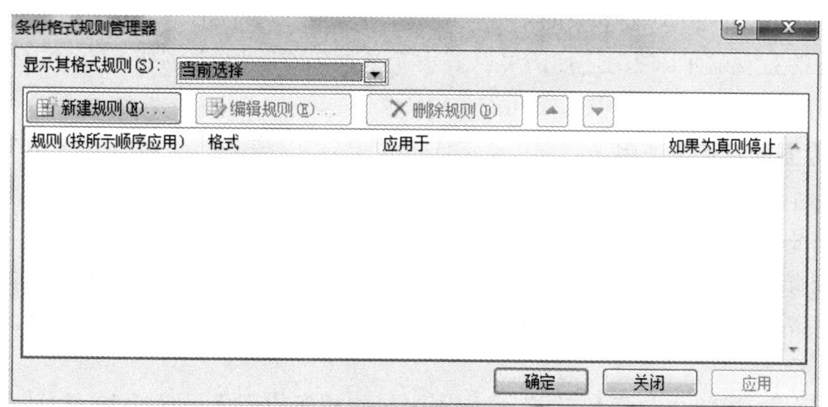

图 7.65　“条件格式规则管理器”对话框

(3) 单击“新建规则”按钮，弹出如图 7.66 所示的“新建格式规则”对话框。首先在“选择规则类型”列表框中选择一个规则类型，然后在“编辑规则说明”区中设定条件及格式，最后单击“确定”按钮退出。其中，还可以通过设定公式控制格式的实现。

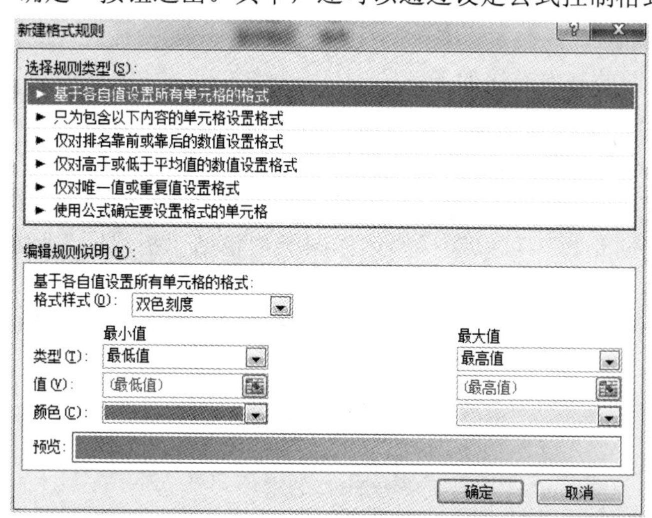

图 7.66　“新建格式规则”对话框

(4) 若要修改规则，则应在“条件格式规则管理器”对话框的规则列表中选择要修改的规则，单击“修改规则”按钮进行修改；单击“删除规则”按钮则删除指定的规则。

(5) 规则设置完毕，单击“确定”按钮，退出对话框。

7.7　创 建 图 表

图表以图形形式来显示数值数据系列，通过更加形象化的工作结果使人们更容易理解大量数据以及不同数据系列之间的关系。Excel 能提供多种类型的图表以供选择。

7.7.1　创建并编辑迷你图

迷你图是 Excel 2010 版本中的一个新功能，它是插入到工作表单元格中的微型图表，可提供数据的直观显示。使用迷你图可以显示一系列数值的趋势(例如，季节性增加或减少、经济周期)，还可以突出显示最大值和最小值等。

1. 迷你图的特点与作用

与 Excel 作表上的图表不同，迷你图不是对象，它实际上是一个嵌入在单元格中的微型图表，因此，可以在单元格中输入文本并使用迷你图作为其背景。

输入到行或列中的数据逻辑性很强，但很难一眼看出数据的分布形态。在数据旁边插入迷你图可以通过清晰简明的图形表示方法显示相邻数据的趋势，而且迷你图只占用少量空间。

当数据发生更改时，可以立即在迷你图中看到相应的变化。除了为一行或一列数据创建一个迷你图之外，还可以通过选择与基本数据相对应的多个单元格来同时创建若干个迷你图。

通过在包含迷你图的单元格上使用填充柄，可以为后续添加的数据行创建迷你图。

在打印包含迷你图的工作表时，迷你图将会被同时打印。

2. 创建迷你图

创建一个迷你图的基本方法如下：

(1) 首先打开一个工作簿文档，输入相关数据。

(2) 在要插入迷你图的单元格中单击鼠标。

(3) 在“插入”选项卡上的“迷你图”组中，单击迷你图的类型，打开如图 7.67 所示的“创建迷你图”对话框。可以选择的迷你图类型包括“折线图”“柱形图”和“盈亏”三种。

(4) 在“数据范围”框中，输入或选择创建迷你图所基于的数据的单元格区域。

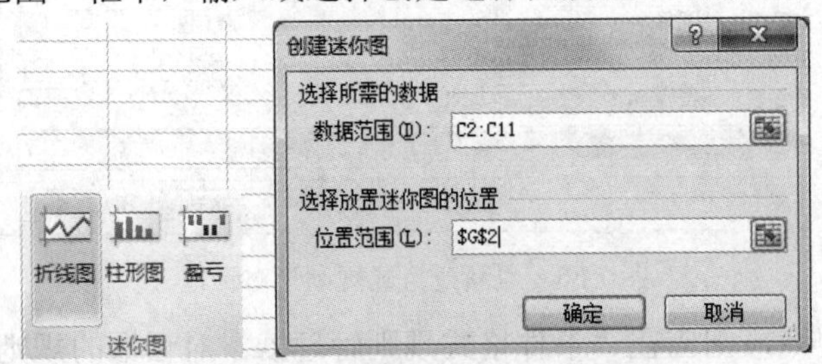

图 7.67　“创建迷你图”对话框

(5) 在“位置范围”框中指定迷你图的放置位置。

(6) 单击“确定”按钮，迷你图插入到指定单元格中。

(7) 在迷你图添加文本。由于迷你图是以背景方式插入到单元格中的，所以可以在含有迷你图的单元格中直接输入文本，并设置文本格式、为单元格填充背景颜色。

(8) 填充迷你图。如果相邻区域中还有其他数据系列，那么拖动迷你图所在单元格的填充柄可以像复制公式一样填充迷你图。

3. 改变迷你图类型

当在工作表上选择某个已创建的迷你图时，功能区中将会出现如图 7.68 所示的“迷你图工具 | 设计”选项卡。通过该选项卡，可以创建新的迷你图、更改其类型、设置其格式、显示或隐藏折线迷你图上的数据点，或者设置迷你图坐标轴可见性及缩放比例等的格式。

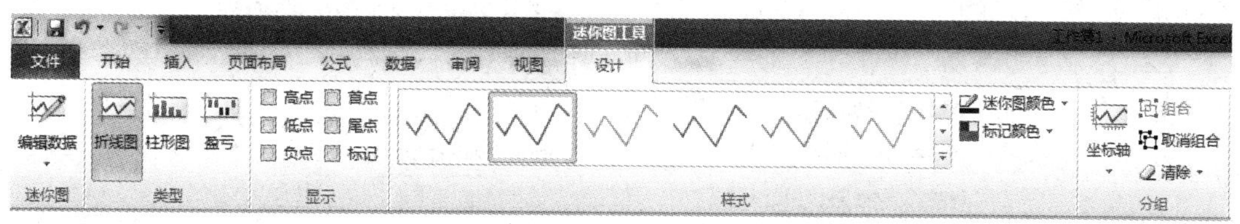

图 7.68　“迷你图工具 | 设计”选项卡上的各类工具

改变迷你图类型的方法如下：

(1) 取消图组合。如果是以拖动填充柄的方式生成的系列迷你图，默认情况下这组图被自动组合成一个图组。选择要取消组合的图组，在“迷你图工具 | 设计”选项卡上的“分组”组中，单击“取消组合”按钮，撤销图组合。

(2) 单击要改变类型的迷你图。

(3) 在“迷你图工具 | 设计”选项卡上的“类型”组中，单击改变后的类型。

4. 突出显示数据点

可以通过设置来突出显示迷你图中的各个数据标记。

(1) 选择需要突出显示数据点的迷你图。

(2) 在“迷你图工具 | 设计”选项卡的“显示”组中，按照需要进行下列设置：

① 选中“标记”复选框，显示所有数据标记。

② 选中“负点”复选框，显示负值。

③ 选中“高点”或“低点”复选框，显示最高值或最低值。

④ 选中“首点”或“尾点”复选框，显示第一个值或最后一个值。

(3) 清除相应复选框，将隐藏指定的一个或多个标记。

5. 设置迷你图样式和颜色

(1) 选择要设置格式的迷你图。

(2) 应用预定义的样式。请在“迷你图工具 | 设计”选项卡上的“样式”组中，单击应用某个样式，通过该组右下角的“更多”按钮可查看其他样式。

(3) 自定义迷你图及标记的颜色。

① 单击“样式”组中的“迷你图颜色”按钮，在下拉列表中更改迷你图的颜色及线条粗细。

② 单击“样式”组中的“标记颜色”按钮，在下拉列表中为不同的标记值设定不同的颜色。

6. 处理隐藏和空单元格

当迷你图所引用的数据系列中含有空单元格或被隐藏的数据时，可指定处理该单元格的规则，从而控制如何显示迷你图，具体方法如下：

选择要进行设置的迷你图，在“迷你图工具 | 设计”选项卡上的“迷你图”组中单击“编辑数据”按钮下方的黑色箭头，从下拉列表中选择“隐藏和清空单元格”命令，打开“隐藏和空单元格设置”对话框，如图 7.69 所示，在该对话框中按照需要进行相关设置即可。

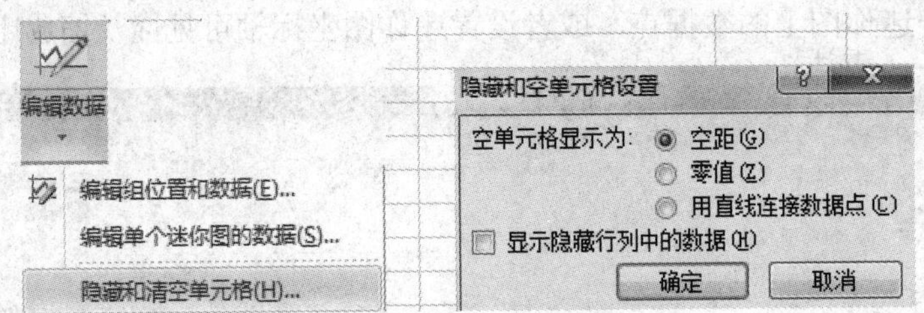

图 7.69 打开“隐藏和空单元格设置”对话框

7. 清除迷你图

选择要进行清除的迷你图，在“迷你图工具 | 设计”选项卡上的“分组”组中单击“清除”按钮即可。

7.7.2 创建图表

相对于迷你图，图表作为表格中的嵌入对象，可用类型更丰富、创建更灵活、功能更全面、数据展示作用也更为强大。

1. Excel 图表类型

Excel 提供以下几大类图表，其中每个大类下又包含若干个子类型，其中常用的有柱形图、折线图、饼图、条形图等。

(1) 柱形图。柱形图用于显示一段时间内的数据变化或说明各项之间的比较情况。在柱形图中，通常沿横坐标轴组织类别，沿纵坐标轴组织数值。

(2) 折线图。折线图可以显示随时间变化的连续数据，通常适用于显示在相等时间间隔下数据的趋势。在折线图中，通常类别沿水平轴均匀分布，所有的数值沿垂直轴均匀分布。

(3) 饼图。饼图显示一个数据系列中各项数值的大小、各项数值占总和的比例。饼图中的数据点显示为整个饼图的百分比。

(4) 条形图。条形图显示各持续型数值之间的比较情况。

(5) 面积图。面积图显示数值随时间或其他类别数据变化的趋势线。面积图强调数量随时间而变化的程度，也可用于引起人们对总值趋势的注意。

(6) XY 散点图。散点图显示若干数据系列中各数值之间的关系，或者将两组数字绘制为 xy 坐标的一个系列。散点图有两个数值轴，沿横坐标轴(x 轴)方向显示一组数值数据，沿纵坐标轴(y 轴)方向显示另一组数值数据。散点图通常用于显示和比较数值，例如科学数据、统计数据和工程数据。

(7) 股价图。股价图通常用来显示股价的波动，也可用于其他科学数据。例如，可以使用股价图来说明每天或每年温度的波动。必须按正确的顺序来组织数据才能创建股价图。

(8) 曲面图。曲面图可以找到两组数据之间的最佳组合。当类别和数据系列都是数值时，可以使用曲面图。

(9) 圆环图。像饼图一样，圆环图显示各个部分与整体之间的关系，但是它可以包含多个数据系列。

(10) 气泡图。气泡图用于比较成组的三个值而非两个值。第三个值确定气泡数据点的大小。

(11) 雷达图。雷达图用于比较几个数据系列的聚合值。

2. 创建基本图表

创建图表前，应先组织和排列数据，并依据数据性质确定相应图表类型。对于创建图表所依据的数据，应按照行或列的形式组织数据，并在数据的左侧和上方分别设置行标题和列标题，行列标题最好是文本，这样 Excel 会自动根据所选数据区域确定在图表中绘制数据的最佳方式。某些图表类型(如饼图和气泡图)则需要特定的数据排列方式。创建图表的基本方法如下：

(1) 在工作表中输入并排列要绘制在图表中的数据。

(2) 选择要用于创建图表的数据所在的单元格区域，可以选择不相邻的多个区域。

提示　如果只选择一个单元格，则 Excel 会自动将紧邻该单元格且包含数据的所有单元格绘制到图表中。如果要绘制到图表中的单元格不在连续的区域中，只要选择的区域为矩形，便可以选择不相邻的单元格或区域。

(3) 在“插入”选项卡上的“图表”组中单击某一图表类型，然后从下拉列表中选择合适的图表子类型。如果选择最下边的“所有图表类型”命令或单击“图表”组右侧的创建图表对话框启动器，则可打开“插入图表”对话框(如图 7.70 所示)，从中选择合适的图表类型后单击“确定”按钮，相应图表插入到当前工作表中。

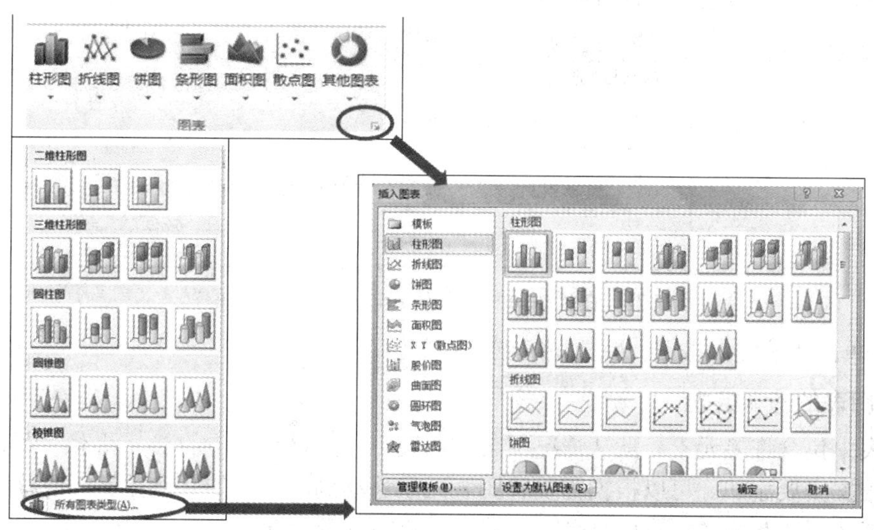

图 7.70　从图表列表或“插入图表”对话框中均可选择图表类型

提示　将鼠标光标停留在任何图表类型或子类型上时，屏幕提示都将显示该图表类型的名称。

(4) 移动图表位置。默认情况下，图表是以可移动的对象方式嵌入到工作表中的。将光标指向空白的图表区，当光标变为✥状时，按下鼠标左键不放并拖动鼠标，即可移动图

表的位置。

(5) 改变图表大小。将鼠标指向图表外边框上四边或四角的尺寸控点上，当光标变为 ⤡ 形状时，拖动鼠标即可改变其大小。

3. 移动图表到单独的工作表中

默认情况下，图表作为嵌入对象放在当前数据工作表中。如果要将图表放在单独的图表工作表中，可以通过执行下列移动操作来更改其位置：

(1) 单击图表区中的任意位置以将其激活，此时功能区将会显示“图表工具”下的“设计”“布局”和“格式”选项卡。

(2) 在如图 7.71 所示的“图表工具 | 设计”选项卡上，单击“位置”组的“移动图表”按钮，打开如图 7.72 所示的“移动图表”对话框。

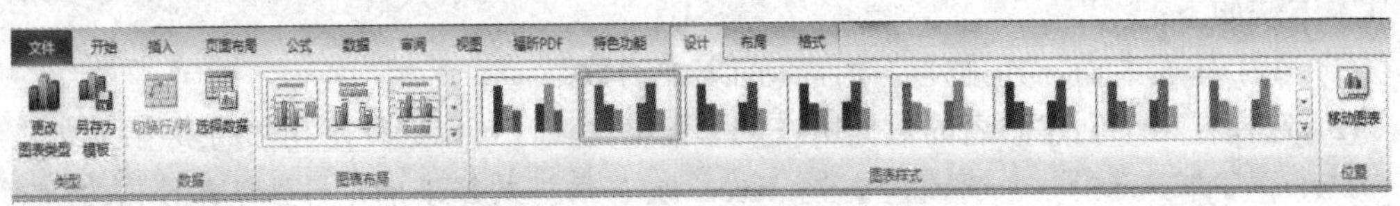

图 7.71 “图表工具 | 设计”选项卡

(3) 在“选择放置图表的位置”下指定图片位置，其中：

“新工作表”选项单击选中“新工作表”，默认的工作表名称 Chartl 可修改，这样图表将被移动到一张新创建的工作表中。图表将自动充满该工作表，大小固定且不可移动。

“对象位于”选项从下拉列表中选择一张现有的工作表，图表将作为对象移动到指定工作表中，大小可调整且位置可移动。

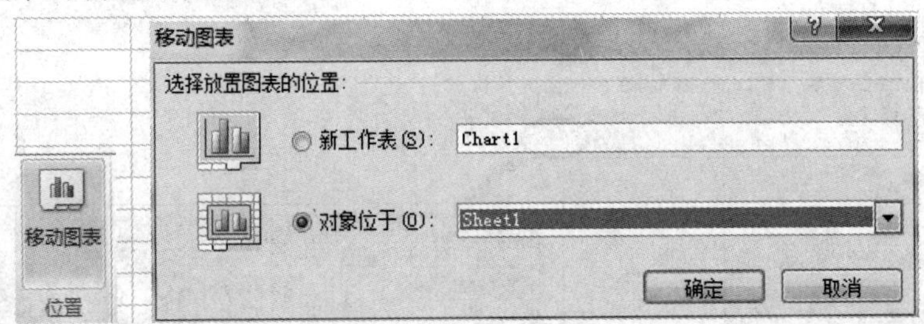

图 7.72 在“移动图表”对话框中确定图表的位置

(4) 单击“确定”按钮，完成图表的移动。

4. 图表的基本组成

图表中包含许多元素。默认情况下某类图表可能只显示其中的部分元素，而其他元素则可以根据需要添加。可以根据需要将图表元素移动到图表中的其他位置，调整图表元素的大小或者更改其格式，还可以删除不希望显示的图表元素。

图 7.73 中标出了图表中常见的元素，其名称及作用如下所列：

① 图表区：包含整个图表及其全部元素。一般在图表中的空白位置单击鼠标即可选定整个图表区。

② 绘图区：通过坐标轴来界定的区域，包括所有数据系列、分类名、刻度线标志和坐标轴标题等。

③ 在图表中绘制的数据系列的数据点：数据系列是指在图表中绘制的相关数据，这些数据源自数据表的行或列。图表中的每个数据系列具有唯一的颜色或图案并且在图表的图例中表示。可以在图表中绘制一个或多个数据系列，饼图只有一个数据系列。数据点是在图表中绘制的单个值，这些值由条形、柱形、折线、饼图或圆环图的扇面、圆点和其他被称为数据标记的图形表示。相同颜色的数据标记组成一个数据系列。

④ 横坐标轴(x 轴、分类轴)和纵坐标轴(y 轴、值轴)：坐标轴是界定图表绘图区的线条，用作度量的参照框架。y 轴通常为垂直坐标轴并包含数据，x 轴通常为水平坐标轴并包含分类。数据沿着横坐标轴和纵坐标轴绘制在图表中。

⑤ 图表的图例：图例是一个方框，用于标识为图表中的数据系列或分类指定的图案或颜色。

⑥ 图表标题：对整个图表的说明性文本，可以自动在图表顶部居中，也可以移动到其他位置。

⑦ 坐标轴标题：对坐标轴的说明性文本，可以自动与坐标轴对齐，也可以移动到其他位置。

⑧ 数据标签：可以用来标识数据系列中数据点的详细信息，数据标签代表源于数据表单元格的单个数据点或数值。

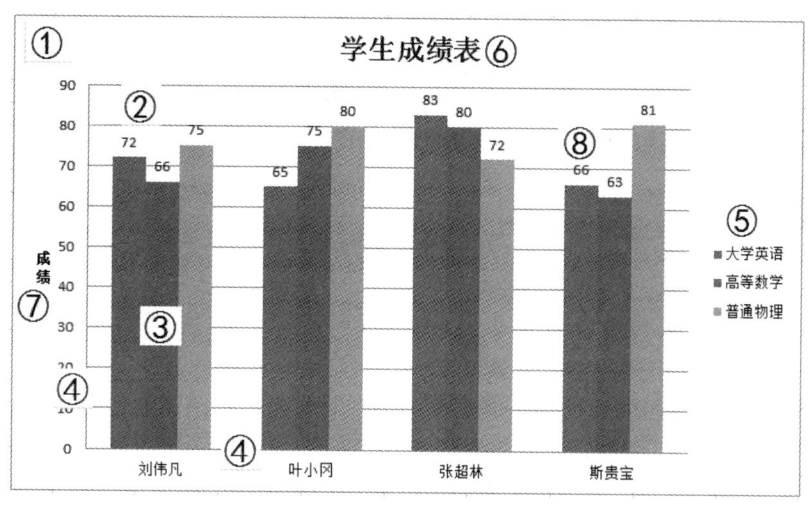

图 7.73　构成图表的主要元素

7.7.3　修饰与编辑图表

创建基本图表后，可以根据需要进一步对图表进行修饰，使其更加美观、显示的信息更加丰富。

1. 更改图表的布局和样式

创建图表后，可以为图表应用预定义布局和样式以快速更改它的外观。Excel 提供了多种预定义布局和样式，必要时还可以手动更改各个图表元素的布局和格式。

1) 应用预定义图表布局

(1) 单击要使用预定义图表布局的图表中的任意位置。

(2) 在“图表工具 | 设计”选项卡上的“图表布局”组中单击要使用的图表布局。单击右下角的“其他”箭头，可查看更多的预定义布局类型，如图 7.74 所示。

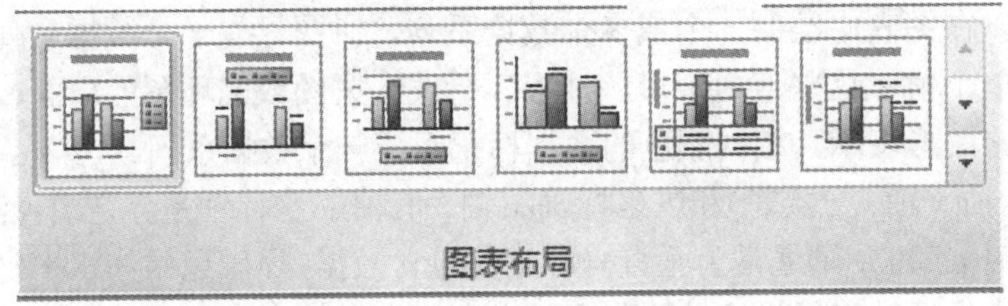

图 7.74　在预定义布局类型中选择一个布局

2) 应用预定义图表样式

(1) 单击要使用预定义图表样式的图表中的任意位置。

(2) 在“图表工具 | 设计”选项卡上的“图表样式”组中单击要使用的图表样式。单击右下角的“其他”箭头，可查看更多的预定义图表样式。

提示　选择样式时要考虑打印输出的效果。如果打印机不是彩色打印，那么需要慎重选择颜色搭配。

3) 手动更改图表元素的布局

(1) 在图表中单击选择要更改其位置的图表元素。

(2) 在如图 7.75 所示的“图表工具 | 布局”选项卡上，分别从“标签”“坐标轴”或“背景”组中，单击与所选图表元素相对应的图表元素按钮，然后单击所需的布局选项。

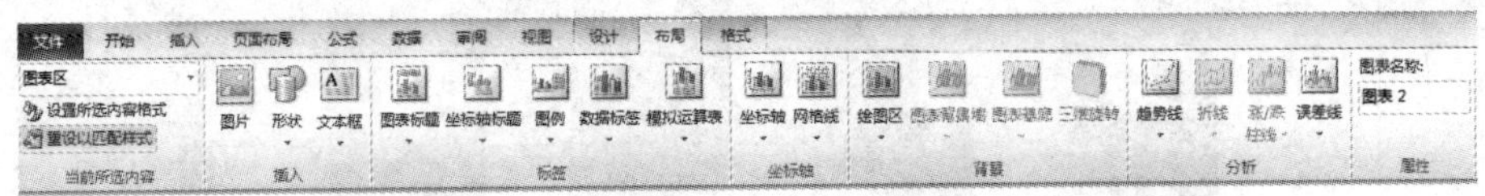

图 7.75　“图表工具 | 布局”选项卡

4) 手动更改图表元素的格式

(1) 单击要更改其格式的图表元素。

(2) 在如图 7.76 所示的“图表工具 | 格式”选项卡上，根据需要进行下列格式设置：

图 7.76　“图表工具 | 格式”选项卡

① 设置形状样式。在“形状样式”组中单击需要的样式，或者单击“形状填充”“形状轮廓”或“形状效果”，按照需要设置相应的格式。

② 设置艺术字效果。如果选择的是文本或数值，可在“艺术字样式”组中选择相应艺术字样式。还可以单击“文本填充”“文本轮廓”或“文本效果”，然后按照需要设置相应效果。

③ 设置元素全部格式。在“当前所选内容”组中单击“设置所选内容格式”，将会打开与当前所选元素相适应的设置格式对话框，类似图 7.77 所示。从中设置相应的格式后，单击“关闭”按钮。

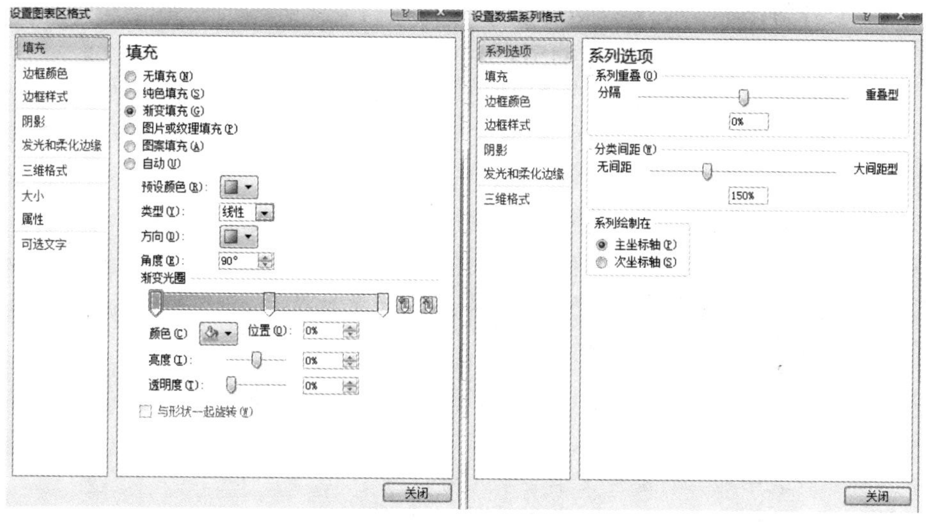

图 7.77　“设置图表区格式”和“设置数据系列格式”对话框

2. 更改图表类型

已创建的图表可以根据需要改变图表类型，必要时还可以单独改变其中某个数据系列的图表类型，以实现复杂的显示效果。但要注意，改变后的图表类型应支持所基于的数据列表，否则 Excel 可能报错。

(1) 单击要更改其类型的图表或者图表中的某一数据系列。

(2) 在“图表工具 | 设计”选项卡的“类型”组中单击“更改图表类型”按钮，打开“更改图表类型”对话框。

(3) 选择新的图表类型后，单击“确定”按钮。

3. 添加标题

为了使图表更易于理解，可以为图表添加图表标题、坐标轴标题，还可以将图表标题和坐标轴标题链接到数据表所在单元格中的相应文本。当对工作表中的文本进行更改时，图表中链接的标题将会自动更新。

1) 添加图表标题

① 单击要为其添加标题的图表中的任意位置。

② 在“图表工具 | 布局”选项卡上的“标签”组中单击“图表标题”按钮。

③ 从下拉列表中单击“居中覆盖标题”或“图表上方”命令，指定标题位置。

提示　如果已选择了包含图表标题的预定义布局，那么“图表标题”文本框已显示在图表上方居中位置。

④ 在“图表标题”文本框中输入标题文字。

⑤ 设置标题格式。在图表标题上双击鼠标，打开“设置图表标题格式”对话框，按照需要进行填充、边框、对齐方式等格式设置。还可以通过“开始”选项卡上的“字体”组设置标题文本的字体、字号、颜色等。

2) 添加坐标轴标题

① 单击要为其添加坐标轴标题的图表中的任意位置。

② 在“图表工具 | 布局”选项卡上的“标签”组中单击“坐标轴标题”按钮。

③ 从下拉列表中按照需要设置是否显示横纵坐标轴标题，以及标题的显示方式。

④ 在“坐标轴标题”文本框中输入表明坐标轴含义的文本。

⑤ 按照需要设置标题文本的格式，方法与设置图表标题相同。

提示 如果转换到不支持坐标轴标题的其他图表类型(如饼图)，则不再显示坐标轴标题。在转换回支持坐标轴标题的图表类型时将重新显示标题。

3) 将标题链接到工作表单元格

① 单击图表中要链接到工作表单元格的图表标题或坐标轴标题。

② 在工作表上的编辑栏中单击鼠标，然后输入等号“=”。

③ 选择工作表中包含有链接文本的单元格。

④ 按 Enter 键确认。此时，更改数据表中的标题，图表中的标题将会同步更新。

4. 添加数据标签

要快速标识图表中的数据系列，可以向图表的数据点添加数据标签。默认情况下，数据标签链接到工作表中的数据值，在工作表中对这些值进行更改时图表中的数据标签会自动更新。

① 在图表中选择要添加数据标签的数据系列，其中单击图表区的空白位置，可向所有数据系列的所有数据点添加数据标签。

提示 选择的图表元素不同数据标签添加的范围就会不同。例如，如果选定了整个图表，数据标签将应用到所有数据系列。如果选定了单个数据点，则数据标签将只应用于选定的数据系列或数据点。

② 在“图表工具 | 布局”选项卡上的“标签”组中单击“数据标签”按钮，从如图 7.78 所示的下拉列表中选择相应的显示方式(其中可用的数据标签选项因选用的图表类型不同而不同)。

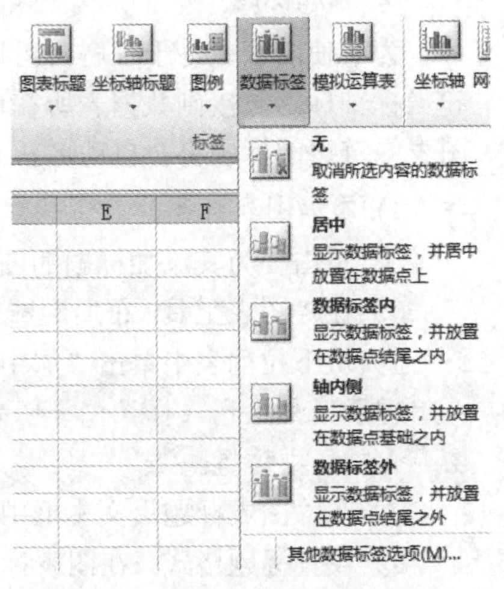

图 7.78 设置数据标签的显示位置

5. 设置图例和坐标轴

可以根据需要重新设置图例的位置以及坐标轴的格式，使得图表的布局更加合理美观。

1) 设置图例

创建图表时，会自动显示图例。在图表创建完毕后可以隐藏图例或者更改图例的位置和格式。

① 单击要进行图例设置的图表。

② 在“图表工具 | 布局”选项卡上的“标签”组中单击“图例”按钮，打开下拉列表。

③ 从中选择相应的命令，可改变图例的显示位置，其中选择“无”可隐藏图例。

④ 单击“其他图例选项”，打开“设置图例格式”对话框，如图 7.79 所示，按照需要

对图例的颜色及边框等进行设置后，单击“关闭”按钮。

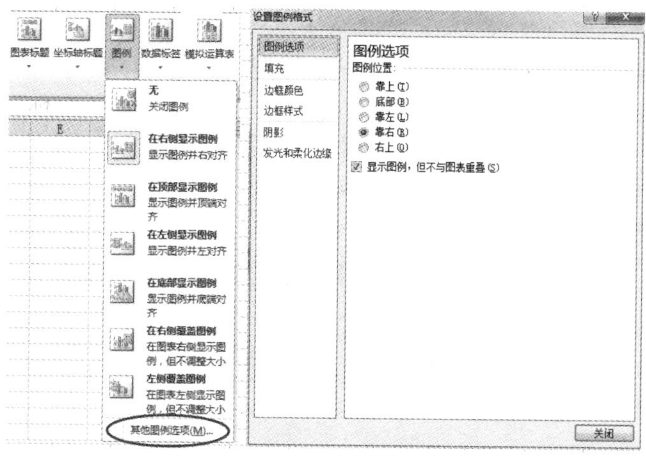

图 7.79　新建工作簿

⑤ 单击选中图例，通过“开始”选项卡上的“字体”组可改变图例文字的字体、字号、颜色等。

⑥ 如需改变图例项的文本内容，应返回数据表中进行修改，图表中的图例将会随之自动更新。

2) 设置坐标轴

在创建图表时，一般会为大多数图表类型显示主要的横纵坐标轴，当创建三维图表时则会显示竖坐标轴。可以根据需要对坐标轴的格式进行设置，调整坐标轴刻度间隔，更改坐标轴上的标签等。

① 单击要设置坐标轴的图表。

② 在“图表工具 | 布局”选项卡上的“坐标轴”组中单击“坐标轴”按钮，打开下拉列表。

③ 根据需要分别设置横纵坐标轴的显示与否，以及坐标轴的显示方式。

④ 若要指定详细的坐标轴显示和刻度选项，可从“主要横坐标轴”“主要纵坐标轴”或“竖坐标轴”(当所选图表为三维图表时显示该项)子菜单中单击“其他主要横坐标轴选项”“其他主要纵坐标轴选项”或“其他竖坐标轴选项”，打开“设置坐标轴格式”对话框。

⑤ 在该对话框中可以对坐标轴上的刻度类型及间隔、标签位置及间隔、坐标轴的颜色及粗细等格式进行详细的设置。

3) 显示或隐藏网格线

为了使图表更易于理解，可以在图表的绘图区显示或隐藏从任何横坐标轴和纵坐标轴延伸出的水平和垂直网格线。

① 单击要显示或隐藏网格线的图表。

② 在“图表工具 | 布局”选项卡上的“坐标轴”组中单击“网格线”按钮，打开下拉列表。

③ 在相应的子菜单中设置横纵网格线的显示与否，以及是否显示次要网格线。

④ 在要设置格式的网格线上双击鼠标，打开“设置主要网格线格式”或“设置次要网

格线格式”对话框。

⑤ 对指定网格线的线型、颜色格式等进行设置。

7.7.4 打印图表

位于工作簿中的图表将会在保存工作簿时一起保存在工作簿文档中。图表可以随数据源进行打印，也可对图表进行单独的打印设置。

1. 整页打印图表

当图表放置于单独的工作表中时，直接打印该张工作表即可单独打印图表到一页纸上。

当图表以嵌入方式与数据列表位于同一张工作表上时，首先单击选中该张图表，然后通过“文件”选项卡上的“打印”命令进行打印，即可只将选定的图表输出到一页纸上。

2. 作为数据表的一部分打印

当图表以嵌入方式与数据列表位于同一张工作表上时，首先选择这张工作表，保证不要单独选中图表，此时通过“文件”选项卡上的“打印”命令进行打印，即可将图表作为工作表的一部分与数据列表一起打印在一张纸上。

3. 不打印工作表中的图表

该项设置将需要打印的数据区域(不包括图表)设定为打印区域，再通过“文件”选项卡上的“打印”命令打印活动工作表，即可不打印工作表中的图表。

在“文件”选项卡上单击“选项”，打开“Excel 选项”对话框，单击“高级”，在“此工作簿的显示选项”区域的“对于对象，显示”下，单击选中“无内容(隐藏对象)”(如图 7.80 所示)，嵌入到工作表中的图表将会被隐藏起来。此时通过“文件”选项卡上的“打印”命令进行打印，将不会打印嵌入的图表。

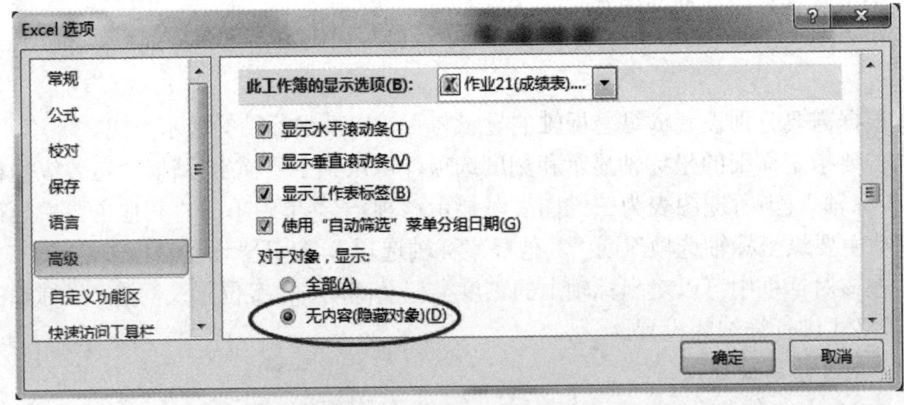

图 7.80 在“Excel 选项”对话框中设置隐藏对象

7.8 打印输出工作表

在输入数据并进行了适当格式化后，就可以将工作表打印输出。在输出前应对表格进行相关的打印设置，以使其输出效果更加美观。

7.8.1　页面设置

页面设置包括对页边距、页眉页脚、纸张大小及方向等项目的设置。页面设置的基本方法如下：

(1) 打开要进行页面设置的工作表。

(2) 在如图 7.81 所示的“页面布局”选项卡上的“页面设置”组中进行各项页面设置，其中：

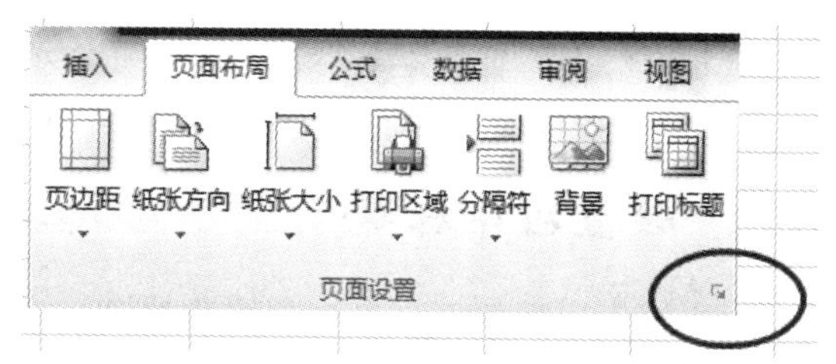

图 7.81　“页面设置”组

① 页边距。单击“页边距”按钮，可从打开的列表中选择一个预置样式；单击最下面的“自定义边距”命令，打开“页面设置”对话框的“页边距”选择卡，按照需要进行上、下、左、右页边距的设置。在对话框左下角的“居中方式”组中，可设置表格在整个页面的水平或垂直方向上居中打印。

② 纸张方向。单击“纸张方向”按钮，设定横向或纵向打印。

③ 纸张大小。单击“纸张大小”按钮，选定与实际纸张相符的纸张大小。单击最下边的“其他纸张大小”命令，打开“页面设置”对话框的“页面”选择卡，在“纸张大小”下拉列表中选择合适的纸张。

> **注意**　不同的打印机驱动程序下允许选择的纸张类型可能会有所不同。

④ 设定打印区域。可以设定只打印工作表的一部分，设定区域以外的内容将不会被打印输出。设置方法：首先选择某个工作表区域，然后单击“打印区域”按钮，从下拉列表中选择“设置打印区域”命令。

(3) 设置页眉页脚。单击“页面设置”组右侧的对话框启动器，打开“页面设置”对话框，单击“页眉/页脚”选项卡，从“页眉”或“页脚”下拉列表中选择系统预置的页眉页脚内容，单击“自定义页眉”或“自定义页脚”按钮，打开相应的对话框，可以自行设置页眉或页脚内容，如图 7.82 所示。

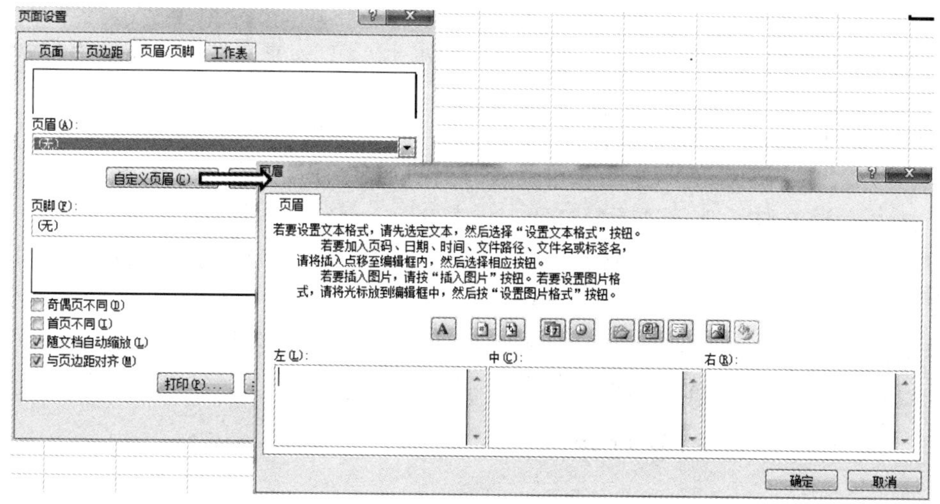

图 7.82　在“页眉/页脚”选项卡中自定义页眉或页脚

提示 在“页边距”选项卡中，可以设置页眉页脚距页边的位置。一般情况下，该距离应比相应的上下页边距要小。

(4) 还可以同时在其他选项卡中进行相应设置。设置完毕后，单击“确定”按钮退出。

7.8.2 设置打印标题

当工作表纵向超过一页长或横向超过一页宽的时候，需要指定在每一页上都重复打印标题行或列，以使数据更加容易阅读和识别。设置打印标题的基本方法：

(1) 打开要设置重复标题行的工作表。

(2) 在“页面布局”选项卡上的“页面设置”组中，单击“打印标题”按钮，打开“页面设置”对话框的“工作表”选择卡，如图 7.83 所示。

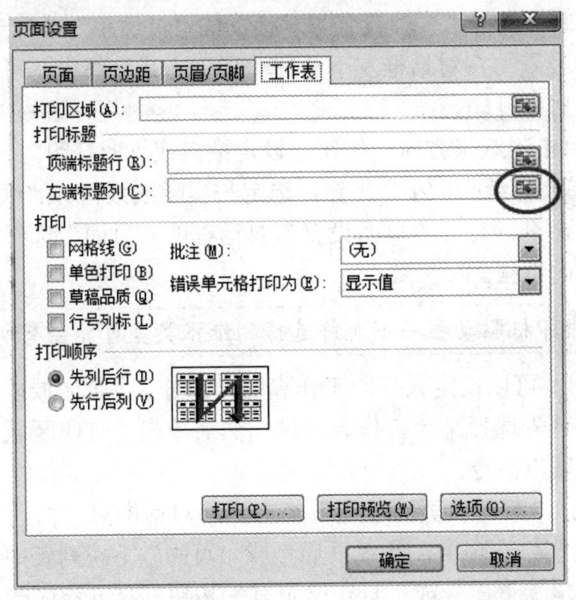

图 7.83 “页面设置”对话框中“工作表”选择卡

(3) 单击“顶端标题行”框右端的“压缩对话框”按钮，从工作表中选择要重复打印的标题行行号，可以选择连续多行，例如可以指定 1～3 行为重复标题，然后按 Enter 键返回对话框。

(4) 同样的方法在“左端标题列”框中设置重复的标题列。另外，还可以直接在“顶端标题行”或“左端标题列”框中直接输入行列的绝对引用地址。例如，可以在“左端标题列”框中输入$B:$D，表示要重复打印工作表 B、C、D 三列。

(5) 设置完毕后，单击对话框下方的“打印预览”按钮，当表格超宽超长时，即可在预览状态下看到除首页外的其他页上重复显示的标题行或列。

提示 设置为重复打印的标题行或列只在打印输出时才能看到，正常编辑状态下的表格中不会在第二页上显示重复的标题行或列。

7.8.3 设置打印范围并打印

设置打印范围并打印的步骤如下：

(1) 打开准备打印的工作表。

(2) 从“文件”选项卡上单击“打印”命令，进入到如图 7.84 所示的打印预览窗口。

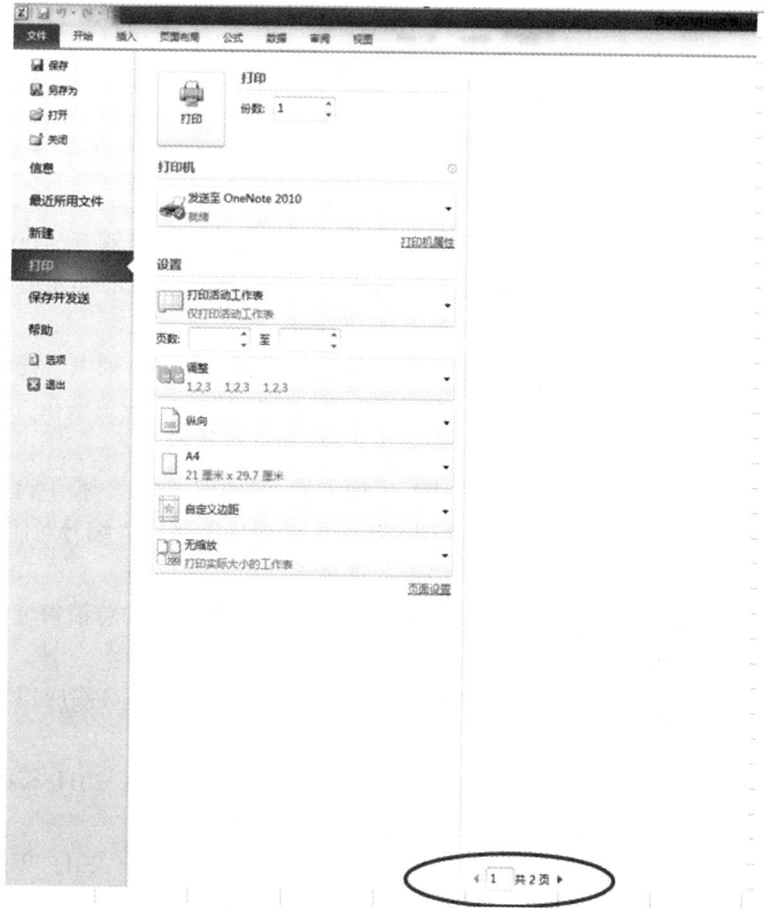

图 7.84　进入打印预览窗口进行打印设置

(3) 单击打印“份数”右侧的上下箭头指定打印份数。

(4) 在“打印机”下拉列表中选择打印机。打印机需要事先连接到计算机并正确安装驱动程序后才能在此处进行选择。

(5) 在中间的“设置”区从上到下依次进行以下各项打印设置，其中：

① 单击“打印活动工作表”选项打开下拉列表，从中选择打印范围：可以只打印当前活动的那张工作表，也可以打印当前工作簿中的所有工作表。如果进入预览前在工作表中选择了某个区域，那么还可以只打印选定区域。

② 单击“无缩放”选项打开下拉列表，可以设置缩放整个工作表以适合打印纸张的大小，单击列表下方的“自定义缩放选项”命令，可以按比例缩放打印工作表。

(6) 单击“打印预览”窗口底部的“下一页”或“上一页”按钮 ◂ 1 共1页 ▸，查看各工作表的不同页面或不同工作表。

(7) 设置完毕，单击左上角的“打印”按钮进行打印输出。如果暂不需要打印，只要单击其他选项卡即可切换回工作表编辑窗口。

习　题

小李今年毕业后，在一家计算机图书销售公司担任市场部助理，主要的工作职责是为部门经理提供销售信息的分析和汇总。(本题解析仅供参考)

请你根据本书配套的相关素材——销售数据报表(“文档.xlsx”文件)，按照如下要求完成统计和分析工作：

1. 请对“订单明细表”工作表进行格式调整，通过套用表格格式方法将所有的销售记录调整为“表样式浅色 10”，并将“单价”列和“小计”列所包含的单元格调整为“会计专用”格式，货币符号设置为“CNY”。

2. 根据图书编号，请在“订单明细表”工作表的“图书名称”列中，使用 VLOOKUP 函数完成图书名称的自动填充。“图书名称”和“图书编号”的对应关系在“编号对照”工作表中。

3. 根据图书编号，请在“订单明细表”工作表的“单价”列中，使用 VLOOKUP 函数完成图书单价的自动填充。“单价”和“图书编号”的对应关系在“编号对照”工作表中。在“订单明细表”工作表的“小计”列中，计算每笔订单的销售额。

4. 根据“订单明细表”工作表中的销售数据，统计所有订单的总销售金额，并将其填写在“统计报告”工作表的 B3 单元格中。

5. 根据“订单明细表”工作表中的销售数据，统计《MS Office 高级应用》图书在 2012 年的总销售额，并将其填写在“统计报告”工作表的 B4 单元格中。

6. 根据“订单明细表”工作表中的销售数据，统计隆华书店在 2011 年第 3 季度的总销售额，并将其填写在“统计报告”工作表的 B5 单元格中。

7. 根据“订单明细表”工作表中的销售数据，统计隆华书店在 2011 年的每月平均销售额(保留两位小数)，并将其填写在“统计报告”工作表的 B6 单元格中。

第 8 章　PowerPoint 应用

PowerPoint 是演示文稿制作与播放的软件，支持的媒体格式非常多，编辑、修改和演示都很方便，在教育和商业领域都有广泛的应用，如在公司会议、商业合作、产品介绍、投标竞标、业务培训、课件制作和视频演示等场合经常可以看到 PPT 的影子。

8.1　快速创建演示文稿

PowerPoint 演示文稿是以.pptx 为扩展名的文档。一份演示文稿由若干张幻灯片组成，按序号由小到大排列。启动 Microsoft PowerPoint 2010，即可开始使用 PowerPoint 创建演示文稿。

PowerPoint 的功能是通过其窗口实现的。启动 PowerPoint 即可打开 PowerPoint 应用程序工作窗口，如图 8.1 所示。工作窗口由快速访问工具栏、标题栏、选项卡、功能区、幻灯片/大纲浏览窗格、幻灯片窗格、备注窗格、状态栏、视图按钮和显示比例按钮等部分组成。

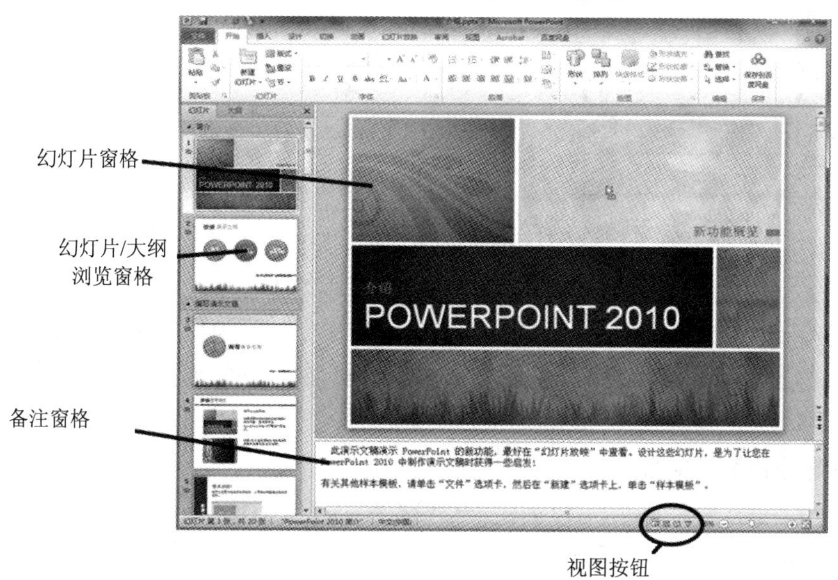

图 8.1　PowerPoint 工作窗口

在“普通”视图下，演示文稿编辑区包括左侧的幻灯片/大纲浏览窗格、右侧中部的幻灯片窗格和右侧下方的备注窗格。拖动窗格之间的分界线或显示比例按钮可以调整各窗格的大小。

(1) 幻灯片/大纲浏览窗格：含有“幻灯片”和“大纲”两个选项卡，如图 8.2 所示。单击“幻灯片”选项卡，可以显示各幻灯片缩览图。单击某幻灯片缩览图，将立即在幻灯片窗格中显示该幻灯片。利用幻灯片/大纲浏览窗格可以重新排序、添加和删除幻灯片。在“大纲”选项卡中，可以显示、编辑各幻灯片的标题与正文信息。在幻灯片中编辑标题或正文文本信息时，大纲窗格内容也同步变化。

(2) 幻灯片窗格：显示当前幻灯片的内容，包括文本、图片和表格等各种对象。在该窗格中可编辑幻灯片内容。

(3) 备注窗格：用于标注对幻灯片的解释、说明等备注信息，以供参考。

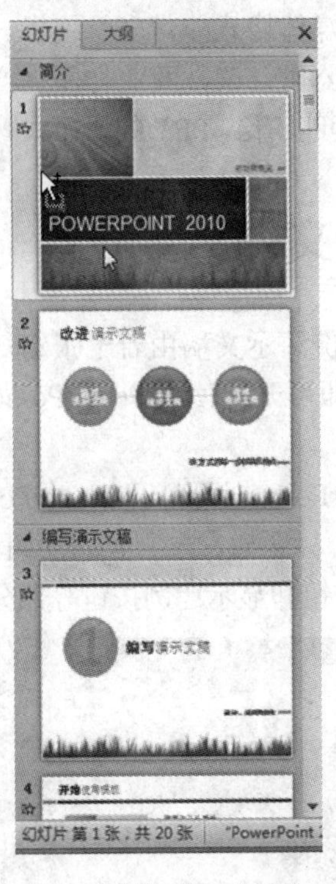

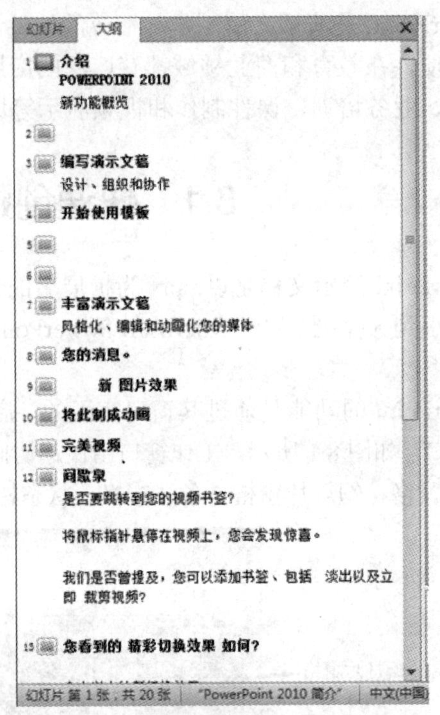

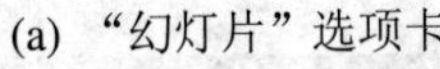

(a) “幻灯片”选项卡　　(b) “大纲”选项卡

图 8.2　幻灯片/大纲浏览窗格中的“幻灯片”和“大纲”选项卡

新建演示文稿主要采用的方式为：新建空白演示文稿，根据主题、模板和现有演示文稿创建等。另外，还可以依据已经在 Word 中编辑好的大纲快速创建包含各级文本的演示文稿。

1. 新建空白演示文稿

使用空白演示文稿方式，可以创建一个没有任何设计方案和示例文本的空白演示文稿，根据自己的需要选择幻灯片版式开始演示文稿的制作。

方法 1：启动 PowerPoint 系统自动建立新演示文稿，默认命名为“演示文稿 1”，在保存演示文稿时重新命名即可。

方法 2：单击快速访问工具栏中的“新建”按钮。

方法 3：单击“文件”选项卡上的“新建”命令，在“可用的模板和主题”下，双击“空白演示文稿”，如图 8.3 所示。

图 8.3 创建空白演示文稿

2. 根据主题创建

主题是事先设计好的一组演示文稿的样式框架，规定了演示文稿的外观样式，包括母版、配色和文字格式等设置。可直接在系统提供的各种主题中选择一个最适合自己的主题，创建该主题的演示文稿，使整个演示文稿外观一致。

① 单击“文件”选项卡上的“新建”命令，在“可用的模板和主题”下，单击“主题”图标。

② 在“主题”列表中，单击选择某一主题，如“波形”。

③ 单击“创建”按钮，将基于所选主题创建一份演示文稿，如图 8.4 所示。

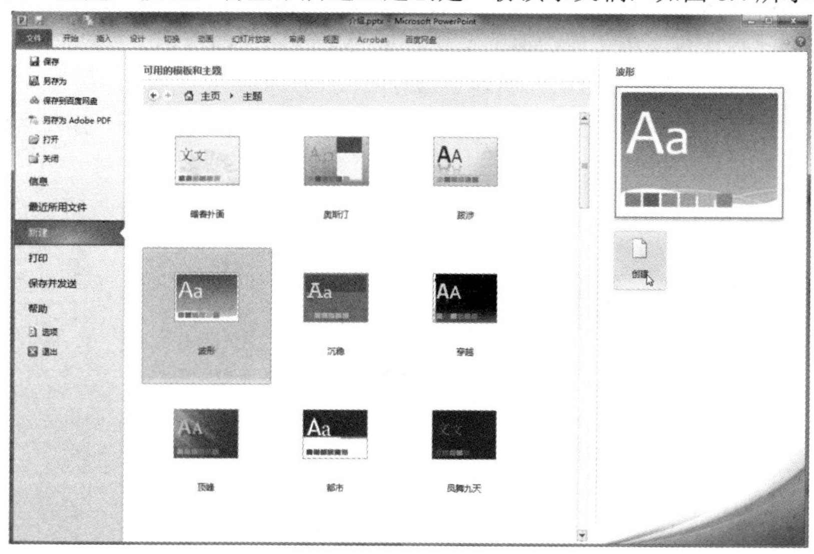

图 8.4 基于主题创建演示文稿

3. 依据模板创建

模板是预先设计好的演示文稿样本，一般有明确用途，PowerPoint 系统提供了丰富多彩的模板以供选用。

① 单击“文件”选项卡上的“新建”命令，在“可用的模板和主题”下，单击“样本模板”图标。

② 在“样本模板”列表中，单击选择某一模板，如“都市相册”。

③ 单击“创建”按钮，将基于所选模板创建一份演示文稿，如图 8.5 所示。

提示　如果计算机已接入互联网，则可通过选择“Office.com 模板”来应用更多的模板类型。

图 8.5　基于模板创建演示文稿

4. 根据现有演示文稿创建

使用现有演示文稿方式，可以基于已有的演示文稿的风格样式建立新的演示文稿，此方法可快速创建与现有演示文稿类似的文档，适当修改完善即可。

① 单击“文件”选项卡上的“新建”命令。

② 在“可用的模板和主题”下，单击“根据现有内容新建”图标，打开“根据现有演示文稿新建”对话框，如图 8.6 所示。

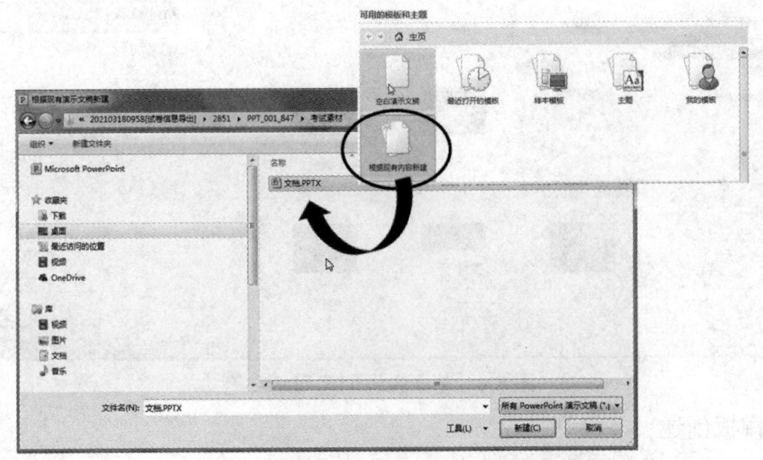

图 8.6　根据现有内容创建演示文稿

③ 在列表中选择某一文件，单击“新建”按钮，然后基于所选文档创建一份演示文稿。

5. 从 Word 文档中发送

如果已经通过 Word 编辑完成了相关文档，可以将其大纲发送到 PowerPoint 中快速形成新的演示文稿。这种方式只能发送文本，不能发送图表和图像。

① 首先在 Word 中创建文档，并将需要传送到 PowerPoint 的段落分别应用内置的样式：标题 1、标题 2、标题 3……，其分别对应 PowerPoint 幻灯片中的标题、一级文本、二级文本……

② 依次选择“文件”选项卡→“选项”→“快速访问工具栏”→“不在功能区中的命令”→“发送到 Microsoft PowerPoint”命令→“添加”按钮，相应命令显示在“快速访问工具栏”中。

③ 单击“快速访问工具栏”中新增加的“发送到 Microsoft PowerPoint”按钮，即可将应用了内置样式的 Word 文本自动发送到新创建的 PowerPoint 演示文稿中。

【例 8-1】 将案例文档“Word 文档.docx”发送为 PowerPoint 演示文稿。

操作提示：打开案例文档“Word 文档.docx”，将“发送到 Microsoft PowerPoint”按钮添加到“快速访问工具栏”并单击，保存新生成的演示文稿。

8.1.1 调整幻灯片的大小和方向

默认情况下，幻灯片的大小为“全屏显示(4∶3)”格式、幻灯片版式设置为横向方向，可以根据实际需要更改其大小和方向。

1. 设置幻灯片大小

设置幻灯片大小的具体方法如下：

① 打开演示文稿，在“设计”选项卡上的“页面设置”组中，单击“页面设置”按钮，打开“页面设置”对话框。

② 从“幻灯片大小”下拉列表中选择某一类型。如果需要自行定义幻灯片大小，可单击其中的“自定义”命令，然后分别在“宽度”“高度”文本框中输入相应数值，如图 8.7 所示。

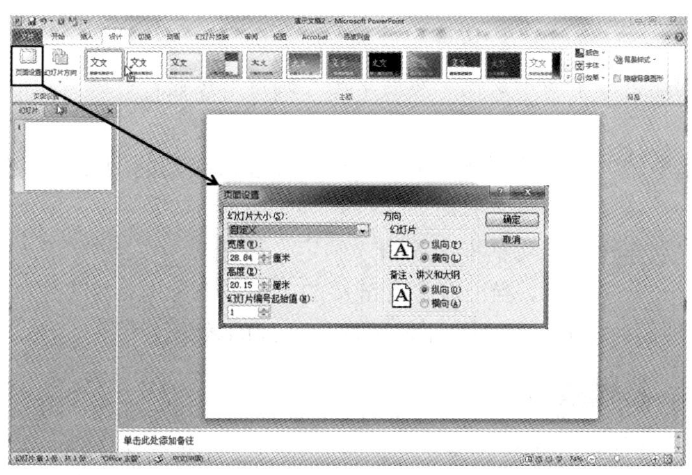

图 8.7 设置幻灯片大小

2. 调整幻灯片方向

若要将演示文稿中的所有幻灯片更改为纵向显示，可在“设计”选项卡上的“页面设置”组中单击“幻灯片方向”按钮，从打开的下拉列表中选择“纵向”命令即可。

3. 在同一演示文稿中使用纵向和横向幻灯片

通常，一份演示文稿中幻灯片只能有一种方向(横向或纵向)，但可以通过链接两份方向不同的演示文稿，实现在看似一份演示文稿中同时显示纵向和横向幻灯片的效果。若要链接两个演示文稿，可执行下列操作：

① 创建两个演示文稿，将它们的幻灯片方向分别设为横向和纵向，并将这两个文档放置在同一个文件夹下。

② 在第一个演示文稿中，选择要通过单击链接到第二个演示文稿的文本或对象。

③ 在“插入”选项卡上的“链接”组中，单击“动作”按钮，打开“动作设置”对话框。

④ 在“单击鼠标”选项卡或“鼠标移过”选项卡中，单击选中“超链接到”单选项，然后从下拉列表中选择“其他 PowerPoint 演示文稿”命令，打开“超链接到其他 PowerPoint 演示文稿”对话框，如图 8.8 所示。

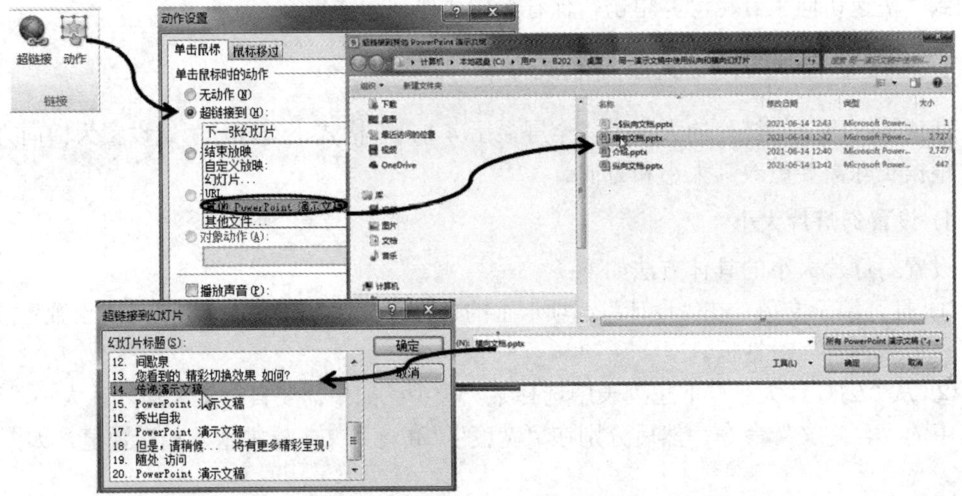

图 8.8　链接两份演示文稿

⑤ 找到并选择第二个演示文稿，然后单击“确定”按钮，打开“超链接到幻灯片”对话框。

⑥ 在该对话框的“幻灯片标题”列表中，单击要链接到的幻灯片，然后单击“确定”按钮。

⑦ 继续在“动作设置”对话框中单击“确定”按钮。

⑧ 放映第一个演示文稿，当出现含有链接的文字或对象时，单击进入另一个演示文稿的放映，即可实现同时放映包含两个不同方向幻灯片的效果。

8.1.2　幻灯片基本操作

演示文稿建立后，通常需要创建多张幻灯片用以表达所需展示的内容。

若要插入幻灯片，首先要选中当前幻灯片，它代表插入位置，新幻灯片将插入在当前

幻灯片后面。删除幻灯片则是将所选中的幻灯片删除。

1. 选择幻灯片

在普通视图下窗口左侧的幻灯片/大纲浏览窗格的“幻灯片”选项卡中，可采用下述方法选定幻灯片：

(1) 单击某张幻灯片即可选中该幻灯片。

(2) 单击选中首张幻灯片，按下 Shift 键再单击末张幻灯片，可选中连续的多张幻灯片。

(3) 单击选中某张幻灯片，按下 Ctrl 键再单击其他幻灯片，可选中不连续的多张幻灯片。

2. 向幻灯片添加内容

出现在幻灯片中的虚线框为占位符，绝大部分幻灯片版式中都有这种占位符。在这些占位符内可以放置标题及正文，或图表、表格和图片等对象，如图 8.9 所示。

(1) 在文本占位符中单击鼠标进入编辑状态，可以输入文本。

(2) 在对象占位符的相关图标上单击，可以插入图表、表格和图片等对象。

关于对幻灯片中文本和各类对象进行添加和编辑的操作将在后续章节中详细介绍。

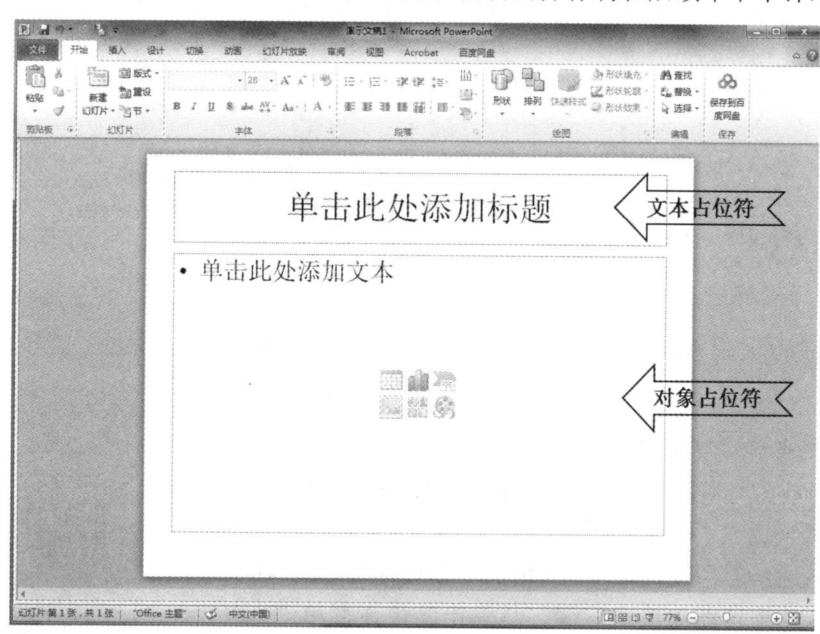

图 8.9　幻灯片中的占位符

3. 添加和删除幻灯片

添加幻灯片时，可以插入一张新幻灯片，也可插入当前幻灯片的副本。

1) 插入幻灯片

方法 1：在幻灯片/大纲浏览窗格的“幻灯片”选项卡中，单击选中某张幻灯片缩览图或者在两张幻灯片中间的位置单击定位，在“开始”选项卡上单击“幻灯片”组的“新建幻灯片”按钮。如果单击“新建幻灯片”按钮旁边的黑色三角箭头，则可指定版式后新建幻灯片，如图 8.10(a)所示。

方法 2：在幻灯片/大纲浏览窗格的“幻灯片”选项卡中右键单击某张幻灯片缩览图或

者在两张幻灯片中间的位置右击，在弹出的快捷菜单中选择“新建幻灯片”命令，如图 8.10(b)所示。

方法 3：在“幻灯片浏览”视图模式下，移动光标到需插入幻灯片的位置，当出现黑色竖线时，单击右键，在弹出的快捷菜单中选择“新建幻灯片”命令，也可在当前位置插入一张新幻灯片。

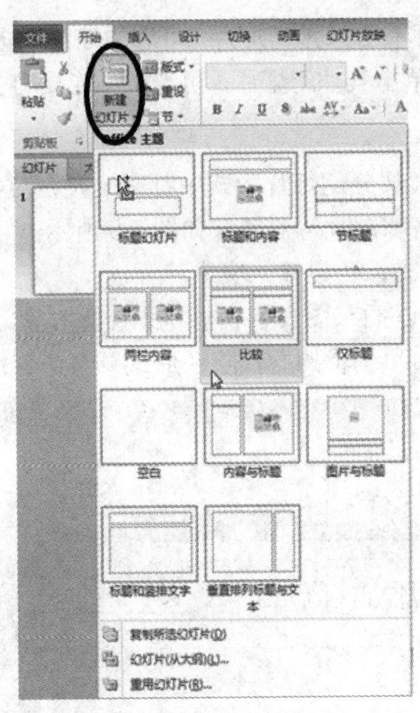

(a) 通过选项卡命令

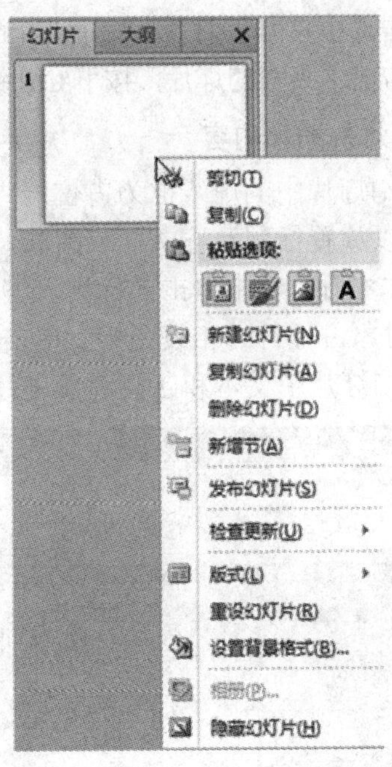

(b) 通过右键菜单

图 8.10　新建幻灯片

2) 复制当前幻灯片

复制当前幻灯片可以生成一张与当前选中幻灯片完全相同的幻灯片。

图 8.11　复制当前幻灯片

方法 1：在幻灯片/大纲浏览窗格的“幻灯片”选项卡中，在某张幻灯片缩览图上单击右键，从弹出的快捷菜单中选择“复制幻灯片”，如图 8.10(b)所示。

方法 2：在幻灯片/大纲浏览窗格的“幻灯片”选项卡中选中某张幻灯片，在“开始”选项卡上的“剪贴板”组中单击“复制”按钮旁边的黑色三角箭头，从打开的下拉列表中选择第二个“复制(I)”命令，如图 8.11 所示。

方法 3：在幻灯片/大纲浏览窗格的“幻灯片”选项卡中选中某张幻灯片，在“开始”选项卡上的“幻灯片”组中单击“新建幻灯片”按钮旁边的黑色三角箭头，从下拉列表中单击“复制所选幻灯片”命令。

3) 删除幻灯片

在幻灯片/大纲浏览窗格中或在“幻灯片浏览”视图模式下，选中某张幻灯片缩览图，按 Delete 键或者右击目标幻灯片缩览图，在弹出的快捷菜单中选择“删除幻灯片”命令。若要删除多张幻灯片，可先依次选中这些幻灯片，然后按 Delete 键。

4. 移动幻灯片

移动幻灯片的方法如下：

方法 1：在幻灯片/大纲浏览窗格中的“幻灯片”选项卡下，选中要移动的幻灯片，按住鼠标左键拖动幻灯片到目标位置即可。

方法 2：在“幻灯片浏览”视图模式下，选中某张幻灯片，按住鼠标左键拖动该幻灯片即可。

5. 重用幻灯片

如果需要从其他演示文稿中借用现成的幻灯片，可以通过“复制/粘贴”功能在不同的文档间传递数据，也可以通过下述的重用幻灯片功能引用其他演示文稿内容。

① 打开演示文稿，在“开始”选项卡上的“幻灯片”组中单击“新建幻灯片”按钮旁边的黑色三角箭头，从下拉列表中选择“重用幻灯片”命令，窗口右侧出现“重用幻灯片”窗格。

② 在“重用幻灯片”窗格中单击“浏览”按钮，从下拉列表中选择幻灯片来源，如选择“浏览文件”命令，如图 8.12 所示。

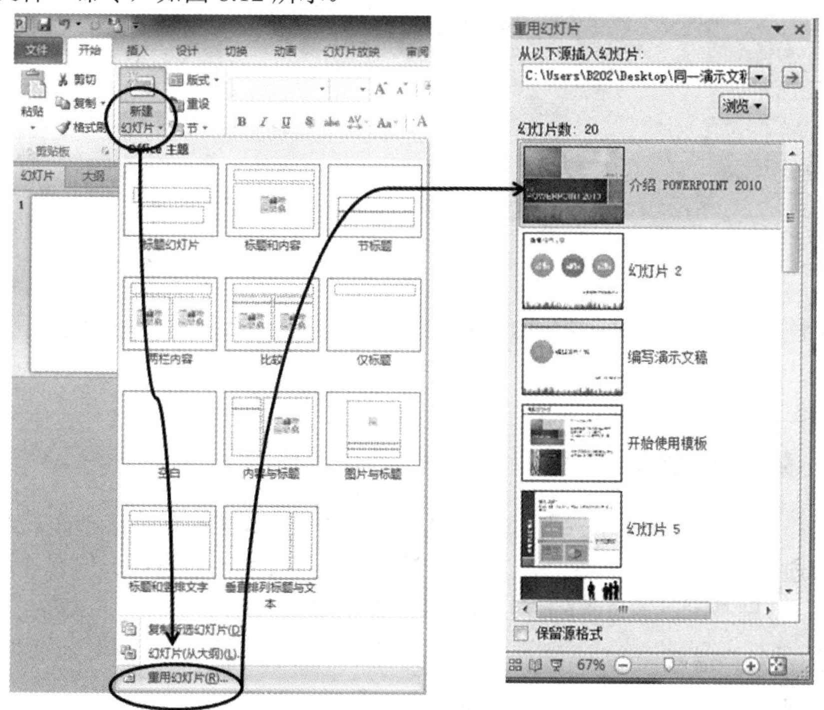

图 8.12　打开“重用幻灯片”窗格

③ 在随后打开的浏览对话框中，选择重用幻灯片所在的幻灯片库或者演示文档，“重用幻灯片”窗格中将列示所有可用的幻灯片缩览图。

④ 在幻灯片/大纲浏览窗格中的“幻灯片”选项卡中需要引用新幻灯片的位置单击鼠标定位。

⑤ 在“重用幻灯片”窗格中单击要重用的幻灯片缩览图，所需幻灯片自动插入到当前位置。如果需要保留原幻灯片的格式，可单击选中左下角的“保留源格式”复选框，如图 8.13 所示。

【例 8-2】 在案例文档“Office 2010 新功能.pptx”的最后重用源文档“介绍.pptx”中的所有幻灯片并保留原有格式。

提示 打开案例文档“Office 2010 新功能.pptx”，通过“开始”选项卡上“幻灯片”组中的“新建幻灯片”按钮调出“重用幻灯片”窗格，并选择源文档“介绍.pptx”，然后选中“保留源格式”复选框。

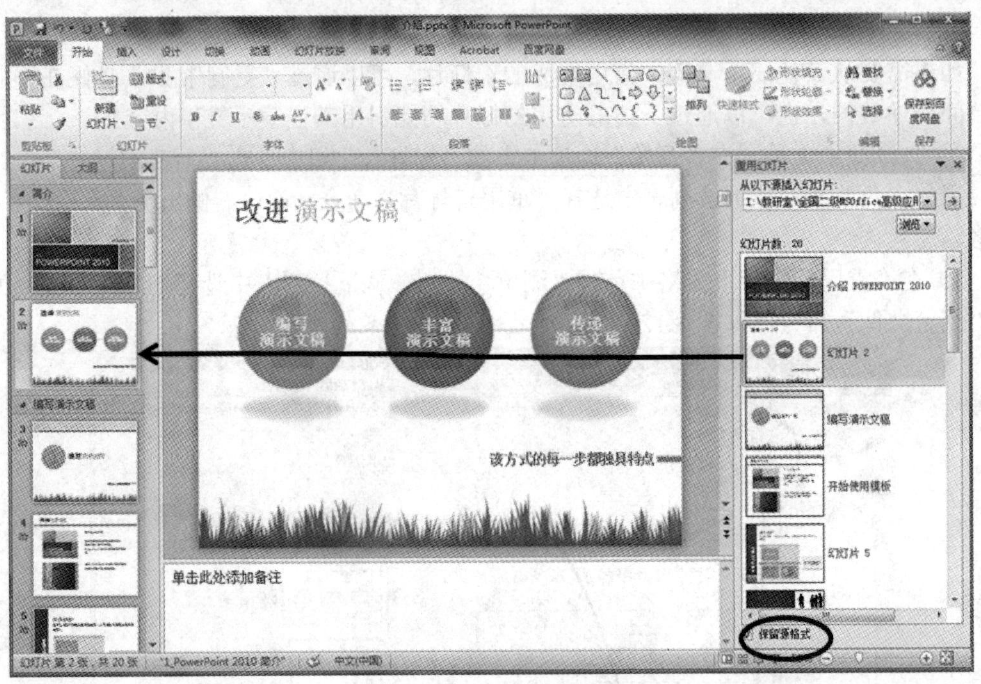

图 8.13　重用幻灯片并保留源格式

8.1.3　组织和管理幻灯片

演示文稿中的幻灯片不止一张，内容也会比较繁杂，为了更加有效地组织和管理幻灯片，除了可通过复制、移动等操作来快速重新排列幻灯片外，还可以为幻灯片添加编号、日期和时间，特别是可以通过将幻灯片分节来更加有效地细分和导航一份复杂的演示文稿。

1. 添加幻灯片编号

在普通视图下，可以为指定幻灯片添加顺序编号。

1) 添加幻灯片编号

① 首先在“视图”选项卡上的“演示文稿视图”组中，单击“普通”按钮切换到普通视图。

② 在屏幕左侧的“幻灯片/大纲浏览”窗格中的“幻灯片”选项卡下，单击选中某张幻灯片缩览图。

③ 在“插入”选项卡的“文本”组中，单击“幻灯片编号”按钮，打开“页眉和页脚”对话框。

④ 在“页眉和页脚”对话框中的“幻灯片”选项卡中，单击选中“幻灯片编号”复选框。

⑤ 如果不希望标题幻灯片中出现编号，则应同时单击选中“标题幻灯片中不显示”复选框。

⑥ 如果只希望为当前选中的幻灯片添加编号，则单击“应用”按钮；如果希望统一为所有的幻灯片添加编号，则应单击“全部应用”按钮，如图 8.14 所示。

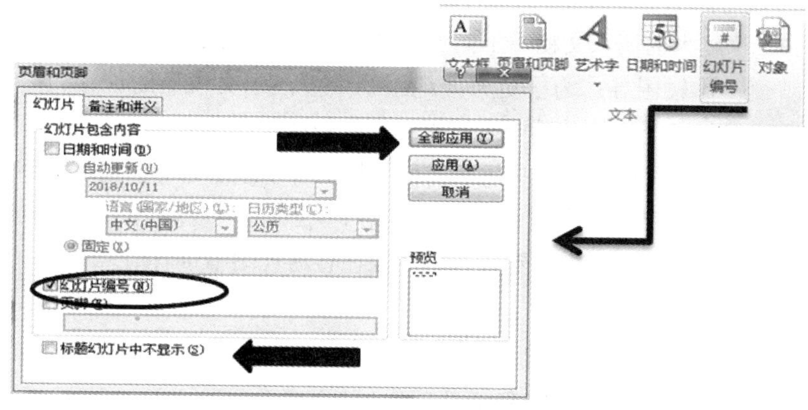

图 8.14　添加幻灯片编号

2) 更改幻灯片起始编号

默认情况下，幻灯片编号自 1 开始。若要更改起始幻灯片编号，可按下列方法进行设置：

① 在“设计”选项卡上的“页面设置”组中，单击“页面设置”按钮，打开“页面设置”对话框。

② 在“幻灯片编号起始值”文本框中，输入新的起始编号，单击“确定”按钮。

2. 添加日期和时间

在普通视图下，可以为指定幻灯片添加日期和时间。

① 在普通视图的“幻灯片”选项卡中单击选中某一张幻灯片缩览图。

② 在“插入”选项卡的“文本”组中，单击“日期和时间”按钮，打开“页眉和页脚”对话框。

③ 在“页眉和页脚”对话框的“幻灯片”选项卡中，单击选中“日期和时间”复选框，然后选择下列操作之一：

• 单击“自动更新”单选项，然后选择适当的语言和日期格式，将会在每次打开或打印演示文稿时反映当前日期和时间的更新，如图 8.15 所示。

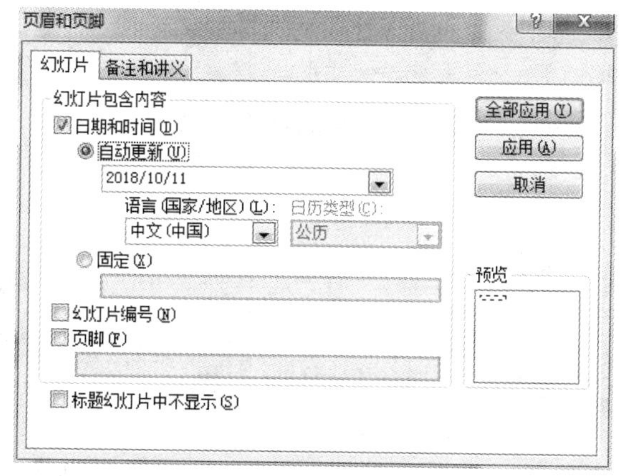

图 8.15　添加日期和时间

• 单击“固定”单选项，在其右侧的文本框中输入期望的日期，将会显示固定不变的日期，以便轻松地记录和跟踪最后一次更改的时间。

④ 如果不希望标题幻灯片中出现日期和时间，则应同时单击选中“标题幻灯片中不显示”复选框。

⑤ 如果只希望为当前选中的幻灯片添加日期和时间，则单击“应用”按钮；如果希望统一为所有的幻灯片添加日期和时间，则应单击“全部应用”按钮。

3. 将幻灯片组织成节的形式

如果遇到一个庞大的演示文稿，不同类型的幻灯片标题和编号混杂在一起，要想快速定位幻灯片就变得比较困难。为了更方便地组织大型演示文稿在幻灯片之间进行导航，PowerPoint 2010 提供了全新的节功能来组织和导航幻灯片。

为幻灯片分节，就像使用文件夹组织文件一样，可以通过划分并命名节将幻灯片按逻辑类别分组管理。每个节可以包含同类型的内容，不同节可以拥有不同的主题和切换方式等。可以在幻灯片浏览视图中查看节，也可以在普通视图中查看节。

1) 新增节

① 在“普通”视图或“幻灯片浏览”视图中，在要新增节的两张幻灯片之间单击右键。

② 在弹出的快捷菜单中选择“新增节”命令，在指定位置插入一个默认的节名“无标题节”，如图 8.16 所示。

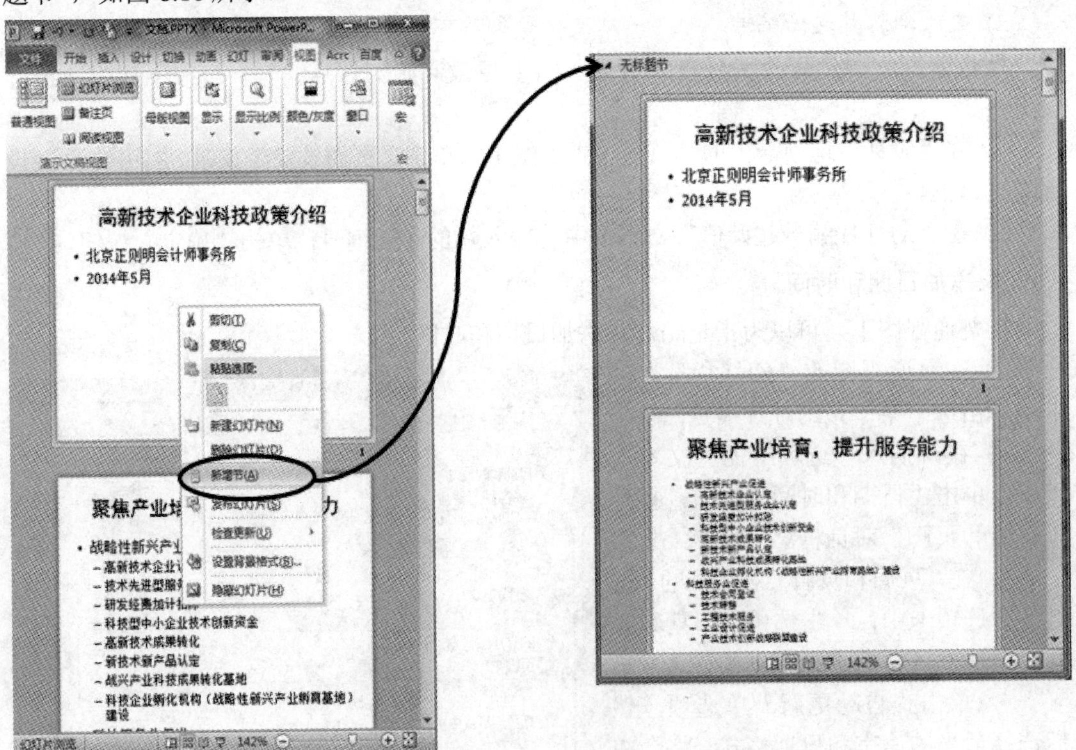

图 8.16　新增一个节

2) 重命名节

① 在现有节的名称上单击右键，打开快捷菜单，从中单击“重命名节”命令，如图 8.17 所示。

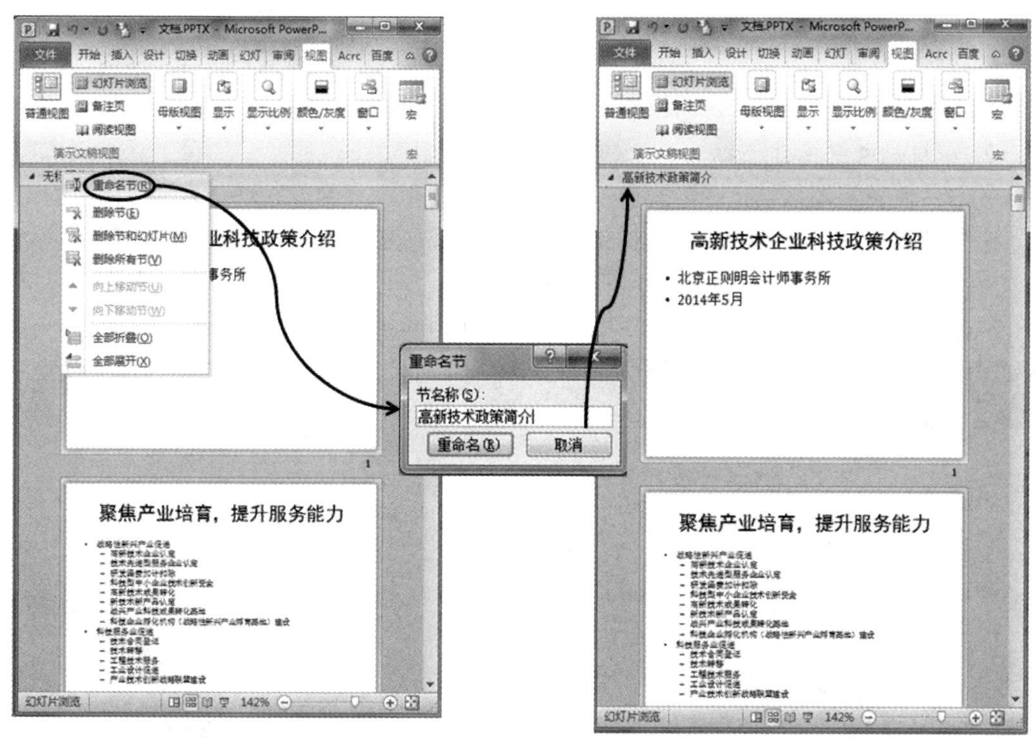

图 8.17　重命名节

② 弹出“重命名节”对话框，在“节名称”文本框中输入新的名称，然后单击“重命名”按钮。

3) 对节进行操作

(1) 选择节：单击节名称，即可选中该节中包含的所有幻灯片。可为选中的节统一应用主题、切换方式、背景等。

(2) 展开/折叠节：单击节名称左侧的三角图标，可以展开或折叠节包含的幻灯片。

(3) 移动节：右键单击要移动的节名称，从弹出的快捷菜单中选择“向上移动节”或“向下移动节”命令。

(4) 删除节：右键单击要删除的节名称，从弹出的快捷菜单中选择“删除节”命令。

(5) 删除节中的幻灯片：单击选中节，按 Delete 键即可删除当前节及节中的幻灯片。

8.1.4　演示文稿视图

PowerPoint 提供了编辑、浏览、打印和放映幻灯片的多种视图模式，对于创建出具有专业水准的演示文稿非常有帮助。视图模式包括普通视图、幻灯片浏览视图、备注页视图、阅读视图、幻灯片放映视图和母版视图等。

1. 常用视图简介

1) 普通视图

普通视图是 PowerPoint 默认的视图模式，是主要的编辑视图，可用于撰写和设计演示文稿。在普通视图下，窗口由三个窗格组成：左侧的“幻灯片/大纲”浏览窗格(包括“幻灯片”和“大纲”两个选项卡)，右侧上方的“幻灯片”窗格，右侧下方的备注窗格。之前所进行的大部分操作是在普通视图模式下进行的。

2) 幻灯片浏览视图

幻灯片浏览视图以缩览图形式展示幻灯片，以便用全局的方式浏览演示文稿中的幻灯片，并快速地对演示文稿的顺序进行排列和组织，还可以方便地进行新建、复制、移动、插入和删除幻灯片等操作，设置幻灯片的切换效果并预览。在幻灯片浏览视图中也可以添加节，并按不同的类别或节对幻灯片进行排序，如图 8.18 所示。

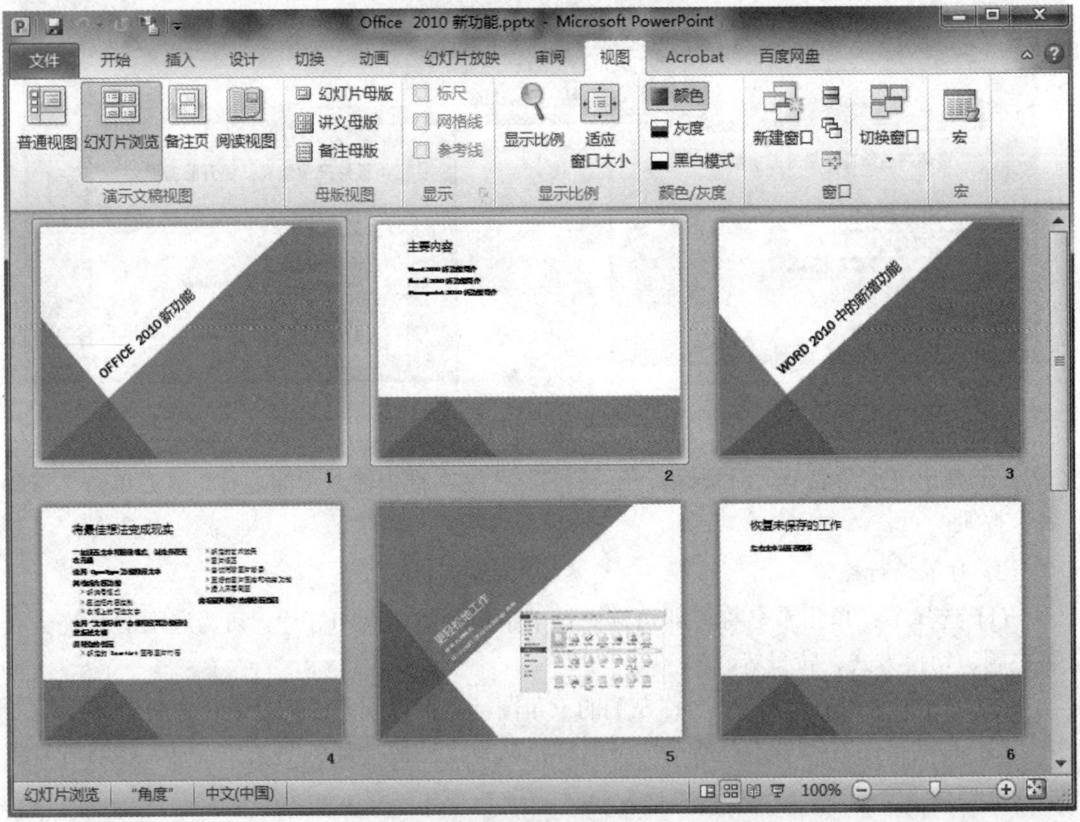

图 8.18　幻灯片浏览视图

3) 备注页视图

在普通视图中的“备注”窗格可以输入或编辑备注页的内容。

独立的备注页视图与其他视图的不同之处在于，在显示幻灯片的同时在其下方显示备注页，在备注区中可以输入或编辑备注页的内容。在该视图模式下，备注页上方显示的是当前幻灯片的内容缩览图，这时无法对幻灯片的内容进行编辑，下方的备注页为占位符，可向占位符中输入说明内容，为幻灯片添加备注信息，如图 8.19 所示。

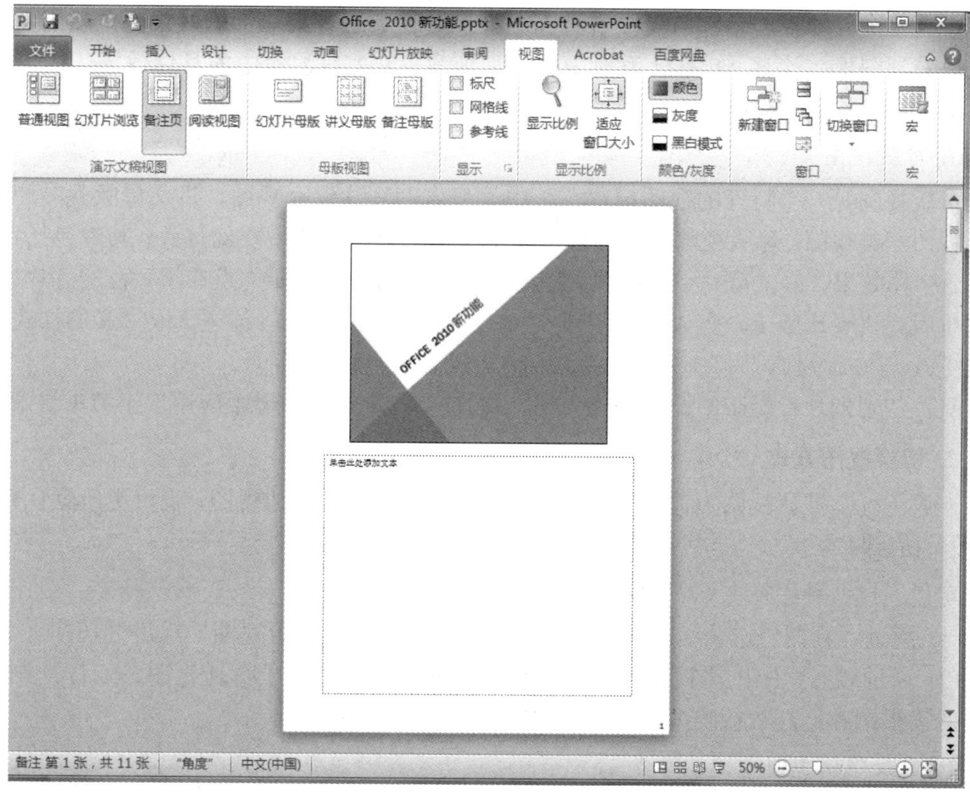

图 8.19　备注页视图

在备注页视图下，按 PageUp 键可上移一张幻灯片，按 PageDown 键可下移一张幻灯片，拖动页面右侧的垂直滚动条可定位到所需的幻灯片上。

4) 阅读视图

阅读视图可将演示文稿作为适应窗口大小的幻灯片放映查看，视图只保留幻灯片窗格、标题栏和状态栏，其他编辑功能被屏蔽。该功能用于幻灯片制作完成后的简单放映浏览，查看内容和幻灯片设置的动画及放映效果，如图 8.20 所示。

图 8.20　阅读视图

阅读视图通常是从当前幻灯片开始阅读，单击可以切换到下一张幻灯片，直到放映最后一张幻灯片后退出阅读视图。阅读过程中可随时按 Esc 键退出，也可以单击状态栏右侧的其他视图按钮退出阅读视图并切换到其他视图。

阅读视图用于向自己查看演示文稿而非向其他受众放映演示文稿。

5) 幻灯片放映视图

幻灯片放映视图是用于放映演示文稿的视图。按 F5 键即可进入幻灯片放映视图，该视

图会占据整个计算机屏幕，与受众观看演示文稿时在大屏幕上显示的效果完全相同。放映时可以看到图形、计时、电影、动画效果和切换效果在实际演示中的具体效果。按 Esc 键即可退出幻灯片放映视图。

6) 母版视图

母版视图是一个特殊的视图模式，其中又包含幻灯片母版视图、讲义母版视图和备注母版视图三类视图。母版视图是存储有关演示文稿共有信息的主要幻灯片，其中包括背景、颜色、字体效果、占位符大小和位置。使用母版视图的一个主要优点在于，在幻灯片母版、备注母版或讲义母版上，可以对与演示文稿关联的每个幻灯片、备注页或讲义的样式进行全局更改。

有关使用幻灯片母版的详细操作方法，将在“8.2.7 幻灯片母版应用”小节中讲解。

2. 切换视图方式

一般情况下默认视图为普通视图，可以根据需要切换到其他视图，也可更改默认视图。

1) 切换视图

可以通过两种途径在不同的视图间进行切换，具体操作如下：

(1) 通过“视图”选项卡上的“演示文稿视图”组和“母版视图”组进行切换。

(2) 通过状态栏中的“视图按钮”区进行切换，其中提供了普通视图、幻灯片浏览视图、阅读视图和幻灯片放映视图四个主要视图的快捷切换按钮。

2) 更改默认视图

可以设置幻灯片浏览视图、幻灯片放映视图、备注页视图以及普通视图的各种变体为默认视图。指定默认视图的操作方法如下：

① 单击“文件”选项卡，进入后台视图。

② 单击窗口左侧的“选项”命令，打开“PowerPoint 选项”对话框。

③ 在左侧窗格中单击“高级”命令。

④ 在右侧“显示”选项组中的“用此视图打开全部文档”列表中，选择新的默认视图，如图 8.21 所示，最后单击“确定”按钮。

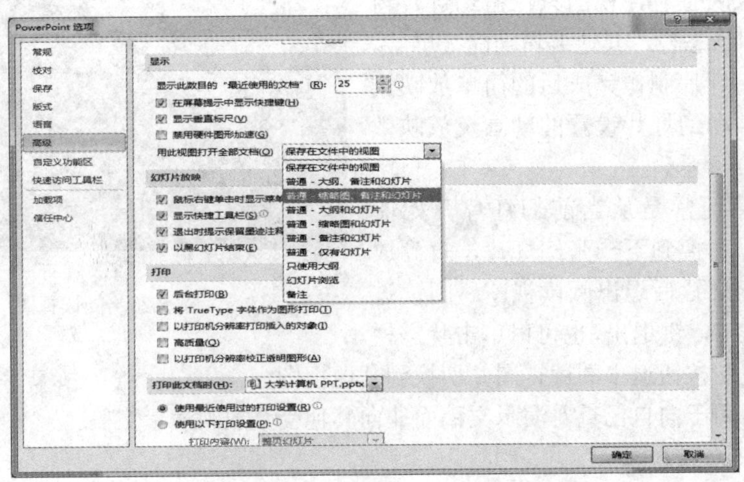

图 8.21 在后台视图中设置默认视图

8.2　制作引人注目的演示文稿

一份精彩的演示文稿不仅有文本，还应包含图形、图片、表格、图表等各类元素；各类文本和对象还可以以不同的版式进行排列，并配以多变的配色方案。PowerPoint 能够调动多种手段来丰富演示文稿的内容，充分地展示各类对象，使得演示文稿达到令人满意的效果。

8.2.1　规划演示文稿内容

要想制作一份内容丰富、展示精彩的演示文稿，应该先用心规划其内容、格式，心中要有一个比较完整的大纲和主线。

1. 初步确定幻灯片数量

首先分析要表述的主题内容和素材，将内容分门别类绘制为大纲，然后将材料分配至各个幻灯片，以便合理规划幻灯片数量。一般情况下，一份完整的演示文稿至少可以包含以下幻灯片：

① 一张主标题幻灯片。

② 一张介绍性幻灯片，带有目录性质，其中列出演示文稿的主要的点或面。

③ 若干张分别用于展示目录幻灯片上列出的每个点或面的具体内容的幻灯片。例如，如果有三个要展示的主要观点，则可计划至少有三张具体幻灯片。

④ 一张摘要幻灯片，带有总结性质，可以重复演示文稿主要的点或面的列表。

⑤ 一张结束幻灯片，可以展示致谢内容、联系方式等。

如果在任何一个主要的点或面中有大量要显示的材料，则可能需要通过使用相同的基本版式结构为该材料创建一小组幻灯片。

在规划幻灯片内容时，需要考虑每张幻灯片在屏幕上演示的时间长短，太长太短都不好。通常建议每张幻灯片展示时间为 2～5 分钟。

2. 创建高效演示文稿的注意事项

创建一份精彩的演示文稿一般建议遵循以下原则：

① 最大限度地减少幻灯片数量。幻灯片并非越多越好，要使所传达的信息清楚明白并能吸引观众的注意力，应最大限度地减少演示文稿中的幻灯片数量。

② 选择观众可从一段距离以外看清的字体、字号。选择合适的字体和字号有助于幻灯片中的信息被观看到，最好避免使用比较窄细或过于粗大的字体以及一些包含花式边缘的字体(如空心字)。

③ 使用项目符号或短句使文本简洁。使用项目符号或短句，并尽量使每个表述各占一行，不要换行，也就是说避免使用过长的句子，否则观众会因为阅读屏幕上的信息而忽略了演讲者的介绍。

④ 适当使用图片、表格等元素传达信息。这些对象能够比文本更加形象、简明地阐述要表达的内容，但是向幻灯片中添加过多的图形可能会造成版面混乱从而使观众感到无所

适从。为图、表添加的解释性标签文本应该长短合适且易于理解。

⑤ 至少使每组幻灯片背景精致且保持一致。选择一个具有吸引力并且一致但又不太显眼的演示文稿模板，以免背景或设计过分花哨而分散观众对信息的注意力。

⑥ 设置适当的动画和切换效果。适当的动画和切换效果可以使演示文稿活泼有趣，但设置过多、过繁反而会适得其反，分散观众对信息的注意力。

8.2.2 幻灯片版式的应用

幻灯片版式确定了幻灯片内容的布局和格式。幻灯片版式包含要在幻灯片上显示的全部内容的格式设置、位置和占位符。占位符是版式中的容器，以虚线框存在，可容纳文本(包括正文文本、项目符号列表和标题)、表格、图表、SmartArt 图形、视频、声音、图片及剪贴画等各类内容。版式同时也包含幻灯片的主题和背景。可以使用 PowerPoint 内置标准版式，也可以创建满足特定需求的自定义版式。

1. 演示文稿中包含的版式

目前，默认情况下 PowerPoint 中包含 11 种内置幻灯片标准版式，如图 8.22 所示。每种版式均有一个名称，其中显示了可在其中添加文本或图形的各种占位符的位置。

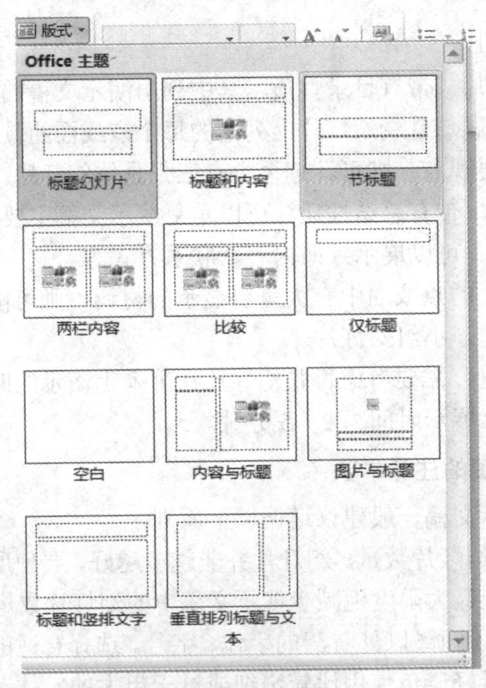

图 8.22　内置的幻灯片标准版式

(1) 标题幻灯片：一般用于演示文稿的主标题。

(2) 标题和内容：可以适用于除标题外的所有幻灯片内容。其中“内容”占位符可以输入文本，也可以插入图片、表格等各类对象。

(3) 节标题：如果通过分节来组织幻灯片，那么该版式可应用于每节的标题幻灯片中。

(4) 空白：该幻灯片中没有任何占位符，可以添加任意内容，如插入一个文本框、插入一个艺术字、插入一幅剪贴画等。如果演示文稿需要一张结束幻灯片，可以使用“空白”版式。

2. 应用内置版式

在 PowerPoint 中打开空演示文稿时，应用的默认版式为“标题幻灯片”，可以为幻灯片应用其他版式，方法如下：

① 切换到普通视图，在幻灯片/大纲浏览窗格的“幻灯片”选项卡中单击要应用版式的幻灯片。

② 在“开始”选项卡上的“幻灯片”组中，单击“版式”按钮。

③ 从打开的内置版式列表中选择所需的版式。

④ 确定了幻灯片的版式后，即可在相应的位置添加或插入文本、图片、表格、图形、图表、媒体等内容。图 8.23 所示为常用的两类内置幻灯片版式。

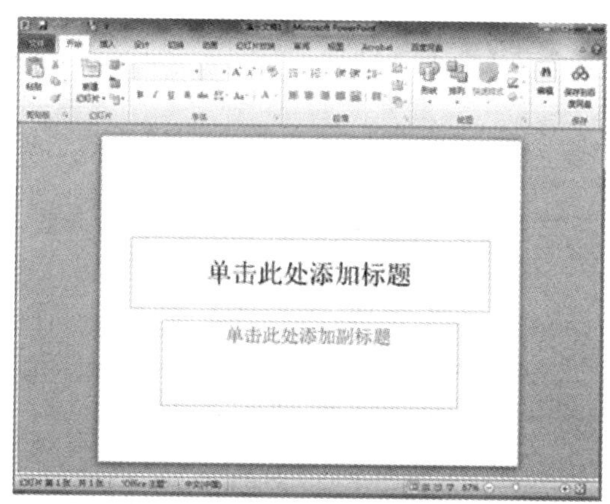

(a) “标题幻灯片”版式

(b) “内容与标题”版式

图 8.23 PowerPoint 的内置标准版式

3. 创建自定义版式

如果 PowerPoint 提供的内置版式无法满足组织演示文稿的需求，还可以创建自定义版式。自定义版式可以指定占位符的数目、大小和位置、背景内容、主题颜色、主题字体及效果，并且可重复使用。在创建自定义版式过程中，可以添加的基于文本和对象的占位符类型包括内容、文本、图片、SmartArt 图形、剪贴画、图表、表格和媒体等。

1) 创建符合需要的幻灯片版式

① 在“视图”选项卡上的“母版视图”组中，单击“幻灯片母版”按钮，进入幻灯片母版视图。

② 在窗口左侧的包含幻灯片母版和版式缩览图的窗格中，单击一个与自定义版式最接近的版式缩览图作为参照。如果没有合适的参照版式，可选择“空白版式”。

③ 若要删除多余的默认占位符，如页眉、页脚等，可单击占位符的边框，然后按 Delete 键。

④ 若要添加新的占位符，可在“幻灯片母版”选项卡上的“母版版式”组中单击“插入占位符”按钮，从占位符列表中选择一种类型，然后在版式中拖动鼠标绘制占位符，如图 8.24 所示。

⑤ 若要调整占位符的大小，可选择占位符的尺寸控点或角边框，然后将其向内或向外拖动。

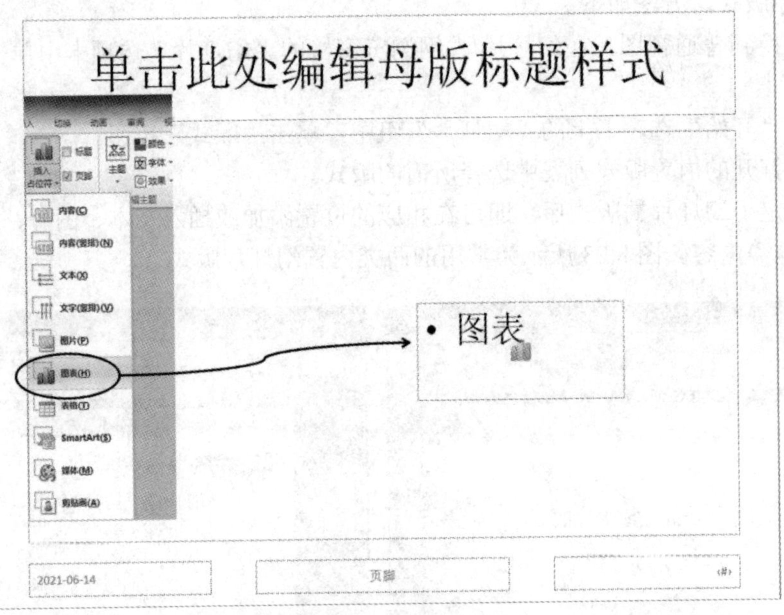

图 8.24 向自定义版式中添加占位符

2) 重命名版式

① 在幻灯片母版视图左侧的版式缩览图列表中，用右键单击选中一个自定义版式。

② 从随后弹出的快捷菜单中选择“重命名版式”命令，打开“重命名版式”对话框。

③ 在“版式名称”文本框中输入版式的新名称，然后单击“重命名”按钮。

④ 在普通视图的“版式”列表中即可为幻灯片选用新创建的版式，如图 8.25 所示。

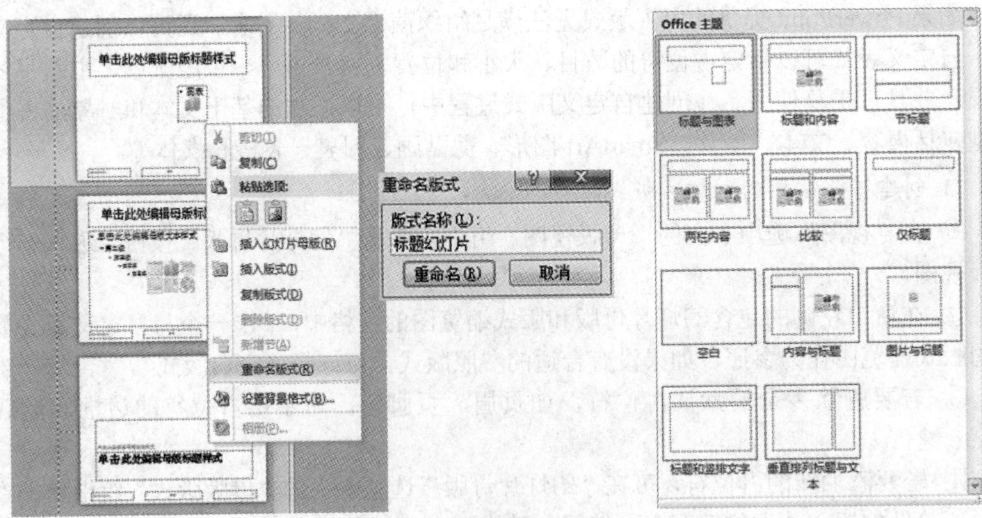

图 8.25 为自定义版式命名

8.2.3　编辑文本内容

文本是构成演示文稿的重要内容。幻灯片中的文本包括标题文本、正文文本。正文文本又按层级分为第一级文本、第二级文本、第三级文本……，下级文本相对上级文本向右缩进一级。文本可以输入到文本占位符中，也可以输入到新建文本框中，还可以在大纲模式中进行编辑。

1. 占位符和文本框

文本占位符与文本框中均可输入并编辑文本。

1) 使用占位符

在普通视图模式下，占位符是指幻灯片中被虚线框起来的部分。当使用了幻灯片版式或依据模板创建了演示文稿时，除了空白幻灯片外每张幻灯片中均提供占位符。

在内容和文本两类占位符中可以输入文字或修改文本。在内容或文本占位符中单击鼠标，进入编辑状态即可输入、修改文本。

幻灯片中的内容或文本占位符实际上是一类特殊的文本框，包含预设的格式，出现在固定的位置，可按需要更改其格式、移动其位置。

2) 使用文本框

除使用占位符外，还可以直接在幻灯片的任意位置绘制文本框，输入文本并设置文本格式，自由设计幻灯片布局。插入文本框的方法如下：

方法 1：在“插入”选项卡上的“文本”组中，单击“文本框”按钮或“文本框”按钮旁边的黑色三角箭头，从如图 8.26(a)所示的下拉列表中选择文本框类型后，在幻灯片中拖动鼠标绘制文本框，然后在其中输入文字，按 Enter 键可输入多行。

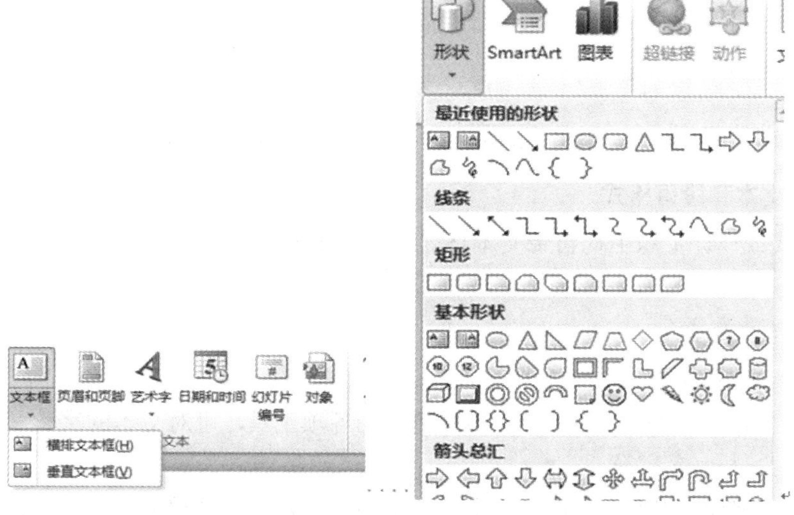

(a) 文本框下拉形表　　(b) 基本形状库

图 8.26　绘制文本框

方法 2：在“插入”选项卡上的“插图”组中，单击“形状”按钮，在如图 8.26(b)所示的形状列表中选择“基本形状”下的文本框或其他图形，在幻灯片中拖动鼠标绘制出图形，然后在其中输入文字。

3) 设置文本框样式和格式

选中某一文本框时，将会出现“绘图工具 | 格式”选项卡，通过该选项卡可对文本框的格式进行设置。

① 通过“绘图工具 | 格式”选项卡上的“形状样式”组中的各项工具，可为文本框指定预置样式，也可分别进行“形状填充”“形状轮廓”“形状效果”的设置。

② 在“绘图工具 | 格式”选项卡上单击“形状样式”组右下角的对话框启动器按钮，打开“设置形状格式”对话框，如图 8.27 所示。在该对话框中可对形状填充、线条颜色、阴影、效果、三维格式、位置等进行更加详细的设置，使幻灯片更富可视性和感染力。

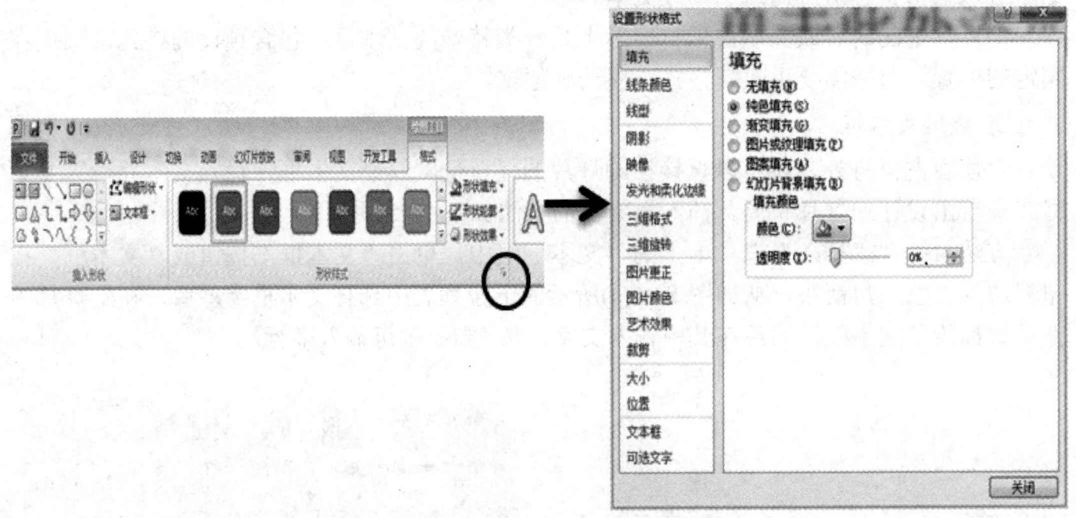

图 8.27 利用“绘图工具 | 格式”选项卡设置文本框格式

2. 设置文本和段落格式

尽管版式或设计主题中均自带文本格式，但必要时仍然可以对文本的文字和段落格式进行设置。

1) 设置文字格式

① 选中文本框或者文本框中的文字。

② 通过“开始”选项卡上的“字体”组中的各项工具，可对文本的字体、字号、颜色等进行设置。

③ 单击“字体”组右下角的对话框启动器按钮，在随后弹出的“字体”对话框中可进行更加详细的字体格式设置，如图 8.28 所示。

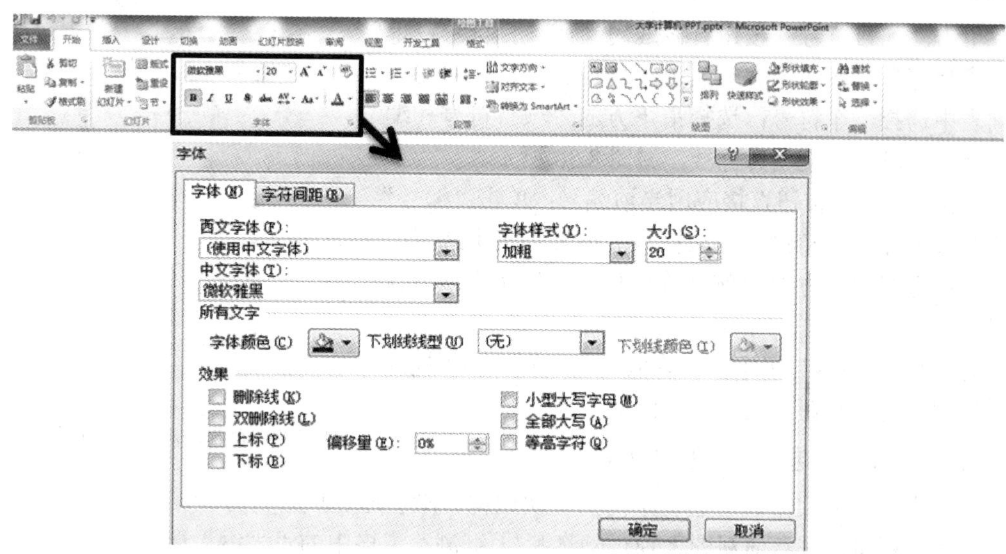

图 8.28　设置文本格式

2) 设置段落格式

① 选中文本框或者文本框中的多个段落。

② 通过“开始”选项卡上的“段落”组中的各项工具，可对段落的对齐方式、分栏数、行距等进行快速设置。其中，通过“降低列表级别”和“提高列表级别”两个按钮可以改变段落的文本级别。

③ 单击“段落”组右下角的对话框启动器按钮，在随后弹出的“段落”对话框中可进行更加详细的段落格式设置，如图 8.29 所示。

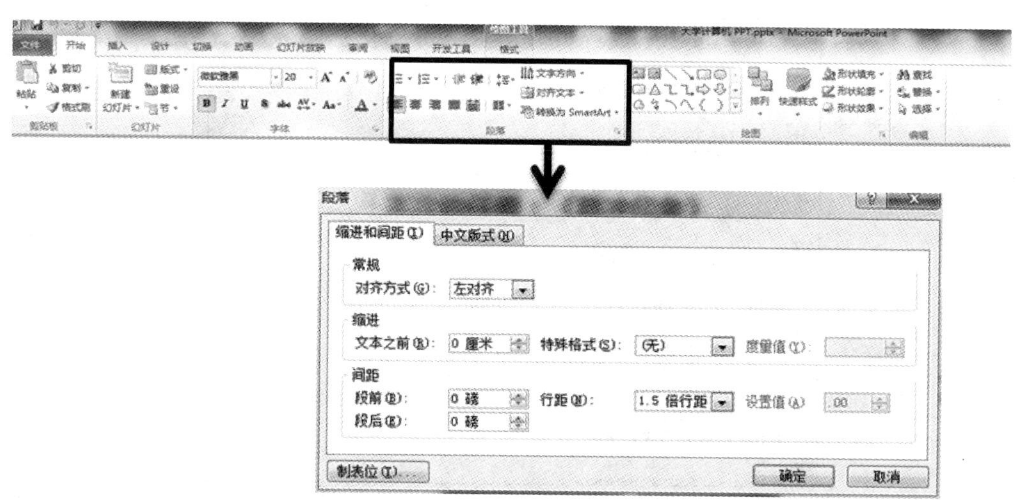

图 8.29　设置段落格式

3) 设置项目符号和编号

通过设置不同的项目符号和编号并进行级别缩进，可以体现不同的文本层次。

① 选中文本框或者文本框中的多个段落。

② 在“开始”选项卡上的“段落”组中，按下列方法设置项目符号或编号：

单击“项目符号”按钮直接应用当前项目符号；单击“项目符号”按钮旁边的黑色三角箭头，从打开的符号列表中选择一个符号；选择最下方的“项目符号和编号”命令，可自定义项目符号，如图 8.30 所示。

单击“编号”按钮直接应用当前编号；单击“编号”按钮旁边的黑色三角箭头，从打开的编号列表中选择一类编号；选择最下方的“项目符号和编号”命令，可自定义编号。

③ 通过“段落”组中的“降低列表级别”和“提高列表级别”两个按钮可改变段落的文本级别。

图 8.30　设置段落的项目符号和编号

3. 在“大纲”选项卡中编辑文本

演示文稿中的文本通常具有不同的层次结构。除了通过项目符号和编号来体现不同层次结构外，还可以在普通视图下通过幻灯片/大纲浏览窗格中的“大纲”选项卡直接对幻灯片中的文本进行输入和编辑。在“大纲”选项卡中可以快速输入、编辑幻灯片的文本并调整其层次结构，如图 8.31 所示。

① 在普通视图下，单击幻灯片/大纲浏览窗格中的“大纲”选项卡。

② 在“大纲”选项卡中的某张幻灯片图标右边单击鼠标，进入编辑状态，此时可直接输入幻灯片标题，按 Shift+Enter 组合键可实现标题文本的换行输入。

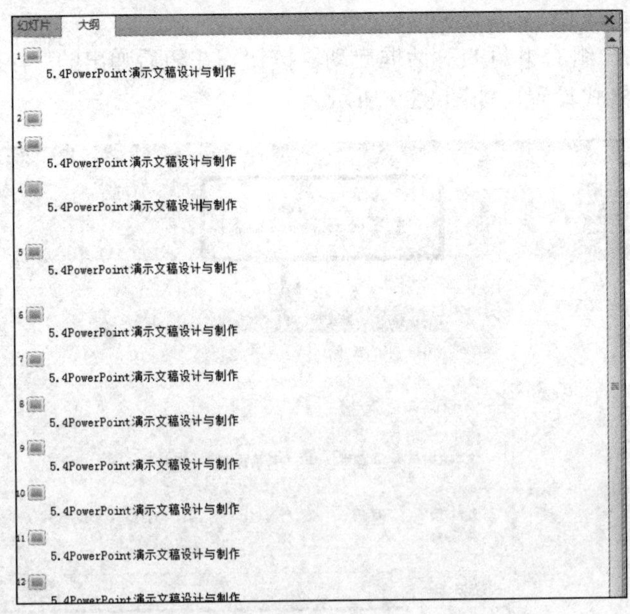

图 8.31　在“大纲”选项卡中编辑文本

③ 输入标题内容后，按 Enter 键可插入一张新幻灯片。

④ 插入一张新幻灯片后，按 Tab 键可将其转换为上一幻灯片的下一级正文文本，此时按 Enter 键可继续输入同级文本，按 Tab 键可缩进文本。

⑤ 在正文文本之后按 Ctrl+Enter 组合键可插入一张新幻灯片。

⑥ 当光标位于幻灯片图标之后时按 Backspace 键可合并相邻的两张幻灯片内容。

4. 使用艺术字

PowerPoint 提供对文本进行艺术化处理的功能。通过使用艺术字，使文本具有特殊的艺术效果，例如，可以拉伸标题、对文本进行变形、使文本适应预设形状或应用渐变填充等。在幻灯片中既可以创建艺术字，也可以将现有文本转换成艺术字。

1) 创建艺术字

① 在普通视图下，选中需要插入艺术字的幻灯片。

② 在“插入”选项卡上的“文本”组中，单击“艺术字”按钮，打开艺术字样式列表。

③ 在艺术字样式列表中选择一种艺术字样式，幻灯片中出现指定样式的艺术字编辑框，输入新的艺术字文本代替原有提示内容“请在此放置您的文字”，如图 8.32 所示。

④ 拖动艺术字编辑框四周的尺寸控点可以改变编辑框的大小。

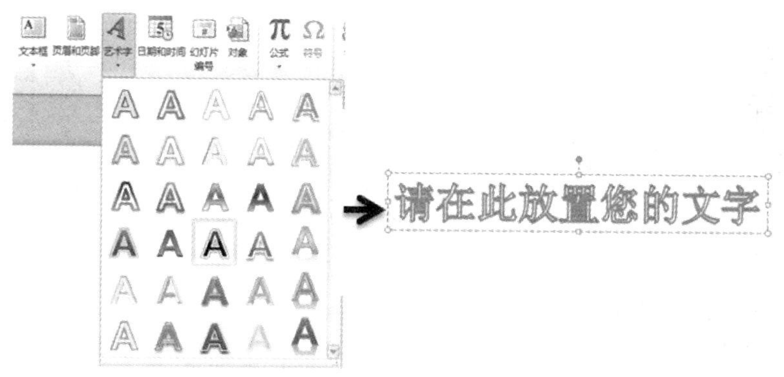

图 8.32　插入艺术字

2) 修饰艺术字

和普通文本一样，艺术字也可以改变字体和字号，还可以对艺术字内的填充(颜色、渐变、图片、纹理等)、轮廓线(颜色、粗细、线型等)和文本外观效果(阴影、发光、映像、棱台、三维旋转和转换等)进行修饰处理，使艺术字的效果得到创造性的发挥。

(1) 选中需要改变字体、字号的艺术字，通过“开始”选项卡上的“文本”组和“段落”组中的工具可以设置艺术字的字体、字号、字间距、颜色、对齐方式等字体及段落格式。

(2) 选中要修饰的艺术字，使其周围出现 8 个白色尺寸控点和一个绿色控点。拖动绿色控点可以任意旋转艺术字。

(3) 选中艺术字时，将会出现“绘图工具 | 格式”选项卡，利用该选项卡上的“艺术字样式”组可以更改艺术字样式，通过其中的“文本填充”“文本轮廓”和“文本效果”工具可以进一步修饰艺术字和设置艺术字外观效果，如图 8.33 所示。

(4) 确定艺术字位置：用鼠标直接拖动艺术字编辑框可以将其大致定位。如果希望精确定位艺术字，可在“绘图工具 | 格式”选项卡的“大小”组中单击右下角的对话框启动器按钮，打开“设置形状格式”对话框，在“位置”窗口中设置艺术字在幻灯片中的精确位置。

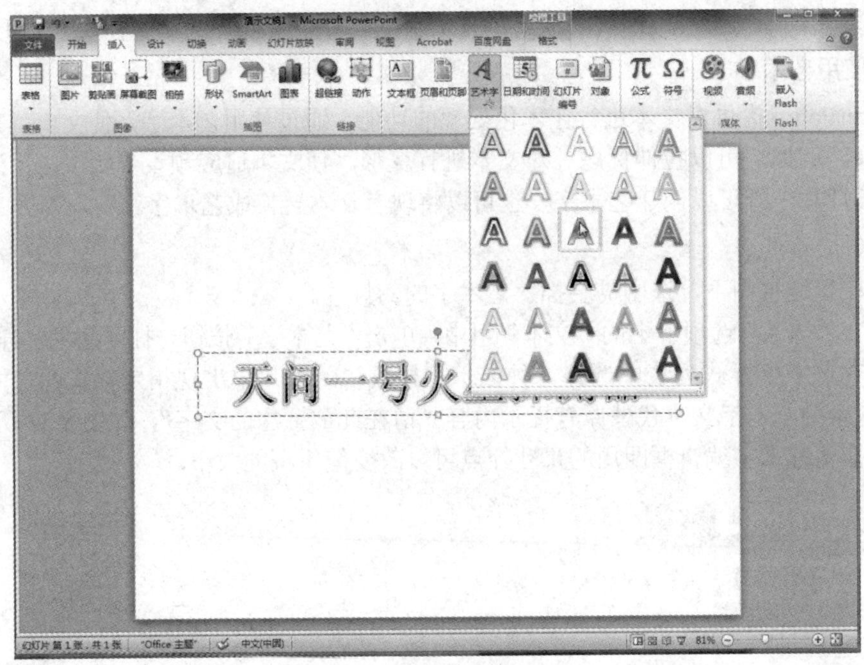

图 8.33　设置效果后的艺术字

3) 将普通文本转换为艺术字

输入并选择需要转换的普通文本，在“插入”选项卡上的“文本”组中单击“艺术字”按钮，在弹出的艺术字样式列表中选择一种样式并进行修饰，然后将原普通文本删除即可。

8.2.4　插入图形和图片

为了使演示文稿拥有更加丰富的表现力，可以在幻灯片中绘制各种图形、插入内置的剪贴画图片或来自外部的图片文件。

1. 使用 SmartArt 图形

SmartArt 图形是 PowerPoint 2010 提供的新功能，是一种智能化的矢量图形，它是已经组合好的文本框和形状、线条。利用 SmartArt 图形可以快速在幻灯片中插入各类格式化的结构流程图。PowerPoint 提供的 SmartArt 图形类型有：列表、流程、循环、层次结构、关系、矩阵、棱锥图等。

1) 利用 SmartArt 占位符

① 为幻灯片应用带有内容占位符的版式，如“标题和内容”版式。

② 单击内容占位符中的“插入 SmartArt 图形”图标，打开“选择 SmartArt 图形”对话框。

③ 从左侧的列表中选择类型，在右侧的缩览图列表中选择图形。当光标指向某一缩览图时，右下方将会显示该图形的具体名称，如图 8.34 所示。

④ 单击“确定”按钮，将 SmartArt 图形插入到幻灯片中，在“文本窗格”或形状中输入文本。

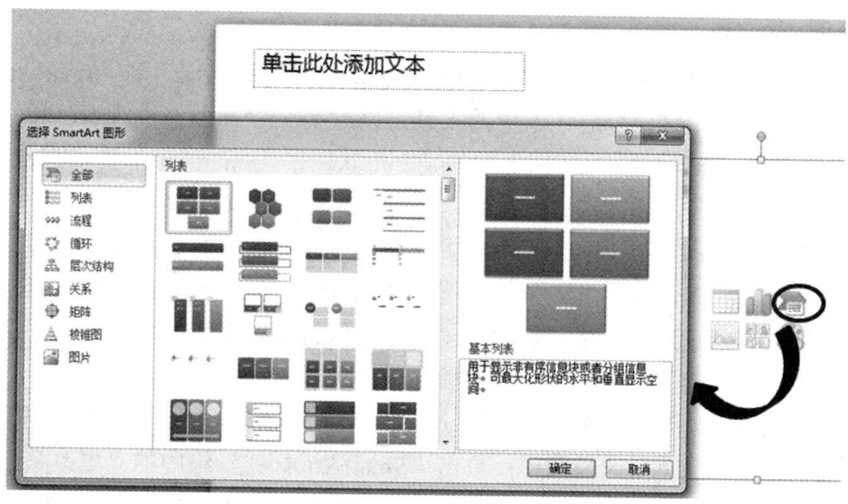

图 8.34　通过内容占位符插入 SmartArt 图形

2) 直接插入 SmartArt 图形

选择要插入 SmartArt 图形的幻灯片，在“插入”选项卡上的“插图”组中单击“SmartArt 图形”按钮，打开“选择 SmartArt 图形”对话框，选择一个图形插入并输入文本。

3) 将文本转换为 SmartArt 图形

① 在幻灯片中输入文本，调整好文本的级别。

② 选中文本并在文本上单击鼠标右键。

③ 在弹出的快捷菜单中选择“转换为 SmartArt”命令。

④ 从打开的图形列表中选择合适的 SmartArt 图形，如图 8.35 所示。

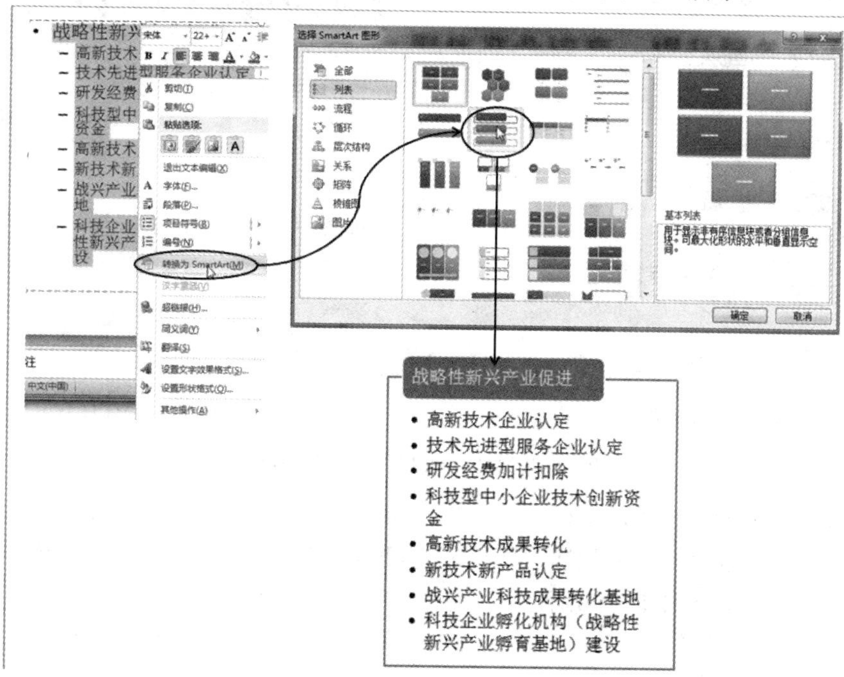

图 8.35　将文本转换为 SmartArt 图形

4) 编辑 SmartArt 图形

插入 SmartArt 图形并选中后，将会出现"SmartArtt 工具 | 设计"和"SmartArt 工具 | 格式"两个选项卡，利用这两个选项卡中的工具可以对 SmartArt 图形进行编辑和修饰。

(1) 添加形状。选中 SmartArt 图形中的某一形状，在"SmartArt 工具 | 设计"选项卡的"创建图形"组中单击"添加形状"按钮，即可添加一个相同的形状。

(2) 编辑文本和图片。选中幻灯片中的 SmartArt 图形，左侧显示文本窗格，可在其中添加、删除和修改文本，通过 Tab 键可改变文本的级别。如果文本窗格被隐藏，则可通过单击图形左侧的黑色三角箭头将其显示出来，也可以直接在形状中对文本进行编辑。如果选择了带有图片的图形，则可以在形状中插入图片。

(3) 使用 SmartArt 图形样式。在"SmartArt 工具 | 设计"选项卡上的"布局"组中单击"重新布局"按钮可以重新选择图形；单击"SmartArt 样式"组中的"更改颜色"按钮可以快速改变图形的颜色搭配，如图 8.36(a)所示；利用"SmartArt 样式"组中的"快速样式"列表可以改变设计样式，如图 8.36(b)所示。

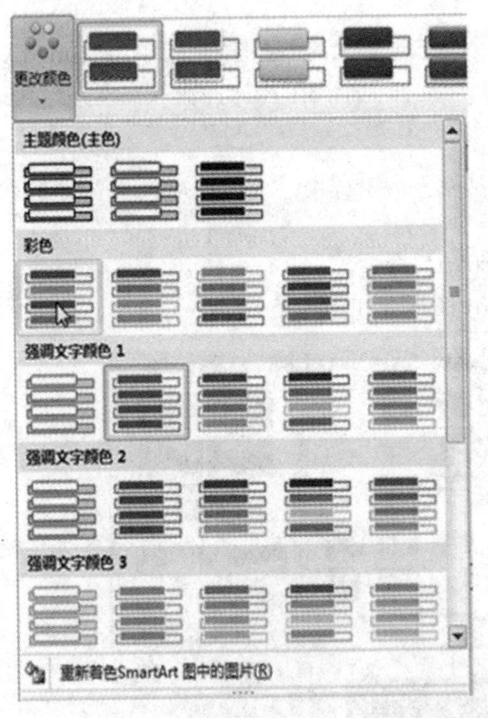

(a) 更改颜色搭配

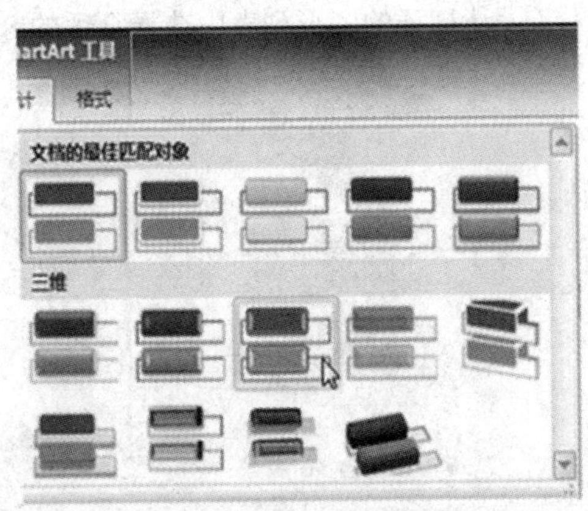

(b) 改变设计样式

图 8.36　重新设计 SmartArt 图形的颜色与样式

(4) 重新设计 SmartArt 形状样式。选中 SmartArt 图形中的某一个形状，通过"SmartArt 工具 | 格式"选项卡上的"形状样式"组中的相关工具，可以对该形状的颜色、轮廓、效果等重新进行设计，如图 8.37 所示。

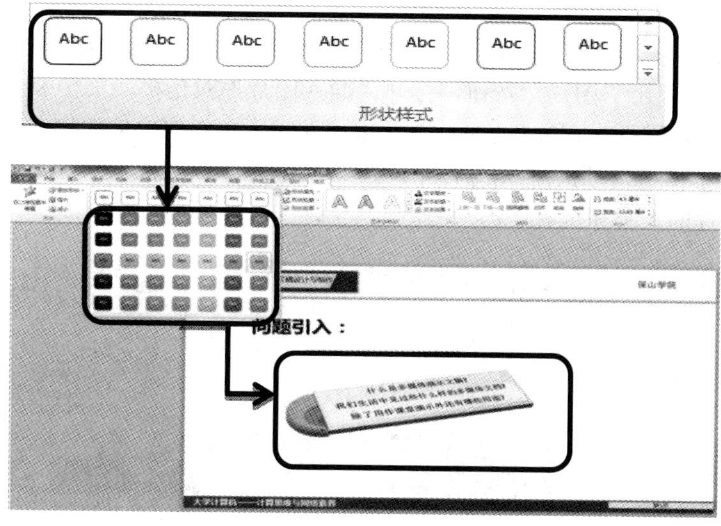

图 8.37　重新设计 SmartArt 图形的形状样式

2. 使用图片

在幻灯片中使用图片可以使演示效果变得更加生动直观。可以插入的图片主要有三类：第一类是剪贴画，在 Office 中有各类剪贴画以供使用；第二类是以文件形式存在的图片，可以从平时收集到的图片文件中选择；第三类是可以直接截取屏幕作为图片插入到幻灯片中。

1) 插入剪贴画

① 在幻灯片中单击内容占位符中的“剪贴画”图标，或者从“插入”选项卡上的“图像”组中单击“剪贴画”按钮，窗口右侧出现“剪贴画”窗格。

② 在“剪贴画”窗格中单击“搜索”按钮，下方出现各式各样的剪贴画。

③ 从中单击选择合适的剪贴画，将其插入到幻灯片中，如图 8.38 所示。

④ 调整剪贴画的大小和位置。

提示　可以在“搜索文字”栏中输入搜索关键字或剪贴画的完整或部分文件名，如“computers”，再单击“搜索”按钮，则只搜索与关键字相匹配的剪贴画以供选择。为减少搜索范围，可以在“结果类型”栏指定搜索类型(如插图、照片、视频、音频等)。

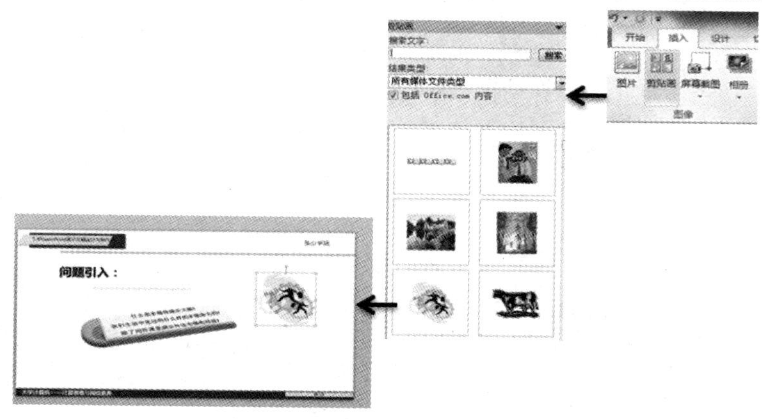

图 8.38　在幻灯片中插入剪贴画

2) 插入图片

① 在幻灯片中单击占位符中的“插入来自文件的图片”图标，或者从“插入”选项卡上的“图像”组中单击“图片”按钮，打开“插入图片”对话框，如图 8.39 所示。

② 在对话框左侧选择存放目标图片文件的文件夹，在右侧选择图片文件，然后单击“打开”按钮，将该图片插入到当前幻灯片中。

③ 调整图片的大小和位置。

图 8.39 打开“插入图片”对话框

3) 获取屏幕截图

① 选中需要插入屏幕截图的幻灯片。

② 从“插入”选项卡上的“图像”组中单击“屏幕截图”按钮，从打开的下拉列表中选择一个当前正呈打开状态的窗口，如图 8.40 所示。

③ 如果想要截取当前屏幕的任意区域，可从下拉列表中选择“屏幕剪辑”命令，然后拖动鼠标选取打算截取的屏幕范围即可。

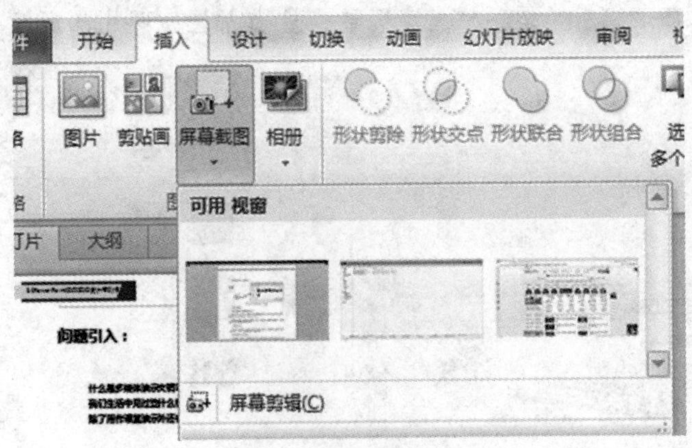

图 8.40 插入屏幕截图

4) 调整图片格式

选中幻灯片中的图片，将会显示“图片工具 | 格式”选项卡，利用该选项卡中的工具可以对图片的大小、格式、效果等重新进行设置和调整。

(1) 调整图片的大小和位置。

快速调整：选中图片，用鼠标拖动图片框即可调整其位置，拖动图片四周的尺寸控点就可大致调节图片的大小。

精确定义图片的大小和位置：选中图片，在“图片工具 | 格式”选项卡的“大小”组中单击右下角的对话框启动器按钮，打开“设置图片格式”对话框，如图 8.41 所示。在“大小”选项窗口中可设定图片的高和宽；在“位置”选项窗口中可设定图片在幻灯片中的精确位置。

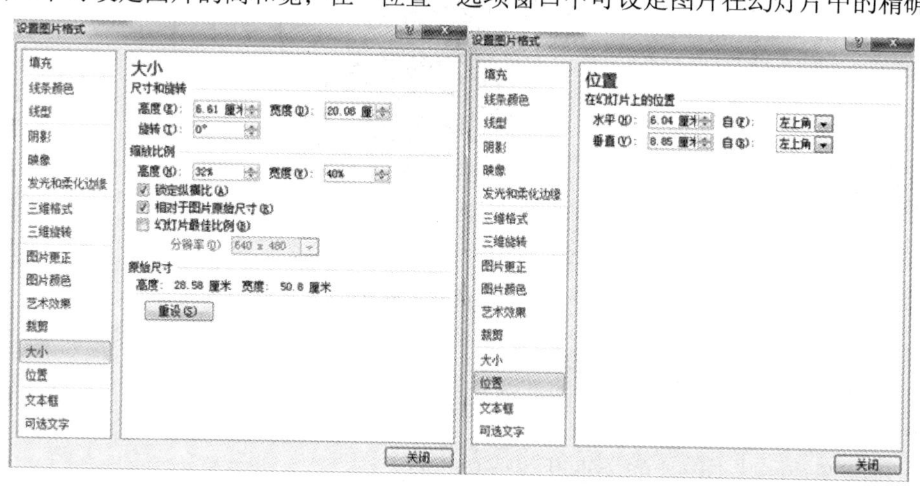

图 8.41　设置图片格式对话框

裁剪图片：选中图片，在“图片工具 | 格式”选项卡的“大小”组中单击“裁剪”按钮，进入裁剪状态，用鼠标拖动图片四周的裁剪柄可剪裁图片周围多余的部分。单击“裁剪”按钮旁边的黑色三角箭头，从下拉列表中选择相应命令可按形状对图片进行剪裁。

(2) 旋转图片。

旋转图片能使图片按要求向不同方向倾斜，可手动粗略旋转，也可指定角度精确旋转。

① 手动旋转图片：选中要旋转的图片，图片四周出现尺寸控点，拖动上方绿色控点即可大致随意旋转图片。

② 精确旋转图片：选中图片，在“图片工具 | 格式”选项卡的“排列”组中单击“旋转”按钮，在打开的下拉列表中选择旋转方式，选择其中的“其他旋转选项”命令，可在弹出的“设置图片格式”对话框中指定具体的旋转角度。

(3) 设定图片样式和效果。

图片样式就是各种图片外观格式的集合，使用图片样式可以快速美化图片。系统内置了多种图片样式供选择。

① 在幻灯片中选中需要改变样式的图片。

② 在“图片工具 | 格式”选项卡上的“图片样式”组中，打开图片样式列表，从中选择某一内置样式应用于所选图片，如图 8.42 所示。

③ 在“图片工具 | 格式”选项卡上的“图片样式”组中单击“图片效果”按钮，可进

一步设置图片的阴影、映像、发光等特定视觉效果以使其更加美观，富有感染力。

图 8.42　为图片设置样式

(4) 调整和压缩图片。

在“图片工具|格式”选项卡上的“调整”组中，提供了多种工具对图片效果进行多层次调整。

① 压缩图片：减小图片的大小以减小文件的大小。

② 删除背景：可以取消图片的背景颜色。

③ 艺术效果：可以为图片添加多种艺术效果，如图 8.43 所示。

图 8.43　为图片设置艺术效果

3. 绘制形状

在幻灯片中可以自由绘制多种形状，通过排列、组合这些形状，可以形成更好表达思想和观点的组合图形。可用的形状包括线条、基本形状、箭头总汇、公式形状、流程图、星与旗帜、标注和动作按钮等。

1) 绘制形状

① 在普通视图下，选中需要绘制形状的幻灯片。

② 在“插入”选项卡上的“插图”组中单击“形状”按钮，打开各类形状列表。

③ 在该形状列表中单击选择某一形状，如左、右箭头。

④ 在幻灯片中拖动鼠标绘制出相应形状，如图 8.44 所示。其中的“线条”可以作为连接符使用，将两个形状连接起来，当移动其中一个形状时，作为连接符的线条端点同时移动而不会断开。

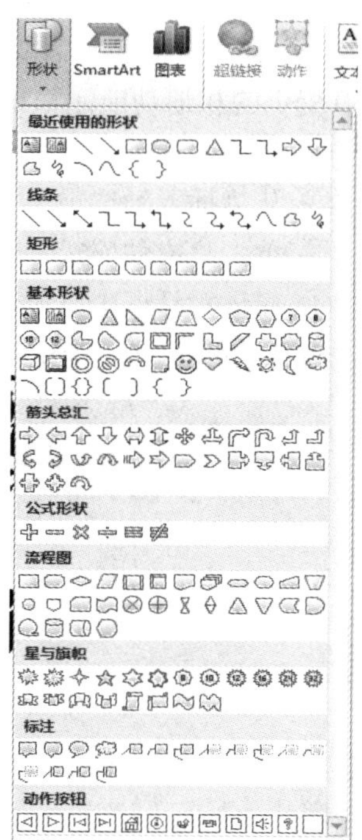

图 8.44　在幻灯片中绘制形状

2) 调整形状的格式

选中需要调整格式的形状，将会显示如图 8.45 所示的“绘图工具 | 格式”选项卡，利用该选项卡可对形状进行格式设置。其中：

① 通过“插入形状”组中的“编辑形状”按钮，可以改换为其他形状，也可以通过编辑顶点来自由改变形状。

② 通过“形状样式”组，可以套用内置形状样式，也可以自行定义形状的填充颜色、线条轮廓，还可以选用不同的形状效果。

③ 通过“大小”组，可以设定形状的宽度和高度以及旋转角度。

④ 如果有多个形状，则可以通过“排列”组中的相关功能设置这些形状的相对位置、对齐方式，并可将多个形状组合为一个。

图 8.45　“绘图工具 | 格式”选项卡

【例 8-3】 依据图 8.46 所示的样例绘制流程图并进行格式设置。

操作步骤提示：

① 形状之间应使用连接符线条，当线条端点与形状上的黑色圆形标记连接时就会产生动态移动连接符，如图中第一个“准备”流程图形状与右侧的“文档”流程图形状之间的线条连接状态所示。

② 通过“绘图工具 | 格式”选项卡→“排列”组→“对齐”按钮→“左右居中”命令，可将所选形状在垂直方向上居中对齐。

③ 绘制完成后，可将所有形状组合为一个图形。

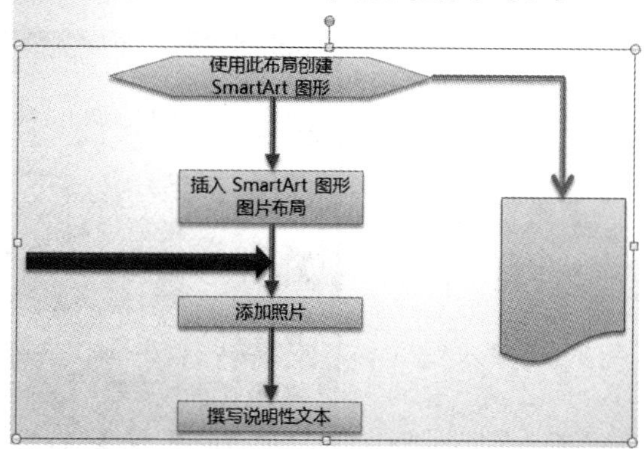

图 8.46　绘制形状并进行格式设置

4. 制作相册

如果有大量的图片需要制作成幻灯片向观众介绍，供大家欣赏，可以利用 PowerPoint 2010 提供的相册功能制作出颇具专业水准的相册。

① 将需要展示的图片组织在一个文件夹中，新建一个空白演示文稿。

② 从“插入”选项卡上的“图像”组中，单击“相册”按钮，打开“相册”对话框。

③ 单击“文件/磁盘”按钮，打开“插入新图片”对话框。

④ 在该对话框中，通过 Ctrl 键和 Shif 键辅助选择多幅图片，单击“插入”按钮，返回“相册”对话框，如图 8.47 所示。

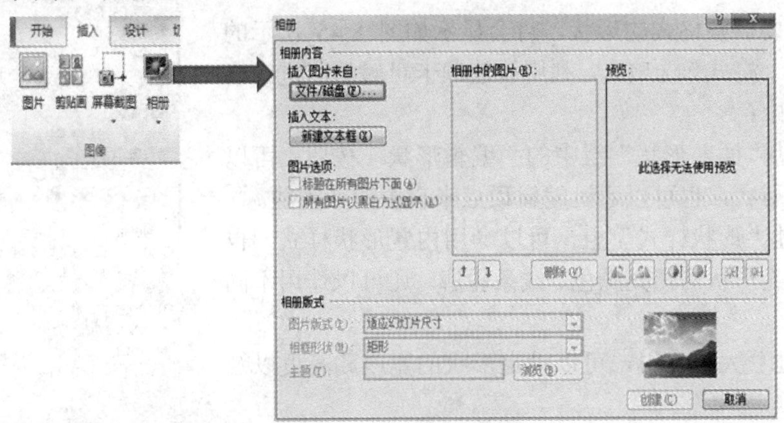

图 8.47　插入相册并选择图片

⑤ 在“相册版式”组中进行下列设置：

- 在“图片版式”下拉列表中选择一个版式。
- 在“相框形状”下拉列表中选择一个相框样式。
- 单击“主题”右侧的“浏览”按钮，为相册选择一个主题。

⑥ 单击“创建”按钮，将会自动按设定的格式创建一份相册。

⑦ 为每张幻灯片添加合适的标题，并将其进行保存。

【例 8-4】　利用配套资料中“相册图片”文件夹下提供的素材创建如图 8.48 所示的相册。

图 8.48　制作武夷山旅游相册

操作步骤提示：

① 选择“相册图片”文件夹，将所有图片文件插入到相册中。

② “图片版式”设为“4 张图片(带标题)”，“相框形状”选择“居中矩形阴影”，“主题”选用“Angles.thmx(角度)”。

③ 输入标题文本并以“相册”为名进行保存。

8.2.5 使用表格和图表

表格能够将数据进行条理化展示，而图表能够将数据进行图形化表现，表格和图表都可以令信息的展示更加清晰、直观、明了、易读。

1. 创建表格

在幻灯片中除了使用文本、形状、图片外，还可以插入表格等对象。

1) 插入表格

① 选择需要添加表格的幻灯片。

② 选择执行下列操作——插入表格框架。

在带有内容占位符的版式中单击“插入表格”图标，在打开的“插入表格”对话框中输入行数和列数，如图 8.49(a)所示。

在“插入”选项卡上的“表格”组中，单击“表格”按钮弹出下拉列表，在其中的表格示意图中拖动鼠标确定行/列数后单击鼠标，如图 8.49(b)所示。

在“插入”选项卡上的“表格”组中，单击“表格”按钮，在弹出的下拉列表中选择单击“插入表格”命令，在打开的“插入表格”对话框中输入表格的行数和列数。

③ 表格插入到幻灯片中后，拖动表格四周的尺寸控点可以改变其大小，拖动表格边框可以移动其位置。

④ 单击某个单元格定位光标，然后向其中输入文字。

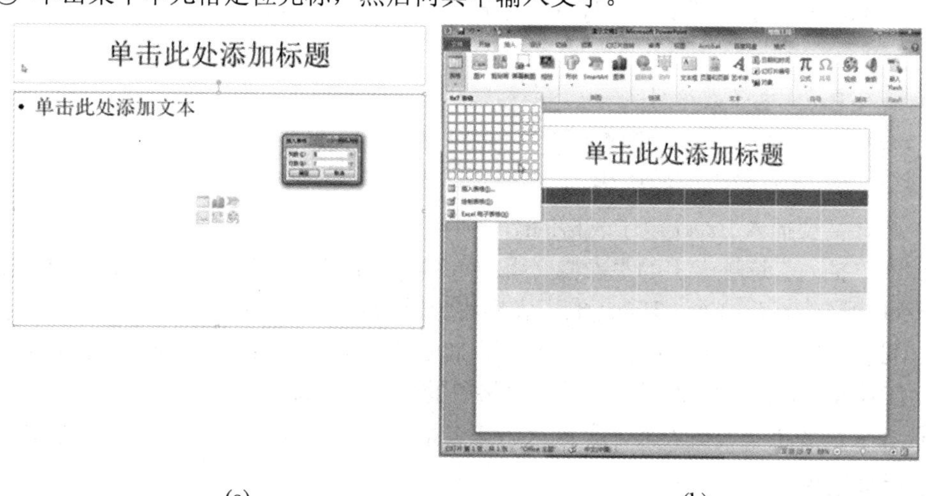

(a)　　(b)

图 8.49　在幻灯片中插入表格

2) 编辑美化表格

选中插入的表格，将会出现如图 8.50 所示的“表格工具 | 设计”和图 8.51 所示的“表

格工具 | 布局”两个选项卡。利用这两个选项卡中的工具可对表格进行格式化操作，调整表格结构。

(1) 套用表格样式：选中表格，在“表格工具 | 设计”选项卡上的“表格样式”组中，从“表格样式”下拉列表中选择一个预置样式。

(2) 改变表格边框和填充：选中表格，在“表格工具 | 设计”选项卡上的“表格样式”组中，通过“底纹”“边框”“效果”三个按钮，可以为单元格设置填充、边框和特殊效果。

(3) 调整表格结构：利用“表格工具 | 布局”选项卡中的各项工具，可以调整表格的行/列数、设置表格中文字的排列及对齐方式。

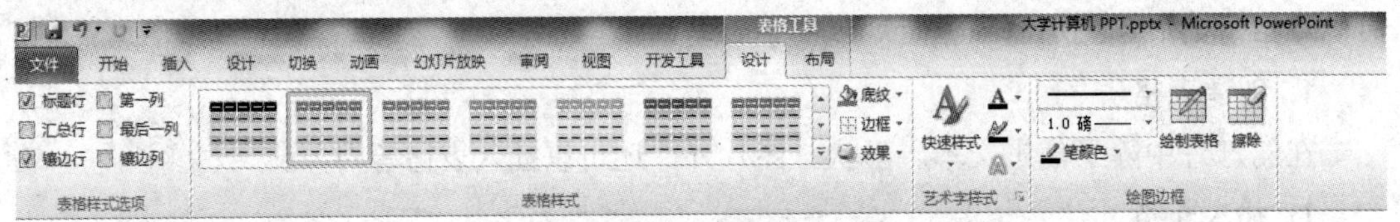

图 8.50 “表格工具 | 设计”选项卡

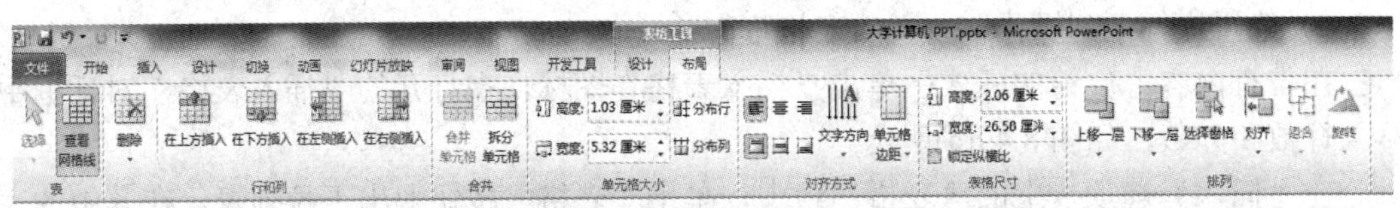

图 8.51 “表格工具 | 布局”选项卡

3) 从 Word/Excel 中复制和粘贴表格

在 Word 或 Excel 中操作完成的表格，可以直接复制到 PowerPoint 的幻灯片中。

① 首先在 Word 中选择需要复制的表格或者在 Excel 中选择单元格区域，然后在“开始”选项卡上的“剪贴板”组中单击“复制”按钮。

② 在 PowerPoint 演示文稿中选择一张幻灯片，然后在“开始”选项卡中单击“粘贴”按钮。

4) 插入 Excel 电子表格对象

直接在幻灯片中将 Excel 电子表格作为嵌入对象插入并编辑，可以更方便地利用 Excel 电子表格在统计和计算方面的优势。

① 选择需要插入 Excel 电子表格的幻灯片。

② 在“插入”选项卡上的“表格”组中，单击“表格”按钮，从打开的下拉列表中选择“Excel 电子表格”命令，Excel 电子表格将会以嵌入对象方式插入到幻灯片中。

③ 可以像在 Excel 中一样在单元格中添加文字，进行其他编辑、修改及计算操作。

④ Excel 表格编辑完成后，单击该表格外的任意位置即可。

⑤ 如果需要再次编辑表格，只需双击该表格就可重新进入 Excel 表格编辑状态。

4. 生成图表

在 PowerPoint 中可以插入多种数据图表和图形，如柱形图、折线图、饼图、条形图、面积图、散点图、股价图、曲面图、圆环图、气泡图和雷达图等。

① 选择需要插入图表的幻灯片。

② 单击内容占位符中的“插入图表”图标，或者在“插入”选项卡上的“插图”组中单击“图表”按钮，打开“插入图表”对话框。

③ 在该对话框中，选择合适的图表类型，单击“确定”按钮，将会启动 Excel，如图 8.52 所示。

④ 在 Excel 工作表中输入、编辑生成图表数据源。

⑤ 数据编辑完成后，关闭 Excel，相应图表即可插入到幻灯片中。

⑥ 单击“图表工具 | 设计”“图表工具 | 版式”和“图表工具 | 格式”三个选项卡，可以对图表进行添加或更改内容、更改布局、进行格式设置。

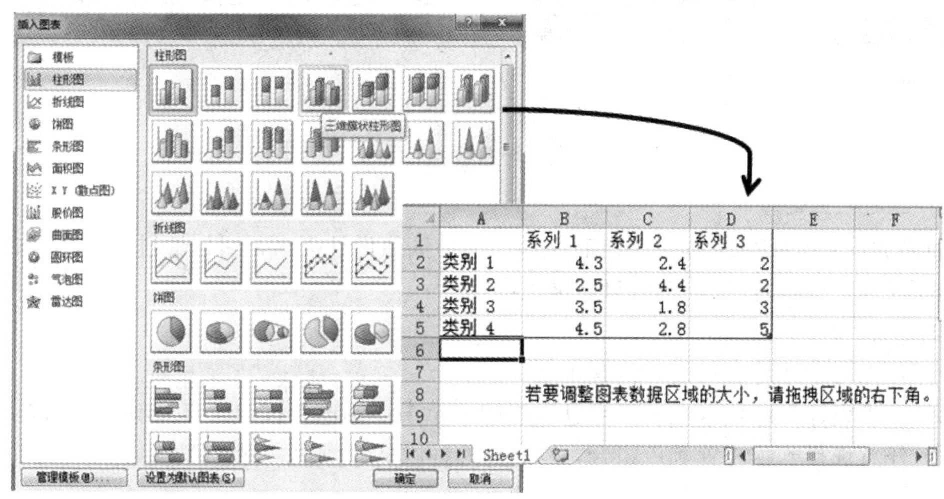

图 8.52 插入图表时启动 Excel 程序

8.2.6 设计幻灯片主题与背景

为幻灯片应用不同的主题配色方案，可以增强演示文稿的感染力。PowerPoint 提供大量的内置主题方案可供选择，必要时还可以自己设计背景颜色、字体搭配以及其他特殊效果。

1. 应用设计主题

主题是一组格式，包含主题颜色、主题字体和主题效果三者的组合，主题可以作为一套独立的选择方案应用于文档中，使得演示文稿具有统一的风格。应用主题可以简化演示文稿的创建过程，快速达到专业水准。Office 主题可以在 Word、Excel、PowerPoint 三者中共享使用。

1) 应用内置主题

PowerPoint 提供了大量的内置主题以供选择使用。同主题可以应用于整个演示文稿或演示文稿中的某一节，也可以应用于指定的幻灯片。

① 在普通视图下或幻灯片浏览视图下，选择一组需要应用主题的幻灯片，如果选择了某一节，所选主题将会应用于所选节。如果演示文稿未分节，也没有选择某组幻灯片，则所选主题将会应用于当前文档的所有幻灯片。

② 在“设计”选项卡的“主题”组中，打开快捷主题列表，如图 8.53 所示。

③ 将鼠标光标指向某一主题，右下角显示该主题的名称，同时在幻灯片窗格中可预览

该主题效果。

④ 单击某一内置主题，该主题即可应用于演示文稿或指定幻灯片组。如果在主题上单击右键，则可从弹出的快捷菜单中指定该主题的应用范围。

⑤ 选择主题列表下方的“浏览主题”命令，打开选择主题对话框，可以使用已有的外来主题。

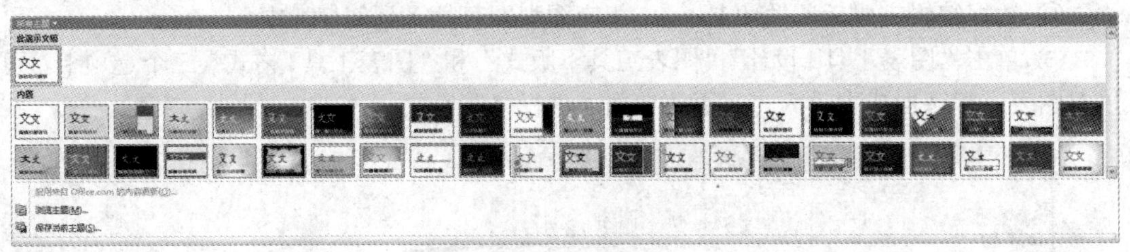

图 8.53　选择主题

2) 自定义主题

如果觉得 PowerPoint 提供的现有主题不能够满足设计需求，可以通过自定义方式修改主题的颜色、字体和背景，形成自定义主题。

(1) 自定义主题颜色。

① 首先对幻灯片应用某一内置主题。

② 在“设计”选项卡上的“主题”组中，单击“颜色”按钮，打开颜色库列表。

③ 任意选择一款内置颜色组合，幻灯片的标题文字颜色、背景填充颜色、文字的颜色也随之改变。

④ 单击“新建主题颜色”命令，打开“新建主题颜色”对话框，如图 8.54 所示。

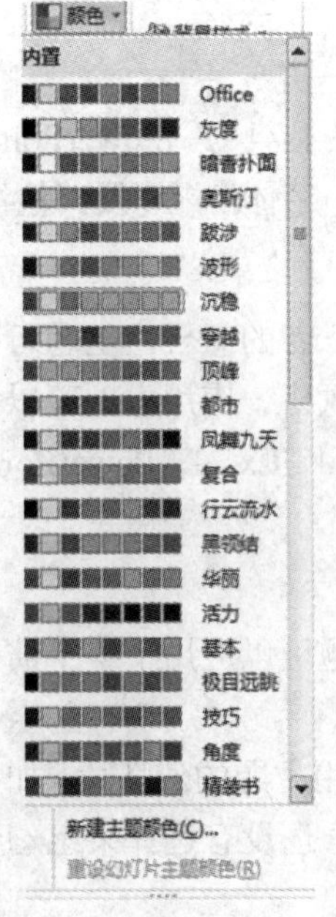

图 8.54　自定义主题颜色

⑤ 在该对话框可以改变文字、背景、超链接的颜色；在“名称”文本框中可以为自定

义主题颜色命名，单击“保存”按钮。

⑥ 自定义颜色组合将会显示在颜色库列表中内置组合的上方以供选用。

(2) 自定义主题字体。

自定义主题字体主要是定义幻灯片中的标题字体和正文字体。方法如下：

① 对已应用了某主题的幻灯片，在“设计”选项卡上的“主题”组中单击“字体”按钮，打开字体库下拉列表。

② 任意选择一款内置字体组合，幻灯片的标题文字和正文文字的字体随之改变。

③ 单击“新建主题字体”命令，打开“新建主题字体”对话框，如图 8.55 所示。

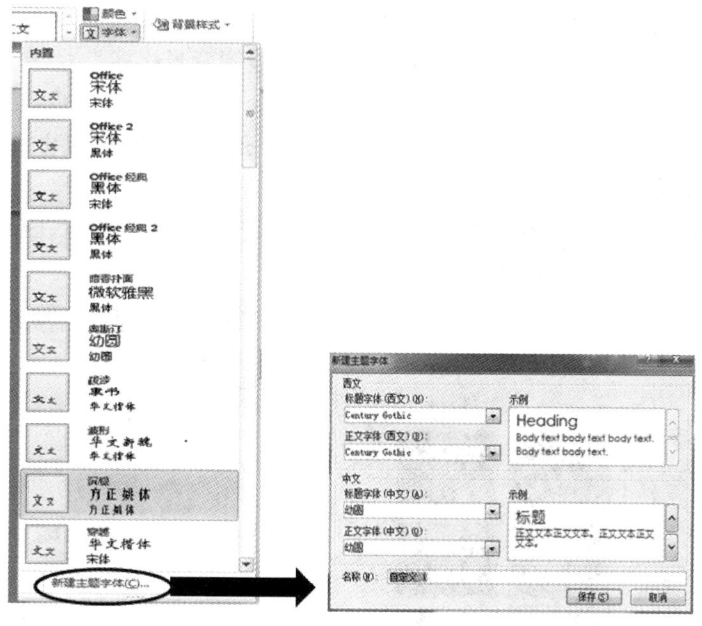

图 8.55　自定义主题字体

④ 在该对话框中可以分别设置标题和正文的中西文字体；在“名称”文本框中可以为自定义主题字体命名。之后单击“保存”按钮，演示文稿中的标题和正文字体将会按新方案设置。

自定义主题字体将会列示在字体库列表的内置字体的上方以供使用。

另外，还可以通过“设计”选项卡上的“主题”组中的“字体”按钮选择主题效果。主题效果指定如何将效果应用于图表、SmartArt 图形、形状、图片、表格、艺术字等对象。通过使用主题效果库，可以替换不同的效果集以快速更改这些对象的外观。

2. 变换背景

幻灯片的主题背景通常是预设的背景格式，与内置主题一起提供，必要时可以对背景样式重新设置，创建符合演示文稿内容要求的背景填充样式。

1) 改变背景样式

PowerPoint 为每个主题提供了 12 种背景样式以供选用。既可以改变演示文稿中所有幻灯片的背景，也可以只改变指定幻灯片的背景。

① 在“设计”选项卡上的“背景”组中，单击“背景样式”按钮，打开背景样式库列表。

② 当光标移至某背景样式处时将显示该样式的名称。

③ 单击选择一款合适的背景样式应用于演示文稿。

提示　通常情况下，从背景样式库列表中选择一种背景样式，则演示文稿中所有幻灯片均采用该背景样式。若只希望改变部分幻灯片的背景，则先选中这些幻灯片，然后在所选背景样式中单击右键，在弹出的快捷菜单中选择“应用于所选幻灯片”命令，如图 8.56(a)所示，则选定的幻灯片采用该背景样式，而其他幻灯片不变。

2) 自定义背景格式

① 选中需要自定义背景的幻灯片。

② 在“设计”选项卡上的“背景”组中，单击“背景样式”按钮，打开背景样式库列表。

③ 选择其中的“设置背景格式”命令，打开“设置背景格式”对话框，如图 8.56(b)所示。

④ 在该对话框中对背景格式进行设置，可应用于幻灯片的背景包含单一颜色填充、多种颜色渐变填充、剪贴画、外来图片、特定的纹理或图案等。

⑤ 设置完毕，单击“关闭”按钮，所设效果将应用于所选幻灯片；单击“全部应用”按钮，则所设效果将应用于所有幻灯片。

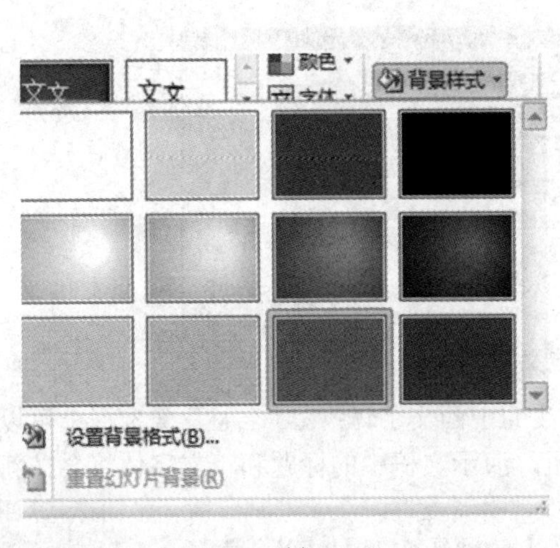

(a)

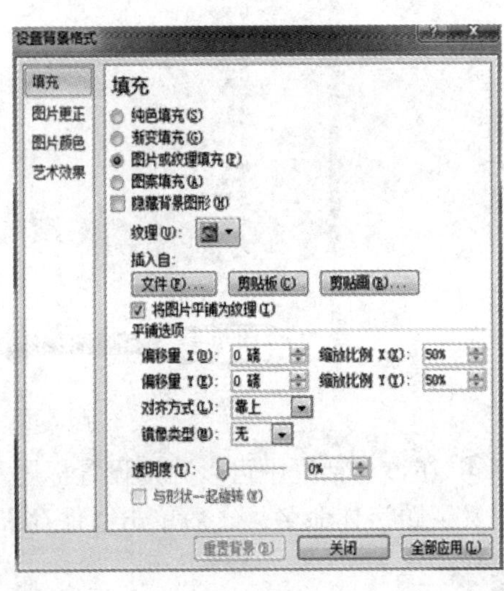

(b)

图 8.56　设置幻灯片的背景

3. 对幻灯片应用水印

水印是插入幻灯片底部的图片或文字，和背景的区别在于，背景铺满整个幻灯片，而水印占用幻灯片一部分空间。因此，水印比较灵活，可以方便地更改其在幻灯片上的大小和位置。可以对演示文稿中的部分或全部幻灯片应用水印。

① 选择要为其添加水印的幻灯片。

提示　要为空白演示文稿中的所有幻灯片添加水印，可在“幻灯片母版”视图中添加。

② 执行下列操作之一，首先在幻灯片中插入要作为水印的图片或文字：

• 如果以图片作为水印，可在“插入”选项卡上的“图像”组中，单击“图片”或“剪贴画”按钮，选择一幅图片插入到幻灯片中。

• 如果以文本作为水印，可在“插入”选项卡上的“文本”组中，单击“文本框”按钮，在幻灯片中绘制文本框并输入文字。

• 如果以艺术字作为水印，可在“插入”选项卡上的“文本”组中，单击“艺术字”按钮，在幻灯片中制作一幅艺术字。

③ 移动图片或文字的位置，调整其大小，并设置其格式。作为水印，无论是图片还是文字，颜色都不能太重太深，图片最好经过重新着色和修正以去掉其中的浓重色彩。

④ 将图片或文本框的排列方式设置为“置于底层”，以免遮挡正常幻灯片内容。

【例 8-5】 为素材文档“水印.pptx”中的第 3 张幻灯片制作如图 8.57 所示的水印效果。

操作步骤提示：

① 插入文本为“样本”两字的艺术字，选择一个空心艺术字样式、应用一个映像文本效果。调整字体、字号、颜色，并旋转一定角度。

② 通过“绘图工具 | 格式”选项卡→“排列”组→“下移一层”按钮→“置于底层”命令，移动到所有对象的最下层。

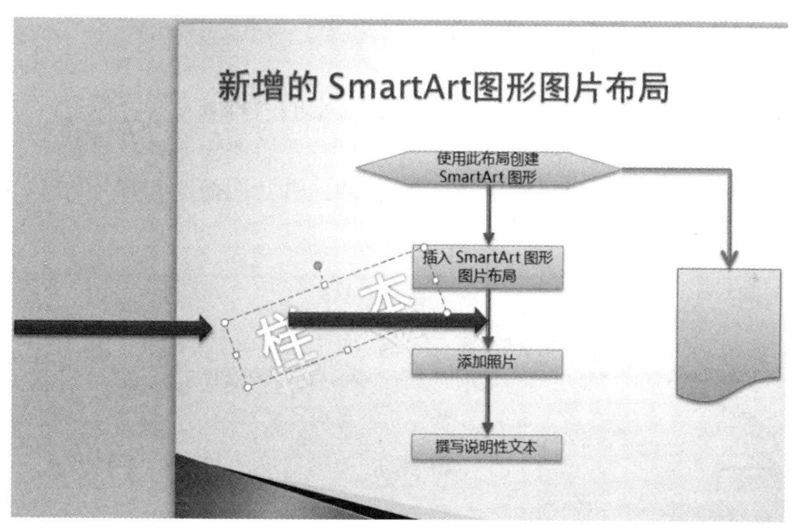

图 8.57　幻灯片的水印效果

8.2.7　幻灯片母版应用

演示文稿通常应具有统一的外观和风格，通过设计、制作和应用幻灯片母版可以快速实现这一目标。母版中包含了幻灯片中统一的格式、共同出现的内容及构成要素，如标题和文本格式、日期、背景、水印等。

1. 幻灯片母版概述

幻灯片母版是幻灯片层次结构中的顶层幻灯片，用于存储有关演示文稿的主题和幻灯片版式的信息，包括背景、颜色、字体、效果、占位符的类型及其大小和位置。

统一出现在每张幻灯片中的对象或格式可以在幻灯片母版中一次性添加和设计。在幻灯片母版中的更改将会影响整个演示文稿的外观。

每份演示文稿至少应包含一个幻灯片母版。通过幻灯片母版进行修改和更新的最主要

优点是可以对演示文稿中的每张幻灯片进行统一的格式和元素更改。使用幻灯片母版时，由于无须在多张幻灯片上输入或修改相同的信息或格式，因此大大节省了制作时间，并且可以达到格式的高度一致。如果一份演示文稿非常长，其中包含有大量幻灯片，则使用幻灯片母版制作演示文稿将会非常方便。

一份演示文稿中可以包含多个幻灯片母版，每个幻灯片母版可以应用不同的主题。可以创建一个包含一个或多个幻灯片母版的演示文稿，然后将其另存为 PowerPoint 模板文件(.potx 或.pot)，最后可以基于该模板创建其他演示文稿。

最好在开始制作各张幻灯片之前先创建幻灯片母版，而不要在构建了幻灯片之后再创建母版。如果先创建幻灯片母版，则添加到演示文稿中的所有幻灯片都是基于该幻灯片母版和相关联的版式。

如果在构建了各张幻灯片之后再创建幻灯片母版，那么幻灯片上的某些项目可能会不符合幻灯片母版的设计风格。可以使用背景和文本格式设置功能在各张幻灯片上覆盖幻灯片母版的某些自定义内容，但其他内容(例如公司徽标)则只能在“幻灯片母版”视图中修改。

2. 创建或自定义幻灯片母版

打开一个空白的演示文稿，在“视图”选项卡上的“母版视图”组中，单击“幻灯片母版”按钮，进入幻灯片母版视图，在左侧的幻灯片缩览图窗格中部显示一个具有默认相关版式的空幻灯片母版。其中，最上面那张较大的幻灯片图像为幻灯片母版，与之相关联的版式位于幻灯片母版下方，如图 8.58 所示。

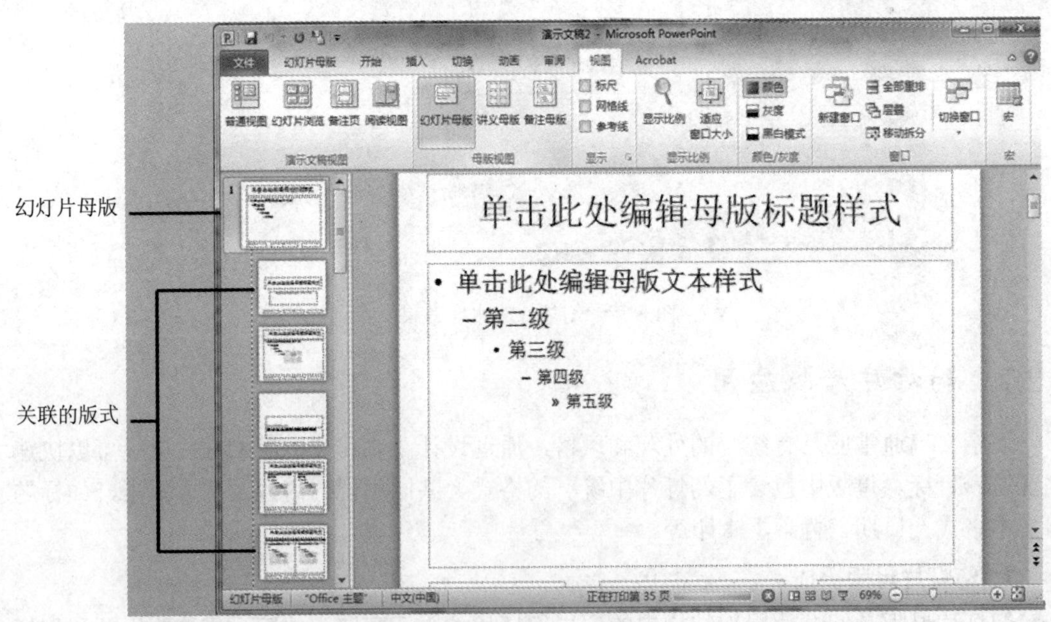

图 8.58　幻灯片母版视图

1) 自定义幻灯片母版

① 在“幻灯片母版”选项卡上的“编辑母版”组中单击“插入版式”按钮，可以创建新的关联版式。关于创建新版式可参见“8.2.2 幻灯片版式的应用中的 3.创建自定义版式”

中的介绍。

② 在左侧的幻灯片缩览图窗格中选择某个关联版式，单击选中其中的占位符，按 Delete 键可将其删除；在“幻灯片母版”选项卡上的“母版版式”组中单击“插入占位符”按钮，从下拉列表中选择某一占位符后在幻灯片中拖动鼠标可以插入占位符，如图 8.59 所示。

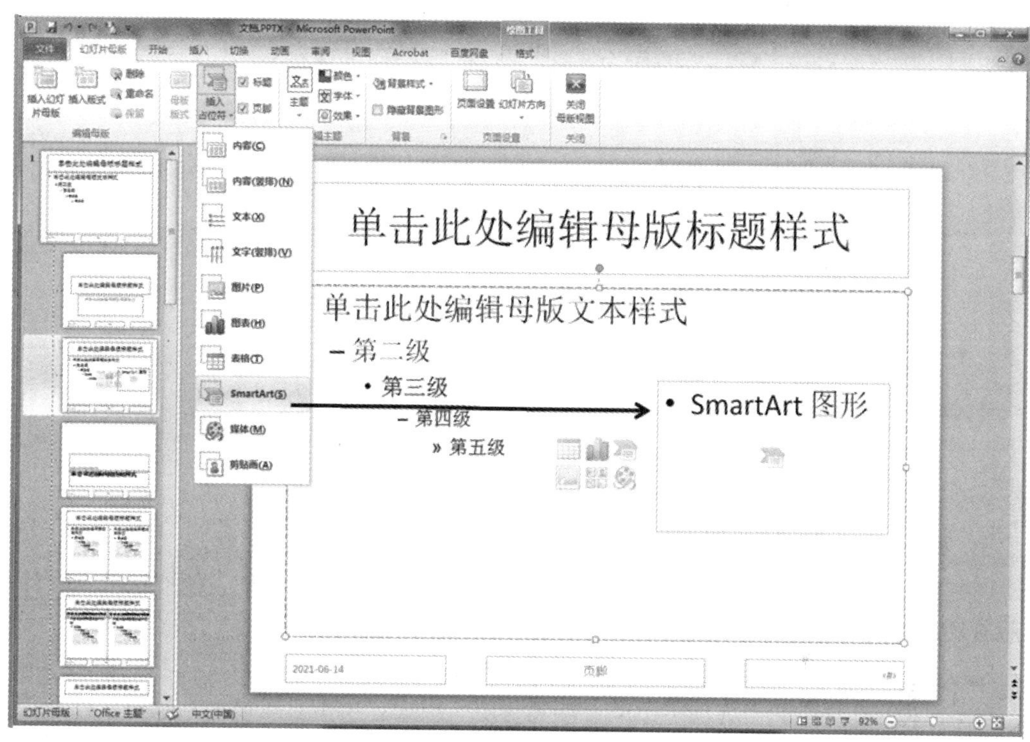

图 8.59　在幻灯片母版关联版式中插入占位符

③ 在左侧的幻灯片缩览图窗格中选择某个关联版式，按 Delete 键可将该版式删除。

④ 在左侧的幻灯片缩览图窗格中选择幻灯片母版，单击选中某个文本占位符，通过“开始”选项卡上的“字体”和“段落”组可以统一调整其中的字体、字号、颜色、段落间距、项目符号等格式。

⑤ 在“幻灯片母版”选项卡中，通过“编辑主题”组和“背景”组中的相关工具，可以为幻灯片母版应用主题、设置背景。

⑥ 在“插入”选项卡上的“图像”组中，单击“图片”或“剪贴画”按钮可在幻灯片母版中插入图片，例如公司徽标。

⑦ 在“幻灯片母版”选项卡上的“页面设置”组中，单击“幻灯片方向”按钮，可以改变幻灯片母版的方向。

⑧ 按照实际设计需求对幻灯片母版进行其他必要的编辑修改。

⑨ 在“幻灯片母版”选项卡上的“关闭”组中，单击“关闭母版视图”按钮。

2) 将母版保存为模板

① 在“文件”选项卡中单击“另存为”命令，打开“另存为”对话框。

② 在该对话框中的“文件名”文本框中输入文件名。

③ 在“保存类型”下拉列表中选择“PowerPoint 模板(*.potx)”，如图 8.60 所示。

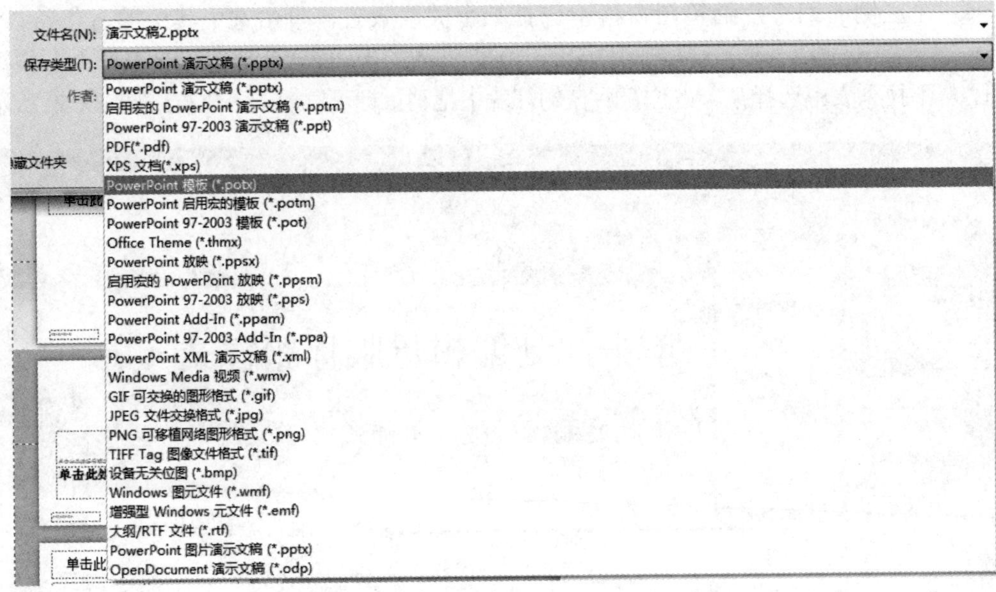

图 8.60　将包含自定义母版的演示文稿保存为模板

3) 重命名幻灯片母版

① 在“视图”选项卡上的“母版视图”组中，单击“幻灯片母版”按钮，进入幻灯片母版视图。

② 在左侧的幻灯片缩览图中，单击需要重命名的幻灯片母版。

③ 在“幻灯片母版”选项卡上的“编辑母版”组中，单击“重命名”按钮，打开“重命名版式”对话框。

④ 在该对话框的“版式名称”文本框中输入一个新的母版名称，然后单击“重命名”按钮。

3. 在一份演示文稿中应用多个幻灯片母版

如果想要使得一份演示文稿包含两个或更多个不同的样式或主题，可以在演示文稿中创建多个幻灯片母版，然后为每个幻灯片母版分别应用不同主题。

① 在“视图”选项卡上的“母版视图”组中，单击“幻灯片母版”按钮，进入幻灯片母版视图。

② 在“幻灯片母版”选项卡上的“编辑母版”组中单击“插入幻灯片母版”按钮，将会在当前母版下插入一组新的幻灯片母版及其关联版式。

③ 在“幻灯片母版”选项卡上的“编辑主题”组中，单击“主题”按钮，从下拉列表中为新幻灯片母版应用一个新的主题。

提示　在“幻灯片母版”选项卡上的“编辑母版”组中单击“删除”按钮，可删除当前选中的幻灯片母版。

4. 在演示文稿间复制幻灯片母版

在一份演示文稿中设计好的幻灯片母版，除了可以保存为模板外，还可以直接复制到其他演示文稿中使用。

① 将两份演示文稿同时打开。

② 切换到包含有要复制的幻灯片母版的演示文稿，在“视图”选项卡上的“母版视图”，组中单击“幻灯片母版”按钮，进入幻灯片母版视图。

③ 在幻灯片缩览图窗格中，右键单击要复制的幻灯片母版，从弹出的快捷菜单中单击“复制”命令。

④ 在“视图”选项卡上的“窗口”组中，单击“切换窗口”按钮，从下拉列表中选择要向其中粘贴幻灯片母版的演示文稿。

⑤ 在要向其中粘贴该幻灯片母版的演示文稿中，在“视图”选项卡上的“母版视图”组中单击“幻灯片母版”按钮，进入幻灯片母版视图。

⑥ 在幻灯片缩览图窗格中的最下面位置单击鼠标右键，从弹出的快捷菜单中选择“粘贴选项”下的“保留源格式”图标。

⑦ 在“幻灯片母版”选项卡上的“关闭”组中，单击“关闭母版视图”按钮。

8.3　演示文稿的交互和优化

PowerPoint 应用程序提供了幻灯片演示者与观众或听众之间的交互功能，制作者不仅可以在幻灯片中嵌入声音和视频，还可以为幻灯片的各种对象(包括组合图形等)设置放映动画效果，可以为每张幻灯片设置放映时的切换效果，甚至可以规划动画路径。设置了幻灯片交互性效果的演示文稿，放映演示时将会更加生动和富有感染力。

8.3.1　使用音频和视频

在幻灯片中除了可以添加文本、图形图像、表格等对象外，还可以插入一些简单的声音和视频，使得演示文稿的表现更加丰富。

1. 添加音频

为了突出演示重点，可以在幻灯片中添加音频剪辑，如音乐、旁白、原声摘要等。

在进行演讲时，可以将音频剪辑设置为在显示幻灯片时自动开始播放、在单击鼠标时开始播放，甚至可以循环连续播放直至停止放映。

1) 添加音频剪辑

将音频剪辑嵌入到演示文稿幻灯片中的方法如下：

① 选择需要添加音频剪辑的幻灯片。

② 在“插入”选项卡上的“媒体”组中，单击“音频”按钮下方的黑色三角箭头。

③ 从打开的下拉列表中选择音频来源，如图 8.61 所示，其中：

- 单击“文件中的音频”，在“插入音频”对话框中找到并双击要添加的音频文件。
- 单击“剪贴画音频”，在“剪贴画”任务窗格中找到所需的音频剪辑并单击它。
- 单击“录制音频”，打开如图 8.62 所示的“录音”对话框。在“名称”框中输入音频名称，音击“录制”按钮开始录音，单击“停止”按钮结束录音。单击“确定”按钮退出对话框。

④ 插入到幻灯片中的音频剪辑以图标 的形式显示，拖动该声音图标可移动其位置。

⑤ 选择声音图标，单击图标下方的“播放/暂停”按钮(如图 8.63 所示)，可在幻灯片上预览音频剪辑。

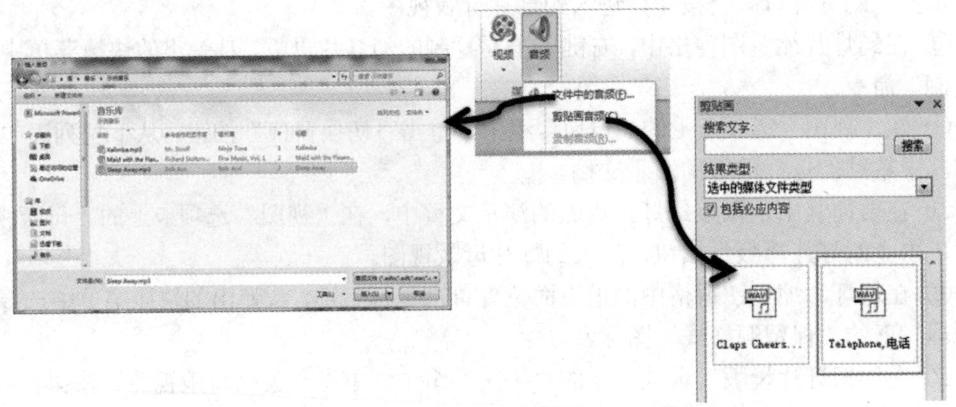

图 8.61　在幻灯片中插入音频文件或剪辑

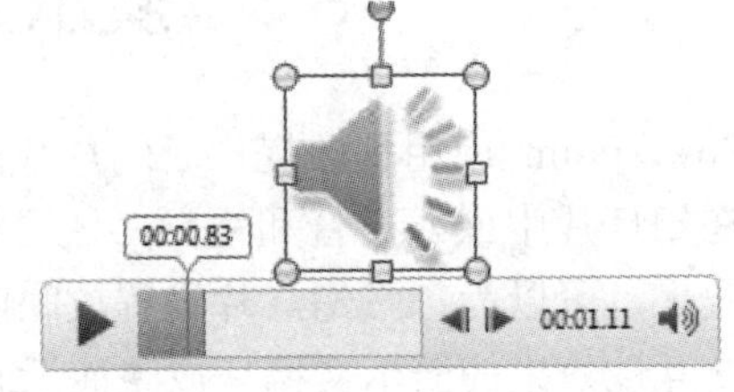

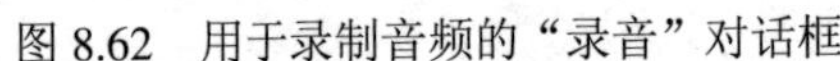

图 8.62　用于录制音频的“录音”对话框　　　　图 8.63　在幻灯片上预览音频剪辑

2) 设置音频剪辑的播放方式

① 在幻灯片上选择声音图标。

② 在“音频工具 | 播放”选项卡上的“音频选项”组中，打开“开始”下拉列表，从中设置音频播放的开始方式，如图 8.64 所示，其中：

- 单击“自动”，将在放映该幻灯片时自动开始播放音频剪辑。
- 单击“单击时”，可在放映幻灯片时通过单击音频剪辑来手动播放。
- 单击“跨幻灯片播放”，则在放映演示文稿时单击切换到下一张幻灯片时播放音频剪辑。

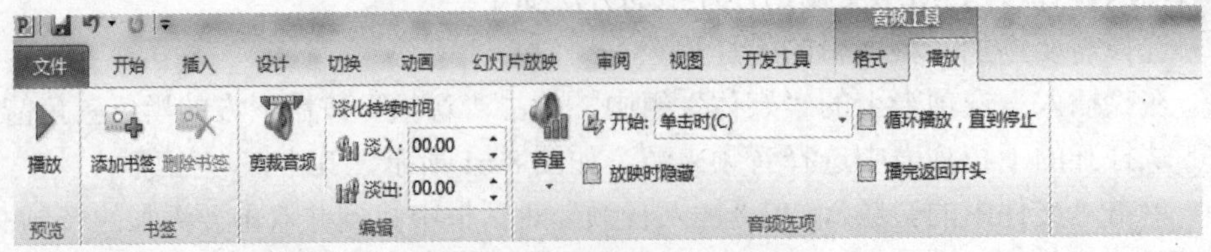

图 8.64　设置声音启动方式

③ 单击选中“循环播放，直到停止”复选框，将会在放映当前幻灯片时连续播放同一音频剪辑直至手动停止播放或者转到下一张幻灯片为止。

提示　如果将"开始"方式设为"跨幻灯片播放"，同时选中"循环播放，直到停止"复选框，则声音将会伴随演示文稿的放映过程直至结束。

3) 隐藏声音图标

如果不希望在放映幻灯片时观众看到声音图标，则可以将其隐藏起来。

① 单击幻灯片中的声音图标。

② 在"音频工具 | 播放"选项卡上的"音频选项"组中，单击选中"放映时隐藏"复选框。

提示　当将音频剪辑的开始方式设置为"单击时"播放时，隐藏声音图标后将不能播放声音，除非为其设置触发器。

4) 剪裁音频剪辑

可以在每个剪裁音频的开头和末尾处对音频进行修剪，以缩短声音播放时间。

① 在幻灯片中选中声音图标。

② 在"音频工具 | 播放"选项卡中，单击"编辑"组中的"剪裁音频"按钮。

③ 在随后打开的"剪裁音频"对话框中，通过拖动最左侧的起点标记和最右侧的终点标记重新确定声音起止位置，如图 8.65 所示。

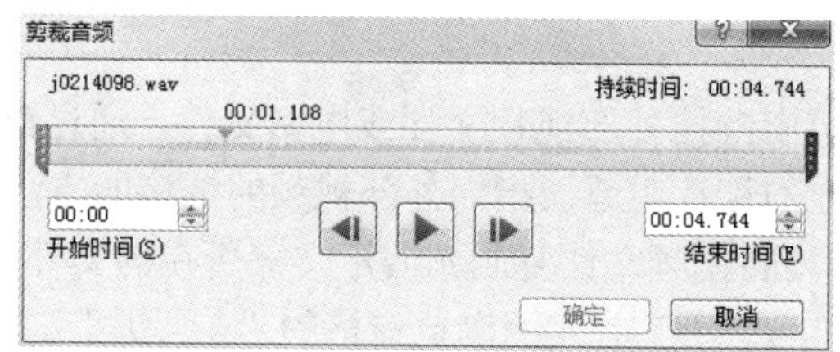

图 8.65　对剪裁音频进行剪辑

④ 单击"确定"按钮完成剪辑。

5) 删除剪裁音频

① 在普通视图中，选择包含有要删除的剪裁音频的幻灯片。

② 单击选中声音图标，然后按 Delete 键。

2. 添加视频

在幻灯片插入或链接视频文件，可以大大丰富演示文稿的内容和表现力。可以直接将视频文件嵌入到幻灯片中，也可以将视频文件链接至幻灯片。

1) 嵌入视频文件或动态 GIF

可以将来自文件的视频直接嵌入到演示文稿中，也可以嵌入来自剪贴画库的.gif 动画文件。嵌入方式可以避免因视频的移动而产生丢失文件无法播放的风险，但可能导致演示文稿的文件比较大。

① 切换到普通视图，在幻灯片/大纲浏览窗格的"幻灯片"选项卡中，选择幻灯片。

② 在"插入"选项卡上的"媒体"组中，单击"视频"下方的黑色三角箭头。

③ 从打开的下拉列表中选择视频来源，如图 8.66 所示，其中：

- 单击"文件中的视频"，在"插入视频文件"对话框中找到并双击要添加的视频文件。

• 单击“剪贴画视频”，在“剪贴画”任务窗格中找到所需的动态 GIF 文件并单击。

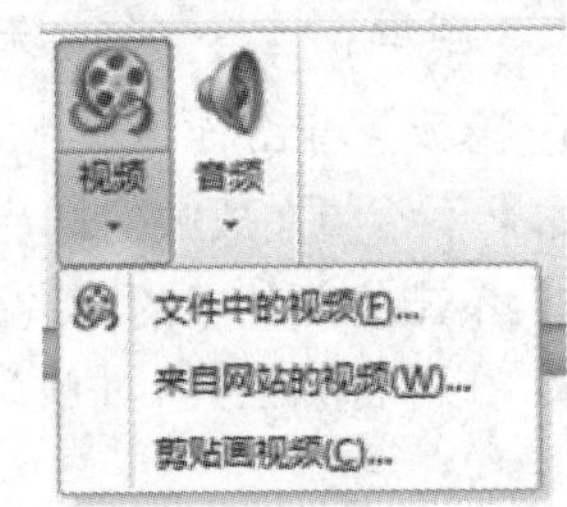

图 8.66　在幻灯片中嵌入视频或动画

④ 视频剪辑插入到幻灯片中之后，可以通过拖动方式移动其位置，拖动其四周的尺寸控点可以改变其大小。

⑤ 选择来自文件的视频剪辑，单击下方的“播放/暂停”按钮可在幻灯片上预览视频。GIF 动画只有在放映幻灯片时才能看到动态效果。

2) 链接视频文件

可以直接在演示文稿中链接外部视频文件或电影文件。通过链接视频，可以有效减小演示文稿的文件大小。在幻灯片中添加指向外部视频的链接的方法如下：

① 首先可将需要链接的视频文件复制到演示文稿所在的文件夹中。

② 切换到普通视图，在幻灯片/大纲浏览窗格的“幻灯片”选项卡中，选择幻灯片。

③ 在“插入”选项卡上的“媒体”组中，单击“视频”下方的黑色三角箭头。

④ 从下拉列表中选择“文件中的视频”。在“插入视频文件”对话框中查找并单击选择要链接的视频文件。

⑤ 单击“插入”按钮旁边的黑色三角箭头，从下拉列表中选择“链接到文件”命令，如图 8.67 所示。

图 8.67　插入视频时链接到文件

提示　被链接的视频文件应与演示文稿一起移动才能保证链接不断开以便能够顺利播放。

3) 链接到网站上的视频文件

① 切换到普通视图，在幻灯片/大纲浏览窗格的“幻灯片”选项卡中，选择幻灯片。

② 在浏览器中浏览包含链接视频的网站。在网站上找到该视频的 html 嵌入代码并进行复制。

③ 返回 PowerPoint，在“插入”选项卡上的“媒体”组中，单击“视频”下方的黑色三角箭头，从下拉列表中选择来自“网站的视频”命令。

④ 在如图 8.68 所示的“从网站插入视频”对话框中，粘贴嵌入代码，然后单击“插入”按钮。在幻灯片中双击即可预览链接自网站的视频。

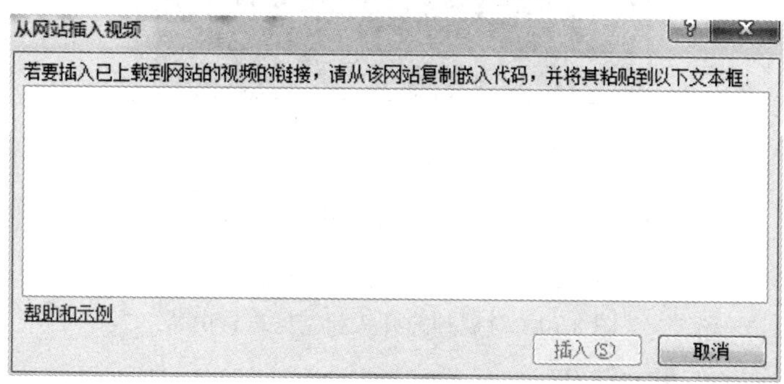

图 8.68　链接网站上的视频

4) 为视频设置播放选项

在普通视图下，单击选中幻灯片上的视频剪辑，通过如图 8.69 所示的“视频工具 | 播放”选项卡中的各项工具可设置视频播放方式，其操作方法与设置音频播放选项的方法基本相同，其中：

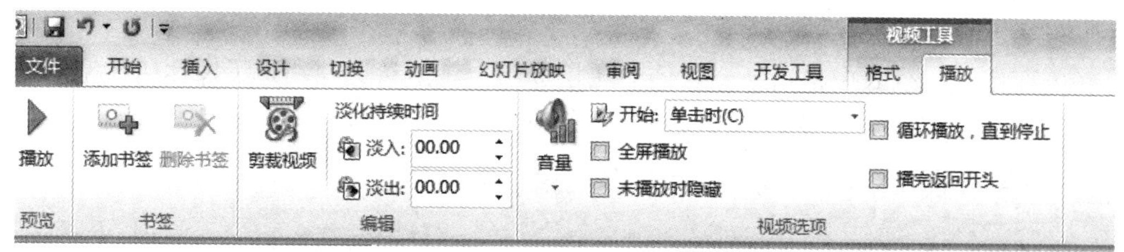

图 8.69　“视频工具 | 播放”选项卡

① 在“视频选项”组中，打开“开始”列表，指定视频在演示过程中以何种方式启动，可以自动播放视频也可以在单击时再播放视频。

② 在“视频选项”组中，单击选中“全屏播放”复选框，可以在放映演示文稿时让播放中的视频填充整个幻灯片(屏幕)。

提示　如果将视频设置为全屏显示并自动启动，那么可以将视频帧从幻灯片上拖动到旁边的灰色区域中，这样视频在全屏播放之前将不会显示在幻灯片上并出现短暂的闪烁。

③ 在“视频选项”组中，单击“音量”按钮，可以调节视频的音量。

④ 先为视频指定媒体类动画效果“播放”，然后在“视频选项”组中单击选中“未播

放时隐藏”复选框，这样在放映演示文稿时可以先隐藏视频不播放，做好准备后再播放。

⑤ 在“视频选项”组中，单击选中“循环播放，直到停止”复选框，可在演示期间持续重复播放视频。

⑥ 在“编辑”组中，单击“剪裁视频”按钮，在对话框中通过拖动最左侧的起点标记和最右侧的终点标记重新确定视频的起止位置，如图 8.70 所示。

图 8.70　对视频的开头和结尾进行剪裁

3. 多媒体元素的压缩和优化

音频和视频等媒体文件通常来说比较大，嵌入到幻灯片中之后可能导致演示文稿过大。通过压缩媒体文件，可以提高播放性能并节省磁盘空间。

1) 压缩媒体文件大小

① 打开包含音频文件或视频文件的演示文稿。

② 在“文件”选项卡中，选择“信息”命令，在右侧单击“压缩媒体”按钮，打开下拉列表。

③ 在该下拉列表中单击某一媒体的质量选项，该质量选项决定了媒体所占空间的大小。系统开始对幻灯片的媒体按设定的质量级别进行压缩处理，如图 8.71 所示。

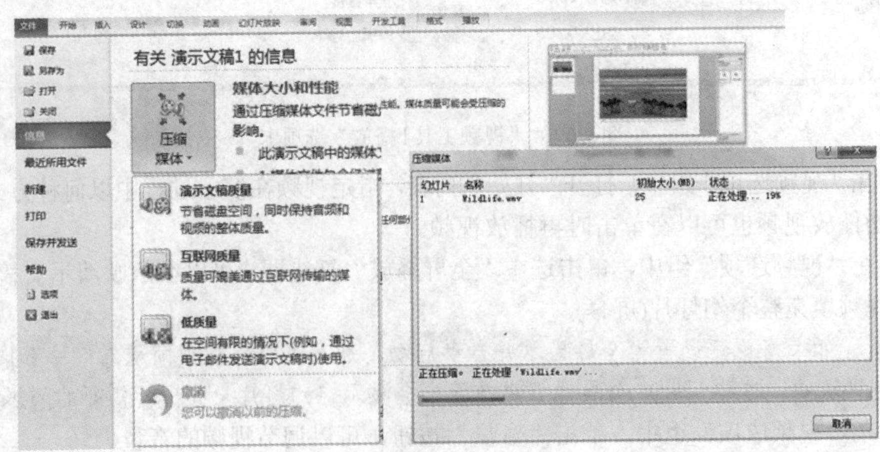

图 8.71　压缩媒体文件

2) 优化媒体文件的兼容性

当希望与他人共享演示文稿，或者将其随身携带到另一个地方，又或者打算使用其他计算机进行演示时，包含视频或音频文件等多媒体的 PowerPoint 演示文稿在放映时可能会出现播放问题，此时通过优化媒体文件的兼容性可以解决这一问题，保证幻灯片在新环境中也能正确播放。

① 打开演示文稿，在“文件”选项卡中单击“信息”命令。

② 如果在其他计算机上播放演示文稿中的媒体或者媒体插入格式可能引发兼容性问题时，则右侧会出现“优化兼容性”选项。该选项可提供可能存在的播放问题的解决方案摘要，还提供媒体在演示文稿中的出现次数列表，如图 8.72 所示。单击“优化兼容性”选项按钮或根据其提示信息进行优化。

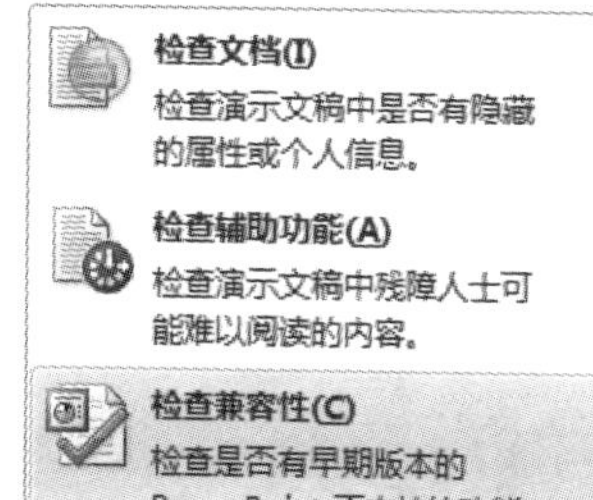

图 8.72　“优化兼容性”选项

8.3.2　设置动画效果

为演示文稿中的文本、图片、形状、表格、SmartArt 图形和其他对象添加动画效果可以使幻灯片中的这些对象按一定的规则和顺序运动起来，赋予它们进入、退出、大小或颜色变化，甚至移动等视觉效果，这样既能突出重点，吸引观众的注意力，又能使放映过程十分有趣。动画使用要适当，过多使用动画也会分散观众的注意力，不利于传达信息。设置动画应遵从适当、简化和创新的原则。

1. 为文本或对象添加动画

可以将动画效果应用于个别幻灯片上的文本或对象、幻灯片母版上的文本或对象，或者自定义幻灯片版式上的占位符。

1) 动画效果的类型

PowerPoint 提供了以下四种不同类型的动画效果。

(1) “进入”效果：设置对象从外部进入幻灯片播放画面的方式。例如，可以使对象逐渐淡入焦点、从边缘飞入幻灯片或者跳入视图中等。

(2) “退出”效果：设置播放画面中的对象离开播放画面时的方式。例如，使对象飞出幻灯片、从视图中消失或者从幻灯片旋出等。

(3) “强调”效果：设置在播放画面中需要进行突出显示的对象，起强调作用。例如，使对象缩小或放大、更改颜色或沿着其中心旋转等。

(4) 动作路径：设置播放画面中的对象路径移动的方式。例如，使对象上下移动、左右移动或者沿着星形或圆形图案移动。

对某一文本或对象，可以单独使用任何一种动画，也可以将多种效果组合在一起。例如，可以对一行文本应用“飞入”的进入效果及“放大/缩小”的强调效果，例如使它在从左侧飞入的同时逐渐放大。

2) 为文本或对象应用动画

① 选择幻灯片中需要添加动画的文本或对象。

② 在“动画”选项卡上的“动画”组中，单击动画样式列表右下角的“其他”按钮，打开可选动画列表，如图 8.73 所示。

提示　在将动画应用于对象或文本后，幻灯片上已制作成动画的对象会标上不可打印的编号标记，该标记显示在文本或对象旁边，用于表示动画播放顺序，单击编号标记可选择相应动画。

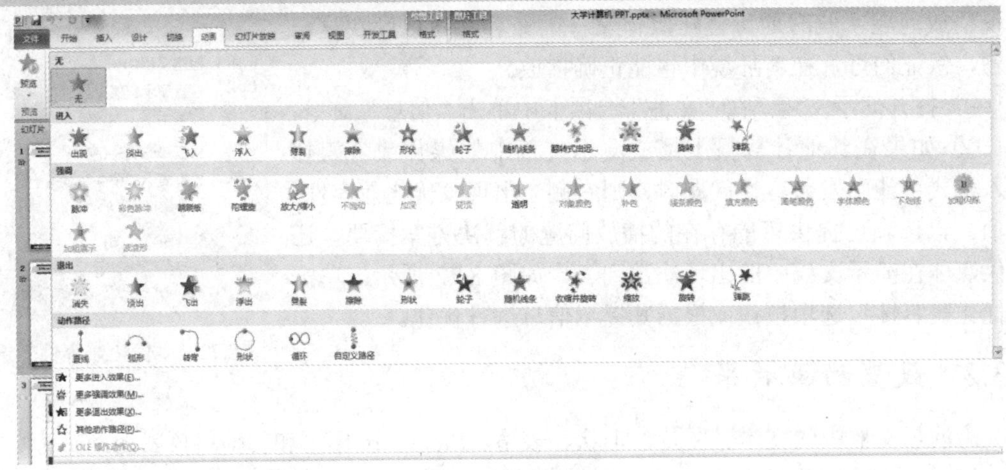

图 8.73　选择动画效果

③ 从列表中单击选择所需的动画效果。如果没有在列表中找到合适的动画效果，可单击下方的“更多进入效果”“更多强调效果”“更多退出效果”或“其他动作路径”命令，在随后打开的对话框中可查看更多效果。

④ 在“动画”选项卡上的“预览”组中，单击“预览”按钮，可测试动画效果。

3) *对单个对象应用多个动画效果*

可以为相同对象应用多个动画效果，操作方法如下：

① 选择要添加多个动画效果的文本或对象。

② 通过“动画”选项卡上的“动画”组中的动画列表应用第一个动画。

③ 在“动画”选项卡上的“高级动画”组中，单击“添加动画”按钮，如图 8.74 所示。

图 8.74　添加多个动画

④ 从打开的下拉列表中选择要添加的动画效果。

4) *利用动画刷复制动画设置*

利用动画刷，可以轻松、快速地将一个或多个动画从一个对象复制到另一个对象。操作方法如下：

① 在幻灯片中选中已应用了动画的文本或对象。

② 在“动画”选项卡上的“高级动画”组中单击“动画刷”按钮。

③ 单击另一文本或对象，原动画设置即可复制到该对象。双击“动画刷”按钮，则可将同一动画设置复制到多个对象上。

5) *移除动画*

① 单击包含要移除动画的文本或对象。

② 在“动画”选项卡上的“动画”组中，在动画列表中单击“无”。

2. 为动画设置效果选项、计时或顺序

为对象应用动画后，可以进一步设置动画效果、动画开始播放的时间及播放速度、调整动画的播放顺序等。

1) 设置动画效果选项

① 在幻灯片中选择已应用了动画的对象。

② 在“动画”选项卡上的“动画”组中，单击“效果选项”按钮。

③ 从下拉列表中选择某一效果命令。

下拉列表中的可用效果选项与所选对象的类型以及应用于对象上的动画类型有关，不同的对象、不同的动画类型其可用效果选项是不同的(如图 8.75 所示)，但有的动画类型不能进一步设置效果选项。

(a) 为图片应用“陀螺旋”强调动画后的效果选项

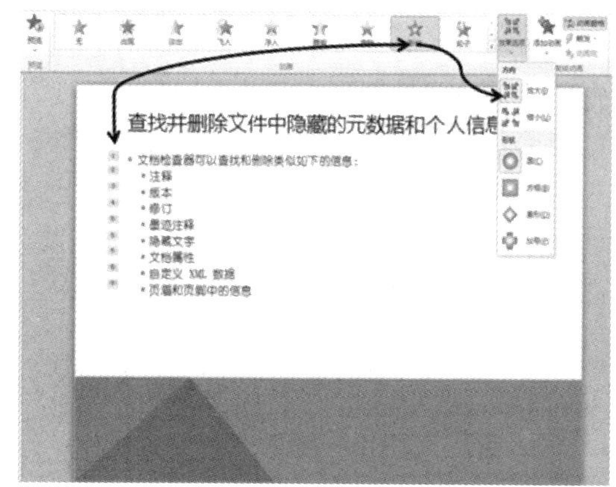

(b) 为多行文本应用“形状”进入动画后的效果选项

图 8.75　动画效果设置效果选项

④ 单击“动画”组右下角的对话框启动器按钮，将会根据所选效果弹出相应的效果设置对话框。不同的动画效果可能打开不同的对话框，如图 8.76 所示。在该对话框中，可进一步对效果选项进行设置，并可指定动画出现时所伴随的声音效果。

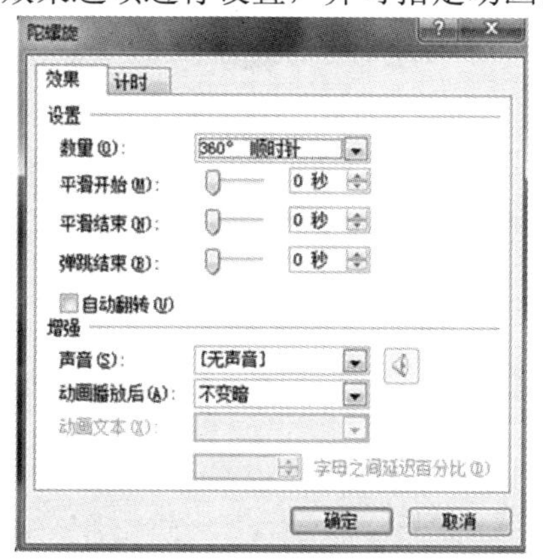

(a) “陀螺旋”强调动画的效果选项对话框

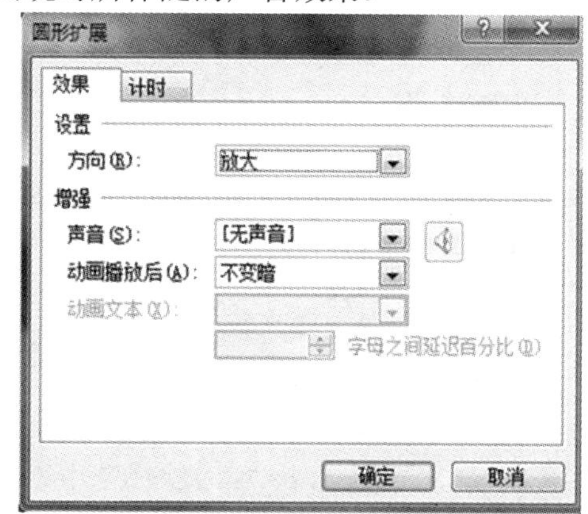

(b) “形状”进入动画的效果选项对话框

图 8.76　动画的效果选项

2) *为动画设置计时*

在幻灯片中选择某一应用了动画的对象或对象的一部分之后，可以通过“动画”选项卡上的相应工具为该动画指定开始时间、持续时间或者延迟计时。

(1) 为动画设置开始计时：在“计时”组中单击“开始”菜单右侧的黑色三角箭头，从下拉列表中选择动画启动的方式。

(2) 设置动画将要运行的持续时间：在“计时”组中的“持续时间”框中输入持续的秒数。

(3) 设置动画开始前的延时：在“计时”组中的“延迟”框中输入延迟的秒数。

(4) 单击“动画”组右下角的对话框启动器按钮，在随后打开的对话框中单击“计时”选项卡，可进一步设置动画计时方式。

3) *调整动画顺序*

当对一张幻灯片中的多个对象分别应用了动画效果时，默认情况下动画是按照设置的先后顺序进行播放的，可以根据需要改变动画播放的顺序。

① 在幻灯片中已应用了动画的文本或对象中，单击其旁边的动画编号标记。

② 在“动画”选项卡上的“计时”组中，选择“对动画重新排序”下的“向前移动”使当前动画前移一位；选择“向后移动”则使当前动画后移位，如图 8.77 所示。

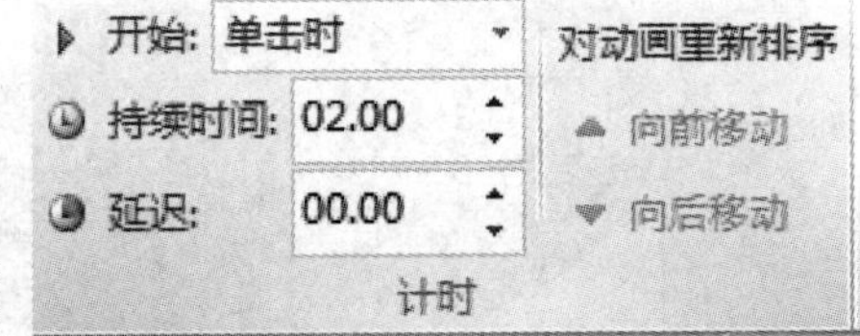

图 8.77 调整动画顺序

提示 在“动画窗格”中也可以调整动画顺序。

3. 自定义动作路径

当系统预设的动作路径不能满足动画的设计要求时，可以通过自定义路径来设计对象的动画路径。自定义动画的动作路径的方法如下：

① 在幻灯片中选择需要添加动画的对象。

② 在“动画”选项卡上的“动画”组中，单击“其他”按钮，打开动画列表。

③ 在“动作路径”类型下单击“自定义路径”选项，如图 8.78 所示。

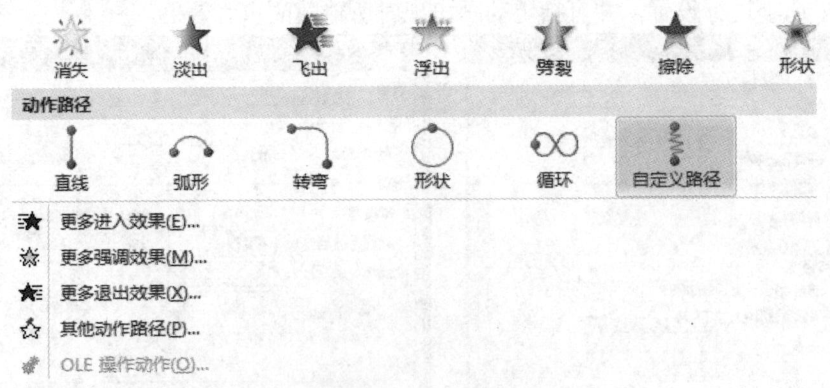

图 8.78 动画列表中的“自定义路径”选项

④ 将鼠标指向幻灯片上，当光标变为“+”时，按下左键拖动出一个路径，至终点时双击鼠标，动画将会按路径预览一次。

⑤ 右键单击已经定义的动作路径，在弹出的快捷菜单中选择“编辑顶点”命令，路径

中出现若干黑色顶点，拖动顶点可移动其位置；在某顶点上单击鼠标右键，在弹出的快捷菜单中选择相应命令可对路径上的顶点进行添加、删除、平滑等修改操作，如图 8.79 所示。

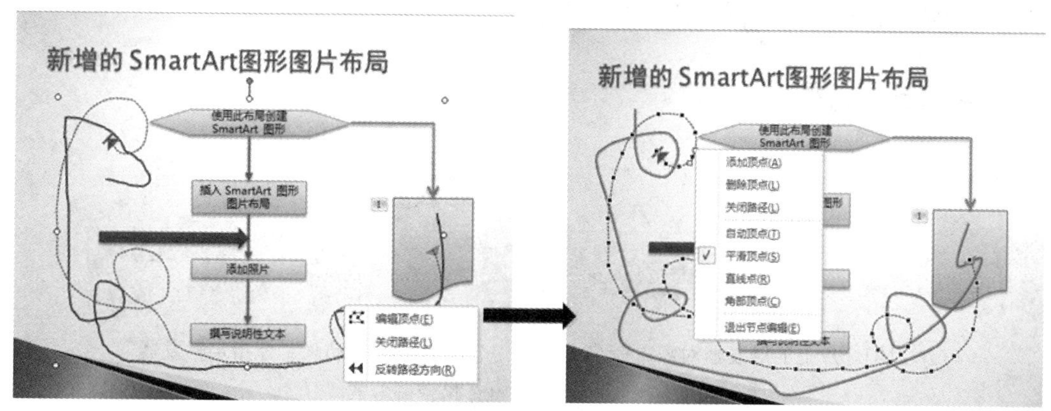

图 8.79　自定义动画的路径动作

4. 通过触发器控制动画播放

触发器是自行制作的、可以插入到幻灯片中的、带有特定功能的一类工具，用于控制幻灯片中已经设定的动画的执行。触发器可以是图片、文字、段落、文本框等，其作用相当于一个按钮，在演示文稿中设置好触发器功能后，单击触发器将会触发一个操作，该操作可以是播放多媒体音频、视频、动画等。

通过触发器控制动画播放的方法如下：

① 首先在幻灯片中制作一个作为触发器的对象，可以是一幅图片、一个文本框、一组艺术字、一个动作按钮等，一般图片不宜过大，文字不宜过多。

② 在“开始”选项卡上的“编辑”组中，单击“选择”按钮，从下拉列表中选择“选择窗格”命令，在“选择和可见性”窗格中可以为作为触发器的对象重命名，如图 8.80(a)所示。

③ 为需要执行触发操作的对象应用效果，并选中该对象。

④ 在“动画”选项卡上的“高级动画”组中，单击“触发”按钮，从下拉列表中选择“单击”菜单下的触发器对象名称，如图 8.80(b)所示。

⑤ 在幻灯片放映过程中单击触发器即可演示相应对象的动画效果。

【例 8-6】　为案例文档“声音触发器.pptx”中的第一张标题幻灯片插入音频并设置声音触发器。

操作步骤提示：

① 在第一张幻灯片的右下角插入一幅剪贴画图片，通过“开始”选项卡→“编辑”组→“选择”按钮→“选择窗格”，将该图片重命名为“播放声音”。

② 从剪贴画库中找到“鼓掌欢迎”音频并添加到该幻灯片的左上角。将其“开始”方式指定为“单击时”，并设置为“放映时隐藏”且“循环播放，直到停止”。

③ 将声音图标的动画触发器指定为图片“播放声音”。

④ 试放映幻灯片，并单击右下角的图片启动声音。

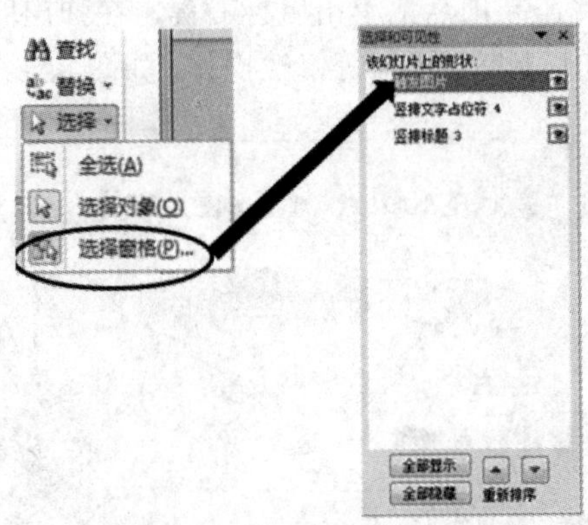

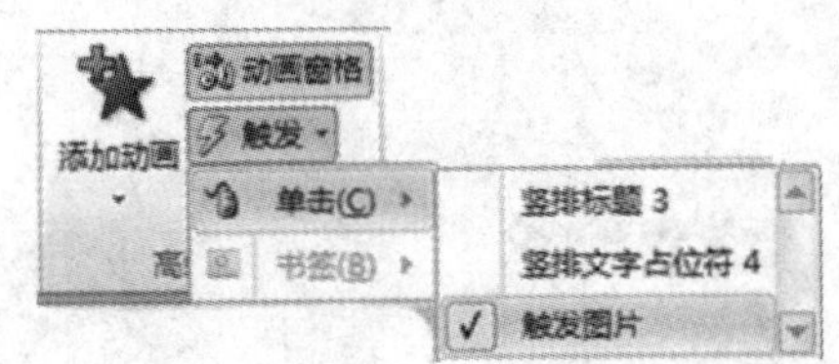

(a) 对幻灯片上的触发器对象重命名　　(b) 为动画对象指定触发器

图 8.80　对幻灯片的对象指定触发器

5. 动画窗格中的编辑操作

当在一张幻灯片中设置了多个动画效果后，可在“动画窗格”中查看当前幻灯片上所有动画的列表。“动画窗格”显示有关动画效果的重要信息，如效果的类型、多个动画效果之间的相对顺序、受影响对象的名称以及效果的持续时间。在“动画窗格”中可以对动画效果进行详细设置，包括调整动画的播放顺序、设置详细的效果选项和动画计时等，如图 8.81 所示。

① 选择设置了多个对象动画的幻灯片，在“动画”选项卡的“高级动画”组中单击“动画窗格”按钮，在幻灯片窗格的右侧出现“动画窗格”，动画窗格中依次显示当前幻灯片中设置了动画的对象名称及对应的动画顺序，将鼠标光标指向某对象名称将会显示其动画设置，单击“播放”按钮可预览动画效果，如图 8.81(a)所示。

② 如果某一动画对象包含多个分支，如多级文本，那么单击该对象下方的“展开”图标按钮，可展开明细内容，如图 8.81(b)所示。

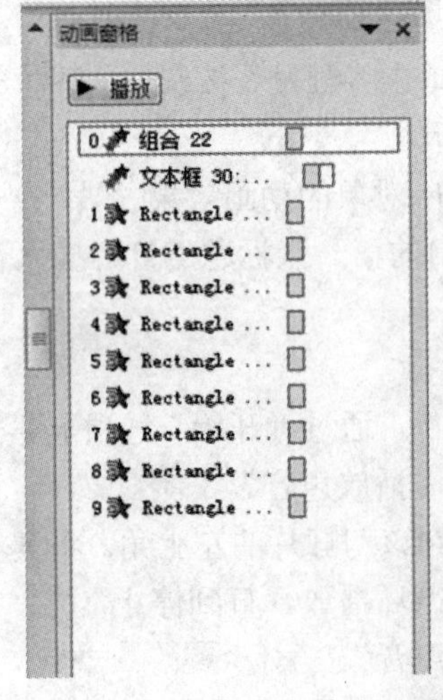

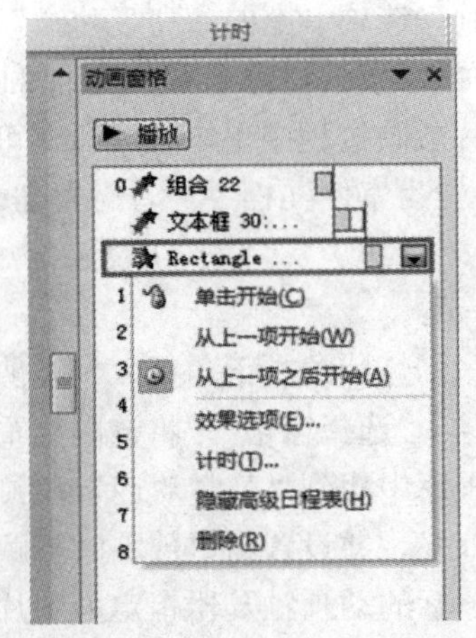

(a) 在“动画窗格”中查看动画列表　　(b) 在“动画窗格”中打开编辑菜单

图 8.81　在动画窗格中编辑动画

③ 任务窗格中的编号表示动画效果的播放顺序。选中“动画窗格”中的某对象名称，利用窗格下方的“重新排序”中的上移或下移图标按钮，或直接拖动窗格中的对象名称，可以改变幻灯片中对象的动画播放顺序。

④ 在“动画窗格”中，使用鼠标拖动时间条的边框可以改变对象动画放映的时间长度，拖动时间条改变其位置可以改变动画开始时的延迟时间。

⑤ 选中“动画窗格”中的某对象名称，单击其右侧的黑色三角箭头按钮，打开编辑菜单。通过该菜单中的命令可对动画效果选项、计时等多项设置进行编辑。

6. 对 SmartArt 图形添加动画

SmartArt 图形是一类特殊的对象，它以分层次的图表方式展示信息，因为其中文本或图片的分层显示，所以可以通过应用并设置动画效果来创建动态的 SmartArt 图形以达到进一步强调或分阶段显示各层次信息的目的。

可以将整个 SmarArt 图形制成动画，或者只将 SmartArt 图形中的个别形状制成动画。例如，可以创建一个按级别飞入的组织结构图。不同的 SmartArt 图形布局应用的动画效果也可能不同。当切换 SmartArt 图形布局时，已添加的任何动画将会传送到新布局中。

1) 对 SmartArt 图形添加动画并设置效果选项

为 SmartArt 图形添加动画效果的方法与其他对象添加动画的方法相同，但是由于 SmartArt 图形的特殊结构，其效果选项有特殊的设置方式。

(1) 单击选中要应用动画的 SmartArt 图形。

(2) 在“动画”选项卡上的“动画”组中，单击“其他”按钮，然后从列表中选择某一动画。

(3) 在“动画”选项卡上的“高级动画”组中，单击“动画窗格”。

(4) 在动画窗格列表中，单击 SmartArt 图形动画右侧的三角箭头，从下拉菜单中选择“效果选项”命令，打开相应的动画效果选项对话框。

(5) 单击对话框中的“SmartArt 动画”选项卡，在“组合图形”下拉列表中设置图形的动画播放选项。不同类型的 SmartArt 图形可以设置的动画效果选项可能不同，如图 8.82 所示。其中：

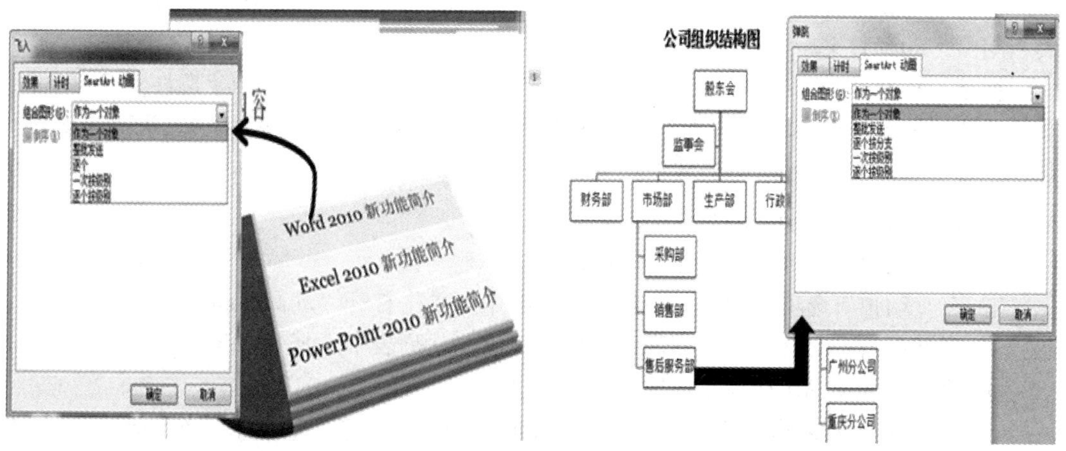

图 8.82　不同类型的 SmartArt 图形可以设置的动画效果可能不同

① 作为一个对象：将整个 SmartArt 图形当作一个大图片或对象来应用动画。

② 整批发送：同时将 SmartArt 图形中的全部形状制成动画。当动画中的形状旋转或增长时，该动画与“作为一个对象”的不同之处会很明显：使用“整批发送”时，每个形状单独旋转或增长；使用“作为一个对象”时，整个 SmartArt 图形旋转或增长。

③ 逐个：一个接一个地将每个形状单独地制成动画并一个接一个地播放。

④ 逐个按分支：同时将相同分支中的全部形状制成动画。该动画适用于组织结构图或层次图。

⑤ 结构布局的分支，与“逐个”相似。放映时，先播放一个分支中的每个图形，再接着播放下一个分支中的每个图形。

⑥ 一次按级别：同时将相同级别的全部形状制成动画。放映时，依次播放每个级别，同一个级别中的图形同时播放。如果有一个布局，其中，三个形状包含 1 级文本，三个形状包含 2 级文本，则首先将包含 1 级文本的三个形状一起制成动画并播放，然后再将包含 2 级文本的三个形状一起制成动画并播放。

⑦ 逐个按级别：首先按照级别将 SmartArt 图形中的形状制成动画，然后再在级别内单个地进行动画制作。放映时，先逐个播放同级别中的图形，再逐个播放下一级别中的图形。例如，如果有一个布局，其中，四个形状包含 1 级文本，三个形状包含 2 级文本，则首先将包含 1 级文本的四个形状中的每个形状单独地制成动画并依次播放，然后再将包含 2 级文本的三个形状中的每个形状单独地制成动画并依次播放。

2) 将 SmartArt 图形中的个别形状制成动画

当为 SmartArt 图形应用动画时，一般情况下，SmartArt 图形中的所有形状均会被设置为相同的动画效果，也可以单独为其中的个别形状指定不同的动画。

① 选中 SmartArt 图形，为其应用某个动画。

② 在“动画”选项卡上的“动画”组中，单击“效果选项”，然后选择“逐个”命令。

③ 在“动画”选项卡上的“高级动画”组中，单击打开“动画窗格”。

④ 在“动画窗格”列表中，单击”展开”图标按钮，然后将 SmartArt 图形中的所有形状显示出来。

⑤ 在“动画窗格”列表中单击选择某一形状，在“动画”选项卡上的“动画”组中为其应用另一动画效果。

提示　有些动画无法应用于 SmartArt 图形中的个别形状，此时这些效果将显示为灰色。如果要使用无法用于 SmartArt 图形的动画效果，可右键单击 SmartArt 图形，从快捷菜单中单击“转换为形状”，然后将形状制成动画。

3) 颠倒 SmartArt 动画的顺序

① 单击包含要颠倒顺序的 SmartArt 图形。

② 在“动画”选项卡上的“高级动画”组中，单击打开“动画窗格”。

③ 右键单击“动画窗格”列表中的动画对象，从列表中选择“效果选项”命令。

④ 单击“SmartArt 动画”选项卡，选中“倒序”复选框。

【例 8-7】　为案例文档“声音触发器.pptx”中的第二张幻灯片上的 SmartArt 图形设置动画。

操作步骤提示：

① 为该图形整体应用“轮子”进入动画，并设为“逐个”进入效果。

② 为其中的“Excel 2010 新功能简介”占位符单独设置“翻转式由远及近”进入的动画效果。

③ 最后颠倒该图形中的动画顺序，令 PowerPoint 形状先出现、Word 形状最后出现。

8.3.3 设置幻灯片切换效果

幻灯片的切换效果是指演示文稿放映时幻灯片进入和离开播放画面时的整体视觉效果。PowerPoint 提供多种切换样式，设置恰当的切换效果可以使幻灯片的过渡衔接更为自然，提高演示的吸引力。设置幻灯片的切换效果可以控制切换效果的速度、添加声音，还可以自定义切换效果的属性。

1. 向幻灯片添加切换方式

① 选择要添加切换效果的一张或多张幻灯片。如果选择节名，则可同时为该节的所有幻灯片添加切换效果。

② 在“切换”选项卡上的“切换到此幻灯”组中，单击“切换方式”按钮，打开切换方式列表，从中选择一个切换效果，如图 8.83 所示。

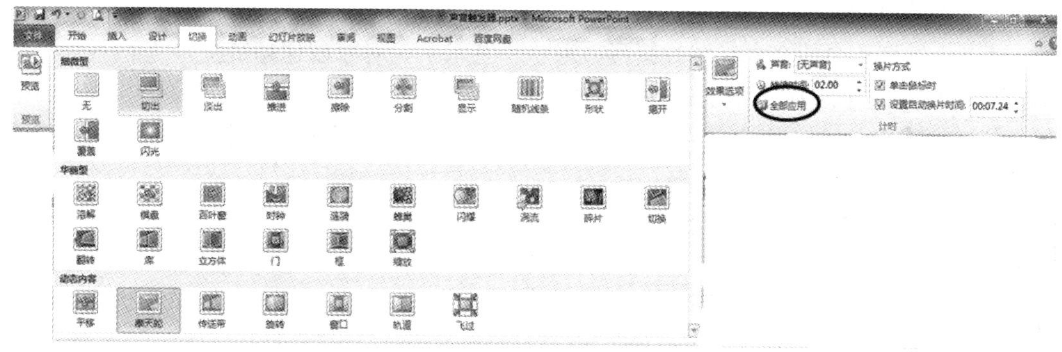

图 8.83 选择切换方式

③ 如果希望全部幻灯片均采用该切换方式，可单击“计时”组中的“全部应用”按钮。

④ 在“切换”选项卡上的“预览”组中，单击“预览”按钮，可预览当前幻灯片的切换效果。

2. 设置幻灯片切换属性

幻灯片切换属性包括效果选项、换片方式、持续时间和声音效果，例如可设置“自左侧”效果，“单击鼠标时”换片、“打字机”声音等。

① 选择已添加了切换效果的幻灯片。

② 在“切换”选项卡上的“切换到此幻灯片”组中单击“效果选项”按钮，在打开的下拉列表中选择一种切换属性。不同的切换效果类型可以有不同的切换属性，如图 8.84 所示。

③ 在“切换”选项卡上的“计时”组右侧可设置换片方式。其中，“设置自动换片时间”表示经过该时间段后自动切换到下一张幻灯片。

④ 在“切换”选项卡上的“计时”组左侧可设置切换时伴随的声音。单击“声音”框右侧的黑色三角箭头，在弹出的下拉列表中选择一种切换声音；在“持续时间”框中可设置当前幻灯片切换效果的持续时间。

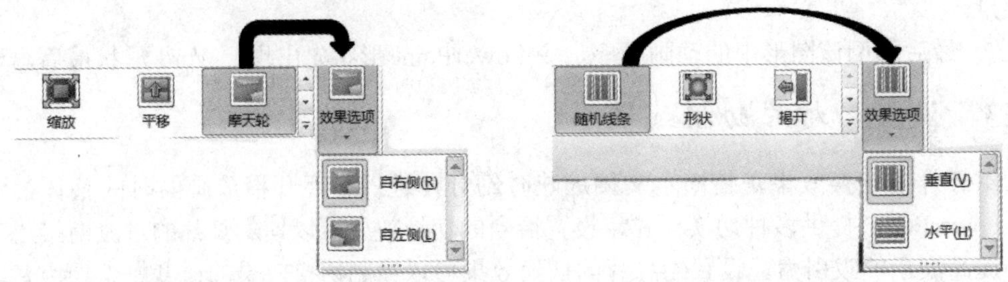

图 8.84　为切换效果设置属性

8.3.4　幻灯片的链接跳转

幻灯片放映时放映者可以通过使用超链接和动作按钮来增加演示文稿的交互效果。超链接和动作按钮可以在本幻灯片上跳转到其他幻灯片、文件、外部程序或网页上，起到演示文稿放映过程的导航作用。

1. 创建超链接

可以为幻灯片中的文本或图片图形、形状、艺术字等对象创建超链接。

① 在幻灯片中选择打算建立超链接的文本或对象。

② 在“插入”选项卡上的“链接”组中，单击“超链接”按钮，打开“插入超链接”对话框。

③ 在左侧的“链接到”下方选择链接类型，在右侧指定链接的文件、幻灯片或电子邮件地址等。

④ 单击“确定”按钮，指定的文本或对象上添加了超链接，在放映时单击该链接即可实现跳转，如图 8.85 所示。

若要改变超链接设置，可右键单击设置了超链接的对象，在弹出的快捷菜单中选择“编辑超链接”可重新进行设置；单击“取消超链接”则可删除已创建的超链接。

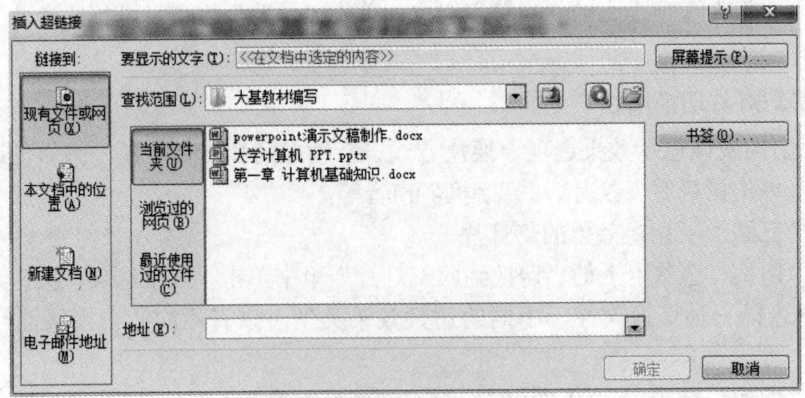

图 8.85　为文本或对象创建超链接

2. 设置动作

可以将演示文稿中的内置按钮形状作为动作按钮添加到幻灯片，并为其分配单击鼠标或鼠标移过时动作按钮将会执行的动作。还可以为图片或 SmartArt 图形中的文本等对象分配动作。添加动作按钮或为对象分配动作后，在放映演示文稿时通过单击鼠标或鼠标移过动作按钮时完成幻灯片跳转、运行特定程序、插入音频和视频等操作。

1) 添加动作按钮并分配动作

① 在“插入”选项卡上的“插图”组中，单击“形状”按钮，然后在“动作按钮”下单击要添加的按钮形状。

② 在幻灯片上的某个位置单击并通过拖动鼠标绘制出按钮形状。

③ 当放开鼠标时，弹出“动作设置”对话框，在该对话框中设置单击鼠标或鼠标移过该按钮形状时将要触发的操作，如图 8.86 所示。

④ 若要播放声音，应选中“播放声音”复选框，然后选择要播放的声音。

⑤ 单击“确定”按钮完成设置。

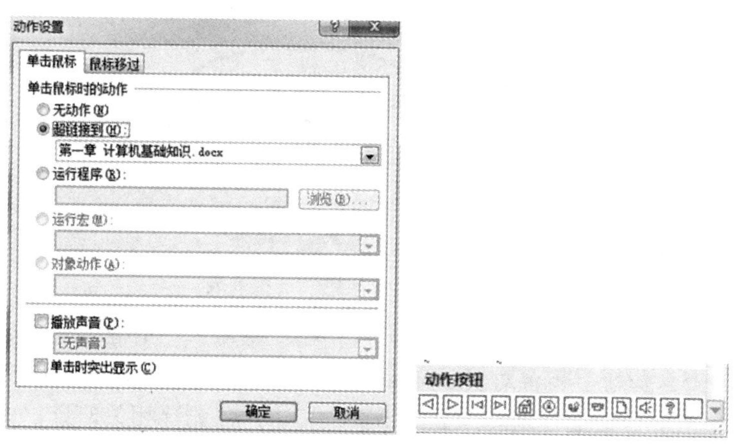

图 8.86　添加动作按钮并分配动作

2) 为图片或其他对象分配动作

① 选择幻灯片中的文本、图片或者其他对象。

② 在“插入”选项卡上的“链接”组中，单击“动作”按钮，打开“动作设置”对话框。

③ 在对话框中分配动作、设置声音。

④ 单击“确定”按钮完成设置。

8.3.5　审阅并检查演示文稿

通过对演示文稿的审阅和检查，可以保证演示文稿在放映或传递之前将失误降至最低。

1. 审阅演示文稿

通过如图 8.87 所示的“审阅”选项卡中的相关工具，可以对演示文稿进行拼写与语法检查、添加和编辑批注，并可实现不同演示文稿的比较与合并，其操作方法与 Word 中类似功能基本相同。

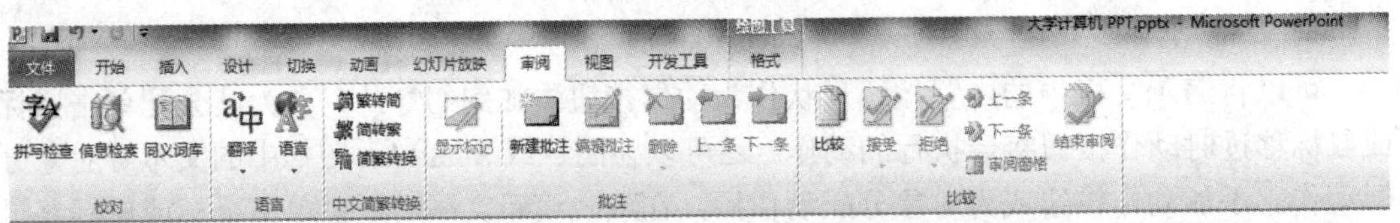

图 8.87　“审阅”选项卡

2. 检查演示文稿

在共享、传递演示文稿之前，通过检查功能可以找出演示文稿中的兼容性问题、隐藏属性以及一些个人信息，也许需要将其中的个人隐私删除。

① 单击“文件”选项卡，选择“信息”命令。

② 单击“检查问题”按钮，打开下拉列表，从中选择需要检查的项目，如图 8.88 所示。

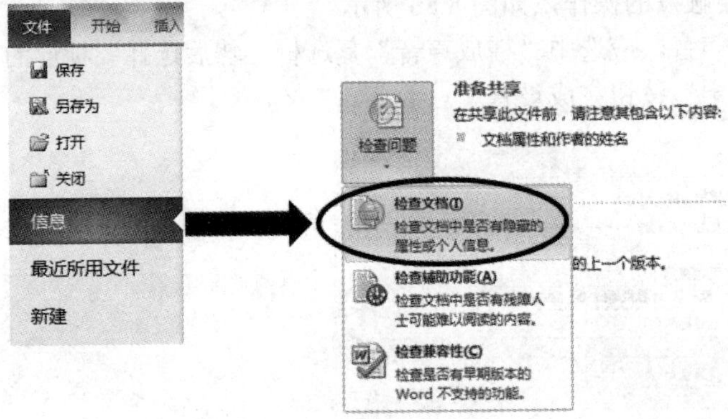

图 8.88　“检查问题”下拉列表

③ 单击其中的“检查文档”命令，打开“文档检查器”对话框，从中勾选需要检查的内容，单击“检查”按钮，将会对演示文稿中隐藏的属性及个人信息进行检查并列示，如图 8.89 所示。单击检查结果右侧的“全部删除”按钮，可删除相关信息。

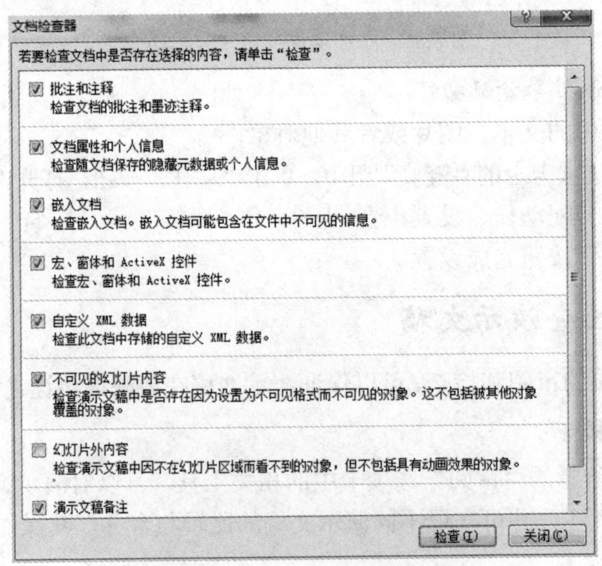

图 8.89　检查并删除幻灯片中的隐藏信息

8.4　放映与共享演示文稿

设计和制作完成后的演示稿需要面对观众或听众进行放映演示才能达到最终的目的。由于使用场合的不同，PowerPoint 提供了幻灯片放映设置功能。为了方便与人共享信息，还可以将演示文稿打包输出、转换其他格式输出并可进行打印等操作。

8.4.1　放映演示文稿

幻灯片放映视图会占据整个计算机屏幕，放映过程中可以看到图形、计时电影动画效果和切换效果在实际演示中的具体效果。

演示文稿制作完成后，可通过下述方法进入幻灯片放映视图观看幻灯片演示效果：① 按 F5 键；② 单击“视图按钮”区的“幻灯片放映”图标；③ 在幻灯片放映选项卡上的“开始放映幻灯片”组中，单击“从头开始”或者“从当前幻灯片开始”按钮；④ 按 Esc 键，可退出幻灯片放映视图。

1. 幻灯片放映控制

幻灯片可以通过不同的放映方式进行播映，还可以在放映过程中添加标记。

1) 隐藏幻灯片

选择需要隐藏的幻灯片，在“幻灯片放映”选项卡上的“设置”组中单击“隐藏幻灯片”按钮，被隐藏的幻灯片在全屏放映时将不会被显示。

2) 设置放映方式

(1) 打开需要放映的演示文稿，在“幻灯片放映”选项卡上的“设置”组中单击“设置幻灯片放映”按钮，打开“设置放映方式”对话框，如图 8.90 所示。

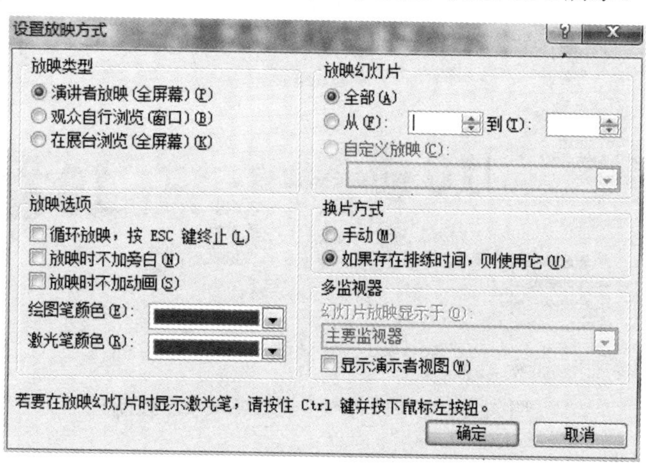

图 8.90　“设置放映方式”对话框

(2) 在“放映类型”选项组中，选择恰当的放映方式，其中：

① 演讲者放映(全屏幕)：全屏幕放映，适合会议或教学的场合，放映过程完全由演讲者控制。

② 观众自行浏览(窗口)：若展览会上允许观众交互式控制放映过程，则适合采用这种方式。它允许观众利用窗口命令控制放映进程，观众可以利用窗口右下方的左、右箭头，分别切换到前一张幻灯片和后一张幻灯片(或按 PageUp 和 PageDown 键)。利用两箭头之间的“菜单”命令，将弹出放映控制菜单，利用菜单的“定位至幻灯片”命令，可以快速地切换到指定的幻灯片，按 Esc 键可以终止放映。

③ 在展台浏览(全屏幕)：这种放映方式采用全屏幕放映，适用于展示产品的橱窗和展览会上自动播放产品信息的展台。可手动播放，也可采用事先排练好的演示时间自动循环播放，此时，观众只能观看不能控制。

(3) 在“放映幻灯片”选项组中，可以确定幻灯片的放映范围，可以是全部幻灯片，也可以是部分幻灯片。放映部分幻灯片时，需要指定幻灯片的开始序号和终止序号。

(4) 在“换片方式”选项组中，可以选择控制放映时幻灯片的换片方式。“演讲者放映(全屏幕)”和“观众自行浏览(窗口)”放映方式通常采用“手动”换片方式；而“在展台浏览(全屏幕)”方式通常进行了事先排练，可选择“如果存在排练时间，则使用它”换片方式，令其自行播放。

(5) 在“放映选项”选项组中，可以对放映过程中的某些选项进行设置，如是否放映旁白和动画、放映时标记笔的颜色设置等。

3) 放映过程控制

① 按 F5 键进入全屏幕放映视图。

② 在幻灯片中单击右键，在弹出的快捷菜单中对放映过程进行控制，如图 8.91 所示。其中：

选择“定位至幻灯片”命令，在下级菜单中可以跳转到指定幻灯片；

选择“指针选项”命令，在下级菜单中可以将指针转换为“笔”进行演示标注。

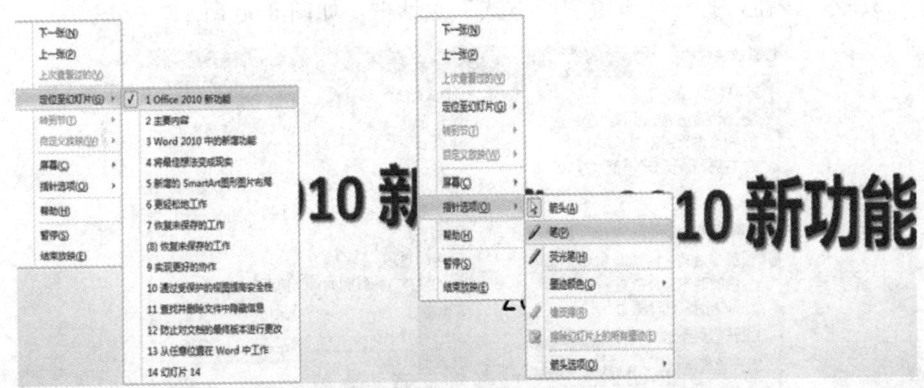

图 8.91 在放映过程中进行各项演示控制

2. 应用排练计时

为了更加准确地估计演示时长，可以事先对放映过程进行排练并记录排练时间。

① 打开需要排练计时的演示文稿，在“幻灯片放映”选项卡上的“设置”组中单击“排练计时”按钮，幻灯片进入放映状态，同时弹出“录制”工具栏，显示当前幻灯片的放映时间和当前的总放映时间。

② 单击“录制”中的“下一项”按钮，可继续放映当前幻灯片中的下一个对象或进入下一张幻灯片。当进入新的一张幻灯片放映时，幻灯片放映时间会重新计时，总放映时间累加计时，其间可以通过单击“暂停录制”按钮中止播放，如图 8.92 所示。

图 8.92　“录制”工具栏

③ 幻灯片放映排练结束或者中途单击“关闭”按钮时，会弹出是否保存排练时间对话框，如果选择“是”，则在幻灯片浏览视图下，在每张幻灯片的左下角显示该张幻灯片的放映时间。

提示　如果将记录了排练计时的演示文稿的幻灯片放映类型设置为“在展台浏览(全屏幕)”，幻灯片将按照排练时间自行播放。

④ 切换到幻灯片浏览视图下，单击选中某张幻灯片，在“切换”选项卡上的“计时”组中的“设置自动换片时间”编辑框中，可以修改当前张幻灯片的放映时间，如图 8.93 所示。

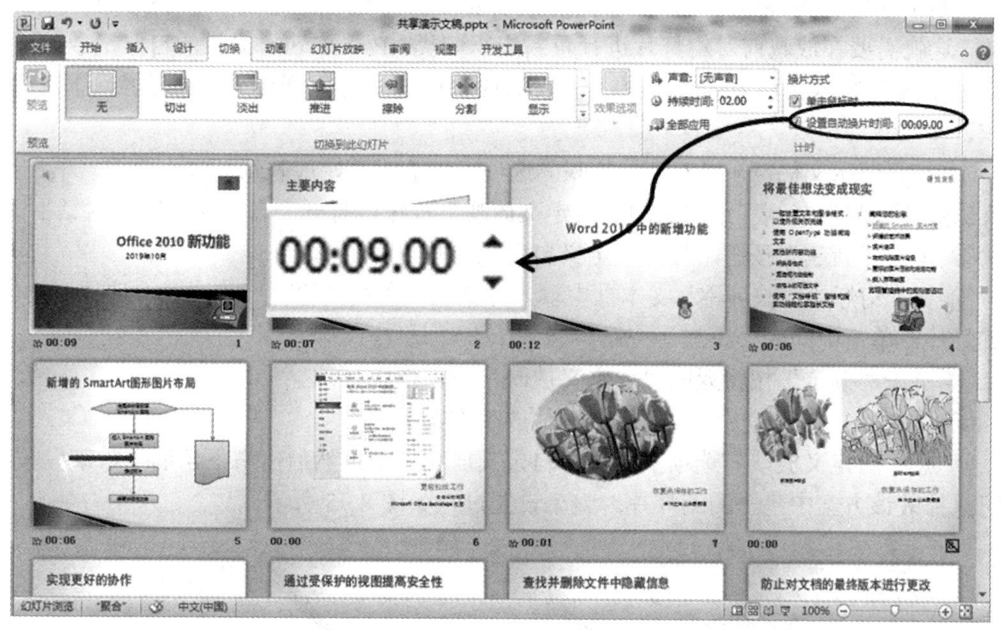

图 8.93　修改幻灯片的播放时间

3. 录制语音旁白和鼠标轨迹

在将演示文稿转换为视频或传递给他人共享前，可以将演示过程进行录制并加入解说旁白，这时可以对幻灯片演示进行录制。

① 打开演示文稿，在“幻灯片放映”选项卡上的“设置”组中，单击“录制幻灯片演示”按钮。

② 从打开的下拉列表中选择录制方式，打开“录制幻灯片演示”对话框，在该对话框中设定想要录制的内容，如图 8.94 所示。

③ 单击“开始录制”按钮，进入幻灯片放映视图。

④ 边播放边朗读旁白内容。右键单击幻灯片并从快捷菜单的“指针选项”中设置标注

笔的类型和墨迹颜色等，然后可以在幻灯片中拖动鼠标对重点内容进行勾画标注。

提示　若要录制和播放旁白，必须为计算机配备声卡、麦克风和扬声器设备。

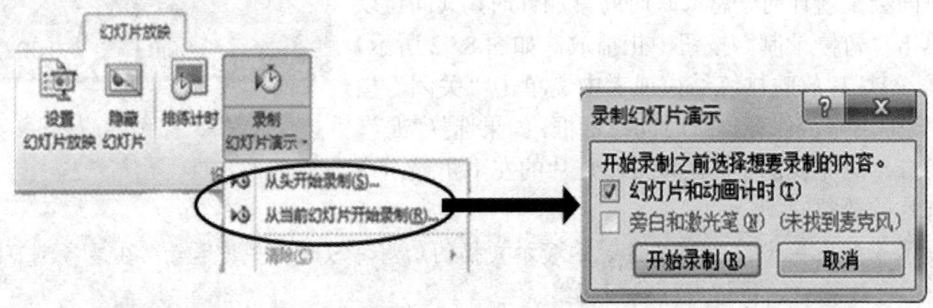

图 8.94　录制幻灯片演示过程及旁白

4. 自定义放映方案

一份演示方案可能包含多个主题内容，需要适应在不同的场合、面对不同类型的观众播放，这就需要在放映前对幻灯片进行重新组织归类。PowerPoint 提供的自定义放映功能，可以在不改变演示文稿内容的前提下，只对放映内容进行重新组合，以适应不同的演示需求。

① 打开演示文稿，在“幻灯片放映”选项卡上的“开始放映幻灯片”组中，单击“自定义幻灯片放映”左侧三角箭头的“自定义放映”按钮，打开“自定义放映”对话框。

② 单击“新建”按钮，打开“定义自定义放映”对话框。

③ 在“幻灯片放映名称”文本框中输入方案名；在左侧的幻灯片列表中选择需要包含的幻灯片，单击中间的“添加”按钮。

④ 单击“确定”按钮返回“自定义放映”对话框。

⑤ 重复步复步骤②～④，可新建其他放映方案。

⑥ 在“自定义放映”选项卡中选择自定义放映方案，然后击右下角的“放映”按钮，即可只播散该方案中包含的幻灯片。整个设置过程如图 8.95 所示。

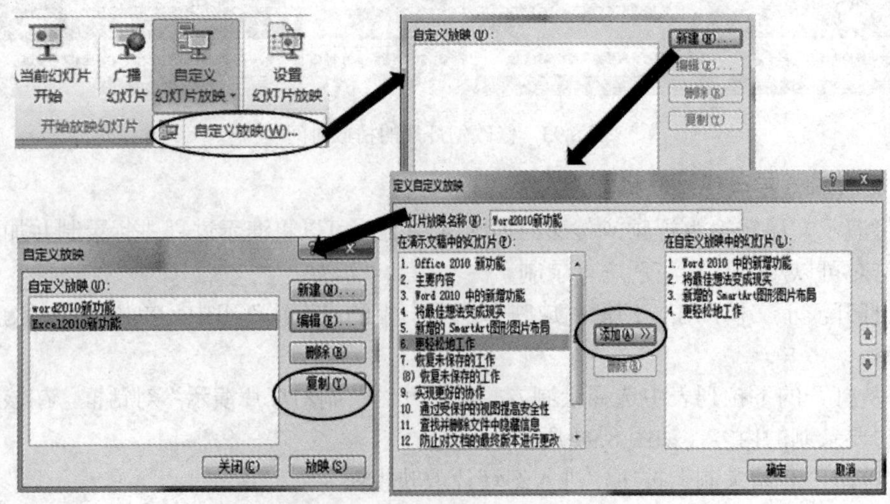

图 8.95　为演示文稿自定义放映方案

8.4.2　演示文稿的共享

制作完成的演示文稿可以直接在安装有 PowerPoint 应用程序的环境下演示，但是如果计算机上没有安装 PowerPoint，演示文稿文件就不能直接播放。为了解决演示文稿的共享问题，PowerPoint 提供了多种方案，可以将其发布或转换为其他格式的文件，也可以将演示文稿打包到文件夹或 CD，甚至可以把 PowerPoint 播放器和演示文稿一起打包。这样，即使在没有安装 PowerPoint 程序的计算机上，也能放映演示文稿。

1. 发布为视频文件

在 PowerPoint 2010 中，可以将演示文稿转换为 Windows Media 视频(.wmv)文件，这样可以保证演示文稿中的动画、旁白和多媒体内容，在分发给他人共享时能够顺畅播放，观看者无须在其计算机上安装 PowerPoint 也可观看该视频。

① 首先创建并保存演示文稿。

② 在创建演示文稿的视频版本前，可以先行录制语音旁白和鼠标运动轨迹并对其进行计时，以丰富视频的播放效果。

③ 在“文件”选项卡上选择“保存并发送”命令。

④ 在“文件类型”列表中单击“创建视频”命令，如图 8.96 所示。

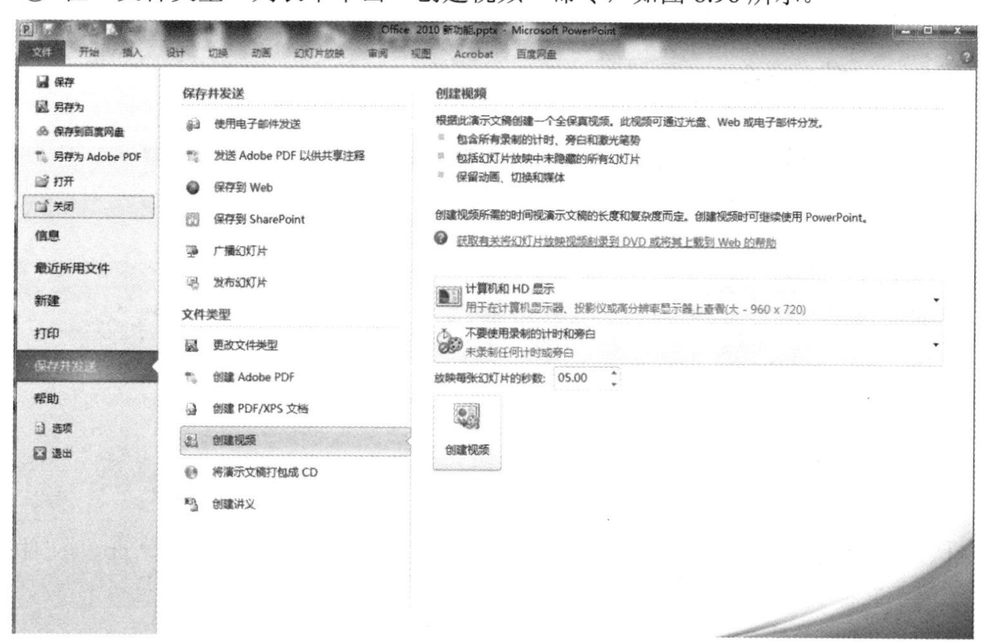

图 8.96　将演示文稿发布为视频文件

⑤ 在“计算机和 HD 显示”下拉列表中设置视频的质量和大小选项：

若要创建质量很高的视频(文件会比较大)，请单击“计算机和 HD 显示”；

若要创建具有中等文件大小和中等质量的视频，请单击“Internet 和 DVD”；

若要创建文件最小的视频(质量低)，请单击“便携式设备”。

⑥ 确定是否使用已录制的计时和旁白。如果不使用，则可设置每张幻灯片的放映时间，默认设置为 5 s。

⑦ 在右侧单击“创建视频”按钮，打开“另存为”对话框。

⑧ 输入文件名、确定保存位置后，单击“保存”按钮，开始创建视频。

⑨ 若要播放新创建的视频，可打开相应的文件夹，然后双击该视频文件。

提示 创建视频过程中，可以通过查看屏幕底部的状态栏来跟踪视频创建过程。创建视频所需时间的长短取决于演示文稿的复杂程度，有可能需要几个小时甚至更长的时间。

【例 8-8】 将案例文档“共享演示文稿.pptx”创建为同名视频并保存。

操作步骤提示：

① 先为案例文档“共享演示文稿.pptx”录制旁白、重点勾画并计时。

② 再将其发布为视频并尝试播放该视频。

2. 转换为直接放映格式

将演示文稿转换成直接放映格式，就可以在没有安装 PowerPoint 程序的计算机上直接放映。

① 打开演示文稿，在“文件”选项卡上选择“另存为”命令。

② 在“另存为”对话框中，将“文件类型”设置为“PowerPoint 放映(*.ppsx)”，如图 8.97 所示。

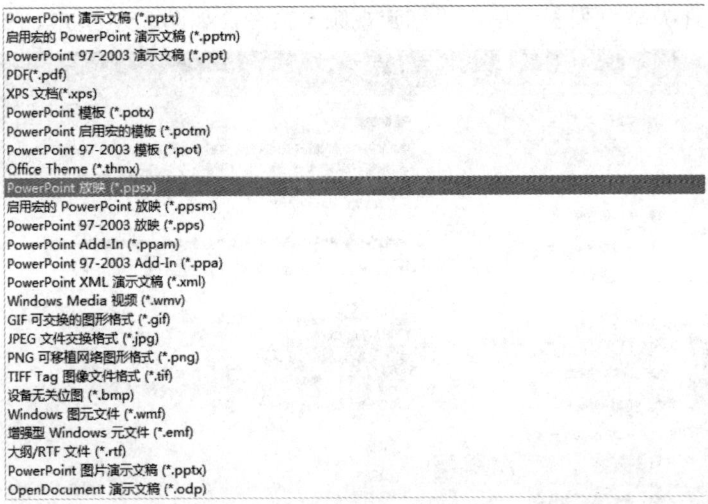

PowerPoint 演示文稿 (*.pptx)
启用宏的 PowerPoint 演示文稿 (*.pptm)
PowerPoint 97-2003 演示文稿 (*.ppt)
PDF(*.pdf)
XPS 文档(*.xps)
PowerPoint 模板 (*.potx)
PowerPoint 启用宏的模板 (*.potm)
PowerPoint 97-2003 模板 (*.pot)
Office Theme (*.thmx)
PowerPoint 放映 (*.ppsx)
启用宏的 PowerPoint 放映 (*.ppsm)
PowerPoint 97-2003 放映 (*.pps)
PowerPoint Add-In (*.ppam)
PowerPoint 97-2003 Add-In (*.ppa)
PowerPoint XML 演示文稿 (*.xml)
Windows Media 视频 (*.wmv)
GIF 可交换的图形格式 (*.gif)
JPEG 文件交换格式 (*.jpg)
PNG 可移植网络图形格式 (*.png)
TIFF Tag 图像文件格式 (*.tif)
设备无关位图 (*.bmp)
Windows 图元文件 (*.wmf)
增强型 Windows 元文件 (*.emf)
大纲/RTF 文件 (*.rtf)
PowerPoint 图片演示文稿 (*.pptx)
OpenDocument 演示文稿 (*.odp)

图 8.97 将演示文稿另存为直接放映格式

③ 选择存放路径、输入文件名后单击“保存”按钮。双击放映格式(*.ppsx)文件即可放映该演示文稿。

【例 8-9】 将案例文档“共享演示文稿.pptx”另存为直接放映格式。

操作步骤提示：先另存为直接放映格式.ppsx，通过双击尝试播放该格式文件。

3. 打包为 CD 并运行

演示文稿可以打包到磁盘的文件夹或 CD 光盘上，前提是需要配备有刻录机和空白 CD 光盘。

1) 将演示文稿打包为 CD

① 打开要打包的演示文稿，在“文件”选项卡上选择“保存并发送”命令。

② 在“文件类型”列表中双击“将演示文稿打包成 CD”命令，打开“打包成 CD”对话框，如图 8.98 所示。

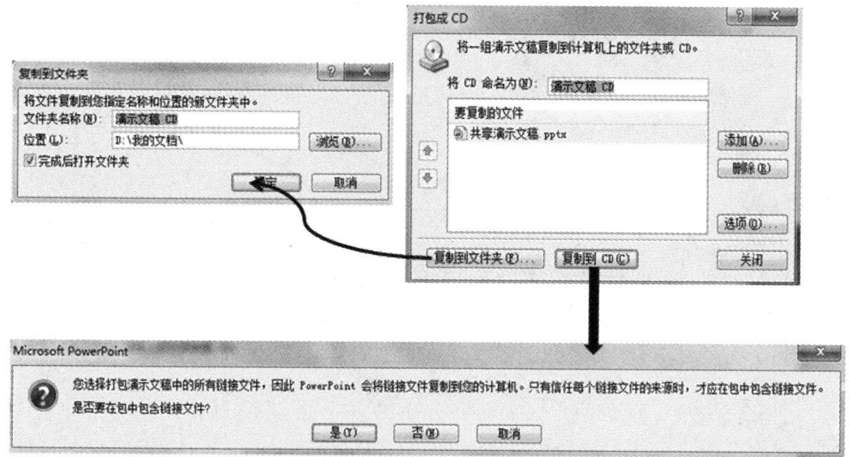

图 8.98　将演示文稿打包成 CD

③ 单击“添加”按钮，可在打开对话框中选择增加新的打包文件。

④ 在默认情况下，打包内容包含与演示文稿相关的链接文件和嵌入的 TrueType 字体。若想改变这些设置，可单击“选项”按钮，在随后弹出的如图 8.99 所示的“选项”对话框中进行设置。

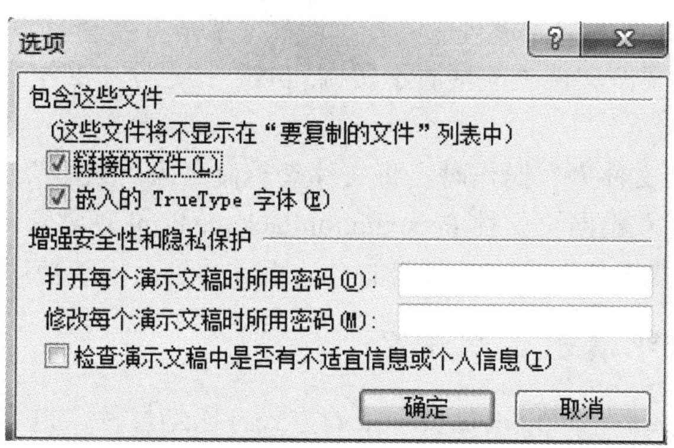

图 8.99　设置打包所包含的文件的相关内容

⑤ 按照个人需求确定打包目标：

单击“复制到文件夹”按钮，可将演示文稿打包到指定的文件夹中。

单击“复制到 CD”按钮，在可能出现的提示对话框中单击“是”，则将演示文稿打包并刻录到事先放好的 CD 上。

2) 运行打包的演示文稿

演示文稿打包后，就可以在没有安装 PowerPoint 程序的环境下放映演示文稿。

① 打开包含打包文件的文件夹。

② 在连接到互联网的情况下，双击该文件夹中的网页文件 PresentationPackage.html。

③ 在打开的网页上单击“Download Viewer”按钮，下载 PowerPoint 播放器

PowerPointViewer.exe 并安装，如图 8.100 所示。

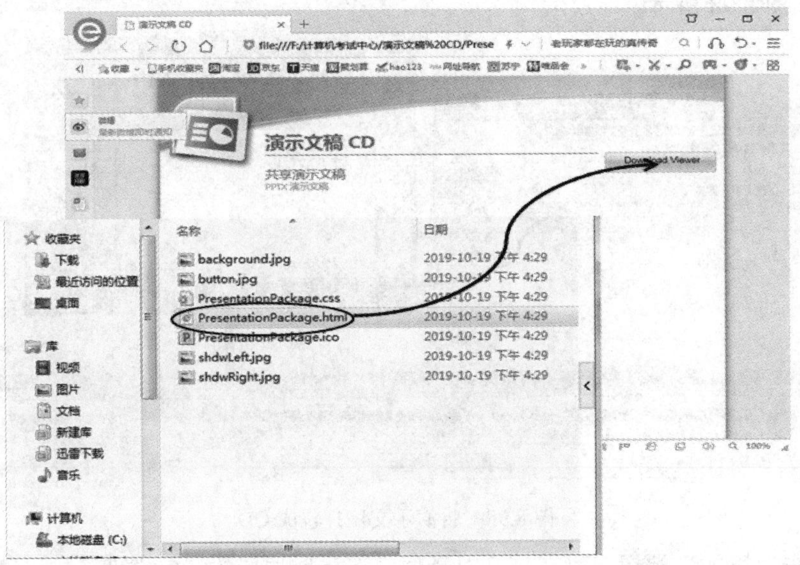

图 8.100　下载播放器

④ 启动 PowerPoint 播放器，出现“Microsoft PowerPoint Viewer”对话框，定位到打包文件夹，选择演示文稿文件并单击“打开”，即可放映该演示文稿。

提示　打包到 CD 的演示文稿文件，可在读取光盘后自动播放。

【例 8-10】　将案例文档“共享演示文稿.pptx”打包至“共享”文件夹中。

操作步骤提示：

① 执行“复制到文件夹”操作时，将文件夹重命名为“共享”。

② 如果无法通过双击网页文件 PresentationPackage.html 正常获取 PowerPoint 播放器，那么可以自行从网上搜索并下载该播放器的合适版本并进行安装使用。

8.4.3　创建并打印演示文稿讲义

演示文稿制作完成后，可以以每页一张的方式打印幻灯片，也可以以每页打印多张幻灯片的方式打印演示文稿讲义，还可以创建并打印带备注的幻灯片。打印的讲义可以分发给观众在演示过程中参考，也可以作为备份文件留作以后使用。

1. 设置打印选项并打印幻灯片或讲义

(1) 单击“文件”选项卡。

(2) 单击“打印”命令，设置打印的份数，选择打印机类型。

(3) 在“设置”选项区域中，设置打印幻灯片的范围、版式及颜色，如图 8.101 所示。其中：

① 打开“打印版式”列表，可以设定打印讲义时每页上打印的幻灯片数目及排列方式。

② 打开“颜色”列表，从中设置打印色彩。如果未配备彩色打印机，则应选择“灰度”或“纯黑白”选项。

(4) 设置完毕，单击“打印”按钮进行打印。

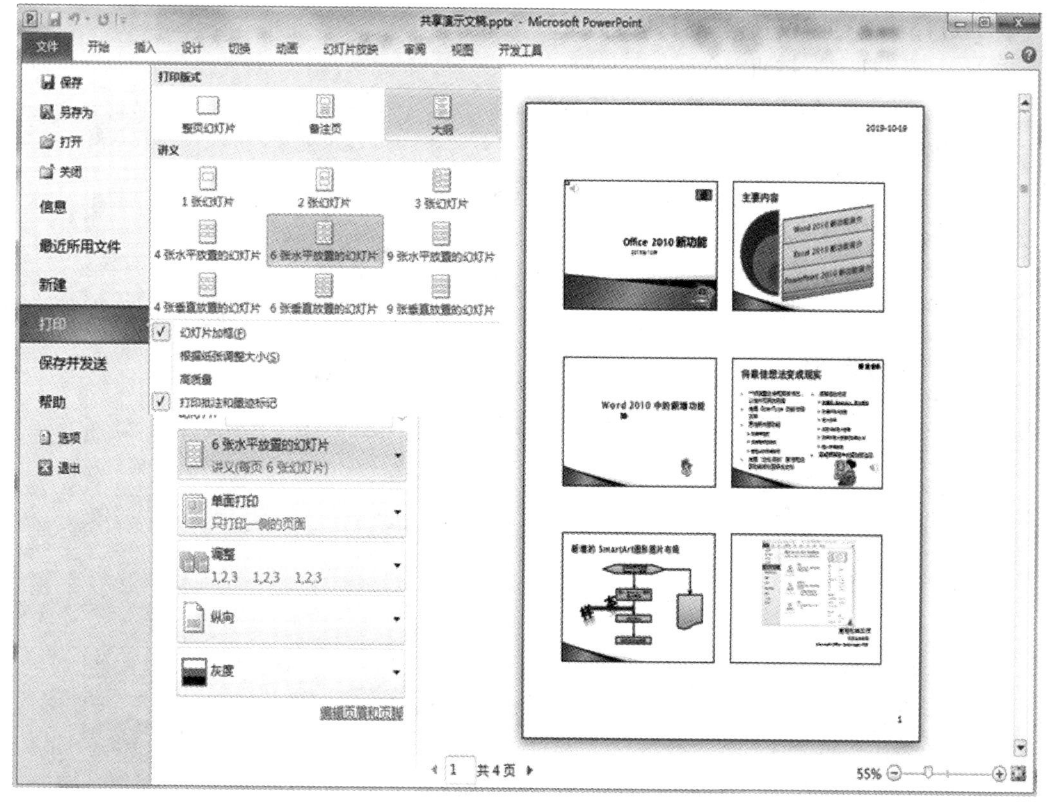

图 8.101　设置打印选项

2. 创建并打印备注页

可以在构建演示文稿时创建备注页。备注页用于为幻灯片添加注释、提示信息。

1) 创建备注页

在普通视图中的“备注”窗格可以编写关于幻灯片的文本备注，并为文本设置格式。

在“视图”选项卡上的“演示文稿视图”组中，单击“备注页”切换到备注页视图下。在备注页视图中，每个备注页均会显示幻灯片缩览图以及相关的备注内容。在该视图中，可以输入、编辑备注内容，查看备注页的打印样式和文本格式的全部效果，还可以检查并更改备注的页眉和页脚。在备注页视图中，可以用图表、图片、表格等对象来丰富备注内容。

在“视图”选项卡上的“母版视图”组中，单击“备注母版”按钮，在备注母版视图下可以对备注页进行统一的整体设计和修改。

2) 打印备注页

可以将包含幻灯片缩览图的备注页内容打印出来分发给观众。只能在一个打印页面上打印一张包含备注的幻灯片缩览图。

① 打开包含备注内容的演示文稿。

② 单击“文件”选项卡，选择“打印”命令。

③ 在“设置”选项组中，单击“整页幻灯片”选项，在打开的“打印版式”列表中单击“备注页”图标，如图 8.102 所示。

④ 进行其他打印设置，如打印方向、颜色等。

⑤ 单击“打印”按钮。

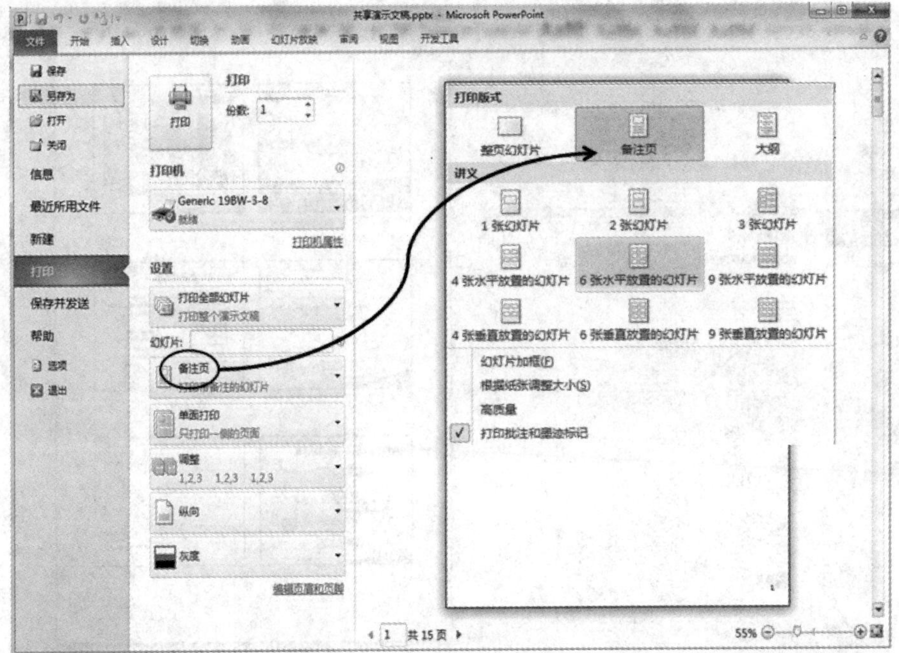

图 8.102　打印备注页

3. 将 PowerPoint 讲义发送至 Word 并进行打印

① 打开需要发送到 Word 的演示文稿。

② 在 PowerPoint 中，依次选择“文件”选项卡→“选项”→“快速访问工具栏”→“不在功能区中的命令”→“使用 Microsoft Word 创建讲义”→“添加”按钮，相应命令会显示在“快速访问工具栏”中。

③ 单击“快速访问工具栏”中新增加的“使用 Microsoft Word 创建讲义”按钮，打开一个选择版式对话框。

④ 在该对话框中选定合适的讲义版式后，单击“确定”按钮，幻灯片被按固定版式从 PowerPoint 中发送至 Word 文档中。

⑤ 在 Word 中，从“文件”选项卡中选择“打印”命令，进行设置后打印输出。

习　题

培训部会计师魏女士正在准备有关高新技术企业科技政策的培训课件，相关资料存放在 Word 文档“PPT 素材.docx”中。按下列要求帮助魏女士完成 PPT 课件的整合制作：

1. 在演示文稿中，插入 38 张幻灯片，该演示文稿需要包含 Word 文档“PPT 素材.docx”中的所有内容，每 1 张幻灯片对应 Word 文档中的 1 页，其中 Word 文档中应用了“标题 1”“标题 2”“标题 3”样式的文本内容分别对应演示文稿中的每页幻灯片的标题文字、第一级文本内容、第二级文本内容。后续操作均基于此演示文稿，否则不得分。

2. 将第 1 张幻灯片的版式设为“标题幻灯片”，在该幻灯片的右下角插入任意一幅剪贴画，参照样张 1 依次输入标题、副标题并为新插入的剪贴画设置浮入—下浮；副标题设置作为一个对象发送自底部飞入；标题设置轮子图案动画效果；指定动画出现顺序为剪贴画、副标题、标题。

3. 将第 2 张幻灯片的版式设为“两栏内容”，参考原 Word 文档“PPT 素材.docx”第 2 页中的图片，将文本置于左右两栏文本框中，并参照样张分别依次转换为“垂直框列表”“彩色——强调文字颜色”和“射线维恩图”“彩色范围——强调文字颜色 5～6”“卡通样式”的 SmartArt 图形。分别将文本“高新技术企业认定”和“技术合同登记”链接到对应标题名的幻灯片。

4. 将第 3 张幻灯片中的第 2 段文本向右缩进一级、用标准红色字体显示，并为其中的网址增加正确的超链接，使其链接到相应的网站，要求超链接颜色未访问前保持为标准红色，访问后变为标准蓝色。为本张幻灯片的标题设置“浮入—上浮”和文本内容设置“劈裂”“整批发送”动画效果，并令正文文本内容按第二级段落、伴随着“锤打”声逐段显示。

5. 将第 6 张幻灯片的版式设为“标题和内容”，参照原 Word 文档“PPT 素材.docx”第 6 页中的表格样例将相应内容(可适当增删)添加到表格中，并为该表格添加擦除动画效果。将第 11 张幻灯片的版式设为“内容与标题”，将考生文件夹下的图片文件 Pic1.png 插入到右侧的内容区中。

6. 在每张幻灯片的左上角添加事务所的标志图片 Logo.jpg，设置其位于最底层以免遮挡标题文字。除标题幻灯片外，其他幻灯片均包含幻灯片编号、自动更新日期，日期格式为 XXXX 年 XX 月 XX 日。

7. 将演示文稿按下列要求分为 6 节，分别为每节应用不同的设计主题和幻灯片切换方式。

节名	包含的幻灯片	主题	切换方式
高新科技政策简介	1～3	暗香扑面	淡出
高新技术企业认定	4～12	奥斯汀	分割
技术先进型服务企业认定	13～19	跋涉	显示
研发经费加计扣除	20～24	波形	随机线条
技术合同登记	25～32	顶峰	揭开
其他政策	33～38	沉稳	形状

第9章　多媒体技术基础

多媒体技术是20世纪80年代发展起来并得到广泛应用的计算机新技术。进入20世纪90年代后，多媒体技术得到了飞速发展，并带动了它在教育、商业、文化娱乐、工程设计、通信等领域的广泛应用，它不仅为人们勾画出一个多姿多彩的视听世界，也使得人们的工作和生活方式发生了巨大的改变。多媒体技术是一门跨学科的综合技术，它使得高效而方便地处理文字、声音、图像和视频等多媒体信息成为可能。现在所说的“多媒体”不是说多媒体信息本身，而主要是指处理和应用它的一套技术，即“多媒体技术”。

9.1　多媒体技术概述

9.1.1　多媒体

1. 媒体

媒体一词源于英文Medium(复数media)，又称媒介或媒质。它是指人们用于传播和表示各种信息的载体，如文本、声音、图形、图像等。计算机能处理的这些媒体信息从时效性上又可分为两大类：静态媒体，包括文字、图形、图像；时变媒体，包括声音、动画、活动影像。由于信息被人们感觉、表示、显示、存储和传输的方法各有不同，因此将媒体分为以下几类(如表9.1所示)：

表9.1　几种常见媒体实例对照

媒体种类	媒体实例	备注说明
感觉媒体	各种语言、音乐、声音、图形、图像、文献	直接作用于人的感官，使人能直接产生感觉
表示媒体	文本字符为ASCII标准编码 声音为WAV与MIDI格式 图像为JPEG2格式编码 电影为MPEG2格式编码 电视为PAL、NTSC制式	各种编码
显示媒体	输入显示媒体：键盘、鼠标器、扫描仪、话筒。 输出显示媒体：显示器、打印机、扬声器和摄像机等	感觉媒体与计算机之间的界面
存储媒体	磁带、磁盘(软盘、硬盘)、光盘、U盘等	用于存放表示媒体，即存放感觉媒体数字化后的代码
传输媒体	双绞线、同轴电缆、光缆、微波、卫星、激光、红外线	用来将媒体从一处传送到另一处的物理载体

(1) 感觉媒体(Perception Medium)：人们的感觉器官所能感觉到的信息。

(2) 表示媒体(Representation Medium)：为了加工、处理和传输感觉媒体而构造出来的一种媒体，用以定义信息的特性。表示媒体以语音编码、图像编码和问题编码等形式来描述。

(3) 显示媒体(Presentation Medium)：显现信息或获取信息的物理设备。

(4) 存储媒体(Storage Medium)：存储媒体数据的物理设备。

(5) 传输媒体(Transmission Medium)：媒体传输用的一类物理载体。

2．多媒体

多媒体(Multimedia)由 multiple 和 media 复合而成，指多种信息表示和传输的载体，通常指文字、图形、图像、音频、视频、动画等多种媒体。

3．多媒体技术

多媒体技术是指利用计算机技术把数字、文字、声音、图形和图像等各种媒体进行有效组合，并对这些媒体同时同步地获取、编辑、存储、显示和传输的一门综合技术。

4．多媒体特性

(1) 集成性：能够对信息进行多通道统一获取、存储、组织与合成。

(2) 交互性：多媒体应用有别于传统信息交流媒体的主要特点之一。传统信息交流媒体只能单向地、被动地传播信息，而多媒体技术则可以实现人对信息的主动选择和控制。

(3) 实时性：当用户给出操作命令时，相应的多媒体信息都能够得到实时控制。

(4) 非线性：多媒体技术的非线性特点将改变人们传统循序性的读写模式。以往人们读写方式大都采用章、节、页的框架，循序渐进地获取知识，而多媒体技术将借助超文本链接(Hypertext Link)的方法，把内容以一种更灵活、更具变化的方式呈现给读者。

(5) 互动性：多媒体可以形成人与机器、人与人及机器间的互动，形成互相交流的操作环境及身临其境的场景，人们可以根据需要对其进行控制。人机相互交流是多媒体最大的特点。

(6) 信息使用的方便性：用户可以按照自己的需要、兴趣、任务要求、偏爱和认知特点来使用信息，任取图、文、声等信息表现形式。

(7) 信息结构的动态性：可以说 “多媒体是一部永远读不完的书”，用户可以按照自己的目的和认知特征重新组织信息，增加、删除或修改节点，重新建立链接。

9.1.2　多媒体计算机系统

所谓多媒体计算机(Multimedia Personal Computer，MPC)就是具有了多媒体处理功能的个人计算机，它的硬件结构与一般所用的个人机并无太大的差别，其最大特点，一是计算机主机具有高性能的信息处理能力，二是增加了多媒体信息输入、输出处理的硬件和软件。可以用以下公式形象地描述多媒体计算机：

MPC = PC + CD-ROM + SOUNDBOARD + 显示卡 + 多媒体操作系统 + 媒体应用软件

多媒体计算机系统是指能够提供交互式处理文本、声音、图像和视频等多种媒体信息的计算机系统。一个完整的多媒体计算机系统主要由如下四个部分组成：多媒体处理硬件系统、多媒体操作系统、多媒体处理软件和多媒体应用软件，其相互关系见图 9.1 所示。

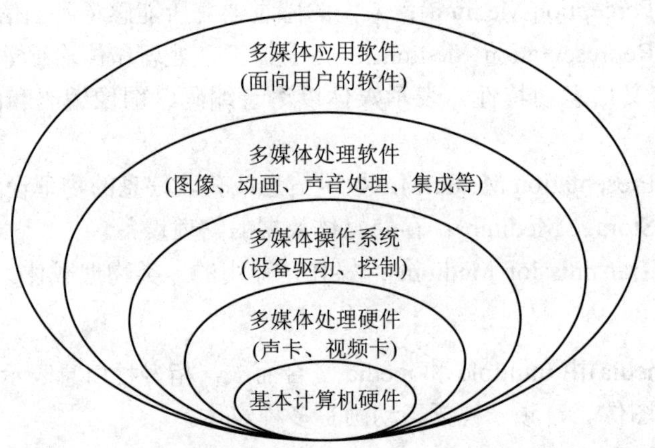

图 9.1　多媒体系统的层次结构

(1) 多媒体硬件系统：由计算机传统硬件设备如光盘存储器(CD/DVD-ROM)、音频输入/输出和处理设备、视频输入/输出和处理设备等选择性组合而成，如图 9.2 所示。

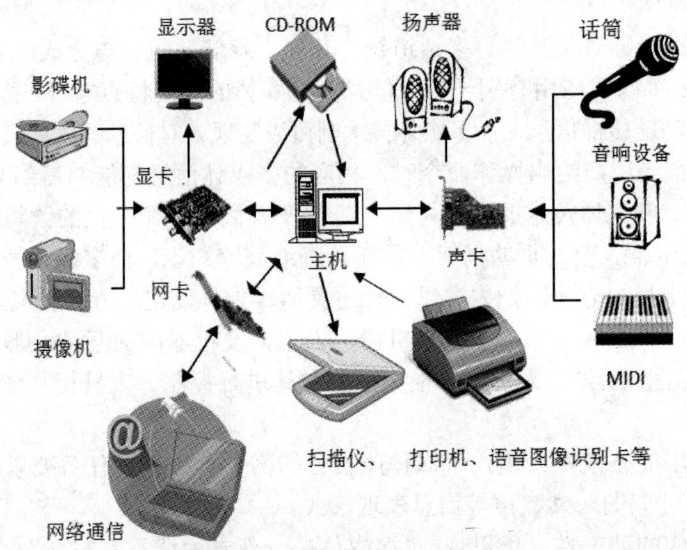

图 9.2　多媒体硬件系统组成

(2) 多媒体操作系统：或称为多媒体核心系统(Multimedia Kernel System)，具有实时任务调度、多媒体数据转换和同步控制、对多媒体设备的驱动和控制以及图形用户界面管理等特点。

(3) 多媒体处理系统工具：或称为多媒体系统开发、创作工具软件，是多媒体系统的重要组成部分。

(4) 用户应用软件：根据多媒体系统终端用户要求而定制的应用软件或面向某一领域的用户应用软件系统，它是面向大规模用户的软件产品。

9.1.3　多媒体的基本元素

从多媒体技术来看，多媒体是由文本、图形、图像、音频、视频以及动画等基本要素组成的。

(1) 文本(Text)：计算机中基本的信息表示方式，包含了字母、数字以及各种专用符号。

(2) 图形(Graphics)：一般是指通过绘图软件绘制的由直线、圆、圆弧、任意曲线等组成的画面，图形文件中存放的是描述生成图形的指令(图形的大小、形状及位置等)，以矢量图形文件形式存储。

(3) 图像(Image)：通过扫描仪、数字照相机、摄像机等输入设备捕捉的真实场景的画面，数字化后以位图格式存储。静态的图像在计算机中可以分为矢量图和位图。

(4) 音频(Audio)：包括话语、音乐以及各种动物和自然界(如风、雨、雷等)发出的各种声音。

(5) 视频(Video)图像：来自录像带、摄像机、影碟机等视频信号源的影像，是对自然景物的捕捉，数字化后以视频文件格式存储。常见的视频文件类型有 AVI、MOV、MPG、DAT 等。

(6) 动画(Animation)：计算机动画通常通过 Flash、3DMax 等软件制作。

9.1.4　多媒体技术的应用范围

多媒体技术与计算机技术相结合，开拓了计算机新的应用领域。目前它已在商业、教育培训、电视会议、电子邮件、声像演示、数据库、视像制作、电子新闻等方面得到了充分的应用。

(1) 教育与培训，如多媒体网络教学课件、虚拟课堂、虚拟实验室、数字图书馆、多媒体技能培训系统。

(2) 出版与图书，如 E-Book、E-newspaper、E-magazine 等电子出版物，它具有容量大、体积小、成本低、检索快，易于保存和复制，能存储图文声像的特点。

(3) 商业与咨询，如商业简报、产品演示、查询服务等，将各种服务指南存放在多媒体系统中向公众展示。

(4) 网络与通信，如数字家电(电话、电视、传真、音响)、多媒体视频会议、远程医疗系统等。

(5) 军事与娱乐，如军事遥感、核武器模拟、战场模拟、CD、MIDI、VCD、DVD、(三维)游戏等。

多媒体技术的优势可能不在于某些具体的应用，而是在于它能把复杂的事物变得简单、把抽象的东西变为具体。

9.2　常用图像、音频、视频和动画文件格式

9.2.1　图像文件格式

1．图像软件环境及应用

多媒体系统中，图像处理是最广泛的应用，涉及图像与色彩、分辨率和图像存储(位图与矢量图)等。

1) 色彩基础知识

色彩可用亮度、色调和饱和度来描述，常称为色彩三要素。人眼看到的任一彩色光都是这三个特征的综合效果。

(1) 亮度是光作用于人眼时所引起的明亮程度的感觉，它与被观察物体的发光强度有关。

(2) 色调是当人眼看到一种或多种波长的光时所产生的彩色感觉，它反映颜色的种类，是决定颜色的基本特性，如红色、棕色就是指色调。

(3) 饱和度指的是颜色的纯度，即掺入白光的程度，或者说指颜色的深浅程度。对于同一色调的彩色光，饱和度越深颜色越鲜明或说越纯。通常把色调和饱和度通称为色度。

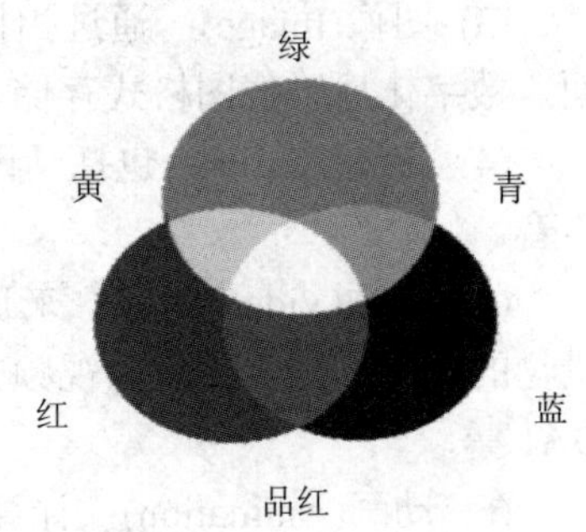

图 9.3　三原色原理(RGB)图

亮度是用来表示某彩色光的明亮程度的，而色度则表示颜色的类别与深浅程度的。除此之外，自然界常见的各种颜色光，都可由红(R)、绿(G)、蓝(B)三种颜色光按不同比例相配而成；同样地，绝大多数颜色光也可以分解成红、绿、蓝三种色光，这就形成了色度学中最基本的原理——三原色原理(RGB)。图 9.3 为三原色原理(RGB)图。

色彩数和图形灰度用位(bit)表示，一般写成 2^n，n 代表位数。常用的色彩数(黑白图用灰度等级表示)有：$2^4 = 16$ 色、$2^8 = 256$ 色、$2^{16} = 65\,536$(64 K)色、$2^{24} = 16$ M 色、$2^{32} = 4$ G 色。当图形(图像)达到 24 位时，可表现 1677 万种颜色，即所谓的真彩色。灰度的表示法类似。

2) 分辨率基础知识

分辨率分为屏幕分辨率、输出分辨率两种，前者用每英寸行数表示，数值越大图形(图像)质量越好，一般以“横向点数 × 纵向点数”来表示一幅图的分辨率，如 640 × 480、800 × 600、2048 × 1024 等。数码照相机常用像素值来表示其照片的分辨率，像素即是“横向点数 × 纵向点数”乘积的值，如 640 × 480 为 30 万像素，2048 × 1024 可达 200 万像素。输出分辨率是衡量输出设备的精度的，以每英寸的像素点数(dpi)表示，如喷墨打印机、激光打印机的精度表示为 300 dpi、600 dpi 等。

3) 位图与矢量图基础知识

(1) 位图(点阵)图像由一个矩阵描述，矩阵中的元素对应图像中的点，而相应的值对应于该点的灰度(或颜色)等级。该元素称为像素，与显示器上的显示点一一对应，简称位图图像。计算机上常用的位图文件类型有 PSD(Photoshop 生成格式)、BMP(Windows 位图格式)、GIF、JPG/JPEG、TIFF、PCX 等格式。

(2) 矢量图指用计算机绘制的画面，如直线、圆、圆弧、矩形、任意曲线和图表等。它不直接描述数据的每一点，而是描述产生这些点的过程及方法。计算机上常用的矢量图文件类型有 DXF(CAD 文件格式)、MAX(用 3Dmax 生成三维造型)、WMF(用于桌面出版)、C3D(用于三维文字)、CDR(CoralDRAW 矢量文件)、SWF 等。

(3) 位图与矢量图的比较。

① 从存储空间来看：矢量图所需空间远比位图图像小。

② 从显示效果来看：位图不如矢量图逼真，如图 9.4 和图 9.5 所示。

图 9.4　位图放大了 3 倍前后的效果对比

图 9.5　矢量图放大了 3 倍前后的效果对比

③ 从运行速度来看：矢量图不如位图图像快。

2. 常见的图像文件格式

1) 常见的位图文件格式

常见位图文件格式如表 9.2 所示。

表 9.2　常见的位图文件格式

图片类型	说　明
BMP	鲜艳、细腻，但尺寸大
GIF	尺寸小，有小动画效果
JPEG/JPG	质量高，尺寸小，略失真
TIFF、TIF	用于扫描仪、OCR 系统
PNG	适合在网络上传输及打开
PSD	Photoshop 专用，图像细腻
PCX	压缩比适中，能快速打开

(1) BMP 格式。BMP(Bit Map Picture)是 Windows 中的标准图像文件格式，PC 上最常用的位图格式，有压缩和非压缩两种形式。该格式可表现从 2 位到 24 位的色彩，分辨率也可从 480 × 320 至 1024 × 768。该格式在 Windows 环境下相当稳定，在文件大小没有限制的场合中运用极为广泛。

(2) GIF 文件格式。GIF(Graphics Interchange Format，图形交换格式)主要用于图像文件的网络传输，GIF 图像文件的尺寸通常比其他图像文件小很多，因此得到了广泛的应用。目前 Internet 上大量采用的彩色动画文件多为这种格式的文件。

(3) PNG 文件格式。PNG(Portable Network Graphic Format，流式网络图形格式)，名称来源于非官方的“PNG' Not GIF”，是一种位图文件存储格式，读成“ping”，其图像质量远胜过 GIF。同 GIF 一样，PNG 也可使用无损压缩方式来减少文件的大小。目前，越来越多的软件开始支持这一格式，PNG 图像可以是灰阶的(位)也可是彩色的(位)。与 GIF 不同的是，PNG 图像格式不支持动画。

(4) JPG/JPEG 文件格式。JPG/JPEG(Joint Photo graphic Experts Group)是可以大幅度地

压缩图形文件的一种图形格式。对于同一幅画面，JPG/JPEG 格式存储的文件是其他类型图形文件的 1/10 到 1/20，而且色彩数最高可达到 24 位，所以它被广泛应用于 Internet 上或 homepage 的图片库。

(5) PSD 文件格式。PSD(Photoshop Standard)是 Photoshop 中的标准文件格式，是专门为 Photoshop 而优化的格式。

(6) DIF 文件格式。DIF(Drawing Interchange Format)是 AutoCAD 中的图形文件，它以 ASCII 方式存储图形，在图形尺寸大小方面表现得十分精确，可以被 CorelDRAW、3DS 等大型软件调用和编辑。

2) 常见的矢量图格式

(1) WMF 文件格式：常见的一种图元文件格式，它具有文件短小、图案造型化的特点，整个图形常由各个独立的组成部分拼接而成，但其图形往往较粗糙。WMF 文件的扩展名为.wmf。

(2) EMF 文件格式：微软公司开发的一种 Windows 32 位扩展图元文件格式。其总体目标是弥补使用 WMF 的不足，使得图元文件更加易于接受。EMF 文件的扩展名为 .emf。

(3) EPS 文件格式：用 PostScript 语言描述的一种 ASCII 码文件格式，既可以存储矢量图，也可以存储位图，最高能表示 32 位颜色深度，特别适合 PostScript 打印机。

(4) DXF 文件格式：AutoCAD 中的矢量文件格式，它以 ASCII 码方式存储文件，在图形的大小方面表现得十分精确。DXF 文件可以被许多软件调用或输出。DXF 文件的扩展名为 .dxf。

(5) SWF(Shock wave Format)文件格式：二维动画软件 Flash 中的矢量动画格式，主要用于 Web 页面上的动画发布。目前已成为网上动画的事实标准。SWF 文件的扩展名为 .swf。

9.2.2　音频文件格式

音频文件通常分为两类：声音文件和 MIDI 文件，声音文件指的是通过声音录入设备录制的原始声音，直接记录了真实声音的二进制采样数据，通常文件较大，而 MIDI 文件则是一种音乐演奏指令序列，相当于乐谱，可以利用声音输出设备或与计算机相连的电子乐器进行演奏，由于不包含声音数据，所以其文件较小。

1. 声音文件

1) WAV 文件格式

WAV 文件格式是 PC 标准声音格式，是 Windows 使用的标准数字音频文件格式。WAV 文件由文件首部和波形音频数据块组成。文件首部包括标志符、语音特征值、声道特征以及脉冲编码调制格式类型等标志，是 PC 上最为流行的声音文件格式，但其文件较大，多用于存储简短的声音片断。

2) WMA 文件格式

WMA(Windows Media Audio，微软音频格式)是微软公司制定的一种流式声音格式。采用 WMA 格式压缩的声音文件比起由相同文件转化而来的 MP3 文件要小得多，并且在音质上也毫不逊色。

3) MPEG 文件格式

MPEG(Moving Picture Experts Group，动态图像专家组)音频文件的压缩是一种有损压缩，根据压缩质量和编码复杂程度的不同可分为三层，分别对应 MP1、MP2 和 MP3 这三种声音文件。MPEG 音频编码具有很高的压缩率，MP1 和 MP2 的压缩率分别为 4∶1 和 6∶1～8∶1，而 MP3 的压缩率则高达 10∶1～12∶1，也就是说一分钟 CD 音质的音乐，未经压缩需要 10 MB 存储空间，而经过 MP3 压缩编码后只有 1 MB 左右，同时其音质基本保持不失真，因此目前使用最多的是 MP3 文件格式。

4) CD 文件格式

CD 文件即 CD 唱片，一张 CD 可以播放 45 分钟左右的声音文件，Windows 系统中自带了一个 CD 播放机，另外多数声卡所附带的软件都提供了 CD 播放功能，甚至有一些光驱脱离计算机，只要接通电源就可以作为一个独立的 CD 播放机使用。

5) VOC 文件格式

VOC 文件格式是 Creative 公司波形音频文件格式，也是声霸卡(sound blaster)使用的音频文件格式。每个 VOC 文件由文件头块(header block)和音频数据块(data block)组成。文件头包含一个标识版本号和一个指向数据块起始的指针。数据块分成各种类型的子块，如声音数据静音标识 ASCII 码文件重复的结果以及终止标志、扩展块等。

6) MIDI 文件格式

MIDI(Musical Instrument Digital Interface，乐器数字接口)是数字音乐和电子合成乐器的统一国际标准，它定义了计算机音乐程序、合成器及其他电子设备交换音乐信号的方式，还规定了不同厂家的电子乐器与计算机连接的电缆和硬件及设备间数据传输的协议，可用于为不同乐器创建数字声音，可以模拟大提琴、小提琴、钢琴等常见乐器。在 MIDI 文件中，只包含产生某种声音的指令，这些指令包括使用什么 MIDI 设备的音色、声音的强弱、声音持续多长时间等，计算机将这些指令发送给声卡，声卡按照指令将声音合成出来。MIDI 声音在重放时可以有不同的效果，这取决于音乐合成器的质量。相对于保存真实采样数据的声音文件，MIDI 文件显得更加紧凑，其文件通常比声音文件小得多。

9.2.3　视频文件格式

1. AVI 视频文件

AVI(Audio Video Interleaved，音频视频交错)文件格式只是作为控制界面上的标准，不具有兼容性。用不同压缩算法生成的 AVI 文件，必须使用相应的解压算法才能播放出来。AVI 文件目前主要应用在多媒体光盘上，用来保存电影、电视等各种影像信息，有时也出现在 Internet 上，供用户下载、欣赏新影片的精彩片段。

2. MPEG/MPG/DAT 视频文件

MPEG/MPG/DAT 文件格式是运动图像压缩算法的国际标准，它采用有损压缩方法减少了运动图像中的冗余信息，同时保证每秒 30 帧的图像动态刷新率，几乎所有的计算机平台共同支持该文件格式。MPEG 标准包括 MPEG 视频、MPEG 音频和 MPEG 系统(视频、音频同步)三个部分，MP3 音频文件就是 MPEG 音频的一个典型应用，而 CD(VCD)、DVD

则是全面采用 MPEG 技术所产生的新型消费类电子产品。MPEG 的平均压缩比为 50∶1，最高可达 200∶1，压缩效率非常高，同时图像和音响的质量也非常好，并且在微机上有统一的标准格式，兼容性相当好。

3. ASF 视频文件

ASF 视频文件是一个独立于编码方式的在 Internet 上实时传播多媒体的技术标准。

4. DVI 视频文件

DVI 视频图像的压缩算法的性能与 MP1 相当，即图像质量可达到 VHS(Video Home System，家用录像系统)的水平，压缩后的图像数据率约为 1.5 Mb/s。为了扩大 DVI 技术的应用，Intel 公司又推出了 DVI 算法的软件解码算法，称为 Indeo 技术，它能将未压缩的数字视频文件压缩为原来的五分之一到十分之一大小。

9.2.4 动画文件格式

1. SWF 格式

SWF 是动画文件标准格式，既可以独立播放，也可以嵌入网页、Office 文档中进行播放，在网络中发挥着越来越大的作用。

2. GIF 格式

GIF 动画文件格式采用无损数据压缩中的压缩率较高的 LZW 算法，这种算法利用串表压缩将每个第一次出现的串放在一个串表中，用一个数字来表示串，压缩文件只存储数字，不存储串，从而使图像文件的压缩效率得到较大的提高。因此，GIF 动画文件的尺寸较小。

3. FLIC 格式

FLIC(Free Lossless Audio Codec，无损音频压缩编码)动画文件格式是 Autodesk 公司出品的 Autodesk 系列 2D/3D 动画软件中采用的彩色动画文件格式。该文件格式采用了高效的无损压缩技术，被广泛用于动画图形中的动画序列、计算机辅助设计和计算机游戏应用程序中。

9.3 多媒体的采集与处理

1. 文本素材的采集与编辑软件

1) 文本素材的获取方式

文本素材的获取方式有：

(1) 在著作工具中直接输入(适合少量文字)；

(2) 利用文字处理软件载入(适合大量文字录入)；

(3) 利用 OCR 技术(光学字符识别技术，需要使用扫描仪)；

(4) 利用语音识别(需要话筒和声卡)；

(5) 利用手写体识别技术(需要手写板的支持)。

2) 文本素材的编辑软件

常用的文本编辑软件有 Word、WPS、记事本、写字板、Phtoshop 等。在制作多媒体项目时如果需要使用艺术文字，可以采用两种方案解决：一是使用 Office 中的艺术字库；二

是使用专业软件制作艺术字，如Photoshop、Cool3D等。

2. 音频素材采集与制作软件

声音是多媒体的又一重要方面，它除了给多媒体带来令人惊奇的效果外，还最大限度地影响展示效果，声音可使电影从沉闷变得热闹，从而引导、刺激观众的兴趣。

1) 数字声音的获取方式

数字声音的获取方式：

(1) 网上下载；

(2) 自己录制；

(3) 借助声音捕获工具。

2) 音频素材的编辑

多媒体制作中所用的音频主要包括背景音乐、语言信息及音效三部分。音频数据来源有立体声混音器(Stereo Mixer)、麦克风(Micro phone)、线入(Line-In)、CD模拟声音输入(CD Player)、视频(Video)等。采集与制作声音文件可在Windows系统的“录音机”中进行，也可以应用Creative Wave Studio、Sound System、Gold Wave及Sound Forge等音频处理软件。

3. 图像素材的获取与创作

创建每个多媒体项目都会包含图形元素，如背景、人物、界面、按钮等，多媒体产品不能缺少直观的图像，就像报刊离不开文字一样，图形图像是多媒体最基本的要素。

1) 电子出版物图像的获取途径

电子出版物中所需的图像可以通过以下三种途径获得。

(1) 扫描。对照片、胶片、幻灯片、印刷图片进行扫描，得到相应的数字化图像。在扫描的过程中，可以控制图片的大小、分辨率和颜色。高分辨率扫描一张图片需要一分钟或更长的时间。有时为了得到较好的效果，需要用不同的控制参数扫描几次。

(2) 捉帧。摄像机、录像机、电视等视频设备上捕捉视频资料的单帧图像。这需要有将模拟视频信号转换为数字信号的硬件支持。这种方式的最大特点是可以捕获三维空间的景物，而且速度也比扫描仪快，但得到的图像质量不如扫描仪。

(3) 创建。由专业美工人员利用图像编辑和生成工具来创建自己的数字图像。可使用的数字输入设备有鼠标、电子笔、数字画板等。对于图标、按键、小图片和动画卡通中的画面来说，创建是一种非常好的方式。创建的另一种方式就是可以在扫描输入的基础上进行编辑修改，如裁剪、拼合、换色等。

2) 数字图像的编辑

在获得数字化的图像之后，还需用图像编辑、处理软件对图像进行编辑和调整。编辑图像是一项细致的工作，要求具备一定的审美能力。编辑图像包括调整图像的色彩、大小和形状，控制图像的亮度、饱和度及色度，使图像在多媒体中表现出最佳效果。比较流行的图像处理软件有CorelDRAW、Photoshop、Painter等。

(1) Photoshop主要用于图像合成编辑。利用Photoshop的层、通道、路径，可以将多个图像合成为一幅超现实主义的艺术品。另外，利用Photoshop提供的各种滤镜来实现对自然界的模拟(如风、光)、对各种艺术模式的仿真(如浮雕、水彩画、版画)以及各种摄影暗房的特技处理(如双重曝光、淡入淡出)等。当然，比如修复照片、去除污垢、去折痕、调

整色调也是 Photoshop 的特色。

(2) Painter 是一种计算机绘图软件。有人称其为“自然绘笔”，它是给画家“换笔”的优秀软件。它包含丰富的画笔，如铅笔、油画笔、麦克笔、粉彩笔、蜡笔、水彩笔、喷枪等，让画家用计算机作画与用笔作画有同样的感觉。另外，它还提供丰富的笔触，如笔尖的粗细、大小，笔触的宽窄、浓淡变化等。

(3) CorelDRAW 是一种可以创作出具有印刷质量美术作品的软件。它不仅具有一般图形处理软件对于点、线、面的绘制、修改、编辑，闭合区域的填充以及版面的布置等功能，而且个性鲜明，具有一些让艺术家们使用起来得心应手的特色工具，如画笔中的“Power Line”选项能绘制出传统木质风格的线条，再比如“智能纹理”包含了大量的模板(如“月球表面”“湖面”“布纹”等)。

4．数字视频素材的获取与创作

数字视频是将传统模拟视频片段捕获转换成电脑能调用的数字信号，因为视频是我们利用摄像机直接从实景中拍摄的，比较容易取得，经过编辑再创作后成为我们需要的数字视频，也就是电影文件，数字视频总能使多媒体作品变得更加生动、完美，而其制作难度一般低于动画创作。

1) 数字视频的获取

数字视频的获取方式包括网上下载、DV 拍摄、采集卡采集。

2) 数字视频处理软件

QuickTime 是著名的 Apple 公司的一款视频编辑、播放、浏览软件，是当今使用最广泛的跨平台多媒体技术，已经成为世界上第一个基于工业标准的 Internet 流(Stream)产品。使用 QuickTime 可以处理视频、动画、声音、文本、平面图形、三维图形、交互图像等内容。

Adobe Premiere 是 Adobe 公司推出的一个功能十分强大的处理影视作品的视频和音频编辑软件。

Ulead Media Studio Pro 是友立公司推出的一款非常著名的视频编辑软件。

5．动画素材的获取与创作

动画通常分为二维动画和三维动画。二维动画实现平面上的一些简单动画，常见的制作软件包括 Animator Studio、Flash、GIF Animator 等。三维动画可以实现三维造型、各种具有真实感的物体的模拟等，常见的制作软件为 Cool3D、3D Studio MAX。

9.4 多媒体数据量计算

9.4.1 图像文件数据量的计算

图像数据(Image Data)是指用数值表示的各像素(pixel)的灰度值的集合。真实世界的图像一般由图像上每一点光的强弱和频谱(颜色)来表示，把图像信息转换成数据信息时，须将图像分解为很多小区域，这些小区域称为像素。可以用一个数值来表示图像的灰度，对于彩色图像，常用红、绿、蓝三原色(trichromatic)分量表示。顺序地抽取每一个像素的信息，就可以用一个离散的阵列来代表一幅连续的图像。

图像是由很多个点组成的，所谓像素就是构成图像的点，像素越多图像越清晰。图像的深度是指一个像素能表示的色彩范围，如明度范围、饱和度范围、色相表示等。

不经过压缩的图像数据量的计算公式为：

$$\text{图像的数据量} = \frac{\text{图像分辨率} \times \text{图像深度}}{8}$$

【例 9-1】 请计算一幅分辨率为 640 × 480 的 256 色的未压缩图像的数据量。

解 根据公式 $\text{数据量} = \frac{\text{图像分辨率} \times \text{图像深度}}{8}$，得

$$\text{数据量} = \frac{640 \times 480 \times 8}{8 \times 1024 \times 1024} = 0.29\ \text{MB}$$

因此，图像的未压缩数据量约为 0.29 MB。

计算时要注意几个单位的换算细节：

① 图像深度量化位数计算：$2^8 = 256$ 色，故图像深度为 8；

② 数据量单位换算：1 MB = 1024 × 1024B = 1 048 576 B。

9.4.2 声音文件数据量的计算

声卡对声音的处理质量可以用三个基本参数来衡量，即采样频率、位数和声道数。

采样频率是指单位时间内的采样次数。采样频率越大，采样点之间的间隔就越小，数字化后得到的声音就越逼真，但相应的数据量就越大。声卡一般提供 11.025 kHz、22.05 kHz、44.1 kHz 等不同的采样频率。

采样位数是记录每次采样值大小的位数。采样位数通常有 8 bit 或 16 bit 两种，采样位数越大，所能记录声音的变化度就越细腻，相应的数据量就越大。

采样声道数是指处理的声音是单声道还是立体声。单声道在声音处理过程中只有单数据流，而立体声则需要左、右声道的两个数据流。显然，立体声的效果要好些，但相应的数据量要比单声道的数据量加倍。

不经过压缩的声音数据量的计算公式为：

$$\text{数据量(字节/秒)} = \frac{\text{采样频率(Hz)} \times \text{采样位数(bit)} \times \text{声道数}}{8}$$

其中，单声道的声道数为 1，立体声的声道数为 2。

【例 9-2】 请计算对于 5 分钟双声道、16 位采样位数、44.1 kHz 采样频率声音的不压缩数据量。

解 根据公式 $\text{数据量} = \frac{\text{采样频率} \times \text{采样位数} \times \text{声道数} \times \text{时间}}{8}$，得

$$\text{数据量} = \frac{44.1 \times 1000 \times 16 \times 2 \times (5 \times 60)}{8 \times 1024 \times 1024} = 50.47\ \text{MB}$$

因此，声音的不压缩数据量约为 50.47 MB。

计算时要注意几个单位的换算细节：

① 时间单位换算：1 min = 60 s；

② 采样频率单位换算：1 kHz = 1000 Hz；

③ 数据量单位换算：1 MB = 1024 × 1024 = 1 048 576 B。

【例 9-3】 请计算对于双声道立体声、采样频率为 44.1 kHz、采样位数为 16 位的激光唱盘(CD-A)，用一个 650 MB 的 CD-ROM 可存放多长时间的音乐。

解 已知音频文件大小的计算公式如下：

$$\text{文件的字节数/每秒} = \frac{\text{采样频率(Hz)} \times \text{采样位数(bit)} \times \text{声道数}}{8}$$

得

$$\frac{44.1 \times 1000 \times 16 \times 2}{8} = 0.168\ \text{MB/s}$$

因此，一个 650 MB 的 CD-ROM 可存放的音乐时间为(650/0.168)/(60 × 60) = 1.07 h。

思考题

如果采样速率为 22.05 kHz，分辨率为 32 位，采用单声道，上述条件符合 CD 质量的红皮书音频标准，录音的时间长度为 10 s 的情况下，文件的大小为多少？

9.4.3 视频文件数据量的计算

视频文件数据量的计算公式如下：

$$\text{视频图象文件的数据量(不压缩)} = \frac{\text{图象分辨率(像素)} \times \text{彩色深度(位)} \times \text{帧数}}{8 \times 1024 \times 1024}$$

帧率：PAL 制(25 帧/秒)、NTSC 制(30 帧/秒)。

【例 9-4】 计算 2 min PAL 制 720 × 576 分辨率 24 位真彩色数字视频的不压缩的数据量。

由公式 $\frac{\text{图像分辨率(像素)} \times \text{彩色深度(位)} \times \text{帧数}}{8 \times 1024 \times 1024}$，得

$$\frac{720 \times 576 \times 24 \times 25}{8 \times 1024 \times 1024} \times (2 \times 60) = 3559.57\ \text{MB}$$

思考题

3 min NTSC 制 320 × 240 分辨率 16 位彩色数字视频的不压缩数据约为(　　)。

A. 829.44 MB　　B. 3198.1 MB　　C. 659.18 MB　　D. 691.2 MB

9.5 常用多媒体处理技术

9.5.1 音频处理技术

1. Adobe Audition 窗口界面介绍

Adobe Audition 满足了个人录制工作室的需求，可借助相关软件，以前所未有的速度

和控制能力录制、混合、编辑和控制音频。启动 Adobe Audition 后，该软件的主界面如图 9.6 所示，该界面主要由标题栏、菜单栏、轨道区、功能选项栏、直面板区、多种其他功能面板和工程状态栏组成。

图 9.6　Adobe Audition 基本编辑界面

2. Adobe Audition 的基本操作

1) 录音

【例 9-5】　新建一个声音文件，并录制一段音频。

(1) 新建一个声音文件。点击“文件”菜单，选择“新建”命令。在打开的新建波形对话框中，选择采样率为 88 200，点击“确定”按钮完成新建，如图 9.7 所示。

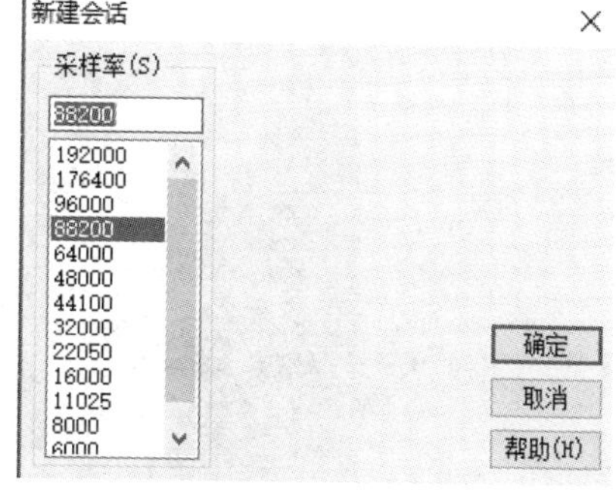

图 9.7　新建对话框

(2) 点击左下侧传送器上的录音按钮，开始录音。

(3) 录音完成后，单击左下侧传送器上的停止按钮，停止录音。

(4) 单击插入按钮，试听所录制的声音文件。

(5) 选择“文件”→“另存为”命令，保存声音文件。

2) 降噪处理

【例 9-6】　为所录制的音频文件进行降噪处理，去除无效的杂音。

主要操作过程如下：

(1) 打开录制好的音频文件。

(2) 点击工具栏上的“水平放大”按钮。

(3) 用拖动的方式选择起始部分波形，点击“编辑”→“复制”选项。

(4) 在“效果”菜单下，依次点击“修复”→“降噪器”命令。

(5) 在降噪处理对话框中，点击“获取特性”和“波形全选”，最后点击“确定”按钮完成降噪处理。

3) 混音处理

【例 9-7】　为经过降噪处理后的音频文件添加背景音乐。

主要操作步骤如下：

(1) 打开经过降噪处理的音频文件。

(2) 点击工具栏上的“导入文件”按钮，找到背景音乐，导入进来。

(3) 点击工具栏上的“多轨”按钮，将背景音乐放到音轨 1，录音文件放到音轨 2，选择移动工具调整音频位置。

(4) 选择音轨 1 后半部分，点击“剪切”；选择音轨 2 没有波形部分，点击“剪切”。

(5) 调节音轨音量。

(6) 选择“编辑”菜单下的“混缩到新文件”→“会话中的主控输出文件”→“另存为”命令，保存混音处理后的音频文件。

9.5.2　图像处理技术

1. Photoshop 窗口界面介绍

Photoshop 是 Adobe 公司推出的一款专业的图像处理软件，凭着简单易学、人性化的工作界面，并集图像设计、扫描、编辑、合成以及高品质输出功能于一体，而深受用户的好评。

Photoshop 可以进行图像编辑、图像合成、调整色调和特效制作等操作。Photoshop 应用领域主要包括数码照片处理、视觉创意、平面设计、建筑效果图后期处理及网页设计等。

启动 Adobe Photoshop CC 2015 后，其工作界面如图 9.8 所示，该界面主要由菜单栏、工具栏、属性栏、控制面板、工具箱、图像窗口和状态栏等部分组成。

图 9.8　Photoshop 窗口的组成

1) 菜单栏

菜单栏中包括了 Photoshop 的所有操作命令。Photoshop CC 2015 将所有的操作命令分类后，分别放置在 11 个菜单中，即文件、编辑、图像、图层、文字、选择、滤镜、3D、视图、窗口和帮助。

2) 工具栏

工具栏位于菜单栏的下方，用户可以很方便地利用它来设置工具的各种属性，它的外观也会随着选取工具的不同而改变。

3) 工具箱

Photoshop CC 2015 的工具箱中包含了用于创建和编辑图像、页面元素等的工具和按钮。工具箱中并没有显示出全部的工具，细心观察会发现有些工具图标的右下角有一个小三角的符号，这就表示在该工具中还有与之相关的工具。打开这些工具的方法有以下两种：

(1) 把鼠标指针移到含有三角的工具上，右击即可打开隐藏的工具；或者在工具上按住鼠标左键不放，稍等片刻也可打开隐藏的工具，然后选择工具即可。

(2) 可以按下 Alt 键不放，再单击工具图标，多次单击可以在多个工具之间切换。

4) 图像窗口

图像窗口位于工具栏的正下方，用来显示图像的区域，可以编辑和修改图像。图像窗口由标题栏、图像显示区和控制窗口图标组成。

(1) 标题栏：显示图像文件名、文件格式、显示比例大小、层名称以及颜色模式。

(2) 图像显示区：用于编辑图像和显示图像。

(3) 控制窗口图标：双击此图标可以关闭图像窗口。单击此图标，可以打开一个菜单，选择其中的命令即可进行相应操作。

5) 控制面板

窗口右侧的小窗口称为控制面板，用于改变图像的属性。控制面板可以完成各种图像处理操作和工具参数设置。Photoshop CC 2015 提供了 20 多个控制面板，包括导航器、信息、颜色、色板、图层、通道、路径、历史记录、动作、工具预设、样式、字符面板等。

6) 状态栏

状态栏位于文档窗口的底部，用于显示诸如当前图像的缩放比例、文件大小以及有关使用当前工具的简要说明等信息。

7) 属性栏

属性栏又称“选项栏”。会随着工具的改变而改变，用于设置工具属性。

2. Photoshop 的基本操作

1) 新建图像文件

【例 9-8】 新建一个名称为“我新建的第一个图像文件”、大小为 800 × 600 的图像。

新建图像的操作步骤如下：

(1) 选择“文件”→“新建”命令或者按下 Ctrl + N 组合键。

(2) 弹出“新建”对话框，在“名称”文本框中输入“我新建的第一个图像文件”，在“宽度”“高度”文本框中分别输入 800、600，分辨率、颜色模式、背景内容等保持默认设置，如图 9.9 所示。

(3) 完成设置后单击“确定”按钮，这样就新建了一个空白图像文件。

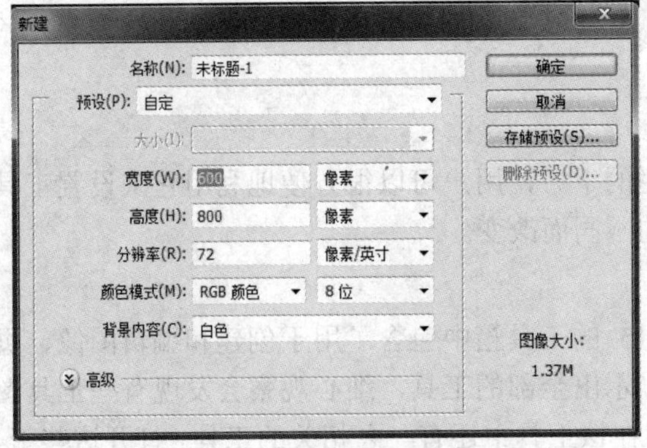

图 9.9 设置“新建”对话框

2) 打开图像文件

在处理图像文件时，经常需要打开保存的素材图像进行编辑。在 Photoshop CC 2015 中打开和导入不同格式的图像文件非常简单，具体操作步骤如下：

(1) 选择“文件”→“打开”命令或者按下 Ctrl+O 组合键。

(2) 在弹出的“打开”对话框中，选择需要打开的素材图片，如图 9.10 所示。

图 9.10 “打开”对话框

(3) 单击“打开”按钮，即可将所选图片在 Photoshop CC 2015 中打开。

3) 保存图像文件

当完成了自己的作品后，需要将图像文件保存起来。

【例 9-9】 将实例 9-8 中创建的文件保存为 JPG 格式。

将文件保存为 JPG 格式的具体操作步骤如下：

(1) 选择“文件”→“存储”命令或者按下 Ctrl+S 组合键。

(2) 弹出“存储为”对话框，文件名保持不变，在“格式”下拉列表中选择 JPEG(*.JPG、*.JPEG、*.JPE)选项，如图 9.11 所示。

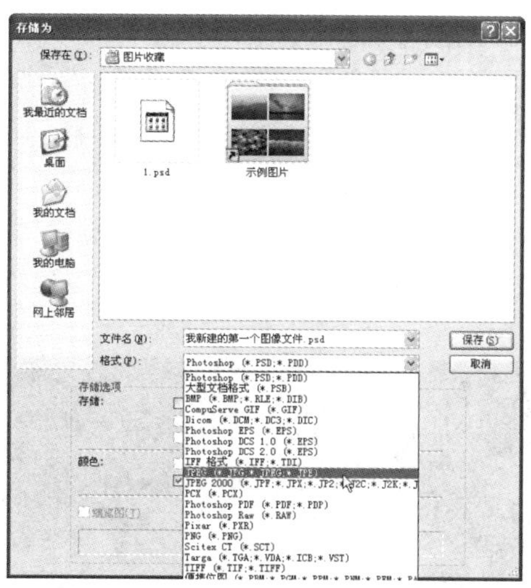

图 9.11　“存储为”对话框

(3) 单击“保存”按钮即可将文件保存起来。

提示　上述保存方法主要适用于第一次文件的保存(通常也称原文件)，如果既想保存原文件的样式又希望对新文件进行保存，则可以通过选择“文件”→“存储为”命令或者按下 Shift + Ctrl + S 组合键，将文件另存为一个新的文件，则原文件不会被覆盖。

Photoshop CC 2015 还提供了“存储为 Web 所用格式”的保存方法，这种方法的好处是可以对现有文件进行分割，以便在网页中使用。

9.5.3　数字视频技术

数字化视频可以同时包含画面和声音，也可以只包含画面，而不包含声音。视频的画面可以包含文字、图像和活动影像，并且主要表现这些视觉对象的动态效果。视频不具有交互性，因此它本身不是多媒体，而是多媒体的一种素材形式。

1. Adobe Premiere Pro 简介

要对数字视频影像进行处理需要借助专门的计算机软件来进行，Adobe Premiere Pro 是 Adobe Systems 公司推出的优秀视频编辑软件，它融视频、音频处理功能于一体，无论对于专业人士还是新手都是一个得力助手。安装完 Adobe Premiere Pro，用户就可以启动 Adobe Premiere Pro 来创作影片了。双击 Adobe Premiere Pro 的启动图标，将出现 Adobe Premiere Pro 启动画面，然后会出现如图 9.12 所示的欢迎窗口。

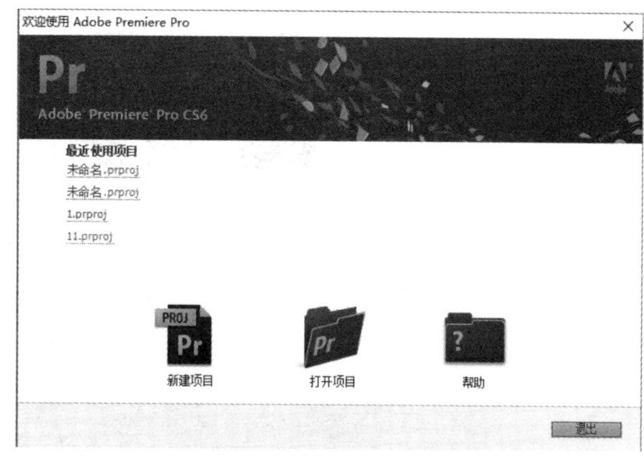

图 9.12　Adobe Premiere Pro 欢迎窗口

2. Adobe Premiere Pro 的基本操作

1) 新建项目

【例 9-10】 新建一个名称为“我的校园”的视频项目。

(1) 在 Adobe Premiere Pro 的欢迎窗口中点击“新建项目”(图 9.13)。

(2) 在“位置”处点击“浏览”设置存放位置，然后点击“确定”按钮。

(3) 设置序列名称为“我的校园”。

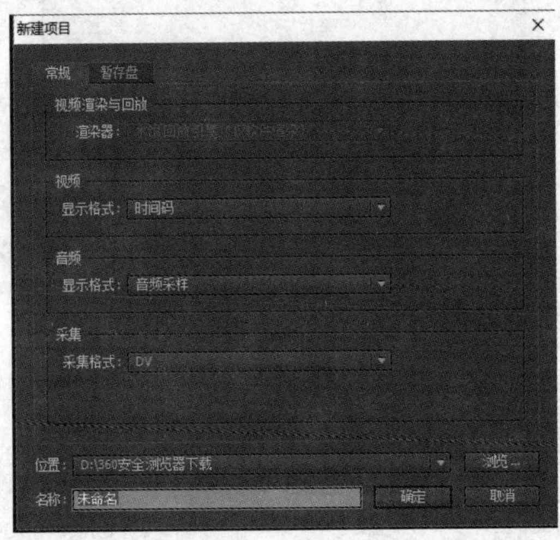

图 9.13　Adobe Premiere Pro 新建项目窗口

2) 导入素材

【例 9-11】 为“我的校园”视频项目导入相应的图片素材。

操作步骤如下：

(1) 选择“文件”菜单下的“导入”命令，打开素材导入对话框(图 9.14)。

(2) 在对话框中找到相应的图片等素材导入到项目中。

(3) 将左侧的素材拖到视频 1 轨道中。

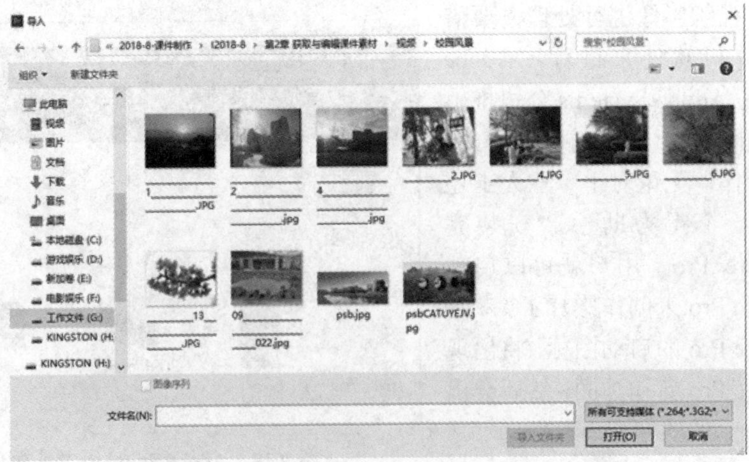

图 9.14　Adobe Premiere Pro 素材导入对话框

3. 视频导出

实例 9-12　导出“我的校园”视频。

选择“文件”菜单下的“导出”→“媒体”命令；选择相应视频格式；点击“导出”按钮；最后点击“文件”菜单下的“存储”命令，保存项目源文件，以便对导出的视频不满意时再打开源文件修改后重新导出视频(图 9.15)。

图 9.15　Adobe Premiere Pro 导出对话框

9.5.4　计算机动画技术

1. 动画的视觉原理

动画是通过连续播放一系列画面，给视觉造成连续变化的画面。它的基本原理与电影、电视一样，都是利用了一种视觉原理。医学已证明，人类的眼睛具有“视觉暂留”的特性，就是说当人的眼睛看到一幅画或一个物体后，它的影像就会投射到我们的视网膜上，如果这件物体突然移开，它的影像仍会在我们的眼睛里停留一段极短的时间，在 1/24 s 内不会消失，这时如果有另一个物体在这段极短的时间内出现，我们将看不出中间有断续的感觉，这便就是“视觉暂留”的原理。

2. 动画的构成规则

动画的构成规则主要有以下三点：

(1) 动画由多画面组成，并且画面必须连续。

(2) 画面之间的内容必须存在差异。

(3) 画面表现的动作必须连续，即后一幅画面是前一幅画面的继续。

3. 电脑动画

电脑动画的种类分为帧动画和矢量动画，帧动画模拟以帧为基本单位的传统动画，占动画产品的 98%，矢量动画是经过电脑运算而确定的运行轨迹和形状的动画。

9.6 Windows 中的多媒体处理软件

Windows 提供了许多用于音频媒体处理的软件，可以对音频信息进行采集、编辑、变换、效果处理和播放等。这些软件主要有录音机、Windows Media Player、画图工具、音量控制和图像处理，这里重点讲前三个内容。

9.6.1 录音机

这里所说的录音机与日常生活中所用的录音机的功能基本相同，具有播放、录音和编辑功能，在声卡的硬件支持下完成对声音信息的采集，将采集后的声音文件保存为(WMA)文件。计算机具备了声卡、喇叭及麦克风等硬件后，就可以利用“录音机”功能来录制声音。

选择“开始”→“程序”→“附件”→“录音机”菜单命令，屏幕显示如图 9.16 所示的“录音机”窗口。

图 9.16　“录音机”窗口

1. “录音机”窗口的组成

“录音机”窗口包括“开始录制”按钮、录制时长。

2. 录制和保存声音

当把麦克风准备好后，点击“开始录制”按钮就开始录制了，录完之后点“停止录制”按钮，会自动弹出保存文件对话框，选择希望的路径并输入文件名保存即可，录制的声音文件默认只能保存为 WMA 文件。

3. 播放声音文件

录好的声音不可以用“录音机”来播放，只能用“Windows Media Player”播放器来播放录制好的 WMA 声音文件。

9.6.2 Windows Media Player

Windows Media Player 是 Windows 系统中用于播放多媒体文件的设备。利用 Widnows Media Player 并配以相应的驱动程序，可直接播放有关的媒体文件。使用 Windows Media Player 的具体操作步骤如下：

选择“开始”→“所有程序”→“Windows Media Player”菜单命令，屏幕显示如图 9.17 所示的“Windows Media Player”窗口。

Windows Media Player 的播放功能比 CD 播放器简单，在 Windows Media Player 中增添了“自动重绕”和“自动重复”功能，利用“自动重复”功能，用户可反复收听同一首音乐。对功能的设置可通过“查看”菜单中的“选项”功能完成。Windows Media Player 播放的文件格式如表 9.3 所示。

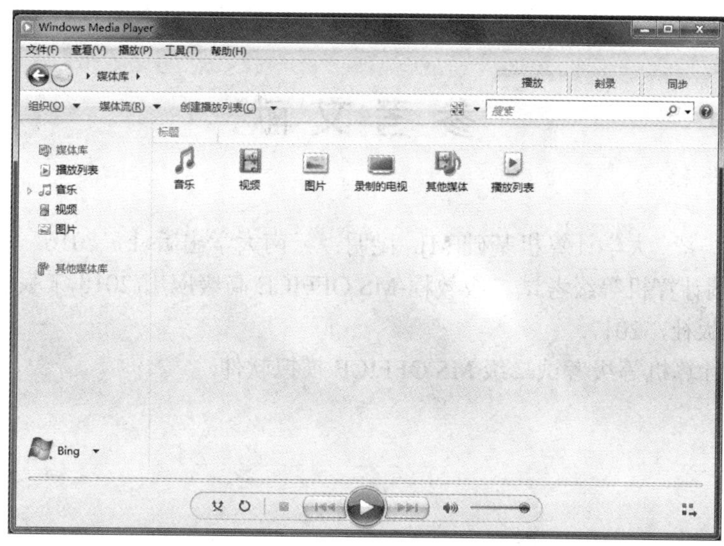

图 9.17　“Windows Media Player”窗口

表 9.3　Windows Media Player 文件格式

文 件 格 式	扩　展　名
Windows Media Player 格式	AVI、ASF、ASX、WAV、WMA、WAX
MPEG	MPG、MPEG、MIV、MP2、MP3、MPA、MPE
MIDI	MID、RMI

9.6.3　画图工具

Windows 提供了画图程序，可以用来创建简单或者精美的图画。这些图画可以是黑白或彩色的，并可以保存成位图文件。执行“开始”→“程序”→“附件”→“画图”菜单命令，屏幕显示如图 9.18 所示的画图工具界面。

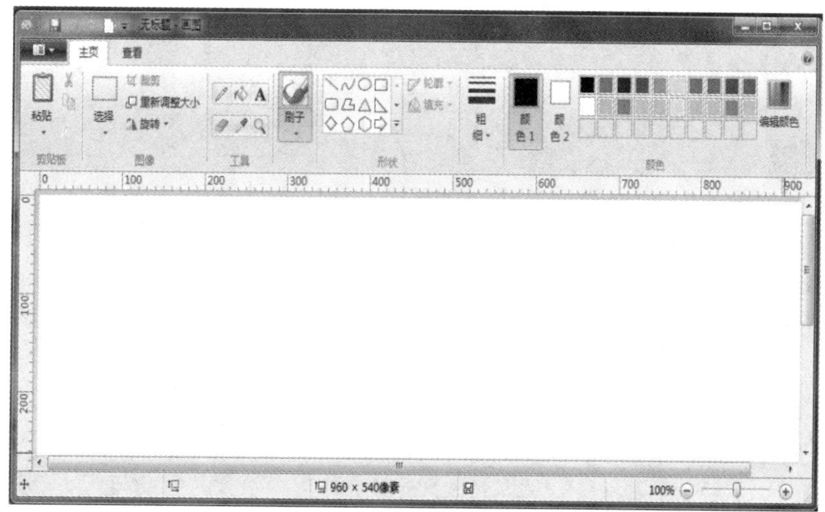

图 9.18　画图工具界面

参 考 文 献

[1] 张洪明，杨毅. 大学计算机基础[M]. 昆明：云南大学出版社，2016.

[2] 吉燕. 全国计算机等级考试二级教程-MS OFFICE 高级应用(2018 年版)[M]. 北京：高等教育出版社，2017.

[3] 无忧全国计算机等级考试二级 MS OFFICE 模拟软件.